“十三五”国家重点出版物出版规划项目
可靠性新技术丛书

复杂机电系统智能故障诊断与健康评估

Intelligent Fault Diagnosis and Health Assessment for Complex Electro-Mechanical Systems

李巍华　张小丽　严如强　著

国防工業出版社
·北京·

图书在版编目(CIP)数据

复杂机电系统智能故障诊断与健康评估 / 李巍华，张小丽，严如强著. -- 北京：国防工业出版社，2021.5
(重印 2023.6)
(可靠性新技术丛书)
ISBN 978-7-118-12218-3

Ⅰ. ①复… Ⅱ. ①李… ②张… ③严… Ⅲ. ①机电系统-可靠性-研究 Ⅳ. ①TM7

中国版本图书馆 CIP 数据核字(2021)第 061025 号

※

国防工业出版社 出版发行
(北京市海淀区紫竹院南路 23 号 邮政编码 100048)
北京虎彩文化传播有限公司印刷
新华书店经售

*

开本 710×1000 1/16 **插页** 8 **印张** 26 **字数** 455 千字
2023 年 6 月第 1 版第 2 次印刷 **印数** 1501—2000 册 **定价** 156.00 元

(本书如有印装错误,我社负责调换)

国防书店：(010)88540777 书店传真：(010)88540776
发行业务：(010)88540717 发行传真：(010)88540762

致　读　者

本书由中央军委装备发展部**国防科技图书出版基金**资助出版。

为了促进国防科技和武器装备发展，加强社会主义物质文明和精神文明建设，培养优秀科技人才，确保国防科技优秀图书的出版，原国防科工委于 1988 年初决定每年拨出专款，设立国防科技图书出版基金，成立评审委员会，扶持、审定出版国防科技优秀图书。这是一项具有深远意义的创举。

国防科技图书出版基金资助的对象是：

1. 在国防科学技术领域中，学术水平高，内容有创见，在学科上居领先地位的基础科学理论图书；在工程技术理论方面有突破的应用科学专著。

2. 学术思想新颖，内容具体、实用，对国防科技和武器装备发展具有较大推动作用的专著；密切结合国防现代化和武器装备现代化需要的高新技术内容的专著。

3. 有重要发展前景和有重大开拓使用价值，密切结合国防现代化和武器装备现代化需要的新工艺、新材料内容的专著。

4. 填补目前我国科技领域空白并具有军事应用前景的薄弱学科和边缘学科的科技图书。

国防科技图书出版基金评审委员会在中央军委装备发展部的领导下开展工作，负责掌握出版基金的使用方向，评审受理的图书选题，决定资助的图书选题和资助金额，以及决定中断或取消资助等。经评审给予资助的图书，由中央军委装备发展部国防工业出版社出版发行。

国防科技和武器装备发展已经取得了举世瞩目的成就，国防科技图书承担着记载和弘扬这些成就，积累和传播科技知识的使命。开展好评审工作，使有限的基金发挥出巨大的效能，需要不断摸索、认真总结和及时改进，更需要国防科技和武器装备建设战线广大科技工作者、专家、教授，以及社会各界朋友的热情支持。

让我们携起手来，为祖国昌盛、科技腾飞、出版繁荣而共同奋斗！

国防科技图书出版基金

评审委员会

国防科技图书出版基金
第七届评审委员会组成人员

可靠性新技术丛书

编审委员会

丛书序

可靠性理论与技术发源于20世纪50年代,在西方工业化先进国家得到了学术界、工业界广泛持续的关注,在理论、技术和实践上均取得了显著的成就。20世纪60年代,我国开始在学术界和电子、航天等工业领域关注可靠性理论研究和技术应用,但是由于众所周知的原因,这一时期进展并不顺利。直到20世纪80年代,国内才开始系统化地研究和应用可靠性理论与技术,但在发展初期,主要以引进吸收国外的成熟理论与技术进行转化应用为主,原创性的研究成果不多,这一局面直到20世纪90年代才开始逐渐转变。1995年以来,在航空航天及国防工业领域开始设立可靠性技术的国家级专项研究计划,标志着国内可靠性理论与技术研究的起步;2005年,以国家863计划为代表,开始在非军工领域设立可靠性技术专项研究计划;2010年以来,在国家自然科学基金的资助项目中,各领域的可靠性基础研究项目数量也大幅增加。同时,进入21世纪以来,在国内若干单位先后建立了国家级、省部级的可靠性技术重点实验室。上述工作全方位地推动了国内可靠性理论与技术研究工作。当然,随着中国制造业的快速发展,特别是《中国制造2025》的颁布,中国正从制造大国向制造强国的目标迈进,在这一进程中,中国工业界对可靠性理论与技术的迫切需求也越来越强烈。工业界的需求与学术界的研究相互促进,使得国内可靠性理论与技术自主成果层出不穷,极大地丰富和充实了已有的可靠性理论与技术体系。

在上述背景下,我们组织撰写了这套可靠性新技术丛书,以集中展示近5年国内可靠性技术领域最新的原创性研究和应用成果。在组织撰写丛书过程中,坚持了以下几个原则:

一是**坚持原创**。丛书选题的征集,要求每一本图书反映的成果都要依托国家级科研项目或重大工程实践,确保图书内容反映理论、技术和应用创新成果,力求做到每一本图书达到专著或编著水平。

二是**体系科学**。丛书框架的设计,按照可靠性系统工程管理、可靠性设计与试验、故障诊断预测与维修决策、可靠性物理与失效分析4个板块组织丛书的选题,基本上反映了可靠性技术作为一门新兴交叉学科的主要内容,也能在一定时期内保证本套丛书的开放性。

三是**保证权威**。丛书作者的遴选，汇聚了一支由国内可靠性技术领域长江学者特聘教授、千人计划专家、国家杰出青年基金获得者、973项目首席科学家、国家级奖获得者、大型企业质量总师、首席可靠性专家等领衔的高水平作者队伍，这些高层次专家的加盟奠定了丛书的权威性地位。

四是**覆盖全面**。丛书选题内容不仅覆盖了航空航天、国防军工行业，还涉及了轨道交通、装备制造、通信网络等非军工行业。

本套丛书成功入选“十三五”国家重点出版物出版规划项目，主要著作同时获得国家科学技术学术著作出版基金、国防科技图书出版基金以及其他专项基金等的资助。为了保证本套丛书的出版质量，国防工业出版社专门成立了由总编辑挂帅的丛书出版工作领导小组和由可靠性领域权威专家组成的丛书编审委员会，从选题征集、大纲审定、初稿协调、终稿审查等若干环节设置评审点，依托领域专家逐一对入选丛书的创新性、实用性、协调性进行审查把关。

我们相信，本套丛书的出版将推动我国可靠性理论与技术的学术研究跃上一个新台阶，引领我国工业界可靠性技术应用的新方向，并最终为“中国制造2025”目标的实现做出积极的贡献。

康锐

2018年5月20日

前言

能源、石化、冶金等流程工业及制造业、国防领域等现代国民经济行业中的生产装备，长期在高温、重载、腐蚀、疲劳、交变应力等复杂恶劣的工况下运行，装备中的关键零部件等复杂机电系统不可避免地会出现程度不同、表征不同的故障，从而可能给安全生产造成重大隐患，严重故障更可能导致机毁人亡的安全事故。故障预测与诊断对于保障装备安全运行具有极为重要的意义。屈梁生院士指出，装备的故障诊断问题本质上就是一个模式识别问题。因此，人工智能、机器学习领域中的模式识别方法不断地在故障诊断领域得以应用与发展，并形成了智能故障诊断与预测、健康评估等重要发展方向。

本书即从此点出发，结合作者在智能故障预测与诊断、装备健康评估方面的研究成果，以信号的特征提取和故障分类诊断为目标，重点介绍基于增强支持向量机、半监督学习、流形学习、深度信念网络等机器学习领域较新颖的方法在诊断领域的应用，同时基于相空间重构理论研究机械部件性能衰退的评估方法，以形象的仿真分析和典型的工程案例来说明其应用效果。

全书共7章。分别介绍了复杂机电系统故障预测、智能诊断与健康评估的研究内容、发展现状，基于监督式机器学习的支持向量机方法在机械部件智能诊断中的应用，基于半监督学习的核主元分析故障特征提取、聚类故障检测、自组织映射、关联向量机等方法在故障检测与分类中的应用，基于谱聚类、局部线性嵌入、距离保持投影等流形学习算法的故障特征选择与降维算法，基于深度信念网络的信号重构与故障诊断方法，基于递归定量分析和卡尔曼滤波开展机电系统性能退化跟踪及剩余寿命预测的研究，最后结合汽轮发电机组、压缩机组、航空发动机转子等探索了复杂机电系统的可靠性评估问题。

本书是作者长期从事诊断研究的总结，书中的实例大都是作者从事复杂机电系统故障智能预测与诊断的研究成果。本书由李巍华统稿并撰写第1、3、4、5章，张小丽撰写第2、7章，严如强撰写第6章。

衷心感谢国家自然科学基金委员会长期以来的资助(以资助年代为序:50605021,51075150,51175080,51405028,51475170,51875208)和中国博士后科学基金项目资助;感谢中国科学院院士杨叔子教授和华中科技大学史铁林教授的指导和鼓励,感谢西安交通大学陈雪峰教授的指导和帮助,感谢北京航空航天大学康锐教授和国防工业出版社白天明编辑的大力支持和帮助;感谢研究生廖奕校、潘灿、张斌、刘兰馨、陈秋利等在书稿校对和排版方面的大量工作。特别感谢国防科技图书出版基金对本书的肯定与资助。

金无足赤,人无完人。由于作者水平有限,书中难免存在不足之处,恳请读者批评指正、不吝赐教。

李巍华

2020 年 3 月于华园

目录

Contents

第1章

绪　论

1.1　智能故障诊断与健康评估的概念

装备智能故障诊断与健康评估是指利用人工智能和机器学习的相关算法对目标对象进行故障诊断、故障演化趋势及剩余寿命预测、健康状况的评估。从人工智能的角度看,装备的智能诊断与预测属于典型的模式识别问题。机器学习算法可以从历史数据中学习相关的知识,并生成相应的模型用于诊断、预测和健康评估。

装备智能故障诊断与健康评估对应着故障预测与健康管理(prognostics and health management,PHM)领域的3个层次:①故障检测和故障定位(故障诊断);②故障发展趋势及剩余寿命预测(故障预测);③根据诊断和预测信息对系统的健康状态进行评估(健康评估)。故障诊断包括故障检测和故障定位,故障检测主要是判断设备是否出现故障,而故障定位则是在故障出现时对故障部位进行识别。故障检测技术的出现使得设备故障可以被及时地发现,防止故障继续发展造成更加严重的后果;故障定位技术则大大减少了设备检修的时间。故障预测则是在诊断的基础上,结合对象的结构参数与运行参数对设备的性能退化程度进行分析,对装备未来的故障及其演化的趋势进行预测、分析和判断,并对设备的剩余使用寿命进行预测。根据故障预测的结果,可以指导设备调整运行工况,以延长设备的使用时间;另外,还能根据剩余使用寿命,提前做好维护规划,减少设备的停机时间。健康状态评估则是在故障诊断和预测的基础上,对设备的健康状态进行量化分析。设备在出现早期故障时,对设备运行的影响较小,此时对设备进行检修会造成不必要的浪费,增加设备的维护费用;当故障发展到一定程度之后,会对设备运行造成明显的影响,此时若不对设备进行检修则容易引发事故。健康状态评估技术通过对设备的性能劣化程度(含故障程度)进行动态的量化分析,实时监控设备健康状态,对其服役性能的退化程度做出评价,及时地发现需要维护的故障并减少不必要的维护支出。

1.2 复杂机电系统智能故障诊断与健康评估的意义

复杂机电系统的出现和发展反映了人类对于产品性能和工程设计的进一步追求,这是机械装备发展的必经过程。现代信息技术、计算机技术及人工智能的发展,赋予复杂机电系统越来越丰富的内涵以及更加复杂的功能。现代工业生产对产品质量和生产过程有着极高的要求,使得传统的机械系统逐渐被各类复杂机电系统所取代。

根据文献[1]对复杂机电系统的定义,现代复杂机电系统是以机电系统为载体,融合机、电、液、光等过程的复杂物理系统。多种单元技术根据功能需求集成于不同的机电载体上,通过信息流融合和信息驱动形成各种现代机电装备[1],如航空发动机、高速列车、精密机床及现代生产设备等。复杂机电系统通常由数量巨大、种类众多的零部件构成,系统内部各零部件和子系统之间存在复杂的耦合关系,因此,确定系统行为时需要综合考虑各子系统的独立行为及子系统间复杂的耦合关系。由于系统在功能、结构和耦合关系等方面的复杂性以及物理过程的多样性,使得复杂机电系统的智能故障诊断与健康评估面临极大的挑战。

随着各类复杂机电系统不断向大型化、复杂化、高速化和精密化发展,在石化、冶金、电力和机械等工业领域中,设备运行的高负荷、高腐蚀和高作业率成为主要特征。因机电系统设备故障而引起的灾难性事故屡有发生,例如:2011 年,北京地铁某电动扶梯驱动链断裂,致使扶梯逆向下行造成了乘客踩踏事故;2012 年,河北某风电场传动系统断齿停机事故,吉林某风电场发生风机塔架倒塌事故;2013 年,俄罗斯载有卫星的火箭由于推进器故障在拜科努尔发射升空仅 1min 就坠毁的事故等。由于机电系统设备故障可能造成巨大的经济损失、环境污染甚至人员伤亡,急需对运行中的机电系统进行动态监测与健康状况评估,以确保系统安全可靠运行。因此,复杂机电系统智能故障诊断与健康评估技术已成为保证生产系统安全稳定可靠运行的重要技术手段,越来越受到产业界、学术机构及政府部门的高度重视。《国家中长期科学和技术发展规划纲要(2006—2020)》和《机械工程学科发展战略报告(2011—2020)》均将“重大产品和重大设备以及关键零部件的可靠性、安全性和可维护性关键技术”列为需要重点突破的关键技术之一,工业和信息化部《智能制造工程实施指南(2016—2020)》也把“基于大数据的在线故障诊断与分析等智能检测装备”作为关键技术装备研制重点,以求可以“防患于未然”,避免灾难性事故发生,从而提高设备利用率、缩短停机维修时间、保证产品质量。

设备的维护是设备正常运行、避免安全事故的重要保障,维护策略的发展经历了 4 个阶段:①事后维修(corrective maintenance)阶段;②定期维护(planned maintenance)阶段;③视情维护(condition-based maintenance)阶段;④预知维护(predictive maintenance)阶段。事后维护是指在设备出现明显故障甚至停机时,才对设备进行检修的维护策略。这种策略不仅存在极大的安全隐患,而且需要耗费大量检修时间,造成显著的经济损失。定期维护是根据设备各个关键零部件的设计寿命对设备进行定期更换零部件和检修的一种维护策略,与事后维修相比,这种维护策略降低了故障的发生率。但是,定期维护无法避免零部件在设计寿命内出现的故障,而且在大多数情况下,定期维护都是在零部件无法正常工作之前将其换下,导致维护成本的增加。智能故障诊断与健康评估技术的发展,使得设备维护从定期维护向视情维护转变。视情维护避免了由于定期维护换下可用零部件造成的浪费,大大提高了零部件的使用时间,减少了设备维护成本;另外,视情维护可以有效避免设备的关键零部件在未达到使用时限时因出现故障而造成的事故。故障预测技术的出现,使得维护策略有了进一步的发展,预知维护的概念开始出现。预知维护根据对设备故障性质、类别、发展趋势及剩余使用寿命的预测,可以指导设备通过调整运行工况等措施提高利用率、延长剩余寿命;对于维修时间比较长,或者大型零部件的故障,可以提前做好维修的准备,减少设备的停机时间。

对于复杂机电装备这种功能、结构和耦合关系极其复杂的系统而言,对其进行智能故障诊断与健康评估对于保证装备可靠性、提高系统利用率、减少维护成本、避免安全事故有着重大的意义。

1.3　复杂机电系统智能故障诊断与健康评估的研究内容

在复杂机电系统运行过程中,多种物理过程相互耦合。从故障机理建模的角度来看,不仅需要考虑各个单独的物理过程,还需要分析各种物理过程之间的耦合,建模非常困难。智能故障诊断与健康评估方法利用机器学习算法,从历史数据中挖掘相关的知识,从而建立相应的模型,在研究复杂机电系统的状态评估和预测问题上有一定的优势。

智能故障诊断与健康评估方法包含 4 个主要步骤:①信号采集;②信号预处理;③特征提取和选择;④故障诊断与健康评估。采集与装备运行状态相关的物理量,如振动、压力、转速、温度及声发射信号等;由于复杂机电系统运行工况复杂,监测信号很容易受到噪声的污染,需要对信号进行预处理以减少噪声的影响;提取信号的特征来诊断故障,如时域特征、频域特征和时频域特征,特征提取和选择是故障诊断中的关键步骤,冗余无效的特征反而会对诊断造成干扰,从而影响诊断精度;以所提取的特征作为机电系统运行状态的综合表征,利用历史数据训练模型参数,可以得到诊断预测模型。将系统运行监测信号经上述处理后输入最终的模型即可获取相应的系统状态信息。

对于智能故障诊断预测模型的建立,根据学习模式的不同,可以分成3类:监督学习、无监督学习和半监督学习。监督学习方法利用带标签的训练样本集训练模型,在样本量充足的情况下,可以获得精度和泛化能力俱佳的状态评估模型;然而,在样本不足时,会出现过拟合导致精度和泛化性能变差。无监督学习方法针对的是没有标签样本情况下的健康评估,根据样本的相似度分析样本间的内在联系,以实现预期功能,如聚类方法、自组织映射网络等。由于没有监督信息,因此学习到的模型往往不够精确,目前无监督学习主要用于异常检测。半监督学习方法同时利用标签样本和无标签样本对模型进行训练,在标签样本不足的情况下,可以有效提高模型的精度和泛化能力。3种方法分别对应不同的应用场景,在标签样本充足的情况下,监督学习可以在最短的时间内学习到符合要求的模型;在没有标签样本的情况下,只能选择无监督学习方法;在标签样本不足的情况下,半监督学习方法则可以解决监督学习由于训练样本不足而出现的过拟合问题。

另外,根据模型结构层次的不同,还可以将这些方法分为浅层机器学习方法和深度学习方法。目前应用于智能故障诊断与健康评估的浅层机器学习方法主要有人工神经网络(artificial neural network,ANN)、支持向量机(support vector machine,SVM)、聚类算法、隐马尔可夫模型、随机森林和流形学习方法等。这些方法只对输入数据进行一到两次的非线性变化,计算量较小;另外,其简单的结构层次使得需要训练的参数较少,在训练样本较少的情况下,也能获得良好的精度和泛化性能。但是,浅层结构特征提取能力有限,需要进行人工的特征提取和选择。Hinton 等[2]利用贪婪学习算法解决了深层神经网络训练中梯度消失的问题,深度学习的概念开始出现。深度学习基于深层神经网络,其深层的结构使得其具有强大的特征提取能力,可以由网络自动进行特征的提取和选择,而不需要人工提取特征。但是,由于网络结构层次多,使得深度神经网络具有大量需要调整的参数,需要大量的故障数据用于网络的训练,训练样本不足时会出现严重的过拟合现象。相应地,其需要的训练时间和进行健康评估的时间也远远多于浅层机器学习方法。

综上所述,复杂机电系统智能故障诊断与健康评估的研究内容就是利用机器学习方法,从数据中挖掘出相关的知识,建立相应的诊断预测模型对装备的健康状态进行评估。

1.4 智能故障诊断与健康评估的研究现状

智能故障诊断与健康评估对于提高生产效率、降低事故率具有非常重要的意义,国内外学界、工业界都十分重视相关的方法和应用研究,提出了大量的智能故障诊断与健康评估方法。目前,对复杂机电系统智能故障诊断与健康评估的研究主要集中于系统关键零部件,如齿轮、轴承等。根据机器学习方法的结构层次的不同,分别从基于浅层机器学习方法和基于深度学习方法对智能诊断、预测与健康评估的研究现状进行综述。

1.4.1 基于浅层机器学习的方法

在基于浅层机器学习方法的智能故障诊断与健康评估研究方面,国内外学者展开了大量的工作。Lei 等[3]从装在行星齿轮箱不同位置的多个传感器信号中提取相同的两个特征,分别是滤除正常啮合成分后信号的均方根值,以及测量信号与健康信号的频谱差中所有正值和频谱和归一化后的值,并利用自适应神经模糊推理系统融合这些特征对行星齿轮箱的故障模式和故障程度进行诊断。Unal 等[4]利用包络分析、希尔伯特变换和快速傅里叶变换从振动信号中提取特征作为人工神经网络的输入进行故障诊断,并利用遗传算法(genetic algorithm,GA)优化人工神经网络的结构。游子跃等[5]提出一种基于总体平均经验模式分解(ensemble empirical mode decomposition,EEMD)和 BP 神经网络的风机齿轮箱故障诊断方法。利用小波变换对采集到的振动信号进行降噪处理,用 EEMD 降噪后的信号并从选取的固有模态函数(intrinsic mode function,IMF)分量中提取能量特征参数,归一化后输入到 BP 神经网络进行齿轮箱的故障诊断。Chang 等[6]提出一种基于轴心轨迹技术和分形理论的旋转机械故障诊断方法,该方法从振动信号中提取轴心轨迹,然后利用分形理论提取特征作为 BP 神经网络的输入进行故障诊断。Tian 等[7]提出了一种基于流形的动态时间规整(dynamic time warping,DTW)方法,通过测量测试样本和模板样本之间的相似度来进行轴承故障诊断。与传统的动态时间规整方法相比,这个方法用基于流形的相似度度量代替了基于欧几里得距离的相似度度量。

此外,这些机器学习方法还被广泛应用于信号的降噪、降维与特征提取等。Widodo 等[8]利用主成分分析、独立成分分析、核主成分分析和核独立分量分析等从声发射信号和振动加速度信号中提取特征,并分别以关联向量机和支持向量机为分类器,对 6 种不同的轴承故障进行分类,对比了不同特征提取方式和分类器组合的故障诊断效果。Zarei 等[9]利用正常状态的数据训练神经网络,建立一个用于去除非轴承故障成分(removing non-bearing fault component,RNFC)的滤波器。从原始信号中减去滤波后的信号以去除信号中的非轴承故障成分,并从去除非轴承故障成分后的信号中提取时域特征作为另一个神经网络的输入,对感应电动机中的轴承的健康状态进行分类。Jiang 等[10]从振动信号中提取 29 个常用特征,利用干扰属性映射(nuisance attribute projeciton,NAP)进行特征选择,并将被选取的特征作为隐马尔可夫模型的输入进行轴承的退化评估。Yu[11]从振动信号中提取14个时域特征和5个时频域特征,利用主元分析(PCA)进行特征降维,然后利用一种自适应隐马尔可夫模型算法建立一系列历史隐马尔可夫模型,以历史隐马尔可夫模型和当下马尔可夫模型的重叠率来评估轴承的健康状态。

为提高机器学习模型的泛化能力,集成学习通过构建多个机器学习机来完成学习任务,也被广泛应用于复杂机电系统的智能故障诊断与健康评估中。如Khazaee等[12]利用Dempster-Shafer理论融合了振动和声音数据,基于集成学习提出一种有效的行星齿轮箱故障诊断方法。首先,利用小波变换将振动和声音信号从时域转换到时频域,并提取时频域特征作为神经网络的输入;然后,构建两个神经网络分类器,将振动信号特征和声音信号特征分别输入不同的神经网络;最后,利用Dempster-Shafer理论融合两个神经网络的输出得到最终的分类结果。Wang等[13]提出一种基于粒子群优化的集成学习方法(particle swarm optimization based selective ensemble learning,PSOSEN)用于旋转机械的故障诊断中。首先,从振动信号中提取时域和频域特征,训练出一系列的概率神经网络(probabilistic neural network,PNN);然后,利用自适应粒子群优化(adaptive particle swarm optimization,APSO)算法从这些概率神经网络中选取出适用于故障诊断的网络,并利用奇异值分解(singular value decomposition,SVD)获取这些网络输出的最佳加权向量,最终诊断结果为各个网络输出构成的向量与最佳加权向量的内积。

浅层机器学习方法结构简单,需要训练的参数少,计算量小,相应地对训练样本的数量和训练时间的要求也比较低。在训练样本数量和计算能力不足时,可以快速有效地建立具有较好精度和泛化能力的智能故障诊断、预测和健康评估模型。但是,由于其结构简单,特征提取能力有限,需要进行人工的特征提取和选择。

1.4.2 基于深度学习的方法

随着深度学习技术的兴起及硬件计算设施的迅猛发展,基于深度学习的智能故障诊断与健康评估方法在故障诊断领域不断涌现。如Shao等[14]从振动信号中提取时域特征,将这些特征输入到深度置信网络中进行故障诊断,并提出用粒子群算法来训练深度置信网络的方法。Qi等[15]利用总体经验模态分解和自回归模型从振动信号中提取特征,然后将提取的特征作为堆栈稀疏自编码网络的输入对旋转机械进行故障诊断。Chen等[16]从不同的传感器采集的振动信号中提取时域和频域特征,将这些特征按传感器分别输入到不同的两层自编码网络进行进一步的特征提取,最后将所有自编码网络的输出排成一列作为深度置信网络的输入进行轴承的故障诊断。Guo等[17]提出一种基于LSTM-RNN(long short term memoryrecurrent neural network)的轴承剩余寿命预测方法。首先,将所提的6个基于相似度的特征与8个传统时频域特征混合组成原始特征空间,并利用单调性和相关性度量进行特征选择;然后,将所选特征作为LSTM-RNN的输入,进行轴承的剩余寿命预测。

由上可见,初期的深度学习诊断模型都是通过人工提取特征,以基于深度学习的深层网络作为分类器对故障进行分类识别或健康状况的评估。为了充分利用深度学习算法的特征学习能力,实现故障特征的自动提取,国内外学者开展了深入的研究。Heydarzadeh等[18]利用小波变换对采集到的振动加速度信号、扭矩信号和声音信号做预处理,将预处理后的小波系数分别用来训练3个不同的深度神经网络,并分别用来诊断齿轮故障。实验结果表明,在使用所提方法的前提下,3种信号都可以对齿轮故障进行有效的诊断。Janssens等[19]提出一种基于卷积神经网络的旋转机械故障诊断方法,分别对从两个不同位置采集到的振动信号做傅里叶变换获取频谱,将两个频谱放在同一个二维矩阵中作为卷积神经网络的输入,从而对旋转机械进行故障诊断。张绍辉[20]利用稀疏自编码网络对多个传感器采集的振动信号进行融合,并结合平方预测误差(square prediction error,SPE)指标对设备运行状态进行评估。Guo等[21]提出一种基于卷积神经网络的方法对轴承故障的类型和严重程度进行分类,并在训练过程中用了自适应学习率调整。首先,振动信号被输入到第一个卷积神经网络里对轴承的故障类型进行分类;然后,根据不同的故障类型,将振动信号输入不同的卷积神经网络里对故障程度进行分类。Lu等[22]为了解决在载荷波动和噪声影响下的轴承故障诊断问题,将原始信号作为堆栈式降噪自编码网络(stacked denoising autoencoder,SDA)的输入,利用深度学习强大的特征提取功能从原始信号中提取有效的特征,这些特征作为网络末端分类器的输入对轴承故障进行诊断,并对不同方法提取出来的特征进行了对比分析。Jing等[23]提出一种基于数据融合和卷积神经网络的行星齿轮箱故障诊断方法,将标准化后的振动加速度信号、声音信号、电流信号和转速信号作为深度卷积神经网络的输入,利用卷积神经网络进行数据的特征提取和数据融合程度的选择,从而实现行星齿轮箱的故障诊断。Shao等[24]提出一种基于深度自编码网络的方法用于齿轮箱和电动机车轴承的故障诊断,该方法以原始数据作为深度自编码网络的输入,利用人工鱼群算法优化深度自编码网络的关键参数取代了人工参数调整,并基于最大交叉熵提出一种新的损失函数,用于深度自编码网络的训练,以避免噪声对诊断精度的影响。Zhang等[25]提出一种结合了一维卷积神经网络和集成学习的轴承故障诊断,该方法以原始振动信号作为网络输入,实现了从原始数据到故障状态端到端的映射,避免了人工提取特征的不确定性。

深度学习方法可以从原始数据中自动提取并选择合适的特征进行智能故障诊

断与健康评估,可以避免人工特征提取的不足,增强方法的智能性。在训练样本充足和计算能力足够时,可以建立有效的智能故障诊断与健康评估模型,几乎不依赖于专家知识,对使用者要求较低。但是,深度神经网络具有复杂结构和大量需要训练的参数,对训练样本的数量和训练时间有着极高的要求。在训练样本数量不足时,会出现严重的过拟合现象,无法满足实际需求。

业界在复杂机电系统智能故障诊断与健康评估方面的研究已取得了丰富的成果。特别是在基于数据驱动的智能诊断方法方面,各种机器学习算法被广泛用于机械系统的智能故障诊断与健康评估中,基于深度学习的诊断研究也在不断深入。

1.5 本书的结构体系与特色

本书从机器学习的角度,阐述基于监督学习、半监督学习、流形学习、相空间重构等相关算法在故障特征提取与选择、早期故障的预测、故障模式的分类及装备性能退化的评估等方面的应用,并对当前机器学习的研究热点,深度学习在智能故障诊断与健康评估中的应用进行探索和分析。本书针对复杂机电系统智能故障诊断与健康评估,分 7 个章节进行介绍,后续章节主要内容如下:

第 2 章在监督学习理论框架下,讨论了支持向量机在机械故障诊断应用中急需解决的参数优化、特征优选、集成增强学习等问题的解决方案,并在电力机车滚动轴承故障诊断、Bently 转子故障与 CWRU 轴承早期故障诊断中验证了方案的有效性。

第 3 章针对监督学习所需数据难以获取以及无监督学习的模型泛化能力难以达到要求等问题,将半监督学习的思想融入成熟的监督学习及无监督学习算法,介绍了基于核主元分析(KPCA)、模糊核聚类算法、自组织特征映射(SOM)神经网络以及关联向量机(RVM)等的半监督智能故障诊断方法,在变速器早期故障与轴承早期故障诊断中取得较优良的诊断结果,验证了方法的有效性。

第 4 章介绍了多种基于流形学习的智能故障诊断与预测方法,包括基于谱聚类流形的故障特征选择、基于局部线性嵌入的故障识别、基于距离保持投影的故障分类方法等,并应用于变速箱齿轮、滚动轴承、发动机失火等故障诊断与预测,验证了方法的有效性。

第 5 章在深度学习理论框架下,介绍了深度学习中 4 种主要的网络模型:卷积神经网络、深度置信网络、堆栈自编码器和循环神经网络。结合汽车变速器故障诊断案例和刀具退化评估案例,详细叙述了如何应用深度神经网络进行机械故障诊断和装备的退化评估,并验证了深度神经网络在机械故障诊断和机械装备退化评估应用中的有效性。

第6章以相空间重构理论作为基础,分析了递归定量分析、卡尔曼滤波、粒子滤波等算法在故障识别与预测等方面的应用前景,并进一步介绍了基于卡尔曼滤波的初始故障预测、基于增强型粒子滤波的剩余寿命预测等算法。实验证明,这些算法在轴承内外圈故障的多参数识别、传动系统轴承退化跟踪及剩余寿命预测中取得了良好的效果。

第7章针对复杂机电系统健康监测与维护需求,介绍了运行可靠性评估方法,并给出在电厂汽轮机组、钢厂压缩机齿轮箱、航空发动机转子中实现基于健康状态监测的可靠性评估与视情维修的应用案例。

参考文献

[1] 钟掘,等. 复杂机电系统耦合设计理论与方法[M]. 北京:机械工业出版社,2007.

[2] HINTON G E, SALAKHUTDINOV R R. Reducing the dimensionality of data with neural networks[J]. Science,2006,313(5786):504-507.

[3] LEI Y,LIN J,HE Z,et al. A method based on multi-sensor data fusion for fault detection of planetary gearboxes[J]. Sensors,2012,12(2):2005-2017.

[4] UNAL M,ONAT M,DEMETGUL M,et al. Fault diagnosis of rolling bearings using a genetic algorithm optimized neural network[J]. Measurement,2014,58:187-196.

[5] 游子跃,王宁,李明明,等. 基于EEMD和BP神经网络的风机齿轮箱故障诊断方法[J]. 东北电力大学学报,2015,35(01):64-72.

[6] CHANG H C,LIN S C,KUO C C,et al. Using neural network based on the shaft orbit feature for online rotating machinery fault diagnosis[C]//Proceeding of 2016 IEEE International Conference on System Science and Engineering (ICSSE),Jul. 07-09,2016.

[7] TIAN Y,WANG Z,LU C. Self-adaptive bearing fault diagnosis based on permutation entropy and manifold-based dynamic time warping[J]. Mechanical Systems and Signal Processing,2019,114:658-673.

[8] WIDODO A,KIM E Y,SON J D,et al. Fault diagnosis of low speed bearing based on relevance vector machine and support vector machine[J]. Expert Systems with Applications,2009,36(3):7252-7261.

[9] ZAREI J,TAJEDDINI M A,KARIMI H R. Vibration analysis for bearing fault detection and classification using an intelligent filter[J]. Mechatronics,2014,24(2):151-157.

[10] JIANG,H,CHEN J,AND DONG G. Hidden Markov model and nuisance attribute projection based bearing performance degradation assessment[J]. Mechanical Systems and Signal Processing,2016,72:184-205.

[11] YU J. Adaptive hidden Markov model-based online learning framework for bearing faulty detection and performance degradation monitoring[J]. Mechanical Systems and Signal Processing,2017,83:149-162.

[12] KHAZAEE M, AHMADI H, OMID M, et al. Classifier fusion of vibration and acoustic signals for fault diagnosis and classification of planetary gears based on Dempster-Shafer evidence theory[J]. Proceedings of the Institution of Mechanical Engineers,Part E:Journal of Process Mechanical Engineering,2014,228(1):21-32.

[13] WANG Z Y,LU C,ZHOU B. Fault diagnosis for rotary machinery with selective ensemble neural networks[J]. Mechanical Systems and Signal Processing,2018,113:112-130.

[14] SHAO H,JIANG H,ZHANG X,et al. Rolling bearing fault diagnosis using an optimization deep belief network [J]. Measurement Science and Technology,2015,26(11):115002.

[15] QI Y,SHEN C,WANG D,et al. Stacked Sparse Autoencoder-Based Deep Network for Fault Diagnosis of Rotating Machinery[J]. IEEE Access,2017,5:15066-15079.

[16] CHEN Z,LI W. Multisensor Feature Fusion for Bearing Fault Diagnosis Using Sparse Autoencoder and Deep Belief Network[J]. IEEE Transactions on Instrumentation and Measurement,2017,66(7):1693-1702.

[17] GUO L,LI N,LEI Y,et al. A recurrent neural network based health indicator for remaining useful life prediction of bearings[J]. Neurocomputing,2017,240:98-109.

[18] HEYDARZADEH M,KIA S H,NOURANI M,et al. Gear fault diagnosis using discrete wavelet transform and deep neural networks[C]//Proceeding of 2016-42nd Annual Conference of the IEEE Industrial Electronics Society (IECON). Florence,Italy,Oct. 23-26:2016.

[19] JANSSENS O,SLAVKOVIKJ V,VERVISCH B,et al. Convolutional neural network based fault detection for rotating machinery[J]. Journal of Sound and Vibration,2016,377:331-345.

[20] 张绍辉. 基于多路稀疏自编码的轴承状态动态监测[J]. 振动与冲击,2016,35(19):125-131.

[21] GUO X,CHEN L,SHEN C. Hierarchical adaptive deep convolution neural network and its application to bearing fault diagnosis[J]. Measurement,2016,93:490-502.

[22] LU C,WANG Z Y,QIN W L,et al. Fault diagnosis of rotary machinery components using a stacked denoising autoencoder-based health state identification[J]. Signal Processing,2017,130:377-388.

[23] JING L,WANG T,ZHAO M,et al. An Adaptive Multi-Sensor Data Fusion Method Based on Deep Convolutional Neural Networks for Fault Diagnosis of Planetary Gearbox[J]. Sensors,2017,17(2):414.

[24] SHAO H,JIANG H,ZHAO H,et al. A novel deep autoencoder feature learning method for rotating machinery fault diagnosis[J]. Mechanical Systems and Signal Processing,2017,95:187-204.

[25] ZHANG W,LI C,PENG G,et al. A deep convolutional neural network with new training methods for bearing fault diagnosis under noisy environment and different working load[J]. Mechanical Systems and Signal Processing,2018,100:439-453.

第 2 章

基于监督学习的支持向量机智能诊断方法

2.1 监督学习的原理

人类智慧中一个很重要的方面是从实例中学习知识,通过分析已知事实并总结出规律,预测不能直接观测的事实[1]。在这种学习中,重要的是要能够举一反三,即利用从样本数据中学习得到的规律,不但可以较好地解释已知的实例,而且能够对未来的现象或无法观测的现象做出正确的预测和判断,通常这种学习能力称为泛化能力(generalization ability)[1]。随着信息时代的到来,各种数据和信息充斥着人类生产与生活的每个角落,但是人类处理并利用数据的能力却非常有限,目前还没有达到深层次挖掘数据规律的程度。

在人们对机器智能的研究中,希望能够用机器(计算机)模拟这种泛化能力,使之通过对样本数据的学习以发掘隐藏在数据中的潜在规律,并对未来数据或无法观测到的现象进行预测。统计推理理论根据来自某一函数依赖关系的经验样本数据推断这一函数依赖关系,在解决机器智能问题中起着基础性作用[1]。

统计推理理论主要分为两类:一类是研究样本无限渐进的传统统计学理论;另一类是研究有限样本条件下的统计学习理论[1]。在传统统计学理论中,以样本趋于无穷大时的渐进理论为前提,研究大样本的统计特性,参数的形式是已知的,经验样本被用来估计参数值,它是缺乏理论物理模型时最基本和最常用的分析手段。但是,在实际应用中以样本趋于无穷大时的渐进理论为前提的条件是难以满足的。因而,以样本趋于无穷大时的渐进理论为前提的传统统计学理论很难在样本数据有限小时取得理想的效果。统计学习理论(statistical learning theory)是美国 AT&T 贝尔实验室的 Vladimir N. Vapnik 在 20 世纪 60 年代提出,历经三十几年的深入研究,直到 90 年代中期才发展成熟的研究有限样本统计规律和学习方法的新理论,弥补了传统统计学理论的不足。在这一理论体系下的统计推理不仅考虑了对渐进性能的要求,而且寻取当前有限信息条件下的最优解。由于其较系统地考虑了有限样本的情况,而且相比传统统计学理论具有更好的实用性,因而受到世界机器学习界的广泛重视[1]。在这一严密的理论框架下发展出的支持向量机借助于核方法与最优化方法能将实际问题通过非线性变换转换到高维的特征空间,在高维空间中构造线性决策函数来实现原空间中的非线性决策函数,巧妙地解决了维数问题,并通过结构风险最小化原则在对给定数据的逼近精度与逼近函数的复杂性之间寻求折中,保证了较好的泛化能力,而且算法复杂度与样本维数无关。

机器学习不仅是人工智能的一个核心研究领域,而且已成为整个计算机领域中最活跃、应用潜力最明显的领域之一,在人类的生产生活中扮演着日益重要的角色。近年来,欧美各国都致力于研究机器学习的理论与应用,GE、Intel、IBM、微软与波音等公司也在该领域积极开展广泛的研发活动。监督学习是从标记的训练数据来学习相关的模式识别或回归知识的机器学习任务。本章主要介绍基于监督学习的支持向量机智能诊断方法与应用。

2.1.1 监督学习问题的一般模型

监督学习问题的一般模型包括如图 2-1 所示的 3 个组成部分:数据(实例)的发生器 G、目标算子 S 和学习机器 LM。

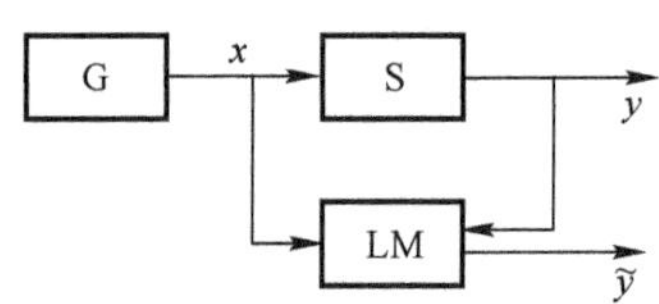

图 2-1　从实例学习的一般模型

(1) 数据(实例)的发生器 G。发生器 G 是源头,它确定了训练器和学习机器工作的环境。发生器 G 依据某一未知(但固定的)的概率分布函数 $F(\boldsymbol{x})$ 独立同分布地产生随机向量 $\boldsymbol{x} \in R^n$。

(2) 目标算子 S(有时称为训练器算子,或简单地称为训练器)。目标算子 S 根据同样固定但未知的条件分布函数 $F(y \mid \boldsymbol{x})$ 对每个输入向量 $\boldsymbol{x}$ 返回一个输出值 y。

(3) 学习机器 LM,它能够对每个输入向量 $\boldsymbol{x}$ 产生一定的函数集 $f(\boldsymbol{x},\boldsymbol{\alpha})$,$\boldsymbol{\alpha} \in \Lambda$(其中,$\boldsymbol{\alpha}$ 是实数向量,Λ 是由实数组成的参数集合),并产生输出值 $\tilde{y}$,使得 $\tilde{y}$ 逼近于目标算子 S 产生的值 y。

监督学习的问题就是从产生的函数集 $f(\boldsymbol{x},\boldsymbol{\alpha})$,$\boldsymbol{\alpha} \in \Lambda$ 中选择出能够最好地逼近训练目标 y 的函数。这种选择是基于联合分布 $F(\boldsymbol{x},y)=F(\boldsymbol{x})F(y \mid \boldsymbol{x})$ 抽取出的 l 个独立同分布观测的训练集。

$$(\boldsymbol{x}_1,y_1),(\boldsymbol{x}_2,y_2),\cdots,(\boldsymbol{x}_l,y_l) \tag{2-1}$$

在监督学习过程中,学习机器训练观测得到的一系列点对 $(\boldsymbol{x}_i,y_i)_{i=1,2,\cdots,l}$,并构造某一算子,用于预测由发生器 G 所产生的某一特定向量 $\boldsymbol{x}_i$ 上的训练器响应 y_i。学习机器的目标是构造一个适当的逼近。通过训练,学习机器能对任何一个给定的 $\boldsymbol{x}$ 返回一个非常接近于训练器响应 y 的 $\tilde{y}$。

2.1.2　风险最小化问题

为了得到对训练器响应最好的逼近，就要度量在给定输入 $\boldsymbol{x}$ 下训练器响应 y 与学习机器给出的响应 $f(\boldsymbol{x},\boldsymbol{\alpha})$ 之间的损失和差异 $L(y,f(\boldsymbol{x},\boldsymbol{\alpha}))$。考虑损失的数学期望：

$$R(\boldsymbol{\alpha}) = \int L(y,f(\boldsymbol{x},\boldsymbol{\alpha}))\mathrm{d}F(\boldsymbol{x},y) \tag{2-2}$$

式中：$R(\boldsymbol{\alpha})$ 为风险泛函；$\boldsymbol{\alpha}$ 为实数向量，且 $\boldsymbol{\alpha}\in\Lambda$，$\Lambda$ 是由实数组成的参数集合。机器学习的目标就是在联合概率分布函数 $F(\boldsymbol{x},y)$ 未知、训练集 $(\boldsymbol{x}_1,y_1),(\boldsymbol{x}_2,y_2),\cdots,(\boldsymbol{x}_l,y_l)$ 已知的情况下，寻找函数 $f(\boldsymbol{x},\boldsymbol{\alpha}_0)$，使它在函数集 $f(\boldsymbol{x},\boldsymbol{\alpha})(\boldsymbol{\alpha}\in\Lambda)$ 上最小化风险泛函 $R(\boldsymbol{\alpha})$。

2.1.3　3 种主要的学习问题

监督学习中有 3 种主要的学习问题：模式识别、回归估计和密度估计，其表述形式如下：

1. 模式识别

令训练器的输出 y 只取两种值 $y=\{0,1\}$，并令 $f(\boldsymbol{x},\boldsymbol{\alpha})(\boldsymbol{\alpha}\in\Lambda)$ 为指示函数集合（指示函数即只有 0 或 1 两种取值的函数）。考虑下面的损失函数：

$$L(y,f(\boldsymbol{x},\boldsymbol{\alpha}))=\begin{cases}0, & y=f(\boldsymbol{x},\boldsymbol{\alpha})\\ 1, & y\neq f(\boldsymbol{x},\boldsymbol{\alpha})\end{cases} \tag{2-3}$$

对于这个损失函数，式(2-2)的泛函确定了训练器和指示函数 $f(\boldsymbol{x},\boldsymbol{\alpha})$ 所给出的答案不同的概率，而这种指示函数给出的答案与训练器输出不同的情况称为分类错误。

这样，学习问题就成了在概率测度 $F(\boldsymbol{x},y)$ 未知，但数据式(2-1)已知的情况下，寻找使分类错误的概率最小的函数。

2. 回归估计

令训练器的输出 y 为实数值，并令 $f(\boldsymbol{x},\boldsymbol{\alpha}),\boldsymbol{\alpha}\in\Lambda$ 为实函数集合，其中包含着回归函数

$$f(\boldsymbol{x},\boldsymbol{\alpha}_0) = \int y\mathrm{d}F(y\mid\boldsymbol{x}) \tag{2-4}$$

回归函数就是在损失函数

$$L(y,f(\boldsymbol{x},\boldsymbol{\alpha}))=(y-f(\boldsymbol{x},\boldsymbol{\alpha}))^2 \tag{2-5}$$

下使泛函式(2-2)最小化的函数。

这样，回归估计的问题就是在概率测度 $F(\boldsymbol{x},y)$ 未知，但数据式(2-1)已知的情况下，对采用式(2-5)作为损失函数的风险泛函式(2-2)最小化。

3. 密度估计

对从密度函数集 $p(\boldsymbol{x},\boldsymbol{\alpha})$ $(\boldsymbol{\alpha}\in\Lambda)$ 中估计密度函数的问题，考虑如下的损失函数：

$$L(p(\boldsymbol{x},\boldsymbol{\alpha}))=-\log p(\boldsymbol{x},\boldsymbol{\alpha}) \tag{2-6}$$

因此，从数据估计密度函数的问题就是在相应的概率测度 $F(\boldsymbol{x})$ 未知，但给出了独立同分布数据式(2-1)的情况下，在采用式(2-6)作为损失函数下使风险泛函式(2-2)最小。

2.2 支持向量机

统计学习理论是对有限样本进行统计估计和预测的理论，采用结构风险最小化原则折中经验风险和置信范围，实现实际风险的最小化。但是，如何构造学习机器实现结构风险最小化原则是统计学习理论的关键问题之一。

支持向量机(SVM)[2]是在统计学习理论体系下发展的实现结构风险最小化原则的有力工具，主要通过保持经验风险值固定而最小化置信范围来实现结构风险最小化原则，适合于小样本学习。美国 *Science* 杂志在 2001 年将支持向量机评价为“机器学习领域非常流行的方法和成功的例子，并是一个十分令人瞩目的发展方向”[3]。支持向量机集成了最大间隔超平面、Mercer 核、凸二次规划、稀疏解和松弛变量等多项技术，具有如下显著特点：

(1) 支持向量机以统计学习理论为基础，以结构风险最小化为归纳原则，寻求使经验风险和置信范围之和最小的学习机器。相比传统以经验风险最小化为归纳原则的学习机器，支持向量机能更好地适应小样本情况，得到有限信息条件下的全局最优解，而不是样本趋于无穷大时的最优解。

(2) 支持向量机求解算法通过对偶理论将其转化为一个二次寻优问题，从而确保得到的是全局最优解，克服了神经网络等方法容易陷入局部极值的问题。

(3) 支持向量机运用核方法可以隐式地将训练数据从原始空间非线性映射到高维空间，通过在高维空间构造线性判别函数实现原始空间中的非线性判别函数，其算法复杂度与样本维数无关，巧妙地解决了传统维数灾难问题。

(4) 支持向量机所获得的机器复杂度取决于支持向量的个数，而不是由变换空间的维数决定，因此避免了“过学习”现象。

2.2.1 线性支持向量机

支持向量机是从线性可分情况下的最优分类面发展而成的，基本思想可用

图 2-2 的二维平面的情况来说明。图 2-2 中,星点和圆点代表两类样本,中间的粗实线为最优分类超平面,其附近的两条直线分别为过各类中离分类超平面最近的样本且平行于分类超平面的直线,它们之间的距离就是分类间隔。所谓最优分类超平面就是要求分类超平面不但能将两类正确分开,即训练错误率为 0;而且使分类间隔最大。使分类间隔最大实际上就是对泛化能力的控制,这是支持向量机的核心思想之一。线性支持向量机只适用于满足线性可分的样本,对于很多线性不可分的实际问题需要寻求某种办法将原始输入空间的线性不可分问题转化为较为简单的线性可分问题。具体算法参见文献[2]。

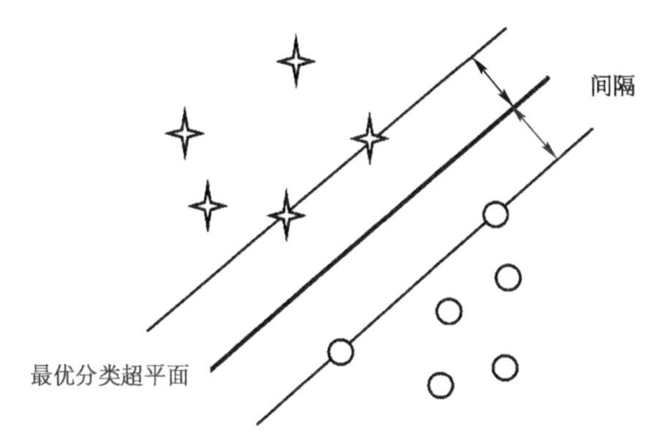

图 2-2　以最大间隔将数据分开的最优分类超平面

2.2.2　非线性支持向量机

非线性支持向量机的基本思想是,通过非线性变换将输入变量 x 映射到某个高维空间中,然后在高维变换空间求最优分类面。这种变换比较复杂,在一般情况下不易实现。但是注意到求最优分类面问题中只涉及训练样本之间的内积运算,即在高维空间只需进行内积运算,而这种内积运算是可以用原空间中的函数实现,甚至无需知道变换的形式。根据泛函的有关理论,只要一种核函数满足 Mercer 条件,它就对应某一变换空间中的内积。具体算法参见文献[4]。

2.2.3　核函数

核空间理论的基本原理如图 2-3 所示。对于一个分类问题 **P**,设 $\boldsymbol{X}$ 代表分类样本集,$\boldsymbol{X} \in \mathbf{R}$,**R** 称为输入空间或测量空间。在此空间中,**P** 是一个非线性问题或线性不可分的问题(图 2-3(a))。通过寻找合适的非线性映射函数 $\phi(\boldsymbol{x})$,可以将输入空间中的样本集 $\boldsymbol{X}$ 映射到一个高维空间 **F** 中,使得在空间 **F** 中分类问题 **P** 能进行线性分类(图 2-3(b)),其本质与支持向量机的最优分类超平面相同(图 2-2)。**F** 称为特征空间,可以有任意大的维数,甚至是无限维。

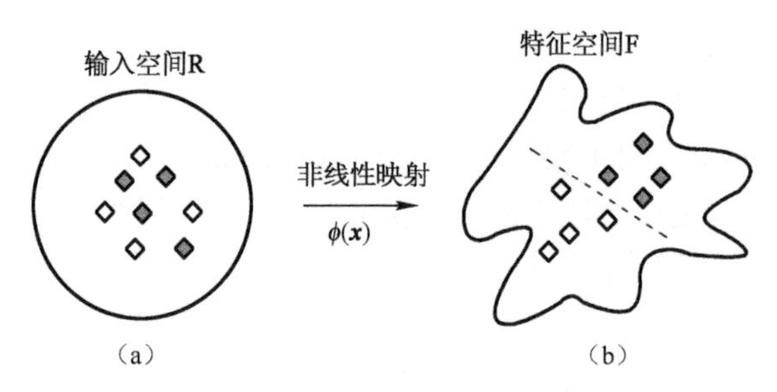

图 2-3　核空间理论的基本原理

使用核函数是诱人的计算途径。通过核函数可以隐式地定义特征空间,不仅在计算内积时,而且在支持向量机的设计中都可以避开特征空间。使用不同的核函数及其相应的希尔伯特空间,相当于采取不同的标准对数据样本的相似性进行评估。

要构造不同类型的支持向量机,需要使用满足 Mercer 定理的不同的核函数。因此,构造能反映逼近函数特性的核函数非常重要。支持向量算法的一个重要特征归功于核的 Mercer 条件,它使得相应的优化问题成为凸问题,因此保证了最优解是全局解。

首先考虑有限输入空间,并假设 $X=\{\boldsymbol{x}_1,\cdots,\boldsymbol{x}_n\}$ 是在 $K(\boldsymbol{x},\boldsymbol{z})$ 上的对称函数。考虑矩阵:$\boldsymbol{K}=(K(\boldsymbol{x}_i,\boldsymbol{x}_j))_{i,j=1}^n$,既然 K 是对称的,必存在一个正交矩阵 $\boldsymbol{V}$ 使得 $\boldsymbol{K}=\boldsymbol{V\Lambda V}^{\mathrm{T}}$,这里 $\boldsymbol{\Lambda}$ 是包含 $\boldsymbol{K}$ 的特征值 λ_t 对应着特征向量 $\boldsymbol{v}_t=(v_{ti})_{i=1}^n$,也就是 $\boldsymbol{V}$ 的列。现在假设所有特征值是非负的,考虑特征映射:

$$\boldsymbol{\phi}:\boldsymbol{x}_i\to(\sqrt{\lambda_t}v_{ti})_{t=1}^n\in\mathbb{R}^n\quad(i=1,2,\cdots,n)\tag{2-7}$$

现在有

$$\langle\boldsymbol{\phi}(\boldsymbol{x}_i)\cdot\boldsymbol{\phi}(\boldsymbol{x}_j)\rangle=\sum_{t=1}^n\lambda_t v_{ti}v_{tj}=(\boldsymbol{V\Lambda V'})_{ij}=\boldsymbol{K}_{ij}=K(\boldsymbol{x}_i,\boldsymbol{x}_j)\tag{2-8}$$

这意味着 $K(\boldsymbol{x},\boldsymbol{z})$ 是真正对应于特征映射 $\boldsymbol{\phi}$ 的核函数。$\boldsymbol{K}$ 的特征值非负的条件是必要的,因为如果有一个负特征值 λ_s 对应着特征向量 $\boldsymbol{v}_s$,特征空间中的点:

$$\boldsymbol{z}=\sum_{i=1}^n v_{si}\boldsymbol{\phi}(\boldsymbol{x}_i)=\sqrt{\boldsymbol{\Lambda}}\boldsymbol{V}'\boldsymbol{v}_s\tag{2-9}$$

有二阶范数:

$$\|\boldsymbol{z}\|^2=\langle\boldsymbol{z}\cdot\boldsymbol{z}\rangle=\boldsymbol{v}_s^{\mathrm{T}}\boldsymbol{V}\sqrt{\boldsymbol{\Lambda}}\sqrt{\boldsymbol{\Lambda}}\boldsymbol{V}^{\mathrm{T}}\boldsymbol{v}_s=\boldsymbol{v}_s^{\mathrm{T}}\boldsymbol{V\Lambda V}^{\mathrm{T}}\boldsymbol{v}_s=\boldsymbol{v}_s^{\mathrm{T}}\boldsymbol{K}\boldsymbol{v}_s=\lambda_s<0\tag{2-10}$$

与空间的几何性质相矛盾。因此得出下面的 Mercer 定理。Mercer 定理刻画了函数 $K(\boldsymbol{x},\boldsymbol{z})$ 是核函数时的性质。

Mercer 定理:令 $\boldsymbol{X}$ 是有限输入空间,$K(\boldsymbol{x},\boldsymbol{z})$ 是 $\boldsymbol{X}$ 上的对称函数。那么 $K(\boldsymbol{x},\boldsymbol{z})$ 是核函数的充分必要条件是矩阵

$$\boldsymbol{K}=(K(\boldsymbol{x}_i,\boldsymbol{x}_j))_{i,j=1}^n\tag{2-11}$$

是半正定的(即特征值非负)。

可以在希尔伯特空间通过为每个特征引入权重 λ_i 推广内积,得到

$$\langle\phi(\boldsymbol{x})\cdot\phi(\boldsymbol{z})\rangle=\sum_{i=1}^{\infty}\lambda_i\phi_i(\boldsymbol{x})\phi_i(\boldsymbol{z})=K(\boldsymbol{x},\boldsymbol{z}) \tag{2-12}$$

这样特征向量变为

$$\phi(\boldsymbol{x})=(\phi_1(\boldsymbol{x}),\phi_2(\boldsymbol{x}),\cdots,\phi_n(\boldsymbol{x}),\cdots) \tag{2-13}$$

Mercer 定理给出了连续对称函数 $K(\boldsymbol{x},\boldsymbol{z})$ 允许的表示方式:

$$K(\boldsymbol{x},\boldsymbol{z})=\sum_{i=1}^{\infty}\lambda_i\phi_i(\boldsymbol{x})\phi_i(\boldsymbol{z}) \tag{2-14}$$

其中:λ_i 非负,它等价于 $K(\boldsymbol{x},\boldsymbol{z})$ 是特征空间 $F\supseteq\phi(x)$ 中的内积,这里 F 是下面所有序列的 l_2 空间:

$$\psi=(\psi_1,\psi_2,\cdots,\psi_i,\cdots) \tag{2-15}$$

式中:$\sum_{i=1}^{\infty}\lambda_i\psi_i^2<\infty$。

它将隐式地得出一个特征向量定义的空间,支持向量机的决策函数将被表示为

$$f(\boldsymbol{x})=\sum_{j=1}^{n}\alpha_j y_j K(\boldsymbol{x},\boldsymbol{x}_j)+b \tag{2-16}$$

目前,最为常见的4种核函数如下:

(1) 支持向量多项式核函数

$$K(\boldsymbol{x}_i,\boldsymbol{x}_j)=[(\boldsymbol{x}_i\cdot\boldsymbol{x}_j)+R]^d \tag{2-17}$$

式中:R 为一个常数;d 为多项式的阶数。

(2) 指数径向基核函数

$$K(\boldsymbol{x}_i,\boldsymbol{x}_j)=\exp\left(-\frac{\|\boldsymbol{x}_i-\boldsymbol{x}_j\|}{2\sigma^2}\right) \tag{2-18}$$

式中:σ 为指数径向基核函数宽度。

(3) 高斯径向基核函数

$$K(\boldsymbol{x}_i,\boldsymbol{x}_j)=\exp\left(-\frac{\|\boldsymbol{x}_i-\boldsymbol{x}_j\|^2}{2\sigma^2}\right) \tag{2-19}$$

式中:σ 为高斯径向基函数宽度。

(4) Sigmoid 核函数

$$K(\boldsymbol{x}_i,\boldsymbol{x}_j)=\tanh[\upsilon(\boldsymbol{x}_i\cdot\boldsymbol{x}_j)+\theta] \tag{2-20}$$

式中:$\upsilon>0,\theta<0$ 为 Sigmoid 核函数参数。

Vapnik 等认为:在支持向量机中,只要改变核函数就可以改变学习机器的类型(即逼近函数的类型)[1],支持向量机泛化性能的一个关键影响因素就是核函

数[5]。通过使用恰当的核函数可以隐式地将训练数据非线性映射到高维空间,寻求高维空间的数据规律。但是到目前为止,各种核函数的功能与适用范围并没有得到清楚的证明与明确的约定。

2.2.4 支持向量机在机械故障诊断中的应用现状

机械装备的故障诊断问题是一个典型的小样本问题,而传统的机器学习方法在解决小样本问题时很难获得良好的泛化性能。因此,缺乏充分的学习样本一直以来是制约机械智能故障诊断的一个瓶颈问题。统计学习理论是研究有限样本数据的统计规律和学习方法的新理论,弥补了传统统计学理论的不足。在这一严密理论体系下发展的支持向量机方法适合于小样本情况下的故障诊断。目前支持向量机在轴承、齿轮、电机等机械状态监测与故障诊断中得到了广泛应用,如表2-1所列。

表2-1 支持向量机在机械故障诊断中的应用

诊断对象	设备状态	方法	作者
轴承	正常、外圈故障、内圈故障	经验模式分解+支持向量机	Yang[6]
齿轮	正常、裂纹、断齿 正常、裂纹、断齿、齿面磨损	经验模式分解+支持向量机 Morlet小波+支持向量机	Cheng[7] Saravanan[8]
电机	转子断条、转子笼端环断裂、线圈短路、定子绕阻线圈短路	Welsh方法+支持向量机	Poyhonen[9]
泵	结构共振、转子径向接触摩擦、转子轴向接触摩擦、轴裂纹、齿轮破损、轴承破损、叶片断裂、转子偏心、轴弯曲、主体连接松动、轴承松动、转子部分松动、气压脉动、气穴现象	主分量分析+支持向量机	Chu[10]
航空发动机	轴承故障、滑油故障、减速器故障	支持向量机	孙超英[11]
柴油机	正常、喷油器喷口变大、喷油器喷孔堵塞、燃油泵堵塞、燃油系统泄漏、燃油混有杂质	支持向量机	朱志宇[12]

虽然支持向量机在机械故障诊断应用中取得了很大的进展,然而在实际应用中还没有达到理想的效果,在理论和应用研究中还存在以下问题:

(1) 支持向量机参数优化问题。支持向量机参数优化(也被称为参数选择)问题一直是制约支持向量机在工程实践中发挥其优良泛化性能的一个关键因素。支持向量机参数直接关系到支持向量机的泛化性能。因此,研究支持向量机参数对支持向量机泛化性能的影响机理,提出有效的支持向量机参数优化方法是支持向量机在机械故障诊断应用中的一个关键问题。

(2) 故障特征选择问题。在工程实际中,当支持向量机核函数和算法结构确定之后,制约支持向量机发挥良好泛化性能的两个关键因素是:如何选择最优的支持向量机参数和如何选择与样本属性相关的特征提供给支持向量机学习。当前的研究大多局限于将制约支持向量机泛化性能的两个关键因素(特征选择和参数优化)分别予以分析与解决,没有考虑到特征选择和参数优化对支持向量机泛化性能的共同影响,难免顾此失彼,制约了支持向量机泛化性能的充分发挥。因此,如何解决支持向量机特征选择与参数的同步优化问题,通过获得相互匹配的最优特征和最优参数,从而全面提高支持向量机的泛化能力,是支持向量机在机械故障诊断应用中所面临的又一个问题。

(3) 支持向量机算法结构改进问题。基于支持向量机的智能故障诊断模型的建立,要求支持向量机算法结构具有较好的泛化性能,即对未来样本与未知事件具有良好的预测能力。支持向量机产生的分类器(或预测器)的泛化性能主要取决于采集有限样本的可用性和支持向量机算法挖掘样本信息的充分性。然而在工程实际中采集有代表性的训练样本是非常昂贵的也是非常耗时的,而且在一定时期内要积累一定量的训练样本也是不易的。如何充分挖掘并利用有限样本信息中的知识与规律,从支持向量机理论与算法构造方面提高支持向量机的泛化能力,是支持向量机在机械故障诊断应用中需要不断深入研究的问题。

机械故障诊断技术可以提高机械产品的可靠性和正常运行时间,当前可供使用的故障诊断技术通常需要很多专业知识和经验积累,因而在实际应用中,生产一线的技术人员如果不经过专业的培训或没有掌握专业知识,则难以分析监测到的数据,更不易做出准确的诊断结果。此外,由于工业现场通常存在很大的噪声干扰,有时利用常规的诊断方法分析得出的故障结论并不充分,因此需要发展智能的诊断技术。

2.3 支持向量机参数优化方法

支持向量机的性能主要是指通过学习训练样本的属性而建立起来的支持向量机对未知样本的预测能力,通常称为泛化能力。支持向量机参数取值深刻影响着支持向量机的泛化性能。2002 年,Chapelle 与 Vapnik 等在国际著名学术期刊 *Machine Learning* 发表文章说明支持向量机参数(惩罚因子 C 和核函数参数)对支持向量机的重要影响[5]:惩罚因子 C 决定间隔最大化与误差最小化之间的折中程度,核函数参数(如多项式核函数中的阶数 d、指数径向基核函数宽度 σ、高斯径向基函数宽度 σ、Sigmoid 核函数参数 v、θ 以及其他核函数参数)决定了样本从输入空间到高维特征空间的非线性映射特征与分布。如果选择的参数值(如惩罚因子 C、核函数参数)不合适,二分类支持向量机的预测性能甚至会低于 50%的随意猜测误差概率。为了使支持向量机表现出良好的泛化性能,参数优化是不可或缺的一个重要步骤。所以支持向量机参数优化问题一直是国内外学者关注的一个焦点,也是制约支持向量机在工程实践中发挥其优良泛化性能的一个关键因素。

国内外提出的支持向量机参数优化方法主要可以分为以下 4 类:实验误差法(trial and error procedure)、交叉验证法(cross validation method)、泛化误差估计与梯度下降法(generalization error estimation and gradient decend method)、人工智能与进化算法(artificial intelligent and evolutionary algorithm)。实验误差又被称为"试凑法",使用者完全没有先验知识指导或者仅依赖较少的经验,通过逐个实验有限数量的参数值并保留取得最小实验误差的参数作为最优参数。虽然实验误差法在实际应用中简单易行而被多数人使用,但是由于没有充分在支持向量机参数空间中寻优,因而其选出的支持向量机最优参数不严密也不令人信服。另一种普遍使用的是交叉验证法,该方法将样本数据集划分为 k 等份数据子集,利用其中(k-1)份数据子集进行训练,剩余的一份数据子集进行测试,所得的 k 个测试误差均值作为当前支持向量机参数组合下的测试误差;然后调整参数并重新按上述步骤获得调整参数的测试误差;获得令人满意的测试误差时就将对应的参数组合作为支持向量机的最优参数。可以看出交叉验证法运算量大、运算时间长,而且也只能在有限的支持向量机参数空间寻优。泛化误差估计与梯度下降法是利用支持向量机泛化性能的误差界估计函数并结合梯度下降法,在支持向量机参数空间搜索支持向量机最优参数的一种方法,但是由于支持向量机泛化性能的误差估计是一个复杂的数学问题,而且要求支持向量机参数误差界的梯度计算是可行的,因此泛化误差估计与梯度下降法在工程实际应用中并不常用。

当前,支持向量机参数的优化问题得到了人工智能技术与进化算法的有力支持。由于自然演化进程的本质是一场优胜劣汰的优化过程,其遵循着一种奇妙的规律与法则,千百年来一直启迪人类学习自然规律、模拟自然和生物的进化规律、实现发明创造与实践活动(表 2-2)。国内外学者针对支持向量机参数优化问题提出了各种智能与进化算法,如协方差矩阵适应进化策略、遗传算法、人工免疫算法、粒子群优化算法等。

表 2-2 生物启示与人类发明

生物	发明物	生物	发明物
鸟	飞机	鱼类的尾鳍	船舵
蝙蝠	声纳和雷达	鱼类的胸鳍	船桨
蜻蜓	直升机	青蛙	电子蛙眼
蜘蛛网	渔网	水母	风暴预测器
蜘蛛丝	新型纤维	鼯鼠	降落伞
萤火虫	人工冷光	贝壳	坦克
苍蝇	气味探测器	蝴蝶	卫星温控系统

本节首先针对支持向量机参数优化问题,以蚁群优化算法为基础,分析支持向量机参数对支持向量机的影响机制,提出基于蚁群优化算法的支持向量机参数优化方法;然后通过国际标准数据库,分析蚁群优化算法参数对优化支持向量机参数过程的影响机理,与现有其他方法对比验证所提出的基于蚁群优化算法的支持向量机参数优化方法的可行性和有效性;最后将所提出的基于蚁群优化算法的支持向量机参数优化方法应用于电力机车轴承故障实例的分析,所提出的电力机车轴承故障诊断方法,将不以准确提取轴承故障特征频率为主要依据,而是通过简单提取信号的时域与频域统计特征后,利用所提出的基于蚁群优化算法的支持向量机参数优化方法进行故障模式识别,从而突出基于蚁群优化算法优化支持向量机参数方法的有效性,结果表明该方法可以提高支持向量机的泛化性能,成功识别出电力机车轴承中常见的各种单一故障模式。

2.3.1　蚁群优化算法

Dorigo M 等于 1991 年提出了蚁群优化算法,并针对蚁群优化算法的模型与理论,在 *Nature* 等国际著名期刊上著文阐述其研究成果,为蚁群优化算法理论体系的构建奠定了坚实的基础。本小节针对支持向量机的参数优化问题,通过蚁群优化算法的算法设计与算例分析来阐述,具体算法推导参见文献[13]。

1. 算法设计

对于连续域优化问题,蚁群优化算法通常需要首先将连续域离散化,人工蚂蚁可在抽象出来的点上自由运动,以方便计算机运算。蚁群优化算法流程如图 2-4 所示,主要包含如下 5 个关键步骤。

(1) 变量初始化:设置蚁群中蚂蚁的个数、信息素在初始时刻的浓度大小,以及信息素强度等变量初始值。

(2) 连续域离散化:将待优化变量的取值范围 $x_i^{\text{lower}} \leqslant x_i \leqslant x_i^{\text{upper}} (i=1,2,\cdots,n)$ 离散为 N 等份,则各离散点间的间隔为

$$h_i = \frac{x_i^{\text{upper}} - x_i^{\text{lower}}}{N} \quad (i=1,2,\cdots,n) \tag{2-21}$$

式中:x_i^{upper} 为变量 x_i 的取值范围的上界;x_i^{lower} 为变量 x_i 的取值范围的下界;n 为变量 x_i 的个数。

(3) 信息素构建与管理:令 τ_{ij} 为节点(i,j)上的信息素浓度,其初始值为一常数,以保证各个节点在初始时刻具有相等的概率被蚂蚁选择。在随后的搜索过程,当所有的蚂蚁都完成了一次遍历搜索之后,各个节点上的信息素需要按照信息素更新方程修改当前信息素浓度。

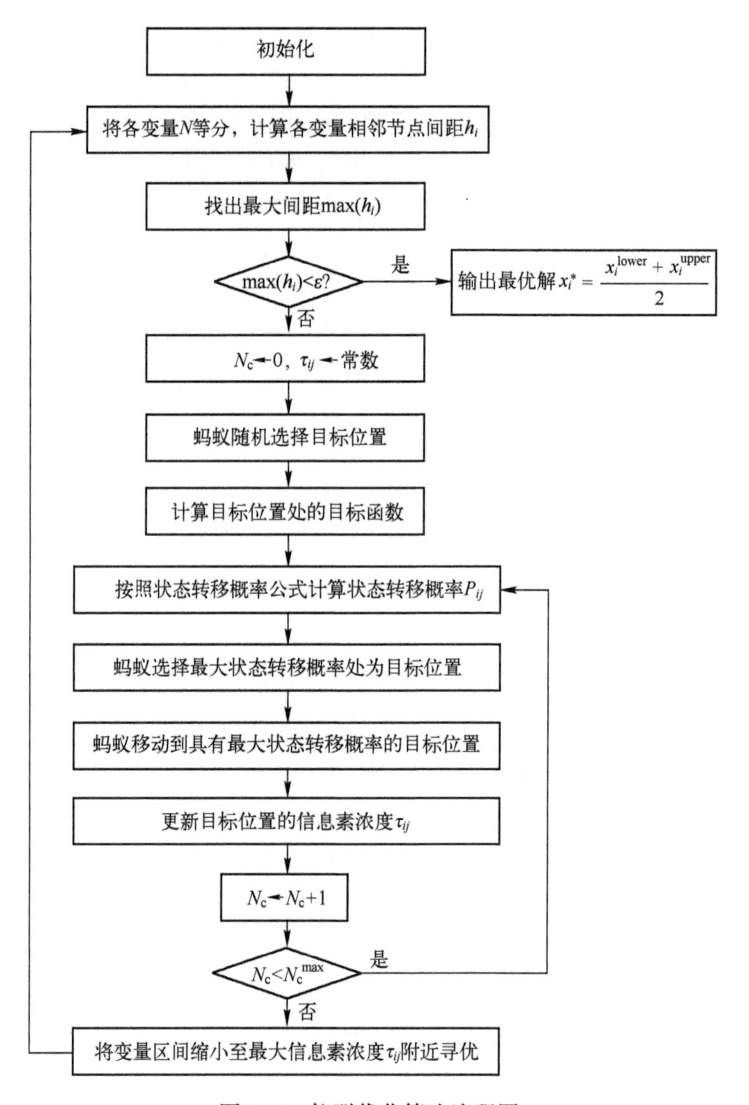

图 2-4　蚁群优化算法流程图

$$\tau_{ij}^{new} = (1-\rho)\tau_{ij}^{old} + \frac{Q}{e^{f_{ij}}} \tag{2-22}$$

式中：τ_{ij}^{new}为节点(i,j)上的当前信息素浓度；ρ为信息素挥发系数；τ_{ij}^{old}为节点(i,j)上的历史信息素浓度；Q为信息素强度，通常为一常数；e为数学常数；f_{ij}为目标函数f在节点(i,j)上的取值。

（4）状态转移概率：每只蚂蚁按照状态转移概率方程计算下一目标节点的概率从而确定蚂蚁的移动方向。

$$P_{ij} = \frac{\tau_{ij}}{\sum_{i=1}^{N} \tau_{ij}} \tag{2-23}$$

当蚁群的移动次数 N_c 小于预先给定的 $N_c^{\max}$，蚁群则继续按照式(2-22)定义的信息素更新方程与式(2-23)定义的状态转移概率方程寻优；如果蚁群的移动次数 N_c 达到预先给定的 $N_c^{\max}$ 时，则找出当前各个节点上信息素浓度 τ_{ij}^{new} 的最大值所对应的坐标 $m_i(i=1,2,\cdots,n)$，并缩小变量的取值范围：

$$x_i^{\text{lower}} \leftarrow x_i^{\text{lower}} + (m_i - \Delta) h_i \tag{2-24}$$

$$x_i^{\text{upper}} \leftarrow x_i^{\text{lower}} + (m_i + \Delta) h_i \tag{2-25}$$

式中：Δ 为常数。然后继续从上述的步骤(2)开始进行蚁群的寻优过程。

(5) 算法迭代终止条件：如果步骤(2)中各离散点间的最大间隔 $\max(h_i)$ 小于给定的精度 ε，则优化算法停止，输出最优解。

$$x_i^* = \frac{x_i^{\text{lower}} + x_i^{\text{upper}}}{2} \quad (i=1,2,\cdots,n) \tag{2-26}$$

2. 算例分析

为了简单验证蚁群优化算法的有效性，首先将该蚁群优化算法应用于 3 种基本的数学算例。

算例 1：对于如下典型的单变量连续域优化问题

$$\min f(x) = (x-1)^2 + 1 \quad (x \in [0,8]) \tag{2-27}$$

该函数为单变量函数，且在 $x^* = 1$ 处具有理论最小值 $f(x^*) = 1$。用蚁群优化算法对该函数进行优化，如图 2-5 所示的实验结果表明该蚁群优化算法在 $\tilde{x} = 0.9396$ 处取得目标函数最优值 $f(\tilde{x}) = 1.0003$。计算所用时间 $t = 0.2190$s。

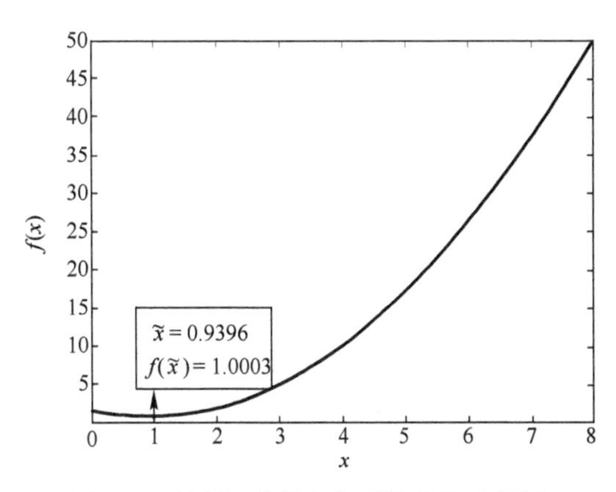

图 2-5　算例 1 曲线与蚁群优化算法结果

算例 2:对于如下典型的单变量连续域优化问题

$$\min f(x)=5\sin(30x)\mathrm{e}^{-0.5x}+\sin(20x)\mathrm{e}^{0.2x}+6 \tag{2-28}$$

该单变量函数具有多个局部极值。蚁群优化算法的优化结果(见图 2-6)为该函数在$\tilde{x}=0.5754$处取得函数最小值$f(\tilde{x})=1.2728$。计算所用时间$t=0.0940\text{s}$。

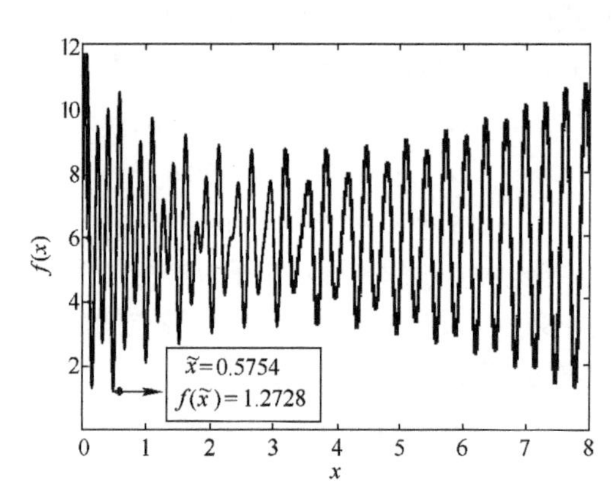

图 2-6　算例 2 曲线与蚁群优化算法结果

算例 3:对于如下典型的二变量连续域优化问题

$$\min f(x_1,x_2)=x_1\mathrm{e}^{(-x_1^2-x_2^2)} \tag{2-29}$$

该函数在$x_1^*=-\dfrac{1}{\sqrt{2}}$,$x_2^*=0$处取得理论最小值$f(x_1^*,x_2^*)=-0.4289$。蚁群优化算法的优化结果为:函数在$\tilde{x}_1=-0.7022$,$\tilde{x}_2=0.0058$处,$f(\tilde{x}_1,\tilde{x}_2)=-0.4288$,如图 2-7 所示。计算时间$t=0.3750\text{s}$。

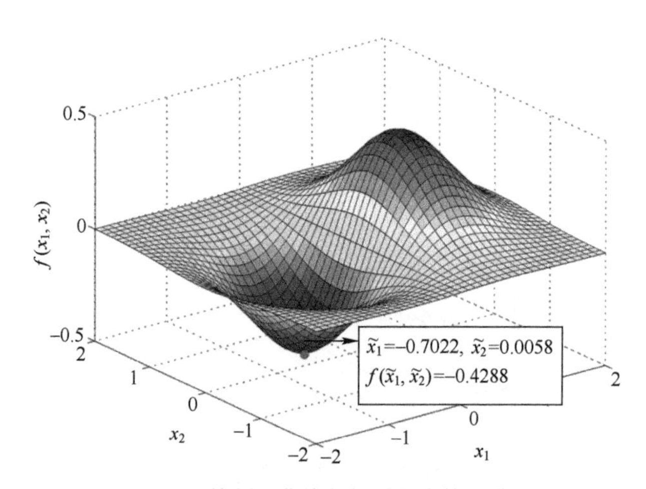

图 2-7　算例 3 曲线与蚁群优化算法结果

2.3.2　基于蚁群优化算法的支持向量机参数优化算法

1. 支持向量机参数

支持向量机的性能主要是指通过学习训练样本的属性而建立起来的支持向量机对未知样本的预测能力,通常称为泛化性能。惩罚因子 C 和核函数参数对支持向量机的泛化性能有很大的影响。惩罚因子 C 决定了在拟合误差最小化和分类间隔最大化之间的折中。核函数的参数,例如高斯径向基核函数中的核宽参数 σ,影响数据空间的映射变换并且改变了高维特征空间中样本分布的复杂程度。无论哪个参数设置得过大或过小,都会损害支持向量机的优良性能。所以在实际工程应用中,通过优化支持向量机参数以期望获得良好的支持向量机泛化性能是非常重要的。本节以优化惩罚因子 C 和高斯径向基核函数参数 σ 为例,阐述所提出的基于蚁群优化算法的支持向量机参数优化方法。

2. 优化支持向量机参数的目标函数

优化支持向量机参数的目标是:利用优化程序去探索可能解的一个有限子集,从中找到可以使支持向量机泛化误差最小的参数值。由于测试样本上的真实误差是无偏的,且误差的方差随着验证样本集的增大而减小,故本节估计测试样本上的真实误差。

假设一个测试样本集:$S'=\{(\boldsymbol{x}'_i,y'_i)\mid \boldsymbol{x}'_i\in H,y'_i\in Y(i=1,2,\cdots,l)\}$,其中 H 为特征集,Y 为标签集,则支持向量机参数优化的目标函数为

$$\min T=\frac{1}{l}\sum_{i=1}^{l}\Psi(-y'_i f(\boldsymbol{x}'_i)) \tag{2-30}$$

式中:Ψ 为阶跃函数:当 $x>0$ 时,$\Psi(x)=1$;否则,$\Psi(x)=0$。f 为支持向量机的决策函数。

3. 蚁群优化算法的信息素模型

在蚁群优化算法中,人工蚂蚁通过衡量动态的人工信息素以概率的方式建立解。蚁群优化算法的主要组成部分是信息素构建与管理机制。用于支持向量机参数优化的信息素模型如下所述。

1) 状态转移规则

状态转移规则使得蚂蚁具有通过信息素寻找最优参数的能力。在蚁群优化算法优化支持向量机参数方法中,每个蚂蚁的角色是建立一个解的集合。通过应用概率决策使得蚂蚁在相邻的状态空间移动从而建立最优解。状态转移概率方程如下式所示:

$$P_{ij}=\frac{\tau_{ij}}{\sum_{i=1}^{N}\tau_{ij}} \tag{2-31}$$

式中：i 为一个待优化参数的参数值标号；j 为另一个待优化参数的参数值标号；τ_{ij} 为待优化参数的某一个参数值组合(i,j)上的信息素值；P_{ij}为某一个参数值组合(i,j)被蚁群选择的概率值。

2) *状态更新规则*

状态更新规则是为了激励蚁群求得最优解。当所有的蚂蚁都建立了自己的解后，状态更新规则只应用于在当前迭代中所取得的局部最优参数组合子集。通过这个规则，局部最优参数组合子集的信息素将被增加。通过使用状态更新规则和状态转移规则指导蚁群在当前迭代中取得良好解的附近区域搜索更优解。通过应用状态更新规则，更新的信息素如下式所示：

$$\tau_{ij}^{\text{new}}=(1-\rho)\tau_{ij}^{\text{old}}+\frac{Q}{e^{T}} \tag{2-32}$$

式中：T 为式(2-29)中的目标函数值；ρ 为挥发系数；Q 为挥发强度。状态更新规则对支持向量机取得较小泛化误差的参数解赋予更多的信息素，使得这些参数有较高的概率被其他蚂蚁或者后续迭代中选择。

4. 基于蚁群优化算法的支持向量机参数优化算法步骤

基于蚁群优化算法的支持向量机参数优化方法流程图如图 2-8 所示，主要包括以下 3 个主要步骤。

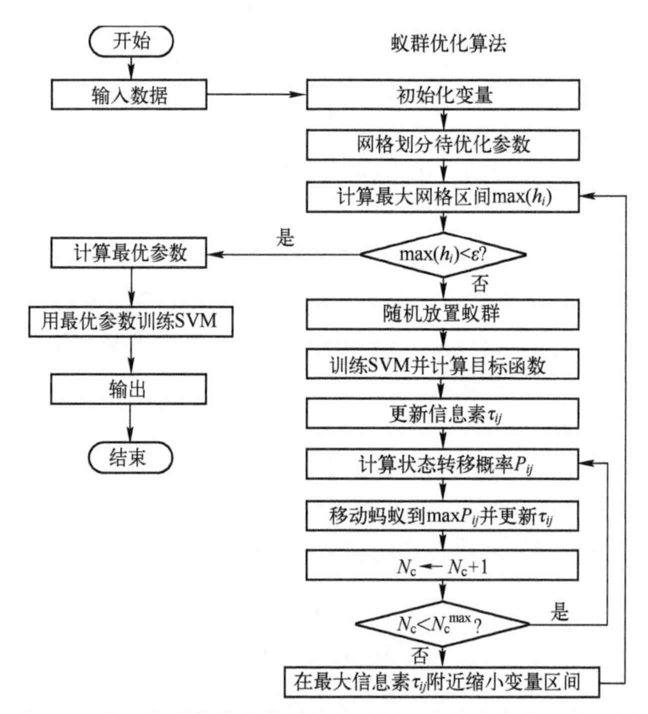

图 2-8　基于蚁群优化算法的支持向量机参数优化方法流程图

（1）初始化参数和变量，将待优化参数的变量区间划分为 N 个网格，并计算网格区间大小：

$$h_j=\frac{v_j^{\text{upper}}-v_j^{\text{lower}}}{N}\quad (j=1,2,\cdots,m) \tag{2-33}$$

式中：v_j^{upper} 和 v_j^{lower} 分别为每个待优化的参数的上界和下界；h_j 为网格划分之后的网格区间大小；m 为待优化的参数个数。因为每个参数的网格区间是等同的，所以每个网格节点代表一种参数组合。N 越大，网格划分的越密，需要更多的蚂蚁加入到计算中，使得计算量增加。如果 N 太小，则蚁群优化算法的收敛速度下降。所以，本节同时考虑到计算时间与计算复杂程度，在下面数值算例中设定 $v_j^{\text{upper}}=2^{10}$，$v_j^{\text{lower}}=2^{-10}$，$N=10$。

（2）在初始时刻，所有参数组合节点上的信息素水平都是等同的，即所有网格节点都是同一分布，因此所有的蚂蚁都随机选择自己的初始移动位置，随后，蚁群通过式（2-31）所述的状态转移规则选取自己的移动位置；然后用所选择的参数组合训练支持向量机，并根据式（2-30）计算优化支持向量机参数的目标函数。

当所有的蚂蚁完成了本次迭代任务，如式（2-32）所示的状态更新规则将被应用到产生最小支持向量机泛化误差的参数组合（网格节点）上。每次迭代产生最小误差的网格节点都被奖励更多的信息素，这使得这些有较多信息素的节点吸引更多的蚂蚁来选择，从而形成了一个正反馈的搜索机制。步骤（2）将一直循环到达到最大的循环迭代次数。

（3）找到最大信息素浓度的节点，然后在该节点附近进行下一轮的搜索。待优化参数的区间缩小为

$$v_j^{\text{lower}}\longleftarrow v_j^{\text{lower}}+(m_j-\Delta)h_j \tag{2-34}$$

$$v_j^{\text{upper}}\longleftarrow v_j^{\text{lower}}+(m_j+\Delta)h_j \tag{2-35}$$

式中：Δ 为一个常数；m_j 为最大信息素浓度的节点下标。

上述 3 个步骤将一直循环到网格区间小于给定的精度 ε，这也是基于蚁群优化算法的支持向量机参数优化方法的迭代终止条件。一般来说，ε 越小，所获得的优解将更精确，但是计算时间却大大增加。为了在求解精度和计算复杂度之间求得折中，本节在后续的实验中给定 ε 为 0.01。所求得的最优参数为

$$v_j^*=\frac{v_j^{\text{lower}}+v_j^{\text{upper}}}{2}\quad (j=1,2,\cdots,m) \tag{2-36}$$

式中：v_j^* 为求得的最优参数。

2.3.3　国际标准数据验证与分析

为了验证所提出的基于蚁群优化算法的支持向量机参数优化方法的有效性，

本节将利用在国际常用的标准数据库中的数据集对所提出的方法进行验证,并与其他常见的支持向量机参数优化方法进行对比分析。

1. 数据描述

实验数据选用国际著名的 UCI 和 IDA 标准数据库中的 Breast Cancer、Diabetes、Heart、Thyroid、Titanic 5 个数据集进行实验。表 2-3 描述了这些数据集的属性:数据集的名称、数据集中数据组的个数,每组数据中训练样本的个数,每组数据中测试样本的个数和数据集的维数。

表 2-3　数据集属性

名　　称	组的个数	训练样本个数	测试样本个数	维数
Breast Cancer	100	200	77	9
Diabetes	100	468	300	8
Heart	100	170	100	13
Thyroid	100	140	75	5
Titanic	100	150	2051	3

2. 支持向量机参数分析

为了分析支持向量机参数对支持向量机泛化性能的影响,以高斯径向基核函数为例画出了上述 5 个数据集的测试误差的曲面图与等高线,如图 2-9~图 2-13 所示。支持向量机的参数 C、σ 的区间为$[2^{-10},2^{10}]$。图 2-9~图 2-13 中的(a)图为测试误差曲面图,x 轴和 y 轴分别代表$\log_2\sigma$ 和$\log_2 C$。测试误差曲面上的(x,y)平面上的每个节点代表一个参数组合,z 轴代表每个参数组合下支持向量机的测试误差百分比值。图 2-9~图 2-13 的(b)图分别为 5 个数据集的测试误差等高线图,x 轴和 y 轴分别代表$\log_2\sigma$ 和$\log_2 C$。

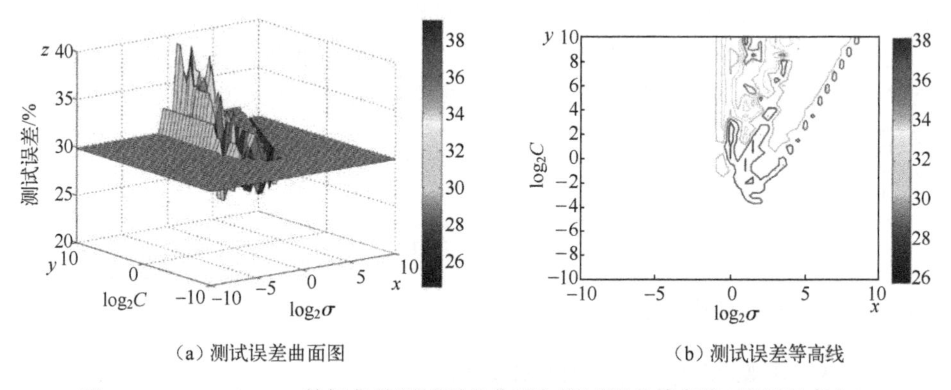

(a) 测试误差曲面图　　(b) 测试误差等高线

图 2-9　Breast Cancer 数据集的测试误差曲面与测试误差等高线(彩图见书末)

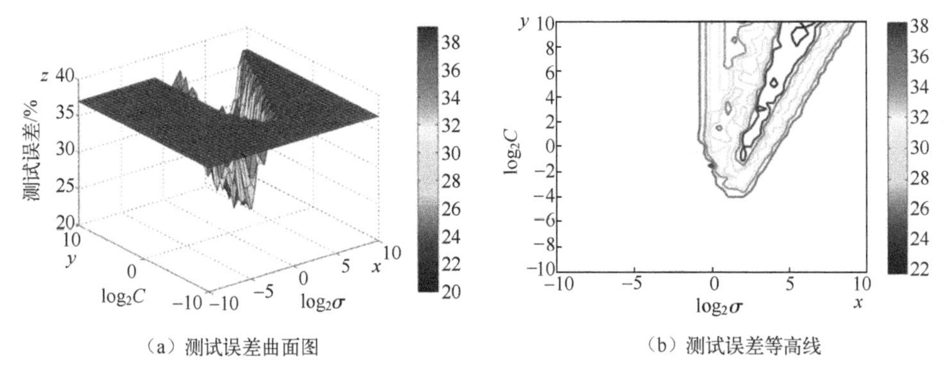

（a）测试误差曲面图　　（b）测试误差等高线

图 2-10　Diabetes 数据集的测试误差曲面与测试误差等高线(彩图见书末)

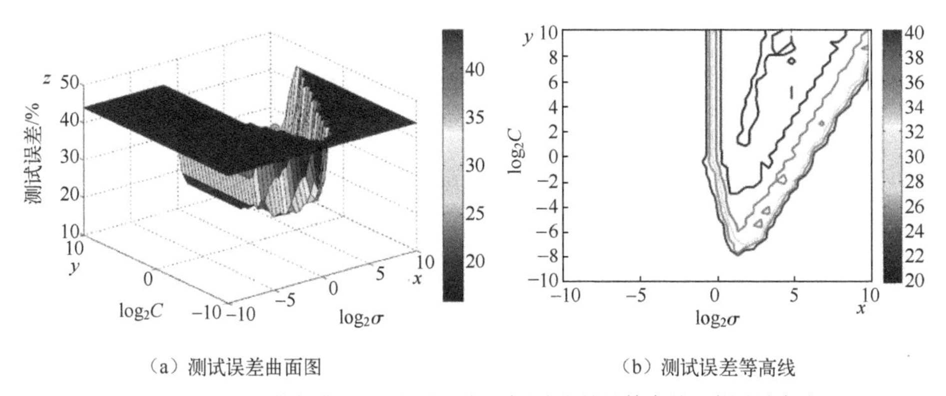

（a）测试误差曲面图　　（b）测试误差等高线

图 2-11　Heart 数据集的测试误差曲面与测试误差等高线(彩图见书末)

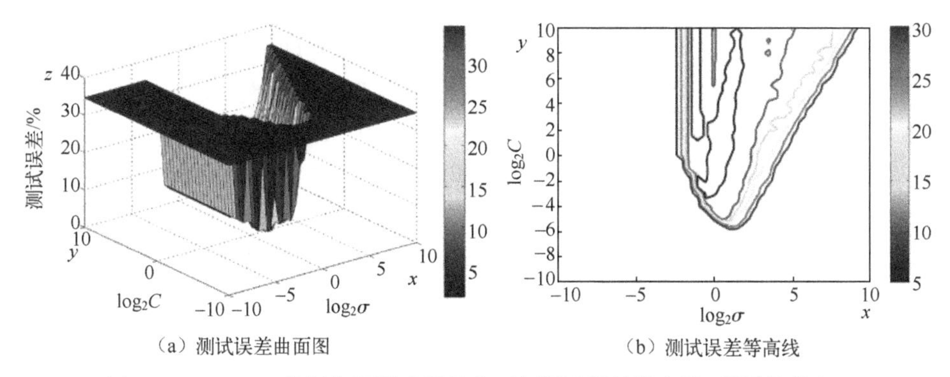

（a）测试误差曲面图　　（b）测试误差等高线

图 2-12　Thyroid 数据集的测试误差曲面与测试误差等高线(彩图见书末)

从图 2-9~图 2-13 可以看出,测试误差曲面(等高线)存在很多局部最小点,很难找到某个参数组合使得误差最小。而且使得支持向量机测试误差较小的高斯径向基核函数参数一般都取值在(0,0)点附近,如果高斯径向基核函数参数取值过大或过小;则支持向量机在 5 个数据集上的测试误差都反而会增大。基于这样一种规律,5 个数据集的测试误差曲面都呈现出碗型形状,即两边误差大,中间误差小。这种碗型的误差曲面有利于通过优化算法找到误差最小点。

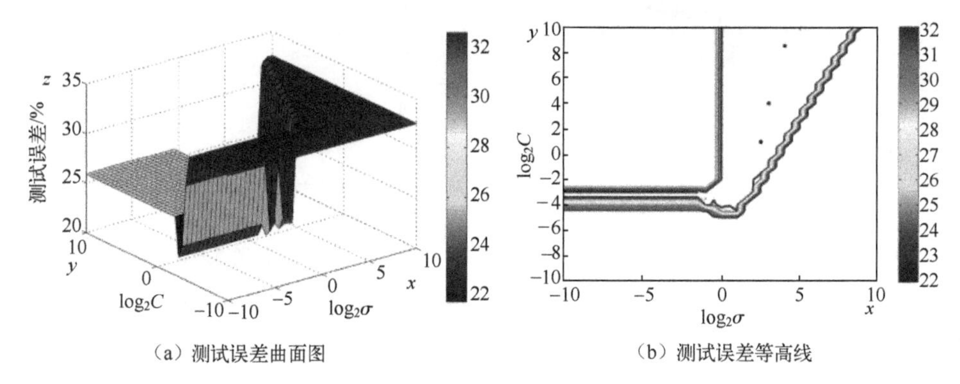

(a) 测试误差曲面图　　(b) 测试误差等高线

图 2-13　Titanic 数据集的测试误差曲面与测试误差等高线(彩图见书末)

3. 蚁群优化算法参数影响分析

当使用优化算法优化支持向量机参数时,不可避免地要引入一些属于优化算法的参数。这些优化算法参数的设置是否合适,对最终能否求得最优解有很大的影响。设置任何一个优化算法的参数至少应该与设计这个优化算法同等重要。蚁群优化算法中的参数主要有蚂蚁个数、挥发系数 ρ、挥发强度 Q,以及信息素初始值 τ。为了合理设置蚁群优化算法参数,以 Thyroid 数据集为例详细分析了这些蚁群优化参数对支持向量机参数优化结果的影响机制。

1) 蚂蚁个数

在蚁群优化算法中,设置合理的蚂蚁个数对于蚁群优化算法的结果有重要的影响。为了在较短的时间内在可行解空间探索潜在的最优解,就需要充足的蚂蚁个数。所以,蚁群优化算法的性能分别通过设置 10、20、30、40、50、60、70、80、90 与 100 个蚂蚁个数来测试。蚂蚁个数对基于蚁群优化算法的支持向量机参数优化方法的影响如图 2-14 所示。从图上可以看出,当蚂蚁个数为 20、30、70、80、90 时,支持向量机的性能最好(测试误差最小)。同时,当蚂蚁个数增加时,程序运算时间增加。

2) 挥发系数

在蚁群算法中,挥发系数 ρ 具有统一地降低所有状态点信息素的功能。从实际应用的角度来讲,需要挥发系数来阻止蚁群优化算法以非常快的速度收敛于局部最优解区域。挥发系数的作用有利于在一个新的搜索空间求解。图 2-15 揭示了挥发系数 ρ 对基于蚁群优化算法的支持向量机参数优化方法的影响规律,从图中可以看出当挥发系数 ρ 取值为 0. 2、0. 4、0. 6~0. 7 时,Thyroid 数据集的测试误差最小;当 ρ 取值为 0. 5 时,计算时间最短。

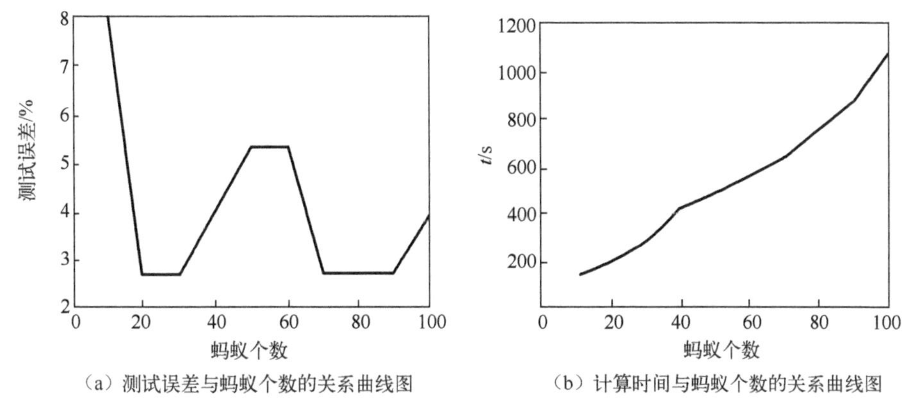

（a）测试误差与蚂蚁个数的关系曲线图　（b）计算时间与蚂蚁个数的关系曲线图

图 2-14　蚂蚁个数对基于蚁群优化算法的支持向量机参数优化方法的影响(Thyroid 数据集)

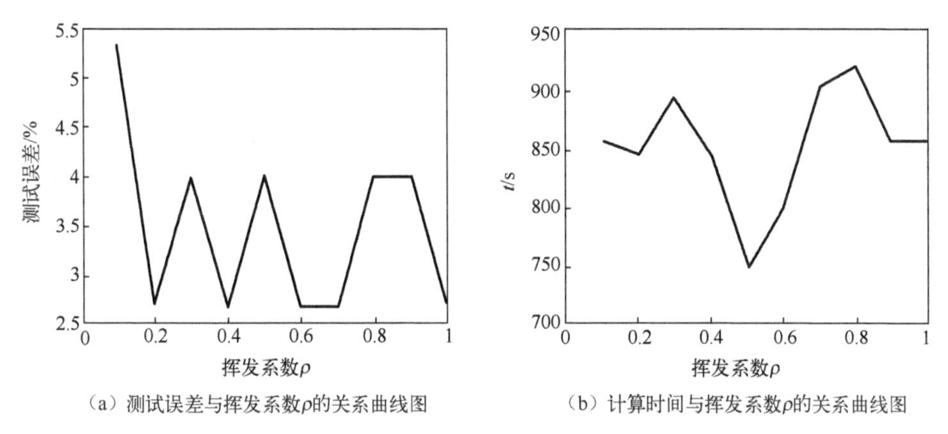

（a）测试误差与挥发系数ρ的关系曲线图　（b）计算时间与挥发系数ρ的关系曲线图

图 2-15　挥发系数 ρ 对基于蚁群优化算法的支持向量机参数优化方法的影响(Thyroid 数据集)

3) 信息素强度

在蚁群算法中,挥发强度 Q 用来调节蚁群优化算法在正反馈过程中以一个合适的进化速度求得问题的全局最优解。图 2-16 表明了挥发强度 Q 对基于蚁群优化算法的支持向量机参数优化方法的影响,从图中可以看出当挥发强度 Q 取值为 20~100、140、190~200 时,Thyroid 数据集的测试误差较小。

4) 信息素初始值

由于蚁群优化算法主要是由人工蚂蚁通过人工信息素的非直接交流来获得合适的解,因此信息素的初始值设置非常重要。从图 2-17 可以看出信息素 τ 的初始值对基于蚁群优化算法的支持向量机参数优化方法的复杂影响规律,从图中可以看出当信息素 τ 的初始值取值为 160 时,Thyroid 数据集的测试误差最小;当信息素 τ 的初始值取值为 80 时,计算时间最短。

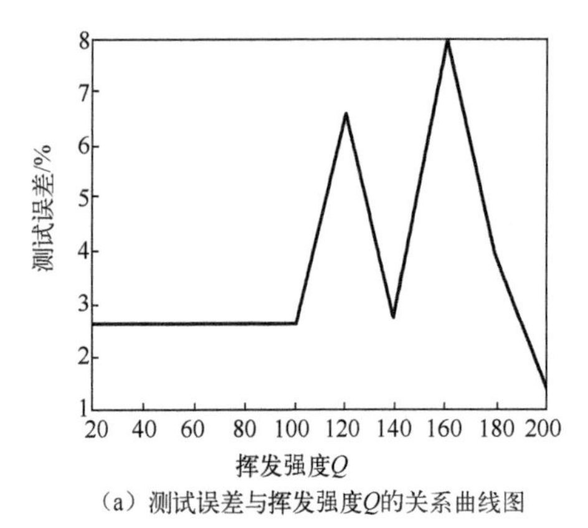

(a) 测试误差与挥发强度Q的关系曲线图

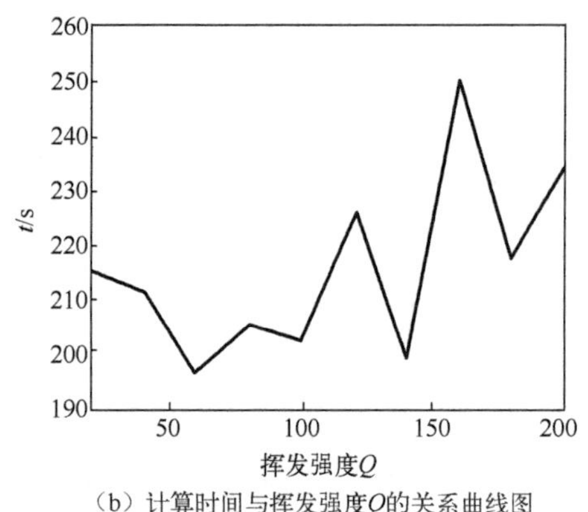

(b) 计算时间与挥发强度Q的关系曲线图

图 2-16 挥发强度 Q 对基于蚁群优化算法的支持向量机参数优化方法的影响(Thyroid 数据集)

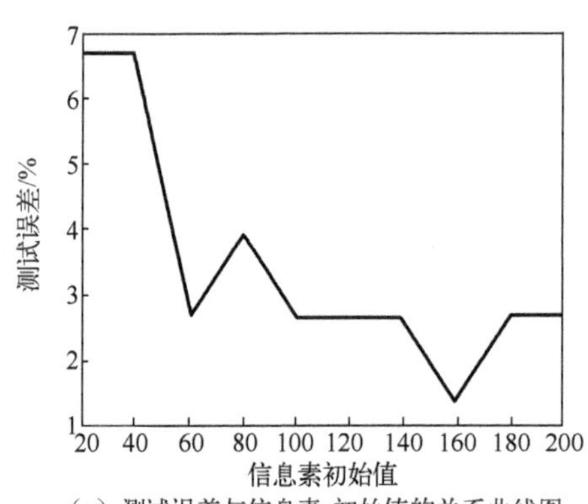

(a) 测试误差与信息素τ初始值的关系曲线图

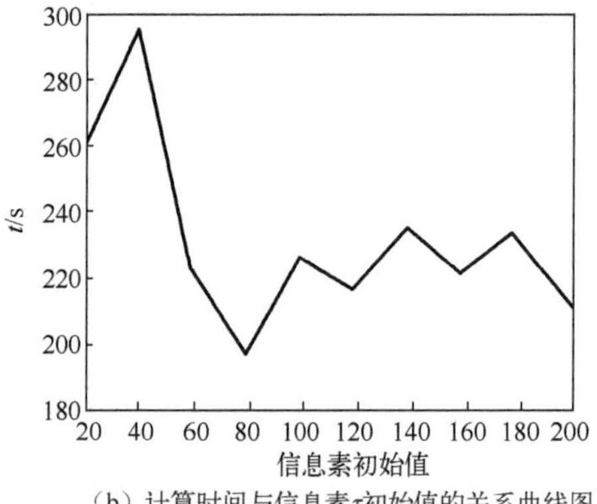

(b) 计算时间与信息素τ初始值的关系曲线图

图 2-17 信息素 τ 的初始值对基于蚁群优化算法的支持向量机参数优化方法的影响(Thyroid 数据集)

考虑到蚁群优化算法参数的影响,Samrout[14]、Duan[15]等都系统研究了蚁群优化算法参数的影响机制与设置问题。Samrout 等[14]建议设置蚂蚁的数目原则为:蚂蚁数目与网格节点的比例大约为 1∶0.7;Duan 等[15]指出当挥发系数 $\rho=0.5$ 时,蚁群优化算法可以取得较好的全局收敛性。基于当前的研究结果,表 2-4 给出了本节设置的关于蚁群优化算法的参数值。

表 2-4 参数设置

参　数	数　值
蚂蚁个数	80
挥发系数 ρ	0.5
信息素强度 Q	100
信息素初始值 τ	100

5）数值结果与分析

首先，分别在 Breast cancer、Diabetes、Heart、Thyroid、Titanic 5 个数据集的第一个训练集和测试集上进行分析。本节提出的基于蚁群优化算法的支持向量机参数优化方法，与基于网格算法[16]的支持向量机参数优化方法，在获得的最优参数值、测试误差率、计算时间等方面进行对比，如表 2-5 所列。

表 2-5 蚁群优化算法优化支持向量机参数方法与网格算法支持向量机参数优化方法的对比结果

数据集名称	网格算法				蚁群优化算法			
	最优 C	最优 σ	测试误差/%	计算时间/s	最优 C	最优 σ	测试误差/%	计算时间/s
Breast cancer	8.03	5.04	25.97	2547.30	1.98	14.41	25.97	1437.80
Diabetes	174.30	151.74	23.33	29078.00	176.23	151.58	**23.00**	19298.00
Heart	799.55	150.29	19.00	1446.40	1043.80	2.00	**16.00**	519.58
Thyroid	89.84	3.31	4.00	702.89	37.38	2.22	**2.67**	666.20
Titanic	1024.50	60.10	22.57	639.95	1045.00	54.50	22.57	429.22

结果表明：所提的基于蚁群优化算法的支持向量机参数优化方法在 5 组数据集实验中，计算时间都远少于网格算法，并在 Diabetes、Heart、Thyroid 这 3 个数据集上取得较小的测试误差，在 Breast cancer、Titanic 这两个数据集上和网格优化算法取得相同的误差结果。这表明，所提的基于蚁群优化算法的支持向量机参数优化方法，比基于网格算法的支持向量机参数优化方法更容易取得期望的最优参数。

其次，我们与文献[5,17-18]设置同样的实验：采用高斯径向基核函数、每个数据集的前 5 个训练集和测试集被用来进行实验。所提出的基于蚁群优化算法的支持向量机参数优化方法所取得的实验结果，与文献[5,17-18]的实验结果对比如表 2-6 所列。每个方法所得的实验结果由“测试误差均值±测试方差”组成。相比于其他方法，本节提出的基于蚁群优化算法的支持向量机参数优化方法在 Breast cancer、Diabetes、Thyroid、Titanic 这 4 个数据集上都取得了最小的平均测试误差。此外，在 Heart 数据集上与半径-间隔界取得的最小平均测试误差也相近。测试误差的方差用来描述各次测试误差偏离均值的程度。与其他方法相比，基于蚁群优化算法的支持向量机参数优化方法，在 Titanic 数据集上除了取得最小的平均测试误差之外还取得最小的方差，而在同样取得最小的平均测试误差的 Breast cancer、Diabetes、Thyroid 这 3 个数据集上，测试误差的方差也较好。

表 2-6 支持向量参数优化方法测试误差对比

数据集名称	5 阶交叉验证法[5]/%	半径—间隔界[5]/%	Span bound[5]/%	文献[17]提出的方法/%	CMA-ES[18]/%	蚁群优化算法/%
Breast cancer	26. 04±4. 74	26. 84±4. 71	25. 59±4. 18	25. 48±4. 38	26. 00±0. 08	23. 38±4. 00
Diabetes	23. 53±1. 73	23. 25±1. 70	23. 19±1. 67	23. 41±1. 68	23. 16±0. 11	22. 80±1. 33
Heart	15. 95±3. 26	15. 92±3. 18	16. 13±3. 11	15. 96±3. 13	16. 19±0. 04	16. 00±5. 70
Thyroid	4. 80±2. 19	4. 62±2. 03	4. 56±1. 97	4. 70±2. 07	3. 44±0. 08	3. 20±2. 02
Titanic	22. 42±1. 02	22. 88±1. 23	22. 50±0. 88	22. 90±1. 16	—	21. 63±0. 54

用如图 2-18 所示的柱状图将数值实验的测试误差均值(见表 2-6)予以图形化表示,从图中可以清楚地看到各种方法在国际通用标准数据库中的 5 个常用数据集上取得的测试误差对比结果。图中 CV 表示文献[5]提到的 5 阶交叉验证(5-fold cross validation)方法,RM 表示文献[5]提到的半径-间隔界(radius-margin bound)方法,SB 表示文献[5]提到的 Span Bound 方法,M 表示文献[17]提出的一种基于经验误差梯度估计的用于优化支持向量机参数的快速算法,ES 表示文献[18]提出的协方差矩阵适应进化方法(covariance matrix adaptation evolution strategy,CMAES),ACO(ant colony optimazation)表示本节提出的基于蚁群优化算法优化支持向量机参数方法。

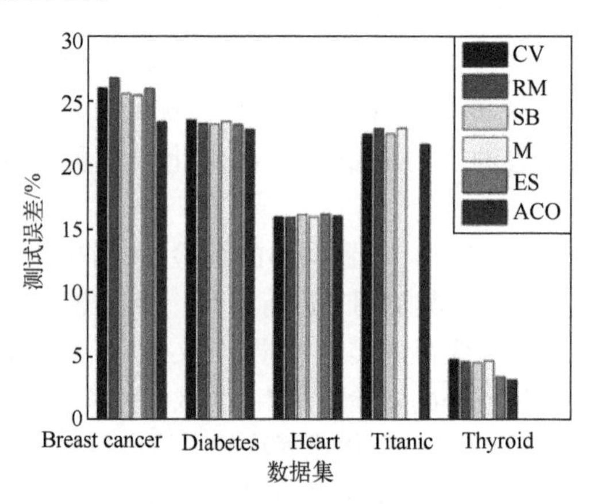

图 2-18 支持向量机参数优化方法测试误差对比图(彩图见书末)

从表 2-6 和图 2-18 的国际通用的标准数据库的实验对比分析中看到:所提的基于蚁群优化算法的支持向量机参数优化方法,比其他一些常见的支持向量机参数优化方法取得令人满意的结果。数值计算结果证明:采用蚁群优化算法来优化支持向量机参数是可行有效的。

2.3.4　电力机车滚动轴承单一损伤故障诊断应用

1. 电力机车滚动轴承故障诊断方法

在滚动轴承故障诊断中，通常是通过各种信号处理方法去分析检测信号中的滚动轴承故障特征频率成分。虽然滚动轴承的故障特征频率可根据轴承参数等代入公式求得，但是在很多情况下分析信号中的故障特征频率也是非常困难的。

(1) 轴承几何尺寸和装配的变化使得精确确定出轴承特征频率较为困难。

(2) 不同位置出现的轴承故障将使得信号中产生不同的瞬时响应，而且这种瞬时响应容易淹没在宽频响应信号和噪声信号中，使得提取轴承故障特征的难度大大增加。

(3) 即使同一种故障，在不同损伤阶段(不同损伤程度)下的信号特征是不相同的。

(4) 旋转轴的运行速度和载荷大大影响机器的振动，使得监测的振动信号表现出不同的特征。

(5) 特殊轴承的信号与参数一般很难获得，根据轴承特征频率分析轴承振动信号的方法在这种情况下不可行。

本节提出的基于蚁群优化算法优化支持向量机参数的机械故障诊断方法将不以准确提取轴承故障特征频率为主要依据，而是在简单提取信号的时域、频域统计特征后，利用所提出的基于蚁群优化算法优化支持向量机参数方法进行故障模式识别，以突出基于蚁群优化算法优化支持向量机参数方法的有效性。

1) 信号特征提取

对信号提取如表 2-7 所列的时域与频域特征。其中，特征 F_1 为波形指标，特征 F_2 为峰值指标，特征 F_3 为脉冲指标，特征 F_4 为裕度指标，特征 F_5 为峭度指标，F_6 为偏斜度指标，特征 F_7 为频域的振动能量，特征 F_8–F_{10}、F_{12} 和 F_{16}–F_{19} 为信号在频域的能量集中程度，特征 F_{11} 和 F_{13}–F_{15} 为主频的位置变化[19]。

表 2-7　时域和频域的统计特征

特征 1(波形指标)	特征 2(峰值指标)	特征 3(脉冲指标)
$F_1=\dfrac{\sqrt{\dfrac{1}{N}\sum\limits_{n=1}^{N}x(n)^2}}{\dfrac{1}{N}\sum\limits_{n=1}^{N}\lvert x(n)\rvert}$	$F_2=\dfrac{\max\lvert x(n)\rvert}{\sqrt{\dfrac{1}{N}\sum\limits_{n=1}^{N}x(n)^2}}$	$F_3=\dfrac{\max\lvert x(n)\rvert}{\dfrac{1}{N}\sum\limits_{n=1}^{N}\lvert x(n)\rvert}$
特征 4(裕度指标)	特征 5(峭度指标)	特征 6(偏斜度指标)
$F_4=\dfrac{\max\lvert x(n)\rvert}{\left(\dfrac{1}{N}\sum\limits_{n=1}^{N}\sqrt{\lvert x(n)\rvert}\right)^2}$	$F_5=\dfrac{\dfrac{1}{N}\sum\limits_{n=1}^{N}(x(n)-F_1)^4}{\left(\sqrt{\dfrac{1}{N}\sum\limits_{n=1}^{N}(x(n)-F_1)^2}\right)^4}$	$F_6=\dfrac{\dfrac{1}{N}\sum\limits_{n=1}^{N}(x(n)-F_1)^3}{\left(\sqrt{\dfrac{1}{N}\sum\limits_{n=1}^{N}(x(n)-F_1)^2}\right)^3}$

续表

特征 7	特征 8	特征 9
$F_7=\dfrac{\sum_{k=1}^{K}s(k)}{K}$	$F_8=\dfrac{\sum_{k=1}^{K}(s(k)-F_7)^2}{K-1}$	$F_9=\dfrac{\sum_{k=1}^{K}(s(k)-F_7)^3}{K(\sqrt{F_8})^3}$
特征 10	特征 11	特征 12
$F_{10}=\dfrac{\sum_{k=1}^{K}(s(k)-F_7)^4}{KF_8^2}$	$F_{11}=\dfrac{\sum_{k=1}^{K}f_k s(k)}{\sum_{k=1}^{K}s(k)}$	$F_{12}=\sqrt{\dfrac{\sum_{k=1}^{K}(f_k-F_{11})^2 s(k)}{K}}$
特征 13	特征 14	特征 15
$F_{13}=\sqrt{\dfrac{\sum_{k=1}^{K}f_k^2 s(k)}{\sum_{k=1}^{K}s(k)}}$	$F_{14}=\sqrt{\dfrac{\sum_{k=1}^{K}f_k^4 s(k)}{\sum_{k=1}^{K}f_k^2 s(k)}}$	$F_{15}=\dfrac{\sum_{k=1}^{K}f_k^2 s(k)}{\sqrt{\sum_{k=1}^{K}s(k)\sum_{k=1}^{K}f_k^4 s(k)}}$
特征 16	特征 17	特征 18
$F_{16}=\dfrac{F_{11}}{F_{12}}$	$F_{17}=\dfrac{\sum_{k=1}^{K}(f_k-F_{11})^3 s(k)}{KF_{12}^3}$	$F_{18}=\dfrac{\sum_{k=1}^{K}(f_k-F_{11})^4 s(k)}{KF_{12}^4}$
特征 19		
$F_{19}=\dfrac{\sum_{k=1}^{K}(f_k-F_{11})^{1/2} s(k)}{K\sqrt{F_{12}}}$	$x(n)$表示时间序列(N 表示数据点数,$n=1,2,\cdots,N$);$s(k)$表示谱图(K 代表谱线数,$k=1,2,\cdots,K$),f_k表示谱图中第 k 个谱线处的频率值	

2) 故障模式识别

由于机械故障中通常存在多类故障模式,因此需要运用支持向量机的多分类策略以识别多类故障模式。设已知训练集 $S=\{(\boldsymbol{x}_i,y_i)\mid \boldsymbol{x}_i\in H,y_i\in M(i=1,2,\cdots,l)\}$,其中,$\boldsymbol{x}_i$ 是训练样本,H 是希尔伯特空间,y_i 是训练样本 $\boldsymbol{x}_i$ 的属性标签,M 是训练样本的种类数,l 是样本个数。支持向量机多分类策略通常采用两种办法:"一对多"分类算法和"一对一"多分类算法。

(1) "一对多"支持向量机多分类算法的基本原理如下:

对于 $j=1,2,\cdots,M-1$ 进行如下运算,把第 j 类看作正类,把其余的 $M-1$ 类看作负类,用支持向量机求出决策函数

$$f^j(\boldsymbol{x})=\operatorname{sgn}\left[\sum_{i=1}^{l}y_i\alpha_i^j K(\boldsymbol{x}_i,\boldsymbol{x})+b^j\right] \tag{2-37}$$

式中:α_i^j 和 b^j 为第 j 个支持向量机的系数;$K(\boldsymbol{x}_i,\boldsymbol{x})$为核函数。

如果 $f^j(\boldsymbol{x})=1$，则 $\boldsymbol{x}$ 属于第 j 类，否则输入 x 到下一个支持向量机，直到所有的支持向量机都试完。该分类策略如图 2-19 所示。

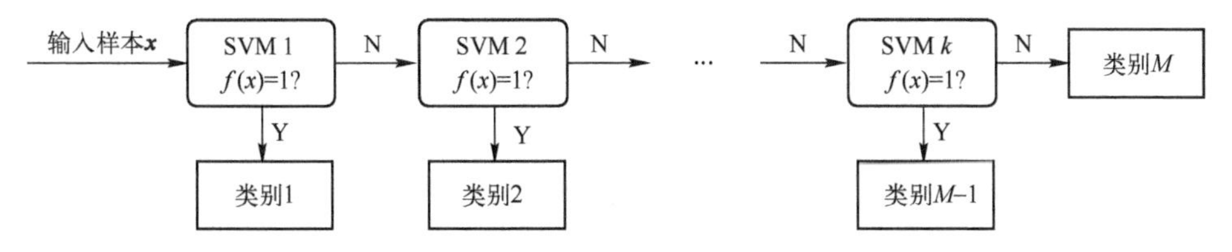

图 2-19　“一对多”支持向量机分类流程图

(2)“一对一”支持向量机多分类算法的基本原理如下：

对 M 类样本中的两类样本分别构建支持向量机，共可构建 $C_M^2=M(M-1)/2$ 个支持向量机。对于由第 i 类和第 j 类样本构建的支持向量机的决策函数为

$$f^{ij}(\boldsymbol{x})=\operatorname{sgn}\left[\sum_{n=1}^{m} y_n\alpha_n^{ij}K(\boldsymbol{x}_n,\boldsymbol{x})+b^{ij}\right] \tag{2-38}$$

式中：m 为第 i 类和第 j 类样本的样本总数；$\boldsymbol{x}_n$ 为第 i 类和第 j 类样本中的某一样本；$y_n\in\{1,2,\cdots,M\}$ 为样本 $\boldsymbol{x}_n$ 的属性标签；α_n^{ij} 和 b^{ij} 为由第 i 类和第 j 类数据构建的支持向量机系数；$K(\boldsymbol{x}_n,\boldsymbol{x})$ 为核函数。

对未知样本进行识别时，依次用上述构建好的 $C_M^2=M(M-1)/2$ 个支持向量机进行决策，若在第 i 类和第 j 类之间分类时，如果该支持向量机判断 $\boldsymbol{x}_i$ 属于第 i 类，则第 i 类的票数加 1，否则第 j 类的票数加 1，最后将 $\boldsymbol{x}_i$ 识别为票数最多的那一类，决策原则根据最大投票法进行。

本节将采用“一对一”支持向量机多分类算法作为机械故障模式识别的基本分类器，然后利用所提出的蚁群优化算法对支持向量机参数进行优化，实现机械智能故障诊断。

2. 电力机车滚动轴承实验系统描述

我国现行运营列车设备状态的监控实际上大多是凭人的感觉与少数定量的监测系统(如轴温报警系统)对列车设备进行状态监控，列车上很多影响行车安全的关键设备的状态依靠这种方式是无法进行实时监控的，如走行部系统、制动系统以及列车电器设备等的工作状态，只有当发生重大事故的时候才能检查出来，而这时的损失已经不可避免。所以本节以机车滚动轴承为例，验证所提出的基于蚁群优化算法的支持向量机参数优化方法在机械故障诊断应用中的有效性。

实验系统主要是指机车滚动轴承的测试平台和传感器。其中，测试平台主要包含一个液压马达、两个支座(上面安装两个正常的支承轴承)、一个测试轴承(52732QT)、一个用来测量转速的测速计，以及一个用于给实验轴承加载的加载模块。608A11-type ICP 加速度传感器安装在临近测试轴承外圈的加载模块下方。

采样频率为 12800Hz。实验测试平台的结构简图如图 2-20 所示,实验轴承所加载荷为 9800N。机车滚动轴承的实验数据包括 4 类:轴承正常状态、轴承外圈故障状态、轴承内圈故障状态和滚动体故障状态。

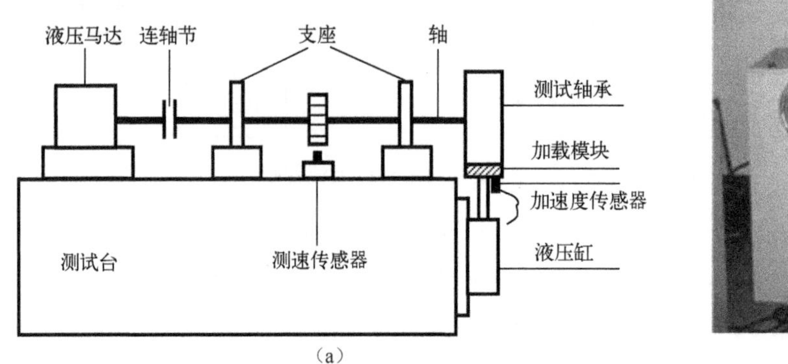

(a)

(b)

图 2-20　机车滚动轴承测试平台结构简图

表 2-8 简单描述了这 4 类实验数据。图 2-21 中的实物图记录了 3 类单一故障状态下的轴承状况。这 4 类实验数据各包含 30 个样本,每个样本由 2048 个数据点组成,其中 20 个样本用来训练支持向量机,剩余的 10 个样本用来测试支持向量机的性能。分别对每个样本提取表 2-7 所列的时域、频域统计特征,选用高斯径向基核函数作为支持向量机核函数,然后利用所提出的蚁群优化算法对“一对一”多分类支持向量机参数进行优化,实现故障模式的准确识别。

表 2-8　机车滚动轴承状态描述

状态	正常	外圈故障	内圈故障	滚动体故障
标签	状态 1	状态 2	状态 3	状态 4
转速/(r/min)	490	490	500	530

(a) 外圈故障

(b) 内圈故障

(c) 滚动体故障

图 2-21　机车滚动轴承 3 种故障实物图

3. 故障诊断结果与分析

为了分析支持向量机参数对故障诊断结果的影响，支持向量机参数（惩罚因子 C 和高斯径向基核函数参数 σ）范围是 $[2^{-10},2^{10}]$，用不经过参数优化的“一对一”多分类支持向量机作为基本分类器，所得的故障诊断误差曲面与等高线如图 2-22 所示。

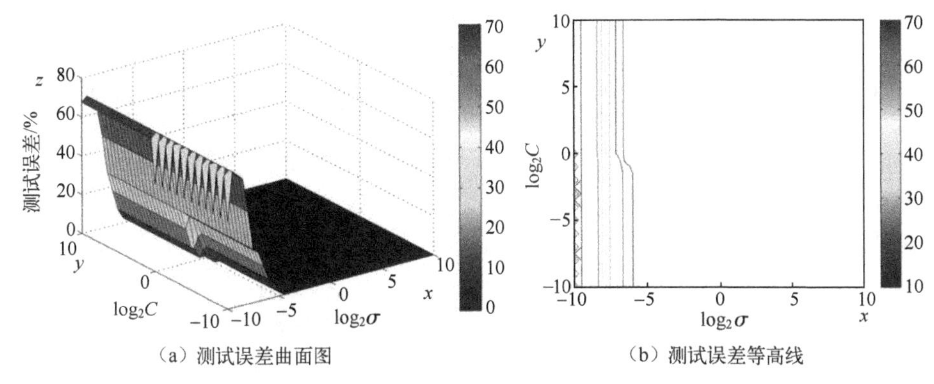

（a）测试误差曲面图　　（b）测试误差等高线

图 2-22　滚动轴承故障诊断中的支持向量机参数分析图（彩图见书末）

其中，图 2-22（a）为故障诊断误差曲面图，x 轴和 y 轴分别是 $\log_2\sigma$ 和 $\log_2 C$。诊断误差曲面上的（x，y）平面上的每个节点代表一个参数组合，z 轴代表每个参数组合下支持向量机的诊断误差百分比。图 2-22（b）为诊断误差等高线，x 轴和 y 轴分别是 $\log_2\sigma$ 和 $\log_2 C$。可以看出，诊断误差呈现出左高右低的特点。所以在使用“一对一”多分类支持向量机进行故障诊断的时候对支持向量机参数优化是一个重要的步骤。

将提出的基于蚁群优化算法的支持向量机参数优化方法应用于故障诊断实验，支持向量机参数（惩罚因子 C 和高斯径向基核函数参数 σ）的范围仍然是 $[2^{-10},2^{10}]$，共进行了 5 次实验，每次实验所得的参数优值、故障诊断准确率以及运算时间如表 2-9 所列。5 次实验结果所得的优化参数（惩罚因子 C 和高斯径向基核函数参数 σ）的分散性较大，其原因在于蚁群优化算法是一类基于多个蚂蚁智能体的概率型优化算法，不同实验次数时，蚂蚁随机选择的初始点不同，而实验所用的 4 类机车滚动轴承故障诊断中的支持向量机参数测试误差曲面中存在一个很大的零误差区域（见图 2-22），所以导致每次优化出的优化参数 C 和 σ 值不同。从诊断结果中可以看出，基于蚁群优化算法的支持向量机参数优化方法在机车滚动轴承实验中可以准确无误地识别出 4 类常见的轴承状态：正常、外圈故障、内圈故障和滚动体故障，而且运算时间较少。

表 2-9 基于蚁群优化算法的支持向量机故障诊断结果

实验次数	最优 C	最优 σ	准确率	计算时间/s
1	2.0481	20.4810	100%	84.5717
2	630.2929	85.5254	100%	104.5814
3	929.7921	224.4616	100%	100.5674
4	105.6777	14.3367	100%	127.4912
5	700.0886	421.8886	100%	97.3418
平均值	—	—	100%	102.9107

通过分析支持向量机参数对支持向量机泛化性能的影响规律,将该方法在国际通用的标准数据库中的5个常用数据集上进行验证分析,然后将基于蚁群优化算法的支持向量机优化参数方法应用到机车滚动轴承故障诊断,可以得出如下主要结论:

(1) 基于蚁群优化算法的支持向量机参数优化方法是一类概率型的全局优化算法,它不依赖于优化问题本身的严格数学性质,是一种基于多个蚂蚁智能体的智能算法,具有并行性、收敛性、进化性和稳健性。与梯度方法及传统的基于进化算法的支持向量机参数优化方法相比,具有如下优点:对问题定义的连续性无特殊要求;算法简单易于实现,仅涉及各种基本的数学操作;只需目标函数的输出值,无需梯度信息等要求;数据处理快。

(2) 通过在国际通用的标准数据库中的5个常用数据集上进行验证分析,基于蚁群优化算法的支持向量机参数优化方法较比其他一些常见的支持向量机参数优化方法取得了良好的效果。研究结果证实了算法的可行性与有效性。

(3) 基于蚁群优化算法的支持向量机参数优化方法,在电力机车滚动轴承故障诊断应用中为支持向量机提供了优良的参数,降低了人为设置参数的盲目性,可以准确地识别出4类常见的机车滚动轴承状态(正常、外圈故障、内圈故障、滚动体故障)。由此进一步验证了基于蚁群优化算法的支持向量机参数优化方法在机械故障诊断中的有效性。

2.4 支持向量机特征选择与参数优化融合方法

工程实际中,当支持向量机核函数和算法结构确定之后,制约支持向量机发挥其优良泛化性能的两个关键因素是:如何选择最优的支持向量机参数和如何选择与样本属性相关的特征提供给支持向量机学习。2002年,Chapelle与Vapnik在研究支持向量机参数选择问题的同时,也指出了特征选择问题的3个重要性:可以提高支持向量机的泛化性能、可以确定出属性相关的特征,以及可以降低输入空间的维数[5]。

大多数支持向量机的参数优化问题与特征选择问题都是单独研究和分别解决的。例如,针对支持向量机参数优化问题提出了实验误差法、泛化误差估计与梯度下降法,以及人工智能与进化算法等[15]。针对支持向量机特征选择问题的研究方法有最小误差上界法、遗传算法与粒子群算法等。将制约支持向量机泛化性能的两个关键因素(特征选择和参数优化)分别予以分析与解决,没有同时考虑到特征选择和参数优化对支持向量机泛化性能的耦合影响,难免顾此失彼,制约了支持向量机泛化性能的充分发挥。

此外,机械设备的故障与特征征兆之间不存在简单的一一对应关系,不同的故障可以有相同的特征征兆,同一故障在不同的条件下表现出来的特征征兆也不完全相同。即使是同样的设备,在不同的安装和使用条件下,设备的故障征兆也会相差很大。而通常输入给支持向量机的样本特征量都是冗余的,而且特征量之间相互关联,削弱了支持向量机的泛化性能。选择出最优的故障特征并同时实现支持向量机参数优化,是提高支持向量机泛化性能的一个有力途径。

基于蚁群优化算法的支持向量机特征选择与参数选择融合方法,利用蚁群优化算法一次性解决支持向量机中的特征选择与参数优化问题,通过同步获得相互匹配的最优特征和最优参数,从而进一步提高支持向量机的泛化能力,实现机械设备的多类故障诊断应用。

2.4.1　基于蚁群优化算法的支持向量机特征选择与参数优化融合方法

基于蚁群优化算法的支持向量机特征选择与参数优化融合方法主要利用蚁群之间的启发信息以共同寻找最优的特征子集和参数,算法主要包含 4 个部分:初始化、蚁群求解特征子集部分、特征评估部分和信息素更新部分。算法流程图如图 2-23 所示。

1. 初始化

输入原始特征集,设置基于蚁群优化算法与支持向量机特征选择与参数优化融合方法的参数初始值。例如,应该根据输入特征集的大小选择合适的蚁群规模与蚂蚁个数。

2. 蚁群求解特征子集

蚁群求解特征子集是基于蚁群优化算法的支持向量机特征选择与参数优化融合方法的一个重要组成部分。在算法的初始时刻,初始化后的每只蚂蚁根据随机选择准则从包含有 N 个特征的原始特征集中自由选择特征子集。除此之外的其他时间,蚁群都将根据状态转移准则选择特征子集。每个蚂蚁求解的特征子集为 s_1, $s_2,\cdots,s_r$,其中 r 为蚂蚁的编号;每个特征子集分别包含有 $n_1,n_2,\cdots,n_r$ 个特征。蚁群求解特征子集主要包含两个主要内容:随机选择准则和状态转移准则。

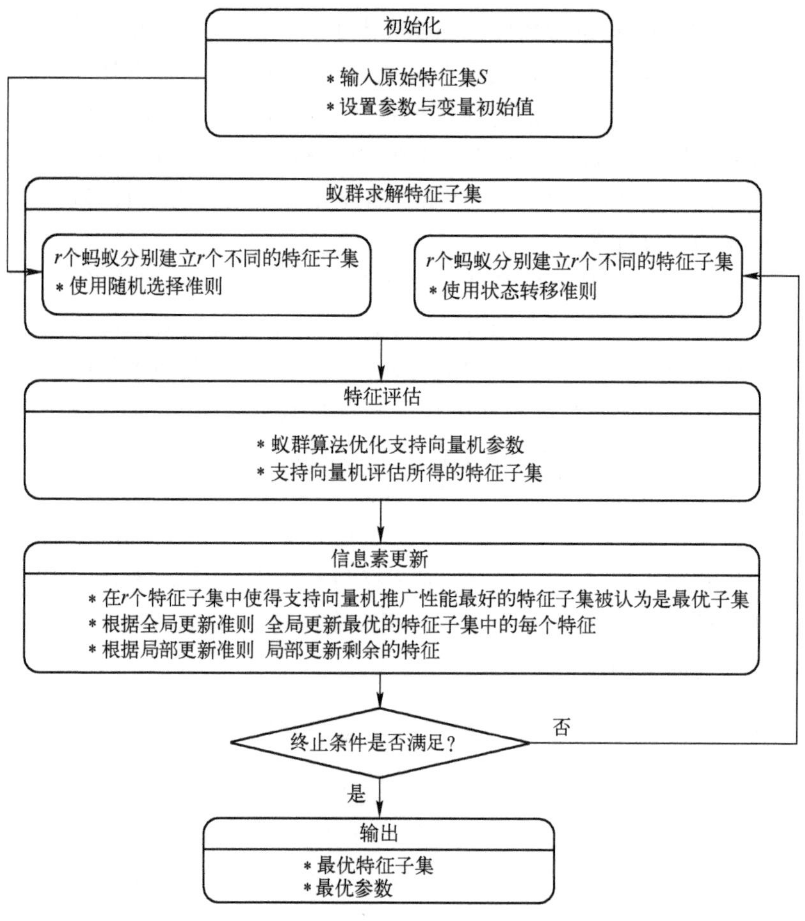

图 2-23　蚁群优化算法与支持向量机融合方法的算法流程图

1) 随机选择准则

在初始时刻,由于每个特征的信息素水平一样,所有的特征量具有同一分布,因此所有的蚂蚁都随机选择特征从而构建出特征子集。

2) 状态转移准则

除了初始时刻蚁群根据随机选择准则构建解子集之外,在其他时刻蚁群利用一种概率决策构建特征子集,这种特征选择策略被称为状态转移准则。

$$s_i = \mathrm{argmax}\{\tau(u)\} \quad (i=1,2,\cdots,r) \tag{2-39}$$

式中:s_i 为第 i 只蚂蚁构建的特征子集;$\tau(u)$是特征 u 上的信息素浓度。式(2-39)旨在指导蚂蚁通过选择具有较高信息素浓度的特征 u 而构建出其特征子集 s_i。

一般来说,高浓度的信息素一定与较优的目标解相关,从而确保蚁群选择的特征是能产生期望的最优目标解的最优特征。这将在下面的信息素更新部分中详细解释。

3. 特征评估

通过蚁群求解获得的特征子集需要被输入到支持向量机中进一步评估其优劣程度。同时,由于支持向量机的参数(如惩罚因子 C 和高斯径向基核函数参数 σ)影响支持向量机的性能,即使输入相同的特征子集,但是如果设置不同的支持向量机参数,也会使得支持向量机的泛化性能不同。所以,在评估蚁群构建的特征子集过程中,支持向量机参数也同时被优化,以保证支持向量机获得最优的泛化性能。特征评估部分主要包含以下 3 个主要内容。

1) 输入特征子集

将每个蚂蚁求解的分别包含有 $n_1,n_2,\cdots,n_r$ 个特征的特征子集 $s_1,s_2,\cdots,s_r$ 分别输入到支持向量机中,其中 r 为蚂蚁的编号。

2) 蚁群优化算法优化支持向量机参数

对于每个特征子集 $s_i(i=1,2,\cdots,r)$,分别求取对应特征子集下的最优支持向量机参数,详细实现原理与方法如第 2.3.2 节所述。所求得的最优参数为

$$v_j^* = \frac{v_j^{\text{lower}} + v_j^{\text{upper}}}{2} \quad (j=1,2,\cdots,m) \tag{2-40}$$

式中:v_j^* 为求得的最优参数。

3) 支持向量机评估特征子集与参数

将蚁群构建的特征子集 $s_i=(e_1^i,e_2^i,\cdots,e_{n_i}^i)(i=1,2,\cdots,r)$ 和对应的最优参数 $\boldsymbol{v}_j^*(j=1,2,\cdots,m)$ 分别输入到支持向量机中。假设测试样本集为 $\boldsymbol{V}'=\{(\boldsymbol{x}_i',y_i')\mid \boldsymbol{x}_i'\in s_r,y_i'\in Y(i=1,2,\cdots,q)\}$,$Y$ 是属性标签集,q 是测试样本集中的样本数,则第 i 只蚂蚁根据特征子集 s_i 和相对应的最优参数 $v_j^*(j=1,2,\cdots,m)$ 的支持向量机评估误差为

$$T_{\text{ant}}^i = \frac{1}{q}\sum_{j=1}^{q}\Psi(-y_j' f_i(\boldsymbol{x}_j')) \tag{2-41}$$

式中:Ψ 为阶跃函数:当 $x>0$ 时,$\Psi(x)=1$;否则,$\Psi(x)=0$。f_i 为蚂蚁 i 构造的支持向量机决策函数。所得的误差值 T_{ant}^i 即为支持向量机评估特征子集和支持向量机参数的评估结果。

4. 信息素更新

当蚁群完成蚁群解构造和蚁群解评估任务后,就需要执行信息素更新。信息

素更新主要包含两个准则:全局更新准则和局部更新准则。

1) 全局更新准则

全局更新准则的应用条件是当且仅当所有的蚂蚁完成了求解特征子集过程和特征评估任务。全局更新的目的是激励产生最优特征子集和最优支持向量机参数的蚂蚁。最优特征子集中的各个特征的信息素浓度将会增强,从而吸引更多的蚂蚁去选择这些产生最优解的特征量。信息素全局更新准则为

$$\tau(k+1)=(1-\rho)\tau(k)+QT_{\max} \tag{2-42}$$

式中:$\tau(k+1)$为第$k+1$时刻的信息素浓度值;ρ为挥发系数;$\tau(k)$为第k时刻的信息素浓度值;Q为信息素强度;$T_{\max}$为蚁群所获得的最优解,其表达式为

$$T_{\max}=\max\{T_{\text{ant}}^{i}\} \tag{2-43}$$

式中:T_{ant}^{i}为支持向量机评估特征子集$s_i=(e_i^i,e_2^i,\cdots,e_{n_i}^i)(i=1,2,\cdots,r)$和对应的最优参数$v_j^*(j=1,2,\cdots,m)$的评估误差,如式(2-41)所示。

2) 局部更新准则

局部更新准则的目标是降低那些被蚁群选择但并没有取得良好效果的特征的信息素含量,并保持那些没有被蚁群选择的特征的信息素含量。局部更新准则不仅降低了蚂蚁选择没有取得良好效果的特征的概率,而且保持没有被选择的特征的信息素不被降低,从而增大蚂蚁选择还没有被选择过的特征的概率。局部更新准则如下:

$$\tau(k+1)=(1-\alpha_0)\tau(k)+\alpha_0\tau_0 \tag{2-44}$$

式中:$\alpha_0(0<\alpha_0<1)$为局部信息素更新系数;τ_0为信息素初始值。

通过使用全局更新准则和局部更新准则,组成最优特征子集的各个特征的信息素浓度被增加;被蚁群选择但没有产生最优解的各个特征的信息素浓度被减小;没有被蚁群选择的特征的信息素浓度保持不变。这有利于蚁群在后续的寻优过程中继续选择产生过最优解的特征,同时在没被选择过的特征中继续构造新的最优特征。

5. 终止条件

基于蚁群优化算法的支持向量机特征选择与参数优化融合算法的终止条件是:某个特征子集和某个最优参数可以使支持向量机的泛化能力达到100%的准确率或者所有的特征都已经被蚁群选择。当达到终止条件时,输出最优特征子集和最优参数组合。

2.4.2 Bently 转子多类故障诊断应用

为了验证所提出的基于蚁群优化算法的支持向量机特征选择与参数优化融合

方法在机械故障诊断应用中的有效性，首先进行Bently转子多类故障诊断实验验证。

1. 实验系统描述

Bently 转子是旋转机械的一种通用和简洁的模型，它可以模拟大型旋转机械中由振动产生的多类故障。本节采用 Bently 转子实验台进行转子多类故障的仿真实验。Bently 转子实验台如图 2-24 所示，图 2-24(a)为 Bently 转子实验台实物图，图 2-24(b)为 Bently 转子实验台的结构示意图。Bently 转子实验系统主要包含 Bently 转子实验台(由一个电机、两个滑动轴承、一根轴、一个转子质量盘、一个转速调节器和一个信号调节器组成)、传感器、Sony EX 数据采集系统。轴的直径为 10mm，轴长为 560mm。转子质量盘的质量为 800g，直径为 75mm。涡流位移传感器按照轴的径向方向安装在安装架上，采样频率为 2000Hz。Bently 转子实验分别在 6 种不同的运行状态和转速下进行(见表 2-10)：质量不平衡(0.5g 的偏心质量)、油膜涡动、轻微的转子径向摩擦(利用 Bently 自带的摩擦棒在靠近右端轴承位置轻微碰磨转子)、转子裂纹(裂纹深度为 0.5mm)、质量不平衡(0.5g 的偏心质量)和转子径向摩擦的复合故障、正常状态。

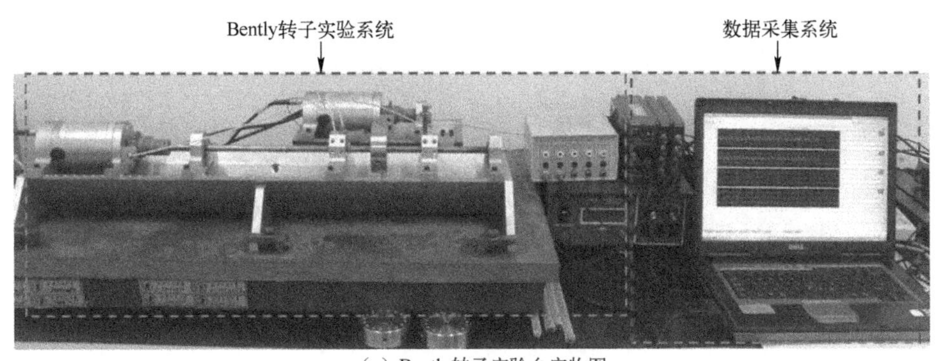

(a) Bently转子实验台实物图

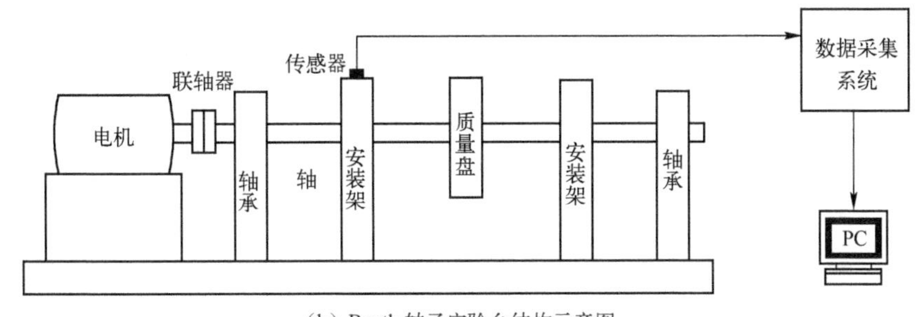

(b) Bently转子实验台结构示意图

图 2-24　Bently 转子实验台

表 2-10　Bently 转子实验台故障状态表

状态类型	转速/(r/min)	状态类型缩写名称	标签
质量不平衡	1800	U	1
油膜涡动	1900	W	2
转子径向摩擦	1800	R	3
转轴裂纹	2000	S	4
质量不平衡和转子径向摩擦的复合故障	1800	C	5
正常	2000	N	6

2. Bently 转子故障诊断方法

1) 信号采集

实验利用传感器和 Sony EX 数据采集系统分别采集在 6 种不同运行状态下的 Bently 转子的信号,采集得到的时域信号如图 2-25 所示。虽然从图中的时域波形中反映出了一些故障状态的异常特征信息,但是还不足以准确揭示各个状态的故障特征。实验将分别从每个状态下采集 32 个振动信号样本,每个信号样本包含 1024 个采样点。

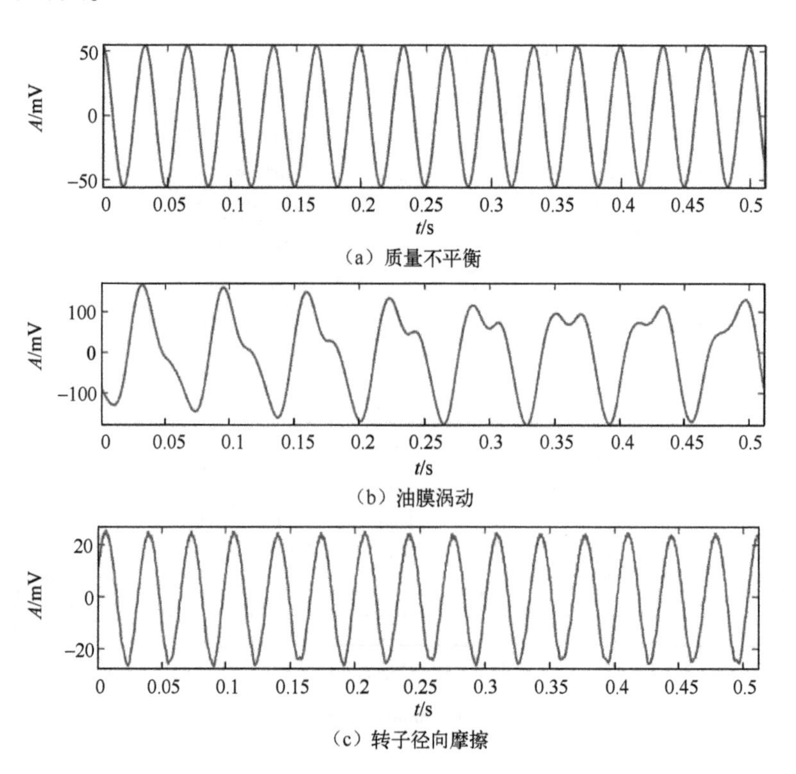

(a) 质量不平衡

(b) 油膜涡动

(c) 转子径向摩擦

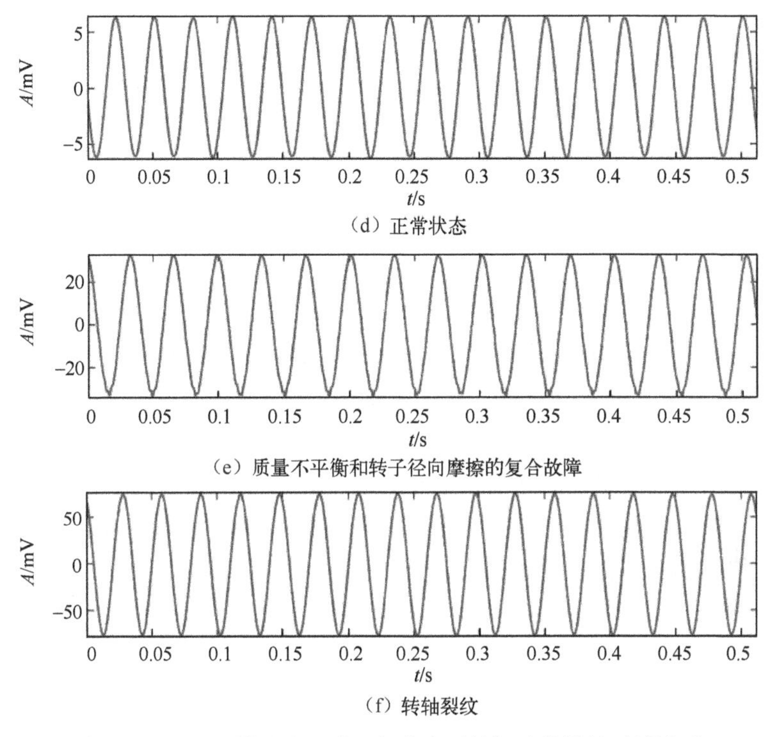

（d）正常状态

（e）质量不平衡和转子径向摩擦的复合故障

（f）转轴裂纹

图2-25　Bently 转子在6类运行状态下的振动信号的时域波形

2）特征提取

从图2-25所示的Bently转子实验台上采集的各种运行状态下的转子振动信号可以发现如下特点：Bently转子在正常运行状态下的振动信号时域波形的幅值较小，而其他各种故障状态下采集的振动信号时域波形的幅值有所增加，或者振动信号的时域波形发生了一定的变化。根据Bently转子在各类运行状态下采集的振动信号，通过对各种原始信号提取如表2-7所列的19个时域和频域统计特征来表征Bently转子在不同运行状态下的振动特点，以验证所提出的基于蚁群优化算法的支持向量机特征选择与参数优化融合方法在转子智能故障诊断中的有效性。

3）故障诊断

对采集的每个状态下的振动信号样本分别提取如表2-7所列的19个统计特征。取每个状态前16个样本为支持向量机的训练样本，后16个样本为测试样本。构造“一对一”多分类支持向量机作为基本学习器，然后利用所提出的蚁群优化算法进行特征选择与支持向量机参数优化。

3. 结果与分析

基于蚁群优化算法的支持向量机参数优化方法（方法1）、只通过蚁群优化算法进行特征选择的支持向量机方法(方法 2),以及基于蚁群优化算法的支持向量机特征选择与参数优化融合方法(方法 3)的实验结果如表 2-11 所列。由于故障类型多且不易区分,只通过蚁群优化算法优化其参数的支持向量机(方法 1)在 C, $\sigma \in [2^{-10}, 2^{10}]$ 的参数区间内获得了最优的参数($C=63.49, \sigma=37.64$),其识别 Bently 转子实验中的 6 种运行状态的准确率为 97.92%,转子正常状态易被误诊。利用蚁群优化算法进行特征选择的支持向量机(方法 2)虽然使用了方法 1 中得出的最优参数,也选择出了最优的特征,但是与二者没有形成一致的最优匹配关系,所以支持向量机的泛化性能并没有得到提高,其故障诊断准确率与方法 1 的结果相同。这就说明支持向量机中的样本特征与支持向量机参数共同影响着支持向量机的性能,只是单方面达到最优并不能使支持向量机的泛化性能达到最优,必须同步取得相互匹配的最优特征和最优参数才能使支持向量机的泛化性能得到更进一步的提高。所以需要利用一种优化算法对支持向量机的特征与参数同时做出最优求解。基于蚁群优化算法的支持向量机特征选择与参数优化融合方法(方法 3)由于同时求得了相互匹配的最优特征($F_1, F_3, F_6, F_9, F_{10} \sim F_{14}, F_{19}$)和最优参数($C=50.69, \sigma=0.39$),因而获得了 100%的测试准确率,展现出比方法 1 和方法 2 更优秀的故障诊断能力。

表 2-11　Bently 转子多类故障诊断实验结果对比

名称	最优特征	最优参数 (C,σ)	每种故障的准确率/%						平均准确率/%
			U	W	R	S	C	N	
方法 1	—	63.49,37.64	100	100	100	100	100	87.5	97.92
方法 2	$F_1, F_3, F_5, F_7, F_9, F_{14}, F_{17}, F_{19}$	—	100	100	100	100	100	87.5	97.92
方法 3	$F_1, F_3, F_6, F_9, F_{10} \sim F_{14}, F_{19}$	50.69,0.39	100	100	100	100	100	100	100

上海交通大学的 Sun 等在 2007 年利用 C4.5 决策树(Decision Tree)和主分量分析(Principle Component Analysis)在 Bently 转子实验台上进行了与本节类似的 6 种转子运行状态(正常、质量不平衡、油膜涡动、转子径向摩擦、质量不平衡与转子径向摩擦复合故障、转轴裂纹)的故障诊断研究[20],并提取出各种状态下的测试信号的 7 个时域统计量(峰峰值、波形指标、脉冲指标、峰值指标、裕度指标、偏斜度指标、峭度指标)和 11 个频域特征,利用 C4.5 决策树和后向传播神经网络分别用来实现故障智能诊断分析,其实验结果如表 2-12 所列。将表 2-12 中的实验结果与表 2-11 中的实验结果进行对比发现:在 Bently 转子实验台上进行的 6 种转子运行状态(正常、质量不平衡、油膜涡动、转子径向摩擦、质量不平衡与转子径向摩擦复合故障、转轴裂纹)的故障诊断实验中,基于 C4.5 决策树的故障诊断方法也取得了良好的实验结果,准确率达到了 98.3%,在识别质量不平衡、质量不平衡和转子径

向摩擦的复合故障这两种故障类型时出现了一定的诊断误差。本节所提出的方法可以准确地识别出 6 种常见的转子运行状态,取得了最好的诊断效果。

表 2-12　Bently 转子多类故障诊断实验结果

方法名称	每种故障的准确率/%						平均准确率/%
	U	W	R	S	C	N	
C4.5 决策树(主分量分析进行特征选择)	95	100	100	100	95	100	98.3
C4.5 决策树(不特征选择)	100	100	95	100	95	100	98.3
后向传播神经网络(主分量分析进行特征选择)	100	95	100	85	95	100	95.8
后向传播神经网络(不特征选择)	100	85	100	90	95	100	95

2.4.3　电力机车滚动轴承多类故障诊断应用

电力机车滚动轴承实验测试平台的结构简图如图 2-20 所示。实验系统如 2.3.4 节所述。通过安装在临近测试轴承外圈的加载模块下方的加速度传感器分别采集 9 种状态下的机车轴承振动信号:正常,外圈轻微擦伤故障,外圈损伤故障,内圈擦伤故障,滚动体擦伤故障,外圈损伤和内圈擦伤复合故障,外圈损伤和滚动体擦伤复合故障,内圈擦伤和滚动体擦伤复合故障,外圈损伤、内圈擦伤和滚动体擦伤的复合故障。9 种状态涵盖了常见的故障类型,其中既包含有复杂的复合故障类型,也包含有同一类型故障的不同损伤程度。机车滚动轴承的 9 种状态如表 2-13 所列。分别采集机车轴承在 9 种状态下的振动信号,对每种状态采集 32 个振动信号样本,每个样本包含 2048 个点。图 2-26 为机车滚动轴承在上述 9 种不同的状态下采集得到的时域信号,通过观察 9 种状态下测试所得的机车滚动轴承信号的时域波形可以发现:

表 2-13　机车滚动轴承 9 种故障状态描述

状态类型	状态类型缩写名称	标签
正常	N	1
外圈轻微擦伤故障	O	2
外圈损伤故障	S	3
内圈擦伤故障	I	4
滚动体擦伤故障	R	5
外圈损伤和内圈擦伤复合故障	OI	6
外圈损伤和滚动体擦伤复合故障	OR	7
内圈擦伤和滚动体擦伤复合故障	IR	8
外圈损伤、内圈擦伤和滚动体擦伤复合故障	OIR	9

（1）机车轴承 9 种状态下的测试信号都遭受了噪声的干扰，不同程度地淹没了故障特征信息，而且正常状态下的振动信号幅值比 8 种故障状态下的振动信号幅值小。

（2）当轴承外圈发生故障时，由于滚动体经过外圈损伤位置时会产生振动冲击，因而图 2-26(b) 和图 2-26(c) 的振动信号时域波形反映出了一定的冲击特征；如图 2-26(b) 所示的轴承外圈轻微擦伤的振动信号幅值，比外圈发生较为严重的损伤故障（图 2-26(c)）的振动信号幅值小。

（3）轴承内圈发生擦伤故障时，如图 2-26(d) 的振动信号时域波形出现了一些冲击特征；但没有明显呈现出一般轴承内圈发生故障时出现的振幅调制现象。

（4）当滚动体发生故障时，由于滚动体自转一周分别与内圈滚道表面和外圈滚动表面各接触一次，因而图 2-26(e) 中的振动信号时域波形出现冲击特征，并发生了振幅调制现象。

（5）当轴承外圈、内圈、滚动体这三者之间相互发生复合故障时，其振动信号的时域波形都有不同程度的冲击特征；当发生外圈损伤和滚动体擦伤复合故障、内圈擦伤和滚动体擦伤复合故障时，其振动信号时域波形出现了振幅调制现象，如图 2-26(f)～(i) 所示。

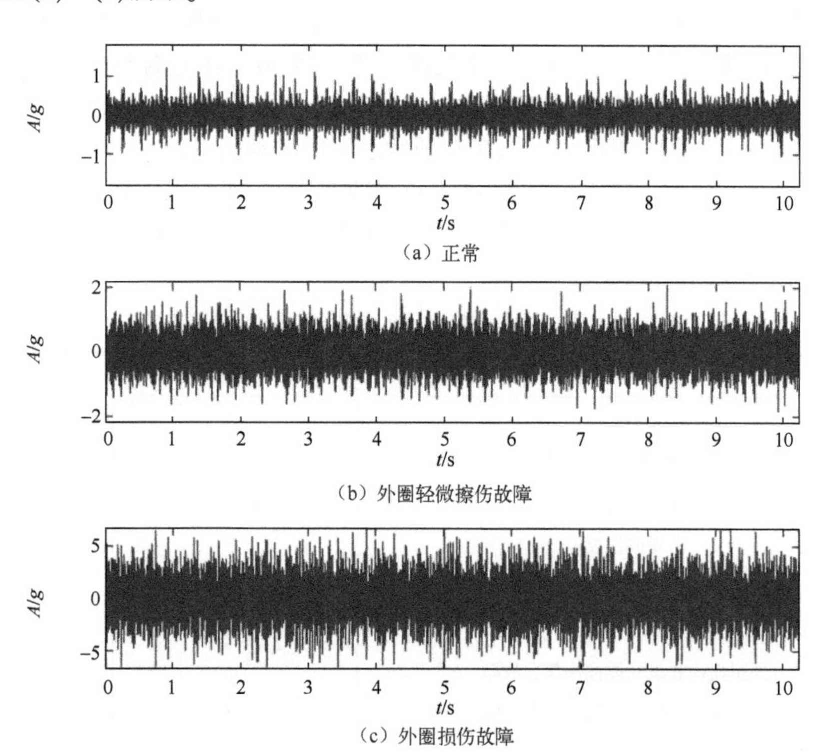

(a) 正常

(b) 外圈轻微擦伤故障

(c) 外圈损伤故障

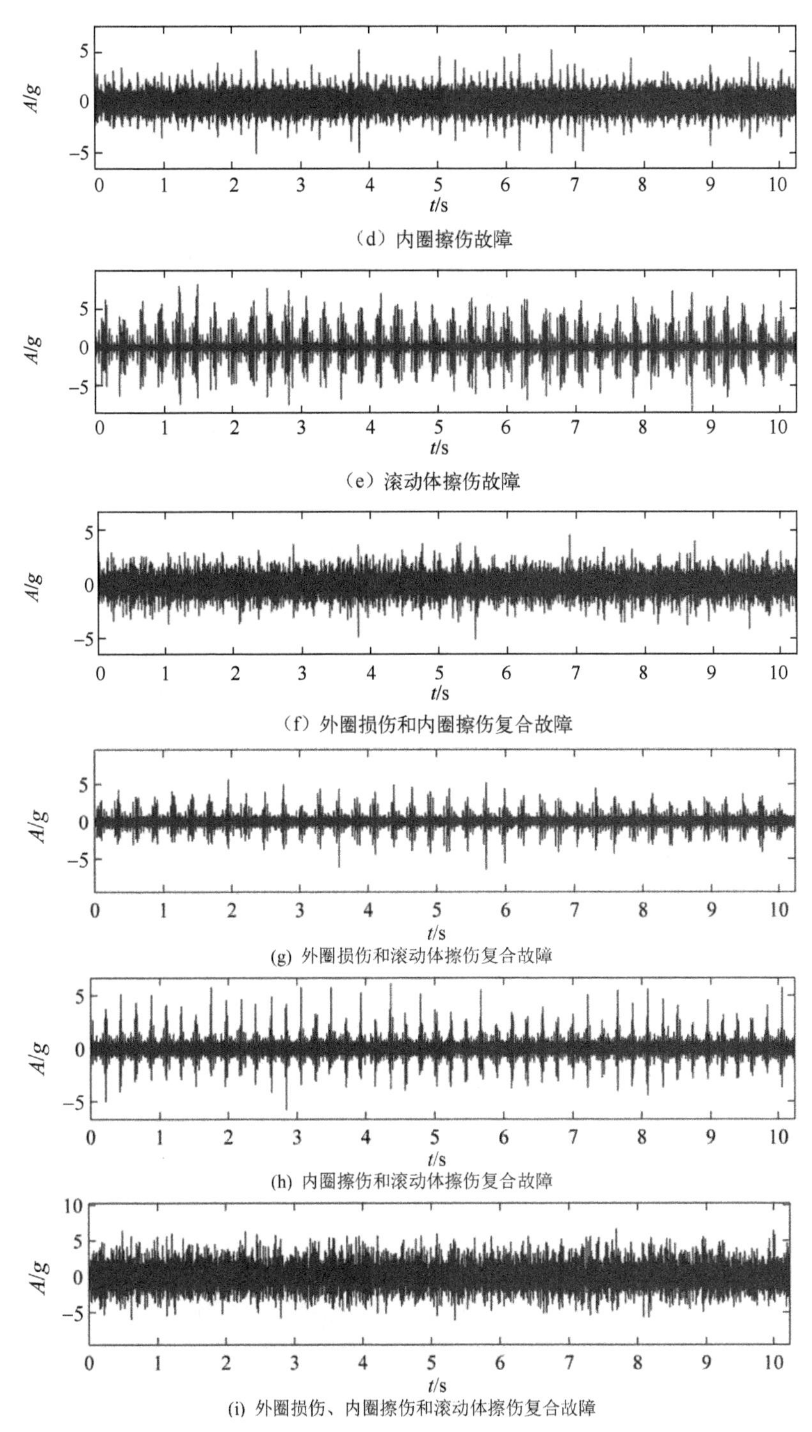

图 2-26　机车滚动轴承 9 种状态的振动信号时域波形

机车滚动轴承在 9 种不同状态下的振动信号频谱图如图 2-27 所示，不同轴承故障类型的特征频率信息被完全淹没在信号中，不易从频谱图中识别出各个状态的特征。

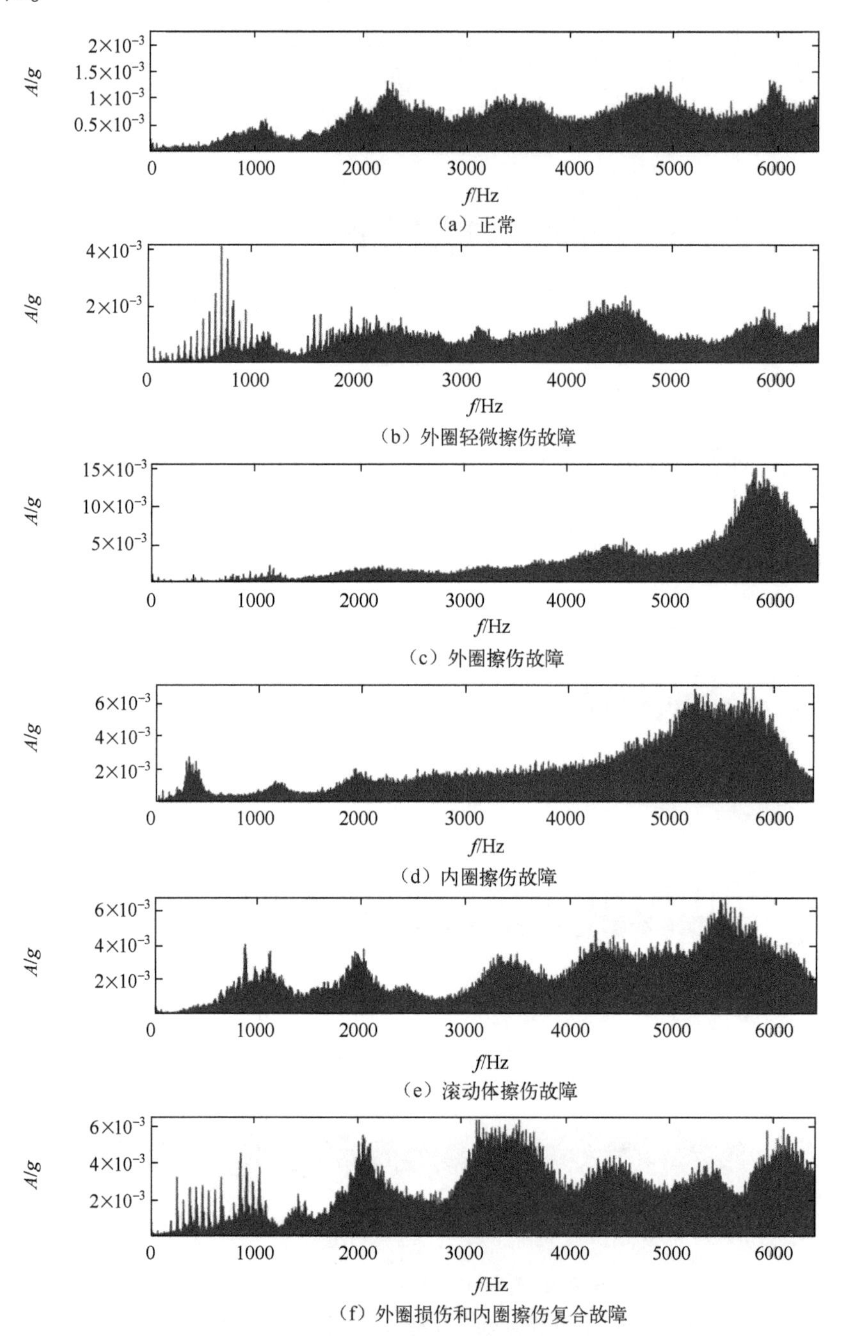

(a) 正常

(b) 外圈轻微擦伤故障

(c) 外圈擦伤故障

(d) 内圈擦伤故障

(e) 滚动体擦伤故障

(f) 外圈损伤和内圈擦伤复合故障

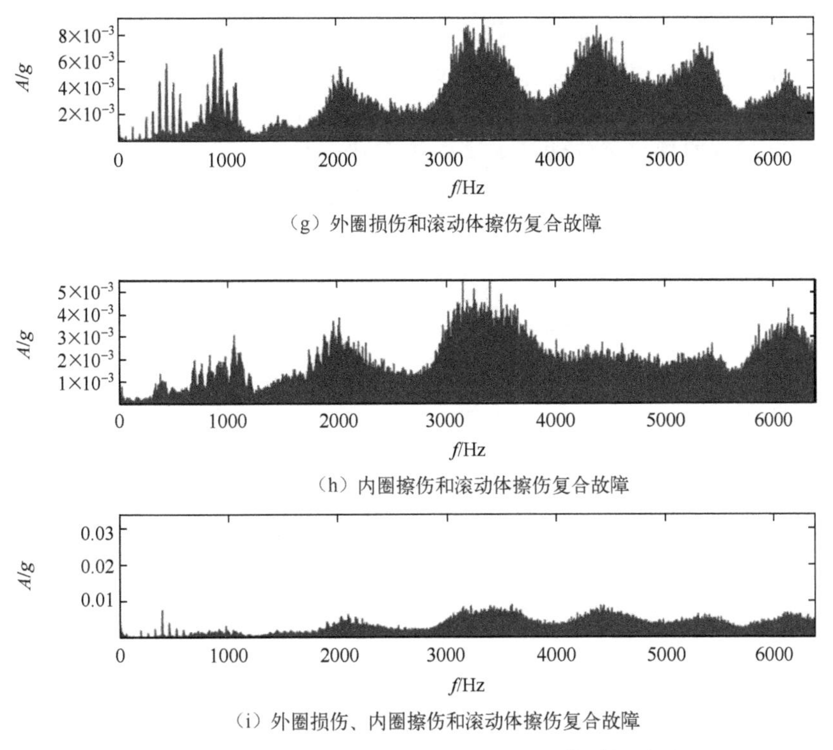

(g) 外圈损伤和滚动体擦伤复合故障

(h) 内圈擦伤和滚动体擦伤复合故障

(i) 外圈损伤、内圈擦伤和滚动体擦伤复合故障

图 2-27　机车滚动轴承 9 种状态的振动信号频谱图

将机车滚动轴承的正常,外圈轻微擦伤故障,外圈损伤故障,内圈擦伤故障,滚动体擦伤故障,外圈损伤与内圈擦伤复合故障,外圈损伤与滚动体擦伤复合故障,内圈擦伤与滚动体擦伤复合故障,外圈损伤、内圈擦伤和滚动体擦伤的复合故障,共计 9 种状态下所得的数据集作为诊断对象,按照表 2-7 分别从振动信号中提取 19 个时域与频域统计特征,构造"一对一"多分类支持向量机作为基本学习器,其中每个状态下的 16 个特征样本集用来训练支持向量机,剩余的 16 个特征样本集用来测试支持向量机的性能。

基于蚁群优化算法的支持向量机参数优化方法(方法 1)、只通过蚁群优化算法进行特征选择的支持向量机方法(方法 2),以及基于蚁群优化算法的支持向量机特征选择与参数优化融合方法(方法 3)的故障诊断结果如表 2-14 所列。方法 1 利用蚁群优化算法在 $C,\sigma\in[2^{-10},2^{10}]$ 的支持向量机参数区间内优化出支持向量机最优参数($C=57.60,\sigma=64.26$),使得对机车滚动轴承 9 类故障的平均识别准确率达到了 89.58%;方法 2 虽然使用了方法 1 中所得的最优参数,但是由于该最优参数与方法 2 中求解出的优化特征没有达到同步匹配,因此支持向量机的泛化性能并没有得到提高。方法 2 和方法 1 的故障诊断平均准确率相同就说明支持向量机中的样本特征与支持向量机参数共同影响着支持向量机的性能,需要同步取得相互匹配的最优特征和最优参数才能使支持向量机的泛化性能得到全面的提高。所以利用提出的基于蚁群优化算法的支持向量机特征选择与参数优化融合方法(方法3)通过同时选择最优特征 $F_1 \sim F_{18}$ 和最优参数($C=1.02, \sigma=0.04$)提高了支持向量机的诊断能力,获得了95.83%的平均故障准确率。

表2-14　机车滚动轴承多类故障诊断结果对比

名称	最优特征	最优参数(C,σ)	每种故障的准确率/%									平均准确率/%
			N	O	S	I	R	OI	OR	IR	OIR	
方法1	—	57.60,64.26	100	100	87.5	100	100	75	75	75	93.75	89.58
方法2	$F_2,F_4,F_6,F_{13},F_{14},F_{19}$	—	100	100	87.5	100	100	75	75	75	93.75	89.58
方法3	$F_1 \sim F_{18}$	1.02,0.04	100	93.75	93.75	100	100	87.5	93.75	93.75	100	95.83

从表2-14中还可以发现:基于蚁群优化算法的支持向量机参数优化方法(方法1)、只通过蚁群优化算法进行特征选择的支持向量机方法(方法2),以及基于蚁群优化算法的支持向量机特征选择与参数优化融合方法(方法3),对机车轴承中的正常状态、内圈故障状态,以及滚动体故障状态的识别能力相同,都达到了100%的测试准确率,这说明这3类基于支持向量机的方法对于简单故障状态的诊断能力相同;而所提出的基于蚁群优化算法的支持向量机特征选择与参数优化融合方法(方法3)有效地提高了对外圈与内圈复合故障、外圈与滚动体复合故障、内圈与滚动体复合故障、外圈、内圈与滚动体的复合故障识别能力,说明基于蚁群优化算法的支持向量机特征选择与参数优化融合方法通过一次性求解相互匹配的最优样本特征和最优支持向量机参数,使得支持向量机的泛化性能得到了进一步的提高,因而增强了对复杂故障的诊断能力。但是值得注意的是基于蚁群优化算法的支持向量机特征选择与参数优化融合方法(方法3)在提高了对外圈严重故障、外圈与内圈复合故障、外圈与滚动体复合故障、外圈、内圈与滚动体复合故障的识别能力的同时,由于外圈轻微擦伤故障与上述3种故障存在一定的相似性,因而使得支持向量机降低了对外圈轻微擦伤故障的能力。

针对支持向量机的样本特征与参数对支持向量机的耦合影响,提出了基于蚁群优化算法的支持向量机特征选择与参数优化的融合方法,构建了基于蚁群优化算法的支持向量机特征选择与参数优化融合方法的算法结构与流程,实现了基于蚁群优化算法的支持向量机特征选择与参数优化融合方法在Bently转子与电力机车滚动轴承故障诊断中的应用。从实验结果中可以得到以下结论:

(1) 基于蚁群优化算法的支持向量机特征选择与参数融合方法利用蚁群优化算法同时解决支持向量机中的特征选择与参数优化问题,同步获得了相互匹配的最优特征和最优参数,提高了支持向量机的泛化性能,获得了更好的故障诊断结果。

(2) 基于蚁群优化算法的支持向量机特征选择与参数优化融合方法可以更加有效地识别出含复合故障在内的多类复杂故障状态。而只通过蚁群优化算法优化其参数的支持向量机,或只通过蚁群优化算法进行特征选择的支持向量机对复杂故障状态的诊断能力有限。

(3) 由于振动信号的时频域统计量特征不含有太多的专业知识与经验,操作简单方便、易于实现,因此通过提取 Bently 转子与机车轴承振动信号的时域、频域的统计特征作为输入样本特征。如果采用其他先进的故障特征提取技术(如小波分析等)提供更为有效的故障特征,那么可以进一步提高其诊断复杂故障状态的能力。

2.5　增强支持向量机

支持向量机产生的分类器(或预测器)的泛化性能主要取决于采集有限样本的可用性和挖掘样本信息的充分性。在实际应用中,采集有代表性的训练样本是非常昂贵的也是非常耗时的,而且在一定时期内要积累一定量的训练样本也是不易的。同时,如何充分挖掘并利用有限样本信息中的知识与规律以提高分类器(或预测器)的泛化性能则是机器学习领域的永恒追求与目标。根据统计学习理论,当训练样本非常有限时,存在风险使得分类器(或预测器)对未知样本的预测精度很低。为了提高支持向量机的泛化能力,通过训练和组合多个分类器(或预测器)的集成学习理论和通过自适应学习的增强学习理论,成为近年来机器学习领域主要的研究方向,所以研究如何改进支持向量机算法结构是提高支持向量机泛化性能的一个本质问题。

目前,集成学习的研究成果不断涌现。有关集成学习算法的构造策略主要包含袋装法(bagging)、自举法(adaboost)、分级法(grading)和负相关法(decorrelated)等。有关集成学习算法中基本分类器的构造类型研究主要包括同类分类器集成和异类分类器集成两种不同的集成策略。另外,集成学习算法中的基本分类器组成方式也大有不同,主要有面向选择的集成和面向组合器的集成。集成学习的构造模式主要可分为串行集成、并行集成和分层集成三种模式。研究表明,集成学习可以提高分类器(预测器)的泛化性能,在一定程度上克服了以下问题:

(1) 小样本学习问题。当训练样本数目充分时,很多机器学习方法可以构造出最优的分类器(预测器)并表现出优良的泛化性能。但是当训练样本有限时,机器学习算法只能构造出很多差强人意的预测精度一致的分类器(预测器),虽然构造的分类器(预测器)的结构复杂度较低,但是存在极大的风险使得预测未知样本的性能较差。但是采用集成学习方法通过将多个单一基本分类器(预测器)的性能加以集成,可以博采众长,获得比单一基本分类器(预测器)更优的泛化性能。

(2) 泛化性能问题。当数据有限时,机器学习算法的搜索空间是可利用的训练数据的函数,可能远小于有限样本渐近情形下所考虑的假设空间,集成学习可以拓展函数空间,并获得对目标函数更准确的逼近与预测,从而推广分类器(预测器)的泛化性能。

由于支持向量机算法最终归结为求解一个线性约束的二次规划问题(QP),需要计算和存储一个大小与训练样本个数的平方相关的核函数矩阵。当应用集成学习算法训练多个单一基本分类器(预测器)并构造集成分类器(预测器)时便带来了更为复杂和大规模的训练与学习任务,这就需要以一种增强学习的方式不断学习新知识并更新强化已经训练的分类器(预测器),从而确保以更高的学习效率获得更优的泛化性能。增强学习技术是一种以反馈为输入的自适应学习方法,通过与环境交互得到不确定激励,最终获得最优行为的策略。由于增强学习方法具有在线学习和自适应学习的特点,其在大空间、复杂非线性系统中具有良好的泛化性能,因而正在成为解决智能策略优化问题的有效工具,并在实际中获得越来越广泛的应用。2007 年,美国学者 Parikh 等[21-22]提出了基于集成增强学习的数据融合方法,该方法通过集成增强分类器寻找各种数据集下的最有差别的信息,并建立连续学习各种数据来源中的新知识的能力。

因此,结合集成学习和增强学习的优势与特点,针对提高支持向量机泛化性能的目标,在集成学习与增强学习理论框架基础之上提出了集成增强支持向量机方法,通过充分挖掘有限样本空间数据所蕴含的知识信息,实现从机器学习理论体系与算法构造方面提高支持向量机泛化能力的目标。

2.5.1 集成学习理论

机器学习领域存在一个客观事实:发现大量而粗略的经验规则要比找到一条高度准确的预测规则容易得多。虽然直接建立高度准确的预测规则很困难,但是通过大量而粗略的经验规则间接归纳出一条较为准确的预测规则却是一个可以实现的目标。集成学习理论的基本思想就是首先用一个弱学习算法找到大量的粗略的经验规则;然后循环调用弱学习算法,向弱学习算法输入带有不同权重分布系数的训练集,每次循环产生一条新的经验规则;经过多次循环后,集成学习算法根据多轮循环产生的经验规则产生一条最终经验规则。近年来,集成学习理论已经被成功地应用到机器学习领域用来提高单一分类器(学习器)的性能。集成支持向量机最早由 Vapnik[1]提出,它使用 boosting 技术训练每个单一的支持向量机,然后用另一个支持向量机组合起这些单一的支持向量机。假设有 n 个单一支持向量机的集合:$\{f_1,f_2,\cdots,f_n\}$,如果每个单一支持向量机的性能都是等同的,则这些单一支持向量机的集成将和每个单一支持向量机相同。而如果这些单一支持向量机的性能不相同并且它们的误差不相关,除了支持向量机$f_i(\boldsymbol{x})$外,其他大多数的支持向量机对样本$\boldsymbol{x}$的识别结果可能是正确的。更准确地说,对于一个二分类问题由于随机猜测的误差概率为1/2,假设每个单一支持向量机的误差概率为$p<1/2$,则通过"多数投票法"建立的集成支持向量机的误差为

$$P_{\mathrm{E}} = \sum_{k=[n/2]}^{n} p^k(1-p)^{(n-k)} \tag{2-45}$$

因为,$p<\frac{1}{2}$, $P_{\mathrm{E}} < \sum_{k=[n/2]}^{n}\left(\frac{1}{2}\right)^k\left(\frac{1}{2}\right)^{(n-k)}$,所以,$P_{\mathrm{E}} < \sum_{k=[n/2]}^{n}\left(\frac{1}{2}\right)^n$。当单一支持向量机的个数$n$很大时,集成支持向量机$P_{\mathrm{E}}$的误差将会非常小。由于一个随机猜测的单一支持向量机的误差概率为1/2,如果能联系建立比随机猜测好一些的单一支持向量机,则最终的集成支持向量机的误差将会大大减小。

为了克服单一支持向量机在工程应用中的多分类问题的局限性,集成支持向量机将$k(k-1)/2$个二分类支持向量机组成的多分类支持向量机作为基本分类器,利用集成学习算法将多个多分类支持向量机进行集成,以提高支持向量机的泛化性能。集成支持向量机的算法示意图如图2-28所示。

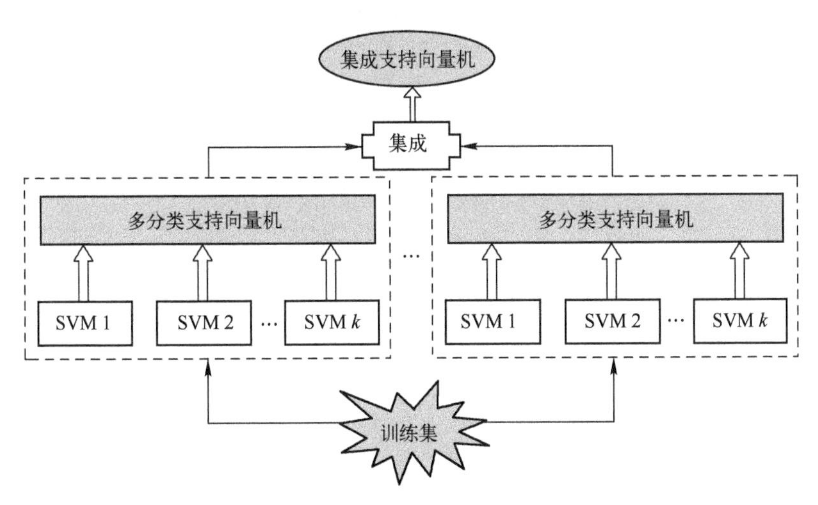

图2-28　集成支持向量机的算法示意图

集成学习的最终目的是提高学习算法的泛化性能,由于集成学习所蕴含的巨大潜力和应用前景使得集成学习方法成为机器学习领域最重要的研究方向之一,并被国际学者T. G. Dietterich评价为当前机器学习领域的四大研究方向之首[23]。但是,如何探索和研究出有效的新型集成学习方法,并将集成学习方法应用到工程实际当中,仍是支持向量机集成学习的关键问题之一。

2.5.2 增强学习理论

现实世界中充斥着海量的数据和信息,其中蕴含着丰富的潜在知识等待人们去发掘;另外,数据和信息的更新速度叹为观止,需要信息数据技术克服维数灾难的同时表现出优良的泛化能力。增强学习技术是一种以反馈为输入的自适应学习方法,通过与环境交互得到不确定激励,最终获得最优行为策略。由于其在线学习和自适应学习的特点,增强学习是解决智能策略寻优问题的有效工具,正在逐渐成为当前构建"智慧地球"的信息关键技术之一。标准的增强学习算法的结构框架如图 2-29 所示,主要由状态感知器、学习器和行为选择器组成。状态感知器主要完成从外部环境到智能体内部感知的映射过程。学习器根据环境状态的观测值和激励值更新智能体的策略知识。行为选择器根据当前智能体的策略知识做出行为选择并作用于外界环境。增强学习的基本原理就是:如果增强学习的某个行为导致环境正的奖赏,那么以后产生这个行为的趋势便会加强;反之,以后产生这个行为的趋势会减弱[24]。

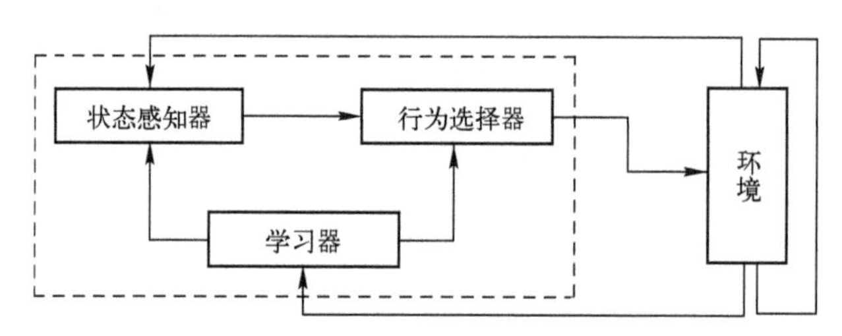

图 2-29　增强学习算法的结构框架

根据增强学习的基本原理,增强学习的目标是学习一个行为策略 d,使得能够获得环境的最大奖赏。因此,其目标函数通常表示为如下 3 种形式:

$$V^d(s_t) = \sum_{i=0}^{\infty} \gamma^i r_{t+i} \quad (0 < \gamma \leqslant 1) \tag{2-46}$$

$$V^d(s_t) = \sum_{t=0}^{h} r_t \tag{2-47}$$

$$V^d(s_t) = \lim_{h \to \infty} \left(\frac{1}{h} \sum_{i=0}^{h} r_t \right) \tag{2-48}$$

式中:γ 为折扣因子;r_t 为从环境状态 s_t 转移到 s_{t+1} 后所接受的环境奖赏值。式(2-46)为无限奖赏模型;式(2-47)为优先奖赏模型,只考虑未来 h 步的奖赏;式(2-48)为平均奖赏模型。根据目标函数则可以确定最优的行为策略:

$$d^* = \arg\max_d V^d(s) \quad (\forall s \in S) \tag{2-49}$$

式中:d 为行为策略;V 为目标函数;s 为环境状态;S 为环境状态集合。一种简单常

用的增强学习算法如下(图 2-30):

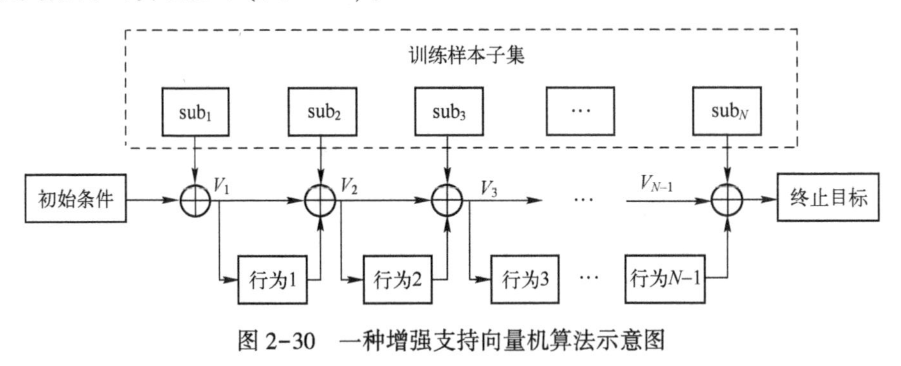

图 2-30　一种增强支持向量机算法示意图

(1) 根据初始条件,将训练样本随机等分为 N 个互相独立的训练子集:sub_1,sub_2,…,sub_N。

(2) 取子集 sub_1 训练学习器,并得到学习器的当前目标函数 V_1 和当前最优行为策略(行为 1)。

(3) 根据学习器的当前目标函数 V_1 和当前最优行为策略(行为 1),结合训练子集 sub_2 重新训练学习器,得到学习器的当前目标函数 V_2 和当前最优行为策略(行为 2),然后再根据学习器的当前目标函数 V_2 和当前最优行为策略(行为 2)结合训练子集 sub_3 重新训练学习器;如此循环直到训练子集 sub_N。

(4) 利用学习器的当前目标函数 V_{N-1} 和当前最优行为策略(行为 $N-1$),结合训练样本子集 sub_N 重新训练学习器,得到的最终学习器就是终止目标。

2.5.3　集成增强支持向量机算法

结合集成学习和增强学习的优势与特点,针对提高支持向量机泛化性能的目标,本节将在集成学习与增强学习理论框架基础之上进一步提出集成增强支持向量机方法(ensemble-based incremental support vector machines,EISVM),通过充分挖掘有限样本空间数据所蕴含的知识信息,实现从机器学习理论体系与算法构造方面提高支持向量机泛化能力的目标。

集成增强学习的目的是提高支持向量机的泛化性能。在集成增强学习过程中,作为一个基础学习器的单一支持向量机被认为是一个从输入空间 X 到输出空间 Y 的假设 h。其中,单一支持向量机的参数可以根据第 2.3 节所提出的蚁群优化算法获得。对于每次迭代,根据当前分布 $D_t(t=1,2,\cdots,T_k)$ 将数据集 $S_k(k=1,2,\cdots,n)$ 分为训练子集 TR_t 和测试子集 TE_t。然后利用训练子集 TR_t,采用单一支持向量机产生一个从输入空间 X 到输出空间 Y 的假设 $h_t:X\rightarrow Y$。分布 D_t 是根据单一支持向量机对每个样本的分类性能而配置给每个样本的权重集得到的。总的来说,那些难以正确分类的样本将要被赋予较高的权重以增加它们被选择进入下一个训练子集的概率。初始迭代的分布函数 D_1 被初始化为 $1/m$(m 是数据集 S_k 中的样本数),该迭代分布函数赋予被选择进入第一个训练子集的每个样本相同的概率。如果有别的原因或者先验知识,则可以按照别的方式自定义初始分布函数。单一支持向量机 h_t 在数据集 $S_k(k=1,2,\cdots,n)$ 上产生的误差[21—22]:

$$\varepsilon_t = \sum_{i,h_t(\boldsymbol{x}_i)\neq y_i} D_t(i) \tag{2-50}$$

式中:ε_t 为错分样本的分布权重之和。如果 $\varepsilon_t>1/2$,当前单一支持向量机产生的从输入空间 X 到输出空间 Y 的假设 $h_t:X\to Y$ 必须舍弃,然后构建新的训练子集 TR_t 和测试子集 TE_t,并重新训练支持向量机。这也就是说,单一支持向量机只希望在数据集 S_k 上获得 50%(或以下)的误差。由于二分类问题一半的误差意味着是随机猜测,因此对于一个二分类问题来说,这是最容易的一个条件。但是,对于诸如像 N 类分类问题来说,随机猜测的误差概率为$\frac{N-1}{N}$,所以要保证在 50%及其以下的误差将随着种类 N 的增加而更加困难。如果满足 $\varepsilon_t<1/2$,则规则化误差 β_t 可计算如下[21—22]:

$$\beta_t=\frac{\varepsilon_t}{1-\varepsilon_t} \tag{2-51}$$

所有在前 t 次迭代中由单一支持向量机产生的从输入空间 X 到输出空间 Y 的假设 $h_t:X\to Y$ 将按照最大权重选举法组合在一起。选举权重等于规则化误差 β_t 的倒数的对数。那些在自己的训练子集和测试子集上取得很好的结果将被赋予更大的投票。复合分类假设 H_t 将根据每个单一分类假设 $h_t:X\to Y$ 的组合得到[21—22]

$$H_t = \arg\max_{y\in Y} \sum_{t:h_t(\boldsymbol{x})=y} \log\frac{1}{\beta_t} \tag{2-52}$$

复合分类假设 H_t 的分类性能取决于 t 个单一分类假设中获得最大投票的假设。复合分类假设 H_t 的误差为[21—22]

$$E_t = \sum_{i:H_t(\boldsymbol{x}_i)\neq y_i} D_t(i) = \sum_{i=1}^{m} D_t(i)[\,|H_t(\boldsymbol{x}_i)\neq y_i|\,] \tag{2-53}$$

式中:当结果为真时,$[\,|\cdot|\,]$ 为 1;否则,$[\,|\cdot|\,]$ 为 0。如果 $E_t>1/2$,当前的假设 h_t 将被舍弃,然后重新构建新的训练子集和测试子集,并构建新的由单一支持向量机产生的从输入空间 X 到输出空间 Y 的假设 $h_t:X\to Y$。可以发现,当有一个包含新信息的数据集 S_{k+1} 输入时,复合误差 E_t 可能超过 1/2。其他情况下,由于所有构成复合假设 H_t 的单一假设 $h_t:X\to Y$ 都已经经过式(2-49)的验证以保证在数据集 S_k 上获得最大为 50%的误差,因此 $E_t<1/2$ 这个条件基本都能满足。如果 $E_t<1/2$,规则化复合误差可按下式计算[21—22]:

$$B_t=\frac{E_t}{1-E_t} \tag{2-54}$$

根据集成学习过程中产生的复合假设 H_t 更新权重 $\omega_{t+1}(i)$，并计算下一个分布 D_{t+1}。该分布更新规则是集成增强学习的关键[21—22]。

$$\omega_{t+1}(i)=\omega_t(i)\times\begin{cases}B_t, & H_t(\boldsymbol{x}_i)=y_i\\1, & \text{其他}\end{cases}$$
$$=\omega_t(i)\times B_t^{1-[|H_t(\boldsymbol{x}_i)\neq y_i|]} \tag{2-55}$$

$$D_{t+1}=\frac{\omega_{t+1}(i)}{\sum_{i=1}^{m}\omega_{t+1}(i)} \tag{2-56}$$

根据这个规则，如果样本 $\boldsymbol{x}_i$ 被复合分类假设 H_t 正确分类，则该样本的权重被乘以一个小于 1 的因子 B_t；如果被错分了，则该样本的权重保持不变。这个分布更新规则降低了分类正确的样本被选择进入下一轮训练样本 TR_{t+1} 的概率，同时增加了当前分类错误的样本被选择进入下一轮训练样本 TR_{t+1} 的概率。集成增强支持向量机着重关注被重复错分的样本。可以发现，由于有新的种类的样本输入到样本集中，当前的复合分类假设 H_t 将特别容易错分新样本，所以式(2-55)保证将错分样本选择进入下一个训练样本集中，从而保证了集成增强学习的可实现性。

当每个数据子集 S_k 的 T_k 个分类假设都产生之后，集成增强支持向量机最终的分类假设将根据所有的复合假设输出[21—22]：

$$H_{\text{final}}(\boldsymbol{x})=\arg\max_{y\in Y}\sum_{k=1}^{K}\left(\sum_{t:H_t(\boldsymbol{x})=y}\log\left(\frac{1}{\beta_t}\right)\right) \tag{2-57}$$

可以看出，当集成增强学习进行时，如果有新的样本输入时，由于保留了所有历史的支持向量机分类假设 $h_t:X\to Y$ 而使得原始的知识没有丢失。集成增强支持向量机可以继承之前学习的知识而从新样本中继续学习新知识，从而全面提升支持向量机的泛化性能。集成增强支持向量机算法结构示意图如图 2-31 所示。集成增强支持向量机的算法流程如表 2-15 所列。

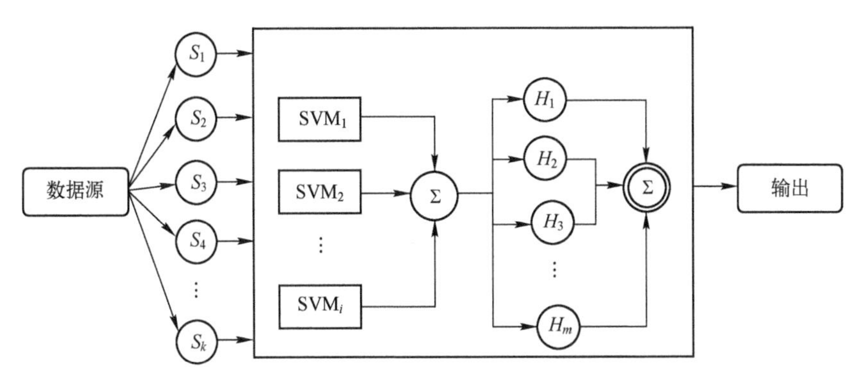

图 2-31　集成增强支持向量机算法结构示意图

表 2-15　集成增强支持向量机算法流程[21—22]

输入：数据集 $S_k=\{(\boldsymbol{x}_1,y_1),(\boldsymbol{x}_2,y_2),\cdots,(\boldsymbol{x}_m,y_m)\}(k=1,2,\cdots,n)$。
整数 T_k，需要产生的支持向量机个数。
Do for $k=1,2,\cdots,n$
初始化 $\omega_1(i)=\dfrac{1}{m}$，m 是每个样本集 S_k 中的样本总数。
Do for $t=1,2,\cdots,T_k$
(1) 令 $D_t=\dfrac{\omega_t(i)}{\sum_{i=1}^{m}\omega_t(i)}$，$D_t$是一个分布。
(2) 根据分布 D_t 选择训练子集 TR_t和测试子集 TE_t。
(3) 利用单一支持向量机产生从输入空间 X 到输出空间 Y 的假设 $h_t:X\rightarrow Y$，计算分类假设 h_t 在数据集 $S_t=TR_t+TE_t$ 上的误差 $h_t:\varepsilon_t=\sum_{i:h_t(x_i)\neq y_i}D_t(i)$。
如果，$\varepsilon_t>\dfrac{1}{2}$，进入步骤(2)；否则计算规则化误差 $\beta_t=\dfrac{\varepsilon_t}{(1-\varepsilon_t)}$。
(4) 利用权重最大选举法，获得复合假设 $H_t=\arg\max\limits_{y\in Y}\sum_{t:h_t(x)=y}\log\left(\dfrac{1}{\beta_t}\right)$，并计算复合误差：$E_t=\sum_{i:H_t(x_t)\neq y_i}D_t(i)=\sum_{i=1}^{m}D_t(i)[\,|H_t(\boldsymbol{x}_i)\neq y_i|\,]$。
(5) 令 $B_t^k=\dfrac{E_t^k}{1-E_t^k}$(规则化复合误差)，更新样本权重：
$$\omega_{t+1}=\omega_t\times\begin{cases}B_t^k, & H_t^k=y_i\\ 1, & \text{其他}\end{cases}$$
End
End
输出集成增强支持向量机最终的分类假设：$H_{\text{final}}(\boldsymbol{x})=\arg\max\limits_{y\in Y}\sum_{k=1}^{K}\left(\sum_{t:H_t(\boldsymbol{x})=y}\log\left(\dfrac{1}{\beta_t}\right)\right)$

2.5.4　滚动轴承早期故障诊断实验对比分析

由于集成增强支持向量机可以提高支持向量机的泛化性能，为了验证集成增强支持向量机的有效性，国际著名滚动轴承故障数据平台——Case Western Reserve University(CWRU)轴承数据中心[25]的滚动轴承早期故障实验将被用来进行方法对比。另外，集成增强支持向量机方法将进一步应用到包含复合故障以及同一故障类型不同损伤程度的机车滚动轴承故障诊断中。

1. 实验系统描述

美国 CWRU 轴承数据中心提供的滚动轴承故障数据经常被世界范围内的学者用来验证所提出方法的有效性，所以以这一数据中心的实验数据作为标准实验来进行方法验证与对比分析。

滚动轴承实验台如图 2-32 所示，它包含一个 1.5kW 的电动机(左边)、一个扭矩传感器(中央)和一个测力计(右边)。实验轴承(含驱动端轴承和风扇端轴承)用来支撑电机轴,它包含安装在实验台上的驱动端轴承和风扇端轴承。实验轴承的参数等信息如表2-16所列。实验轴承通过电火花加工制造单点早期故障,故障直径分别为0.18mm、0.36mm、0.53mm、0.71mm,故障深度为0.28mm,故障程度都较微弱,属于早期故障。驱动端轴承和风扇端轴承的故障详细参数如表2-17所列。它包含不同转速以及不同故障尺寸下不同的故障类型。两个加速度传感器分别安装在驱动端和风扇端的电机上来测试轴承不同故障状态下的振动信号。数据采集系统包含一个高频信号放大器,采样频率为12000Hz。分别采集各个故障状态下的信号样本,将每个样本按照表2-7提取时域、频域的统计特征量(共计19个),然后将特征集输入到集成增强支持向量机中进行训练。集成增强支持向量机的实验结果与其他方法进行了对比。

(a) 美国CWRU轴承实验台实物图

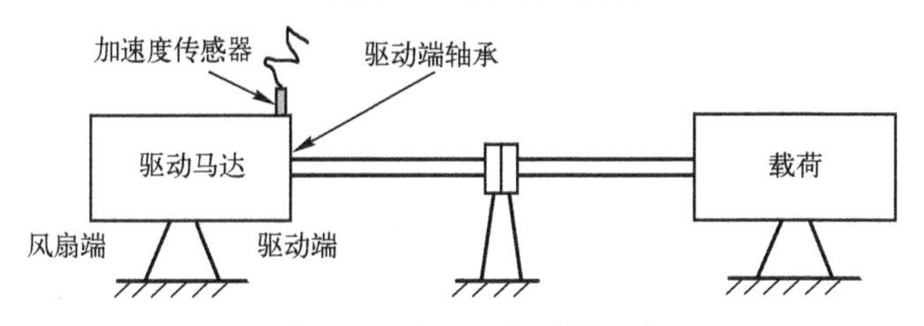

(b) 美国CWRU轴承实验台结构示意图

图2-32　美国CWRU轴承实验台

表2-16　轴承实验参数　　(尺寸单位:mm)

轴承类型	驱动端轴承	风扇端轴承
轴承型号	6205-2RS JEM SKF,深沟球轴承	6203-2RS JEM SKF,深沟球轴承
内圈直径	25	17
外圈直径	52	40

续表

轴 承 类 型	驱动端轴承	风扇端轴承
厚度	15	12
滚动体直径	8	7
节圆直径	39	29

表 2-17 轴承的故障明细表

轴承	故障位置	故障直径/mm	故障深度/mm	转速/(r/min)	电机载荷/kW
无故障(正常)	—	—	—	1797/1772/1750/1730	0/0.74/1.48/2.21
驱动端轴承	外圈	0.18	0.28	1797/1772/1750/1730	0/0.74/1.48/2.21
		0.36	0.28	1797/1772/1750/1730	0/0.74/1.48/2.21
		0.53	0.28	1797/1772/1750/1730	0/0.74/1.48/2.21
	内圈	0.18	0.28	1797/1772/1750/1730	0/0.74/1.48/2.21
		0.36	0.28	1797/1772/1750/1730	0/0.74/1.48/2.21
		0.53	0.28	1797/1772/1750/1730	0/0.74/1.48/2.21
		0.71	0.28	1797/1772/1750/1730	0/0.74/1.48/2.21
	滚动体	0.18	0.28	1797/1772/1750/1730	0/0.74/1.48/2.21
		0.36	0.28	1797/1772/1750/1730	0/0.74/1.48/2.21
		0.53	0.28	1797/1772/1750/1730	0/0.74/1.48/2.21
		0.71	0.28	1797/1772/1750/1730	0/0.74/1.48/2.21
风扇端轴承	外圈	0.18	0.28	1797/1772/1750/1730	0/0.74/1.48/2.21
		0.36	0.28	1797/1772/1750/1730	0/0.74/1.48/2.21
		0.53	0.28	1797/1772/1750/1730	0/0.74/1.48/2.21
	内圈	0.18	0.28	1797/1772/1750/1730	0/0.74/1.48/2.21
		0.36	0.28	1797/1772/1750/1730	0/0.74/1.48/2.21
		0.53	0.28	1797/1772/1750/1730	0/0.74/1.48/2.21
	滚动体	0.18	0.28	1797/1772/1750/1730	0/0.74/1.48/2.21
		0.36	0.28	1797/1772/1750/1730	0/0.74/1.48/2.21
		0.53	0.28	1797/1772/1750/1730	0/0.74/1.48/2.21

2. 实验对比分析一

按照参考文献[26]的实验过程与参数设置在 CWRU 轴承数据上进行相同的实验分析,包含滚动体故障、内圈故障、外圈故障(加载区域集中于 12:00 方向,即垂直向上方向)在内的 3 类故障信号分别从驱动端轴承上采集,故障尺寸为

0.18mm,实验参数如表2-18所列。3类故障状态下滚动轴承振动信号的采样频率为12000Hz,所采集的3类故障状态下的滚动轴承振动信号的时域波形分别如图2-33所示。通过快速傅里叶变换所得的3类故障状态下的轴承振动信号的频谱图如图2-34所示。与文献[26]采用相同的数据样本,首先从3类故障状态下的每个信号中分别按1024个点截取组成50个信号子样本,其中70%的样本用作训练样本,剩余30%的样本用作测试样本。

表2-18 实验数据描述

轴承	故障位置	故障尺寸/mm	电机转速/(r/min)	电机负载/kW	状态标签
驱动端轴承	外圈	0.18	1750	1.48	1
	内圈	0.18	1750	1.48	2
	滚动体	0.18	1750	1.48	3

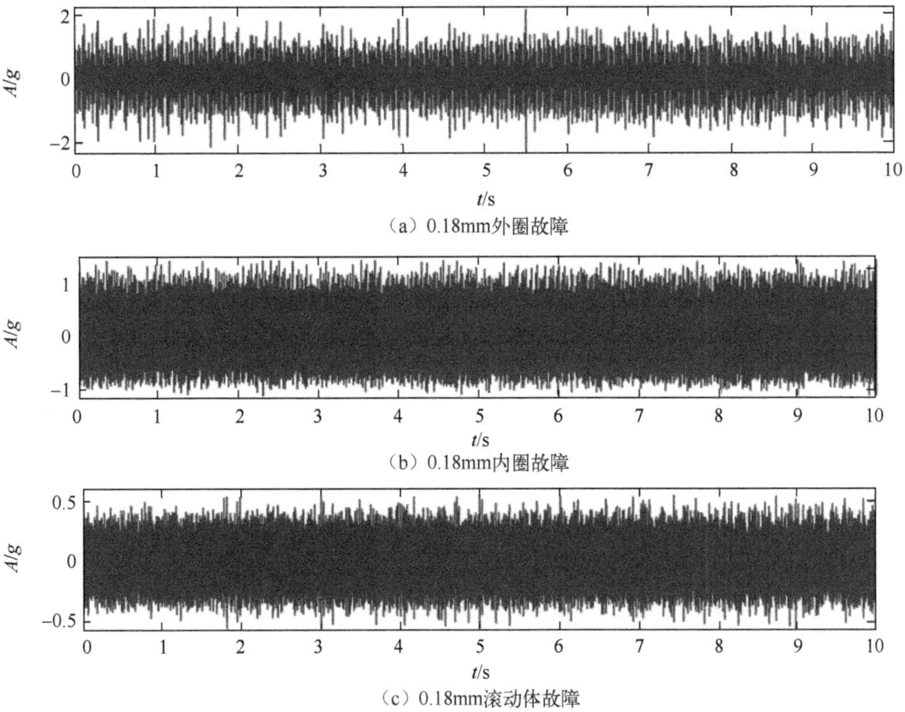

(a) 0.18mm外圈故障

(b) 0.18mm内圈故障

(c) 0.18mm滚动体故障

图2-33 3类故障状态下滚动轴承的振动信号时域波形

表2-19给出了基于集成增强支持向量机的智能故障诊断结果,并与文献[26]中给出的7种方法(离散Cosine变换、Daubechies小波、Symlets小波、Walsh变换、快速傅里叶变换(FFT)、Walsh变换+粗糙集理论、FFT+粗糙集理论)的故障诊断结果进行对比。从表2-19中看到:基于集成增强支持向量机的智能故障诊断方

法，与基于普通支持向量机的智能故障诊断方法，在外圈故障、内圈故障和滚动体故障3类故障状态均表现出了同样良好的泛化性能（100%的准确率），可以完全有效地识别出3类简单的早期轴承故障状态。从表中与其他7种方法的对比结果也证明：在相同的实验环境与实验数据下，集成增强支持向量机和普通支持向量机具有更好的故障识别能力。

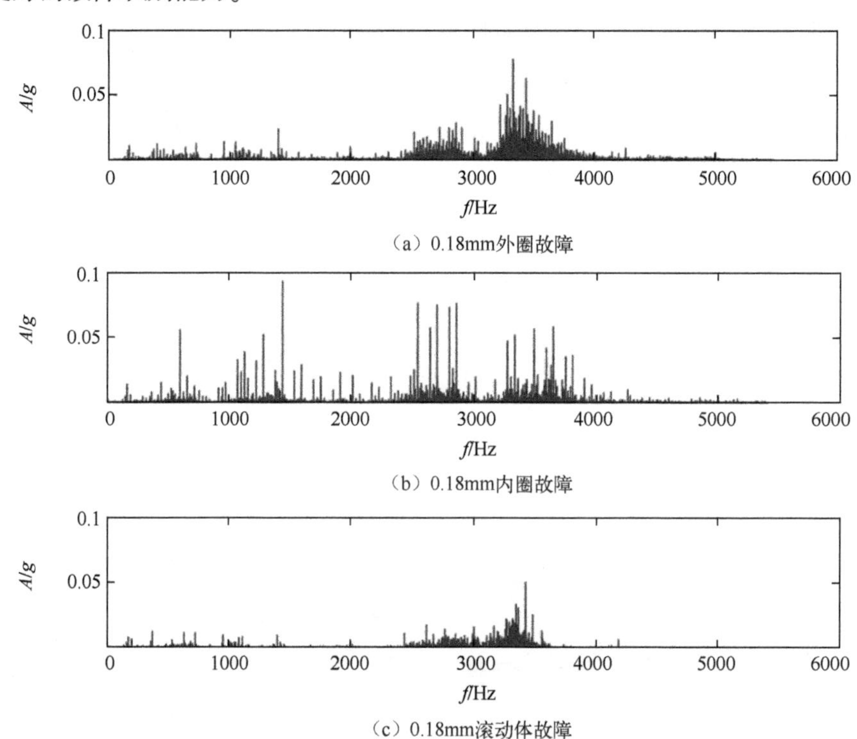

图2-34　3类故障状态下滚动轴承的振动频域信号

表2-19　3类状态下滚动轴承的故障诊断结果对比

轴承状态	方法名称	准确率
(1) 外圈故障 (2) 内圈故障 (3) 滚动体故障	Discrete Cosine Transform（离散 Cosine 变换）	85%[26]
	Daubechies wavelet（Daubechies 小波）	78%[26]
	Symlets wavelet（Symlets 小波）	74%[26]
	Walsh transform（Walsh 变换）	78%[26]
	FFT（快速傅里叶变换）	84%[26]
	Walsh 变换+Rough set theory（Walsh-粗糙集理论）	80%[26]
	FFT+Rough set theory（FFT-粗糙集理论）	86%[26]
	支持向量机	100%
	集成增强支持向量机	100%

3. 实验对比分析二

为了进一步验证本节提出的基于集成增强支持向量机的智能故障诊断方法，根据文献[27]的实验过程与实验参数(表2-20)，利用从CWRU驱动端轴承上采集的滚动体故障、内圈故障、外圈故障(加载区域集中于12:00方向，即垂直向上方向)在内的3类故障信号和轴承正常状态下的信号数据进行分析。4类轴承状态下采集的振动信号的时域波形与频谱分别如图2-35和图2-36所示。

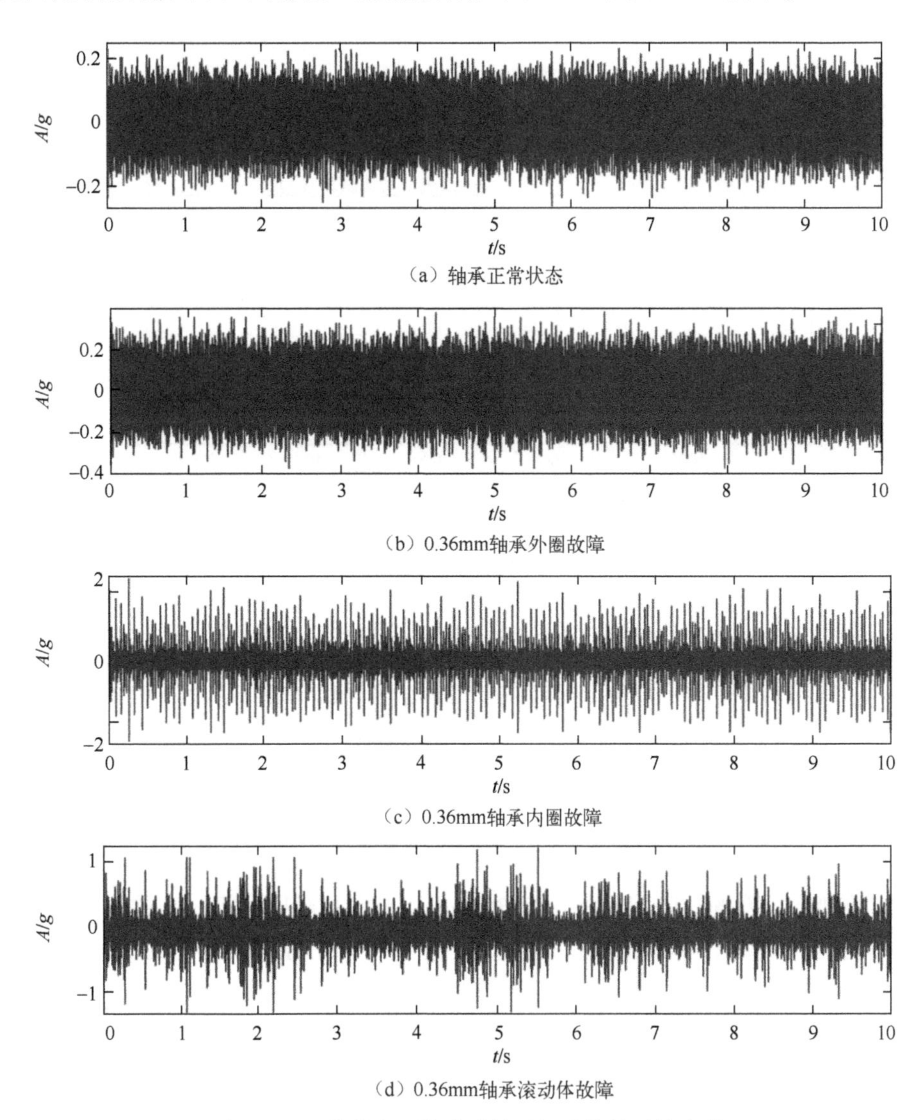

(a) 轴承正常状态

(b) 0.36mm轴承外圈故障

(c) 0.36mm轴承内圈故障

(d) 0.36mm轴承滚动体故障

图2-35 4类状态下的滚动轴承振动信号时域波形

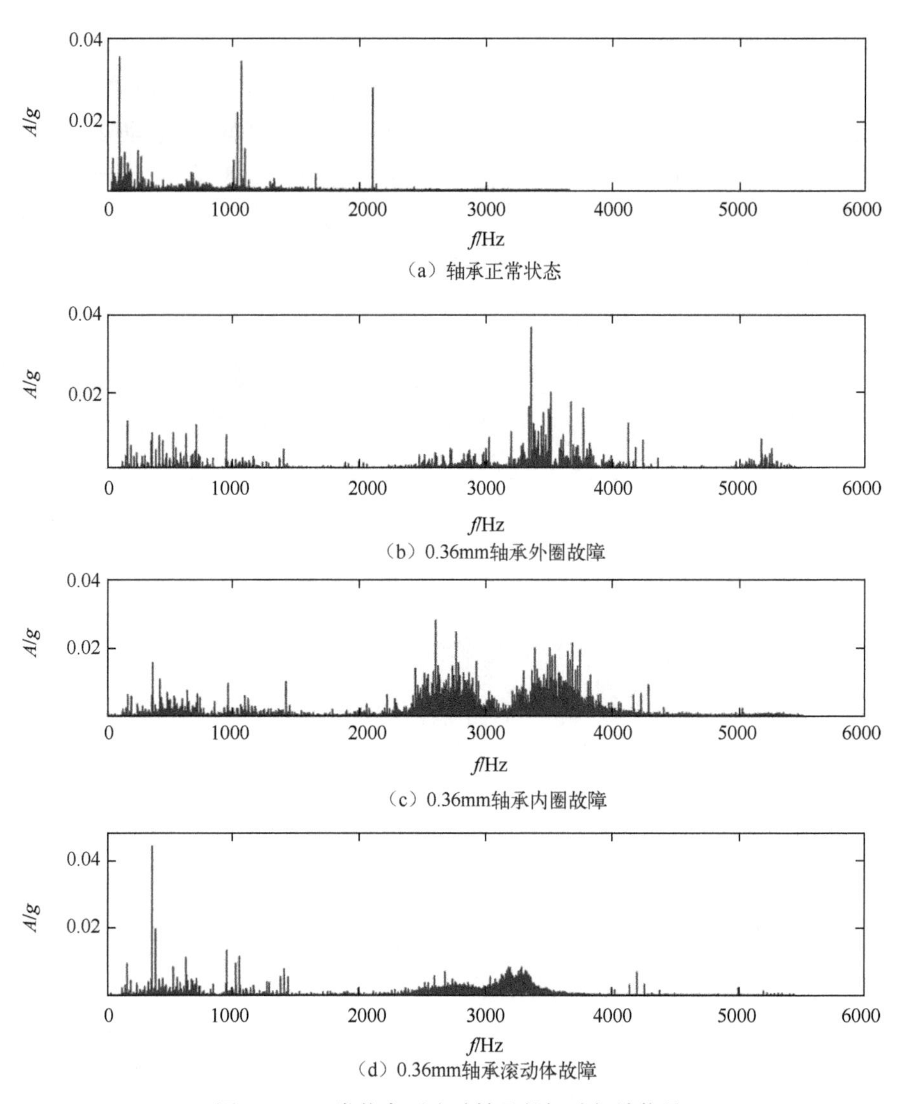

（a）轴承正常状态

（b）0.36mm轴承外圈故障

（c）0.36mm轴承内圈故障

（d）0.36mm轴承滚动体故障

图 2-36　4 类状态下滚动轴承的振动频域信号

3 类轴承故障的故障尺寸都为 0. 36mm，且与实验对比分析一中的 3 类轴承故障样本为相同类型的故障实验数据，但与上述实验对比分析一不同的是，当前实验中的轴承故障尺寸为 0. 36mm，比实验一中 0. 18mm 故障程度严重，电机转速相对实验一略有增加，电机负荷相对降低。轴承在 4 类故障状态下的振动信号分别按每 1024 个点截取组成 50 个样本，其中 70%的样本用作训练样本，剩余 30%的样本用作测试样本。如表 2-20 所列的实验数据与参数和文献[27]保持一致，从而确保方法验证与结果对比的公平性与可信度。

表 2-20　实验数据描述

轴承	故障位置	故障尺寸/mm	电机转速/(r/min)	电机负荷/kW	状态标签
驱动端轴承	无故障	0	1772	0.74	1
	外圈故障	0.36	1772	0.74	2
	内圈故障	0.36	1772	0.74	3
	滚动体故障	0.36	1772	0.74	4

文献[27]针对上述的正常状态、外圈故障、内圈故障、滚动体故障这 4 类轴承状态提出了一种基于改进模糊 ARTMAP 方法和修正距离评估技术的故障诊断方法,通过提取 9 个时域统计特征(均值、均方根、方差、偏斜度、峭度、峰值指标、裕度指标、波形指标、脉冲指标)、7 个频域统计特征和一阶连续小波灰色时刻(first-order continuous wavelet grey moment)特征,利用修正距离评估技术提取最优特征,然后运用改进模糊 ARTMAP 方法进行故障类型识别。文献所提出方法的实验结果与其他 3 种类似的方法进行对比分析:一种是不经过特征优选,只利用改进模糊 ARTMAP 方法进行故障诊断;另一种是利用修正距离评估技术提取最优特征,利用模糊 ARTMAP 方法进行故障诊断;第三种是不经过特征优选,只利用模糊 ARTMAP 方法进行故障诊断。

本节将对每个样本信号分别提取如表 2-7 所列的时域与频域统计特征,然后利用所提出的集成增强支持向量机进行故障诊断并与上述方法的实验结果以及普通支持向量机进行对比分析。从表 2-21 中可以看出,在当前实验条件下本节提出的集成增强支持向量机方法,比普通支持向量机,以及 3 类基于模糊 ARTMAP 的方法取得了更为良好的实验结果,但是比基于改进模糊 ARTMAP 方法和修正距离评估技术的故障诊断方法的实验结果稍差一些,产生差距的原因之一可能在于基于改进模糊 ARTMAP 方法和修正距离评估技术的故障诊断方法采用了比时域和频域统计特征更为先进的一阶连续小波灰色时刻特征,然后在此基础上选择最优特征,因而提高了故障诊断准确率。

表 2-21　4 类状态下滚动轴承的故障诊断结果对比

轴承状态	方　法	准确率/%
(1) 正常状态 (2) 外圈故障 (3) 内圈故障 (4) 滚动体故障	改进模糊 ARTMAP 方法+修正距离评估技术	99.541[27]
	改进模糊 ARTMAP 方法	89.382[27]
	模糊 ARTMAP 方法+修正距离评估技术	91.185[27]
	模糊 ARTMAP 方法	79.228[27]
	支持向量机	91.67
	集成增强支持向量机	98.33

4. 实验对比分析三

为了进一步验证集成增强支持向量机的泛化性能，实验对比分析三将包含多类故障以及同一故障类型下的不同故障程度：正常状态、滚动体故障、外圈故障，以及 4 种故障程度不同的内圈故障（轻微故障程度 0.18mm、中等故障程度 0.36mm、较严重故障程度 0.53mm、严重故障程度 0.71mm）。实验数据如表 2-22 所列。由于诊断同一故障类型下的不同故障程度对于很多基于提取故障特征频率的信号分析方法带来了很大困难，因此该实验用来进一步验证集成增强支持向量机对同一故障类型下的不同故障程度的智能诊断能力。

表 2-22　实验数据描述

轴承	故障位置	故障尺寸/mm	电机转速/(r/min)	电机载荷/kW	状态标签
驱动端轴承	无故障	—	1772	0.74	1
	外圈故障	0.36	1772	0.74	2
	内圈故障	0.18	1772	0.74	3
	内圈故障	0.36	1772	0.74	4
	内圈故障	0.53	1772	0.74	5
	内圈故障	0.71	1772	0.74	6
	滚动体故障	0.36	1772	0.74	7

7 种状态下的轴承振动信号的时域波形如图 2-37 所示，振动信号的频谱图如图 2-38 所示，仅从时域信号和频谱图上很难辨识出这 7 种状态，因而需要运用其他方法进行进一步分析。基于集成增强支持向量机的故障诊断过程与文献[28]保持一致，即分别在每类故障状态下截取每 1024 个点的振动信号组成 80 个样本。每种故障状态下的 50%的样本被用作训练样本，剩余的样本作为测试样本。对每个样本信号分别提取如表 2-8 所列的时域与频域统计特征，然后利用所提出的集成增强支持向量机进行故障诊断。

文献[28]针对表 2-22 所述的正常状态、滚动体故障、外圈故障，以及 4 种故障程度不同的内圈故障（轻微故障程度 0.18mm、中等故障程度 0.36mm、较严重故障程度 0.53mm、严重故障程度 0.71mm），通过提取 9 个时域统计特征（均值、均方根、方差、偏斜度、峭度、峰值指标、裕度指标、波形指标、脉冲指标）、8 个频域统计特征和一阶连续小波灰色时刻特征，利用基于特征权重学习的模糊 ARTMAP 网络模型，对包含多类故障以及同一故障类型下的不同故障程度的轴承故障状态进行识别。表 2-23 给出了基于集成增强支持向量机的故障诊断方法与普通支持向量机，以及文献[27-28]提到的 3 种基于模糊 ARTMAP 方法的实验结果对比。

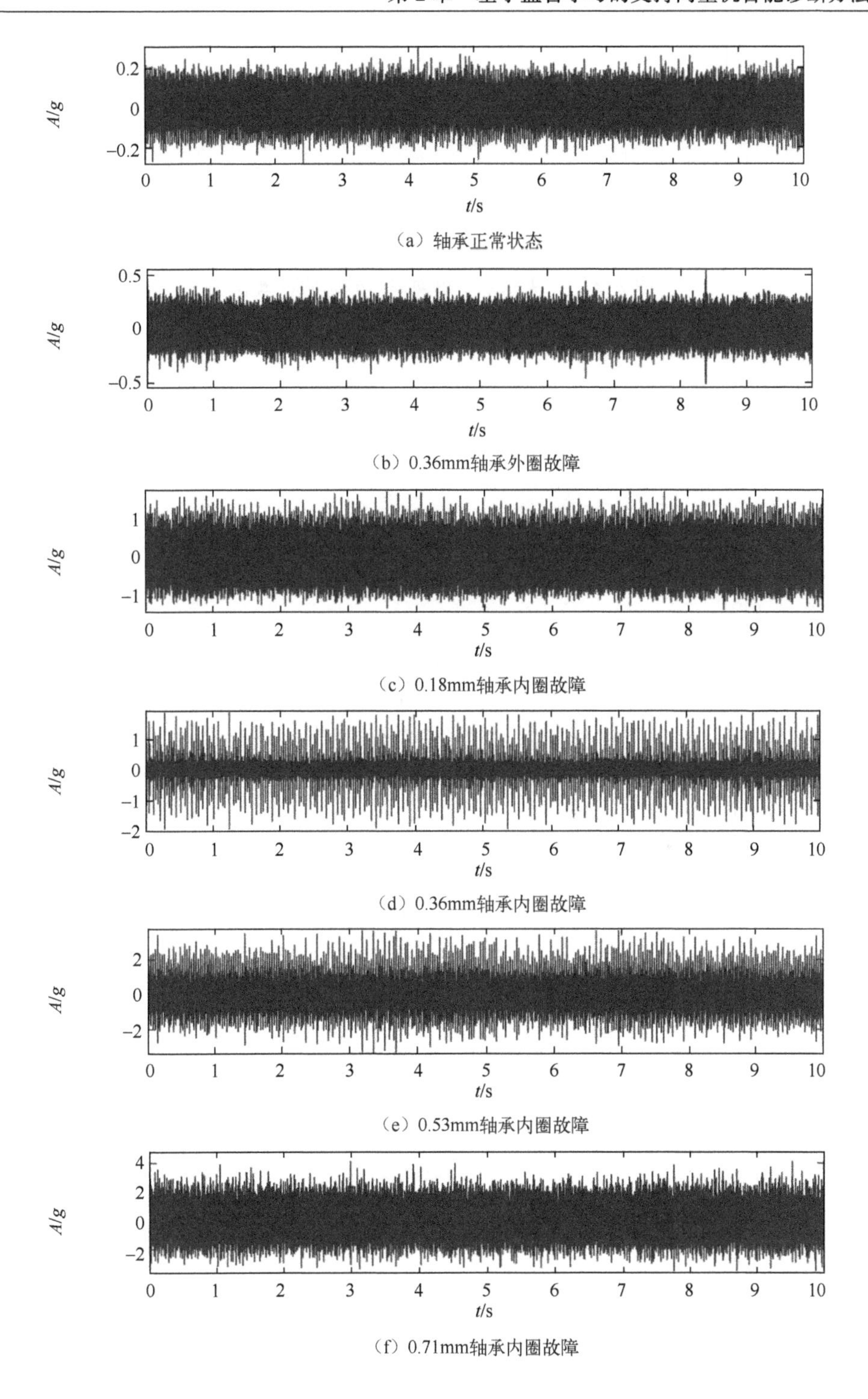
A/g
t/s
（a）轴承正常状态
（b）0.36mm轴承外圈故障
（c）0.18mm轴承内圈故障
（d）0.36mm轴承内圈故障
（e）0.53mm轴承内圈故障
（f）0.71mm轴承内圈故障

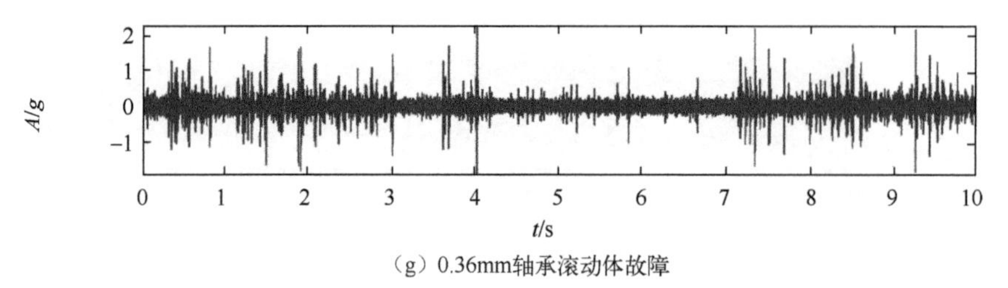

（g）0.36mm轴承滚动体故障

图 2-37 7类状态下滚动轴承的振动时域信号

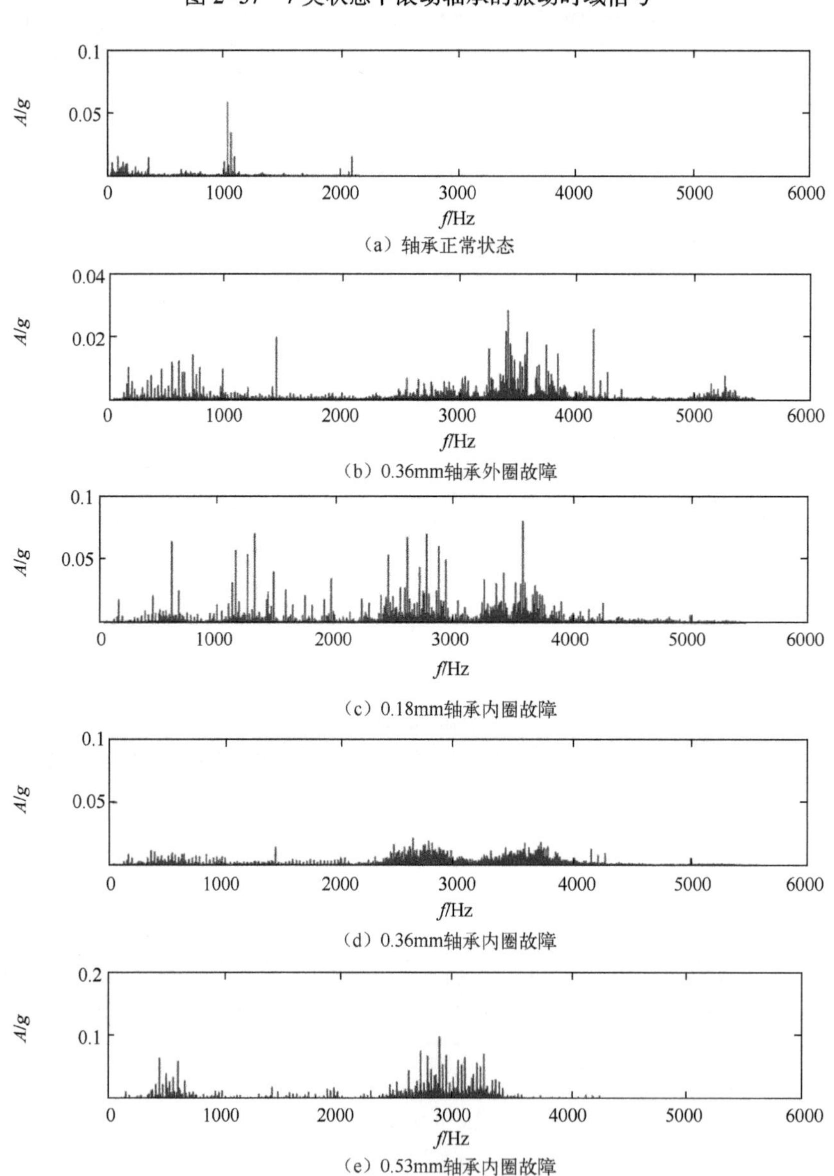

（e）0.53mm轴承内圈故障

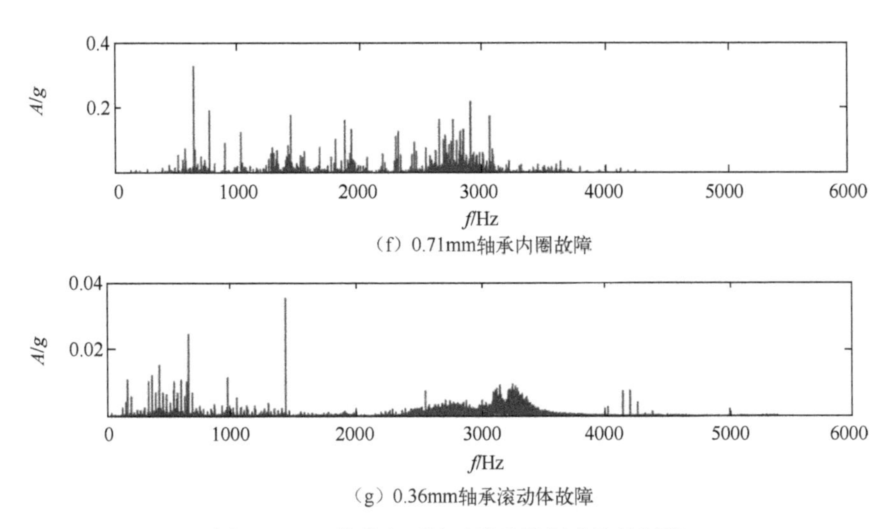

(f) 0.71mm轴承内圈故障

(g) 0.36mm轴承滚动体故障

图 2-38　7 类状态下滚动轴承的振动信号频谱

表 2-23　7 类状态下滚动轴承的故障诊断结果对比

轴承状态(故障尺寸:mm)	方　法	准确率/%
(1) 正常	改进模糊 ARTMAP 方法	77.551[27]
(2) 外圈故障(0.36)	改进模糊 ARTMAP 方法+修正距离评估技术	84.898[27]
(3) 内圈故障(0.18)	改进模糊 ARTMAP 方法+特征权重学习	87.302[28]
(4) 内圈故障(0.36)	支持向量机	89.29
(5) 内圈故障(0.53)	集成增强支持向量机	96.42
(6) 内圈故障(0.71)		
(7) 滚动体故障(0.36)		

在 4 种方法中,基于集成增强支持向量机取得了 96.42%的最高诊断准确率。实验结果表明:当面对同一故障类型的不同故障程度这一复杂的故障模式识别问题时,普通支持向量机的故障诊断能力有限,而集成增强支持向量机通过从机器学习的集成理论与增强理论框架基础上提高支持向量机的泛化能力,使得识别含同一故障类型的不同故障程度在内的多类滚动轴承早期故障状态的能力得到增强,比 3 种基于模糊 ARTMAP 方法的实验效果也要好一些。

2.5.5　电力机车滚动轴承复合故障诊断应用

电力机车滚动轴承实验测试过程与实验平台如 2.3.4 节所示。实验数据在 2.4.3 节中进行了详细描述。每个状态下的振动信号分别截取 2048 个采样点组成一个样本数据,共截取 32 个样本。按照表 2-7 分别提取每个样本的时域和频域的 19 个统计特征,其中 16 个样本用来训练支持向量机,剩余的 16 个样本用来测试。

利用集成增强支持向量机对上述实验机车滚动轴承样本进行故障类型识别,实验结果如表 2-24 所列。其中,SVM_1表示提出的基于蚁群优化算法的支持向量机参数优化方法,SVM_2表示基于蚁群优化算法的支持向量机特征选择和参数优化融合方法,EISVM 表示集成增强支持向量机。进一步运用蚁群优化算法对集成增强支持向量机中的特征与参数进行优化所取得的实验结果用 $EISVM^*$表示。

表 2-24　基于集成增强支持向量机的机车轴承复合故障诊断实验结果对比

方法名称	每种故障的准确率/%									平均准确率/%
	N	O	S	I	R	OI	OR	IR	OIR	
SVM_1	100	100	87.5	100	100	75	75	75	93.75	89.58
SVM_2	100	93.75	93.75	100	100	87.5	93.75	93.75	100	95.83
EISVM	100	100	93.75	100	100	87.5	93.75	93.75	100	96.53
$EISVM^*$	100	100	100	100	100	100	93.75	100	100	99.31

从结果中可以看出:基于蚁群优化算法的支持向量机参数优化方法(SVM_1)通过优化出最优参数($C=57.60,\sigma=64.26$),使机车轴承的故障诊断准确率达到 89.58%;基于蚁群优化算法的支持向量机特征选择和参数优化融合方法(SVM_2)通过同时选择最优特征 $F_1\sim F_{18}$和最优参数($C=1.02,\sigma=0.04$),提高了支持向量机的诊断能力,因而获得了 95.83%的准确率;而本节提出的集成增强支持向量机(EISVM)从算法构造方面提高了单一支持向量机的泛化性能,使机车滚动轴承的故障诊断达到了 96.53%的准确率。对集成增强支持向量机进一步运用蚁群优化算法同时优选特征与参数($EISVM^*$),可以进一步提高集成增强支持向量机的泛化能力,使故障诊断平均准确率达到了 99.31%。

对于正常状态、内圈故障和滚动体故障这 3 类常见的简单故障类型,第 2.3 节提出的基于蚁群优化算法的支持向量机参数优化方法(SVM_1)、第 2.4 节提出的基于蚁群优化算法的支持向量机特征选择和参数优化融合方法(SVM_2),以及本节提出的集成增强支持向量机方法(EISVM)都可以 100%地完全地识别出来,这表明这 3 类基于支持向量机的方法在识别简单故障类型时具有同等优良的性能。而面对其他复杂的故障状态(如外圈严重故障、外圈轻微故障、外圈与内圈复合故障、外圈与滚动体复合故障、内外圈与滚动体复合故障),集成增强支持向量机通过提高单一支持向量机的泛化能力,进一步有效地提高了其对复合故障以及不同外圈损伤程度的识别准确率。

电力机车滚动轴承故障诊断结果表明:集成增强支持向量机通过从机器学习理论体系与算法构造方面提高了支持向量机的泛化性能,并将该方法应用到机械故障诊断领域,以美国 CWRU 轴承数据中心的实验数据作为标准实验对集成增强支持向量机方法进行了验证,并在相同的实验参数与实验过程条件下与其他方法进行了对比分析,最后将其应用于包含各种复合故障类型的机车滚动轴承故障诊断中,可以有效地诊断出包含复合故障以及同一故障类型的不同故障程度的多类故障类型。实验结果表明:

(1) 集成增强支持向量机以集成学习与增强学习理论为基础,通过充分挖掘有限样本空间数据所蕴含的知识信息,实现了从机器学习理论体系与算法构造方面提高支持向量机泛化性能的目标。

(2) 集成增强支持向量机可以有效地诊断出滚动轴承的多类早期故障及其不同损伤程度。通过美国 CWRU 轴承实验中心的 3 个轴承故障实验案例,在同样的实验参数和实验过程条件下,与其他方法进行的对比分析结果表明:集成增强支持向量机在滚动轴承早期故障诊断应用中获得了令人满意的诊断结果,可以有效地诊断出滚动轴承的多类早期故障状态以及同一故障类型的不同损伤程度。

(3) 支持向量机的泛化性能与支持向量机的参数以及样本特征有很大关系,所以将基于蚁群优化算法的特征选择与参数优化融合方法应用于集成增强支持向量机,进一步提高了其对包含复合故障以及同一故障不同损伤程度在内的复杂故障类型的诊断能力。研究结果表明:集成增强支持向量机提高了单一支持向量机的泛化能力,可以有效地诊断出机车滚动轴承中的各种复合故障以及同一故障类型的不同损伤程度。

参考文献

[1] VAPNIK V N. 统计学习理论的本质[M]. 张学工,译. 北京:清华大学出版社,2000.

[2] VAPNIK V N. The nature of statistical learning theory[M]. New York:Springer-Verlag,1995.

[3] MJOLSNESS E,DECOSTE D. Machine learning for science:State of the art and future prospects[J]. Science,2001,293(5537):2051-2055.

[4] 边肇祺,张学工,等. 模式识别[M]. 2版,北京:清华大学出版社,2000.

[5] CHAPELLE O,VAPNIK V N,BOUSQUET O,et al. Choosing multiple parameters for support vector machines[J]. Machine Learning,2002,46(1-3):131-159.

[6] YANG Y,YU D J,CHENG J S. A fault diagnosis approach for roller bearing based on IMF envelope spectrum and SVM[J]. Measurement,2007,40(9-10):943-950.

[7] CHENG J S,YU D J,YANG Y. A fault diagnosis approach for gears based on IMF AR model and SVM[J]. EURASIP Journal on Advances in Signal Processing,2008,2008(1):647135.

[8] SARAVANAN N,SIDDABATTUNI V N S K,RAMACHANDRAN K I. A comparative study on classification of features by SVM and PSVM extracted using Morlet wavelet for fault diagnosis of spur bevel gear box[J]. Expert Systems with Applications,2008,35(3):1351-1366.

[9] POYHONEN S,ARKKIO A,JOVER P,et al. Coupling pairwise support vector machines for fault classification[J]. Control Engineering Practice,2005,13(6):759-769.

[10] CHU F L,YUAN S F. Fault diagnosis based on support vector machines with parameter optimisation by artificial immunisation algorithm[J]. Mechanical Systems and Signal Processing,2007,21(3):1318-1330.

[11] 孙超英,刘鲁,刘传武,等. 基于 Boosting-SVM 算法的航空发动机故障诊断[J]. 航空动力学报,2010,11(25):2584-2588.

[12] 朱志宇,刘维亭. 基于支持向量机的船舶柴油机故障诊断[J]. 船舶工程,2006,5(28):31-33.

[13] 段海滨. 蚁群算法原理及其应用[M]. 北京:科学出版社,2005.

[14] SAMROUT M,KOUTA R,YALAOUI F,et al. Parameter's setting of the ant colony algorithm applied in preventive maintenance optimization[J]. Journal of Intelligent Manufacturing Automation Technology,2007,18:663-677.

[15] DUAN H B,WANG D B,YU X F. Research on the optimum configuration strategy for the adjustable parameters in ant colony algorithm[J]. Journal of Communication and Computer,2005,2(9):32-35.

[16] CHEN C W. Modeling,control,and stability analysis for time-delay TLP systems using the fuzzy Lyapunov method[J]. Neural Computing and Applications,2011,20(4):527-534.

[17] ADANKON M M,CHERIET M. Optimizing resources in model selection for support vector machine[J]. Pattern Recognition,2007,40(3):953-963.

[18] FRIEDRICHS F,IGEL C. Evolutionary tuning of multiple SVM parameters[J]. Neurocomputing,2005,64:107-117.

[19] RéNYI A. On measures of entropy and information[C]//Proceedings of the Fourth Berkeley Symposium on Mathematical Statistics and Probability,Berkeley,USA,1961:547-561.

[20] SUN W X,CHEN J,LI J Q. Decision tree and PCA-based fault diagnosis of rotating machinery[J]. Mechanical Systems and Signal Processing,2007,21(3):1300-1317.

[21] PARIKH R,POLIKAR R. An ensemble-based incremental learning approach to data fusion[J]. IEEE Transaction on Systems,Man and Cybernetics,Part B(Cybernetics),2007,32(2):437-450.

[22] POLIKAR R,TOPALIS A,PARIKH D,et al. An ensemble based data fusion approach for early diagnosis of Alzheimer's disease[J]. Information Fusion,2008,9(1):83-95.

[23] DIETTERICH T G. Machine Learning Research:Four Current Directions[J]. AI Magazine,1997,18(4):97-136.

[24] SUTTON R S,BARTO A G. Reinforcement Learning:An Introduction[M]. Massachusetts:MIT press,1998.

[25] Case Western Reserve University Bearing Data [DS/OL]. The Case Western Reserve University Bearing Data Center Website:https://csegroups. case. edu/bearingdatacenter/pages/apparatus-procedures.

[26] LI Z,HE Z J,ZI Y Y,et al. Rotating machinery fault diagnosis using signal-adapted lifting scheme[J]. Mechanical Systems and Signal Processing,2008,22(3):542-556.

[27] XU Z B,XUAN J P,SHI T L,et al. A novel fault diagnosis method of bearing based on improved fuzzy ARTMAP and modified distance discriminant technique[J]. Expert Systems with Applications,2009,36(9):11801-11807.

[28] XU Z B,XUAN J P,SHI T L,et al. Application of a modified fuzzy ARTMAP with feature-weight learning for the fault diagnosis of bearing[J]. Expert Systems with Applications,2009,36(6):9961-9968.

第3章

基于半监督学习的智能诊断方法

3.1 半监督学习概述

在机器学习中,为提高模型的泛化性能,监督学习在训练时需要大量带有标记的样本。然而,相较于无标签数据,带标签数据的获取需要花费大量的人力、物力。特别是故障诊断领域中,获取有效的故障样本十分困难。与此相对,无监督学习是一种自动学习的方式,无需对学习样本做类别标记。但是,在不提供监督信息的情况下,训练得来的模型往往不够精确,学习结果的一致性及泛化能力难以符合使用要求。

半监督学习是介于无监督学习和监督式学习之间的一种思想,其核心是考虑待识别样本的数据结构与自学习能力,采用各种智能学习方法,将未知模式样本(无标签)与已知模式样本(带标签)混合在一起学习。半监督学习强调的重点不在方法本身,而在于已知模式与未知模式样本协同学习这样一种学习机制[1]。

半监督学习研究主要关注:当部分训练数据缺失类别标签的情况下,如何获得具有良好性能和泛化能力的学习机。半监督学习的理论研究对于深入理解机器学习中的许多重要理论问题,例如,数据的流形与数据类别信息的关系,缺失数据的合理处理,标注数据的有效利用,监督学习和无监督学习之间的联系,主动学习算法的设计等都有非常重要的指导意义。

3.2 基于半监督核函数主元分析的故障检测与分类

3.2.1 核函数主元分析方法

主元分析(PCA)是一种常用的特征提取方法,它通过原始变量的线性变换实现对输入空间的降维,得到携带原始数据变异信息最多的主元变量,实现对复杂系统信息的特征提取。核函数主元分析(KPCA)将核方法引入 PCA,把输入数据映射到高维特征空间,在特征空间作线性 PCA 提取非线性特征。

PCA 基于高斯统计假设,是一种线性方法,每个主元都是原始变量的线性组合。而机械故障信号往往具有非线性特征,线性 PCA 无法有效提取这些特征,进而影响故障诊断的准确性。因此,需要利用非线性 PCA 来处理机械故障信号。非线性 PCA 与线性 PCA 的主要区别在于:在非线性 PCA 中,需要引入一个非线性函数将原始变量映射到非线性主元上;线性主元是原始变量的线性组合,线性主元使数据点到其所代表的直线的距离和为最小,而非线性主元则使数据点到其所代表的曲线或曲面的距离和为最小。

KPCA 借助核技巧,将低维空间中的非线性问题转化为高维空间中的线性问题,将 PCA 扩展应用于非线性领域,为解决非线性问题提供了一种新的方法。该方法通过某种事先选择的非线性映射将输入数据矩阵 $\boldsymbol{X}$ 映射到一个高维特征空间 $\boldsymbol{F}$,使输入数据具有更好的可分性,然后对高维空间中的映射数据做线性 PCA,求取数据的非线性主元。这一非线性映射是利用内积运算实现的,只需在原空间中计算与内积对应的核函数,而无需关注非线性映射的具体实现。

对于任意测试样本数据 $\boldsymbol{Z}$ 的特征提取,可以通过计算其映射数据矩阵 $\varphi(\boldsymbol{Z})$ 在标准化后的相关系数矩阵特征向量方向上的投影来实现。

应用 KPCA 算法实现特征提取的步骤可归纳如下:

(1) 对于给定的训练样本数据 $\{\boldsymbol{x}_i\}_{i=1}^{M}$,计算得到 $M\times M$ 维核矩阵 $\boldsymbol{K}$,其中,$K_{ij}=(\varphi(\boldsymbol{x}_i)\cdot\varphi(\boldsymbol{x}_j))$。

(2) 对核矩阵 $\boldsymbol{K}$ 进行标准化,即 $\widetilde{\boldsymbol{K}}=\boldsymbol{K}-\boldsymbol{1}_M\boldsymbol{K}-\boldsymbol{K}\boldsymbol{1}_M+\boldsymbol{1}_M\boldsymbol{K}\boldsymbol{1}_M$,其中,令 $\boldsymbol{1}_{ij}=1$,$(\boldsymbol{1}_M)_{ij}=1/M(i、j=1,2,\cdots,M)$。

(3) 对于特征方程 $\widetilde{\lambda}\,\widetilde{\boldsymbol{\alpha}}=\widetilde{\boldsymbol{K}}\,\widetilde{\boldsymbol{\alpha}}$,求解特征值 $\widetilde{\lambda}$ 与特征向量 $\widetilde{\boldsymbol{\alpha}}$。

(4) 根据 $\widetilde{\boldsymbol{\alpha}}^k\cdot(\widetilde{\boldsymbol{\alpha}}^k)^{\mathrm{T}}=1$ 得出标准化的特征向量 $\widetilde{\boldsymbol{\alpha}}_{\mathrm{b}}^k$。

(5) 对于测试样本数据 $\{\boldsymbol{z}_i\}_{i=1}^{N}$,计算核函数 $K_{ij}^{\mathrm{test}}=(\varphi(\boldsymbol{z}_i)\cdot\varphi(\boldsymbol{x}_j))$,得到 $N\times M$ 维核矩阵 $\boldsymbol{K}^{\mathrm{test}}$。

(6) 对核矩阵 $\boldsymbol{K}^{\mathrm{test}}$ 进行标准化,即 $\widetilde{\boldsymbol{K}}^{\mathrm{test}}=\boldsymbol{K}^{\mathrm{test}}-\boldsymbol{1}_N\boldsymbol{K}-\boldsymbol{K}^{\mathrm{test}}\boldsymbol{1}_M+\boldsymbol{1}_N\boldsymbol{K}\boldsymbol{1}_M$,$(\boldsymbol{1}_N)_{ij}=1/N$

$(i、j=1,2,\cdots,N)$。

(7) 通过 $\boldsymbol{F}_k^{\text{test}}=\widetilde{\boldsymbol{K}}^{\text{test}} * \widetilde{\boldsymbol{\alpha}}_{\text{b}}^k$ 提取第 k 个非线性主元方向上各测试样本的特征值。

3.2.2 半监督核函数主元分析方法

半监督学习强调融合已知与未知数据以提高学习机的性能,KPCA 通过核函数可实现非线性特征提取。而诊断过程往往缺乏模式类型的先验信息,为了保证故障检测与分类的可靠性,本节将在半监督模式下构建 KPCA 用于故障检测。

1. 可分性评价指标

1) 用于可分性判据的类内/类间距离

KPCA 是一种特征提取方法,需要定量的指标(或标准)来衡量所提取特征对分类的有效性。一般采用分类器的错误概率来衡量分类有效性,但在通常情况下,错误概率计算十分复杂,并且需要大量的先验概率信息,所以,有必要引入另外一些准则来评判特征提取方法的优劣。

特征样本对应各自的故障模式,位于特征空间中的不同区域,原则上不同类的样本是可分的。如果样本聚类间的离散度大并且类内离散度小,则说明样本的可分性好,即 KPCA 的聚类效果好。可见,样本点间的"距离"体现了样本的可分性。

首先从两类样本的情况入手,考虑如何确定类与类之间及类内样本之间的距离。设两类分别为 ω_1 和 ω_2,ω_1 中任意一点与 ω_2 中每个点都有一个距离,把所有这些距离相加求平均,可用此均值代表这两类之间的距离。对于多个聚类的情况:

令 $\boldsymbol{x}_k^{(i)}$ 与 $\boldsymbol{x}_l^{(j)}$ 分别为 ω_i 与 ω_j 类中的 D 维特征向量,$\delta(\boldsymbol{x}_k^{(i)},\boldsymbol{x}_l^{(j)})$ 为这两个向量间的距离,则各类特征向量之间的平均距离为

$$J_d(\boldsymbol{x})=\frac{1}{2}\sum_{i=1}^{c}P_i\sum_{j=1}^{c}P_j\frac{1}{n_i n_j}\sum_{k=1}^{n_i}\sum_{l=1}^{n_j}\delta(\boldsymbol{x}_k^{(i)},\boldsymbol{x}_l^{(j)}) \tag{3-1}$$

式中:c 为类别数;n_i 为 ω_i 类中样本数;n_j 为 ω_j 类中样本数;P_i、P_j 为相应类别的先验概率,当先验概率未知时,也可以用训练样本数据进行估计,即

$$\widetilde{P}_i=\frac{n_i}{n} \tag{3-2}$$

在多维空间中两个向量有多种距离度量计算 $\delta(\boldsymbol{x}_k^{(i)},\boldsymbol{x}_l^{(j)})$,本书主要采用欧氏距离的可分性评价。在欧氏距离下有

$$\delta(\boldsymbol{x}_k^{(i)},\boldsymbol{x}_l^{(j)})=(\boldsymbol{x}_k^{(i)}-\boldsymbol{x}_l^{(j)})^{\mathrm{T}}(\boldsymbol{x}_k^{(i)}-\boldsymbol{x}_l^{(j)}) \tag{3-3}$$

第 i 类样本集的均值向量为

$$\boldsymbol{m}_i=\frac{1}{n_i}\sum_{k=1}^{n_i}\boldsymbol{x}_k^{(i)} \tag{3-4}$$

所有各类的样本集总平均向量为

$$m = \sum_{i=1}^{c} P_i m_i \tag{3-5}$$

将式(3-4)和式(3-5)代入式(3-1),得

$$J_d(x) = \sum_{i=1}^{c} P_i \left[\frac{1}{n_i} \sum_{k=1}^{n_i} (x_k^{(i)} - m_i)^T (x_k^{(i)} - m_i) + (m_i - m)^T (m_i - m) \right] \tag{3-6}$$

式(3-6)括号中的第二项是第 i 类的均值向量与总体均值向量 m 之间的平方距离,用先验概率加权平均后可以代表各类均值向量的平均平方距离

$$\sum_{i=1}^{c} P_i (m_i - m)^T (m_i - m) = \frac{1}{2} \sum_{i=1}^{c} P_i \sum_{j=1}^{c} P_j (m_i - m_j)^T (m_i - m_j) \tag{3-7}$$

可以用下面定义的矩阵写出 $J_d(x)$ 的表达式

令
$$\widetilde{S}_b = \sum_{i=1}^{c} P_i (m_i - m)(m_i - m)^T \tag{3-8}$$

$$\widetilde{S}_\omega = \sum_{i=1}^{c} P_i \frac{1}{n_i} \sum_{k=1}^{n_i} (x_k^{(i)} - m_i)(x_k^{(i)} - m_i)^T \tag{3-9}$$

则
$$J_d(x) = \mathrm{tr}(\widetilde{S}_\omega + \widetilde{S}_b) \tag{3-10}$$

以上推导是建立在有限数量样本集基础上的,式中的 m_i、m、$\widetilde{S}_b$ 和$\widetilde{S}_\omega$ 分别是对母体类均值μ_i、总体均值μ、类间离散度矩阵 S_b 和类内离散度矩阵 S_ω 在样本基础上的估计值。它们的表达式如下所示:

$$\mu_i = E_i[x] \tag{3-11}$$

$$\mu = E[x] \tag{3-12}$$

$$S_b = \sum_{i=1}^{c} P_i (\mu_i - \mu)(\mu_i - \mu)^T \tag{3-13}$$

$$S_\omega = \sum_{i=1}^{c} P_i E_i[(x - \mu_i)(x - \mu_i)^T] \tag{3-14}$$

各类之间的平均平方距离也可表示为

$$J_d(x) = \mathrm{tr}(S_\omega + S_b) \tag{3-15}$$

2) 可分性评价指标

根据式(3-6),可以得出一种距离度量判据:

$$J_1(x) = \mathrm{tr}(S_\omega + S_b) \tag{3-16}$$

直观上,希望经过 KPCA 变换后类间散度尽量大,类内距离散度尽量小,因此又可以提出以下几种判据:

$$J_2 = \mathrm{tr}(S_\omega^{-1} S_b) \tag{3-17}$$

$$J_3 = \ln\left[\frac{|S_b|}{|S_\omega|}\right] \tag{3-18}$$

$$J_4 = \ln\left[\frac{\mathrm{tr}\boldsymbol{S}_{\mathrm{b}}}{\mathrm{tr}\boldsymbol{S}_{\omega}}\right] \tag{3-19}$$

$$J_5 = \frac{|\boldsymbol{S}_{\mathrm{b}} + \boldsymbol{S}_{\omega}|}{|\boldsymbol{S}_{\omega}|} \tag{3-20}$$

实际诊断中多为小样本情况，对于 $J_{\mathrm{d}}(x)$ 中的参数可以通过对样本点计算直接获取。因此，结合上面的可分性判据 $J_1 \sim J_5$，构造可分性判据 $J_{\mathrm{bw}}(\boldsymbol{x})$：

$$J_{\mathrm{bw}}(\boldsymbol{x}) = \frac{S_{\mathrm{cb}}}{S_{\mathrm{cw}}} = \frac{\sum_{i=1}^{c} P_i\,(\boldsymbol{m}_i - \boldsymbol{m})^{\mathrm{T}}(\boldsymbol{m}_i - \boldsymbol{m})}{\sum_{i=1}^{c} P_i \frac{1}{n_i} \sum_{k=1}^{n_i} (\boldsymbol{x}_k^{(i)} - \boldsymbol{m}_i)^{\mathrm{T}}(\boldsymbol{x}_k^{(i)} - \boldsymbol{m}_i)} \tag{3-21}$$

式(3-21)中的分母 S_{cw} 为类内散度评价指标，代表了类内向量的平均距离。分子 S_{cb} 为类间散度评价指标，代表了类间向量的平均距离。

将可分性判据 $J_{\mathrm{bw}}(\boldsymbol{x})$ 的数值进行标准化处理，得到可分性评价指标

$$J_{\mathrm{b}}(\boldsymbol{x}) = \frac{S_{\mathrm{cb}}}{S_{\mathrm{cb}} + S_{\mathrm{cw}}} \tag{3-22}$$

$J_{\mathrm{b}}(\boldsymbol{x})$ 的取值范围为[0,1]。如果 $J_{\mathrm{b}}(\boldsymbol{x}) = 0$，说明所有样本都属于同一类，即不存在类间平均距离。如果 $J_{\mathrm{b}}(\boldsymbol{x}) = 1$，说明每个样本都自成一类，即不存在类内平均距离。$J_{\mathrm{b}}$ 值大表示类内样本聚集度高且聚类间平均距离远，说明样本聚类的可分性高。J_{b} 可以在小样本情况下快速度量特征提取的有效性，在模式识别与分类中指导特征指标选择及核函数参数设定，对于特征提取具有重要的意义。

2. 近邻函数准则算法与特征归类

近邻函数准则算法[2]基于样本相似性度量原则，能够根据特征数据的聚类分布进行归类。原始样本经过 KPCA 处理后在特征平面上呈现出不同的分布特征点，近邻函数准则算法可以对聚类样本进行有效地归类，得出明确的检测与分类结果。

1) *无监督模式下的类别分离方法*

在模式分类中，由于缺少先验类别信息，或者由于实际工作的困难，通常只能使用没有类别标示的样本训练学习机，这就是无监督式的学习方法。无监督式学习可分为两大类：基于概率密度函数估计的直接方法和基于样本间相似性度量的间接聚类方法。基于概率密度函数估计的方法把一个具有混合概率密度的函数集合分解为若干个子集，每个子集相当于一个类。为避免估计概率密度函数的困难，采用基于样本间相似性度量的间接聚类方法。在一定条件下，把集合划分成若干个子集，划分结果应使某种表示聚类质量的准则函数最大。通常采用距离作为样本间的相似性度量。

间接聚类方法中普遍采用迭代的动态聚类算法，一般包含 3 个步骤：①选定某种距离度量作为样本的相似性度量；②确定某个评价聚类质量的准则函数；③给定

某个初始分类,用迭代算法找出使准则函数取极值的最好的聚类结果。动态聚类算法包括C-均值算法、基于样本和核的相似性度量的动态聚类算法及近邻函数准则算法等方法。

C-均值算法以误差平方和作为聚类准则,只有当类的自然分布为球状或接近球状时,即每类中各分量的方差接近相等时,才能有较好的分类效果。对于各分量方差不等而呈椭圆状的正态分布,C-均值算法通常不会有很好的效果[3]。例如,图3-1中所示分布,m_1、m_2分别为1类和2类的聚类中心,A点应属于1类,但C-均值算法把A点归为2类,出现了错分类的现象。

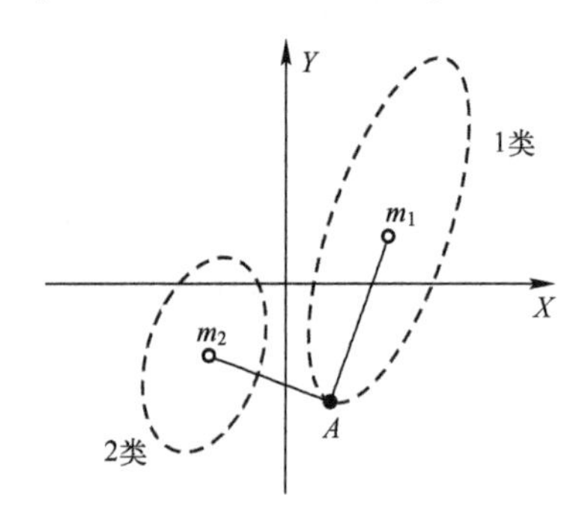

图3-1　各类呈椭圆状分布时C-均值算法分类效果

基于样本和核的相似性度量的动态聚类算法能够解决上述C-均值算法的问题,该算法定义一个核$K_j=K(y,V_j)$表示一个类Γ_j,再通过建立某个样本y和核之间的度量$\Delta(y,K_j)$来衡量样本y是否属于类Γ_j。该算法能够使聚类结果拟合事先假设的不同形状的数据构造,但是当不能确定所定义核函数的形式或不能用简单的函数来表示核函数时,用此算法进行聚类就存在很大困难。对于图3-2中的几种不同形状的数据构造的情况,基于样本和核的相似性度量的动态聚类算法往往不能恰当地选定所定义的核函数,所得的聚类结果也不尽人意。

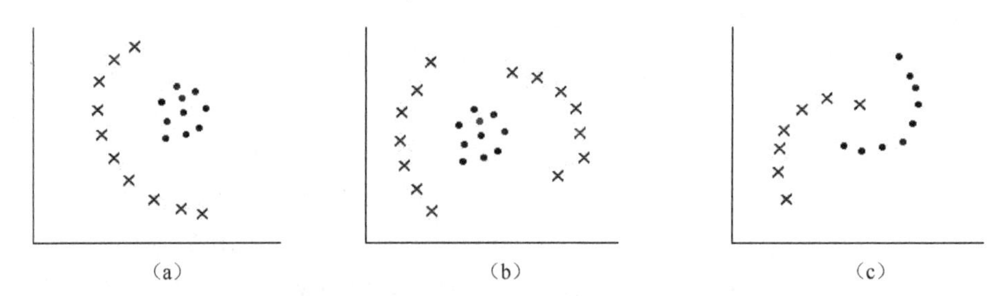

图3-2　几种不同形状的数据构造的例子

2) 近邻函数准则算法

为解决上述情况下的聚类问题,考虑采用近邻函数准则算法进行分类。

近邻函数准则算法如下:

(1) 计算距离矩阵 $\boldsymbol{\Delta}$,使其元素 Δ_{ij} 表示样本 $\boldsymbol{y}_i$ 和 $\boldsymbol{y}_j$ 间的距离。

$$\Delta_{ij}=\Delta(\boldsymbol{y}_i,\boldsymbol{y}_j) \tag{3-23}$$

(2) 利用矩阵 $\boldsymbol{\Delta}$,做近邻矩阵 $\boldsymbol{M}$,其元素 M_{ij} 为样本 $\boldsymbol{y}_j$ 对 $\boldsymbol{y}_i$ 的近邻系数值。一般 $\boldsymbol{M}$ 为正定矩阵。样本点的近邻系数只能是 $1,2,\cdots,N-1$,所以 $\boldsymbol{M}$ 矩阵中各元素均为整数。

(3) 形成近邻函数矩阵 $\boldsymbol{L}$,其元素为

$$L_{ij}=M_{ij}+M_{ji}-2 \tag{3-24}$$

如果 $\boldsymbol{y}_i$ 和 $\boldsymbol{y}_j$ 间有"连接"关系,则 L_{ij} 给出了它们之间的近邻函数值。设置 $\boldsymbol{L}$ 矩阵的对角元素 L_{ii} 的值为 $2N(i=1,2,\cdots,N)$。

(4) 通过对矩阵 $\boldsymbol{L}$ 进行搜索,将每个点与和其有最小近邻函数值的点建立"连接",形成初始聚类。

(5) 对于第(4)步所形成的每个类 i 计算与其余类的最小近邻函数值 γ_i,并与第 i 类和第 k 类中两点间最大的近邻函数值 $\alpha_{i\max}$ 和 $\alpha_{k\max}$ 进行比较。若 γ_i 小于或等于 $\alpha_{i\max}$ 和 $\alpha_{k\max}$ 中的任何一个,则合并 i 类和 k 类,即在两类间建立"连接"。重复第(5)步,直至不存在这样的"连接"为止,算法到此完成分类。

3. 半监督式 KPCA 检测算法

1) 无监督模式下的异常检测

在故障检测中,一个被普遍关心的问题就是能否将某些相对轻微的故障或者故障趋势通过模式识别准确及时地检测出来。而实际情况中的设备或系统基本都在正常状态下运转,所以很难得到某些故障的先验信息。对于某些轻微故障或不明显的故障征兆,更是缺乏相关的样本资料来训练学习机。因此,通过"监督式学习"的方式进行检测具有很多实际困难。所以,无监督式检测的意义就显得尤为重要,其优势在于利用未知样本使学习机具有检测异常模式的能力,为状态监测和趋势分析的应用奠定基础。

无监督模式下的异常检测(novelty detection)本质上是模式分类的过程,强调的重点是将未知的异常模式类型从正常模式类型中分离出来,而达到检测与预报的目的。

这里讨论的无监督异常检测,基于以下两个基本假设:

(1) 训练集合中的正常数据从数量上远远超过异常数据。

(2) 异常数据在本质上与正常数据不同。

所以,异常数据无论从"质量"还是"数量"上都与正常数据有区别。

无监督异常检测的基本思路为:使用未知类型数据集作为训练和测试数据,在所选用的特定算法中,将被检测数据映射为特征空间中的特征点,根据特征点的分布特征确定检测边界,将特征空间中位于稀疏区域中的点标示为异常数据。无监

督异常检测的方法将原始空间中的数据映射到特征空间中,通常无法知道待检测数据点的概率分布,根据上述假设,标识那些在特征空间中分布较稀疏(即密度较小)的区域中的特征点为异常数据。

对于一个已知的数据集,第一步工作是将其所有数据元素所构成的原始空间映射为特征空间。然而通常情况下,特征空间的维数很高,容易陷入所谓"维数灾难"而使得这种映射不可实现。核函数利用原始空间中的数据元素直接计算特征空间中点与点之间的内积。核方法并不要求知道映射函数 $\varphi(x)$ 的具体形式,因而输入空间的维数 n 对核矩阵并无影响[4]。引入核函数能避免"维数灾难",大大减小了计算量。所以,核方法可以完成无监督异常检测中特征映射的任务。

无监督异常检测的另一项工作是在特征空间中确定检测边界,可以通过不同的无监督学习算法完成。例如,变化聚类算法、K 近邻算法和支持向量机算法等,但这些算法的效果都有不尽如人意之处。一方面,由于训练数据一般都是高维的,无监督方法学习时间较长;另一方面,由于缺乏先验信息指导,无监督异常检测的效果往往不如监督式异常检测。

2) 改进型近邻函数准则算法

近邻函数准则算法的思路清晰,可以广泛应用于无监督分类的情况。但是,近邻函数准则算法也有其自身的局限性,使其无法在模式检测中充分发挥作用。

在近邻函数准则算法第(5)步中,对于第(4)步形成的某个类 i 计算类间最小"连接"损失 γ_i,并与 ω_i 类中两点间的最大"连接"损失 $\alpha_{i\max}$ 和 ω_k 类中两点间的最大"连接"损失 $\alpha_{k\max}$ 进行比较,以判断是否建立"连接"。

"连接"损失的计算是以近邻系数为依据的,不以实际特征点之间的距离为度量准则,这可能导致图 3-3 情况的发生。如图 3-3 所示,ω_i 是一个大量样本组成的聚类,它由初始聚类多次"连接"而形成。直观上看,ω_i 和 ω_k 分别为两类样本。ω_i 类中相距最远的两个点 1 和 2 之间的近邻函数值 $\alpha_{i\max}=\alpha_{12}=32$,$\omega_k$ 类中相距最

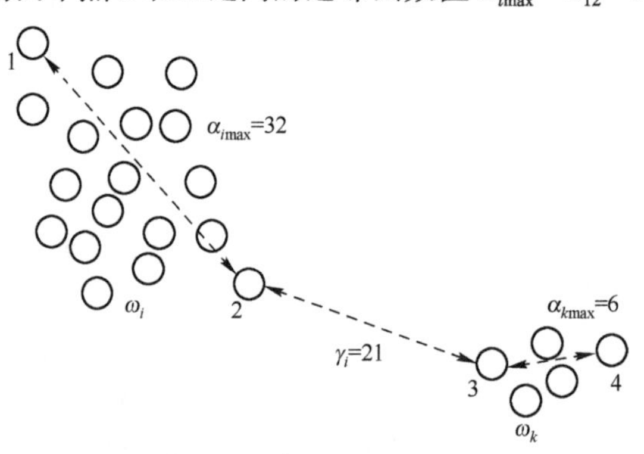

图 3-3　两类数据发生错误"连接"

远的两个点3和4之间的近邻函数值 $\alpha_{k\max}=\alpha_{34}=6$，$\omega_i$ 和 ω_k 之间最小近邻函数值 $\gamma_i=\alpha_{23}=21$。由于 $\gamma_i<\alpha_{i\max}$，因此算法把 ω_i 和 ω_k 合并为一类。此“连接”的建立显然不够合理。造成错误“连接”的主要原因是聚类中样本数据量相差悬殊和近邻函数准则算法在建立“连接”时主要考虑近邻系数而忽视了聚类间的实际距离。

在检测中，如果正常数据的数量远远超过异常数据，近邻函数准则算法就很可能造成错误“连接”而把异常聚类点归入正常类中，进而导致检测错误。

在近邻函数准则算法第(4)步形成初始聚类后，每个聚类都有各自的中心，聚类间的实际距离可以通过聚类中心点间的距离来衡量。由此出发，将近邻函数准则算法进行改进，将近邻系数和近邻函数的概念应用到聚类中心点上。通过分析聚类中心点的近邻函数来衡量各个初始聚类间的相似程度，找出与大部分初始聚类差异最大的某个或某些聚类。被找出的聚类被判别为异常聚类，其中的样本点即为异常数据，由此达到异常检测的目的。

改进型近邻函数准则算法计算步骤如下：

(1)～(4)步与本节中近邻函数准则算法(1)～(4)步相同。

(5) 求取各初始聚类中心点位置坐标，并计算各初始聚类中心点的距离矩阵 $\boldsymbol{\Delta}_{\mathrm{c}}$，使其元素 $\Delta_{\mathrm{c}ij}$ 表示聚类中心 $\boldsymbol{c}_i$ 和 $\boldsymbol{c}_j$ 间的距离。

$$\Delta_{\mathrm{c}ij}=\Delta(\boldsymbol{c}_i,\boldsymbol{c}_j) \tag{3-25}$$

(6) 利用矩阵 $\boldsymbol{\Delta}_{\mathrm{c}}$，做近邻矩阵 $\boldsymbol{M}_{\mathrm{c}}$，其元素 $M_{\mathrm{c}ij}$ 为聚类中心 $\boldsymbol{c}_j$ 对 $\boldsymbol{c}_i$ 的近邻系数值。

(7) 形成聚类中心点近邻函数矩阵 $\boldsymbol{L}_{\mathrm{c}}$，其元素为

$$L_{\mathrm{c}ij}=M_{\mathrm{c}ij}+M_{\mathrm{c}ji}-2 \tag{3-26}$$

(8) 求出近邻函数矩阵 $\boldsymbol{L}_{\mathrm{c}}$ 中第 i 行上的近邻函数值之和 T_i。

$$T_i=\sum_{j=1}^{n} L_{\mathrm{c}ij} \quad (i=1,2,\cdots,n) \tag{3-27}$$

式中：n 为初始聚类数。

若

$$T_k=\max(T_i) \quad (i=1,2,\cdots,n) \tag{3-28}$$

则判断第 k 个聚类内的样本点为疑似异常数据。

(9) 认为近邻函数值之和 T_i 服从正态分布，除 T_k 以外，把其他初始聚类的 T_i 归为同一正态分布中。通过分布内样本求取分布的平均值 μ 和方差 σ^2：

$$\mu=\frac{1}{n-1}\sum_{\substack{i=1\\i\neq k}}^{n} T_i \tag{3-29}$$

$$\sigma^2=\frac{1}{n-1}\sum_{\substack{i=1\\i\neq k}}^{n}(T_i-\mu)^2 \tag{3-30}$$

若 $T_k>\mu+a\sigma$，则判定疑似异常聚类为异常聚类，聚类内的样本为异常数据。其

中,a 为系数。若 $T_k \leq \mu + a\sigma$,则判定疑似异常聚类属于正常类范畴,检测集合中所有样本都属于正常样本数据。

标准差 σ 系数 a 的设置与检测率和误报率有关。所谓检测率是指被检测出的异常数据与异常数据总数的比例,误报率是指被误检为异常数据的正常数据在总数中的比例。检测率反映了检测模型的正确性,而误报率则反映了检测模型的稳定性。但高检测率及低误报率往往是相互矛盾的,通常的检测模型必须在正确性与稳定性之间寻求平衡。系数 a 变大,则意味算法的误报率会降低,但同时检测率也会降低;系数 a 变小,意味算法的检测率会升高,但同时误报率会升高。

根据概率知识,正态分布的样本主要集中在均值附近,其分散程度可以用标准差来表征,σ 越大分散度越高。从正态分布的整体中抽取样本,约有 95%的样本都落在区间$(\mu-2\sigma, \mu+2\sigma)$中,可以设 $a=2$。在检测中,可以根据具体情况调节此系数。

在第(7)步中形成聚类中心点近邻函数矩阵 $\boldsymbol{L}_c$ 后,$\boldsymbol{L}_c$ 上的某一行就代表某一个初始聚类与其他初始聚类的近邻函数。根据相似性度量的原则,近邻函数大说明聚类距离远,也就是初始聚类彼此差异大。为衡量各个初始聚类间的相似度,即找出与大多数初始聚类差异较大的聚类,可以将近邻函数作为评价标准。因此,在第(8)步中求取 $\boldsymbol{L}_c$ 中各行的近邻函数之和,这个和代表了与该行号对应的聚类与其他聚类的总体相似度。从异常检测的角度出发,相似性度最低的聚类即为与其他初始聚类差异最大的类。

第(8)步的操作基于这样一个假设:即认为异常检测是在绝大部分的正常类样本中检测出某类异常样本的过程,而这类异常样本经过 KPCA 后能够在特征空间中自聚类。检测的目的是发现异常状态,进行预测与报警。对于待检测样本中含有多类数据的情况,上述改进型近邻函数准则算法同样能够完成检测的工作,若进一步考查各种异常模式的类型,需要借助 KPCA 故障分类方法进行分析。

从以上分析可以看出,改进型近邻函数准则算法综合考虑了聚类点近邻系数和聚类点间实际距离在归类中的作用,更适合用于异常检测。

3) 半监督模式下的 KPCA 检测算法

核函数可以和不同的算法相结合,形成不同的基于核函数的方法,并且两部分的设计可以单独进行。考虑到用于检测的特征提取是个重复渐进的过程,一种特征提取过程的输出结果可以作为另一种特征提取的输入数据。结合无监督模式异常检测的思想,提出 KPCA 加改进型近邻函数准则算法的异常检测方法。以 KPCA 得出的主元方向映射的特征值作为改进型近邻函数准则算法的输入信息,通过算法对样本的归类分析,实现异常检测。这一过程涵盖了异常检测思想中从特征映射到确定检测边界的过程。

结合半监督思想，以无监督模式为基础，将有限的已知样本信息融入检测过程，指导最终的模式判别。提出半监督式 KPCA 检测算法步骤如下：

(1) 确定输入特征指标，设置核函数参数。

(2) 将一部分已知正常样本和训练集中的未知样本作为训练数据，训练学习机。

(3) 将另一部分已知正常样本和测试集数据样本作为待测数据，进行测试。

(4) 对测试集中的已知样本计算类内散度评估指标 S_{cw}，判断其是否得到最小值。若得到否定结果，就对核函数参数进行调整，重新构建 KPCA 检测模型。

(5) 应用改进型近邻函数准则算法对 KPCA 生成的特征分布点进行检测。

图 3-4 为半监督式 KPCA 检测方法流程图。

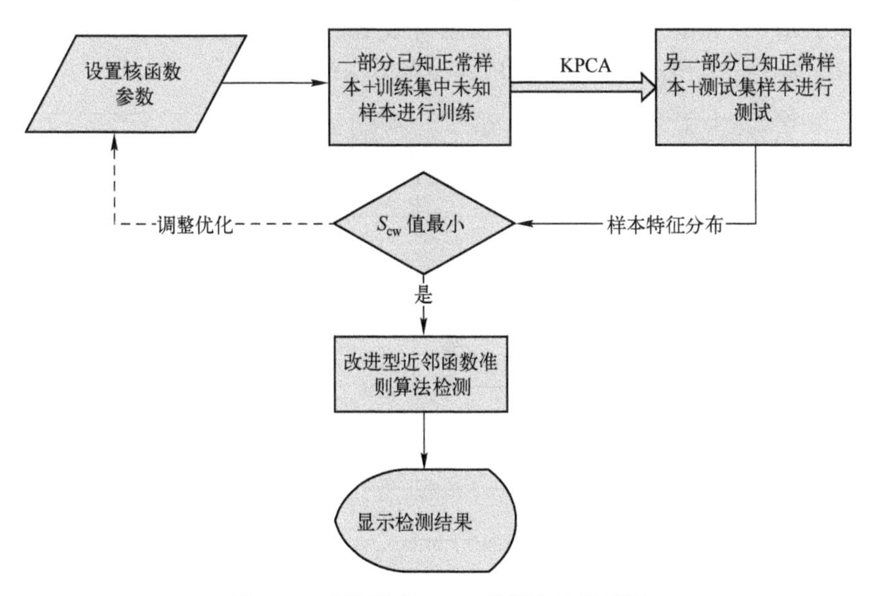

图 3-4　半监督式 KPCA 检测方法流程图

算法将有限的已知样本数据投入第(2)步的训练和第(3)步的测试环节。在第(2)步中，已知正常类数据与未知数据共同训练学习机。在第(3)步中，将已知正常类样本数据参与测试目的是在第(4)步中计算类内散度评价指标 S_{cw}。

在确定了特征指标后，核函数参数设置对于聚类效果有明显的影响。聚类的类间散度高，类内散度低，说明聚类效果好。在异常检测中，已知类样本通常属于正常类信息，所以正常样本点占据了特征分布的绝大部分。对于单个类型样本的聚类效果评估，不存在类间散度，因此考虑通过类内散度来评价聚类效果。

参考式(3-21)在样本基础上计算类内散度评价指标 S_{cw}。设置了某个核函数参数经 KPCA 得到各主元方向上样本特征分布。第(4)步通过对其中的已知正常类数据点计算类内散度评价指标 S_{cw},分析已知正常类数据的聚类效果。算法通过“穷举”方式调整核函数参数,重新构造 KPCA,直至得到最小的 S_{cw} 为止,这说明样本已达到最好的聚类效果。同时,判断的前提条件是正常数据点间不发生重合,即 $S_{cw} \neq 0$。

第(5)步应用改进型近邻函数准则算法对经过 KPCA 生成的特征分布点进行归类与判断,确定测试集合中是否含有异常类数据。

3.2.3 半监督核函数主元分析分类方法

1. 监督式 KPCA 分类算法

1) 算法步骤

基于 KPCA 算法,利用已知样本信息训练分类器,提出监督模式下的 KPCA 分类算法。如图 3-5 所示为监督式 KPCA 分类方法流程。

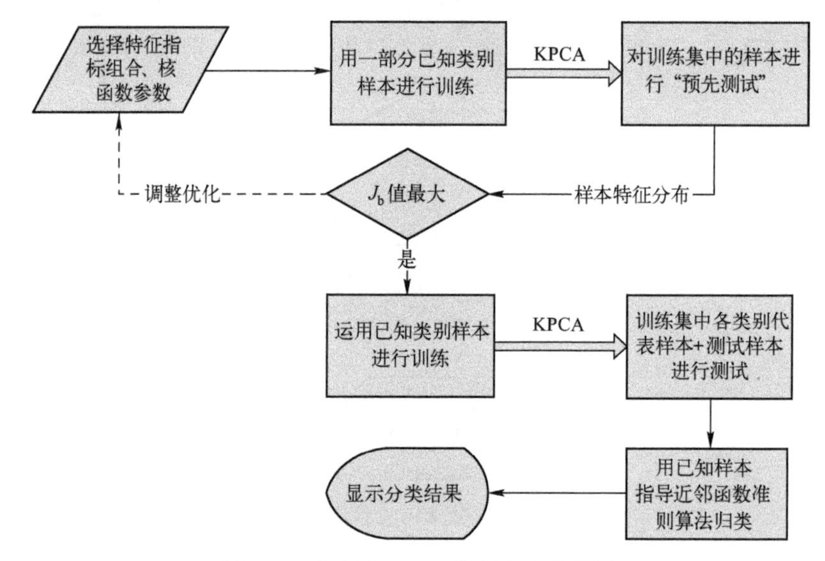

图 3-5 监督式 KPCA 分类方法流程图

算法实现步骤如下:

(1) 设置初始输入特征指标组合及核函数参数。

(2) 利用训练集合中的一部分已知类别样本训练分类器,对训练集合中的全部样本进行“预先测试”。

(3) 根据训练集中已知类样本点计算可分性评价指标 J_b,对特征指标组合及核函数参数进行调整,重新构造 KPCA 生成聚类,直至得出最大的 J_b 值。

(4) 使用与最大 J_b 值对应的特征指标组合及核函数参数训练分类器,从训练集中抽取各类别代表样本加入测试集合中进行测试。

（5）利用近邻函数准则算法结合已知样本类别信息进行样本归类。

2）算法分析

可分性评价指标 J_b 是通过对已知样本信息的分析计算得出的，所以测试过程必须融入已知类别样本数据，而训练集合中的已知样本数据可以作为计算 J_b 的依据。因此，在第(2)步中对训练集合中的样本进行“预先测试”。可分性评价指标 J_b 一方面能够指导特征指标的选取，另一方面能指导核函数参数的确定，例如，高斯径向基函数(RBF)核函数中的核宽度值 σ^2 的设定。

对于特征集合中不同特征指标的组合，采用逆向思维方式，在经过“预先测试”得到特征空间中的聚类分布后，针对测试集中已知样本计算可分性评价指标 J_b。若某种特征指标组合对应的 J_b 值较大，说明这组特征指标更适合作为分类器的原始输入。在分类前，对待测设备作初步分析，预先评估其模式类型，计算生成原始特征指标集合。在模式分类中，算法根据具体的故障模式结合实际聚类效果自动选择特征指标。

在 KPCA 中，从输入空间到特征空间的非线性变换隐式地由核函数确定，核函数的类型和参数决定了特征空间的性质，进而对特征空间中进行的分类产生影响。相关研究表明，当缺少针对模式识别过程的已知信息时，选择 RBF 核函数会有较好的效果[5]，因此这里的 KPCA 方法采用 RBF 核函数。RBF 核函数需要确定其参数 σ^2 的数值，但分类过程往往缺少准确的已知模式信息指导核函数参数的确定。从最终分类效果的角度考虑，求取最大 J_b 值并选取与其对应的核函数参数值。

KPCA 的输入参数中包括特征指标组合及核函数参数值。在确定了初始特征指标集合及核参数取值范围后，就可以得知分类器各种输入参数的选择。在初始的参数选取阶段，可分性评价指标 J_b 可以作为评价聚类效果的标准。

综合以上两方面因素，在第(3)步中，可以通过“穷举”的方法，确定分类方法所用的特征指标及核函数参数。最初设置某个特征指标的组合及核参数值，构造 KPCA 生成聚类，计算可分性评价指标 J_b。对特征指标组合和核函数参数进行调整，重新构造 KPCA 并对训练样本进行“预先测试”生成特征聚类，计算 J_b 值并与先前的 J_b 值进行比较。算法自动保留较大 J_b 值所对应的特征指标组合和核参数值。如此循环，经过一系列的“穷举”，算法最终确定了与最大 J_b 值对应的特征指标的组合及核参数值，它们将作为最佳的输入参数用以构建针对测试的 KPCA。

在第(4)步中，从训练集合中抽取各类别的代表样本加入测试样本中测试，用以指导近邻函数准则算法归类。近邻函数准则分类算法是一种无监督聚类算法，用其对测试样本进行归类，可以根据相似性度量原则把样本划分为不同组，但算法本身不能确定分出的某一组样本数据为何种模式类型。因此，引入已知类别的样本信息,指导近邻函数准则算法归类。

在第(5)步中,对于测试样本生成的特征集合,取累计贡献率最大的前两个主元方向上投影的特征值作为分类平面上的 x 和 y 坐标值,在分类平面上形成了代表不同样本的特征投影点。采用 KPCA 得到的非线性主元表示样本数据的最大变异方向,所得到的特征映射图也只揭示了样本的一种空间分布,图中坐标轴并不对应具体的物理意义[6]。在此基础上,应用近邻函数准则度量样本点的相似性并归类。

近邻函数准则可以对特征分布图上显现的不同形状的数据进行有效的分类识别。结合测试样本集中的已知类别信息对归类后的各组数据进行识别分析。把已知样本所在组的其他数据与已知样本归为一类。对于同一类已知样本归入不同组的情况,认为多数已知样本所在组的类型与已知样本的类型相同;对于不同类已知样本信息归入同一组的情况,认为数量占多的已知样本的类型就是这一组数据的类型。如果某个组或某些组内不包含任何已知样本数据,就认为这个(些)组样本属于新的模式类型。

3) 设置近邻函数准则算法的“连接”调节系数

在不同聚类的样本数量相差悬殊的情况下,近邻函数准则算法很可能造成错误“连接”。

进一步分析近邻函数准则划分初始聚类与建立“连接”的过程。如图 3-6 所示,经过初始“连接”后在分布图上形成了 ω_i、ω_k 和 ω_m 3 个初始聚类。从分布图中判断,ω_k 和 ω_m 应该属于同一类型样本,而 ω_i 为另一类样本。近邻函数准则算法对各个初始聚类进行分析以建立“连接”,合并归类。假设算法先对 ω_i 类进行分析,ω_k 与 ω_i 存在类间最小“连接”损失 γ_i。算法将 γ_i 与 ω_i 类中两点间的最大“连接”损失 $\alpha_{i\max}$ 及 ω_k 类的 $\alpha_{k\max}$ 进行比较,由于 ω_i 类和 ω_k 类内样本数量相差悬殊,有 $\gamma_i<\alpha_{i\max}$,因而将 ω_i 类和 ω_k 类错误“连接”。

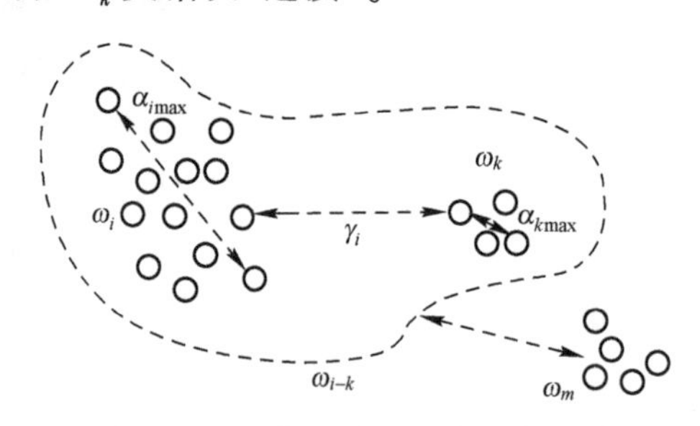

图 3-6 错误“连接”所产生的后果

错误“连接”后的新聚类 ω_{i-k} 会继续寻求与其他初始聚类的“连接”。此时,ω_{i-k} 与 ω_m 各自类内的样本数目相差更加悬殊,就极易导致 ω_{i-k} 与 ω_m 的错误“连接”。

由此而产生的连锁反应,可能会导致最终分类的失败。

考虑如何避免错误“连接”,需要从算法判断“连接”的准则入手。在近邻函数准则算法第(5)步中,若 $\gamma_i \leqslant \alpha_{i\max}$ 或者 $\gamma_i \leqslant \alpha_{k\max}$,算法把 ω_i 和 ω_k 合并为一类。在此,在不等式中加入调节系数

$$\gamma_i \leqslant ra \times \alpha_{i\max} \qquad ra \in (0,1] \tag{3-31}$$

$$\gamma_i \leqslant ra \times \alpha_{k\max} \qquad ra \in (0,1] \tag{3-32}$$

修改后的判断不等式中,调节系数 ra 起到了调节“连接”标准的作用。ra 值越小,建立“连接”的条件越严格,就能有效避免不同类样本错误“连接”的情况,但同时提高了相同类型样本无法合并归类的风险。在分类中,要根据具体的聚类情况和数据分布特点设置调节系数 ra 的数值。在监督式 KPCA 方法中应用近邻函数准则算法对样本点进行归类时,要考虑设置“连接”调节系数 ra 以提高归类的准确度。

2. 半监督式 KPCA 分类算法

1) 算法步骤

监督模式下的 KPCA 要求有完整的已知类型样本训练分类器,只有具备了多种模式类型的样本数据库,才能保证分类的可靠性。但在通常情况下,用于分类的已知样本非常有限,给监督式 KPCA 的应用造成了很大限制。针对现实情况中有限的已知信息和大量的未知信息,有必要思考这样一个问题:“未知样本能否像已知样本一样对检测和分类起到积极的作用?”使未知样本有助于分类,要考虑半监督学习的问题。半监督学习的核心思想就是考虑待分类样本的数据构成与自学习能力。

基于对监督式 KPCA 性能特点的分析,结合大部分故障分类中已知类型样本不足的情况,通过对半监督思想中已知模式与未知模式的样本共同训练机制的思考,提出半监督模式下的 KPCA 分类算法:

(1) 利用训练样本中的已知类型样本训练分类器。

(2) 运用第(1)步训练生成的分类器对全体训练样本进行“预先测试”。

(3) 计算可分性评价指标 J_{b},通过“穷举”对特征指标组合及核函数参数进行调整,直至得出最大的 J_{b} 值,将对应的特征指标组合及核参数确定为分类器输入参数。

(4) 用全体训练样本训练分类器,对测试样本进行测试。

(5) 应用近邻函数准则算法进行归类,根据归类效果“微调”核函数参数值。

(6) 把训练集中已知类别数据的代表样本加入测试样本集进行测试。

(7) 应用近邻函数准则算法,结合引入测试集中的已知样本类别进行数据归类。

如图 3-7 所示为半监督式 KPCA 分类算法流程。

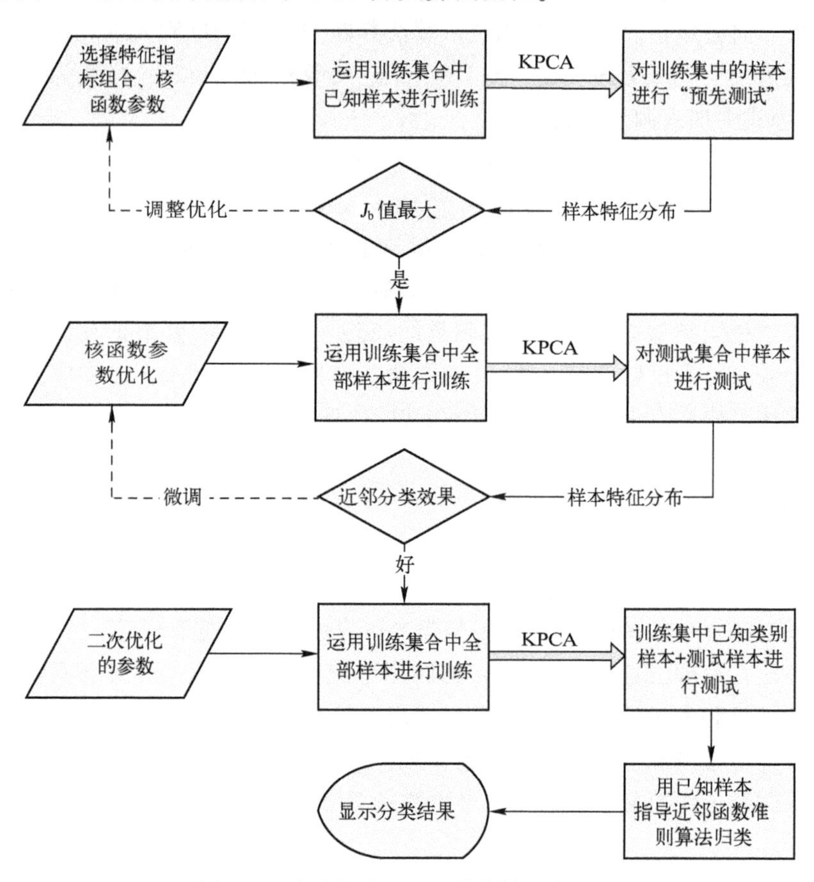

图 3-7　半监督式 KPCA 分类算法流程图

2) *算法分析*

第(1)步操作利用训练集合中的已知样本数据训练分类器,设定初始核函数参数值,在初始特征指标集合中选择某个特征指标组合作为样本原始输入参数。第(1)步操作实质上是在监督模式下对分类器进行初始训练。

在第(2)步操作中,对含有已知与未知数据的训练样本进行“预先测试”。计算可分性评价指标 J_b 需要已知类型的样本,因此把含有已知类别样本的训练集当作“预先测试”的对象,把其中的已知样本作为计算 J_b 值的依据。

第(3)步中经过对不同输入参数的“穷举”,算法最终选择与可分性评价指标最大值对应的特征指标组合和核参数值。由此,算法在预先生成的特征指标集合中确定最佳的特征指标组合,同时选定核参数值。将选取的特征指标组合及核参数值作为第(4)步训练分类器的输入参数。但是,得到的 J_b 值只是“预先测试”中对已知样本可分性的评价，而第(4)步中的测试样本都是未知数据。所以，第(3)步中得到的 J_b 值在第(4)步中只在某种程度上提供了可分性评价。由此可知，第(3)步中所确定的核函数参数不一定是针对未知测试样本的最佳选择。由此可能导致第(4)步分类准确度的降低，甚至出现错分的情况。

核函数构造了原始输入空间到特征空间的非线性映射，而核函数参数的变化会直接改变映射的性质，进而影响 KPCA 分类结果。KPCA 聚类的可分性与核函数参数选取有较大联系，参数选择不理想，会导致 KPCA 的聚类性能降低。例如，在支持向量机中的 RBF 核函数，参数 σ^2 取值较小，则容易得到理想的模式识别结果，但同时分类器学习时间也变长。σ^2 取值较大，可以节省学习时间，但学习误差也相应变大，甚至得到错误的结果[7]。

近邻函数准则算法通过分析样本特征分布对测试样本直接归类，可以将其作为一种分类性能的评价指标，用来优化分类器中核函数参数的取值。在第(5)步中通过分析近邻函数准则的分类效果对核参数值进行“微调”。具体做法为在初始分类中确定的核参数值上下一个较小的变化范围内，根据设定的取值间隔生成一系列核参数值，对于每个参数值构造 KPCA，对测试集中样本进行分类。

近邻函数准则算法的分组数体现了最终的分类效果。如果分组太多，从一定意义上说明分类比较繁杂，分类精度不够高。所以，“微调”的原则是使近邻函数准则归类后的组数趋于一个较小值。当然对分类而言，只有 1 组的情况很少，所以对于归类后只有 1 组的情况认为是错误分类。“微调”后的核函数参数是经过二次优化后的数值。

在第(6)步中，用“微调”后的参数构造 KPCA，把训练集合中的已知类别代表样本加入测试集合形成新的测试样本。用全体训练样本训练分类器，对新测试样本进行分类。近邻函数准则算法是一种无监督聚类算法，需要已知类型样本指导模式类别判断，因此把已知类样本引入测试集合，辅助样本类别标示。这体现了已知样本与未知样本相互融合的半监督式思想原则。

第(7)步中首先设置“连接”调节系数 ra，近邻函数准则算法对新测试样本归类，结合测试集合中的已知样本对归类后的各组数据进行分析，确定样本的类型信息。

3.2.4　半监督核函数主元分析方法在变速器故障检测与分类中的应用

1. 变速器典型故障实验与特征分析

实验系统结构如图 3-8 所示，实验所用传动实验台与控制台如图 3-9(a)所示。

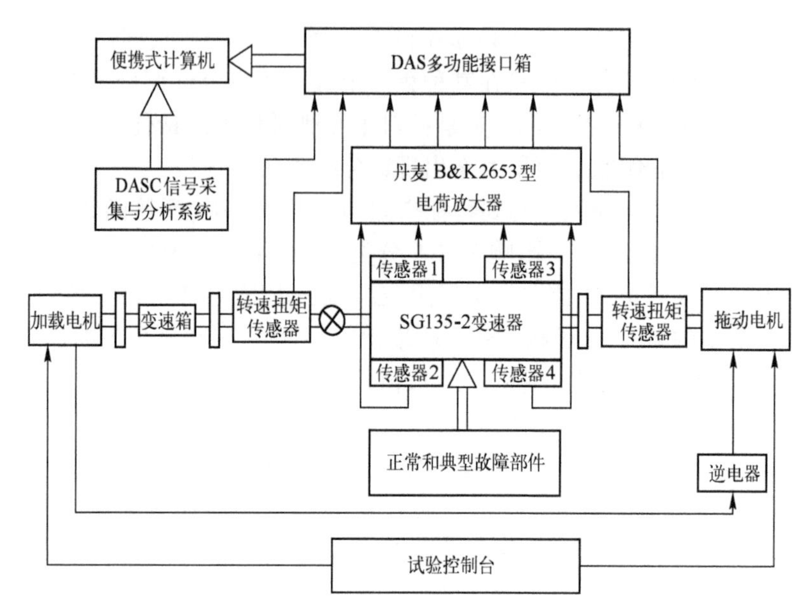

图 3-8 实验系统结构

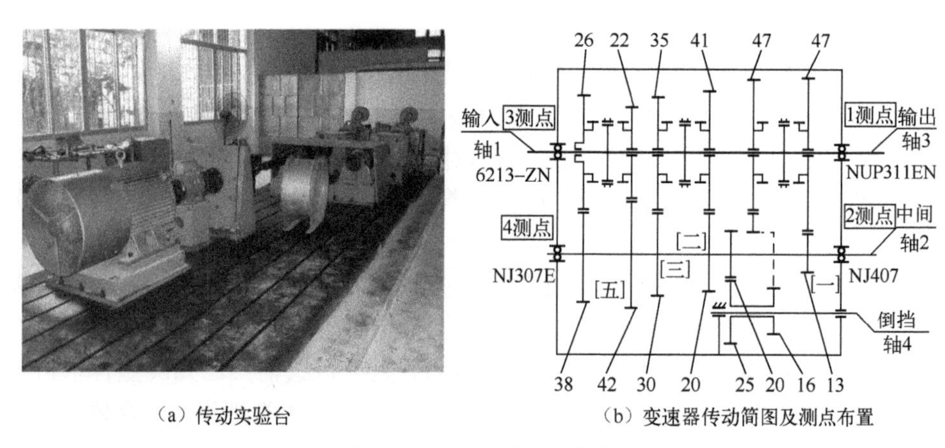

(a) 传动实验台 (b) 变速器传动简图及测点布置

图 3-9 传动实验台实物图

1) 实验台各部分组成

拖动电机:输出功率最大 75kW,转速最高 4500r/min。

加载电机:输出功率最大 45kW,转速最高 3000r/min,输出扭矩最大 150N · m。

实验控制台:控制拖动电机的转速和加载电机的扭矩,采集与显示变速器输入、输出端的转速与扭矩,计算并显示变速器输入、输出功率等。

输入、输出端转速扭矩传感器:分别采集输入、输出端转速及扭矩数值。

陪试变速箱:变换转速与扭矩,以实现加载电机与被测变速器的传输配合。

被测变速器：东风 SG135-2 变速器，具有 3 轴 5 挡位。

2）实验传动路线

控制台控制拖动电机转速，由拖动电机作为动力输入，经过被测变速器、输出端转速扭矩传感器，陪试变速箱，传递到加载电机。加载电机输出反向扭矩，通过陪试变速箱变矩后，把负荷施加到被测变速器，为变速器运转提供不同的负载。加载电机产生的电能经过逆电器重新输入到拖动电机，实现电路闭合。

3）实验用变速器

实验用 SG135-2 变速器传动简图及测点布置如图 3-9(b) 所示。

由图可知，变速器具有输入轴、中间轴和输出轴 3 个轴系，5 个挡位齿轮啮合对，各挡传动比如表 3-1 所列。

表 3-1　各挡齿轮传动比

挡位	1 挡	2 挡	3 挡	4 挡	5 挡
传动比	5.29	2.99	1.71	1	0.77

测试系统与信号采集具体细节如下：

1）测试分析系统

传感器：三向压电式加速度传感器，可采集加速度与速度信号。

电荷放大器：对采集到的振动信号进行滤波与放大。放大倍数可设为 1、3.16、10、31.6、100、316、1000。

多功能接口箱：可以同时采集 16 通道信号，具有滤波与放大功能。放大倍数可设为 1、3.16、10、31.6、100。

采集卡：12 位 A/D 信号转换。

信号采集分析系统：DASC 信号采集与分析系统，具有信号采集及在线与离线的时域波形分析、频谱分析、频谱校正、细化谱分析、解调分析等功能，如图 3-10(a) 所示。

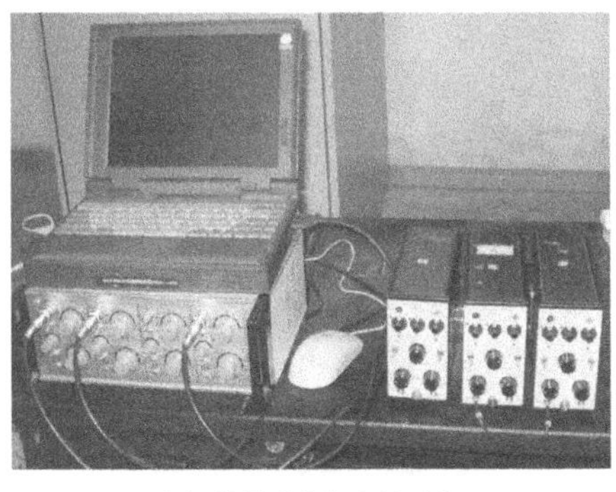

（a）信号采集与分析系统

（b）传感器安装

图 3-10　信号采集

2）测试方法

在本实验中，如图 3-9 及图 3-10(b)所示，4 个三向振动加速度传感器分别布置在被测变速器的输入轴轴承座附近、中间轴的两端和输出轴轴承座附近，同时采集水平方向（X 方向）、竖直方向（Y 方向）以及轴向（Z 方向）的振动信号。

传感器采集的振动信号经 B&K2653 型电荷放大器放大，输入 DAS 多功能接口箱，再经 A/D 转换后输入便携式计算机。应用 DASC 信号采集与分析系统对信号进行记录和时频域分析。同时，在被测变速器两端放置的转速扭矩传感器获取变速器的输入、输出端转速和负荷信息。

3）数据采集

针对故障检测实验，以变速器 5 挡齿轮作为实验对象。实验设计变速器分别在正常、齿面轻微点蚀、齿面严重点蚀这 3 种状态下运转，故障齿轮如图 3-11(a)与(b)所示。

针对分类实验，以东风 SG135-2 变速器输出轴圆柱体滚动轴承作为实验对象。测点安放在输出轴轴承座上，即图 3-9 中 1 测点的位置。实验设计变速器分别在正常、轴承内圈发生剥落和外圈发生剥落 3 种状态下运转。图 3-11 (c) 与 (d)所示为故障轴承部件。

(a) 齿面轻微点蚀

(b) 齿面严重点蚀

(c) 轴承内圈发生剥落

(d) 轴承外圈发生剥落

图 3-11　故障轴承齿轮部件

点蚀检测实验变速器运行工况如下：

转速：1200r/min（输入轴），820r/min（中间轴），1568r/min（输出轴）。

输出扭矩：100.2N·m，输出功率：16.5kW。

转频：20Hz（输入轴），13.7Hz（中间轴），26Hz（输出轴）。

5 挡齿轮啮合频率：574Hz，常啮合齿轮啮合频率：520Hz。

由图 3-12 可见，正常和轻微点蚀的时域波形差异更小，无法判断是否存在故障。严重点蚀信号的波形则存在很多冲击成分，幅值明显增大。

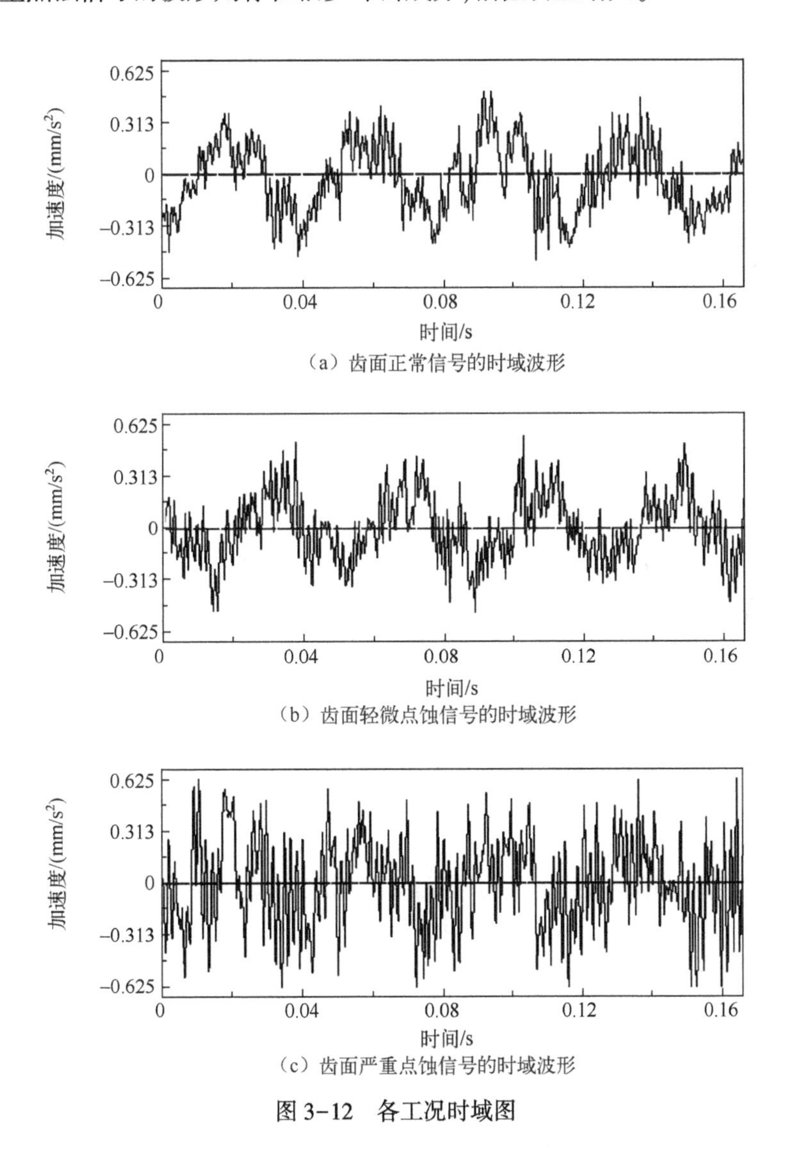

（a）齿面正常信号的时域波形

（b）齿面轻微点蚀信号的时域波形

（c）齿面严重点蚀信号的时域波形

图 3-12　各工况时域图

轴承分类实验设置如下：

1) 轴承分类实验变速器运行工况

转速：2400r/min（输入轴），1642r/min（中间轴），1370r/min（输出轴）。

输出扭矩：105.5N·m。

输出功率：15kW。

2) 采样参数设置

采集信号：振动加速度，振动速度。

测试方向：水平径向、垂直径向和轴向。

采样频率：40000Hz（加速度），5000Hz（速度）。

抗混滤波：20000Hz（加速度），3000Hz（速度）。

采样长度：1024×90 点。

3) 变速器特征频率

转频：40Hz（输入轴），27.4Hz（中间轴），22.8Hz（输出轴）。

3 挡齿轮啮合频率：798Hz。

常啮合齿轮啮合频率：1040Hz。

输出轴滚动轴承参数：型号 NUP311EN，参数如表 3-2 所列。

输出轴滚动轴承特征频率，如表 3-2 所列。

表 3-2　输出轴滚动轴承参数及特征频率

节径 D/mm	滚动体直径 d_0/mm	滚动体数 m/个	接触角 α/(°)	内圈通过频率 f_i/Hz	外圈通过频率 f_o/Hz	滚动体通过频率 f_g/Hz	保持架通过频率 f_b/Hz
85	18	13	0	179.6	116.8	51.4	10.9

齿面点蚀属于轻微故障，轻微点蚀状态下提取的振动信号，相对正常状态信号在时域上通常表出振动能量的变化，但冲击现象并不明显。在频域上，转频频带内的能量会有不同程度的增大，没有明显的调制现象。仅通过信号处理方法很难与正常状态信号相区别，为类似的齿轮轻微故障检测带来了较大难度。结合齿面点蚀类实验，应用半监督式 KPCA 方法针对齿面轻微点蚀故障进行检测，通过分析正确性与稳定性两方面性能综合评价半监督式 KPCA 检测模型，评价指标即为检测结果的检测率和误报率。具体分为两组情况进行分析：把正常和齿面轻微点蚀的样本作为组合①，通过分析检测率评价半监督式 KPCA 方法对轻微故障的检测能力，即模型的正确性；把全部为正常的样本作为组合②，分析检测的误报率，相当于在无异常数据的情况下检验半监督式 KPCA 检测模型的稳定性。

对实验变速器在正常和轻微点蚀两种运行状态下采集的振动加速度信号分别进行特征提取，每组数据计算时域统计特征指标：均值、均方值、方差、偏斜度、均方根幅值，以及频域特征指标：5挡齿轮所在轴转频对应幅值，以此6个特征作为描述齿轮运行状态的参数。一组数据经特征提取后得到一个样本，对于正常状态，从x、y两个方向采集的数据中共获取48个样本，其中30个样本用于训练，另外18个样本用于测试。为模拟实际检测的情况，在训练集合中设定12个正常类样本为已知样本。对于齿面轻微点蚀状态，在x方向各采集4个样本，其中2个样本用于训练，另外2个样本用于测试。

由此，对于组合①，训练集包含了30个样本，测试集包含了18个样本。在训练集中生成了30×6维的特征数据矩阵，在测试集中生成了18×6维的特征数据矩阵。同理，对于组合②，共获取52组数据，生成52个样本。其中32个作为训练样本，另外20个作为测试样本。

2. 半监督式KPCA方法检测结果

KPCA中采用的核函数为RBF核函数。检测方法中应用改进型近邻函数准则算法对样本归类，算法"连接"判别不等式中标准差的系数$a=2$。以下是半监督式KPCA检测方法对实验数据的检测分析，图中展示的都是1-2主元方向投影的特征样本分布。

1）正常和齿面轻微点蚀状态下的实验数据检测

组合①包含正常和齿面轻微点蚀状态下的数据，在半监督模式下应用KPCA方法对组合①中数据样本进行检测。半监督式KPCA检测方法选取的核函数参数$\sigma^2=4.9$。

图3-13(a)为半监督式KPCA的特征分布效果图，图中共标示了26个样本点，横坐标代表第1主元方向，纵坐标代表第2主元方向。其中，"*"样本代表算法加入测试样本集合中的6个已知正常数据，将其参与测试用以计算类内散度评价指标S_{cw}，优化检测器性能。"△"样本代表算法检测出的故障数据，"○"样本代表测试集合中的其他数据。图3-13(a)中显示了一个分布很密集的聚类，已知正常样本分布其中。由于检测算法通过计算类内散度评价指标S_{cw}对核函数参数σ^2进行优化，使得图3-13(a)呈现出较好的聚类效果。注意到，有两个"△"标记的样本点远离聚类分布，改进型近邻函数准则算法对聚类点归类的结果显示这两个数据点为异常故障样本，其编号为25号和26号。

为检验结果的正确性，先把不同类型的测试样本分不同图标进行标记。设定："*"样本为正常数据，"△"样本为齿面轻微点蚀故障数据。应用半监督式KPCA生成聚类分布，如图3-13(b)所示。图3-13(b)显示的情况与图3-13(a)中算法检测的结果完全吻合，正常样本点聚成一类，两个故障样本点离群分布，其编号为25号和26号。这说明，对于组合①中含有齿面轻微点蚀样本的实验数据，半监督式KPCA方法的检测率为100%，误报率为0%，算法体现出较高的检测性能。

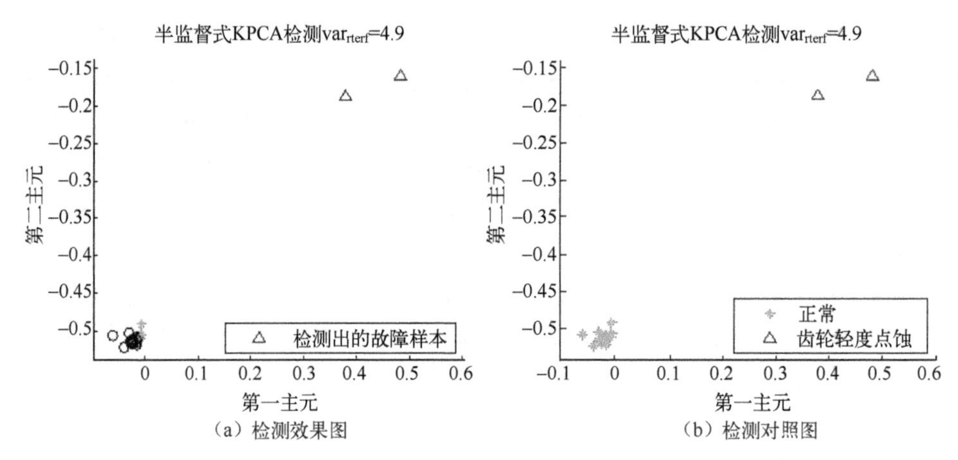

(a) 检测效果图　(b) 检测对照图

图 3-13　组合①数据半监督式 KPCA 检测图

2) 正常状态下的实验数据检测

对组合②只包含正常样本的数据,应用半监督式 KPCA 对样本进行检测。特征样本分布如图 3-14 所示。图 3-14(a)为特征分布效果图,图中显示了一个分散的聚类,已知的正常类样本点分布其中。从图中可见,算法检测结果显示并无异常样本数据。经算法优化后的核函数参数 $\sigma^2=5.2$。

将不同类型的测试样本分不同图标进行标记,应用半监督式 KPCA 生成聚类分布。如图 3-14(b)所示,所有样本点都属于正常类数据,这验证了图 3-14(a)检测结果的正确性。可见,对组合②中全部的正常数据,半监督式 KPCA 的误报率为 0%,算法体现出较高的稳定性。因为测试样本中没有异常样本,所以就不存在检测率的概念。

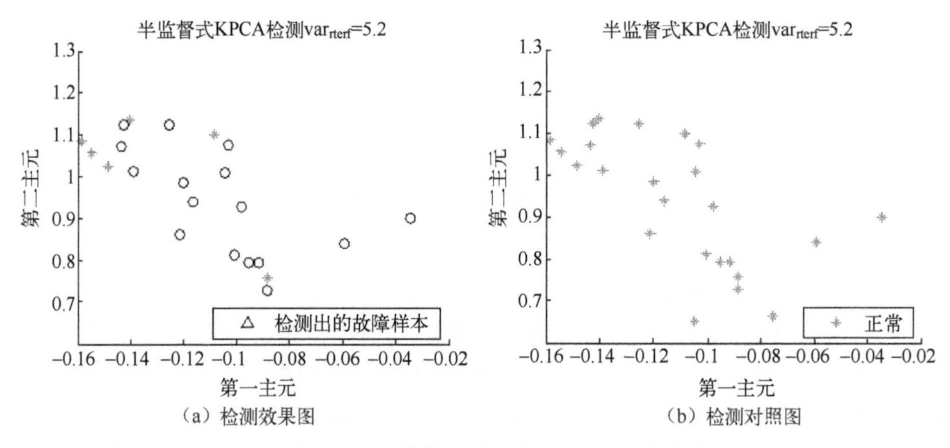

(a) 检测效果图　(b) 检测对照图

图 3-14　组合②数据半监督式 KPCA 检测图

3. 半监督式 KPCA 故障分类方法应用

应用半监督式 KPCA 方法对变速器在正常、轴承内圈剥落和轴承外圈剥落状态下的样本数据进行分类。

1）特征指标提取

对实验变速器在正常、轴承内圈剥落和轴承外圈剥落运行状态下采集的振动加速度信号分别进行特征提取。

（1）时域统计特征指标：均值、均方值、峭度、方差、偏斜度、峰值、均方根幅值。

（2）无量纲特征指标：波形指标、脉冲指标、峰值指标、裕度指标。

（3）频域特征指标：频谱最高峰对应的频率值、细化谱中轴承内圈通过频率对应的幅值、细化谱中轴承外圈通过频率对应的幅值。

以上特征指标组成了实验分析的特征集合，将其作为“原始信息”用于进一步的特征选择、提取与模式分类。

对于每个方向上采集的时域采样序列，每种状态下 x、y 两个方向一共得到 44 组样本数据，从中选取 24 组作为训练样本，另外 20 组作为测试样本对其进行分类。对每个样本数据提取 14 个特征指标，3 类样本共形成 72×14 维的训练数据矩阵和 60×14 维的测试数据矩阵。

为模拟实际分类中已知类别信息不足的情况，对训练样本集合中的 3 类数据，把正常样本和轴承内圈剥落故障样本作为已知类型样本，把轴承外圈剥落故障样本作为未知样本。在测试集合中对 3 类样本进行识别与分类。

2）应用监督式 KPCA 方法对实验数据进行分类

监督式 KPCA 利用训练样本中已知的正常和轴承内圈剥落类数据训练分类器，对测试集合中的样本进行分类识别，KPCA 采用 RBF 核函数。在近邻函数准则算法归类中，设置“连接”调节系数 $ra=0.8$。监督式 KPCA 方法在特征集合中自动选取的特征指标为方差、峰值、均方根幅值、频谱最高峰对应的频率值、轴承外圈通过频率幅值和轴承内圈通过频率幅值。

与 PCA 相同，KPCA 中的非线性主元同样具有贡献率的概念。而某个主元贡献率的大小衡量了这个主元方向上的投影特征值解释样本差异能力的强弱。在实验中，KPCA 生成的前两个主元的累积贡献率为 94.98%，说明前两个主元携带了足够的样本变异信息，可以用于变速器故障分类识别。

以下是监督式 KPCA 对实验数据的聚类效果，图 3-15 中展示的是 1-2 主元方向投影的特征样本分布。

图 3-15(a)为监督式 KPCA 方法聚类效果图，图 3-15(b)为监督式 KPCA 聚类对照图。各图中分别标示了 80 个测试样本点。在图 3-15(a)中，“□”样本和“☆”样本分别代表从训练集提取的 10 个正常数据和 10 个轴承内圈剥落数据，将

其加入测试样本集用于指导近邻函数准则算法的最后归类。“○”样本代表60个被测数据。针对加入测试样本中的已知正常类和轴承内圈剥落类数据计算出的可分性评价指标 $J_b=0.87868$。经过监督式KPCA算法优化后的RBF核参数 $\sigma^2=10$。由图可见,数据点呈现3个聚类,“□”样本和“☆”样本分别位于其中两个聚类中。

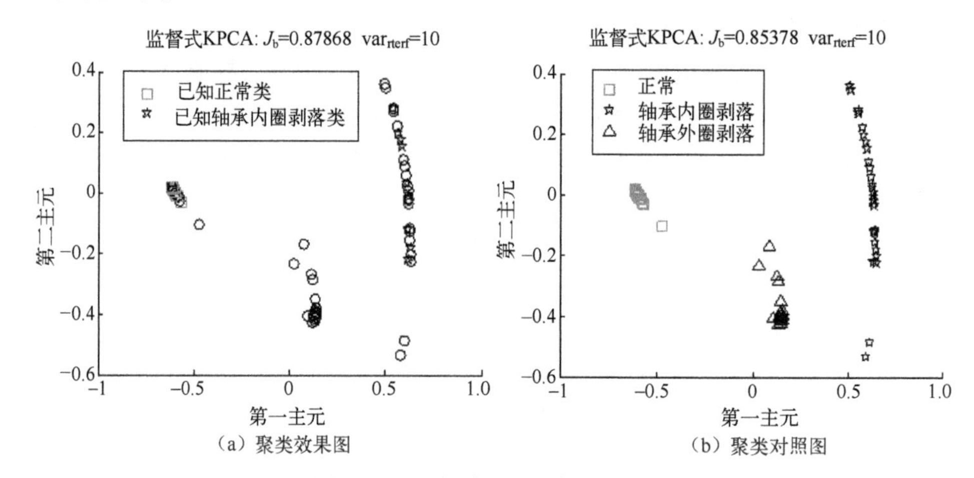

图3-15　监督式KPCA方法聚类图

为检验聚类的正确性,设定:“□”标记为正常类样本,“☆”标记为轴承内圈剥落样本,“△”标记为轴承外圈剥落样本。如图3-15(b)所示,应用监督式KPCA方法生成聚类对照图。由图可见,3个聚类分别代表了3类样本,聚类的情况与在图3-15(a)中的情况完全吻合。可分性评价指标 $J_b=0.85378$,这说明实际聚类达到了较好的可分性。J_b 值是针对经过类别标记后的所有测试样本的计算结果。

3) *应用半监督式KPCA方法对实验数据进行分类*

半监督式KPCA采用RBF核函数。根据近邻函数归类效果“微调”核函数参数时,设置微调范围 $cvar=1$。在近邻函数准则算法归类中,设置“连接”调节系数 $ra=0.8$。半监督式KPCA选取的特征指标为方差、峰值、均方根幅值、频谱最高峰对应的频率值、轴承外圈通过频率幅值和轴承内圈通过频率幅值。

图3-16是半监督式KPCA方法对实验数据的聚类效果。图3-16(a)中,“□”样本和“☆”样本分别代表从训练集中抽取的10个正常和10个轴承内圈剥落数据,“○”样本代表60个被测数据。针对加入测试样本中的两类已知样本数据计算出的可分性评价指标 $J_b=0.94289$。经过半监督式KPCA算法两次优化后的核参数 $\sigma^2=10$。由图3-16(a)可见,数据点明显呈现3个聚类,“□”样本和“☆”样本分别位于其中两个聚类中,3个聚类中心在图中呈三角形分布,各聚类类内散

度较小，类间散度较大。

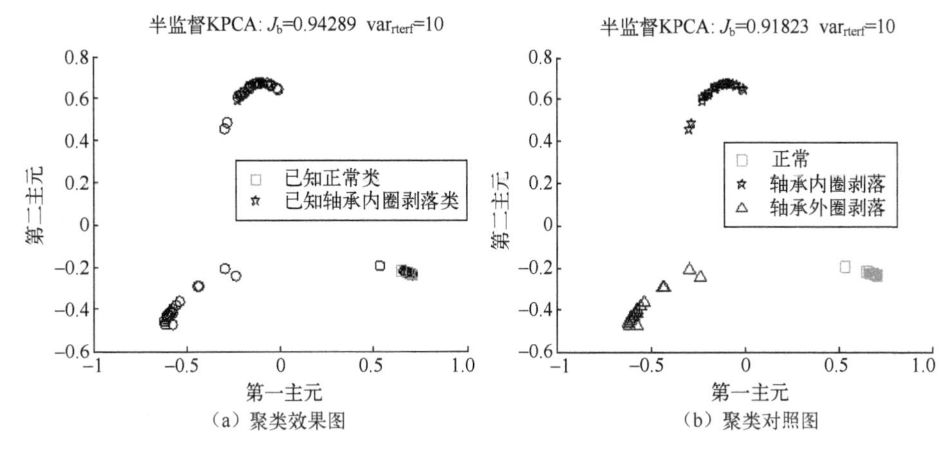

（a）聚类效果图　（b）聚类对照图

图 3-16　半监督 KPCA 方法分类图

将不同类型的测试样本分不同图标进行标记，如图 3-16(b)所示为半监督式 KPCA 方法聚类对照图，3 类样本分别位于 3 个聚类中，无错误聚类的情况。针对经过类别标记后的所有测试样本计算出的可分性评价指标 $J_b=0.91823$。

对比图 3-15 和图 3-16 可知，对于轴承类实验数据，半监督式 KPCA 方法相对监督式 KPCA 方法具有更好的聚类效果。

4）*两种模式下 KPCA 方法分类结果对比*

近邻函数准则算法作为一种聚类分析算法，在 KPCA 聚类后，将进一步对样本进行归类识别。借助已知类样本信息，近邻函数准则算法或者把测试样本归入已有的类别中，或者将其归为新的未知类别。对测试样本划分新类别正是半监督思想的优势所在。

在分类之前，对各类测试样本进行编号。正常类样本编号：1～30 号。轴承内圈剥落故障样本编号：31～60 号。轴承外圈剥落故障样本编号：61～80 号。

KPCA 在 1-2 主元方向组成的分类平面上形成了一系列的特征投影点，近邻函数准则算法根据相似性度量原则对样本点进行归类。以下是两种模式下近邻函数准则算法归类后的结果。

(1) 监督式 KPCA 最终分类结果。

正常样本：24、1、29、23、21、3、2、30、16、7、20、18、8、19、11、27、14、5、26、22、12、4、28、17、13、9、6、25、15、10。

轴承内圈剥落故障样本：58、38、31、56、39、37、59、34、54、46、44、35、33、55、47、36、50、49、60、53、51、57、48、52、42、32、45、43、41、40、79、65、64、72、71、63、80、76、69、75、70、62、78、74、68、66、73、61、77、67。

以上结果说明,监督式 KPCA 算法正确分出了正常样本,而把轴承外圈剥落故障样本错误归入了轴承内圈剥落故障类型中。计算归类错分率以准确评价 KPCA 的分类正确性。错分率是指被错误归类的样本数与未被正确划分的样本数之和占测试样本总数的比例。由计算可知,监督式 KPCA 方法在轴承类分类实验中的错分率为 25%。

(2) 半监督式 KPCA 最终分类结果。

正常样本:24、19、15、11、3、1、23、2、29、21、25、10、30、16、7、27、20、18、14、8、26、22、5、4、28、17、13、12、9、6。

轴承内圈剥落故障样本:58、38、31、56、39、37、59、34、54、46、44、35、33、55、47、36、50、49、60、53、57、51、48、52、42、32、45、43、41、40。

未知类型 1 样本:74、68、64、62、80、76、69、79、75、70、78、66、72、71、65、63、77、67。

未知类型 2 样本:73、61。

由此可见,分类结果与实际的样本类别基本一致,用半监督式 KPCA 方法能够分出正常样本与轴承内圈剥落故障样本,未知类型 1 样本即为轴承外圈剥落故障样本。由于分类器没有轴承外圈剥落类故障的先验信息,因此把这类数据归为未知类型 1。而未知类型 2 样本是错分的一部分数据,也属于轴承外圈剥落故障。从图 3-16(b)可见,位于轴承外圈剥落聚类附近的两个数据点就是未知类型 2 样本所对应的数据点。由计算可知,半监督式 KPCA 方法的错分率为 2.5%,表现了较好的分类性能。

5) 实验结果对比分析

表 3-3 所列为监督式 KPCA 方法与半监督式 KPCA 方法的分类情况对比。

表 3-3　两种模式下 KPCA 分类情况对比

	监督式 KPCA	半监督式 KPCA
图中聚类效果	较好	好
可分性评价指标 J_b 值(分类图)	0.87868	0.94289
可分性评价指标 J_b 值(对照图)	0.85378	0.91823
近邻函数准则算法错分率	25%	2.5%
核函数参数 σ^2	10	10

由表可见,对于轴承类故障分类实验,在先验样本信息不足的情况下,半监督式 KPCA 比监督式 KPCA 具有更加理想的分类结果。

3.3 基于半监督模糊核聚类的离群检测

3.3.1 离群检测与早期故障的相关性

机械设备故障诊断领域的早期故障检测问题与数据挖掘技术中离群数据问题有很多相似之处,早期故障检测是基于正常信号基础之上的故障分离,而离群数据挖掘是对数据集中的异常数据进行识别。因此,离群数据挖掘的方法也适用于早期故障检测的问题。同时,将人工智能的方法应用于机械设备故障诊断领域,为机械设备故障诊断提供新的研究途径。

1. 离群检测方法

从20世纪80年代起,离群检测问题首先在统计学领域得到广泛研究[8],随着研究的深入,出现了许多离群点检测的方法。这些方法大体可分为基于统计的方法、基于距离的方法、基于密度的方法、基于聚类的方法和基于偏差的方法。

1) *基于统计的方法*

基于统计的方法就是统计"不一致性检验"。这类方法大部分是从针对不同分布数据集的不一致性检验方法发展起来的,它通常使用标准分布来拟合数据集,假设所给定的数据集存在一个分布或概率模型(正态分布、泊松分布等),然后将偏离于模型分布之外的数据标识为离群数据[9]。该方法假设数据集的潜在分布、分布参数是已知的。

但在许多应用中,数据的分布是未知的或数据不可能用标准的分布来拟合,另外要确定哪种分布最好地拟合数据集的计算代价也非常大。同时,多数分布模型只能直接应用到数据原特征空间,缺少变化,因此基于统计的方法不能检测高维数据中的离群点。

2) *基于距离的方法*

基于距离的方法最初是E. Knor和R. Ng提出的。两位学者对该方法进行了系统的总结[9],其对离群点的定义是,数据集合P中的一个数据对象与其他数据对象的至少一个β区域的距离大于r,则该点是基于距离的离群点。离群点的定义是由参数r和β确定的一个单一的全局标准。这一定义包含并扩展了基于分布的思想,克服了基于统计方法的主要缺陷。当数据集不满足任何标准分布时,其仍能有效地发现离群点。

该算法不需要数据分布的先验知识,其定义也能覆盖正态、泊松和其他分布等统计方法对离群点的检测。但是基于统计的方法与基于距离的方法都是从全局角度来衡量数据的不一致特性的,当数据集含有多种分布或数据集由不同密度子集混合而成时效果不佳。

3）基于密度的方法

一个对象邻域内的密度可以用包含固定对象个数的邻域半径或指定半径邻域中包含的对象数来描述。基于密度的方法最初由 M. Breunig 等提出[10]，其基本概念是每个数据对象的局部奇异因子(local outlier factor，LOF)由对象邻域的局部密度定义，而邻域由其到第 MinPts(邻域内点数阈值)个最近邻点的距离决定。如果某个数据点有较高的 LOF 值，则被认为是离群点。

基于密度的方法通过比较对象密度与其邻域对象平均密度来检测离群，基于距离方法仅通过对象自身密度检测离群，因而基于密度的方法比基于距离的方法具有更强的建模能力，克服了基于距离方法对不同密度子集混合而成的数据集检测效果不佳的缺陷，检测精度较高。

4）基于聚类的方法

许多聚类方法能完成离群点的检测工作，如 DBSCAN[11] 等聚类算法具有一定的离群处理能力，但它们的主要目标是产生有意义的聚类，离群检测只是副产品，没有针对离群点检测作专门优化，故这些算法难以产生满意的离群检测结果。

基于聚类的方法同样考虑了数据的局部特性，在许多应用场合可以检测出比基于统计的方法和基于距离的方法更有意义的离群点。

5）基于偏差的方法

基于偏差的方法通过检查对象的主要特征来识别离群数据，偏离特征描述的对象被认为是离群对象。基于偏差的离群检测方法有顺序意外方法和数据立方法。

2. 早期故障离群检测方法的适用性

对于基于统计的方法，正常数据是近似符合高斯分布的，但故障数据的分布是未知的，基于半监督学习的方法不能像监督式学习方法去拟合故障数据的分布；同时，经过核函数映射的特征空间具有较高的维数，属于高维空间，此方法不适用。

对于基于距离的方法，参数 r 和 β 的选取决定着检测结果的好坏。监督式的方法可以通过对已知标签的样本学习来确定最佳的参数值，但无监督式的方法则难以获取合适的取值；同时，在早期故障检测中，正常数据与故障数据结构往往不一样，因而难以获得较好的检测效果。

对于基于密度的方法，半监督学习的方法无法获得离群因子阀值或数据集中离群数据的个数这些先验知识，从而限制该方法的适用性。

虽然基于聚类方法的离群检测属于副产品，但聚类方法的优势是其属于无监督式的，可以通过对算法上的调整来增强其离群检测的能力。基于聚类的方法是早期故障检测问题最具潜力的分析方法之一[12]。

3.3.2　半监督模糊核聚类

1. 半监督学习方法

目前,半监督聚类方法大致分为 3 类[13]:

(1) 基于约束的方法。此类方法的思想是,在聚类过程中,利用标签数据来引导聚类过程,最终得到一个恰当的分割结果。

(2) 基于距离函数的方法。此类方法的思想是,聚类算法必须基于某一距离函数进行聚类,所使用的距离函数是通过对标签数据学习所得到的距离测度函数。

(3) 集成上述两种思想的聚类方法。Bilenko 等基于 C-means 算法将上述两种思想集成于一个框架之下[14]。Sugato 等提出了统一的半监督聚类概率模型[15]。

本节研究的半监督模糊核聚类方法集合了基于约束和距离的思想,属于模糊 C-means 算法中的一种。

2. 半监督模糊核聚类方法

半监督模糊核聚类方法使用少量的已知标签样本作为聚类过程的指引,实现无监督聚类方法的部分监督行为,性能明显优于单纯的无监督模糊核聚类方法[16]。

半监督模糊核聚类算法的算法流程图如图 3-17 所示。

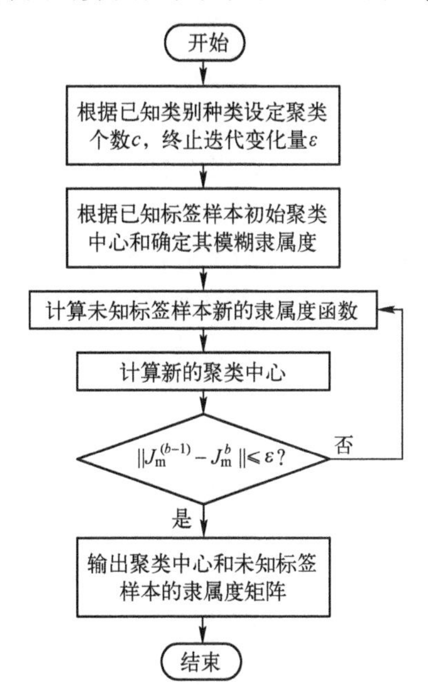

图 3-17　半监督模糊核聚类算法的流程图

半监督模糊核聚类算法的优点在于,其利用部分已知标签的样本作为初始聚类中心,克服了模糊 C-means 算法受初始聚类中心选取的影响;已知标签样本的模糊隶属度不会在迭代过程中改变，起到了约束作用，使得聚类过程朝已知类别的方向进行。但是，其事先需要获得若干个各聚类的已知标签样本，这将不利于实际应用。半监督模糊核聚类方法实现了无监督方法的部分监督学习，使得其性能比无监督的聚类方法更加优越。

3.3.3 基于超球体的半监督模糊核聚类

上述的半监督模糊核聚类方法需要获得各聚类的已知标签样本，实际工程应用中，这个要求是不能完全达到的。在早期故障检测中，很多早期故障的样本事先是难以获得的，或者无法获得，由于缺乏部分类别的故障样本，这就限制了上述半监督糊核聚类方法的应用。

要发现故障样本，就需要首先确定哪些是正常样本，以此作为判断的基本根据，正常样本判断出后，剩下的就是故障样本。而基于聚类的离群检测方法的优势也是通过聚类从正常的数据中发现异常数据。为解决实际工程的应用问题，提出基于超球体的半监督模糊核聚类方法，只需获得少量的已知正常样本，不需要任何已知故障样本，即可实现半监督模糊核聚类。

基于超球体的半监督模糊核聚类方法与上述的半监督模糊核聚类方法的思路基本一致，即通过已知标签样本确定初始聚类中心，迭代过程只更新未知标签样本的模糊隶属度。不同之处，由于没有已知的故障样本，需要另一种途径求取故障聚类的初始聚类中心。基于超球体的半监督模糊核聚类方法分两步：

(1) 通过已知的正常样本求取正常聚类的中心和从未知标签样本中识别大部分的正常样本。

(2) 将不能判定为正常的样本认为是潜在故障样本，以此求故障聚类的初始聚类中心，从而解决由于缺乏已知故障样本而无法确定故障聚类中心的问题。

1. 基于最小封闭超球体的离群检测方法

1) 最小封闭超球体方法

最小封闭超球体算法属于监督学习的方法[17]，它利用训练集来学习“正常”数据的分布，然后根据结果的模式函数过滤将来的测试数据，以识别任何看起来不像是从同一个训练分布生成的异常数据。

假设给定一个训练集 $X=(\boldsymbol{x}_1,\boldsymbol{x}_2,\cdots,\boldsymbol{x}_n)$，在相关联的欧几里得特征空间 F 中的映射为 $\boldsymbol{\Phi}(\boldsymbol{x})$，相关联的核 K 满足 $K(\boldsymbol{x},\boldsymbol{y})=\boldsymbol{\Phi}(\boldsymbol{x})^{\mathrm{T}}\boldsymbol{\Phi}(\boldsymbol{y})$。通过求包含 X 的最小超球体的中心 v，使得该球体的半径 r 最小，更精确的说是

$$v^{*}=\underset{v}{\operatorname{argmin}}\max_{1\leqslant i\leqslant n}\|\boldsymbol{\Phi}(\boldsymbol{x}_i)-\boldsymbol{v}\| \tag{3-33}$$

通过求解最优化问题：

$$\min_{v,r} r^2 \tag{3-34}$$

约束条件为

$$\|\boldsymbol{\Phi}(\boldsymbol{x}_i)-\boldsymbol{v}\|^2=(\boldsymbol{\Phi}(\boldsymbol{x}_i)-\boldsymbol{v})^{\mathrm{T}}(\boldsymbol{\Phi}(\boldsymbol{x}_i)-\boldsymbol{v})\leqslant r^2\quad(i=1,2,\cdots,n)\tag{3-35}$$

的超球体($\boldsymbol{v}$,r)是具有最小半径r的包含X的超球体,如图3-18所示。

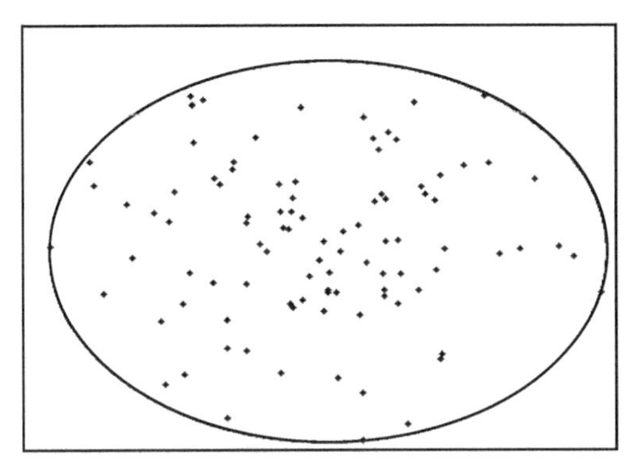

图3-18　包含X的最小封闭超球体

超球体算法存在一个问题:只要存在一个不够好的训练数据,就会使得所获得的半径过大。在理想的情况下,想找到一个这样的最小超球体——除了小部分极端的训练数据之外,它包含所有其他的训练数据。

2) 软最小封闭超球体方法

包含大部分数据的超球体算法——软最小超球体,该方法考虑如下两种损失:因遗漏一小部分数据而招致的损失和因半径缩小而导致的损失。为了实现这种策略,引入松弛变量$\xi_i=\xi_i(\boldsymbol{v},r,\boldsymbol{x}_i)$的概念,其定义如下:

$$\xi_i=\max(0,\|\boldsymbol{\Phi}(\boldsymbol{x}_i)-\boldsymbol{v}\|^2-r^2)\tag{3-36}$$

对于落在超球体内部的点,它的值是零;对于外部的点,它衡量到中心的平方距离超过r^2的程度。令$\boldsymbol{\xi}$表示元素为ξ_i的向量($i=1,2,\cdots,n$),参数C为控制半径最小化和控制松弛变量这两个目的之间的权衡。以下为软最小超球体算法的数学描述。

通过求解最优化问题:

$$\min_{v,r} r^2+C\|\xi\|_1\tag{3-37}$$

约束条件为

$$\|\boldsymbol{\Phi}(\boldsymbol{x}_i)-\boldsymbol{v}\|^2=(\boldsymbol{\Phi}(\boldsymbol{x}_i)-\boldsymbol{v})^{\mathrm{T}}(\boldsymbol{\Phi}(\boldsymbol{x}_i)-\boldsymbol{v})\leqslant r^2+\xi_i,\xi_i\geqslant 0\quad(i=1,2,\cdots,n)\tag{3-38}$$

该问题的解可以通过求对偶拉格朗日函数得出,结果如图3-19所示。

软最小超球体算法需要设定权衡参数C,不同的参数值将会得到不同的最优化结果,所以参数C的合理取值很难确定的,往往是包含了一定的人为经验知识。

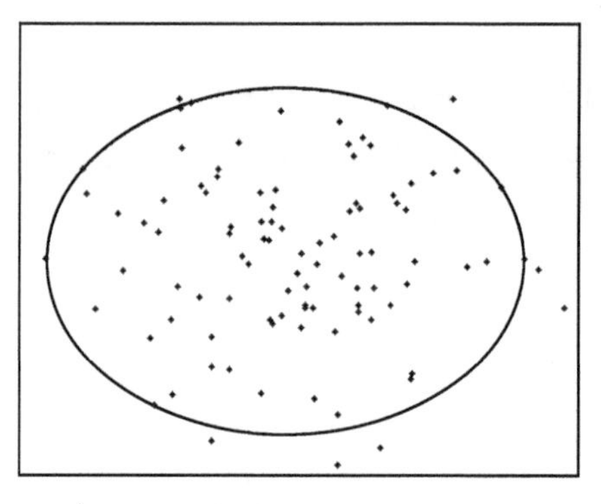

图 3-19　包含大部分数据的软最小封闭超球体

3）数据的预优化处理

为寻求半径最小化和避免参数 C 的人为经验取值，提出基于预先优化训练集的软超球体算法。算法对训练集进行优化，以剔除部分不够好的训练数据，避免算法获取的半径比实际需要的大。除了小部分极端的训练数据之外，超球体包含其他的训练数据，避免参数 C 的人为取值问题。

假设训练样本集符合独立同分布，在特征空间中，计算训练样本集的估计质心 $E[\boldsymbol{\Phi}(\boldsymbol{x})]$，按欧几里得距离计算各个已知样本与其质心的距离：

$$d_i = \| \boldsymbol{\Phi}(\boldsymbol{x}_i) - E[\boldsymbol{\Phi}(\boldsymbol{x})] \| \quad (i=1,2,\cdots,n) \tag{3-39}$$

计算各个训练样本与质心距离的均值 $E(d)$，各训练样本到质心的距离与均值的偏差 $\sigma_i = d_i - E(d)\,(i=1,2,\cdots,n)$，以及标准偏差：

$$\sigma_x = \sqrt{\frac{(d_1-E(d))^2+(d_2-E(d))^2+\cdots+(d_l-E(d))^2}{l}} \tag{3-40}$$

根据概率统计原理，正态分布有大约 68.26%的测量值落在平均值处正负一个标准差的区间内；大约 95.44%的测量值将落在平均值处正负两个标准差的区间内；大约 99.73%的值将落在平均值处正负 3 个标准差的区间内。综合权衡实际的分析需要，保证训练样本 95%的样本包含在超球体内已经足够，故将样本方差的根大于两个标准差（$\sigma_i \geqslant 2\sigma_x$）的训练样本剔除。

该方法的优点是可以避免由于部分训练数据不够好而导致的超球体半径过大，也不需要软最小超球体算法的参数 C 的确定，而且可以根据实际需要设定不同的置信概率。

2. 基于超球体的半监督模糊核聚类算法

经过软最小超球体算法分析后，假设确定为正常的样本个数为 n_l，未纳入超球体的样本为潜在故障样本，样本个数为 n_u，共有样本 $n=n_l+n_u$。通过半监督模糊核聚类的方法，从潜在故障集中提取边界正常样本，将可能的故障样本聚类在一起，即基于超球体的半监督模糊核聚类算法。

设 c 为预定的聚类数目,$\boldsymbol{v}_i(i=1,2,\cdots,c)$ 为第 i 个聚类的中心;$u_{ik}(i=1,2,\cdots,c;k=1,2,\cdots,n)$ 是第 k 个样本对第 i 类的隶属度函数,满足以下约束:

$$\begin{cases} 0 \leqslant u_{ik} \leqslant 1, \quad 0 \leqslant \sum\limits_{k=1}^{n} u_{ik} \leqslant n \\ U = \left\{ \underbrace{U^l = \{u_{ik}^l\}}_{\text{已知正常}} \middle| \underbrace{U^u = \{u_{ik}^u\}}_{\text{潜在故障}} \right\} \end{cases} \tag{3-41}$$

由于已经有 n_l 个样本经超球体算法判定为正常,从而可以确定 u_{ik}^l 的值。如果 x_k 属于类别 i,通常将 u_{ik}^l 的值设为1,否则设为0。

在特征空间中,聚类中心可由样本集线性组合表示,记 F 中的聚类中心 v_i 的对偶表示为

$$\boldsymbol{v}_i = \sum_{k=1}^{n} \beta_{ik} \boldsymbol{\Phi}(\boldsymbol{x}_k) \quad (i = 1,2,\cdots,c) \tag{3-42}$$

则在特征空间中的模糊核聚类算法的目标函数为

$$J_m(U,\boldsymbol{v}) = J_m(U,\boldsymbol{\beta}_1,\boldsymbol{\beta}_2,\cdots,\boldsymbol{\beta}_c) = \sum_{i=1}^{c}\sum_{k=1}^{n} u_{ik}^m \left\| \boldsymbol{\Phi}(\boldsymbol{x}_k) - \sum_{l=1}^{n} \beta_{il} \boldsymbol{\Phi}(\boldsymbol{x}_l) \right\|^2 \tag{3-43}$$

其中 $\boldsymbol{\beta}_i=(\beta_{i1},\beta_{i2},\cdots,\beta_{in})^{\mathrm{T}}(i=1,2,\cdots,c)$,$m>1$ 为常数,式(3-43)中:

$$\left\| \boldsymbol{\Phi}(\boldsymbol{x}_k) - \sum_{l=1}^{n} \beta_{il} \boldsymbol{\Phi}(\boldsymbol{x}_l) \right\|^2 = \boldsymbol{\Phi}(\boldsymbol{x}_k)^{\mathrm{T}} \boldsymbol{\Phi}(\boldsymbol{x}_k) - 2\sum_{l=1}^{n} \beta_{il} \boldsymbol{\Phi}(\boldsymbol{x}_k)^{\mathrm{T}} \boldsymbol{\Phi}(\boldsymbol{x}_l) + \sum_{l=1}^{n}\sum_{j=1}^{n} \beta_{il} \boldsymbol{\Phi}(\boldsymbol{x}_k)^{\mathrm{T}} \beta_{ij} \boldsymbol{\Phi}(\boldsymbol{x}_j) \tag{3-44}$$

将 $K(x,y)$ 代入式(3-43)及式(3-44),得

$$J_m(U,\boldsymbol{v}) = \sum_{i=1}^{c}\sum_{k=1}^{n} u_{ik}^m (\boldsymbol{K}_k - 2\boldsymbol{\beta}_i^{\mathrm{T}} \boldsymbol{K}_k + \boldsymbol{\beta}_i^{\mathrm{T}} \boldsymbol{K} \boldsymbol{\beta}_i) \tag{3-45}$$

其约束条件为

$$\sum_{i=1}^{c} u_{ik} = 1 \quad (k = 1,2,\cdots,n) \tag{3-46}$$

其中 $K_{ij}=K(\boldsymbol{x}_i,\boldsymbol{x}_j)(i、j=1,2,\cdots,n)$;$\boldsymbol{K}_k=(K_{k1},K_{k2},\cdots,K_{kn})(k=1,2,\cdots,n)$;$\boldsymbol{K}=(\boldsymbol{K}_1,\boldsymbol{K}_2,\cdots,\boldsymbol{K}_n)(k=1,2,\cdots,n)$。

式(3-45)在式(3-46)的约束下经优化,可得

$$u_{ik}^u = \frac{(1/(1 - K(\boldsymbol{x}_k^u,\boldsymbol{v}_i)))^{1/(m-1)}}{\sum\limits_{j=1}^{c} ((1 - K(\boldsymbol{x}_k^u,\boldsymbol{v}_j)))^{1/(m-1)}} \quad (i = 1,2,\cdots,c;k = 1,2,\cdots,n_u) \tag{3-47}$$

$$\boldsymbol{\beta}_i = \frac{\sum_{k=1}^{n_l} (u_{ik}^l)^m K^{-1} K_k + \sum_{k=1}^{n_u} (u_{ik}^u)^m K^{-1} K_k}{\sum_{k=1}^{n_l} (u_{ik}^l)^m + \sum_{k=1}^{n_u} (u_{ik}^u)^m} \quad (i = 1,2,\cdots,c) \tag{3-48}$$

未知标签样本中的大部分正常样本可通过软最小超球体的方法求出,为减少误判率,要在未纳入超球体的样本中提取出边界的正常样本。因而在模糊核聚类过程中,不改变正常聚类的中心,将未纳入超球体的样本作为潜在的故障样本,并通过它们求出故障聚类的初始聚类中心,如图 3-20 所示。如下为基于超球体的半监督模糊核聚类的交替迭代算法:

(1) 根据已知正常的样本,用改进的软超球体算法求出大部分的正常样本和

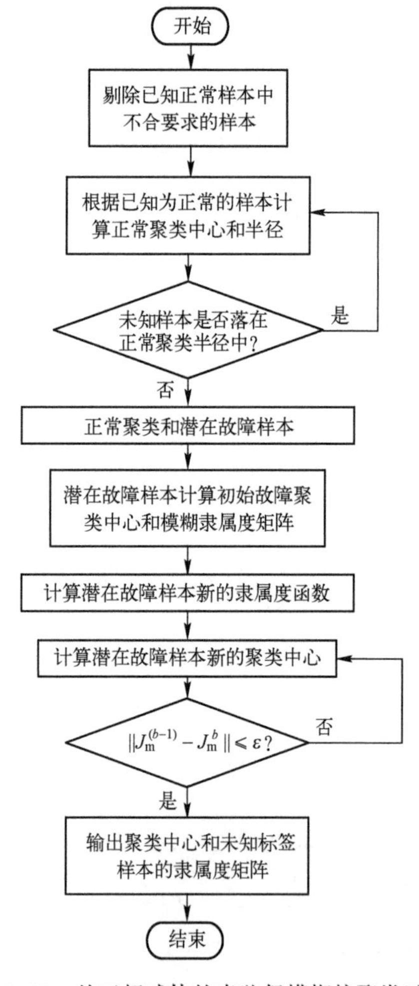

图 3-20　基于超球体的半监督模糊核聚类过程

潜在故障样本。

(2) 根据已求得的正常样本和潜在故障样本确定聚类数目 c 和初始聚类中心。

(3) 初始化各个系数向量,计算未知样本集的核矩阵 $\boldsymbol{K}$ 及其逆矩阵 $\boldsymbol{K}^{-1}$。

(4) 重复下面的运算,直到各个样本的隶属度值稳定:

① 用当前的聚类中心根据式(3-47)更新未纳入超球体的样本数据的隶属度 u_{ik}^{u};

② 用当前的隶属度值根据式(3-48)、式(3-42)更新故障的聚类中心 $\boldsymbol{v}_i$。

3.3.4　变速器早期故障检测

1. 变速器轴承外圈剥落故障检测

1) 数据采集

以东风SG135-2变速器输出轴的圆柱体滚动轴承作为实验对象,变速器离群状态检测的技术路线如图3-21所示。实验设计变速器分别在正常和外圈发生剥落两种状态下运转,其中外圈剥落故障由机械加工磨削一个凹坑而成,图3-22所示为故障轴承部件。将变速器设置为2挡,输入端的常啮合齿轮齿数比为38/26,2挡啮合齿轮齿数比为41/20。

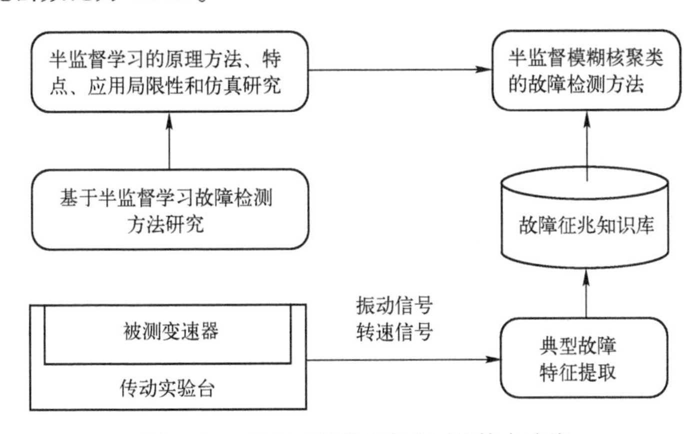

图3-21　变速器离群状态检测的技术路线

(1) 变速器运行工况。

转速:2400r/min(输入轴),1642r/min(中间轴),801r/min(输出轴)。

输出扭矩:313.7N·m,输出功率:25.52kW。

(2) 采样参数设置。

采集信号:振动加速度,振动速度。

测试方向:水平径向(x)、垂直径向(y)和轴向(z)。

图 3-22 轴承外圈发生剥落

采样频率:40000Hz(加速度),5000Hz(速度)。

抗混滤波:20000Hz(加速度),3000Hz(速度)。

(3) 变速器特征频率。

转频:40Hz(输入轴),27.4Hz(中间轴),13.4Hz(输出轴)。

2 挡齿轮啮合频率:547.4Hz。

常啮合齿轮啮合频率:1040Hz。

输出轴滚动轴承参数:型号 NUP311EN,参数如表 3-4 所列。

输出轴滚动轴承特征频率,如表 3-4 所列。

表 3-4 输出轴滚动轴承参数及特征频率

节径 D /mm	滚动体直径 d_0/mm	滚动体数 m/个	接触角 α/(°)	内圈通过频率 f_i/Hz	外圈通过频率 f_o/Hz	滚动体通过频率 f_g/Hz	保持架通过频率 f_b/Hz
85	18	13	0	179.6	116.8	51.4	10.9

2) 正常工况与轴承外圈剥落信号特征分析

在正常与轴承外圈剥落的两种状态下,于测点 x 方向采集振动加速度信号。设置分析频率为 3200Hz,低通滤波上限为 4000Hz,生成时域波形如图 3-23、图 3-24 所示。

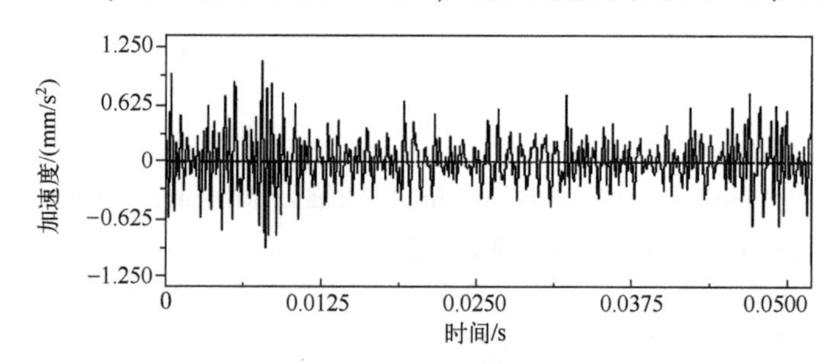

图 3-23 正常信号的时域波形

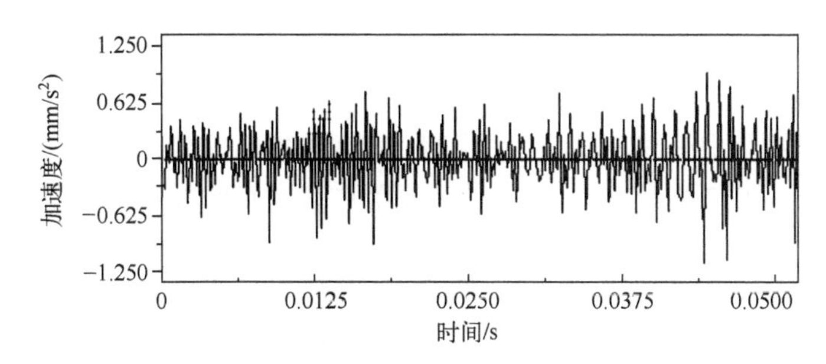

图 3-24　轴承外圈剥落信号的时域波形

经解调分析发现，对于正常信号，滚动体与轴承座的周期磨碰，故在一阶啮合频率和共振频谱处的解调结果中，滚动体通过频率均为主要的谱线；同时，由于齿轮间的周期碰撞，输入轴和中间轴的转频仍可在解调谱中出现。通过解调分析仍不足以发现轴承外圈剥落的故障特征，原因是轴承外圈剥落的故障较微弱，轴承信号调制能量相对变速器能量很小，调制现象并不明显，而且正常的工况下也存在一定的调制现象。

2. 基于超球体的半监督模糊核聚类分析

正常样本：210 个，轴承外圈剥落故障样本：20 个，样本数据长度：4×1024。

样本原始向量：均方值、均值、裕度指标、轴承外环通过频率幅值、调制频带各幅值的和。

已知标签样本：正常样本 26 个。

未知标签样本：余下的 184 个正常样本和 20 个故障样本，共 204 个。

对已知标签样本作预处理：在特征空间中基于欧氏距离计算各个样本的标准差，按 95%的置信概率，剔除 1 个不合要求的样本，得优化后的 25 正常样本作为已知标签的样本集；设定参数 $m=2$，聚类中心 $c=2$，运用基于超球体的半监督模糊核聚类方法对其进行分析，图 3-25 是 σ 从 0. 3 变化到 12 时的分析结果。

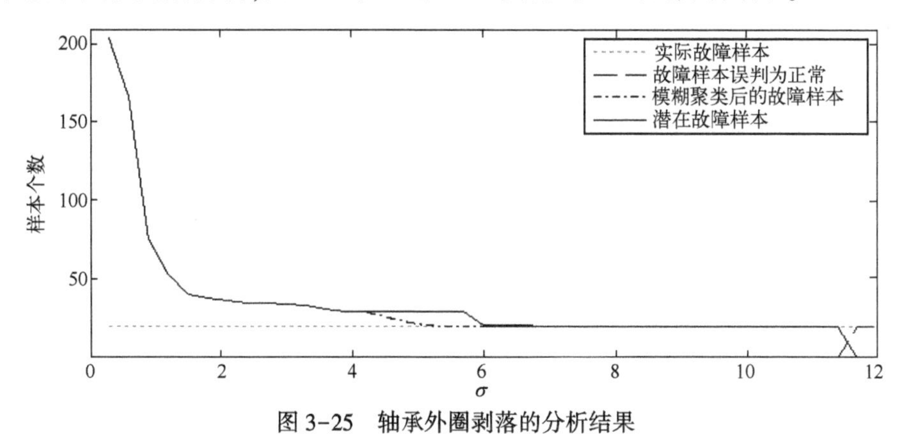

图 3-25　轴承外圈剥落的分析结果

由图 3-25 可见，检测出的潜在故障和经模糊核聚类分析后得到的故障聚类中，样本个数随着 σ 的增大而减少。σ 从 4.2 变化到 6.0 时，模糊核聚类方法能够从潜在故障样本集中分离出部分正常样本，实现数据的提纯，提高故障检测的正确率；其中，当 σ 从 0.3 变化到 5.2 时，故障聚类中含有正常样本，并随着 σ 的增大而所含正常样本的个数在递减，在 4.2~11.2 这个区间检测的故障样本个数出现了较平稳的变化，其中在 5.4~11.2 这个区间内，故障聚类中没有正常样本，故障检测的正确率达 100%；当 σ 大于 11.2 时，故障聚类中检测出的故障样本的个数随着 σ 的增大而递减，直到检测不到故障样本，相应地将故障样本误判为正常的个数则在递增。σ 从 4.2 变化到 11.2 检出的故障样本个数变化比较稳定，此时可认为在高维空间中正常与故障的样本分离较好，检出的故障样本个数不会随着 σ 的增大而急剧减少，从而选取该段的值为半监督模糊核聚类方法的参数 σ 的可选区间，其平均正确率达到 95.5%。

同样的参数设置，在没有已知类别样本指导下，模糊核聚类方法的聚类结果如表 3-5 所列，相应的基于超球体的半监督模糊核聚类方法的聚类结果如表 3-6 所列。由于轴承外圈剥落的故障比较微弱，故障与正常的样本差异小，模糊核聚类难以将故障样本有效的聚类出来，只是将样本集简单地分割成大体相等的两个聚类。

表 3-5　模糊核聚类方法的聚类结果

σ	4	5	6	7	8	9	10	11
正常/个	118	117	116	112	115	117	111	110
故障/个	111	112	113	117	114	112	118	119
正确率/%	18	17.9	17.7	17.1	17.5	17.9	17	16.8

表 3-6　基于超球体的半监督模糊核聚类方法的聚类结果

σ	4	5	6	7	8	9	10	11
正常/个	206	207	208	210	218	218	218	218
故障/个	29	21	20	20	20	20	20	20
正确率/%	69	95.2	100	100	100	100	100	100

3. 变速器齿面点蚀故障检测

采用 3.2 节齿面点蚀数据进行基于超球体的半监督模糊核聚类算法验证。

正常样本：220 个，齿面点蚀故障样本：22 个，样本数据长度：4×1024。

样本原始向量：均值、方差、偏斜度、峰值、调制频带的对应各幅值的和。

已知标签样本：正常样本 30 个。

未知标签样本：余下的 190 个正常样本和 22 个故障样本，共 212 个。

对已知标签样本作预处理：在特征空间中基于欧氏距离计算各个样本的标准差，按95%的置信概率，剔除2个不合要求的样本，得优化后的28正常样本作为已知类别的样本集；设定参数 $m=2$，聚类中心 $c=2$，运用基于超球体的半监督模糊核聚类方法对其进行聚类分析，图3-26是 σ 从0.3变化到10时的分析结果。

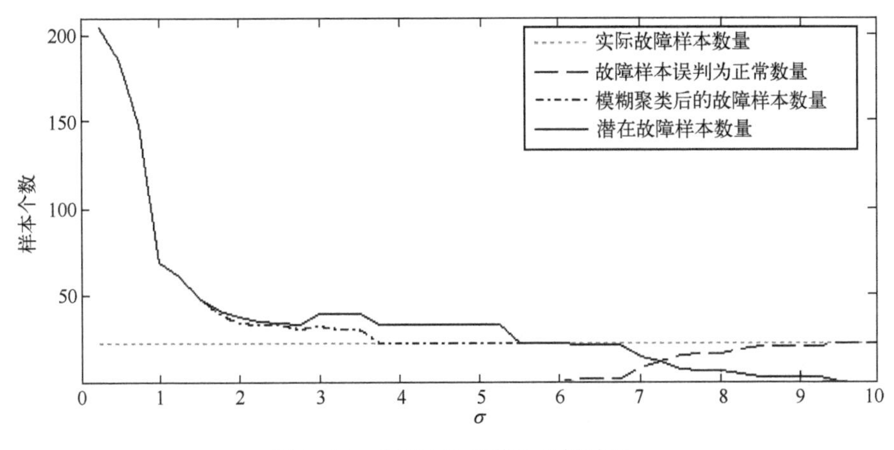

图3-26　齿面点蚀剥落的分析结果

由图3-26可见，检测出的潜在故障和经模糊核聚类分析得到的故障聚类中，样本个数随着 σ 的增大而减少。当 σ 从0.7变化到6时，故障聚类中包含有所有的故障样本；σ 从1.5变化到5.5时，模糊核聚类方法能够从潜在故障样本集中分离出部分正常样本，实现数据的提纯，提高故障检测的正确率；其中当 σ 从0.3变化到3.7时，故障聚类中含有正常样本，并随着 σ 的增大而递减，在3.7到6这段，故障聚类中没有正常样本，故障检测的正确率达100%；当 σ 大于6时，故障聚类中检测出的故障样本的个数随着 σ 的增大而递减，直到检测不到故障样本，相应地将故障样本错分为正常的个数则在递增。

σ 从2变化到6.7检出的故障样本个数变化比较稳定，此时可认为在高维空间中正常与故障的样本分离较好，检出的故障样本个数不会随着 σ 的增大而急剧减少，从而选取该段 σ 的值为半监督模糊核聚类方法的参数 σ 的可选区间，其平均正确率达到88.4%。

设定同样的参数，σ 从2变化到5.5，在没有已知标签样本指导下，模糊核聚类方法的聚类结果如表3-7所列，相应地改进半监督模糊核聚类方法的聚类结果如表3-8所列。由于轻微点蚀故障比较微弱，与正常样本差异小，模糊核聚类难以将故障样本有效地聚类出来，只是将样本集简单地分割成大体相等的两个聚类。

表 3-7 模糊核聚类方法的聚类结果

σ	2	2.5	3	3.5	4	4.5	5	5.5
正常/个	122	122	124	124	125	125	124	128
故障/个	118	118	116	116	115	115	116	112
正确率/%	18.6	18.6	9	19	19.1	19.1	19	20

表 3-8 基于超球体的半监督模糊核聚类方法的聚类结果

σ	2	2.5	3	3.5	4	4.5	5	5.5
正常/个	206	207	208	210	218	218	218	218
故障/个	34	33	32	30	22	22	22	22
正确率/%	64.7	66.7	68.8	73.3	100	100	100	100

4. 变速器齿轮齿面剥落故障检测

1）数据采集

以东风 SG135-2 变速器 5 挡齿轮为实验对象，变速器设为 5 挡，输入端的常啮合齿轮齿数比为 38/26，5 挡啮合齿轮齿数比为 22/42。在变速器输入端 1 测点（参考 3.2 节）采集振动加速度信号。实验设计变速器分别在正常、齿轮齿面轻微剥落、齿轮齿面严重剥落+齿面变形这 3 种状态下运转，图 3-27 所示为故障齿轮。

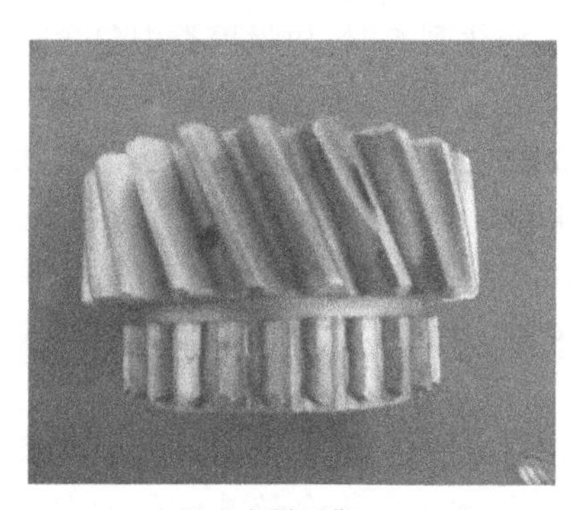

（a）轻微剥落

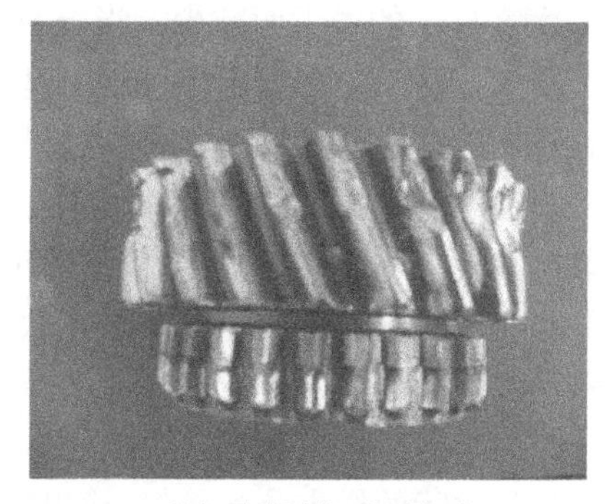

（b）严重剥落+齿面变形

图 3-27 故障齿轮

2）正常信号与齿轮轻微剥落

变速器工况、采样参数设置及特征频率情况如下所示：

（1）变速器运行工况。

转速：1200r/min（输入轴），821r/min（中间轴），1567r/min（输出轴）。

输出扭矩：6.2N · m，输出功率：1.01kW。

(2) 采样参数设置。

采集信号:振动加速度,振动速度。

测试方向:水平径向(x)、垂直径向(y)和轴向(z)。

采样频率:40000Hz(加速度),5000Hz(速度)。

抗混滤波:20000Hz(加速度),3000Hz(速度)。

(3) 变速器特征频率。

转频:20Hz(输入轴),13.7Hz(中间轴),26Hz(输出轴)。

5挡齿轮啮合频率:575.4Hz,常啮合齿轮啮合频率:520Hz。

分别于1测点x方向采集振动加速度信号。设置分析频率为1000Hz,低通滤波上限为1250Hz,生成时域波形如图3-28~图3-30所示。可见波形大致一样,区别不明显。

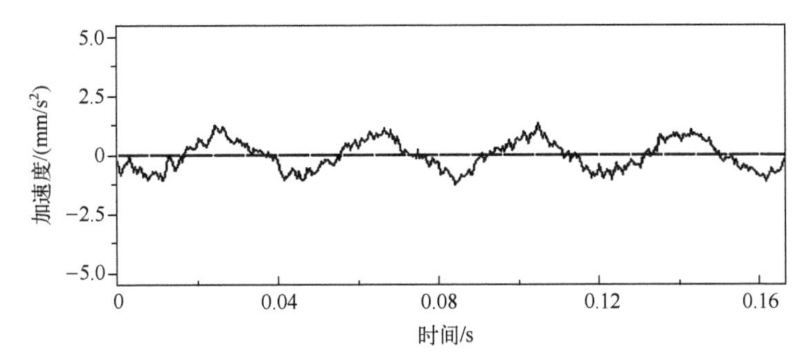

图3-28 正常信号的时域波形

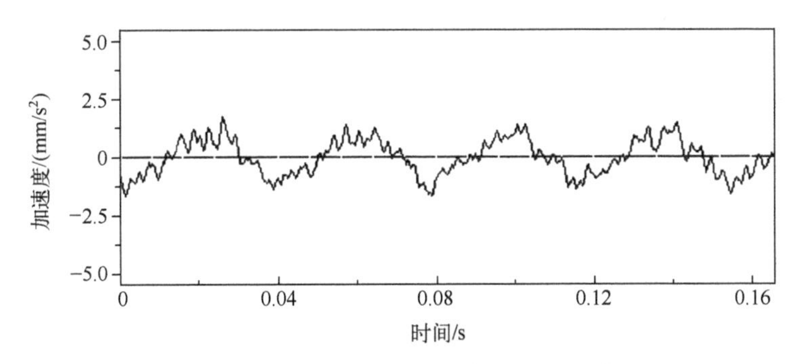

图3-29 齿轮齿面轻微剥落信号的时域波形

与正常信号相比,严重剥落+齿面变形故障信号波形则出现比较杂乱的冲击成分,信号都具有明显的波形特征,是典型的幅值调制信号,同时波形幅值都较大,这表明振动能量有明显增大的迹象。以下仅分析轻微剥落故障检测。

设分析频率为667Hz,低通滤波上限为833Hz,取20段数据(1024点/段)加汉宁窗平均,做全景谱如图3-31、图3-32所示。

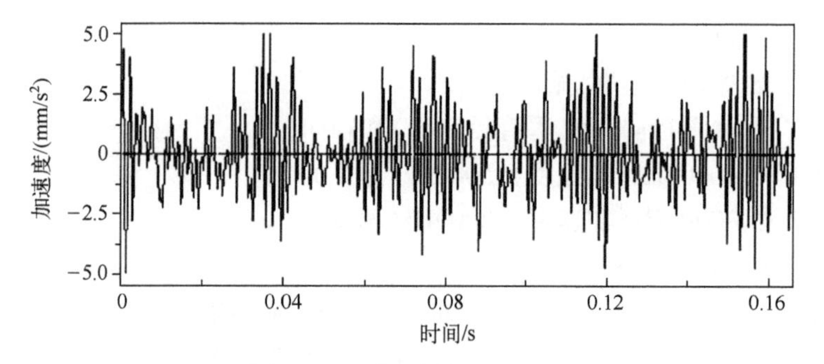

图 3-30　齿轮严重剥落+齿面变形信号的时域波形

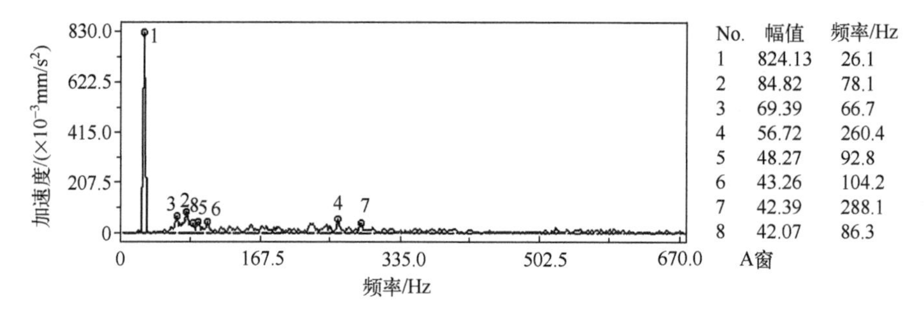

图 3-31　正常信号的全景谱

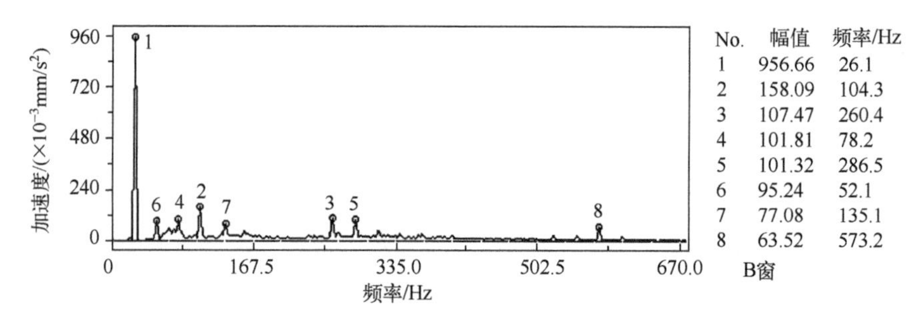

图 3-32　齿轮轻微剥落信号的全景谱

两个工况都以输出轴转频为最高谱线,轻微剥落的转频幅值比正常的信号有所增加;正常信号出现转频的三阶和四阶谱线,轻微剥落出现转频的二阶、三阶和四阶谱线,其幅值较正常信号的大。两个工况都出现了 5 挡齿轮啮合频率和常啮合齿轮啮合频率的 1/2 倍频 288Hz 和 260Hz。其中轻微剥落故障在 5 挡齿轮啮合频率处 575.4Hz 处有谱线,并出现小量的调制边频带,而正常信号则没有明显出现。应当怀疑其已开始出现了早期故障,并作进一步的分析。

以 574Hz 为频率中心,细化 10 倍,得到细化谱如图 3-33、图 3-34 所示。

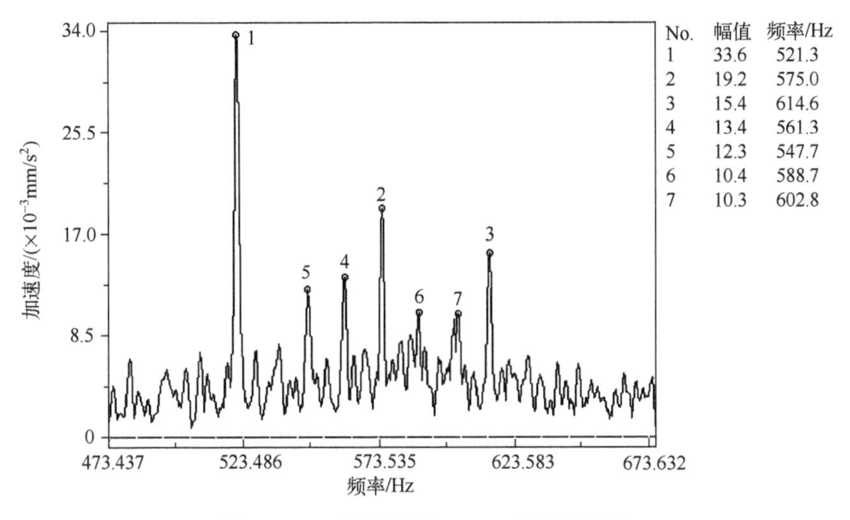

图 3-33　正常信号在 574Hz 处的细化谱

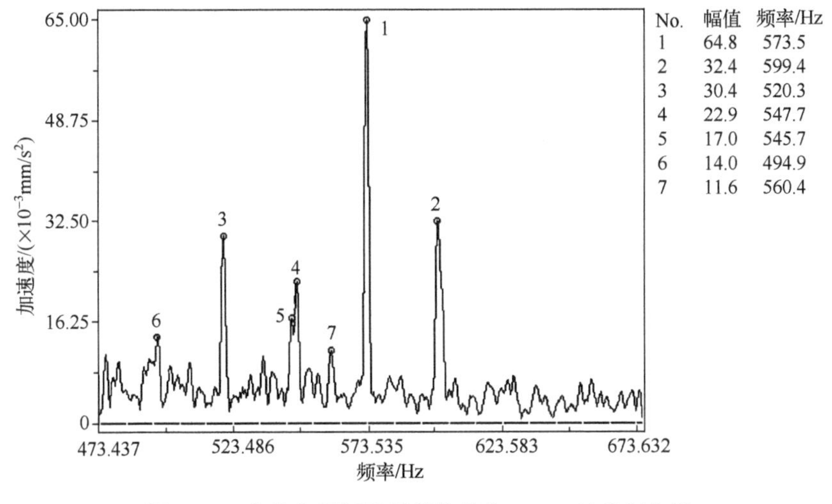

图 3-34　齿轮齿面轻微剥落信号在 574Hz 处的细化谱

从细化谱分析可知，正常信号在 5 挡齿轮啮合频率处也存在小幅值的调制边频带，只是幅值较小，在全景谱中体现不出来，并且由于安装的问题，出现转频的 1/2 倍频调制；轻微剥落的啮合频率处的幅值与正常信号的相比，显得较大，其中正常信号的 1 号谱线与轻微剥落的 2、3 号谱线大小相当，但是它们的绝对数量还是很小。

正常工况由于安装存在轴轻微不对中，导致 1/2 倍转频成分的出现。除此之外，正常和轻微故障都把转频的一阶和二阶谱线，甚至三阶谱线都解调出来；轻微剥落的解调谱线幅值基本上是正常工况下的 2 倍，但其绝对数量依然较小。从频谱上分析,一定程度上说明轻微剥落故障已经与正常信号有所偏离,只是故障程度小,其故障的特征并不明显,与正常工况的情形很相似,从频率上分析不能有效的判定其已出现故障。

3) 基于超球体的半监督模糊核聚类分析

正常样本:210个,轴承外圈剥落故障样本:20个,样本数据长度:4×1024。

样本原始向量:均值、方差、偏斜度、峰值、调制频带的对应各幅值的和。

已知类别样本:正常样本26个。

未知类别样本:余下的184个正常样本和20个故障样本,共204个。

对已知类别样本作预处理:在特征空间中基于欧氏距离计算各个样本的标准差,按95%的置信概率,剔除1个不合要求的样本,得优化后的25正常样本作为已知类别的样本集;设定参数 $m=2$,聚类中心 $c=2$,运用基于超球体的半监督模糊核聚类方法对其进行聚类分析,图3-35是 σ 从0.3变化到18时的分析结果。

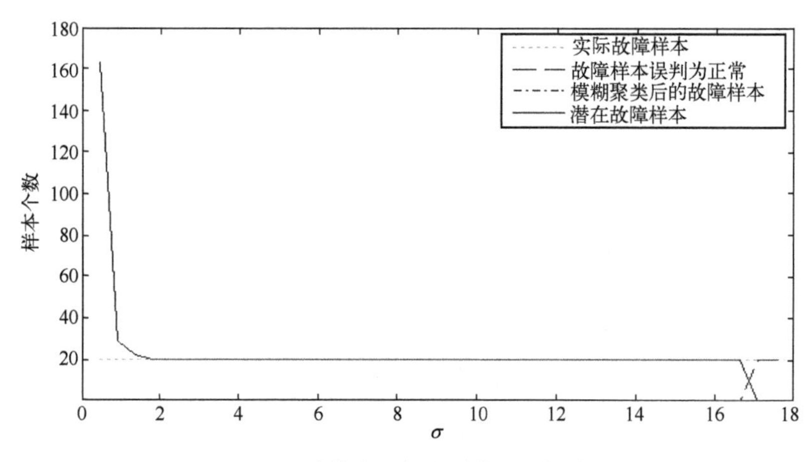

图3-35 齿轮齿面轻微剥落的分析结果

检出的潜在故障和半监督模糊核聚类检出的故障个数曲线是重合的,说明在特征空间中,正常与故障数据在特征空间里分隔距离较大,检出的潜在故障即为实际的故障样本。半监督模糊核聚类方法的提纯能力没有体现出来。

由图3-35可见,在1.8~16.5这个区间段,检测的故障个数变化比较平稳,说明这个区间是 σ 取值的可选区间;同时,曲线变化平稳的这个区间,检测故障聚类的正确率达到100%。同时也印证了聚类间隔较大的时候,σ 平稳变化区间也较长的结论。

设定同样的参数,在没有已知标签样本指导下,多次运行模糊核聚类方法的聚类结果如表3-9所列,相应地,基于超球体的半监督模糊核聚类方法的聚类结果如表3-10所列。从结果可见,模糊核聚类方法会在某些取值点上实现故障聚类的正确分析,而且这些取值点没有规律性。这正是由于此时的σ取值,使得故障样本与正常样本较好地分离,更主要的是模糊核聚类算法在随机选取初始聚类中心的时候,有时能够取得较好的初始聚类中心,故此能够把故障聚类从正常聚类中区分开来;当初始聚类中心选择不正确的情况下,模糊核聚类还是难以将故障样本有效地聚类出来,只是将样本集强硬分割成大体相等的两个聚类,说明模糊核聚类方法的性能受初始化聚类中心的影响较大。

表3-9 模糊核聚类方法的聚类结果

σ	2	4	6	8	10	12	14	16
正常/个	113	209	114	116	119	123	140	146
故障/个	116	20	115	113	110	106	89	83
正确率/%	17.2	100	17.4	17.7	18.2	18.9	22.5	24.1

表3-10 基于超球体的半监督模糊核聚类方法的聚类结果

σ	2	4	6	8	10	12	14	16
正常/个	209	209	209	209	209	209	209	209
故障/个	20	20	20	20	20	20	20	20
正确/%	100	100	100	100	100	100	100	100

3.4 基于半监督自组织特征映射的故障检测与分类

自组织特征映射(SOM)神经网络[18]以无监督方式进行网络训练。通过训练,它能自动对输入模式进行分类,传统的方法是用U矩阵来可视化训练结果,但输出层上的网格常常是扭曲的,所以传统SOM方法应用于故障诊断时可视化效果不直观。虽然GNSOM和DPSOM可视化方法能够很好地解决这一问题,但庞大的数据常常导致训练时间过长。若能够在数据进行分类之前进行降维,则可以大大缩减训练时间并提高正确率、节省存储空间。因此,在应用神经网络诊断故障之前,应尽量降低训练数据的维数,简化神经网络结构。

线性判别分析(LDA)是一种有效的数据降维(特征选择)方法,通过将原始数据空间转换到低维特征空间中产生一种有效的模式表示。LDA力求寻找一个方向使投影后的数据在最小均方意义上得到最好的分离。

本节研究的半监督SOM,是在原无监督SOM的基础上修改算法实现,并与特征选择结合起来实现了学习速率和学习效果的提高。

3.4.1 半监督 SOM 故障诊断

1. SOM 概述

SOM 神经网络[18]是由芬兰学者 Kononen 提出的一个比较完整的分类性能较好的自组织特征映射神经网络方案,有时也称 SOM 神经网络为 Kohonen 特征映射网络。

其基本思想是竞争层各神经元竞争对输入模式的响应机会,最后仅一个神经元成为竞争获胜者,并将与获胜神经元有关的各连接权朝着更有利于它获胜的方向调整。获胜神经元表示对输入模式的某种分类。SOM 神经网络结构如图 3-36所示,它由输入层和竞争层(输出层)组成。输入层神经元个数为 n,竞争层神经元个数为 m,$m<n$。网络是全连接的,即每个输入结点都同所有的输出结点相连接。

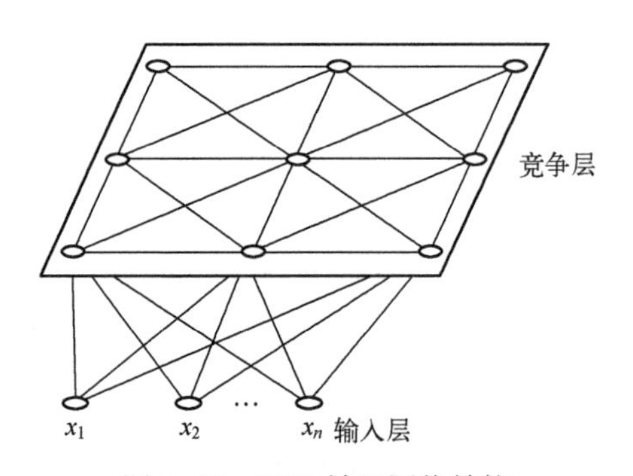

图 3-36 SOM 神经网络结构

SOM 神经网络能将任意维输入模式在输出层映射成一维或二维图形,并保持其拓扑结构不变;网络通过对输入模式的反复学习可以使权向量空间与输入模式的概率分布趋于一致,即概率保持性。网络的竞争层各神经元竞争对输入模式的响应机会,获胜神经元有关的各权重朝着更有利于它竞争的方向调整,"即以获胜神经元为圆心,对近邻的神经元表现出兴奋性侧反馈,而对远邻的神经元表现出抑制性侧反馈,近邻者相互激励,远邻者相互抑制"。一般而言,近邻是指从发出信号的神经元为圆心,半径约为 50~500μm 的神经元;远邻是指半径为 200μm~2mm 的神经元。比远邻更远的神经元则表现弱激励作用,如图 3-37 所示。由于这种交互作用的曲线类似于墨西哥人戴的帽子,因此也称这种交互方式为"墨西哥草帽儿"。

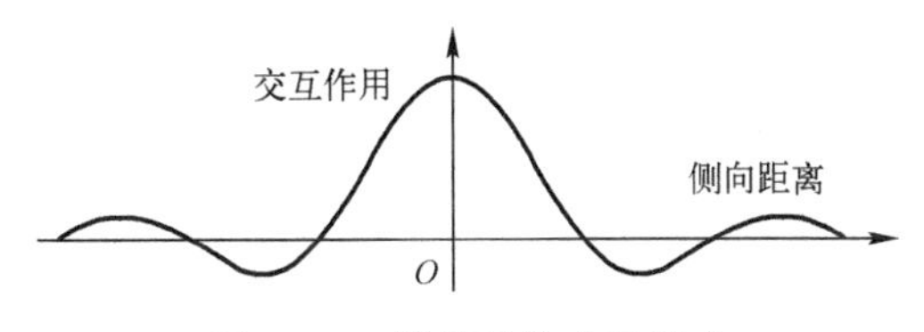

图 3-37　神经元的交互模式

2. U 矩阵可视化方法

目前,有很多方法可以通过对高维数据进行降维映射来实现可视化,线性方法如 PCA,该方法的计算量小,效率高,对于线性结构效果好;采用非线性映射方法,如 Sammon 方法[19]、曲元分析(CCA)方法等,这些方法能够处理数据中的非线性结构,但是计算量大。对于 SOM 网络的训练结果而言,目前应用较多的可视化方法是 U 矩阵法(U-Matrix),其核心就是 U 矩阵的计算。

U 矩阵的一般计算方法如下:如图 3-36 所示的 SOM 网络结构中,竞争层的神经元分布是呈二维平面的矩阵形式。对于其中的每一个神经元,计算它与所有相邻近神经元权向量之间的欧几里得距离,取这些距离的平均值或最大值或某一函数值作为该神经元的"U 值"。计算出所有竞争层神经元的"U 值",得到一个矩阵,即所谓的 U 矩阵。具体采用 U 矩阵可视化 SOM 网络的训练结果时,结合竞争层的拓扑结构,将 U 矩阵值作为神经元的第三维坐标,在三维空间绘出了网络竞争层的结构,通过观察高峰、低谷等的分布来显示网络聚类训练结果,或将神经元第三维坐标用灰度表示。U 矩阵即是一种用灰度图来实现可视化的方法。

3. 半监督 SOM

Kohonen 的自组织映射神经网络可以按监督式学习方法进行学习,如果所有的输入模式均是有标签的,则该算法就变成监督式 SOM。

半监督的学习方法利用有标记样本和无标记样本来共同学习,即学习样本既要包括已标记类别的样本也包括未标记类别的样本。故去掉输入模式 $\boldsymbol{A}_k$ 中部分样本的标签,再将标记和未标记样本同时输入到监督式 SOM 网络中进行训练。从而获得半监督 SOM 算法,具体的实现步骤如下。

设网络的输入模式为 $\boldsymbol{A}_k=(a_1^k,a_2^k,\cdots,a_N^k)(k=1,2,\cdots,p)$,其中 $\boldsymbol{A}_{kl}$ 为带标签数据,$\boldsymbol{A}_{ko}$ 为不带标签数据,$l+o=N$。竞争层神经元向量为 $\boldsymbol{B}_j=(b_1,b_2,\cdots,b_M)$,$M$ 为竞争层神经元个数;网络连接权为 $\{\boldsymbol{W}_{ij}\}(i=1,2,\cdots,N;j=1,2,\cdots,M)$。

(1) 将网络的连接权 $\{\boldsymbol{W}_{ij}\}$ 赋予 $[0,1]$ 区间内的随机值,确定学习率 $\eta(t)$ 的初始值 $\eta(0)(0<\eta(0)<1)$,确定邻域函数 $N_g(t)$ 的初始值 $N_g(0)$,确定总的学习次数 T,当网络学习到指定次数 T 后终止。

(2) 归一化。从 $\boldsymbol{A}_k$ 中任选输入模式 a_i^k 进行归一化,并对网络权向量作归一化处理。

$$\overline{\boldsymbol{A}}_k=\boldsymbol{A}_k/\|\boldsymbol{A}_k\| \quad (k=1,2,\cdots,p) \tag{3-49}$$

$$\overline{\boldsymbol{W}}_j=\boldsymbol{W}_j/\|\boldsymbol{W}_j\| \quad (j=1,2,\cdots,M) \tag{3-50}$$

(3) 将所选模式$\overline{\boldsymbol{A}}_k$输入到网络中,并计算连接权向量$\boldsymbol{W}_j=(w_{1j},w_{2j},\cdots,w_{Nj})$与输入模式$\overline{\boldsymbol{A}}_k$之间的距离:

$$d_j=\left[\sum_{i=1}^{N}(a_i^k-w_{ij})^2\right]^{1/2} \quad (j=1,2,\cdots,M;k=1,2,\cdots,p) \tag{3-51}$$

(4) 比较它们的距离,确定最匹配神经元(best match unit)g:

$$d_g=\min(d_j) \quad (j=1,2,\cdots,M) \tag{3-52}$$

(5) 调整输入神经元到激活神经元邻域范围内的所有竞争层神经元之间的连接权值,按下式进行权值的修正:

$$w_{ij}(t+1)=\begin{cases}w_{ij}(t)+\eta(t)N_{gj}(t)(a_i^k-w_{ij}(t)),\text{当 } a_i^k\in A_{ko}\\ w_{ij}(t)+\eta(t)N_{gj}(t)(a_i^k-w_{ij}(t)),\text{当 } a_i^k\in A_{kl}\text{且 } g \text{ 为恰当分类时}\\ w_{ij}(t)-\eta(t)N_{gj}(t)(a_i^k-w_{ij}(t)),\text{当 } a_i^k\in A_{kl}\text{且 } g \text{ 为不恰当分类时}\end{cases} \tag{3-53}$$

式中:$j\in N_g(t)$;$i=1,2,\cdots,N$;$0<\eta(t)<1$,$\eta(t)$为t时刻的学习率。

(6) 将下一学习模式输入网络,返回步骤(3),直到所有的学习模式都学习一遍。

(7) 根据$\eta(t)=\eta_0(1-t/T)$,更新学习速率$\eta(t)$和邻域函数$N_{gj}(t)$。其中η_0为学习速率的初始值,t为学习次数,T为总的学习次数。

(8) 令$t=t+1$,返回步骤(2),直到$t=T$为止。

图3-38为利用半监督SOM和半监督LDA-SOM对Iris数据集的分类结果。从每类50个样本数据中选取30个作为标记样本,其余20个作为未标记样本,然后将这50个样本数据同时输入网络中进行协同训练,训练结果如图3-38所示,其中图3-38(a)为半监督SOM的U矩阵,图3-38(b)为半监督SOM分类结果的标签,图3-38(c)为半监督LDA-SOM的U矩阵,图3-38(d)为半监督LDA-SOM的分类结果的标签。图中"○""△""□"分别代表setosa、versicolor、virginica 3类中标记样本,"●""*""×"分别代表setosa、versicolor、virginica 3类中未标记样本。从分类结果可以看出,尽管输入样本中40%的样本不含标签,但是半监督SOM依然比较理想地实现了3类数据的分离。另外,从图中还可看出,基于LDA特征选择的半监督SOM比半监督SOM的分类效果更加直观。

图 3-38　半监督 SOM 对 Iris 数据集的分类结果

3.4.2　基于半监督 GNSOM 的故障诊断方法

1. GNSOM 概述

为了更自然地展现数据的结构，Manuel Rubio 和 Victor Gimenez 等提出了一种新的基于 SOM 的数据可视化算法——GNSOM(grouping neuron SOM)[20]。此种可视化方法与原始 SOM 相比，算法基本类似，却采用了“偷梁换柱”的概念：在原始 SOM 网络中，输入层的神经元用权向量来表示，权向量在训练过程中更新，输出层神经元固定在固定的网络上；而在 GNSOM 中，权向量的值是固定的，更新的是输出层神经元的位置。需要补充说明的是，该方法所得的结果只是提示了输入数据的空间拓扑结构，因此得到的映射图只表示输入向量的一种空间分布，其坐标也并不对应具体的物理意义。

GNSOM 的具体算法可在参考文献[20]中详细了解。

2. 半监督 GNSOM

由于 GNSOM 是在原 SOM 基础上增加一步位置调节步骤而来的，故参考半监督 SOM，可以很方便地得到半监督 GNSOM 算法。设竞争层神经元向量为 $\boldsymbol{B}_j$ 在输

出层上的位置为 $p_{ij}(x,y)$，输出层(竞争层)上相邻神经元的距离为 M，x 轴方向神经元的个数为 M_x，y 方向神经元的个数为 M_y。具体的实现步骤如下：

(1) 初始化初始位置 $p_{00}(x,y)$，其余同半监督 SOM 步骤(1)；

(2) 同半监督 SOM 步骤(2)；

(3) 同半监督 SOM 步骤(3)；

(4) 同半监督 SOM 步骤(4)；

(5) 按照式(3-53)对 SOM 的连接权值进行修正，并按照下式对竞争层神经元在竞争层上的位置进行调整；

$$p_{ij}(t+1)=\begin{cases}p_{ij}(t)+\eta(t)N_{gj}(t)(a_i^k-w_{ij}(t)) & (a_i^k\in A_{ko})\\ p_{ij}(t)+\eta(t)N_{gj}(t)(a_i^k-w_{ij}(t)) & (a_i^k\in A_{kl}\text{且 } g\text{ 为恰当分类})\\ p_{ij}(t)-\eta(t)N_{gj}(t)(a_i^k-w_{ij}(t)) & (a_i^k\in A_{kl}\text{且 } g\text{ 为不恰当分类})\end{cases}\tag{3-54}$$

(6) 同半监督 SOM 步骤(6)；

(7) 同半监督 SOM 步骤(7)；

(8) 同半监督 SOM 步骤(8)。

图 3-39 为利用半监督 GNSOM 和半监督 LDA-GNSOM 对 Iris 数据集的分类结果。从每类 50 个样本数据中选取 30 个作为标记样本，其余 20 个作为未标记样本，然后将这 50 个样本数据同时输入网络中进行协同训练，训练结果如图 3-39 所示，图 3-39(a)为半监督 GNSOM 分类结果的标签，图 3-39(b)为半监督 LDA-GNSOM 的分类结果。图中“○”“△”“□”分别代表 setosa、versicolor、virginica 3 类中的标记样本，“•”“*”“×”分别代表 setosa、versicolor、virginica 3 类中的未标记样本。从分类结果可以看出，尽管输入样本中 40%的样本不含标签，但是半监督

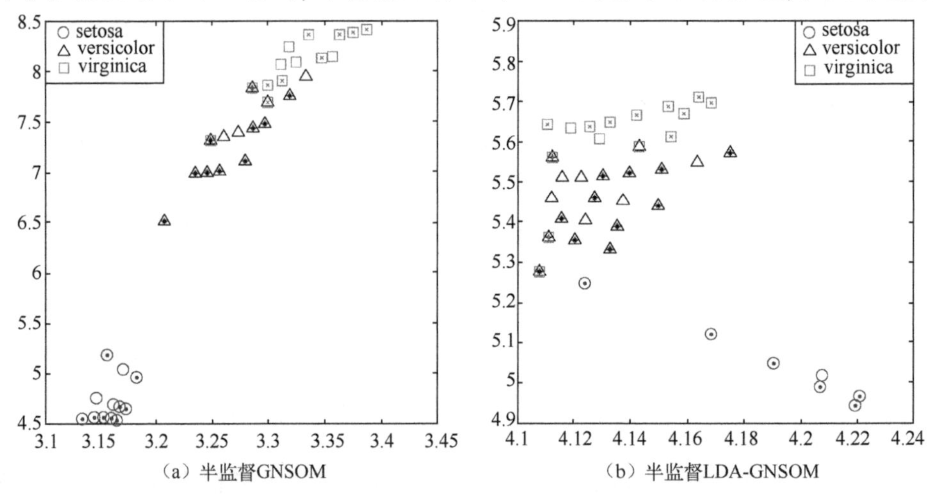

(a) 半监督GNSOM　(b) 半监督LDA-GNSOM

图 3-39　半监督 GNSOM 对 Iris 数据集的分类结果

GNSOM依然比较理想地将 3 类数据分类。另外,从图中还可看出,基于 LDA 特征选择的半监督 GNSOM 比半监督 GNSOM 的分类效果更加直观。

然而,图 3-39(a)中 x 轴的坐标范围为[3.1,3.45],图 3-39(b)中 x 轴的坐标范围为[4.1,4.24],这是因为 GNSOM 是基于 Himberg 收缩模型,因此出现了过度收缩的问题。

3.4.3　基于半监督 DPSOM 的故障诊断方法

1. DPSOM 概述

邵超和黄厚宽等提出了一种新的基于 SOM 的数据可视化算法——DPSOM (distance preserving SOM)[21],它能够按照相应的距离信息对神经元的位置进行自适应调节,从而实现了对数据间距离信息的直观展现。另外,该算法还能自动避免神经元的过度收缩问题,从而极大地提高算法的可控性和数据可视化的质量。

在原始 SOM 算法中,作为数据代表的神经元被固定在一个低维常规网格上,采用邻域学习方式最终可达到神经元在该网格上的拓扑有序。但在 DPSOM 算法中,低维网格上的神经元的位置不再是固定不动的,而是可以根据在特征空间和低维空间中对应的距离进行相应的调节,与原始 SOM 算法相比,DPSOM 算法只附加了一步位置调节操作,由于这步操作并没有改变原始 SOM 算法的学习过程,因此它们具有与原始 SOM 算法同样良好的鲁棒性,这是那些动态 SOM 算法[22]所不能比拟的。此外,附加的这步操作,额外计算量小,而且不再采用 Himberg 收缩模型,避免了在缺少额外控制参数下,神经元过度收缩的问题。

与 GNSOM 方法类似的是,该方法所得的结果只是提示了输入数据的空间拓扑结构,因此得到的映射图只表示输入向量的一种空间分布,其坐标也并不对应具体的物理意义。DPSOM 的具体算法可以在参考文献[21]中详细了解。

2. 半监督 DPSOM

半监督 DPSOM 与半监督 GNSOM 的不同之处只在于对竞争层神经元的位置调整规则不同,参考半监督 GNSOM,可以很方便地得到半监督 DPSOM,其位置调整规则为

$$p_k(t+1)=\begin{cases} p_k(t)+\eta(t)\left(1-\dfrac{\delta_{vk}}{d_{vk}}\right)[p_v(t)-p_k(t)] & (a_i^k\in A_{ko}) \\ p_k(t)+\eta(t)\left(1-\dfrac{\delta_{vk}}{d_{vk}}\right)[p_v(t)-p_k(t)] & (a_i^k\in A_{kl}\text{且 } g \text{ 为恰当分类}) \\ p_k(t)-\eta(t)\left(1-\dfrac{\delta_{vk}}{d_{vk}}\right)[p_v(t)-p_k(t)] & (a_i^k\in A_{kl}\text{且 } g \text{ 为不恰当分类}) \end{cases} \tag{3-55}$$

式中:δ_{vk}和 d_{vk}分别表示神经元 v 和 k 在特征空间和低维空间中的距离,通常采用欧氏距离度量,即

$$\delta_{vk}=\sqrt{\sum_{j=1}^{d}(w_{vj}-w_{kj})^2},d_{vk}=\sqrt{\sum_{j=1}^{m}(p_{vj}-p_{kj})^2}$$

只需将半监督 GNSOM 算法中的式(3-54)替换为式(3-55)即可得到半监督 DPSOM 算法。

图 3-40 为利用半监督 DPSOM 和半监督 LDA-DPSOM 对 Iris 数据集的分类结果。从每类 50 个样本数据中选取 30 个作为标记样本,其余 20 个作为未标记样本,然后将这 50 个样本数据同时输入网络中进行协同训练,训练结果如图 3-40 所示,其中图 3-40(a)为半监督 DPSOM 的分类结果,图 3-40(b)为半监督 LDA-DPSOM 的分类结果。图中"○""△""□"分别代表 setosa、versicolor、virginica 3 类中的标记样本,"●""＊""×"分别代表 setosa、versicolor、virginica 3 类中的未标记样本。从分类结果可以看出,尽管输入样本中 40%的样本不含标签,但是半监督 DPSOM 依然比较理想地将 3 类数据分类。另外,从图中还可看出,基于 LDA 特征选择的半监督 DPSOM 比半监督 DPSOM 的分类效果更加直观。

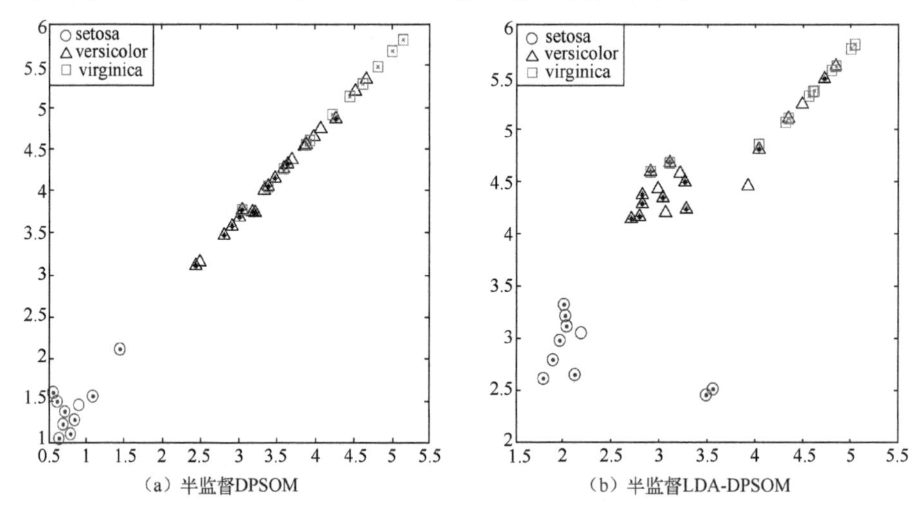

图 3-40　半监督 DPSOM 对 Iris 数据集的分类结果

从图中还可以看出,图 3-40(a)中 X 轴的坐标范围为[0.5,5.5],图 3-40(b)中 X 轴的坐标范围为[1.5,5.5],这是因为 DPSOM 不再基于 Himberg 收缩模型,这样很好地避免了 GNSOM 的过度收缩问题。

3.4.4　实例分析

1. 实例一:齿轮故障

该部分实验数据来源于 Laborelec 实验室的齿轮故障实验,实验分别采集某 41 齿斜齿轮正常、齿轮齿面轻微剥落、齿面轻微磨损 3 种模式下运行的数据,实验过程如图 3-41 所示。在该实验中，齿轮参数及实验工况为：模数 5mm，螺旋角 20°，中心距 200mm，传动比 37/41，输入转速 670r/min，采样频率为 10240Hz。分别获取 3 种模式下的振动加速度信号，其时域和频域波形如图 3-42 所示，其中图 3-42(a)、(b)、(c) 分别为正常、轻微剥落和轻微磨损状态的时域图，图 3-42(d)、(e)、(f) 分别为正常、轻微剥落和轻微磨损状态的频域图。从图 3-42(b) 可以看出，剥落加速度信号的幅值较正常状态图 3-42(a) 有所增加，但二者并无明显的区别，很难从时域区分出两类故障。从图 3-42(c) 可以看出，当齿轮出现均匀磨损时，信号出现明显的冲击波段，同时幅值也增大，这表明振动能量有明显增大的迹象。而频域图 3-42(d)、(e)、(f) 几乎没有区别，这表明，运用常规的信号处理方法很难区分出 3 类故障，故需要用智能诊断方法诊断故障。

图 3-41　实验图片

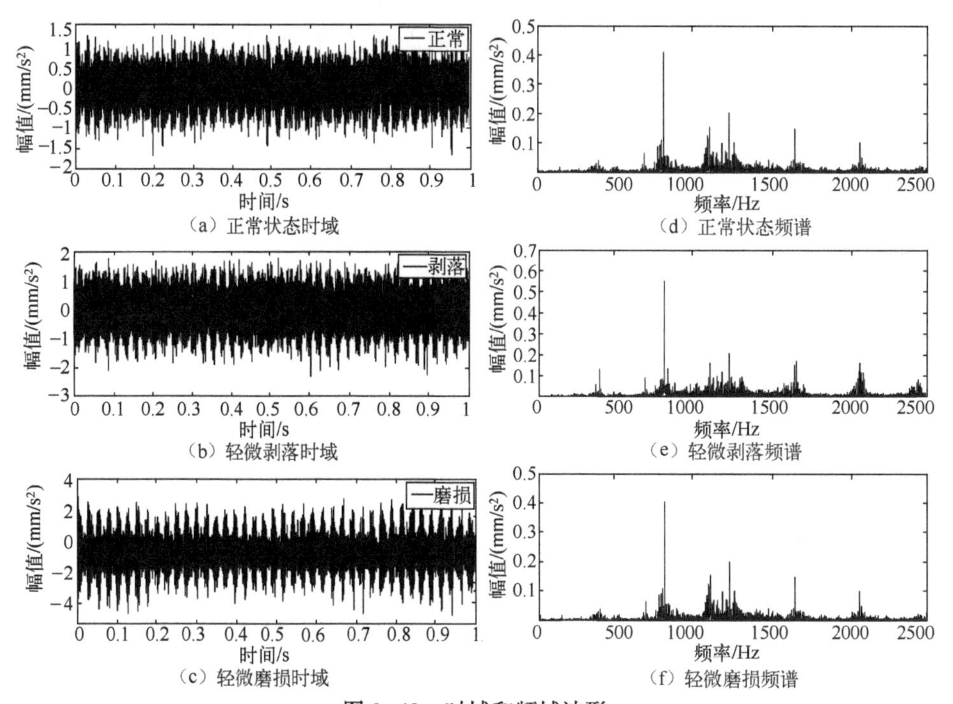

图 3-42　时域和频域波形

选择 11 个常用的统计特征参数构成齿轮状态原始特征集，用于描述齿轮故障模式，它们分别是均方值、峭度、平均值、方差、偏斜度、峰值、均方根幅值、峰值指标、波形指标、脉冲指标、裕度指标。

在该实验中，每组故障包含 54 个样本（34 个带标签样本，20 个不带标签样本），一共 162 个样本。具体的半监督 SOM 算法原理框图如图 3-43 所示。

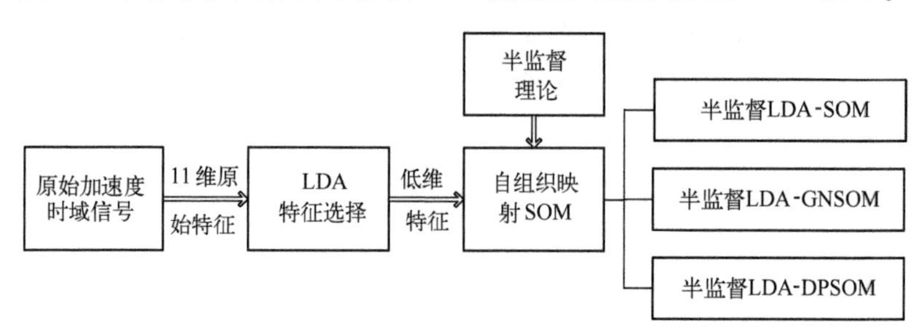

图 3-43　半监督 SOM 算法原理框图

图 3-44 为半监督 LDA-GNSOM 的分类结果，其中图 3-44(a)、(b)分别为半监督 GNSOM 和半监督 LDA-GNSOM 的分类结果。图中“○”“△”“□”分别代表正常、剥落、磨损 3 类中标记样本，“●”“*”“×”分别代表正常、剥落、磨损 3 类中未标记样本。从该图中可以看出，基于特征选择的半监督 LDA-GNSOM 方法要明显好于半监督 GNSOM，然而正如前面所述，GNSOM 出现了过度收缩的问题。

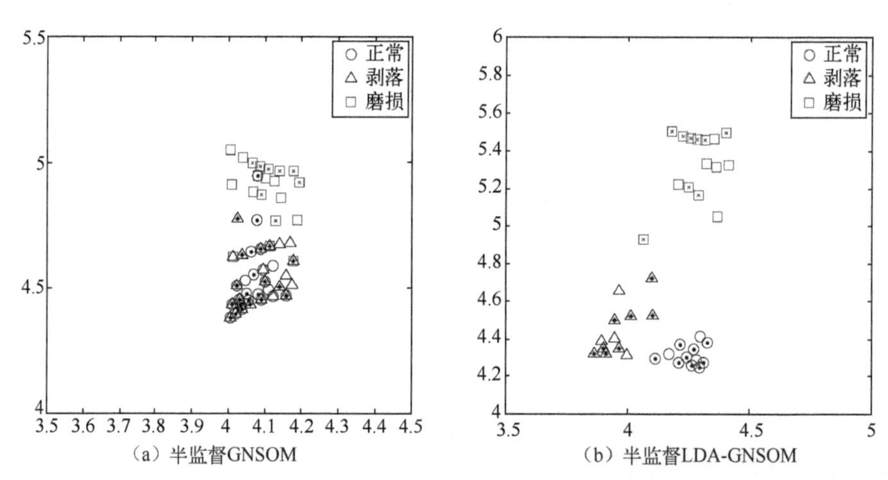

图 3-44　半监督 GNSOM 对 Laborelec 数据集的分类结果

图 3-45 为半监督 LDA-DPSOM 的分类结果，其中图 3-45(a)、(b)分别为半监督 DPSOM 和半监督 LDA-DPSOM 的分类结果。从该图中可以看出，基于特征

选择的半监督 LDA-DPSOM 方法要明显好于半监督 DPSOM。

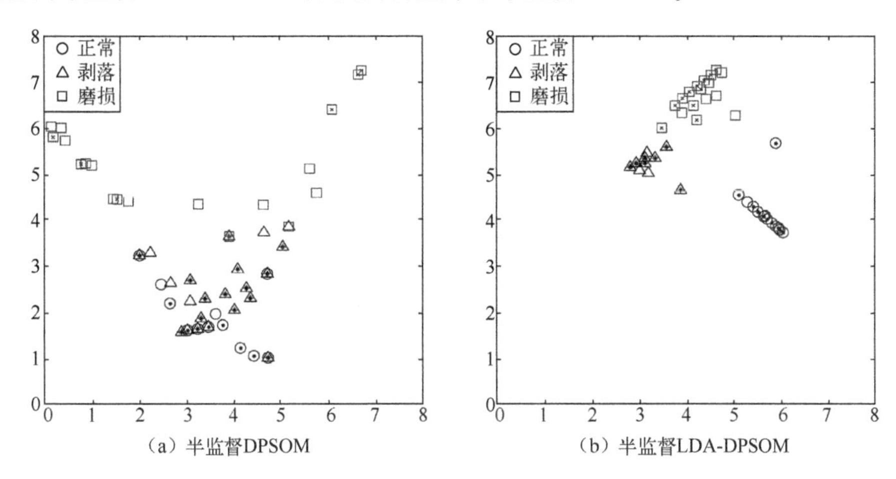

图 3-45　半监督 DPSOM 对 Laborelec 数据集的分类结果

表 3-11 为利用半监督 GNSOM 和半监督 DPSOM 的仿真得到的平均正确率、平均耗时、平均量化误差和平均拓扑误差。

表 3-11　半监督自组织特征映射对 Laborelec 数据集的实验结果

	半监督 GNSOM	半监督 LDA-GNSOM	半监督 DPSOM	半监督 LDA-DPSOM
平均正确率	72.1%	86.0%	73.9%	86.3%
平均耗时	1.3806s	0.6430s	1.0345s	0.6439s
平均量化误差	0.263	0.041	0.263	0.041
平均拓扑误差	0.046	0.048	0.043	0.038

从表 3-11 可以看出,正确率最高的方法是半监督 LDA-DPSOM,达到了 86.3%;耗时最少的方法是半监督 LDA-GNSOM,为 0.6430s;平均量化误差最小的是半监督 LDA-GNSOM 和半监督 LDA-DPSOM 方法,二者均为 0.041;而平均拓扑误差最小的是半监督 LDA-GNSOM 方法,仅为 0.038。从表中还可以看出,经过 LDA 特征选择的自组织映射网络不仅加快了运行速度(半监督 LDA-GNSOM 加快了 73.76%,半监督 LDA-DPSOM 加快了 37.76%)、提高了正确率(半监督 LDA-GNSOM 提高了 13.9%,半监督 LDA-DPSOM 提高了 12.4%),而且降低了平均量化误差(半监督 LDA-GNSOM 降低了 84.41%,半监督 LDA-DPSOM 降低了 84.41%)。此外,平均拓扑误差则随着学习方法的不同而有所差异,但基本变化不大。

2. 实例二:轴承故障

本实验以某轴承厂生产的型号为 NU205M 的轴承为研究对象,在旋转机械故障模拟实验台上做轴承故障模拟实验,实验设计轴承分别在正常、内圈点蚀和内圈裂纹 3 种状态下运转。滚动轴承的参数和特征频率参数如表 3-12 所列。布置 3 个测点,将传感器安装在轴承座上,测点布置、坐标系、故障模拟实验台和测试系统如图 3-46 所示。

表 3-12 滚动轴承参数及特征频率

节径 D/mm	滚子直径 d_0/mm	滚动体数 m/个	转频 /Hz	内圈通过频率 f_i/Hz	外圈通过频率 f_o/Hz	滚动体通过频率 f_g/Hz	保持架通过频率 f_b/Hz
38	6.5	12	18.33	128.82	98.78	52.02	7.60

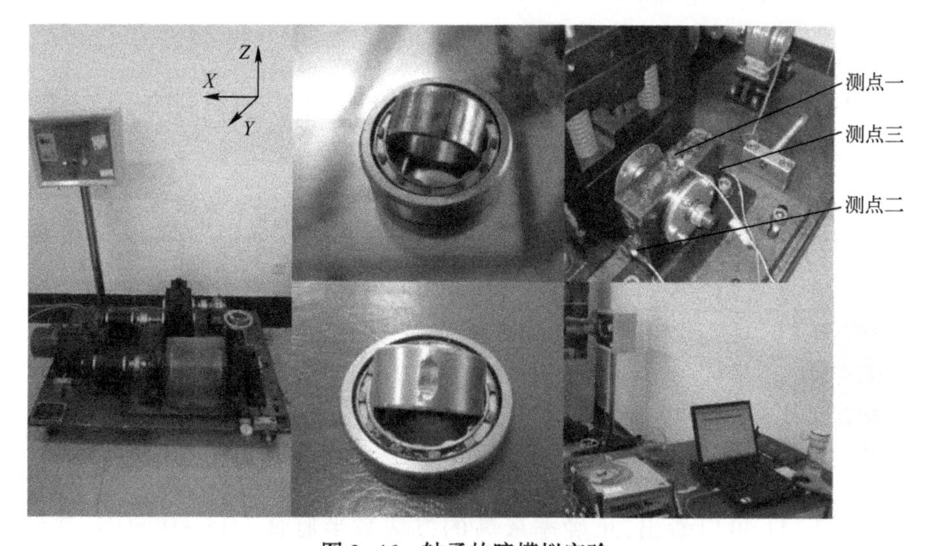

图 3-46 轴承故障模拟实验

图 3-47 为轴承故障的时频图。图 3-47(a)、(b)、(c)分别为正常、内圈线切割 0.2mm、内圈点蚀 4mm 状态的时域图,图 3-47(d)、(e)、(f)分别为正常、内圈线切割 0.2mm、内圈点蚀 4mm 状态的频域图。从图 3-47(a)和图 3-47(c)几乎看不出冲击成分,二者的时域信号极为相似,而图 3-47(b)的冲击成分明显。

在图 3-47(d)、(e)、(f)中,峰值均出现在 530.5Hz 附近,该频率为外环的固有频率,而调制频率为 7.4Hz(530.5Hz-523.1Hz=7.4Hz),该频率与计算得来的保持架的通过频率(7.6Hz)极为接近,即出现了以外圈的固有频率为载波频率,以保持架的通过频率为调制频率的调制现象,但调制现象不明显。

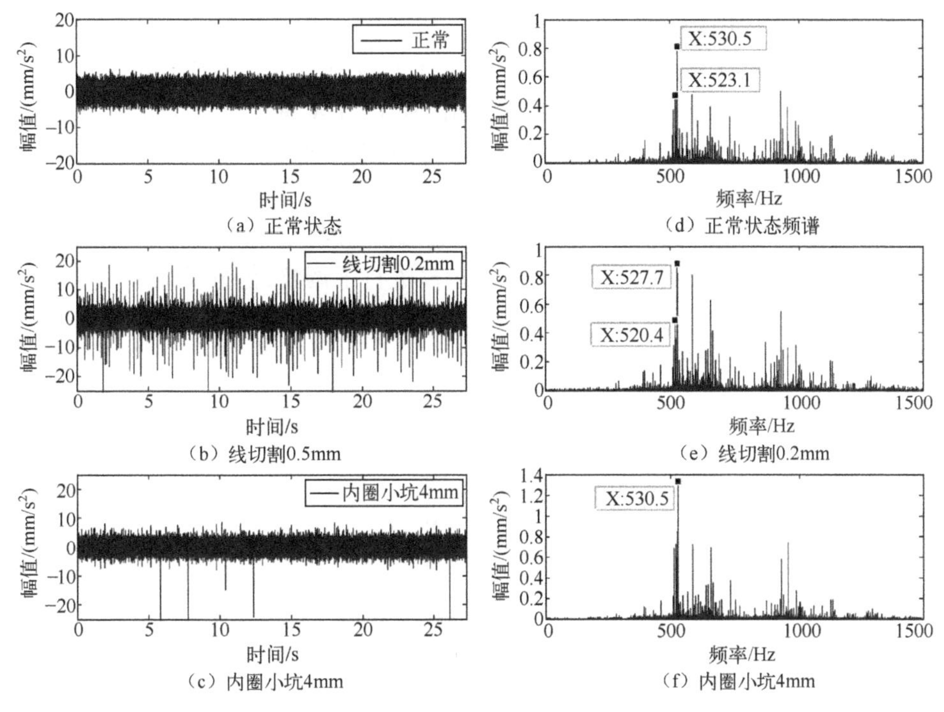

图 3-47　轴承故障时、频域图

图 3-48 为半监督 LDA-GNSOM 对轴承数据的分类结果，其中图 3-48(a)、(b)分别为半监督 GNSOM 和半监督 LDA-GNSOM 的分类结果。图中"○""△"和"□"分别代表正常、裂纹、点蚀 3 类中标记样本，"●""*""×"分别代表正

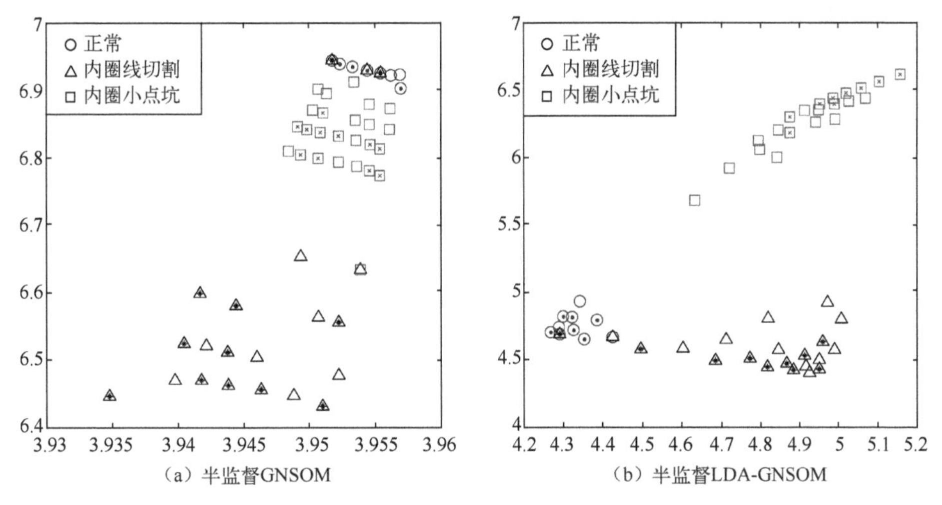

图 3-48　半监督 GNSOM 对轴承的分类结果

常、裂纹、点蚀 3 类中未标记样本（下同）。从图 3-48（a）中可以看出，尽管半监督 GNSOM 对可视化结果略有改善，但正常样本与内圈点蚀的样本距离非常近，几乎混在了一起。从图 3-48（b）可以看出，基于 LDA 特征选择的半监督 LDA-GNSOM 方法要明显好于半监督 GNSOM，输出层的神经元明显被分成了 3 个聚类。

图 3-49 为半监督 LDA-DPSOM 对轴承数据的分类结果。从图 3-49（a）可以看出，尽管输出层的神经元已经根据相应距离进行了调整，但分类效果不明显，而经过 LDA 特征选择的半监督 LDA-DPSOM 算法则很好地将 3 类分开，而且类内距离大大减小，类与类之间的区别也更加明显。

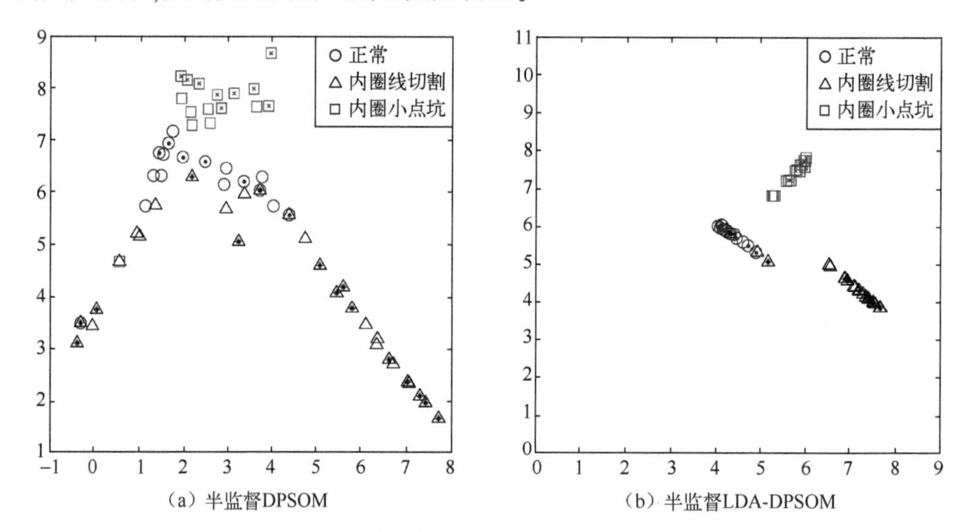

（a）半监督DPSOM　（b）半监督LDA-DPSOM

图 3-49　半监督 DPSOM 对轴承的分类结果

表 3-13 为利用半监督 GNSOM 和半监督 DPSOM 仿真得到的平均正确率、平均耗时、平均量化误差和平均拓扑误差。

从表 3-13 可以看出，正确率最高的方法是半监督 LDA-GNSOM，达到了 99.6%；耗时最少的方法是半监督 LDA-DPSOM，为 1.9136s；平均量化误差最小的是半监督 LDA-GNSOM 方法，为 0.038；而平均拓扑误差最小的是 GNSOM 方法，仅为 0.042。从表中还可以看出，经过 LDA 特征选择的自组织映射网络不仅加快了运行速度（半监督 LDA-GNSOM 加快了 59.59%，半监督 LDA-DPSOM 加快了 61.01%）、提高了正确率（半监督 LDA-GNSOM 提高了 2.4%，半监督 LDA-DPSOM 提高了 0.3%），而且降低了平均量化误差（半监督 LDA-GNSOM 降低了 86.13%，半监督 LDA-DPSOM 降低了 85.04%）。然而，平均拓扑误差却有所增大。

表 3-13　半监督自组织特征映射对轴承数据集的实验结果

参　数	半监督 GNSOM	半监督 LDA-GNSOM	半监督 DPSOM	半监督 LDA-DPSOM
平均正确率	97.2%	99.6%	97.5%	97.8%
平均耗时	5.2646s	2.1268s	4.9069s	1.9136s
平均量化误差	0.274	0.038	0.274	0.041
平均拓扑误差	0.042	0.185	0.051	0.161

3.5　关联向量机诊断方法

3.5.1　RVM 简介

近年来,支持向量机方法由于其出色的学习性能,已经在模式识别的许多领域获得了成功的应用,但是 SVM 本身存在许多局限性。首先,它只能进行点估计,不能对点的分布进行预测;其次,尽管 SVM 的解也是相对稀疏的,但是 SVM 的学习随着样本数增加,调用核函数的次数也将急剧增加;再次,在分类问题中,需要对边界参数的调整作出估计,因此需要进行交叉验证,从而增加了计算量。最后,使用的核函数必须满足 Mercer 条件。

关联向量机(RVM)[23]是 M. E. Tipping 于 2000 年提出的一种与 SVM 函数形式相同的稀疏模型,其训练是在贝叶斯理论下进行的。它利用贝叶斯方法推理,泛化能力好,而且解更为稀疏,不需要调整超参数,实现较为简单。运用于分类问题时,还能对类别的归属给出一种概率度量。因此,将 RVM 运用于故障检测与分类将是一个有意义的尝试。RVM 的具体算法可以在参考文献[23]中详细了解。

3.5.2　RVM 分类器构造方法

1. 特征选择方法

给定一组测量值,本质上可以通过两种不同的方法来减少维数。第一种方法是识别那些对分类贡献不大的变量。在判别问题中,可以忽略那些对类别可分离性作用不大的变量。为此,需要做的就是从 p 维测量值中选出 d 个特征(特征数 d 也必须确定),这种方法称为测量空间中的特征选择或简单地称为特征选择(图 3-50(a))。第二种方法是找到一个从 p 维测量空间到更低维数特征空间的变换，这种方法称为变换空间中的特征选择和特征提取(图3-50(b))。变换可以是原始变量的线性或非线性组合，可以是有监督的或无监督的情况。在有监督的情况下，特征提取的任务是找到一种变换使特定的类别可分离性判据最大。本节先讨论特征选择方法。

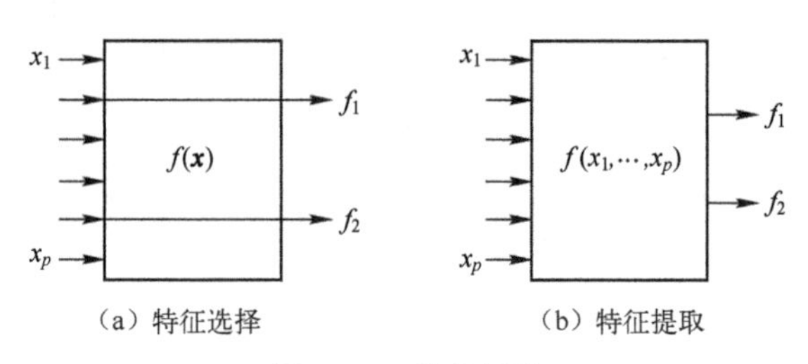

图3-50 维数压缩

特征样本对应各自的故障模式，位于特征空间中的不同区域，原则上不同类的样本是可分的。如果样本聚类间的离散度大且类内离散度小，则说明样本的可分性好。可见，样本点间的“距离”体现了样本的可分性。

如本章3.2.2节“可分性评价指标”中推导得到式(3-21)中的分母 S_{cw} 为类内散度评价指标，代表了类内向量的平均距离。分子 S_{cb} 为类间散度评价指标，代表了类间向量的平均距离。

为比较类内散度与类间散度的大小，将式(3-21)中的分子减去一个 S_{cw}，变为

$$J_{bw}(\boldsymbol{x})^{*}=\frac{S_{cb}-S_{cw}}{S_{cw}} \tag{3-56}$$

又为了达到归一化的效果，在式(3-56)的基础上设计可分性评价指标为

$$J_{b}(\boldsymbol{x})=\frac{S_{cb}-S_{cw}}{\sqrt{S_{cw}^{2}+(S_{cb}-S_{cw})^{2}}} \tag{3-57}$$

一方面，可以用此评价指标进行特征选择。首先计算各个特征值的 J_b 值，比较类间散度和类内散度的大小，若 $J_b\leqslant 0$，则先剔除这类特征值，再用剩余的特征值进行特征组合，计算 J_b 及进行特征选择。且由式(3-57)的表达式可知，J_b 越接近于1，所选特征向量越好。另一方面，可以在小样本情况下利用 J_b 快速度量特征提取后的有效性，在模式识别与分类中指导特征指标选择，对于特征提取具有重要的意义。

2. 特征提取

1) 核直接判别分析

核直接判别分析(KDDA)是由Lu在2003年提出的，该方法的思想是将核方

法运用于直接线性判别分析(direct-linear discriminant analysis)[24]之中,在特征空间中进行线性的判别分析,从而使其能够线性可分。KDDA 方法在人脸识别中得到了很好的应用[25],本书将此方法应用到齿轮故障的特征提取。

KDDA 的基本思想是:将原空间 R^N 通过非线性函数 ϕ 映射到更高维的特征空间 F 中,然后在 F 中应用改进的 Fisher 线性判别式和线性判别分析(linear discriminant analysis)方法进行计算。同时引入核函数概念,使得 F 中任意两个元素的内积可由 R^N 中对应的元素的核函数值代替,而不必求出映射 ϕ 和 F。由于使用的是改进的 Fisher 判别式,因此有效地解决了“小样本问题”(small sample size)。KDDA 的具体算法及其推导过程可以在参考文献[24—25]中详细了解。

2) 基于 KDDA 的特征提取

对于任意测试样本数据 z 的特征提取,可以通过计算 $\phi(z)$ 在标准化后的相关系数矩阵特征向量方向上的投影来实现。

结合以上分析,应用 KDDA 实现特征提取的步骤可归纳如下:

(1) 对于给定的训练样本数据 $\{z_i\}_{i=1}^{L}$,计算 $L\times L$ 维核函数矩阵。

(2) 对核矩阵进行标准化,计算 $\boldsymbol{\Phi}_b^T\boldsymbol{\Phi}_b$。

(3) 对于特征方程$(\boldsymbol{\Phi}_b\boldsymbol{\Phi}_b^T)(\boldsymbol{\Phi}_b\boldsymbol{e}_i)=\lambda_i(\boldsymbol{\Phi}_b\boldsymbol{e}_i)$,求解得到特征值 Λ_b 和特征向量 $\boldsymbol{e}_m$。

(4) 计算特征方程 $\boldsymbol{U}^T\boldsymbol{S}_{WTH}\boldsymbol{U}$,并对其相似对角化找到 V 和 Λ_b。

(5) 计算 $\boldsymbol{\Theta}$,完成 KDDA 特征提取算法的训练。

(6) 对输入样本 z,计算得到它的核矩阵 $\gamma(\phi(z))$。

(7) z 的最佳判别特征向量由式得到 $\boldsymbol{y}=\boldsymbol{\Theta}\cdot\gamma(\phi(z))$。

3) KDDA 的优点

KDDA 是一种结合了直接线性判别分析(D-LDA)和核函数的特征提取方法,总结 KDDA 的优点如下:

(1) 引入了核函数,使得输入空间中的非线性或复杂的问题映射到高维空间中后,变成了线性问题,从而可以在特征空间中进行线性判别分析。不难发现,当 $\boldsymbol{\Phi}(z)=z$ 时,D-LDA 为 KDDA 的一个特例。

(2) KDDA 通过直接判别分析法有效地解决了高维特征空间中的小样本规模问题,而且最佳判别向量中充分利用了所有的信息,既包括 $\boldsymbol{S}_{WTH}$ 零空间中的信息,也包括零空间以外的信息。

(3) 如果只考虑核判别分析,而不用直接判别法,那么在丢弃 $\boldsymbol{S}_{WTH}$ 的过程中,需要计算核矩阵 $\boldsymbol{K}$ 的伪逆矩阵 $\boldsymbol{K}'$,而此矩阵往往由于核和核参数的选取而导致其是病态的,此时的 $\boldsymbol{K}'$ 无解。KDDA 通过引入直接法就避免了这个问题。

4）KDDA 与 KPCA 的比较

KDDA 与 KPCA 基本思想相同，即利用核函数原理，通过一个非线性映射，把输入空间上的样本点映射到高维（甚至是无限维）的特征空间中，然后在该空间中求解特征向量系数。不同之处在于，KPCA 变换的投影方向是将所有样本的总散度矩阵最大化，保留样本方差中最大的数据分量，而没有考虑类别之间的类间散度变化，即没有充分利用类别之间差异的信息。而 KDDA 应用于特征提取时，充分考虑了类别之间的信息，能使得样本在降维后的低维特征空间中，不同类别之间的距离最大，而同一类别之间的距离最小。换句话说，样本集经过 KDDA 变换特征提取后，同一类别的样本聚集在一起，不同类别的样本尽可能地分开。因此，在特征提取方面，KDDA 方法要优于 KPCA。

3. 单值分类问题

单值分类与传统的二值分类不同，二值分类是把某给定的样本 $\boldsymbol{x}$ 分类为类别Ⅰ或类别Ⅱ，而单值分类的目标是要将 $\boldsymbol{x}$ 分类为属于该类或不属于该类。在单值分类问题中只有一个类别，这样在构成单值分类器时也只需要一个类别样本的信息。

1）关联向量机单值分类

RVM 单值分类模型是在二分类算法的基础上建立起来的，与二分类不同的是，只有一类样本作为训练样本，因此其类别标记记为 $t_n=0$ 或 $t_n=1$。单值分类 RVM 根据以上算法训练单值分类器，并计算出每个训练样本点的预测值。把预测值作为 Logistic 函数的输入，计算出预测值的概率分布区间。然后根据训练所得的分类器估计测试点的预测值及其概率值，若概率值落在训练得到的概率分布区间，则为正常样本，否则即为异常样本。正常运行状态的数据样本较易获得，而故障样本一般难以提取。单值分类方法只利用正常运行状态的数据样本，建立起单值故障分类器，并对机器的运行状态进行识别。图 3-51 为单值分类示意图。

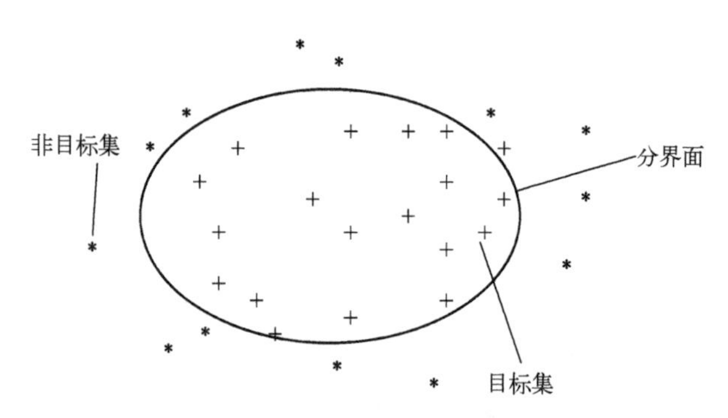

图 3-51　单值分类示意图

2）支持向量数据描述

支持向量数据描述算法（SVDD）是基于支持向量算法的单值分类法的一种，由 Tax 和 Duin 提出并发展起来，其理论源于 Vapnik 提出的支持向量机。与支持向量机的最优超平面不同的是，支持向量描述算法的目标是寻求一个包容目标样本数据的最小容量球体[26]，使所有的（或绝大多数）目标样本都包含于该球体。关于 SVDD 的基本原理和算法这里不再详述，可以参阅文献[27]。

4. 多值分类问题

机械故障模式识别是一种用输入原始数据并根据其类别采取相应行为的诊断方法。模式识别系统的 3 种基本操作是预处理、特征提取和分类。系统中分类器的作用是：根据特征提取器得到的特征向量来给一个被测对象赋一个类别标记。分类的难易程度取决于两个因素：一是来自同一个类别的不同个体之间的特征值的波动；二是属于不同类别的样本的特征值之间的差异。

模式识别系统涉及如下几个步骤：采集数据、选择特征、选择模型、训练分类器和评价分类器，如图 3-52 所示。

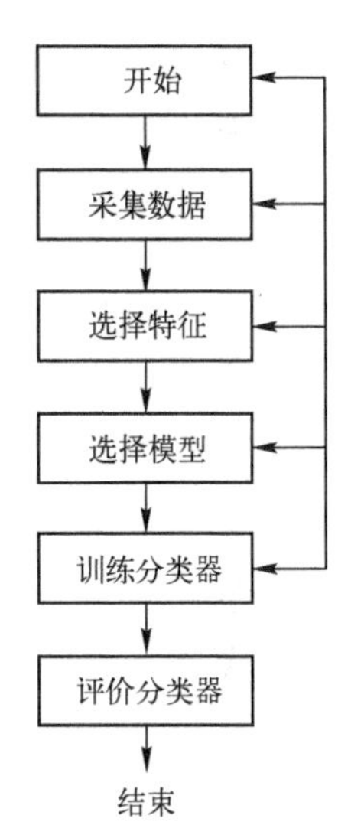

图 3-52　模式识别系统框图

当前，模式识别技术所能做到的基本上是一种分类工作，离理解还有相当距离。作为模式分类方法，所涉及的问题有：

（1）特征提取。

（2）学习训练模式样本以得到决策规则。

（3）利用决策规则进行样本分类。

模式识别系统的关键在于特征选择和特征判别模块的设计。如果能选取到具有高度准确描述能力的特征，无疑对系统的建立具有重要意义。它可以较少的存储，表达较多的物理意义。而特征判别器的合理设计，可使系统具有较高的稳定性和准确性。关联向量机在二分类问题上有良好的表现，可以将其扩展到多分类问题。

RVM 最初是针对二分类问题提出的，但就其在模式识别方面的应用来说，只有二值分类器显然远远不能满足应用需要，尤其在故障诊断领域，将故障征兆和故障原因量化之后所对应的肯定不只是二分类问题。因此，能否有效地将二值 RVM 分类器扩展成为多值 RVM 分类器是制约 RVM 在工程领域成功应用的重要因素。

由于 RVM 是在 SVM 的基础上发展起来的，因此其多值分类算法的研究可以从 SVM 中得到启发。根据现有文献，在目前的 SVM 理论中，构造 SVM 多值分类器的方法主要有两类，分别称为完全多类支持向量机和组合多类支持向量机，其中组合多类又分为“一对多”算法和“一对一”算法。RVM 多类分类算法也可以采用上述几种构造方法。

1）完全多类关联向量机

在文献[28]中，提出了一种采用自动关联决策（automatic relevance determination）解决多分类问题的稀疏贝叶斯分类算法。一般多分类算法以二分类算法为基础，传统的“一对多”和“一对一”算法在分类时会产生重叠和较大的分类损失。稀疏贝叶斯分类方法是一种直接多分类预测器，通过引入正则相关函数，克服了以上缺点。

稀疏贝叶斯学习包含了 Occam 修剪法则，可以对复杂模型进行修正从而使模型变得平顺简单。在这篇文章中，作者提出了一种贝叶斯框架下的稀疏学习多类分类器。该算法为每类的多变量设立多项式分布，模型的多类输出为核基函数也即正则相关函数的极限值（Softmax）。模型的参数估计采用自动关联决策，保证了模型的稀疏性和平顺性。

2）组合多类关联向量机

实际上，在目前的机器学习过程中，通常采用的办法是将大规模的学习问题分解为一系列小问题，用每个小问题去解决一个二值分类问题，这样做的原因不仅是因为这样分解有助于降低整个问题的计算复杂度，提高全局分类器的泛化性能，还在于现在的某些机器学习算法随着问题规模的增大而性能迅速下降，另外还不能根本直接解决多类分类问题。

在设计机器学习算法时，往往是先设计二值分类算法，然后再向多类抑或是回归估计方向扩展。有些算法，直接扩展存在问题，在这种情况下，通常将原问题转化为多重两类分类问题，再设计重构算法将各个独立结果联合。

目前，模式分类在多分类上的应用多采用这样的分解——重构的思想，依照分割方式的不同，主要可以分为两种：“一对多”和“一对一”算法。

“一对一”算法除了在训练时间方面优于“一对多”算法外，往往还具有较高的分类精度。但“一对一”算法有一个缺点，即每个分类器都是针对某两个特定类的样本集进行训练的，而测试阶段每个样本都将被输入至所用分类器，从而可能依照某无关分类器，结果被强行归至对应类，这对结果将产生一定程度的负面影响，如何进行惩罚也成为一个新的问题。

3.5.3 RVM 在故障检测与分类中的应用

本节通过实验采集变速器在正常状态、发生齿轮类故障及轴承类故障时的振动信号，通过特征选择提取有效信息，并应用于 RVM 齿轮箱齿轮类和轴承类典型故障的检测和分类中,结合实验对 RVM 和 SVM 方法的性能进行分析和比较。

1. 变速器典型故障实验装置及测试方法

本实验装置及测试方法同 3.2 节,实验系统结构、变速器典型故障实验用传动实验台与控制台、变速器传动简图及测点布置皆与 3.2.4 节一致。

2. 基于 RVM 的齿轮箱故障检测应用

好的检测模型往往同时具有较高的正确性与稳定性。因此,可以通过检测率来衡量检测效果的好坏。一方面,希望检测模型具有较高的检测率,即要求检测器能够准确发现与正常状态区别不大的轻微故障。由于轻微故障模式与正常模式非常相似,在普通的线性空间很难将二者区分开,因此轻微故障检测就显得尤为困难。另一方面,大多数检测中,故障模式的先验信息不足,已知样本也几乎都是正常类数据。这会导致检测器训练不够理想,进而影响检测的正确性。

齿面点蚀属于轻微故障,轻微点蚀状态下提取的振动信号,仅通过信号处理方法很难与正常类信号相区别,这就为类似的齿轮轻微故障检测带来了较大难度。本节结合齿面点蚀类实验,应用 RVM 检测方法针对齿轮轻度点蚀故障进行检测,并与 SVDD 方法进行比较。

1) 实验与信号获取

为识别齿轮早期故障,实验分成两个部分。首先对正常状态下运转的变速器采集振动信号,然后用一轻微点蚀的故障齿轮更换变速器内输出轴 5 挡啮合齿轮,再采集振动信号。分别于 1 测点水平方向采集振动加速度信号,设定输入端转速为 1000r/min,扭矩为 145N · m;输出端转速为 1300r/min,扭矩为 100N · m。设置采样频率为 40000Hz,低通滤波上限为 2000Hz,采样点数为 1024×90,其间记录数据 6 组。生成时域波形如图 3-53 所示,幅值相差不明显,波形非常相似,几乎无法分辨,很难判断齿轮的故障情况。

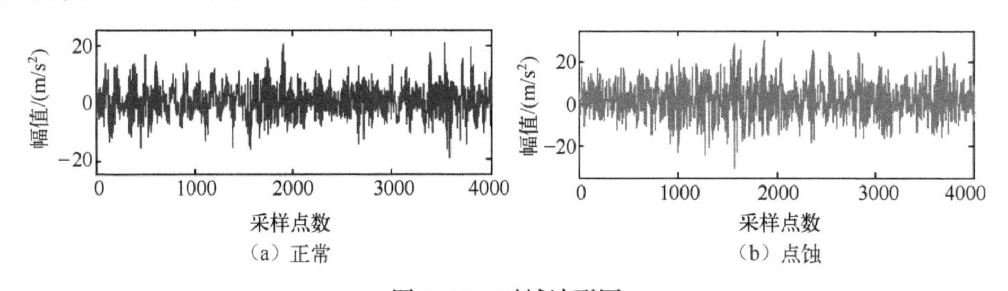

图 3-53　时域波形图

2) 特征指标选择

反映齿轮故障的特征值有很多,它们对故障的敏感程度各不相同,根据特征值与故障关系的密切程度,以及其在测试和分析中受噪声干扰的程度选择特征。选取时域里面的均方值(代号设为 1)、峭度(2)、均值(3)、方差(4)、偏斜度(5)、峰值

(6)、均方根幅值(7)、波形指标(8)、峰值指标(9)、脉冲指标(10)和裕度指标(11) 11 个特征值进行计算。在进行训练样本点选择时,可以对备选样本点进行一次聚类分析的预处理,剔除样本集当中的离群点,以保证后续分类达到良好的效果。为验证所选特征及其样本点的好坏,利用可分性评价指标进行评定。

把实验得到的每个文件内的数据平均分成 240 段,针对每段数据计算以上 11 维特征指标值,生成 240 个样本。计算出每维特征值的可分性评价指标值,如表 3-14 所列。由表可知,峭度(2)、偏斜度(5)、波形指标(8)、峰值指标(9)、脉冲指标(10)和裕度指标(11)的 J_b 值都小于零,即类间散度比类内散度小,由这些特征值组成的样本可分性很差,因此剔除这些特征值,用余下的特征值:均方值(1)、均值(3)、方差(4)、峰值(6)和均方根幅值(7)进行特征组合。用模式识别方法进行状态分类时,特征量的数量以 2~3 个为宜,一个太少,误判率大;而特征量太多,又使得判别函数复杂,计算量大,实时性差,且误判率并不因特征量的数量增多而单调减少。当特征量的数量增至 3 个以后,计算复杂,实时性差,而对降低误判率并无明显的改善。因此,RVM 检测应用部分只利用可分性评价指标进行特征选择,单独评价 J_b 值对分类的有效性,且为了使检测效果可视化,只选择二维特征值组成样本。

表 3-14 各特征值的可分性评价指标比较

特征值代号	类间离散度 S_{cb}	类内离散度 S_{cw}	评价指标 J_b
1	1.081	0.323	0.920
2	0.001	0.924	-0.707
3	0.778	0.147	0.974
4	0.975	0.355	0.868
5	0.000	1.120	-0.707
6	1.062	0.448	0.808
7	1.176	0.257	0.963
8	0.005	0.865	-0.705
9	0.000	0.947	-0.707
10	0.000	0.926	-0.707
11	0.000	0.914	-0.707

3) RVM 检测结果分析

在进行分类时,选取 140 个正常样本作为训练样本,测试样本为 100 个正常样本和 240 个点蚀样本。为验证 J_b 值的有效性,选取高斯核函数为映射函数,比较不同 J_b 值的分类效果。图 3-54 为 $J_b=0.968$ 时的分类效果图,图 3-55 为

$J_b=0.838$ 时的分类效果图。

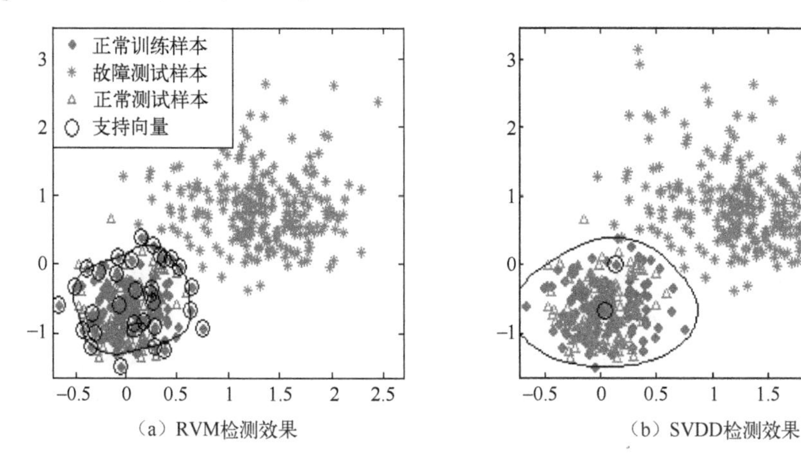

（a）RVM检测效果　　（b）SVDD检测效果

图 3-54　$J_b=0.968$ 时的分类效果图

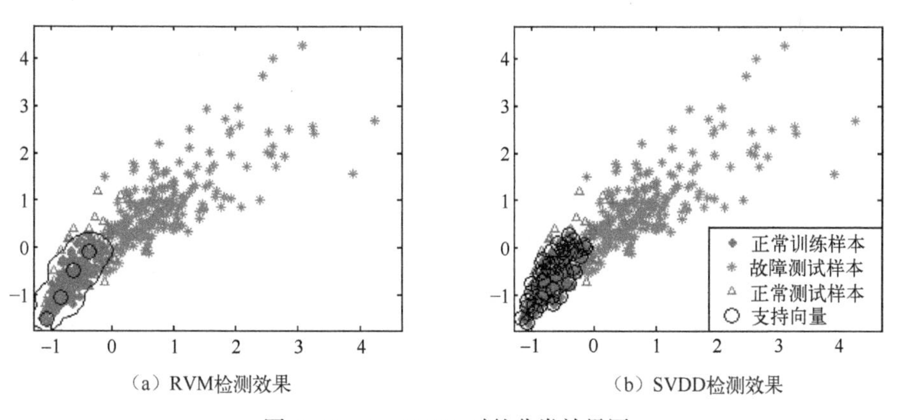

（a）RVM检测效果　　（b）SVDD检测效果

图 3-55　$J_b=0.838$ 时的分类效果图

由分类图可知，J_b 较大时，RVM 和 SVDD 都能很好地将故障样本从正常样本中分出；J_b 较小时，故障和正常样本点重合较多，分类效果差。表 3-15 为部分特征值组合时，两种方法的分类正确率比较。由表 3-15 可看出，当 J_b 值大于 0.9 时，两种方法的分类正确率都较大，在 90%以上，验证了利用 J_b 进行特征选择的有效性。

表 3-15　特征组合后的分类结果和可分性评价指标比较

特征组合	1 和 4	3 和 6	3 和 7	6 和 7	1 和 6	4 和 6
高斯核函数宽度	0.2	0.3	0.4	0.4	0.3	0.2
RVM 分类正确率/%	99.41	97.94	99.41	92.64	91.47	88.24

续表

特征组合	1和4	3和6	3和7	6和7	1和6	4和6
SVDD分类正确率/%	99.12	90.29	97.47	90.65	88.82	84.71
关联向量个数	5	5	2	3	3	4
支持向量个数	18	37	27	32	35	50
评价指标 J_b	0.947	0.902	0.968	0.909	0.872	0.838

由于RVM利用贝叶斯定理进行点的概率预测，因此能为检测结果是否属于该类进行量化评价，其绝大部分训练点都包含在分类界限内，训练误差基本为零。而SVDD只考虑了数据结构空间，只对点的归属进行接受或拒绝的简单判断，使得训练时有多个支持向量都在界限外，其训练误差较大。此外，RVM的关联向量个数远远少于SVDD的支持向量数，解的稀疏性更好，模型结构更简单。

3. 基于RVM的齿轮箱故障分类应用

1）轴承类典型故障分类实验分析

由于轴承相对于齿轮和轴系振动能量较小，故障特征不明显，因此很难对其识别与诊断。至于对不同类型的轴承故障进行分类，更是难上加难。本节应用关联向量机多分类方法对变速器在正常、轴承内圈剥落和轴承外圈剥落状态下的样本数据进行分类。

（1）实验与信号获取。以东风SG135-2变速器输出轴圆柱体滚动轴承作为实验对象。测点安放在输出轴轴承座上，即图3-9中1测点的位置。实验设计变速器分别在正常、轴承内圈发生剥落和外圈发生剥落3种状态下运转。

在以上3种状态下，需保证变速器在相同工况下运行，这样采集到的实验数据才具有可比性。将变速器设置为3挡，输入端常啮合齿轮齿数比为38/26，3挡啮合齿轮齿数比为35/30。输入轴和输出轴转速分别为2400r/min、1370r/min，输出扭矩为105.5N·m，功率为15kW。设置采样频率为40000Hz，抗混滤波为20000Hz，采样长度为1024×90点，同时采集水平、垂直和轴向3个方向的振动加速度信号，输出轴滚动轴承参数如表3-16所列。

表3-16　输出轴滚动轴承参数及特征频率

节径 D /mm	滚动体直径 d_0/mm	滚动体数 m/个	接触角 α/(°)	内圈通过频率 f_i/Hz	外圈通过频率 f_o/Hz	滚动体通过频率 f_g/Hz	保持架通过频率 f_b/Hz
85	18	13	0	179.6	116.8	51.4	10.9

（2）特征选择与提取。对实验变速器在正常、轴承内圈剥落和轴承外圈剥落运行状态下采集的振动加速度信号分别进行特征选择。当滚动轴承内、外圈产生

疲劳剥落后，在其频谱的中高频区外圈固有频率附近会出现明显的调制峰群，产生以外圈固有频率为载波频率，以轴承通过频率为调制频率的固有频率调制现象[29]。所以选取频域指标时，考虑频谱能量集中处所对应的频率值。同时，轴承内、外圈通过频率所对应的幅值也是体现故障的敏感特征。因此，对每段数据分别计算如下特征指标值。

① 时域统计特征指标：均值(1)、均方值(2)、峭度(3)、方差(4)、偏斜度(5)、峰值(6)、均方根幅值(7)。

② 无量纲特征指标：波形指标(8)、峰值指标(9)、脉冲指标(10)、裕度指标(11)。

③ 频域特征指标：频谱最高峰对应的频率值(12)、解调谱中轴承内圈通过频率幅值(13)、解调谱中轴承外圈通过频率幅值(14)。

以上特征指标组成了实验分析的特征集合，将其作为“原始信息”用于进一步的特征选择、提取与模式分类。

对于每个方向上采集的时域采样序列，每隔2048个点截取一段，共截取45段用作实验分析。经交叉采集，每种状态下 X 方向得到90个样本数据，即3种状态一共得到270个数据样本。对每个样本数据提取14个特征指标，计算每一个特征向量的可分性评价指标，剔除较小的特征向量，对剩余的特征向量进行核直接判别分析的特征提取。表3-17为各特征值可分性评价指标的计算。

表3-17　轴承类特征值可分性评价指标值

特征值代号	类间散度 S_{cb}	类内散度 S_{cw}	可分性评价指标 J_b
1	2.168	0.247	0.990
2	0.015	0.991	-0.702
3	0.246	0.914	-0.590
4	2.168	0.274	0.990
5	0.585	0.801	-0.261
6	2.103	0.295	0.987
7	2.465	0.174	0.997
8	0.104	0.962	-0.666
9	0.038	0.984	-0.693
10	0.028	0.987	-0.697
11	0.025	0.988	-0.698
12	2.989	0	1
13	2.989	0	1
14	2.989	0	1

由表可见,均值(1)、方差(4)、峰值(6)、均方根幅值(7)、频谱最高峰对应的频率值(12)、轴承内圈通过频率幅值(13)、轴承外圈通过频率幅值(14)这些特征指标的可分性评价指标都大于零且接近于1,在正常、轴承内圈剥落和轴承外圈剥落这3种状态下的样本间表现出较大的相异性。在特征分类过程中,这些特征指标应作为优先备选指标使用。而对于其他特征指标,类间散度比类内散度要小,可分性评价指标小于零,表明3类样本特征点混杂在一起,很难对不同类的样本加以区分,说明这些指标不适于特征提取。

由均值(1)、方差(4)、峰值(6)、均方根幅值(7)、频谱最高峰对应的频率值(12)、轴承内圈通过频率幅值(13)和轴承外圈通过频率幅值(14)组成7维特征值矩阵,利用前述的KDDA方法进行特征提取。特征提取效果如图3-56所示。

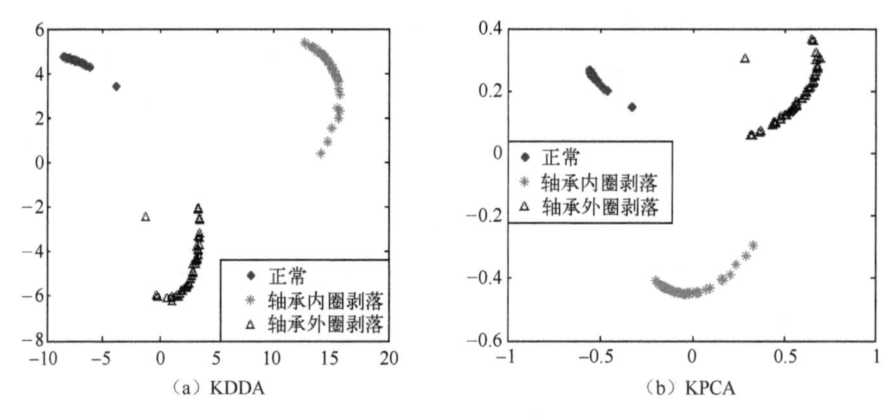

图3-56 $\sigma=5$ 时的特征提取效果

利用高斯核函数,核参数 $\sigma=5$。其中,图3-56(a)为KDDA特征提取效果图,图3-56(b)为KPCA特征提取效果图。由图可以看出,经过可分性评价指标的特征选择,两种方法都可以提取出可分的3类。可分性评价指标可以在特征提取前对特征进行选择,还可以在特征提取后对提取的特征向量进行评价。对特征提取后的特征向量重新计算可分性评价指标,两种方法提取出的特征向量的 J_b 值都等于1。其中KDDA提取的特征向量的类间散度与类内散度的比值为 $S_{cb}/S_{cw}=301.882/1.899=158.97$,KPCA提取的特征向量的类间散度与类内散度的比值为 $S_{cb}/S_{cw}=0.870/0.014=62.14$,KDDA特征提取的效果略优于KPCA。

(3) 应用RVM多分类方法对轴承实验数据进行分类。利用KDDA特征提取的特征向量进行RVM多分类。在3类样本中各随机抽取50个作为训练样本,即训练样本共有150个,剩余的120个作为测试样本。正常样本、轴承内圈剥落样本和轴承外圈剥落样本分别标记为1、2和3。核函数选择高斯径向基核函数,核参数根据经验选取,三分类效果如图3-57所示。图中,"●"表示正常样本,"∗"表示轴承内圈剥落样本,“△”表示轴承外圈剥落,“○”代表关联向量点或支持向量点。

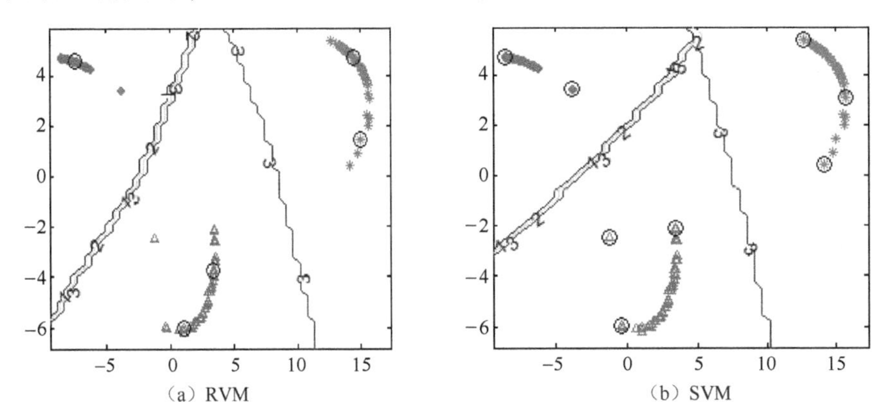

图3-57 轴承类三分类效果图

由表3-18和图3-57可知,经过特征选择和提取后,无论是RVM还是SVM,都能取得较好的分类效果,分类正确率为100%。RVM的训练时间比SVM要长,但测试时间短,且关联向量机远比SVM要少,解的稀疏性更好。

表3-18 轴承类三分类结果比较

分类算法	“一对一”	
	RVM	SVM
高斯核参数σ	1.5	5
训练正确率/%	100	100
测试正确率/%	100	100
训练时间/s	4.2014	1.0540
测试时间/s	0.0029	0.0126
关联(或支持)向量个数	5	14

2) 齿轮类典型故障分类实验分析

齿轮常见的典型故障有齿面点蚀、磨损、剥落、断齿等故障形式,本节选择其中的齿面中度剥落、齿面严重剥落及齿面变形、齿轮断齿和齿面严重点蚀4种故障进行分类实验,并建立多故障分类器。

(1) 实验与信号获取。以东风SG135-2变速器5挡齿轮为实验对象。在变速器输入端3测点(参考图3-12)采集振动加速度信号。实验设计变速器分别在正常、齿面点蚀、齿面中度剥落、齿面严重剥落+齿面变形以及齿轮断齿这5种状态下运转。实验时,使变速器在相同工况下运行,以保证分类的正确性。变速器设为5挡,输入轴转速为600r/min,输出轴转速为784r/min,输出扭矩为75.5N·m,输出功率为6.5kW。设置采样频率为40000Hz,采样长度为1024×90点,采集水平径向(即X方向)的信号。

(2) 特征选择和提取。对实验变速器在正常、齿面严重点蚀、齿面中度剥落、齿面严重剥落同时齿面变形和齿轮断齿这5种运行状态下采集的振动加速度信号进行特征提取。当齿轮工作中产生齿面点蚀、疲劳剥落等集中型的齿形误差时,会产生以齿轮啮合频率及其谐波为载波频率,齿轮所在轴转频及其倍频为调制频率的啮合频率调制现象,调制的严重程度由齿轮损坏程度决定。在时域上体现为有效值和峭度指标等表现振动能量的统计指标值的变化。当产生断齿故障时,上述调制现象更加明显,同时会引起齿轮固有频率调制,齿轮所在轴转频能量也有明显增加。根据以上分析,对每段数据计算如下特征指标值:

① 时域统计特征指标:均值(1)、均方值(2)、峭度(3)、方差(4)、偏斜度(5)、峰值(6)、均方根幅值(7)。

② 无量纲特征指标:波形指标(8)、脉冲指标(9)、峰值指标(10)、裕度指标(11)。

③ 频域特征指标:调制频带内主频与各边频幅值之和(12)、实验齿轮啮合频率对应的校正后幅值(13)、实验齿轮所在轴转频对应的校正后幅值(14)。

以上各时域指标能有效表征振动时域特征与包络能量,频域指标在一定程度上体现了调制特性,反映了振动能量分布。

轴承类故障分类实验为三分类实验,为进一步检验RVM的分类性能,现在进行四分类和五分类实验。从变速器5种运行状态中选取4种作为一个组合,把每个组合中的4种状态数据分别设定为第1类、第2类、第3类和第4类样本,用于进行四分类实验。建立两个这样的组合:①正常—齿面中度剥落—齿面严重剥落同时齿面变形—齿轮断齿;②齿面中度剥落—齿面严重剥落同时齿面变形—齿轮断齿—齿面严重点蚀。选取5种状态样本生成组合③正常—齿面中度剥落—齿面严重剥落同时齿面变形—齿轮断齿—齿面严重点蚀,用于进行五分类实验,5种状态数据分别设定为5类样本。在各组合中,不同程度的故障状态相互搭配,能够充分模拟变速器运转中多种模式并存的情况。

对于每个方向上采集的时域采样序列,每隔2048个点截取一段,共截取45段用作实验分析。经交叉采集后,每种状态下X方向得到90个样本数据,即五种状态一共得到450个数据样本,对每个样本数据提取14个特征指标。

(3) 应用RVM多分类方法对齿轮实验数据进行分类。与轴承类特征选择和提取方法相同,首先计算14个特征值的可分性评价指标,优先选取J_b值较大的特征值进行KDDA的特征提取,把特征提取后的向量用于RVM分类,并与SVM分类进行比较。

组合①:正常—齿面中度剥落—齿面严重剥落同时齿面变形—齿轮断齿。

14 个可分性评价指标值如表 3-19 所列,表 3-20 为分类结果比较,经 KDDA 特征提取(图 3-58)后的 RVM 和 SVM 四分类效果图如图 3-59 所示。图中,“•”表示正常样本,“+”表示齿面中度剥落样本,“*”表示齿面严重剥落同时齿面变形样本,“◇”表示齿轮断齿样本,“○”代表关联向量点或支持向量点。

表 3-19　齿轮类组合①可分性评价指标值

特征值 / 代号	类间散度 S_{cb}	类内散度 S_{cw}	可分性评价指标 J_b
1	2.697	0.323	0.991
2	1.626	0.591	0.869
3	3.967	0.005	1
4	2.677	0.328	0.990
5	0.490	0.875	-0.402
6	3.034	0.239	0.996
7	3.280	0.177	0.998
8	2.781	0.302	0.993
9	2.626	0.341	0.989
10	2.518	0.368	0.986
11	2.531	0.364	0.986
12	2.694	0.324	0.991
13	2.292	0.424	0.975
14	1.277	0.678	0.662

表 3-20　齿轮类组合①四分类结果比较

分类算法	“一对一”	
	RVM	SVM
高斯核参数 σ	2	10
训练正确率/%	100	100
测试正确率/%	100	100
训练时间/s	8.0572	2.3703
测试时间/s	0.0050	0.0072
关联(或支持)向量个数	7	17

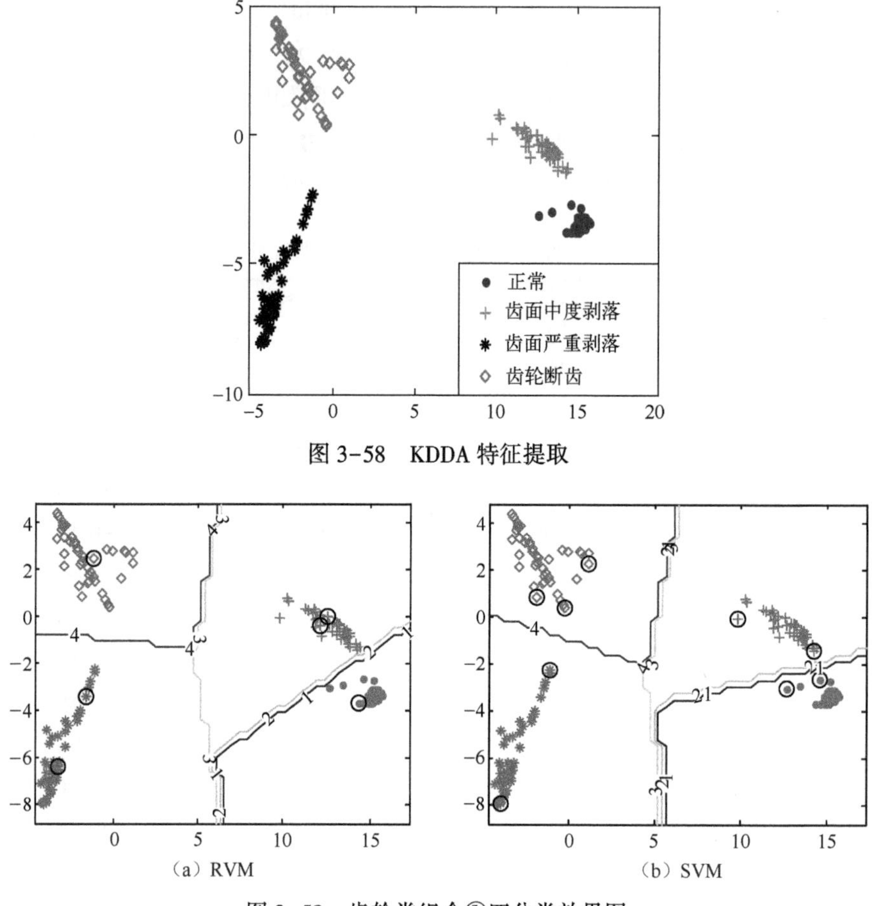

图 3-58 KDDA 特征提取

图 3-59 齿轮类组合①四分类效果图

组合②:齿面中度剥落—齿面严重剥落同时齿面变形—齿轮断齿—齿面严重点蚀。

14 个可分性评价指标值如表 3-21 所列,表 3-22 为分类结果比较,经 KDDA 特征提取(图 3-60)后的 RVM 和 SVM 四分类效果图如图 3-61 所示。

表 3-21 齿轮类组合②可分性评价指标值

特征值代号	类间散度 S_{cb}	类内散度 S_{cw}	可分性评价指标 J_b
1	2. 518	0. 368	0. 986
2	1. 585	0. 601	0. 853
3	3. 979	0. 003	1
4	2. 496	0. 373	0. 985

续表

特征值代号	类间散度 S_{cb}	类内散度 S_{cw}	可分性评价指标 J_b
5	0.530	0.865	-0.361
6	3.126	0.216	0.996
7	3.280	0.177	0.997
8	2.736	0.313	0.992
9	2.398	0.398	0.981
10	2.391	0.399	0.980
11	2.437	0.388	0.983
12	2.844	0.286	0.994
13	2.863	0.281	0.994
14	1.524	0.616	0.827

表3-22　齿轮类组合②四分类结果比较

分类算法	“一对一”	
	RVM	SVM
高斯核参数 σ	1.4	20
训练正确率/%	100	100
测试正确率/%	100	100
训练时间/s	9.0026	2.2073
测试时间/s	0.0048	0.0070
关联(或支持)向量个数	12	17

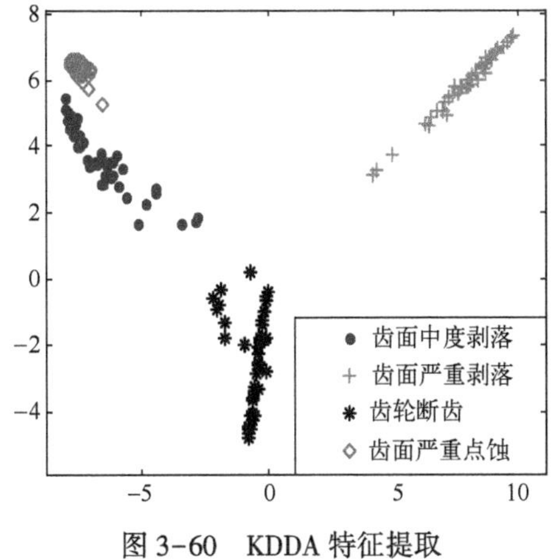

图3-60　KDDA特征提取

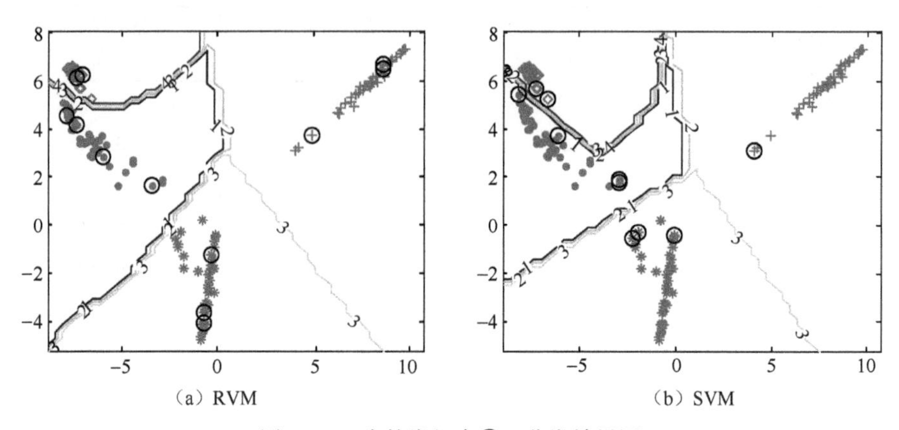

图 3-61　齿轮类组合②四分类效果图

组合③:正常—齿面中度剥落—齿面严重剥落同时齿面变形—齿轮断齿—齿面严重点蚀。

14 个可分性评价指标如表 3-23 所列,表 3-24 为分类结果比较,经 KDDA 特征提取(图 3-62)后的 RVM 和 SVM 五分类效果图如图 3-63 所示。

表 3-23　齿轮类组合③可分性评价指标值

特征值代号	类间散度 S_{cb}	类内散度 S_{cw}	可分性评价指标 J_b
1	3.579	0.282	0.996
2	2.099	0.578	0.935
3	4.967	0.004	1
4	3.555	0.287	0.996
5	0.654	0.867	-0.238
6	3.955	0.207	0.998
7	4.273	0.143	0.999
8	3.526	0.293	0.996
9	3.253	0.347	0.993
10	3.172	0.363	0.992
11	3.202	0.357	0.992
12	3.588	0.280	0.996
13	3.347	0.328	0.994
14	1.874	0.623	0.895

表 3-24 齿轮类组合③五分类结果比较

分类算法	"一对一"	
	RVM	SVM
核参数 σ	0.7	20
训练正确率/%	96	94.4
测试正确率/%	97	95
训练时间/s	15.6247	6.5049

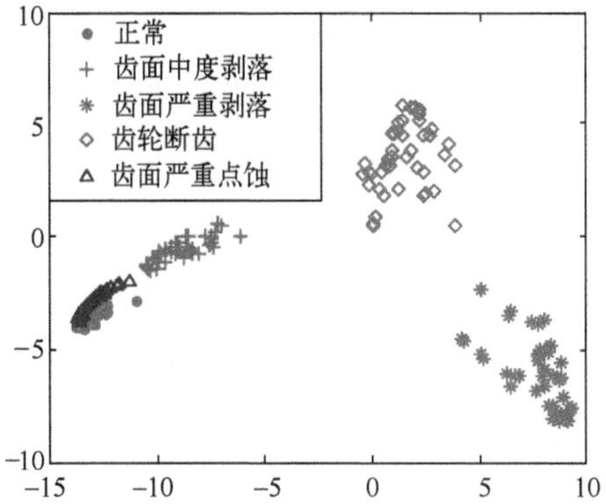

正常
齿面中度剥落
齿面严重剥落
齿轮断齿
齿面严重点蚀

图 3-62 KDDA 特征提取

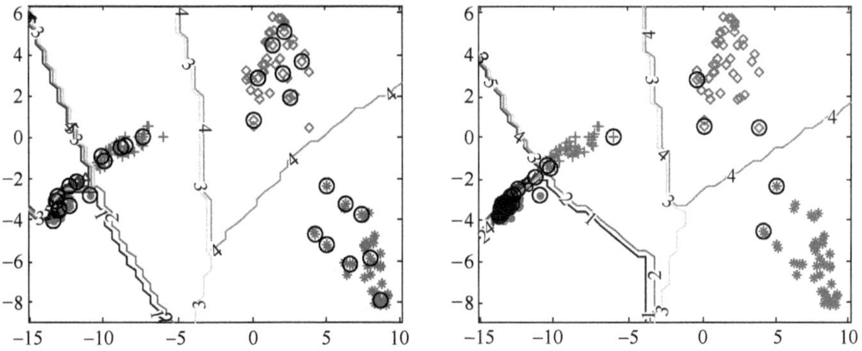

(a) RVM (b) SVM

图 3-63 齿轮类组合③五分类效果图

(4) 齿轮多分类实验结果分析。从3种组合分类结果来看,在特征选择和提取的基础上,RVM 和 SVM 都能取得较理想的分类效果。RVM 分类所需的关联向量要明显少于 SVM 分类所需的支持向量,且测试时间较短。但 RVM 训练阶段较复杂,训练时间较长。

由图 3-58、图 3-60 和图 3-62 可知,经过 KDDA 特征提取后,组合①中的正常样本和齿面中度剥落样本、组合②中的齿面中度剥落样本和齿面严重点蚀样本离的较近,几乎成为一类,组合③中的正常样本、中度剥落样本和严重点蚀样本离得较近,有部分重叠样本。经过 RVM 分类后,离得较近和部分重叠样本被分开,组合①和②的分类正确率都达到了 100%。组合③由于部分样本点的重叠,不能完全分开,但仍能取得较高的分类精度,由表 3-24 可知,关联向量机的训练正确率和测试正确率都高于支持向量机。

4. 分类器分类性能影响因素分析

1) 核函数对分类器分类性能的影响

分别用多项式核函数、高斯径向基核函数和多层感知器核函数构造 3 个基于 RVM 的故障检测分类器,样本采用本节中的齿轮箱故障检测数据集,对各种特征组合后的分类正确率进行对比。RVM 和 SVDD 检测分类正确率如表 3-25 所列。

表 3-25 不同核函数的分类结果比较

核函数	RVM 分类正确率/%			SVDD 分类正确率/%		
	1 和 4	3 和 6	3 和 7	1 和 4	3 和 6	3 和 7
高斯核	99.41	97.94	99.41	99.12	90.29	97.47
多项式核	99.12	94.71	98.53	92.35	82.94	91.18
多层感知器核	99.12	96.18	98.53	94.41	87.65	95.88

表 3-25 为 J_b 值较大时不同核函数的分类结果比较。由表 3-25 可知,多项式核和多层感知器核分类性能相近,分类正确率基本相近。高斯核函数的分类效果较好,这可能与核参数的选择有关,这也是高斯核在应用中用得更多的原因之一。

进行多分类时,由于数据的复杂性,用多项式核函数和多层感知器核函数进行分类时,训练的分类器不稳定,容易产生欠拟合和过拟合现象。高斯核函数相对较稳定,能取得较理想的分类效果。

训练集给定后,在用 RVM 寻找决策函数时,还需要选择 RVM 的核函数和核参数。大多数情况下,核函数都是基于经验和参照已有的选取经验,在上面的仿真和实验部分中,核函数的处理就是基于这种方法。

2) 核参数对分类器分类性能的影响

下面对高斯径向基核函数构成的"一对一"RVM 故障分类器的分类正确率与核参数之间的关系进行研究,采用的数据样本为本节中的轴承类数据集。图 3-64 给出了高斯径向基核函数故障分类器的分类正确率随宽度 σ 变化的情况。其中,图 3-64(a)、(b)分别为训练正确率、测试正确率与高斯核宽度 σ 的关系曲线图。图 3-64 说明核函数参数对分类器的分类性能有很大影响,因此在使用时需要选择合适的核参数。

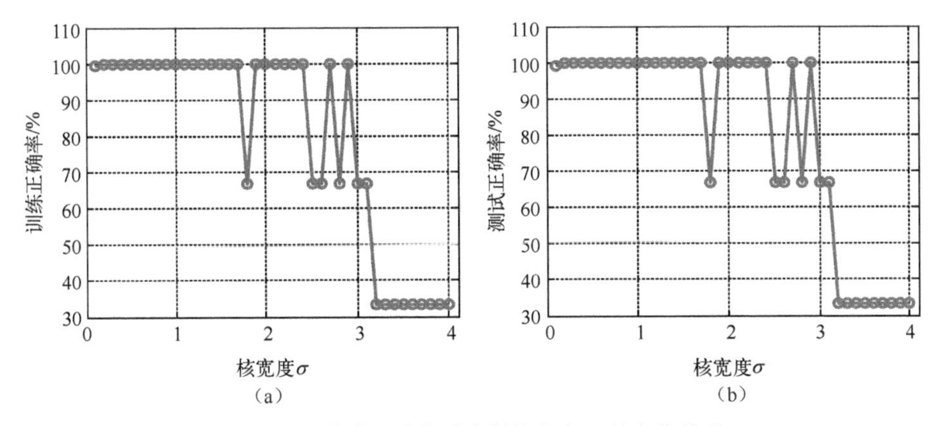

图 3-64 分类正确率随高斯核宽度 σ 的变化关系

3）关联向量对分类器分类性能的影响

图 3-65 为关联向量个数随高斯核宽度 σ 变化的曲线图。

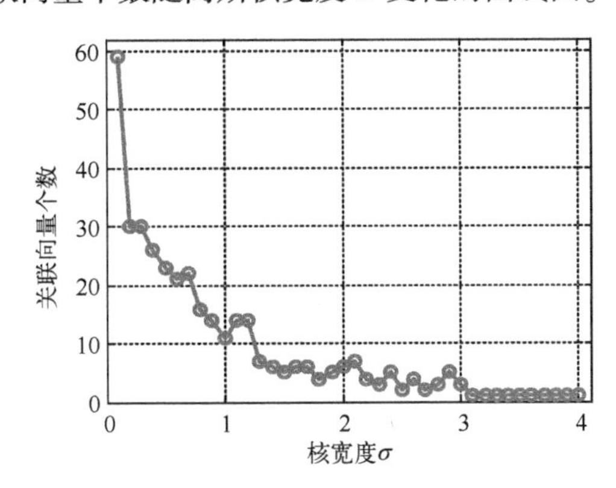

图 3-65 关联向量个数随高斯核高度 σ 的变化关系

结合图 3-64 和图 3-65 可以看出，σ 越小，用于分类的关联向量越多，计算越复杂，训练时间越长。训练样本总共为 150 个，当 σ 接近于零时，关联向量个数接近 60 个，大约占总样本的 1/3，尽管分类正确率达到了 100%，但预测代价太大，导致分类器处于过拟合状态。σ 越大，用于分类的关联向量越少，分类正确率越低，分类器处于欠拟合状态。由图可以看出，当 $\sigma>3$ 时，关联向量只有 1 个，分类器处于严重的欠拟合状态。因此，必须选择合适的核参数，以使得分类正确率较高，且关联向量个数较少。

参考文献

[1] ZHU X, GOLDBERG A B. Introduction to Semi-Supervised Learning[J]. Synthesis Lectures on Artificial Intelligence and Machine Learning, 2009, 3(1): 1-130.

[2] 边肇祺,张学工,等. 模式识别[M]. 2版,北京:清华大学出版社,2000.

[3] LLOYD S P. Least Squares Quantization in PCM[J]. IEEE Transactions on Information Theory,1982,28(2):129-137.

[4] 王华忠,俞金寿. 核函数方法及其模型选择[J]. 江南大学学报,2006,5(4):500-504.

[5] SMOLA A J. Learning with kernels[D]. Berlin:Technical University of Berlin,1998.

[6] 廖广兰,史铁林,李巍华,等. 核主元分析在透平机械状态监测中的应用[J]. 振动、测试与诊断,2005,25(3):182-185.

[7] 钟清流,蔡自兴. 基于支持向量机的渐进式半监督式学习算法[J]. 计算机工程与应用,2006,25(19):19-22.

[8] KNORR E M,NG R T. Algorithms for mining distance-based outliers in large datasets[C]//Proceedings of the International Conference on Very Large Data Bases,New York,USA,1998:392-403.

[9] KNORR E M,NG R T. Distance-based outliers:Algorithms and applications[J]. The VLDB Journal,2000,8(3-4):237-253.

[10] BREUNIG M M,KRIEGEL H P,et al. LOF:Identifying density-based local outliers[C]//Proceedings of the 2000 ACM SIGMOD international conference on Management of data,Dallas,USA,May 15th-18th,2000:93-104.

[11] ESTER M,KRIEGEL H P,SANDER J,et al. A Density-Based Algorithm for DiscoveringClusters in Large Spatial Databases with Noise[C]//Proceeding of the 2nd International Conference on Knowledge Discovery and Data Mining,1996:226-231.

[12] HE Z,XU X,DENG S. Discovering Cluster-based Local Outliers[J]. Pattern Recognition Letters,2003,24(9-10):1642-1650.

[13] ZHANG T,OLES F J. A probability analysis on the value of unlabeled data for classification problems[C]//Proceedings of the 17th International Conference on Machine Learning,San Francisco,USA,Jun. 29th-jul. 2nd,2000:1191-1198.

[14] BILENKO M,BASU S,MOONEY R J. Integrating constraints and metric learning in semi-supervise clustering[C]//Proceedings of the 21st International Conference on Machine Learning,Banff,Canada,Jul. 4th-8th,2004:81-88.

[15] BASU S,BILEKNO M,MONOEY R J. A Probabilistic Framework for Semi-supervised Clustering[C]//Proceeding of the Tenth ACM SIGKDD International Conference on Knowledge Discovery and Data Mining,Seattle,USA,Aug. 22nd-25th,2004:59-68.

[16] ZHANG D Q,TAN K R,CHEN S C. Semi-supervised kernel-based fuzzy c-means[C]//Proceedings of the International Conferences on Neural Information Processing,Calcutta,India,Nov. 22nd-25th,2004:1229-1234.

[17] DAVID M J T,PIOTR J,ELZBIETA P,et al. Outlier Detection Using Ball Descriptions with Adjustable Metric[C]//Proceeding of Joint IAPR International Workshops on Statistical Techniques in Pattern Recognition(SPR) and Structural and Syntactic Pattern Recognition(SSPR),HongKong,China,Aug. 17th-19th,2006:587-595.

[18] KOHONEN T. Self-organized formation of topologically correct feature maps[J]. Biological Cybernetics,1982,43(1):59-69.

[19] BACKER S D,NAUD A,SCHEUNDERS P. Non-linear dimensionality reduction techniques for unsupervised feature extraction[J]. Pattern recognition letters,1998,19(1):711-720.

[20] RUBIO M,GIMNEZ V. New methods for self-organising map visual analysis[J]. Neural Computation and Applications,2003,12(3-4):142-152.

[21] 邵超,黄厚宽. 一种新的基于 SOM 的数据可视化算法[J]. 计算机研究与发展,2006,43(3):429-435.

[22] ALHONIEMI E, HIMBERG J, PARVIAINEN J, et al. SOM Toolbox 2.0[CP/OL]. 1999, available at http://www.cis.hut.fi/projects/somtoolbox/download/.

[23] TIPPING M E. Sparse bayesian learning and the relevance vector machine[J]. Journal of Machine Learning Research,2001:211-244.

[24] YU H,YANG J. A Direct LDA Algorithm for High-Dimensional Data-with Applicationto Face Recognition [J]. Pattern Recognition Letters,2001,34:2067-2070.

[25] LU J,Plataniotis K N,Venetsanopoulos A N. Face Recognition Using Kernel Direct Discriminant Analysis Algorithms[J]. IEEE Transactions on Neural Networks,2003,14(1):117-126.

[26] DAVID M J T,ROBERT P W D. Support Vector Data Description[J]. Machine Learning. 2004,54(1):45-66.

[27] Soentpiet R. Advances in kernel methods:support vector learning[M]. Massachusetts:MIT Press,1999.

[28] KANAUJIA A, METAXAS D. Learning Multi - category Classification in Bayesian Framework [C]// Proceeding of Asian Conference on Computer Vision. Hyderabad,India,Jan. 13-16,2006:255-264.

[29] 李欣鑫. 基于核函数主元分析的半监督式故障分类方法研究[D]. 广州:华南理工大学,2007.

第 4 章

基于流形学习的智能故障诊断与预测

4.1 流形学习的概念及其研究现状

所谓“流形”是欧几里得空间的推广,流形上每一点都存在一个邻域和欧几里得空间的一个开集同胚,因此流形上每点处都存在一个邻域可以用局部坐标系来刻画。直观来看,可把流形看成是一块块“欧几里得空间”粘起来的结果,而欧几里得空间是流形的特例,即欧几里得空间是一个平凡流形[1]。微分几何中研究的通常是连续可微的流形,而实际问题中是通过离散逼近连续的方法得到连续可微流形的性质。对给定的高维观测数据集,数据变量可以用少量几个影响因素来表示,这种现象在几何学上表现为数据点散布在低维光滑流形上,或者是在低维光滑流形附近。而要有效揭示数据内在的几何结构,需要根据有限的离散观测样本数据学习和发现嵌入在高维空间中的低维光滑流形,这就是流形学习的主要目标。

流形学习(manifold learning) 自 2000 年以来,即受到机器学习、模式识别、数据挖掘等领域研究人员的广泛关注。特别是 2000 年 12 月在 *Science* 的同一期上发表的 3 篇文章分别从神经科学和计算机科学的角度对流形学习问题进行了研究,探讨了神经系统与嵌入在高维数据空间中低维认知概念之间的关系[1-3],使流形学习成为机器学习、数据挖掘研究的热点。流形学习在机械状态识别方面的应用主要集中在以下 3 个方面:噪声去除及弱冲击信号提取、状态识别、状态趋势分析。

(1) 噪声去除及弱冲击信号提取。随着机械系统更加趋向复杂化,加上测试环境的多变性,实际采集得到的振动信号不可避免受到各种噪声的干扰,有效的降噪将有助于提高诊断精度,并及时发现机械的早期故障特征,减少故障的发生。作为机器学习与模式识别的热点之一,流形学习也在降噪及弱冲击信号提取方面取得一定的成果。

传统的降噪以及目前采用流形学习方法降噪所处理的对象均为时域振动信号,这种降噪方式有利于对故障的产生机理进行研究,但是信号的长度导致降噪效率低及存储空间大,特别在机械故障诊断中,为保证频域分辨率的要求,通常需要的时域数据点数非常多,一般要求上万个点,此时时域降噪方法在计算效率方面存在很大的局限性,不利于在线监测。

(2) 状态识别。用于表征机械系统运行状态的各个特征指标之间存在着重叠,而传统的单一特征无法完整地描述复杂设备的运行状态,因此,利用流形学习的优点,融合多维特征指标,消除指标之间的冗余成分,以提取用于描述设备状态的更为有效的特征,已成为目前流形学习诊断方法研究的重点内容。

(3) 状态趋势分析。利用流形学习方法建立机械状态预测模型,并结合一定的指标描述设备的状态变化趋势,可以更好地诊断故障发生的时间及确定设备的剩余寿命。

4.2　基于谱聚类流形的故障特征选择

4.2.1　谱聚类方法介绍

1. 谱图

图论的数学本质是组合论与集合的结合。图 $\boldsymbol{G}$ 可由两个集合组成:非空的结点集 $\boldsymbol{V}$ 和有限的边集 $\boldsymbol{E}$。对于图 $\boldsymbol{G}$ 的每一条边 e,可以赋予一个数 $\boldsymbol{W}(e)$,称为边 e 的权。$\boldsymbol{G}$ 连同它边上的权称为赋权图[4]。谱图研究的主要途径是通过图的矩阵(邻接矩阵、拉普拉斯矩阵、无符号拉普拉斯矩阵等)建立、表示图的拓扑结构,特别是图的各种不变量和图的矩阵表示的置换相似不变量之间的联系。

图的拉普拉斯特征值的很多研究方法是借用对图的特征值研究的方法,或是在它们的基础之上所得到的和图的邻接矩阵的特征值相比,由于在拉普拉斯矩阵的定义中揉进了顶点的度,拉普拉斯特征值更能反映图的图论性质,所以拉普拉斯特征值的研究越来越受到广泛的关注,谱聚类算法也是基于拉普拉斯特征值分解。

2. 谱聚类特征提取

谱聚类算法的思想来源于谱图划分理论[5]。假设将每个数据样本看作图中的顶点 $\boldsymbol{V}$,根据样本间的相似度将顶点间的边 $\boldsymbol{E}$ 赋权重值 $\boldsymbol{W}$,这样就得到一个基于样本相似度的无向加权图 $\boldsymbol{G}=(\boldsymbol{V},\boldsymbol{E})$。那么在图 $\boldsymbol{G}$ 中,就可将聚类问题转化为在图 $\boldsymbol{G}$ 上的图划分问题。基于图论的最优划分准则就是使划分成的两个子图内部相似度最大,子图之间的相似度最小[6]。

根据谱聚类的思想及算法,提出基于谱聚类思想的特征提取算法如下:

算法 1:基于谱聚类思想的特征提取算法。

输入:由原始数据构建的图相似矩阵 $\boldsymbol{W}$。

输出:对图降维后的低维数据集 $\boldsymbol{Y}=\{\boldsymbol{y}_1,\boldsymbol{y}_2,\cdots,\boldsymbol{y}_N\}$。

具体实现步骤:

(1) 计算原始数据的欧几里得距离矩阵 $\boldsymbol{S}$。任意两点的相似性为其欧几里得距离为

$$s(i,j)=\|\boldsymbol{x}_i-\boldsymbol{x}_j\| \tag{4-1}$$

(2) 建立基于数据矩阵的完全图(无向)$\boldsymbol{G}=(\boldsymbol{V},\boldsymbol{E})$,其中 $\boldsymbol{V}$ 是数据对应的结点,$\boldsymbol{E}$ 为连接任意两个结点的边。边的权重矩阵 $\boldsymbol{W}$ 用于表示数据之间的相似度,计算公式为(其中 σ 为控制参数)

$$w(i,j)=\exp(-s(i,j)/(2\times\sigma^\wedge 2)) \tag{4-2}$$

(3) 计算度矩阵,其对角元素为图权值的相应行之和:

$$\boldsymbol{D}(i,i)=\sum_j w(i,j) \tag{4-3}$$

(4) 构建拉普拉斯矩阵:

$$\boldsymbol{L}=\boldsymbol{D}^{(-1/2)}\boldsymbol{W}\boldsymbol{D}^{(-1/2)} \tag{4-4}$$

(5) 将矩阵 $\boldsymbol{L}$ 进行对角化,求其特征值和特征向量

$$\boldsymbol{L}=\boldsymbol{U}\boldsymbol{\Lambda}\boldsymbol{U}^{\mathrm{T}} \tag{4-5}$$

式中:$\boldsymbol{U}$ 为其列向量为 $\boldsymbol{L}$ 的特征向量;$\boldsymbol{\Lambda}$ 为由特征值 $\lambda_1,\lambda_2,\cdots,\lambda_n$ 构成的对角矩阵。

(6) 对特征值按从大到小排列,选取前 r 个最大非负特征值对应的特征向量构成变换矩阵,其中前 r 个最大非负特征值之和占所有非负特征值之和的比例为

$$\frac{\sum_{i=1}^{r}\lambda_i}{\sum_{j=1}^{p}\lambda_j} \tag{4-6}$$

其取值范围为 85%~100%。

(7) 低维空间中的坐标表示为

$$\boldsymbol{Y}=\boldsymbol{U}_r\boldsymbol{\Lambda}_r^{1/2} \tag{4-7}$$

式中:$\boldsymbol{U}_r$ 为前 r 个列特征向量构成的 $n\times r$ 矩阵;$\boldsymbol{L}_r$ 为 $r\times r$ 阶对角线矩阵。

4.2.2 谱聚类的特征选择

1. 早期故障特征选择

在机械故障诊断中，选取能有效反映故障信息的特征是关键。目前常用的方法是将时域、频域的特征指标作为模式识别方法的原始输入数据。常见的变速器故障特征具有一定的规律性，掌握其规律性对于分析和提取相应的故障特征有重要的实际意义。变速器中轴、齿轮等正常运行时，其振动信号一般是平稳信号，信号频率成分有各轴的转动频率和齿轮的啮合频率等，当发生故障时，其振动信号频率成分或幅值发生变化。构造出能反映这种变化的指标是进行故障分类识别的有效方法。另外，在各种已有的特别是时域输入指标中，往往会有部分冗余信息和无用信息，选取出有效指标，对于降低输入维数，提高分类正确率具有重要的意义。

1）时域特征指标

将常用的11个时域波形特征指标分为有量纲和无量纲两个部分。

有量纲分析指标：均方值 $x_a(1)$、峭度 $x_q(2)$、均值 $\bar{x}(3)$、方差 $\sigma^2(4)$、偏斜度 $x_s(5)$、峰值 $x_p(6)$、均方根幅值 $x_r(7)$。

无量纲分析指标：波形指标 $K(8)$、峰值指标 $C(9)$、脉冲指标 $I(10)$ 和裕度指标 $L(11)$。

有量纲的统计特征值进行振幅分析时，得到的结果不但与机电设备的状态有关，而且与机器的运行参数（如转速、载荷等）有关，不同种类和大小的变速器测量得到的有量纲特征值是没有对比性的，有时甚至同种类和大小的变速器测量得到的有量纲特征值也不能直接进行比较，所以在设备故障诊断进行比较时，必须保证运行参数基本一致和测点一致。

无量纲分析参数只与机器的状态有关，与机器的运行状态基本无关。无量纲指标不受振动信号绝对水平的影响，与振动传感器、放大器的灵敏度和整个测试系统的放大倍数无关，故系统无须进行标定，传感器或放大器的灵敏度即使变动，也不会出现测量误差。但是其对故障敏感度不同，对于故障信号呈冲击振动时，由于峰值较均方根值的反应灵敏，故峰值指标、脉冲指标和裕度指标对冲击型故障比较敏感。随着故障程度的明显增加，这些指标反而有效性会下降，说明这3个指标对早期故障比较敏感。

2）频域能量因子

齿轮箱的振动一般由下列一些频率成分构成[7]：

（1）转频（各轴）及其高次谐波。

（2）齿轮啮合频率及其高次谐波。

(3) 以齿轮啮合频率及其高次谐波为载波频率,以齿轮所在轴的转频及其高次谐波为调制频率的齿轮啮合频率调制现象而产生的边频带。

(4) 以齿轮固有频率为载波频率,以齿轮所在轴的转频及其高次谐波为调制频率的齿轮固有频率共振调制现象而产生的边频带。

(5) 以齿轮箱箱体固有频率为载波频率,以齿轮所在轴的转频及其高次谐波为调制频率的箱体共振调制现象而产生的边频带。

(6) 以固有频率为载波频率和以滚动轴承通过频率为调制频率的调制边带。

(7) 隐含成分。

(8) 交叉调制成分。

如图 4-1 为齿轮故障调制示意图,齿轮故障所表现的调制形式主要取决于激振的能量,不同的故障程度表现为不同的调制形式。当故障较轻时,如轻微的轴弯曲或面积小、数量小的齿面点蚀,一般表现为啮合频率被转频调制的啮合频率调制现象;如果故障较严重,激振能量较大时,则齿轮本身的固有频率被激起,产生以齿轮固有频率为载波频率的共振调制现象;当激振能量非常大,故障非常严重时,则齿轮箱箱体的固有频率被激起,产生箱体固有频率调制现象。

针对齿轮早期故障,构造指标能量因子,该指标能反映早期故障中,调制能量的不同。具体做法如下:

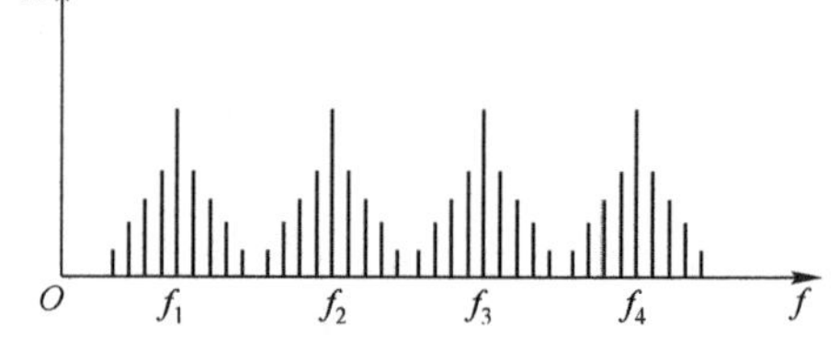

图 4-1　齿轮故障调制示意图

(1) 对原始信号做快速傅里叶变换,得到 FFT 频谱图。

(2) 计算齿轮啮合频率及其倍频 nf_z,其中,$n=1,2,3,\cdots$。

(3) 找出与啮合频率及其倍频最接近的频率 $f_m(m=1,2,3,\cdots)$,计算其谱线号 k_m。

(4) 定义 $\Delta_m=\dfrac{\sum\limits_{i=k_{m-1}+1}^{k_{m+1}-1}A_i}{\sum A_j}\ (m=2,3,4,\ \cdots)$;当 $m=1$ 时,有

$$\Delta_1=\frac{\sum\limits_{i=1}^{k_{m+1}-1}A_i}{\sum A_j} \tag{4-8}$$

3) 实例分析

采用 Laborelec 实验室的齿轮故障实验数据,齿轮齿面疲劳点蚀、齿面轻微剥落、齿面严重剥落 3 种故障模式,每种模式取 37 组数据进行分析,齿轮参数及实验工况详见 3.4.4 节。

(1) 选择上述 11 个常用的时域统计特征参数构成齿轮状态原始特征集 S,用于描述齿轮故障模式。

(2) 计算出齿轮啮合频率为 304Hz,根据式(4-8) 计算出 Δ_1、Δ_2、Δ_3、Δ_4,用这 4 个特征参数构成齿轮状态原始特征集 S,用于描述齿轮故障模式。

分别在以上两种情况下由从 111 个样本中随机抽取 91 个作为有标签样本,20 个为无标签样本。采用支持向量机训练分类器并预测 20 个无标签样本的所属类别,惩罚因子 $C=100$,$\sigma=0.85$,结果如图 4-2 所示。

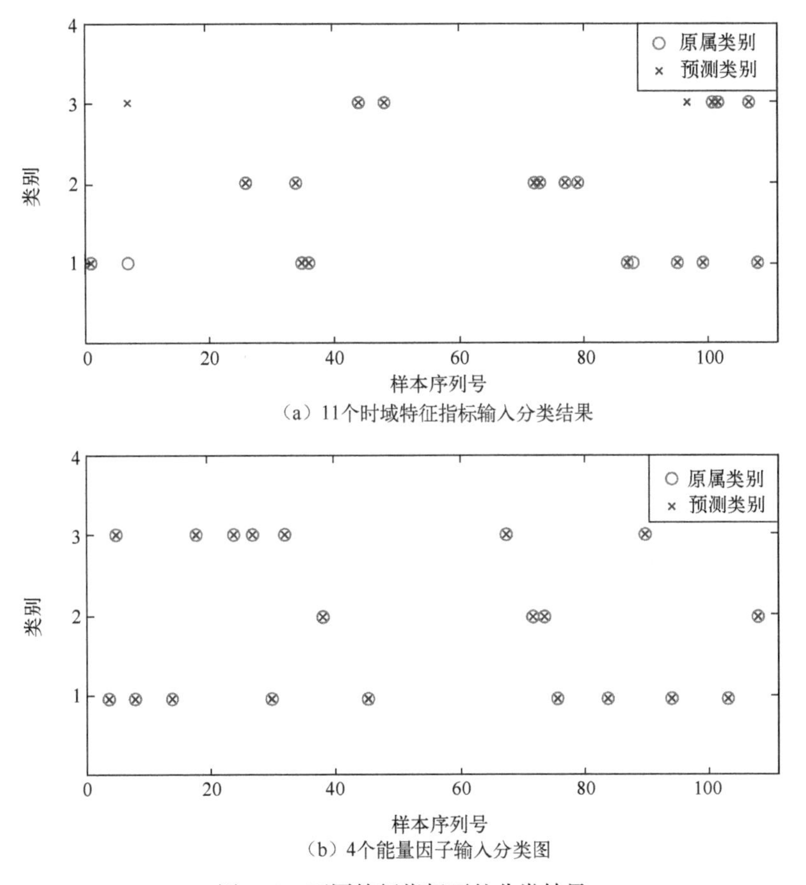

(a) 11个时域特征指标输入分类结果

(b) 4个能量因子输入分类图

图 4-2　不同特征指标下的分类结果

由图 4-2(a),7 号样本和 88 号样本被分错,分类正确率为 90%,图 4-2(b)中没有样本被分错,分类正确率 100%,可见构造的能量因子指标的有效性。

2. PCA 特征选择

在模式识别过程当中,输入的特征指标中可能有些并不能反映机器运行的状态,不但增加了检测分类的冗余信息,时间也加长,所以有必要对特征进行优化选择。

例子沿用 Laborelec 实验室的齿轮故障实验数据,取正常和轻微剥落信号进行分析,采用主元分析对原有的数据进行处理,以选择对数据结构影响较大的特征。本例涉及的计算均采用 Matlab 7.6.0 实现,计算机的基本配置:CPU 为英特尔 Pentium(奔腾)双核处理器(主频 2.50GHz),内存 2GB。表 4-1 列出了 11 个特征值的贡献率及累积贡献率。可以看出前 3 个主元的累积贡献率为 90.52%。由于累积贡献率在 85%以上就已经能表征原始变量所能提供的绝大部分信息,故只对前 3 个主元进行分析。

表 4-1　各主元特征值及贡献率

主元 PC	特征值 λ	贡献率 C/%	累积贡献 AC/%
1	6.038 2	54.89	54.89
2	2.903 2	26.39	81.28
3	1.016 1	9.24	90.52
4	0.567 9	5.16	95.68
5	0.425 1	3.87	99.55
6	0.041 8	0.38	99.93
7	0.005 6	0.05	99.98
8	0.000 9	0.02	100
9	0.000 4	0	100
10	0.000 3	0	100
11	$4.228\ 5\times10^{-5}$	0	100

图 4-3 绘出了各个特征指标对前 3 个主元的贡献。图 4-4 为各个特征指标信息被前 3 个主元的提取率,选取提取率大于 80%的 9 个特征指标[均方值 $x_a(1)$、峭度 $x_q(2)$、均值 $\bar{x}(3)$、方差 $\sigma^2(4)$、峰值 $x_p(6)$、均方根幅值 $x_r(7)$、波形指标 $K(8)$、峰值指标 $C(9)$、脉冲指标 $I(10)$ 和裕度指标 $L(11)$]。用于分类学习,样本集变为 74×9-D。

从 74×9-D 个样本中随机抽取 44 个作为有标签样本,30 个为无标签样本,输入支持向量机中进行训练,最后预测 30 个无标签样本的所属类别,惩罚因子 $C=100$,核函数宽度 $\sigma=0.5$。对比输入 11 维特征输入,得出的检测结果如图 4-5 所示。

由图 4-5 (a)可知,编号为 27、39、66、73 的样本被错分,检测正确率为 86.66%,经过 PCA 选择后,输入的 9 维特征输入结果中,样本号为 40、50、57 被错分,检测正确率为 90%。另外,从训练及预测时间上,11 维特征输入共用 0.029924s,9 维输入共用 0.025856s。

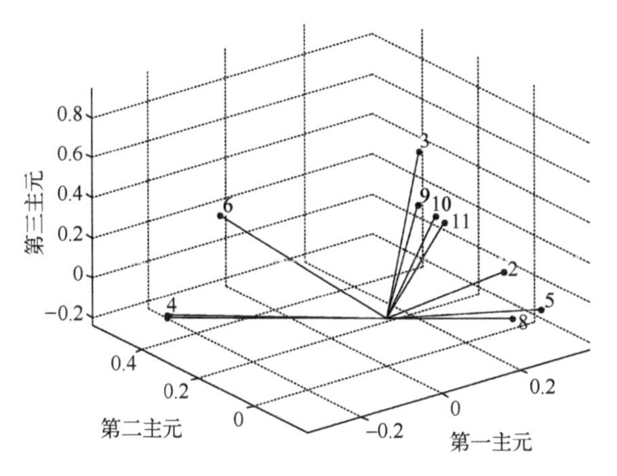

图 4-3　特征变量对前 3 个主元的贡献

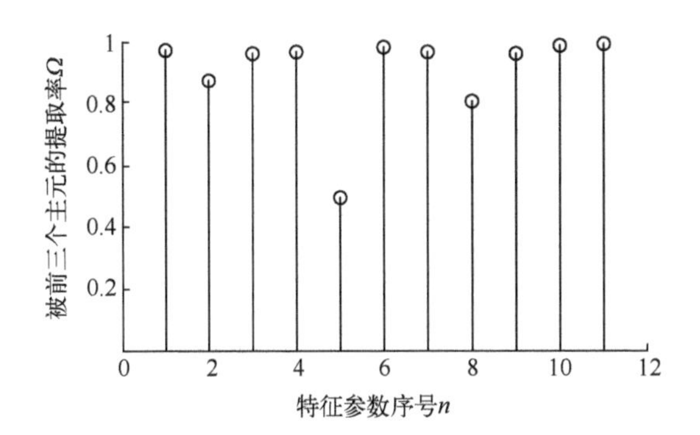

图 4-4　特征变量信息被前 3 个主元的提取率

3. 基于密度可调谱聚类的特征提取

1）相似性度量

如图 4-6 所示，一般基于距离的方法会把样本 a 和样本 b 归于一类，而把样本 a 与样本 c 归于不同类，因为 a 与 b 的距离小于 a 与 c 的距离。若想得到正确分类结果，必须设计某种相似性度量，使得点 a 和点 c 之间的距离小于点 a 和点 b 之间的距离，即放大那些穿过低密度区域的路径长度，而同时缩短那些没有穿过低密度区域的路径长度，这就是基于密度的聚类假设[8]。

通过基于密度敏感的距离计算每对结点间的相异度，将原始数据变换到成对数据的相异性空间，得到成对数据的相异度矩阵，然后利用特征值求解寻找相应原始数据在低维空间的表示，从而达到降维的目的。在文献[9]中定义了这样一种密度可调节的线段长度：

定义 1：

$$l(x,y)=\rho^{\text{dist}(x,y)}-1 \tag{4-9}$$

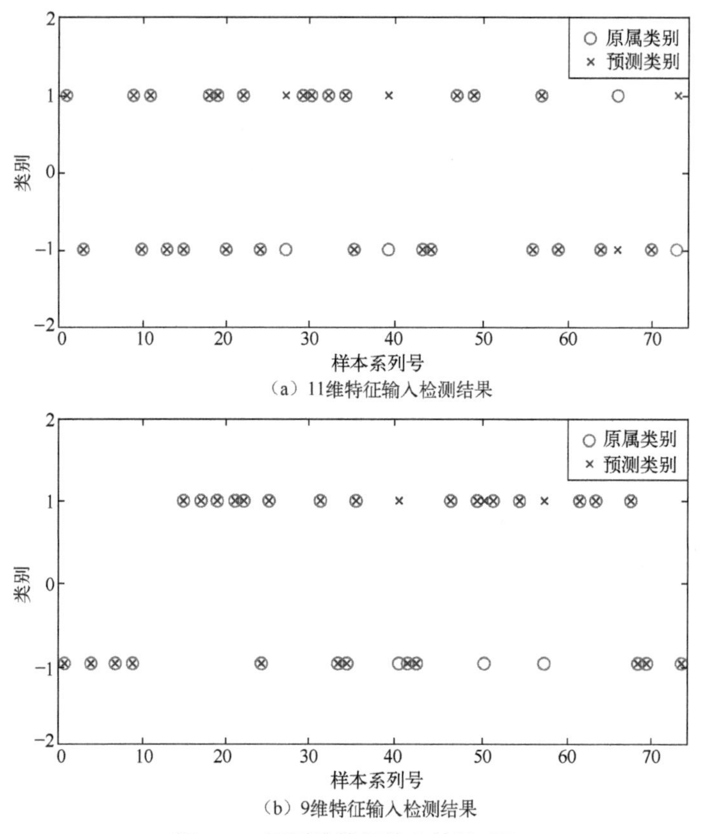

(a) 11维特征输入检测结果

(b) 9维特征输入检测结果

图 4-5　不同维特征输入结果对比

式中：dist(x,y)为数据点 x、y 间的欧氏距离；ρ>1 称为密度调节因子。这样定义的线段长度满足聚类假设，可以用来描述聚类的全局一致性，文献中对此进行了证明，通过调节伸缩因子 ρ 可以放大或缩短两点间线段长度。

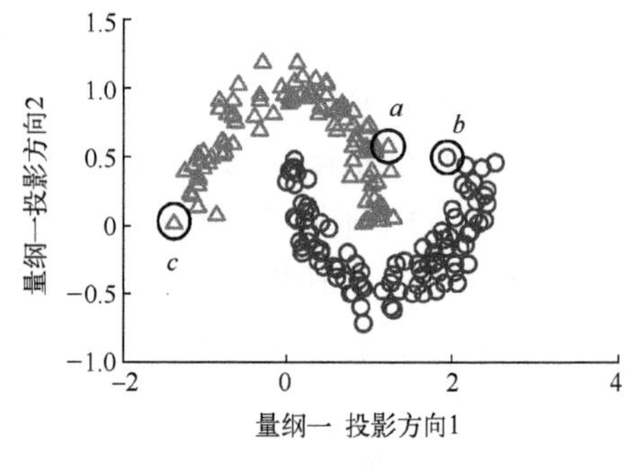

图 4-6　基于密度聚类假设的空间分布

以图中 a 点和 c 点为例，其两点间直线距离为 L，沿数据分布连接 a 和 c 之间的路为 $l_1,l_2,\cdots,l_m$，第 i 条路 l_i 所经过的节点之间路径为 $l_{i1},l_{i2},\cdots,l_{in}$，很明显，$l_{i1}+l_{i2}+\cdots+l_{in}\geqslant L$。但是，当引入调节伸缩因子 ρ 后，当 ρ 取合适的值，就能使 $\rho^{l_{i1}}+\rho^{l_{i2}}+\cdots+\rho^{l_{in}}-n<\rho^{L}-1$。图 4-7 举的小例子即能说明这点。原来 a 与 c 之间的距离为 8，$ab+bc=9>ac$，当引入 ρ 后，并且令 $\rho=2$，则两点之间的距离变为途中方框内的数值，由此，$ab+bc=70<ac=255$，则建立图时，ac 边将会

赋以权值70。

于是引出这种相似性度量：

$$s_0(i,j)=\frac{1}{\mathrm{dsp}(l(i,j))+1} \qquad (4-10)$$

式中：$\mathrm{dsp}(l(i,j))$为在经过密度因子调节后，i、j两点间最短路径距离。

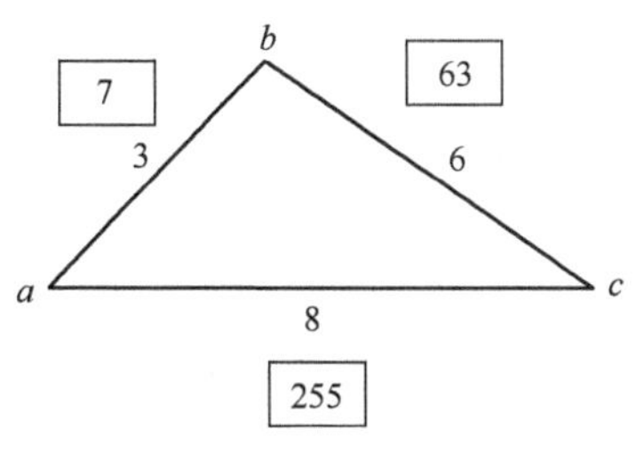

图4-7 $\rho=2$时最短路径变化

通过求取图中任意两点间的最短基于密度可调的路径距离，进而给图赋以权值，便可实现基于密度的聚类假设。其中最短路径$\mathrm{dsp}(l(i,j))$的计算方法可以由Dijkstra算法、Floyd-Warshall算法等算法求得，本书中所有结果均是由Matlab7.6.0自带的Johnson算法，该算法是Bellman-Ford算法、Reweighting(重赋权重)和Dijkstra算法的组合，适用于求最短路径。

2) 基于密度可调谱聚类的特征提取

在引入密度可调因子ρ后，提出基于密度可调谱聚类思想的特征提取算法，该算法可以使得特征提取后的数据同类别间的距离缩短，不同类别间的距离增大。

算法2：基于密度可调谱聚类思想的特征提取算法。

输入：由原始数据构建的图相似矩阵$\boldsymbol{W}$，密度调节因子ρ。

输出：对图降维后的低维数据集$\boldsymbol{Y}=\{\boldsymbol{y}_1,\boldsymbol{y}_2,\cdots,\boldsymbol{y}_N\}$。

具体实现步骤如下：

(1) 同算法1中(1)。

(2) 计算ρ距离矩阵$\boldsymbol{S}_0$。

(3) 建立基于数据矩阵的完全图(无向)$\boldsymbol{G}=(\boldsymbol{V},\boldsymbol{E})$，其中$\boldsymbol{V}$是数据对应的结点，$\boldsymbol{E}$为连接任意两个结点的边。边的权重用于表示数据之间的相似度，计算公式为(其中σ为控制参数)；

$$w(i,j)=\exp(-s_0(i,j)/(2\sigma^\wedge 2)) \qquad (4-11)$$

(4) 接下来同算法1中的步骤(3)～(7)。

3) 仿真分析

取文献[10]中的two circles数据、文献[6]中的three spirals及toy data作为人工数据集，另取UCI中公认的fisher iris数据。分别用主元特征提取、谱聚类特征提取及密度可调的谱聚类特征提取方法对它们进行特征提取。

从图4-8可以看出基于谱聚类的特征提取效果比主元方法明显，它对具有流行结构的two circles、three spirals及toy data图形能很好地区分类别，而主元法对于这类结构几乎不起作用。加入密度可调因子后，基于密度可调谱聚类思想的特征提取使得不同类别之间的间距更大，类内间距更小。对于iris数据，从前三维看来，基于谱聚类思想和密度可调谱聚类思想的特征提取效果也比主元法优越，但是

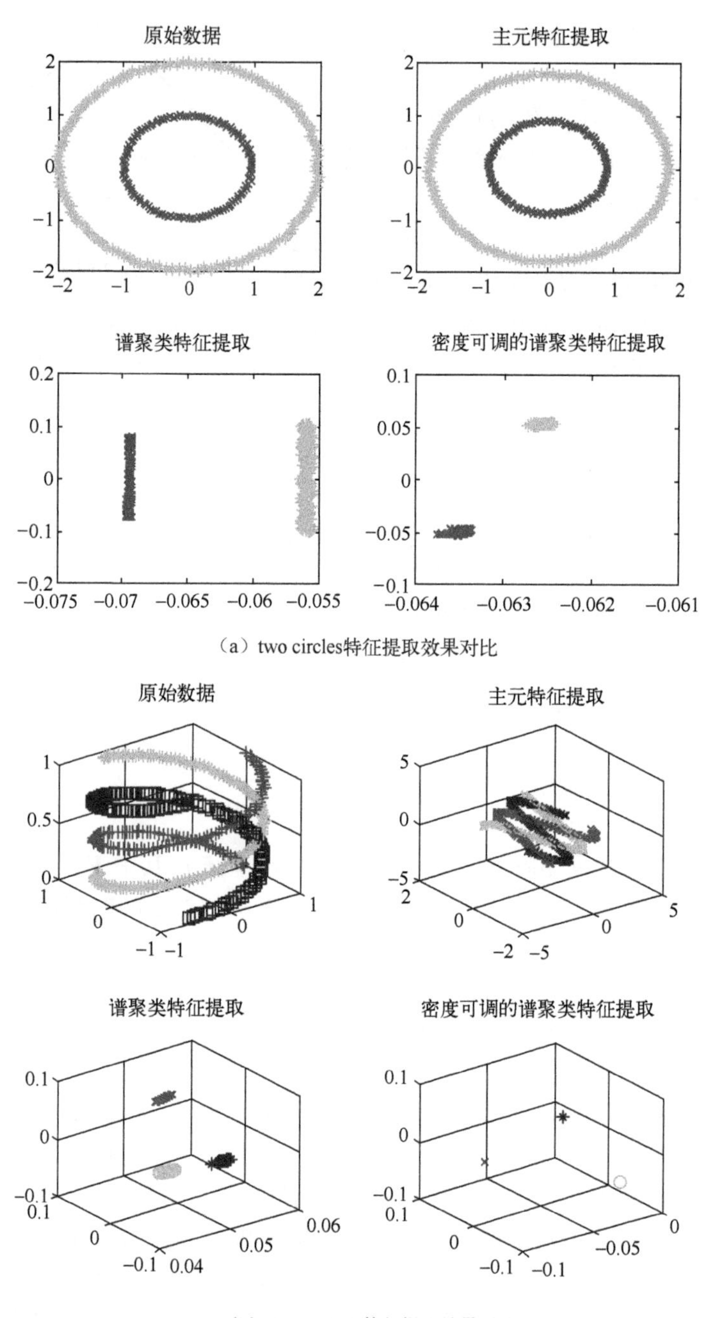

（a）two circles特征提取效果对比

（b）three spirals特征提取效果对比

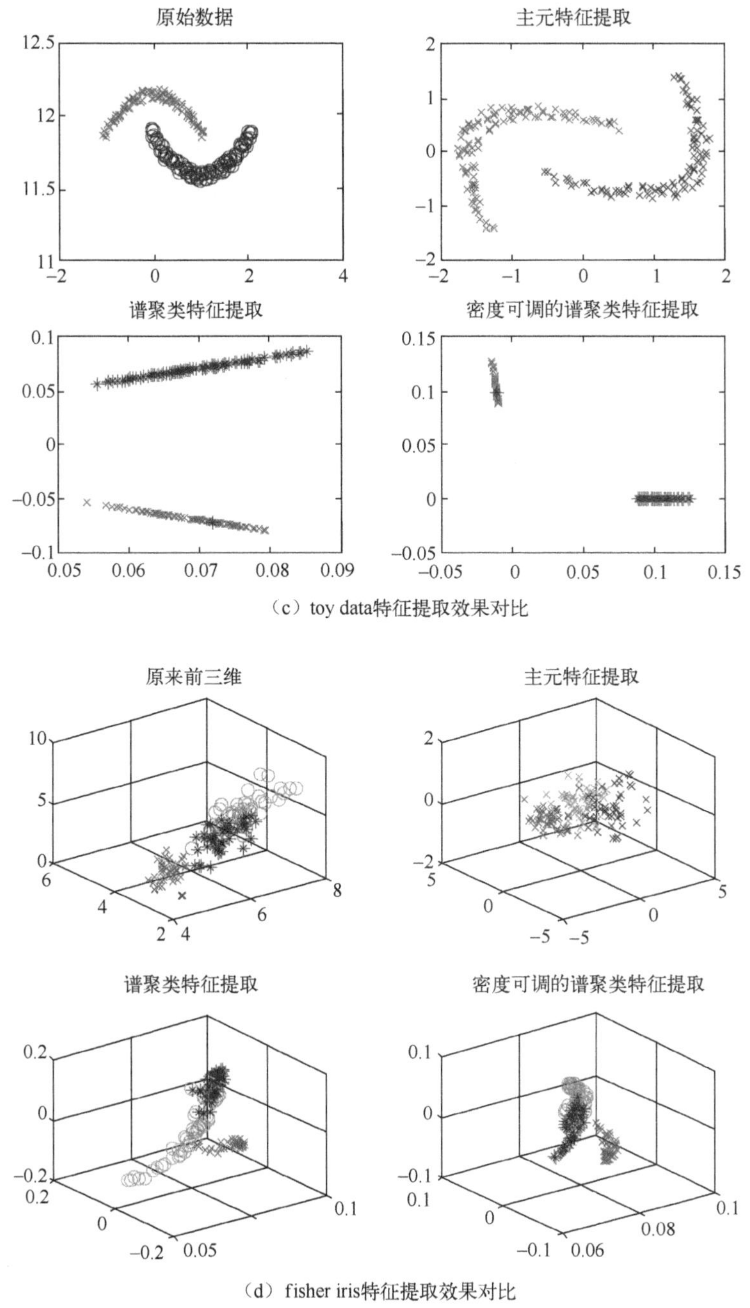

（c）toy data特征提取效果对比

（d）fisher iris特征提取效果对比

图 4-8　3 种特征提取效果比较(彩图见书末)

由于该非线性数据在特征提取后前三维的数据并不能完全反应类别特征,即对图降维后维数大于 3,故该图上的 3 类区分也不是太理想。

谱聚类特征提取法引入了高斯核,故对于流形这种非线性结构有很好的处理效果,同时引入了一个参数 σ,密度可调谱聚类便有两个参数 ρ 和 σ。以 three spirals 数据为例,图 4-9(a)列出了 σ 分别等于 0.1、0.2、0.3 对谱聚类特征提取效果影响,可以看出,σ 对特征提取的效果比较敏感,在 $\sigma=0.1$ 时明显优于 $\sigma=0.2$ 和 $\sigma=0.3$。经过验证,σ 只有在[0.04,0.12]区间内才能取得较优提取效果。图 4-9(b)为 $\rho=20$ 时,密度可调谱聚类方法 σ 的影响,该图中 $\sigma=0.1$ 效果最明显,后两种变化不大,但是也能正确区分 3 种类别,经验证 σ 在[0.09,0.3]区间内

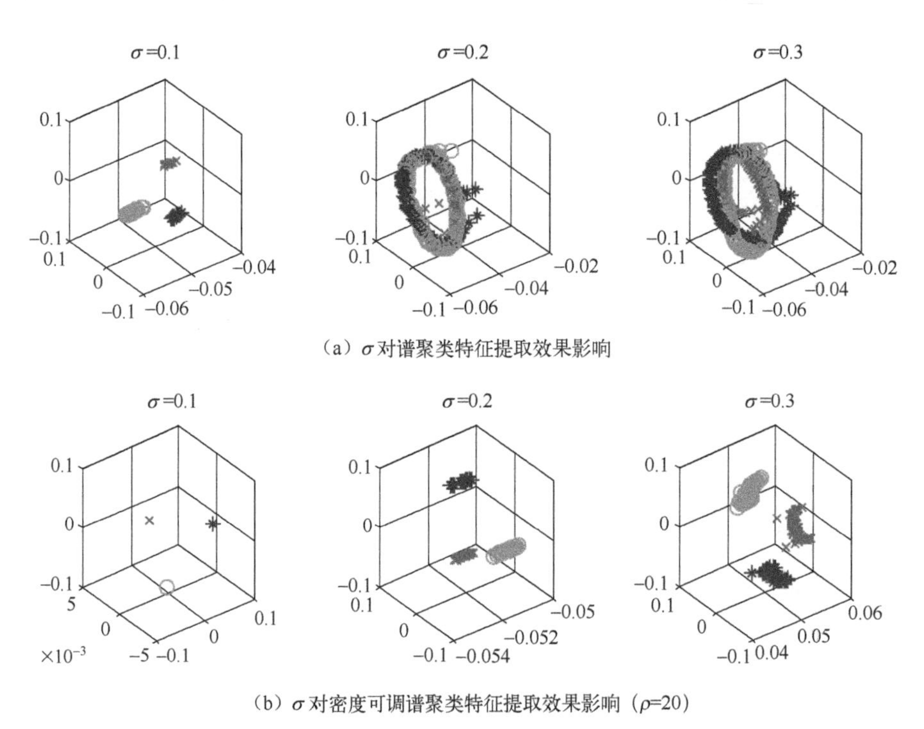

(a) σ 对谱聚类特征提取效果影响

(b) σ 对密度可调谱聚类特征提取效果影响 (ρ=20)

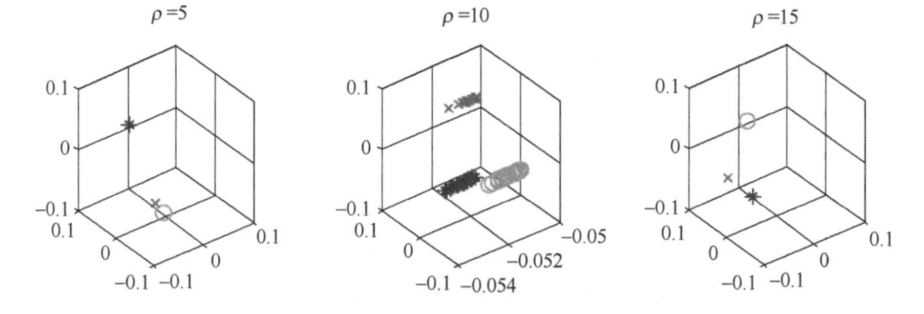

(c) ρ 对密度可调谱聚类特征提取效果影响 (σ=0.5)

图 4-9 参数变化对特征提取效果影响(彩图见书末)

能取得较优提取效果，相比于谱聚类特征提取方法，参数范围大。当 $\sigma=0.1$ 时，改变 ρ 值，也会有明显的效果变化，如图 4-9 (c)所示，该数据在 ρ 为 5 和 15 时的提取效果比 $\rho=10$ 明显更佳。

4.2.3　DSTSVM 的特征提取

1. 基于密度可调谱聚类的半监督 SVM 方法

1) *DSTSVM 算法*

根据谱图理论建立的谱聚类算法能在全局取得最优解，密度可调谱聚类引入密度可调因子，采用基于最小路径的相似度量，将同种类别之间的距离缩短，不同类别间的距离扩大，并且更好地反映了数据结构信息。半监督 SVM[11] 加入未知样本信息，具有小样本非线性等优点。基于这两种思想，提出基于密度可调谱聚类的半监督 SVM(DSTSVM)方法。该方法利用基于密度可调谱聚类对数据进行特征提取，在这个过程中，加入的高斯核函数，可以直接作为半监督 SVM 的核函数，于是将特征提取后新空间的数据作为半监督 SVM 的输入数据，利用梯度下降法训练后，即可得到分类结果。

算法 3：基于密度可调谱聚类的半监督 SVM 算法。

输入：

(1) 数据。$m\times n$ 维原始数据，其中包括有标签数据和无标签数据。

(2) 参数。密度调节因子 ρ，已知样本惩罚参数 C 和高斯核函数核宽度 σ。

输出：未知样本标签和分类正确率。

具体实现步骤如下：

(1) 利用算法 2 对数据进行特征提取，求取半监督 SVM 的核函数。

(2) 根据新空间的数据 $\boldsymbol{y}_1,\boldsymbol{y}_2,\cdots,\boldsymbol{y}_m$ 训练半监督 SVM，算法采用 Olivier Chapelle 的梯度下降法[12]。

2) *仿真分析*

为验证 DSTSVM 方法的有效性，以著名的 Fisher's iris 数据集进行仿真分析。现从这 150 个样本中随机抽取 50 个作为有标签样本，共抽取 10 次，作如下处理：

(1) 将每次抽取的 50 个有标签样本输入 SVM 进行训练模型，最后预测剩下的 100 个无标签样本的标签，取 10 次预测的正确率的平均值作为输出。

(2) 将每次抽取的 50 个有标签样本和无标签样本一起输入半监督直推式支持向量机(TSVM)、基于谱聚类的半监督支持向量机(CKSVM)及 DSTSVM 方法进行协同训练，并且预测 100 个无标签样本的标签，取 10 次预测的正确率的平均值作为输出。

所有方法中惩罚因子 $C=100$，高斯核函数核宽度及 DSTSVM 中的 ρ 均取最佳参数。具体结果如表 4-2 所列。

表 4-2　各种学习方法的 iris 数据仿真结果

方法 M	参　数	分类正确率 CA/%
SVM	$\sigma=1.05$	94.4
TSVM	$\sigma=1.05$	81.5
CKSVM	$\sigma=1.2$	93.3
DSTSVM	$\rho=2,\sigma=1.3$	94.6

由表 4-2 可见，对于 iris 数据集，TSVM 方法分类正确率最低，CKSVM 比 TSVM 正确率高，DSTSVM 正确率相对 CKSVM 又有进一步提高，和监督式 SVM 分类正确率相当。

3）参数优化

（1）参数影响。参数中 C 的作用就是调节置信区间的范围；核参数 σ 隐含地改变了映射函数，从而改变了样本数据子空间分布的复杂程度，即线性分类面的最大 VC 维；ρ 参数改变特征提取后数据的分布。从一定意义上说，3 个参数的变化都会影响分类的最终结果。

以 iris 数据为例，限定高斯核函数核宽度 $\sigma=0.7$，$\rho=2$，改变 C 的值，10 次平均预测的错误率的变化如图 4-10 所示。

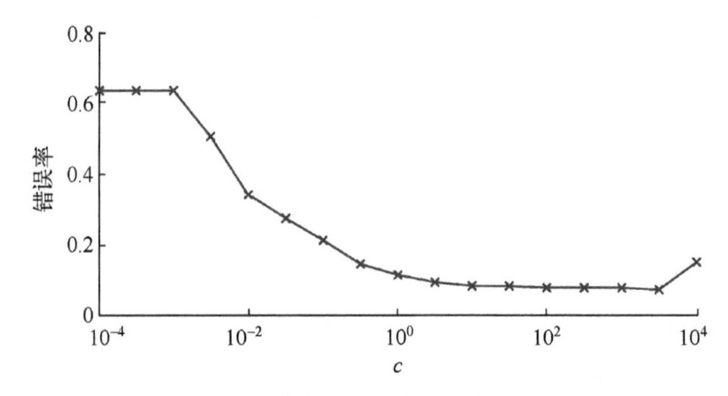

图 4-10　参数 C 对分类正确率的影响

从图 4-10 可以得知，在 C 值很小的时候，分类错误率很高，随着 C 值的增大，错误率也急剧减小，当增大到一定值，如图中 C 的取值范围在 10 后，错误率基本趋于一条平稳的直线，这时候的 C 基本不影响 DSTSVM 的泛化性能。在 C 大于 3000 左右后，错误率再次升高。

在 C 的较优取值范围内限定 $C=100$，$\rho=2$，改变 σ 的值，10 次预测的平均错误率的变化如图 4-11 所示。可以看出，随着 σ 值的增大，错误率先减小后增大，在

[0.4,1.9]这个区间能取得较优值。

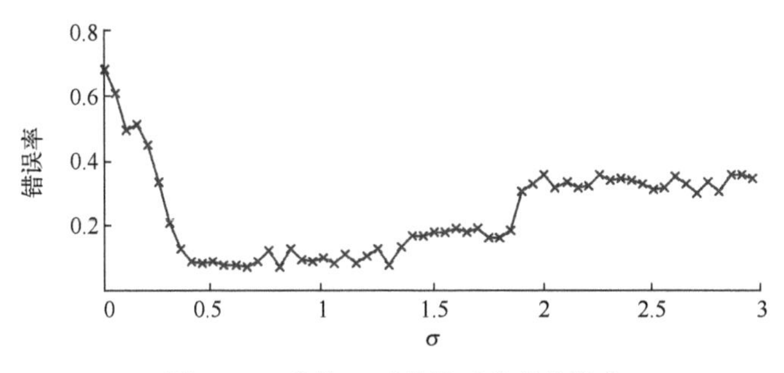

图 4-11　参数 σ 对分类正确率的影响

选取 $C=100$,$\sigma=0.7$,改变 ρ 的值,10 次预测的平均错误率变化如图 4-12 所示。可以看出,ρ 取 35 以内能取得较优值,在取值为 5.6 时,错误率达到图中的最低点,随着 ρ 值的继续增大,错误率也不断增大。

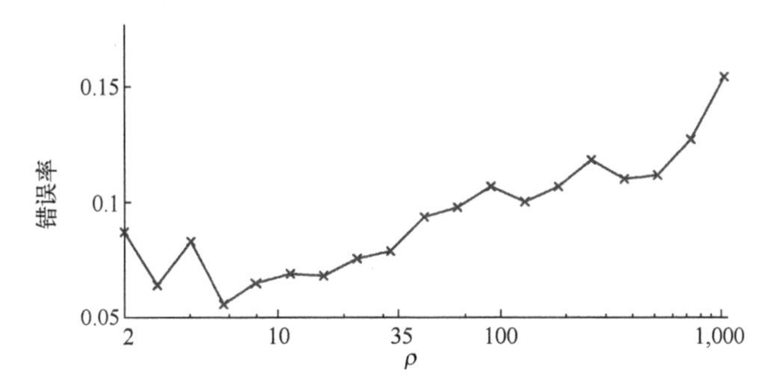

图 4-12　参数 ρ 对分类正确率的影响

(2) 参数优化。从上面分析可知,C 的取值范围很宽,只要超过一定阈值,分类器的性能可以不受它影响。σ 和 ρ 对结果的影响相对敏感,尤其是 σ,而 ρ 的作用可以看作是对分类结果的一种微调,它能在一定取值时提高分类正确率。所以希望通过选取参数(σ,ρ)的最佳组合使 DSTSVM 性能最好,错误率最低。

根据前面结果,取 $\sigma\in[0.4,1.9]$,$\rho\in[2,35]$,σ 步长取为 0.05,ρ 步长取 1,求其各种组合得到的分类正确率,如图 4-13 所示。在(ρ,σ)取(2,1.3)时,图像上取得 10 次平均分类正确率的最大值 94.6%,从图像上各种组合最后的结果分析,在中间的这片区域,即 $\sigma\in[0.4,1.9]$,$\rho\in[2,33]$,平均正确率波动不是很大,可见只要将参数选取在一定的合理范围内,DSTSVM 方法性能稳定,这对后面的工作中参数选取有一定的指导意义。

2. 故障诊断模型与实例分析

故障诊断的本质就是模式识别问题。一个基本的模式识别系统主要由四部分

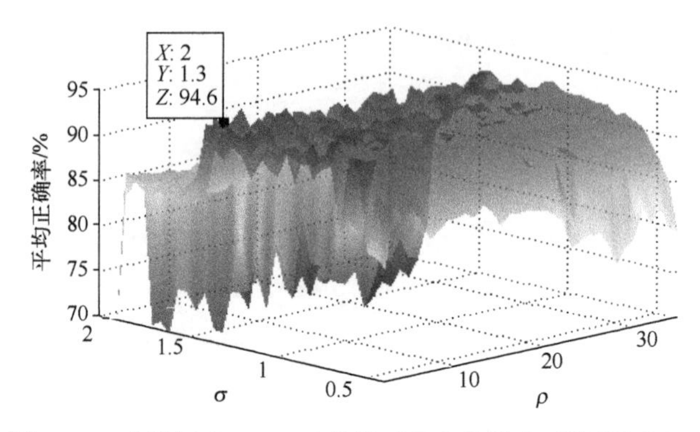

图 4-13　参数组合(ρ,σ)对分类正确率的影响(彩图见书末)

组成:数据获取、预处理、特征提取与选择、分类决策。机械系统的故障特别是齿轮早期故障,其特征往往淹没在背景信号中[7],传统的信号处理方法难以分离,且在实际大多数故障中,往往缺乏大量的有标签样本。因此建立一个基于 DSTSVM 的机械故障诊断模型,是 DSTSVM 方法很好的应用拓展。

如图 4-14 所示,整个诊断模型先设法通过实验模拟出被研究设备的各种典型异常或者故障,通过各种传感器获取其振动和转速信号。再进行特征指标计算,并且对数据归一化处理后,建立故障信息档案库。机械设备实际发生故障时,将提取到的状态特征信息与原来建立的已知故障信息一起对 DSTSVM 模型进行协同训练,结果输出为机械设备的故障模式。通过综合决策,最终确定设备真实故障类型,并对其采取相关干预措施。同时,诊断出的设备故障新的数据信息或者新的故障模式可以追加到故障档案库中,这样训练 DSTSVM 模型的已知信息便增加,模型也越来越接近于实际情况。通过这个模型得到的预测或者分类结果也越来越准确,这样的一个循环训练、识别再训练的过程也可以对设备进行在线状态监测。

为了验证 DSTSVM 能有效应用到机械故障诊断中,以 Laborelec 实验室的齿轮故障实验数据进行实例分析,详见 4.2.2 节中 PCA 特征选择部分。

数据采用 9 个特征值 (均方值、峭度、均值、方差、峰值、均方根幅值、峰值指标、脉冲指标和裕度指标)用于分类学习,从 74×9-D 个样本中随机抽取 40 个作为有标签样本,34 个为无标签样本,重复抽样 10 次。用基于密度可调谱聚类特征提取方法对所有样本数据进行特征提取后把标签样本和无标签样本输入直推式支持向量机中进行协同训练,最后预测 34 个无标签样本的所属类别。惩罚因子参数选取 $C=100$。

为评价验证学习机的分类性能,此处采用 5 重交叉验证方法。将原始数据分为 5 组,每组子集数据分别视为一个验证集,其余 4 组作为训练集,则可以得到 5

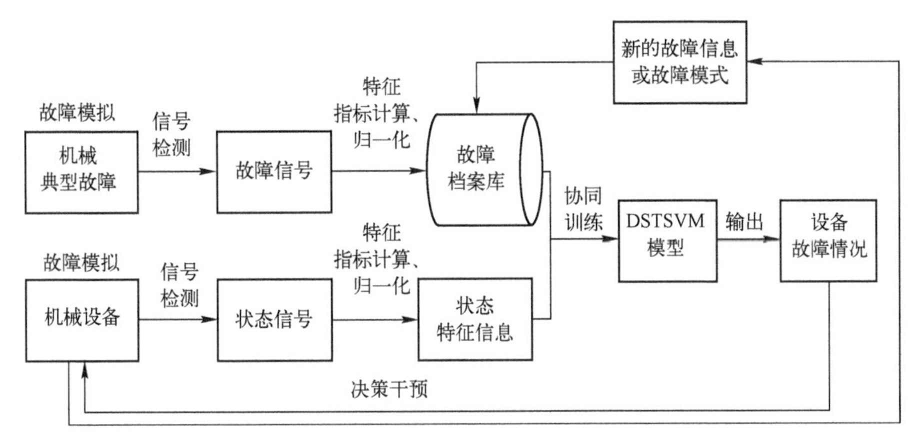

图 4-14　基于 DSTSVM 的机械故障诊断模型

组数据对应的学习模型。根据这 5 组学习模型进行验证的分类准确率求平均数作为此 5-CV(cross-validation)验证下所构建学习机的分类性能指标,做了 10 次的 5-CV,取其平均结果作为最终评价结果。

最后将预测的结果同其他方法进行对比,如表 4-3 所列。可以看出,检测实验中,CKSVM 方法和监督式 SVM 效果相当,TSVM 方法在半监督的 3 种方法中检测正确率最低,相当于未经过特征提取直接将特征数据输入训练,可见特征提取在早期故障检测中的重要性,几种方法中 DSTSVM 正确率最高,验证了 DSTSVM 用于早期故障检测的有效性。

表 4-3　各种学习方法的比较

方法 M	参　　数	检测正确率 $DA/\%$
SVM	$\sigma=0.50$	88.82
TSVM	$\sigma=0.5$	88.23
CKSVM	$\sigma=1.15$	90.47
DSTSVM	$\rho=2,\sigma=1.6$	92.94

4.2.4　机械早期故障诊断

1. 变速箱齿轮早期故障检测和分类

1）齿轮数据采集

实验系统结构和汽车传动实验台详见 3.2 节。本节中采用的齿轮正常及各种故障数据来源于第五挡齿轮,其传动比为 0.77,采样频率为 40000Hz,在变速箱输入端 3 测点取 X 方向的振动加速度信号,变速器在不同工况下分别以齿轮正常、轻微点蚀、轻微剥落这3种状态下运转。表4-4列出了不同故障、不同扭矩、不同转速下的各种模式,共27种。

表4-4 齿轮各种模式

模　式	故障类型	输入端转速/(r/min)	输出端扭矩/(N·m)
模式1	正常	600	50
模式2			75
模式3			100
模式4		800	50
模式5			75
模式6			100
模式7		1000	50
模式8			75
模式9			100
模式10	轻微点蚀	600	50
模式11			75
模式12			100
模式13		800	50
模式14			75
模式15			100
模式16		1000	50
模式17			75
模式18			100
模式19	轻微剥落	600	50
模式20			75
模式21			100
模式22		800	50
模式23			75
模式24			100
模式25		1000	50
模式26			75
模式27			100

在不同转速下,变速箱的特征频率如表4-5所列。

表 4-5　齿轮特征频率

输入端转速/(r/min)	600	800	1000
输入轴转频/Hz	10	13.33333	16.66666667
中间轴转频/Hz	6.842105	9.122807	11.40350877
输出轴转频/Hz	13.0622	17.41627	21.77033493
5 挡齿轮啮合频率/Hz	287.3684	383.1579	478.9473684

2）基于密度可调谱聚类的半监督 SVM 的齿轮早期故障检测

（1）同一工况齿轮早期故障检测。

在设定输入端转速为 800r/min，输出端扭矩为 75N·m 的工况下，3 种模式在时域和频域不能很好地区分，为了验证 DSTSVM 方法的有效性，对该工况下的两种故障分别进行检测。分别采集齿轮正常、轻微点蚀、轻微剥落下的振动加速度信号（即表 4-4 中的模式 5、模式 14 和模式 23），采样点数为 1024×90。选择 11 个常用统计特征参数构成齿轮状态原始特征集 S[均方值(1)、峭度(2)、均值(3)、方差(4)、偏斜度(5)、峰值(6)、均方根值(7)、波形指标(8)、峰值指标(9)、脉冲指标(10)、裕度指标(11)]，每类信号隔 1024 点取为一个样本，共 90 个，3 类信号共构成 270 个 11-D 的样本。

建立齿轮故障诊断样本集。将这些样本数据归为两组，一组包含正常状态及轻微点蚀状态样本，一组包含正常状态及轻微剥落状态样本，每组均包含 180 个 11-D 样本。

对于轻微点蚀检测，利用 PCA 特征选择方法对 11 维特征进行选择，图 4-15(a) 画出了前 3 个主元的贡献率和累计贡献率，可以看出，前 3 个主元的累计贡献达到 90%以上，可以反映原始信息，计算 11 个特征值信息分别被这 3 个主元的提取率，

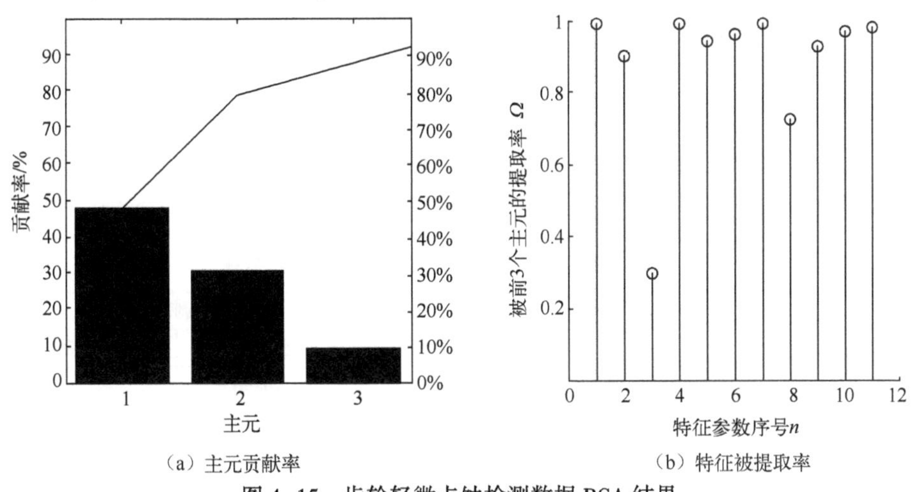

（a）主元贡献率　　（b）特征被提取率

图 4-15　齿轮轻微点蚀检测数据 PCA 结果

由图 4-15(b)可知均方值(1)、峭度(2)、方差(4)、偏斜度(5)、峰值(6)、均方根值(7)、峰值指标(9)、脉冲指标(10)、裕度指标(11)等特征值被前 3 个主元的提取率大于 80%,故选择这 9 个指标作为输入,原始样本变为 180×9-*D*。从 180×9-*D* 个样本中随机抽取 30 个作为有标签样本,150 个为无标签样本,重复抽样 10 次。把所有样本输入 DSTSVM 分类器中进行协同训练,经过 5-fold 交叉验证,最后预测 150 个无标签样本的所属类别。

对于轻微剥落检测,重复同样的操作流程。图 4-16(a)画出了前 3 个主元的贡献率和累计贡献率,可以看出,前 3 个主元的累计贡献达到 90%以上,可以反映原始信息,计算 11 个特征值信息分别被这 3 个主元的提取率,由图 4-16(b)可以看出除了特征值 8,其余特征值被前 3 个主元的提取率均大于 80%,故选择这 10 个指标作为输入,原始样本变为 180×10-*D*。从 180×10-*D* 个样本中随机抽取 30 个作为有标签样本,150 个为无标签样本,重复抽样 10 次。把所有样本输入 DSTSVM 分类器中进行协同训练,经过 5-fold 交叉验证,最后预测 150 个无标签样本的所属类别。

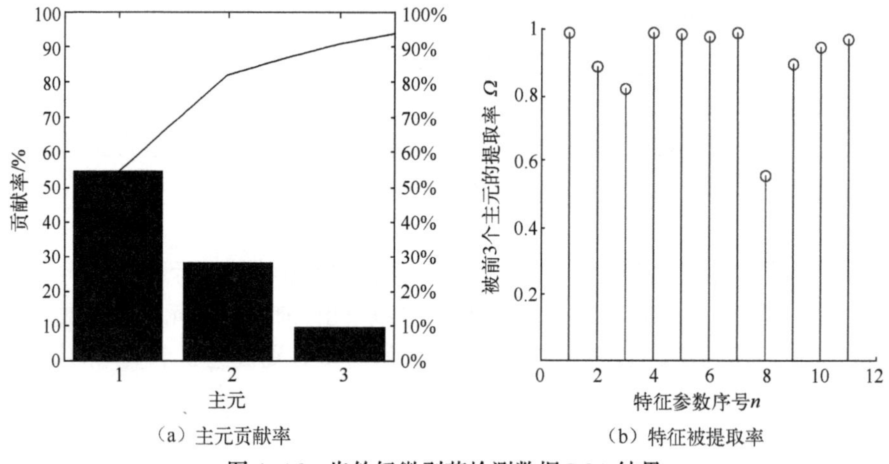

(a) 主元贡献率　　(b) 特征被提取率

图 4-16　齿轮轻微剥落检测数据 PCA 结果

与其他分类器结果进行对比,表 4-6 为最终预测结果。所有分类器的惩罚因子取参数 $C=100$。

表 4-6　11 个时域特征指标输入检测结果

方法 *M*	轻微点蚀检测		轻微剥落检测	
	参　数	正确率 *DA*/%	最佳参数	正确率 *DA*/%
SVM	$\sigma=0.50$	84.20	$\sigma=0.50$	97.13
TSVM	$\sigma=0.50$	86.66	$\sigma=0.50$	100
CKSVM	$\sigma=1.55$	87.77	$\sigma=1.5$	100
DSTSVM	$\rho=2,\sigma=1.10$	88.27	$\rho=2,\sigma=1.85$	100

从表4-6可以看出,对于轻微剥落故障的检测,几种方法的正确率明显高于轻度点蚀故障检测,也符合前面信号分析的结果。分别从两种故障的检测结果看,几种方法在少量已知样本输入的情况下,都能得到较好的结果,这正是支持向量机方法的优势。而加入未知样本协同训练后,半监督方法(TSVM、CKSVM、DSTSVM)的正确率明显高于监督式SVM方法,充分说明未标签样本的导向作用,有效利用这些未标签样本信息,可以提高结果的正确率。另外,在两种故障检测过程中,DSTSVM方法表现出较优的性能,这也说明在通过计算密度可调的相似度后,更能反映样本分布结构,结果也会相应有所提高。

为了进一步提高轻微点蚀检测效果,采用4.2.2节中提出的频域能量因子作为特征指标输入,取5挡齿轮啮合频率及其倍频($f_1=383\text{Hz}$,$f_2=383\times2\text{Hz}$,$f_3=383\times3\text{Hz}$,$f_4=383\times4\text{Hz}$)计算能量因子,各种方法选择的参数和表4-6中一样,所得到的结果如表4-7所列。

表4-7 能量因子特征指标输入检测结果

方 法	轻微点蚀检测正确率/%	轻微剥落检测正确率/%
SVM	100	98.96
TSVM	100	99.72
CKSVM	100	99.60
DSTSVM	100	100

由表4-7可知,在利用频域能量因子作为特征指标输入后,轻微点蚀检测效果大幅度提高,几种方法的正确率都等于100%,轻微剥落检测效果和原来相差不多。主要原因是在轻微点蚀FFT谱图中的调制主要以啮合频率及其倍频为主,而轻微剥落FFT谱中出现了常啮合齿轮啮合频率等,由此可见构造的这个指标在早期点蚀故障诊断中的重要作用。

(2) 混合工况齿轮早期故障检测。

对混合工况下的故障进行检测。分别采集各种工况下的齿轮正常、轻微点蚀、轻微剥落下的振动加速度信号(对应于表4-4中的所有模式),每种工况下采样点数均为3072×30。选择11个常用统计特征参数构成齿轮状态原始特征集S,每类信号每种模式隔3072点取为一个样本,共30个,每类信号共构成270个11-D的样本,建立齿轮故障诊断样本集。然后将这些样本数据归为两组,一组包含正常状态及轻微点蚀状态样本,一组包含正常状态及轻微剥落状态样本,每组均含540个11-D样本。

对于轻微点蚀检测,利用PCA特征选择方法对11维特征进行选择,最终选择出特征值1、2、4、5、6、7、9、10、11,原始样本变为540×9-D。对于轻微剥落检测,对11维特征进行选择,选出特征值为1、2、3、5、6、7、9、10、11,原始样本也变为

540×9-D。对两组数据,分别处理。从540×9-D个样本中随机抽取50个作为有标签样本,490个为无标签样本,重复抽样10次。把所有样本输入DSTSVM分类器中进行协同训练,经过5-fold交叉验证,最后预测490个无标签样本的所属类别。

表4-8为最终预测结果。所有分类器的参数$C=100$。

表4-8 混合工况检测结果

方法M	轻微点蚀检测		轻微剥落检测	
	参　数	正确率DA/%	最佳参数	正确率DA/%
SVM	$\sigma=0.55$	72.18	$\sigma=0.50$	91.06
TSVM	$\sigma=0.55$	74.02	$\sigma=0.50$	92.46
CKSVM	$\sigma=1.55$	76.03	$\sigma=1.55$	93.06
DSTSVM	$\rho=2,\sigma=1.22$	75.24	$\rho=2,\sigma=1.40$	94.12

从表中可以看出在混合工况下,即使在有标签样本极少的情况下,轻微剥落检测率均在90%以上,而由于点蚀信号的特征极不明显,且工况复杂,每种方法的检测正确率均较低。为了提高轻微点蚀检测效果,下面采取多传感器数据融合进行学习。

布置4个传感器,取每个传感器的x方向作为原始信号。提取4个传感器的同一特征量组成四维特征向量。分别选用常用的11个时域统计量进行分析、比较。由于轻微点蚀情况中第4个传感器转速1000r/min,扭矩75N·m的数据缺失,故选择正常数据为270×4-D个,齿面轻微点蚀数据240×4-D个,从510×11个样本中随机抽取50个作为有标签样本,460个为无标签样本,重复抽样10次。把所有样本输入DSTSVM进行协同训练,并且和其他分类器进行对比,得到结果如表4-9所列。

表4-9 混合工况检测结果

特征值	SVM		TSVM		CKSVM		DSTSVM	
	参数σ	正确率/%	参数σ	正确率/%	参数σ	正确率/%	参数(ρ,σ)	正确率/%
均方值	1.0	84.86	1.0	64.78	0.50	88.84	3,0.70	91.80
峭度	0.50	62.36	0.50	61.78	0.50	61.43	2,0.70	63.04
均值	1.50	80.78	1.50	81.06	0.50	89.58	2,0.75	92.08
方差	1.45	85.13	1.45	67.58	0.55	89.28	2,0.75	91.30
偏斜度	0.80	56.13	0.80	53.10	0.50	56.04	2,0.75	56.73
峰值	1.50	74.08	1.50	72.41	0.50	72.60	3,0.75	74.36
均方根幅值	1.45	90.84	1.45	65.76	0.55	89.86	3,0.55	92.80
波形指标	0.55	64.02	0.55	63.58	0.50	61.60	2,0.75	64.63
峰值指标	0.50	64.34	0.50	67.10	0.50	63.0	2,0.50	64.28
脉冲指标	0.50	65.47	0.50	67.19	0.50	61.10	2,0.50	66.20
裕度指标	0.50	65.06	0.50	66.76	0.50	62.90	2,0.50	65.21

为了更好地显示结果，将表 4-9 中各个方法在各个指标下的检测正确率用图 4-17 表示，可以看出，偏斜度指标效果最差，利用均方值、均值、方差和均方根幅值这 4 个指标进行检测，整体效果最好，DSTSVM 和 CKSVM 方法相比原来提高了 20%左右，SVM 方法相对于之前单个传感器的检测结果提高了 15%左右。可见多传感器融合的方法结果更为可靠。

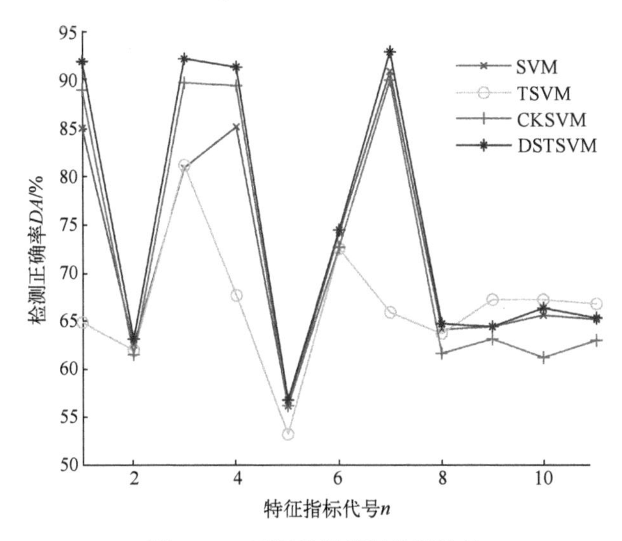

图 4-17　不同特征指标检测结果

另外，在各种方法比较中，利用均方值、均值、方差和均方根幅值进行检测时，DSTSVM 和 CKSVM 方法比另外两种方法优越，这说明利用谱聚类特征提取后，对于输入样本的特征维数较少(四维)的情况下也能有较优的结果，为齿轮早期故障特征选择提供了参考。

为了进一步探究特征指标对分类结果的影响，将均方值、均值、方差和均方根幅值作为混合工况点蚀检测的输入指标，采用传感器 3 的数据，输入 DSTSVM 分类器中进行检测识别，50 个已知样本的情况下，预测 490 个未知样本的正确率为 91.8%，相比于之前 PCA 选出的 9 个指标的检测结果高出 14%左右，这说明 PCA 对特征的选择仅仅是消除了冗余，并不能完全选择出分类性能好的指标，因此特征的选择工作有待进一步研究。

3) 基于密度可调谱聚类的半监督 SVM 的齿轮箱早期故障分类

在输入端转速为 800r/min，输出端扭矩为 75N · m 的工况下，参照采集 3 种类型信号的数据，对轻微点蚀和轻微剥落情况进行分类识别，选取已知样本标签 30 个，预测剩下的 150 个样本所属类别；对正常、轻微点蚀和轻微剥落 3 种类型进行分类识别，选取已知样本 30 个，预测剩下的 240 个样本所属类别。每个实验均是随机抽样,取 10 次平均作为结果输出。所有分类器的惩罚因子 $C=100$,表 4-10 列出了在不同特征值下的分类结果。其中时域特征指标均为经过 PCA 选择后的特征 1、2、4、6、7、9、10、11,频域能量因子指标为由啮合频率及其 2~4 倍频计算的四维数据。

表 4-10 不同特征值输入分类结果

特征指标	方法 M	轻微点蚀 vs 轻微剥落		正常 vs 轻微点蚀 vs 轻微剥落	
		参数	正确率/%	参数	正确率/%
时域(八维)	SVM	$\sigma=0.50$	99.4	$\sigma=0.55$	86.66
	TSVM	$\sigma=0.50$	100	$\sigma=0.55$	87.29
	CKSVM	$\sigma=0.95$	100	$\sigma=0.75$	88.16
	DSTSVM	$\rho=2,\sigma=0.60$	100	$\rho=4,\sigma=0.75$	88.87
能量因子(四维)	SVM	$\sigma=0.50$	100	$\sigma=0.55$	99.48
	TSVM	$\sigma=0.50$	100	$\sigma=0.55$	98.54
	CKSVM	$\sigma=0.80$	100	$\sigma=0.75$	98.87
	DSTSVM	$\rho=2,\sigma=0.60$	100	$\rho=5,\sigma=0.75$	99.5

从表 4-10 可以看出,八维时域特征输入时,在该工况下,对于轻微点蚀与轻微剥落的区分比 3 类区分容易,这主要由于 3 类中正常和轻微点蚀区分度不高,导致 3 种类别总体识别率下降。二者的结果中依然是半监督式方法比监督式方法效果好,DSTSVM 方法比其他方法正确率略微提高。

将频域能量因子作为特征输入,两种分类模式的结果都大幅度提高,再一次证明了该指标对齿轮早期故障诊断的有效性。

以下探讨已知样本数目输入对分类正确率的影响,以正常、轻微点蚀、轻微剥落 3 类以八维指标输入时的分类情况为例,图 4-18 描绘了不同方法下,不同已知样本数目对分类正确率的影响。可以看出,SVM 方法随着样本数目的增加,分类正确率也不断提高,在 30~60 个已知样本内,SVM 的分类正确率最低,其他 3 种方法由于加入了未知样本进行训练,较少的样本下能获得比监督式方法更好的结果;在已知样本大于 60 个之后,SVM 方法分类正确率比 TSVM 和 CKSVM 略高,由于加入密度可调因子,DSTSVM 方法始终能取得比其他方法更好的效果。另外,从图中也可看出,DSTSVM 方法能在一个较宽的样本数目范围内获得较优性能,在已知样本数大于 80 之后,性能趋于稳定。

2. 轴承早期故障检测和分类

1) 轴承数据采集

数据来自于美国凯斯西储大学的轴承故障实验[13],详见 2.5.4 节。

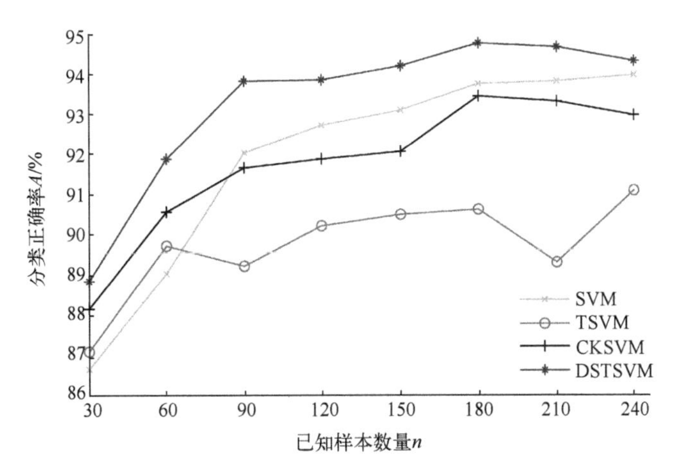

图4-18 已知样本数量对分类正确率的影响

实验采用SKF公司的6205-2RS型的深沟球轴承,采用电火花技术,实验模拟了其内圈单点故障(点蚀)、外圈点蚀及滚动体点蚀3种故障类型,故障尺寸:直径为0.177 8mm,深度为0.279 4mm,轴承的具体参数如表4-11所列。

表4-11 6205-2RS型轴承几何参数

内径/mm	外径/mm	厚度/mm	滚子数	滚子直径/mm	节径/mm
25	52	15	9	7.94	39.11

采集取电机转速为1797r/min,电机负荷为0时的正常轴承信号、内圈故障、外圈故障和滚动体故障信号,采样频率为12000Hz。通过计算,得到滚动轴承的故障特征频率如表4-12所列。

表4-12 滚动轴承故障特征频率

转频/Hz	内圈/Hz	外圈/Hz	滚动体/Hz	保持架/Hz
29.95	162.185 2	107.364 8	141.169 3	11.928 5

2) 基于密度可调谱聚类的半监督SVM的轴承早期故障检测

在电机转速为1797r/min,负荷为0时的工况下,分别采集轴承正常和滚动体轻微点蚀下的振动加速度信号,采样点数为1024×100,每类信号隔1024点取为一个样本,共100个,计算11个常用统计特征参数以及滚动体故障频率所在幅值,两类信号共构成200个12-D的样本,通过PCA特征选择,波形指标和滚动体故障频率所在幅值被剔除,样本变为10维。

从200×10个样本中分别随机抽取15、25、35、45、55个有标签样本,重复抽样10次。把所有样本输入DSTSVM分类器中进行协同训练,经过5-fold交叉验证,最后预测无标签样本的所属类别。将结果与其他方法进行对比,得到表4-13中最终预测结果。所有分类器的惩罚因子取参数$C=100$。

表4-13 滚动轴承滚动体故障检测结果

已知样本个数n	SVM		TSVM		CKSVM		DSTSVM	
	参数σ	正确率A/%	参数σ	正确率A/%	参数σ	正确率A/%	参数(ρ,σ)	正确率A/%
15	0.50	88.10	0.5	99.78	1.4	100	(2,1.25)	100
25	0.50	95.42	0.5	100	1.5	100	(2,1.5)	100
35	0.50	96.12	0.5	100	1.5	100	(2,1.35)	100
45	0.50	97.22	0.5	100	1.5	100	(2,1.35)	100
55	0.50	97.65	0.5	100	1.5	100	(2,1.35)	100

从表4-13可以看出,随着样本已知数量的增加,SVM方法的检测正确率不断提高,但是其他3种方法在样本数很少的情况下都能完全正确地识别出滚动体故障。

3) 基于密度可调谱聚类的半监督SVM的轴承早期故障分类

分别采集轴承正常、内圈轻微点蚀、外圈轻微点蚀、滚动体轻微点蚀下的振动加速度信号,采样点数均为1024×100。每类信号隔1024点取为一个样本,共100个,4类信号共构成400个样本,计算每个样本的11个时域特征值,以及3个频域特征:外圈故障通过频率处幅值、内圈故障通过频率处幅值、滚动体故障通过频率处幅值。经过PCA对特征进行选择,均值和峰值被剔除,建立分类样本集400×12-D。

分别从每类样本中随机抽取5、10、15、20、25个有标签样本,重复抽样10次。把所有样本输入DSTSVM分类器中进行协同训练,经过5-fold交叉验证,最后预测无标签样本的所属类别。将结果与其他方法进行对比,得到表4-14中最终预测结果。所有分类器的惩罚因子取参数$C=100$。

表4-14 4种模式分类结果

已知样本个数n	SVM		TSVM		CKSVM		DSTSVM	
	参数σ	正确率A/%	参数σ	正确率A/%	参数σ	正确率A/%	参数(ρ,σ)	正确率A/%
20	0.50	94.05	0.50	94.63	1.45	100	(2,1.75)	100
40	0.55	98.11	0.50	96.80	1.3	100	(2,1.75)	100
60	0.50	98.64	0.50	97.90	1.4	100	(2,1.70)	100
80	0.50	98.70	0.50	98.67	1.35	100	(2,1.45)	100
100	0.50	98.96	0.50	98.73	1.4	100	(2,0.5)	100

从表 4-14 可以看出,随着样本已知数量的增加,SVM 方法的检测正确率不断提高,且高于 TSVM,CKSVM 和 DSTSVM 在输入已知样本为 20 个的情况下,正确率便达到 100%,其性能一直相对稳定,可见在基于谱聚类分类器具有明显优势。

4.3　基于局部线性嵌入的故障识别

4.3.1　LLE 方法

局部线性嵌入(LLE)算法是 2000 年由 Roweis 和 Saul 在 *Science* 杂志上提出来的一种非线性数据降维方法,它主要是从局部入手,通过欧几里得距离以局部线性来保持整体拓扑结构。LLE 算法的基本思想是在样本点和它的邻域点之间构造一个重构权向量,并在低维空间中保持每个邻域中的权值不变,即假设嵌入映射在局部是线性的条件下,最小化重构误差[14]。LLE 算法所构造的重构权值能掌握局部领域的本质上的几何性质,也就是无论平移、旋转或缩放都保持不变的性质。

LLE 首先在每个样本点寻找它的最近邻域,然后通过求解一个有约束的最小二乘问题以获得重构权值。在求解这样的最小二乘问题时,LLE 将求解最小二乘问题转化成求解一个可能奇异的线性方程组,并通过引入一个小的正则因子 γ 来保证线性方程组系数矩阵的非奇异性。求出重构权后,再利用这些重构权构造一个稀疏矩阵,LLE 通过求解这个稀疏矩阵的最小的几个特征向量来获得全局的低维嵌入。

LLE 算法的主要的优点有:①只有两个参数待定,即近邻点数 k 和嵌入维数 d,因此,在算法的参数选择上比较简单;②寻求最优低维特征映射的过程可以转化成对一个稀疏矩阵求解特征值的问题,因而寻找最优值的过程不会陷入局部最小值;③降维后的特征空间保留了高维空间中的局部几何特性;④降维后特征空间具有全域的正交坐标系;⑤LLE 算法可以学习任意维数的低维流形,有解析的整体最优解,无须迭代;⑥LLE 算法归结为稀疏矩阵特征值计算,计算复杂度相对较小,容易执行。LLE 算法利用邻域内数据点的权重系数保留了数据之间的内在联系,可以很好地应用于非线性数据降维[15]。

4.3.2　基于局部线性嵌入的模式分类

在模式识别中,状态识别分类能否成功,在很大程度上取决于特征量的选择。机械系统往往是一个复杂的随机过程,一般很难用一个确定的时间函数来描述。特征分析的目的就是将原始信号变换成原始特征量,并能找到其与机械设备状态之间的关系。可能的特征量很多,但是反映状态的规律性、敏感性和在模式空间的聚类性、可分性并不相同,各个特征所包含状态信息之间的相关性也不一致,需要在特征分析基础上选择规律性好、敏感性强的分类特征作为初始模式向量,并在此基础上,消除冗余信息,构造用于分类的、维数较低的模式向量,提高分类的效率[16]。

LLE 算法[17]的核心思想是在局部坐标系下确定样本之间的相互关系,以寻找样本的内在流形结构。LLE 是一种对高维数据压缩的有效手段,是一种非监督学习的算法。对于二分类问题,由于正、负样本分别处于其各自的流形上,对于一个新样本来说,可以利用与正、负样本各自流形之间的距离差异来判断其属于哪一类样本。

4.3.3 基于 LLE 算法和其他流形学习算法的降维比较

流形学习的定义及分类,前面已经介绍过,LLE 是一种局部的代表方法,为了验证算法的优越性,选取全局方法 Isomap 和局部方法 Laplacian Eigenmap 进行降维结果的比较。选择经典的 Twin Peaks 数据来进行降维,$N=800$,$D=3$。图 4-19 是近邻数 $k=8$ 时的降维结果。

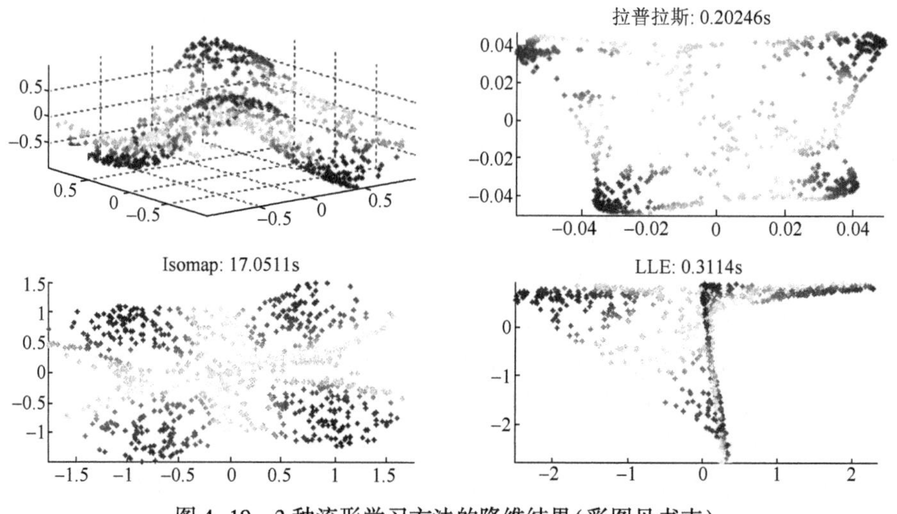

图 4-19　3 种流形学习方法的降维结果(彩图见书末)

由图 4-19 可以看出,能较好保持数据拓扑结构的是全局的 Isomap 算法,但是耗时较长,几乎是局部算法的 50~90 倍,拉普拉斯特征映射 LE 耗时最短,数据内部变形较为严重,而 LLE 既可以很好地对降维后的数据进行聚类,又用时较短,虽然内部拓扑结构也有很大部分的变形,总的来说该算法有着良好的降维效果,有着较大的改进空间。3 种算法取不同 k 值时的运算时间列于表 4-15 中。

表4-15　3种算法取不同k值时的运算时间　（单位：s）

算　法	$k=6$	$k=8$	$k=10$	$k=12$	$k=14$
LLE	2.2561	0.29539	0.3938	0.51363	0.76083
LE	0.51615	0.19607	0.21568	0.23435	0.26801
Isomap	17.6196	17.3278	17.3004	17.2798	17.3269

当k的取值在一定范围内变化时，对算法运行时间影响不大，在综合考虑对原始数据的真实反映、计算时长和实现简单等各方面的影响因素之后，局部的方法占有很大的优势。

4.3.4　基于LLE的故障诊断方法

将LLE方法应用故障诊断，最关键有两大问题：一是最具代表性的特征信号提取；二就是在已有故障知识库的基础上对新数据的识别分类[18]。LLE算法是一个具有代表性的局部流形学习方法。尽管诸多实验证明LLE是一种有效的可视化方法，但是应用于模式识别领域时，该算法会暴露出一些缺陷[19]。一个是如何将基于训练样本建立的LLE权值矩阵泛化到未知的新样本中，另一个是由于算法是无监督算法导致的样本类别信息缺乏。将监督算法线性判别分析和LLE算法相结合可以克服原始算法的缺点，应用于故障诊断。

1. 诊断算法

中国科学院李博等提出了监督式的LLE算法——局部线性判别嵌入（LLDE）算法，并成功应用于人脸识别[20]，本节基于其算法原理，加入原始算法模式分类的评价标准，改进后局部线性判别嵌入分类（LLDEC）算法步骤如下。

1）LLDEC算法

第一步：对于数据点$\boldsymbol{X}_i$，通过KNN或ε-ball算法确定它的邻域。

第二步：计算$\boldsymbol{X}_i$的重建权值，使得$\boldsymbol{X}_i$和其k近邻域线性误差最小化。权值计算公式$\varepsilon_i(\boldsymbol{W})=\operatorname{argmin}\left\|\boldsymbol{X}_i-\sum_{j=1}^{k}\boldsymbol{W}_{ij}\boldsymbol{X}_j\right\|^2$。

第三步：对$\boldsymbol{X}_i$重复步骤二，获取加权矩阵$\boldsymbol{W}=[\boldsymbol{W}_{ij}]_{N\times N}$。

第四步：构建矩阵$\boldsymbol{M}$，$\boldsymbol{M}=(1-\boldsymbol{W})^{\mathrm{T}}(1-\boldsymbol{W})$。

第五步：构建矩阵$\boldsymbol{XMX}^{\mathrm{T}}$。

第六步：计算类间离散矩阵$\boldsymbol{S}_{\mathrm{b}}$、类内离散矩阵$\boldsymbol{S}_{\mathrm{w}}$，并分别计算两者的加权距离差$\boldsymbol{S}_{\mathrm{b}}-\mu\boldsymbol{S}_{\mathrm{w}}$。

第七步：计算$(\boldsymbol{XMX}^{\mathrm{T}}-(\boldsymbol{S}_{\mathrm{b}}-\mu\boldsymbol{S}_{\mathrm{w}}),\boldsymbol{XX}^{\mathrm{T}})$的广义特征值$d$及其相应的特征向量矩阵$\boldsymbol{V}$，从而获得$d$维空间嵌入$\boldsymbol{Y}=\boldsymbol{V}^{\mathrm{T}}\boldsymbol{X}$。

第八步：比较数据点与正样本流形之间的误差$\varepsilon_Y(\boldsymbol{W})^+$和数据点与负样本流形之间的误差$\varepsilon_Y(\boldsymbol{W})^-$的大小，比较两者之间的差别，以确定测试样本属于哪一类，采用一个合适的分类器对嵌入结果进行分类。

2) LLDEC 目标

就可视化而言,降维的目标是将高维数据映射到二到三维的低维空间,并尽可能地保留数据内在结构。但分类旨在将数据投射到一个可以清楚地分开每一类数据的特征空间。前面已经提到,LLE 是一种有效的高维数据投射到二维空间的可视化方法,其分类能力较差。

LLDEC 的目标则是采取充分利用类别信息,提高原 LLE 的分类能力。众所周知,无论平移、旋转或尺度改变,重建权值是保持不变的,对权值做变换如下:

$$\boldsymbol{\Phi}(\boldsymbol{Y})=\sum_i\left\|\boldsymbol{Y}_i-\sum_j\boldsymbol{W}_{ij}\boldsymbol{Y}_j\right\|^2=\sum_i\left\|(\boldsymbol{Y}_i-\boldsymbol{T}_i)-\sum_j\boldsymbol{W}_{ij}(\boldsymbol{Y}_j-\boldsymbol{T}_i)\right\|^2 \tag{4-12}$$

式中:$\boldsymbol{T}_i$ 是类 i 的变换向量。为了提高算法分类能力,与 K 近邻算法结合实现分类。

3) LLDEC 与 K 近邻分类器结合算法

K 近邻分类算法,记作 KNN(k-nearest neighbor),代表 k 个最近邻分类法,通过 k 个最与之相近数据类别来辨别新的数据。

最近邻数 k 值的选取根据每类样本中的数目和分散程度进行的,对不同的应用可以选取不同的 k 值。如果未知样本 s_i 的周围的样本点的个数较少,那么该 k 个点所覆盖的区域将会很大,反之则小。因此最近邻算法易受噪声数据的影响,尤其是样本空间中的孤立点的影响。其根源在于基本的 K 近邻算法中,待预测样本的 k 个最近邻样本的地位是平等的。在自然社会中,通常一个对象受其近邻的影响是不同的,通常是距离越近的对象对其影响越大。

LLDEC 是监督算法,运算过程中带有样本类别信息,对数据进行降维运算后,再经过 K 近邻分类器进行训练和测试,验证了该方法的高效性。

2. 实例分析

下面选取 Laborelec 实验室齿轮数据集作为例子来进行分析。

选择偏斜度、峰值指标、峰值、均方根值、方差和波形指标数据构成样本。分别采集正常、点蚀和剥落 3 种状态下的数据信息,获得 162 个六维的样本集,每组样本 54 个。

由图 4-20 可知,所提出的 LLDEC 的方法分类能力较原始算法有很大的提高。对数据进行训练,每组随机选取 34 个样本作为训练集,测试集每组 20 个样本,输入到 KNN 分类器中进行分类。

表 4-16 是现有 LLE 和 LDA 结合模型的 lab 数据分类结果,对于 LLE 算法 $k=8$ 时,准确率最高只能达到 40%,而改进后的 LLDEC 在 $k=12$ 时达到最高准确率 96.7%,和 Iris 数据不同的是,lab 数据维数由原来的四维增加到六维,而 LLDEC 的准确率随之提高,说明了该算法用于高维非线性数据降维时的有效性,如图 4-21 所示。

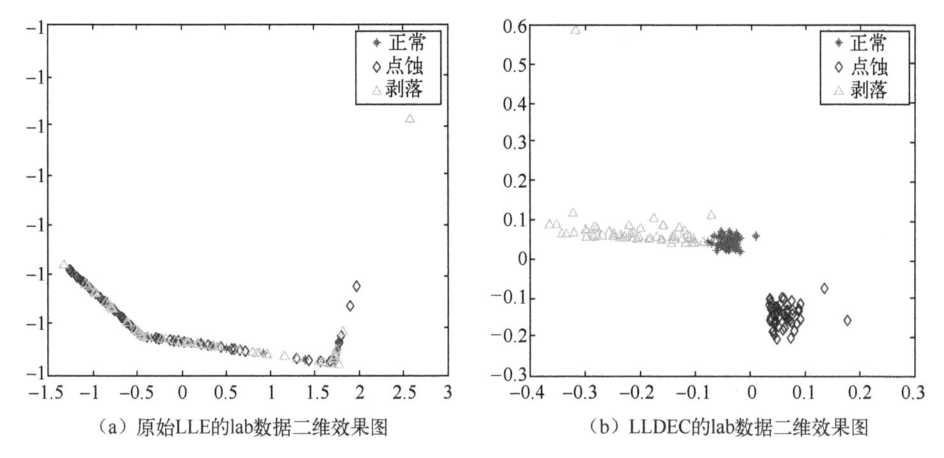

（a）原始LLE的lab数据二维效果图　　（b）LLDEC的lab数据二维效果图

图 4-20　LLE 和 LLDEC lab 实例数据二维效果图(彩图见书末)

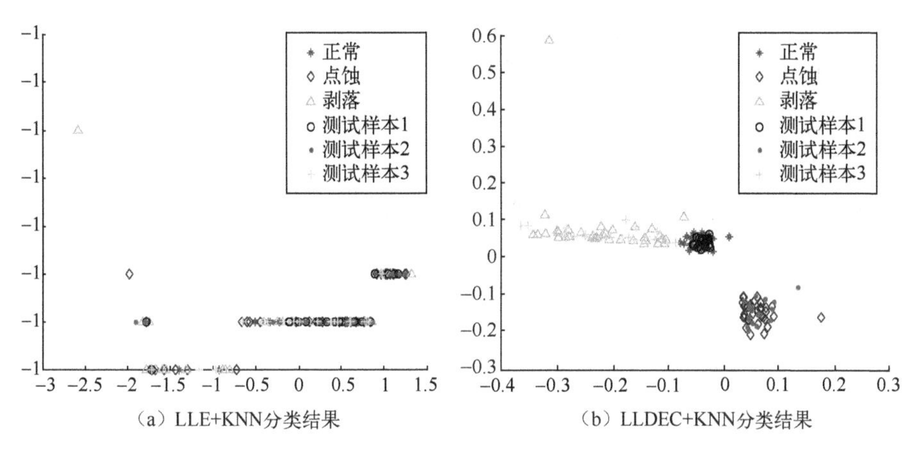

（a）LLE+KNN分类结果　　（b）LLDEC+KNN分类结果

图 4-21　LLDEC+KNN lab 实例数据分类图(彩图见书末)

表 4-16　Laborelec 数据集分类准确率

算　法	训练样本数	测试样本数	参　数　值	准确率/%
LLE	102	60	8	40
ULLELDA	102	60	(8,2)	82
LLDA	102	60	2	81.76
LLDEC	102	60	12	96.7

3. 汽车变速器的故障模式分类

1) 变速器齿轮故障实验

齿轮故障数据采集自某齿轮厂生产的东风 SG135-2 汽车变速器,实验用的是前进 5 挡齿轮。传感器安装在输出轴轴承座上。实验设计变速器分别在正常、齿轮早期点蚀和齿轮轻微剥落 3 种状态下运行。所用变速器以及故障齿轮与 3.2.4 节一致。

为使实验数据具有可比性,需保证变速器在相同工况下运行。对变速器工况和信号采样参数进行设置,对变速器特征频率进行建档,为时域、频域分析提供特征数据资料。变速器运行工况及参数如表 4-17 所列。

表 4-17　变速器运行工况

参　数	参 数 值	参　数	参 数 值
输入转速	1000r/min	输出转速	1300r/min
输入扭矩	69.736N · m	输出扭矩	50.703N · m
输入轴转频	16.67Hz	加速度采样频率	40000Hz
中间轴转频	11.40Hz	4 挡啮合频率	433Hz
输出轴转频	21.67Hz	5 挡啮合频率	478Hz

(1) 基于 LLE 的齿轮故障模式分类。

选取时域指标 6 个、频域指标 4 个和时频指标 5 个构造 270 个 15 维数据集,运用原始 LLE 算法进行数据降维和故障模式分类。

与前面所作的仿真和实例分析的结果比较,由图 4-22 可以看出所选特征指标的有效性,即使是原始的无监督 LLE 算法,也可以看出样本间存在一定的类别差异。将算法与 KNN 分类器结合实现分类,3 种状态下的齿轮数据每组随机选取 60 个作为训练样本,30 个作为测试样本,分类结果如图 4-23 所示。

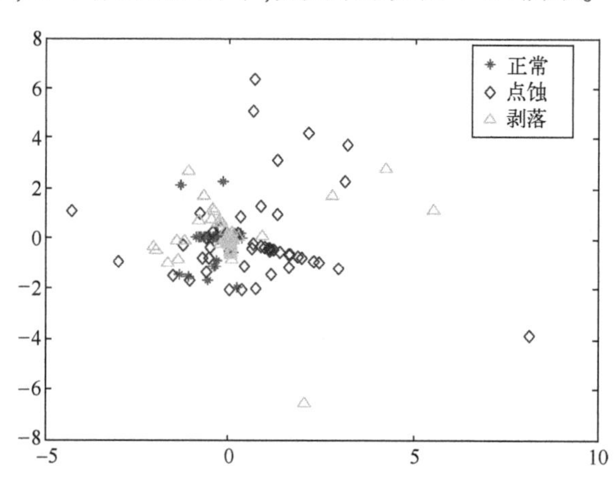

图 4-22　原始 LLE 齿轮数据二维可视化(彩图见书末)

就可视化而言,并不能从 LLE 的分类图上看出明显的类别界限,由表 4-18 可知,其识别剥落故障和点蚀故障准确率最高,但是仍然只有 73%。

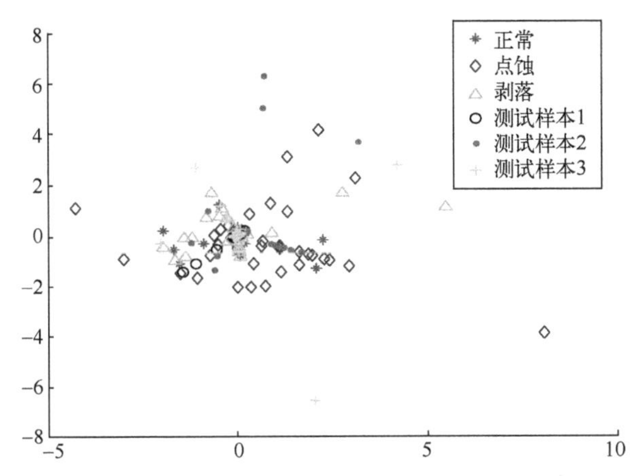

图 4-23　LLE+KNN 分类可视化(彩图见书末)

表 4-18　LLE+KNN 齿轮数据分类

算　法	LLE			
类别信息	正常与点蚀	正常与剥落	点蚀与剥落	三分类
训练、测试样本数	(120,60)	(120,60)	(120,60)	(180,90)
耗时/s	0.6145	0.6145	0.6147	0.6237
准确率/%	56	60	73	62.2

(2) 基于 LLDEC 的齿轮故障模式分类。

同上述分析,选取时域指标 6 个、频域指标 4 个和时频指标 5 个。构造 270 个 15 维数据集,运用 LLDEC 算法进行数据降维和故障模式分类,分类结果如图 4-24 所示。

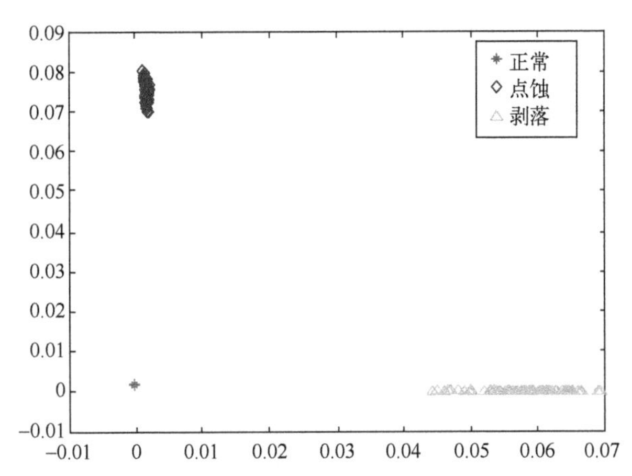

图 4-24　LLDEC 齿轮数据降维可视化(彩图见书末)

将算法与 KNN 分类器结合实现分类,3 种状态下的齿轮数据每组随机选取 60 个作为训练样本,30 个作为测试样本,分类结果如图 4-25 所示。

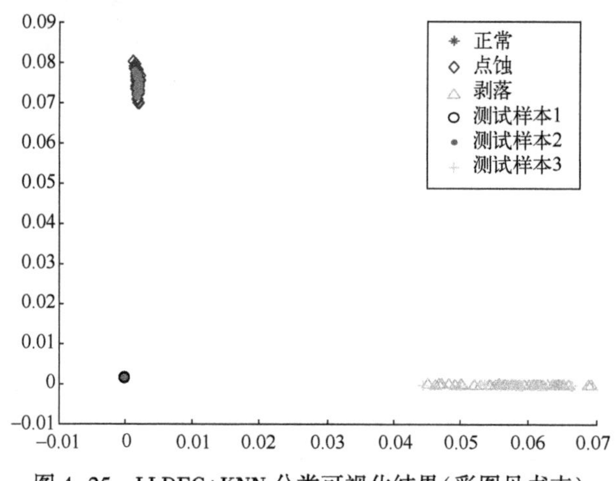

图 4-25　LLDEC+KNN 分类可视化结果(彩图见书末)

由图 4-25 可知,LLDEC 可以将 3 类数据完全分离。说明了该方法的有效性。

表 4-19 给出了其每种故障类别分类的准确率,由表可知,与 LLE 算法比较而言,其分类准确率有很大的提高。

表 4-19　LLDEC+KNN 齿轮数据分类

算　法	LLDEC			
类别信息	正常与点蚀	正常与剥落	点蚀与剥落	三分类
训练、测试样本数	(120,60)	(120,60)	(120,60)	(180,90)
耗时/s	0.5139	0.5139	0.5139	0.5167
准确率/%	94	98	97	97

2) 变速器轴承故障实验

数据来自于美国凯斯西储大学的轴承故障实验,实验模拟了其内圈单点故障(点蚀)、外圈点蚀及滚动体点蚀 3 种故障类型,详见 2.5.4 节。

(1) 基于 LLE 的轴承故障模式分类。

选取时域指标 6 个、频域指标 4 个和时频指标 5 个,构造 270 个 15 维数据集,运用原始 LLE 算法进行数据降维和故障模式分类,分类结果如图 4-26、图 4-27 所示。

由图 4-26、图 4-27 可知,并不能从 LLE 的分类图上看出明显的类别界限,表 4-20 给出了其每种故障类别分类的准确率。由表可知,LLE+KNN 很难区分正

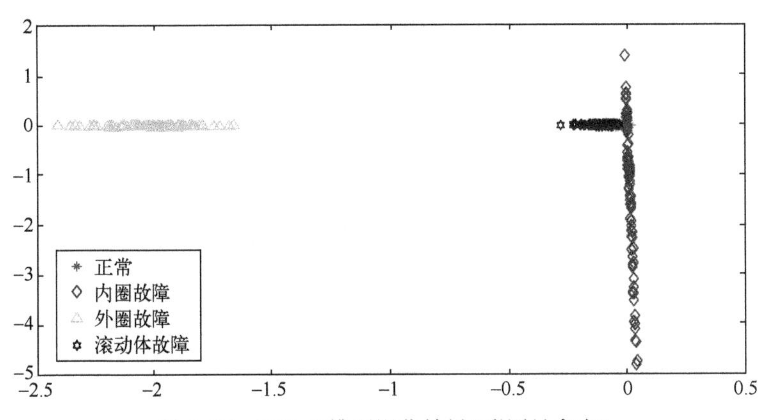

图 4-26　LLE 二维可视化结果(彩图见书末)

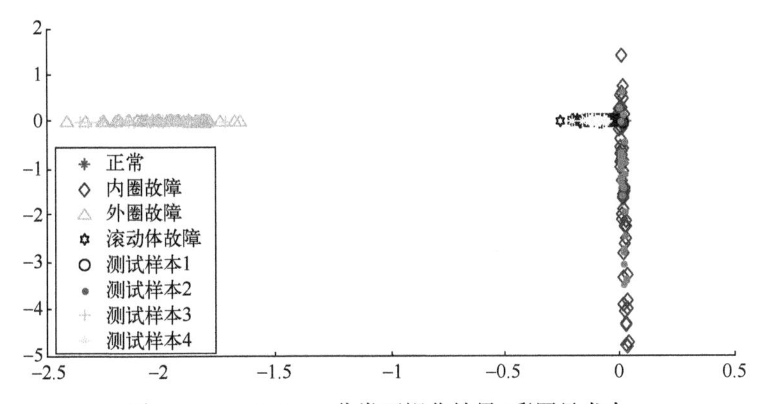

图 4-27　LLE+KNN 分类可视化结果(彩图见书末)

常轴承和滚动体点蚀故障轴承。

表 4-20　LLE+KNN 轴承数据分类

算　法	LLE			
类别信息	正常与内圈	正常与外圈	正常与滚动体	四分类
训练、测试样本数	(120,60)	(120,60)	(120,60)	(240,120)
耗时/s	2. 8783	2. 8792	2. 8791	3. 7517
准确率/%	80	100	41. 67	85

(2) 基于 LLDEC 的轴承故障模式分类。

同以上分析,选取时域指标 6 个、频域指标 4 个和时频指标 5 个,构造 270 个 15 维数据集,运用 LLDEC 算法进行数据降维和故障模式分类,分类结果如图 4-28、图 4-29 所示。

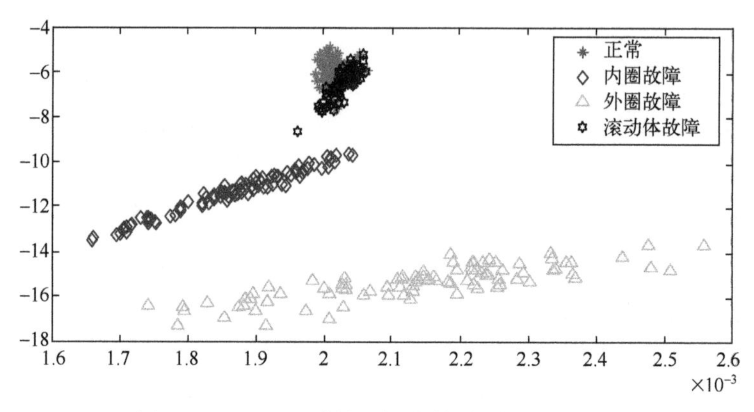

图 4-28　LLDEC 降维可视化结果(彩图见书末)

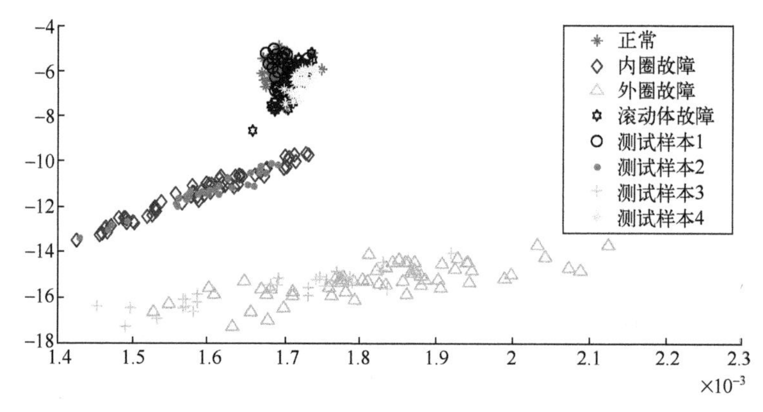

图 4-29　LLDEC+KNN 分类可视化结果(彩图见书末)

跟 LLE 的分类图比较起来,LLDEC 可以给出较为明显的类别界限,表 4-21 给出了其每种故障类别分类的准确率。由表可知,与 LLE 算法比较而言,分类准确率有所提高。

表 4-21　LLDEC+KNN 轴承数据分类

算　法	LLDEC			
类别信息	正常与内圈	正常与外圈	正常与滚动体	四分类
训练、测试样本数	(120,60)	(120,60)	(120,60)	(240,120)
耗时/s	0. 3930	0. 3931	0. 3930	0. 4185
准确率/%	99	97	72. 67	91. 3

分析上述图表结果,可知滚动体故障和正常时不容易区分,这是导致算法分类准确率不高的直接原因,虽然改进后的算法比原来算法有了一定程度上的提高,但是仍然需要进一步改善。

4.3.5　基于可变近邻 LLE 的轴承状态识别方法

由于 LLE 采用欧式距离度量样本的相似性,并不能代表样本的真实结构,而且对近邻个数的选择非常敏感,差别很小的近邻个数,将产生差别明显的降维结果(近邻个数的微小改变将使得权重矩阵发生明显的变化)。因此近邻个数需要谨慎选取,不能太大或者太小,因为太大不能保证局部性,而太小又降低了全局性。

1. 可变近邻点个数的改进算法

虽然 LLE 算法在近邻参数设定问题上已有相关研究,但是仍然存在着所有样本的近邻点数是固定的,或是计算效率及复杂度满足不了要求等问题,需要进一步完善。由于样本密度的不均匀性,各个样本点所处位置的不同,每个样本点都有其最合适的近邻点个数,依照这种思想原理,提出一种可变近邻点个数的改进算法(variable k-nearest neighbor locally linear embedding, VKLLE)方法。该方法利用残差能评价数据对距离信息保留效果的特点,确定各个样本点的最优近邻个数。残差越小,则表明降维后的样本所保留原始数据结构的信息越充分,即降维后保持了近邻样本的距离信息;反之,残差越大,表明数据的信息丢失越多,降维效果也越差。实验结果表明,将 VKLLE 降维方法应用于轴承状态信号的分析中,在保证降维效果的同时,有效地提高算法稳定性。

1) 算法简述

(1) 计算近邻点:先给定一个近邻个数的最大值 $k_{\max}$(由于 LLE 算法的本质在于保持局部线性,因此 $k_{\max}$ 的取值不能太大,否则就破坏了局部线性效果,使得降维效果变差),计算每个点 $\boldsymbol{x}_i$ 与其余样本点之间的欧氏距离,找出其最近的 $k(<k_{\max})$ 个点,构造一个近邻图。

(2) 获得权重:对于每个 k 值,使得重构误差最小

$$\varepsilon(\boldsymbol{W}) = \sum_i \left\| \boldsymbol{x}_i - \sum_{j \in J_i} w_{ij} \boldsymbol{x}_j \right\|^2 \tag{4-13}$$

得到权重

$$\boldsymbol{w}_i = \{w_{i1}, w_{i2}, \cdots, w_{ik}\} \text{ 且 } \sum_{j=1}^{k} w_{ij} = 1$$

(3) 获得低维嵌入:使得重构误差最小

$$\varepsilon(\boldsymbol{y}_i) = \min_{\boldsymbol{y}_i} \left\| \boldsymbol{y}_i - \sum_{j}^{k} w_{ij} \boldsymbol{y}_j \right\|^2 \tag{4-14}$$

计算得

$$\varepsilon(\boldsymbol{Y}_k) = \min[\operatorname{tr}(\boldsymbol{Y}_k \boldsymbol{w}_i^{\mathrm{T}} \boldsymbol{w}_i \boldsymbol{Y}_k^{\mathrm{T}})] \tag{4-15}$$

式中:$\boldsymbol{Y}_k = \{\boldsymbol{y}_i - \boldsymbol{y}_{i1}, \boldsymbol{y}_i - \boldsymbol{y}_{i2}, \cdots, \boldsymbol{y}_i - \boldsymbol{y}_{ik}\}$,其中 $\boldsymbol{y}_{ij}(j=1,2,3,\cdots,k)$ 为 $\boldsymbol{y}_i$ 的第 j 个近邻点,且 $\operatorname{tr}(\boldsymbol{Y}_k \boldsymbol{Y}_k^{\mathrm{T}}) = c$,$\operatorname{tr}(\cdot)$ 为矩阵的迹。

根据拉格朗日函数

$$L=\boldsymbol{Y}_k w_i^{\mathrm{T}} w_i \boldsymbol{Y}_k^{\mathrm{T}}-\lambda(\boldsymbol{Y}_k \boldsymbol{Y}_k^{\mathrm{T}}-c) \tag{4-16}$$

对 $\boldsymbol{Y}_k$ 求偏导数得

$$\frac{\partial L}{\partial \boldsymbol{Y}_k}=\boldsymbol{w}_i^{\mathrm{T}} \boldsymbol{w}_i \boldsymbol{Y}_k^{\mathrm{T}}-\lambda \boldsymbol{Y}_k^{\mathrm{T}}=0 \tag{4-17}$$

$\boldsymbol{Y}_k$ 为矩阵 $\boldsymbol{w}_i^{\mathrm{T}}\boldsymbol{w}_i$ 非零最小特征值所对应的特征向量，而 $|\boldsymbol{Y}_k|$ 即为 $\boldsymbol{y}_i$ 的前 k 个最近点的距离，因此，$\boldsymbol{Y}_k$ 可由高维空间 $\boldsymbol{x}_i$ 的权重 $\boldsymbol{w}_i$ 确定。

对于任意的 k 值计算残差：$1-\rho_{\boldsymbol{X}_k\boldsymbol{Y}_k}^2$，其中 $\boldsymbol{X}_k$ 为高维空间点 $\boldsymbol{x}_i$ 与其前 k 个近邻点的距离矩阵，ρ 代表线性相关系数，残差越小，则表明降维后的数据所保留原始数据的信息越充分；反之，则表明降维后的数据不能充分地保留原始样本的信息。

(4) 由下式确定各个样本的最优近邻个数 k_{opt}^i，确定最优的权重矩阵，其余步骤与 LLE 算法相同。

$$k_{\mathrm{opt}}^i=\min(1-\rho_{\boldsymbol{X}_k\boldsymbol{Y}_k}^2) \tag{4-18}$$

2) 评价指标

由于 LLE 算法不具备增量学习的功能，因此，采用与文献[21]相同的分类性能下降率指标 R 及 3.2.2 节中的可分性评价指标 J_{b} 作为降维效果的评价标准，对降维后数据的分类性能进行评价。分类性能下降率越小表示低维空间的分类效果越好，样本的类别信息得到更为有效的保留；反之，分类效果越差，保留的类别信息越少。评价指标 J_{b} 值越大表示同类样本类内聚集程度高，并且不同类别样本的类间距离越远，说明样本聚类的可分性高，降维效果好；反之，则表示样本聚类的可分性低，降维效果差。

分类性能下降率为

$$R=\frac{N_x-N_y}{N_x} \tag{4-19}$$

式中：N_x、N_y 分别为原始高维空间、低维嵌入空间的样本正确分类数，书中采用 K 近邻分类器对样本进行分类，即某个样本的类别与其近邻样本中类别标签最多那个相一致。

3) 仿真分析

采用目前常用来降维或者分类的混合国家标准技术研究所手写数据(mixing national institute of standards and technology handwritten digits, MNIST)[21] 手写体数字 0~9 数据集作为仿真数据对本节算法进行验证，图 4-30 为其原始图形手写体数字示例，从 MNIST 名为训练集的文件中选取 500 个样本(数字 0~4)，维数为 784，作为仿真数据。

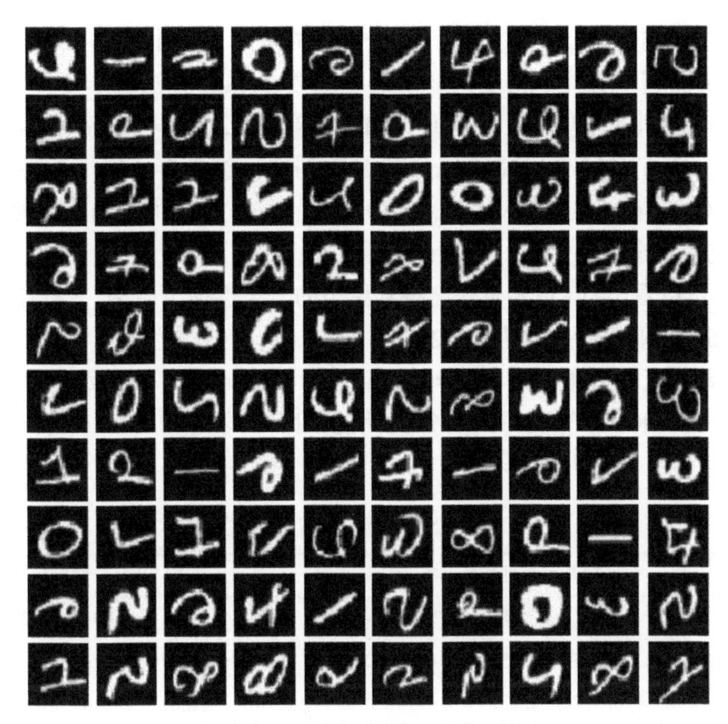

图4-30　MNIST手写体数字0-2示例

表4-22显示MNIST数据集在KNN近邻个数$K=1,2,5,9$,且低维维数为2和5时的分类性能下降率,表4-23显示MNIST数据集维数约简后样本的可分性,其中d表示低维维数,各列代表两种算法在不同近邻个数$k=10,15,20,25,30$或$k_{\max}=10,15,20,25,30$下的分类性能下降率及可分性指标,R值越小,说明降维保留样本空间的信息越多,J_b越大,表明降维后样本的可分性越高。

表4-22　MNIST数据集的分类性能下降率R

d	K	LLE分类性能下降率/%					VKLLE分类性能下降率/%				
		10	15	20	25	30	10	15	20	25	30
2	1	0	0	0	0	0	0	0	0	0	0
	2	3.73	5.18	8.28	16.36	19.25	2.28	1.66	2.48	2.48	2.28
	5	6.46	8.33	12.50	21.25	24.79	3.13	3.75	3.75	5.21	4.58
	9	5.94	8.07	9.77	22.51	26.11	1.70	2.12	2.76	4.67	4.03
5	1	0	0	0	0	0	0	0	0	0	0
	2	1.66	1.04	1.86	2.69	6.00	1.04	1.45	1.04	2.07	1.86
	5	1.04	2.08	4.58	5.00	6.04	0	2.29	3.33	2.71	3.54
	9	0	0.64	2.55	4.67	5.94	−1.27	−0.21	1.49	1.49	1.27

由表 4-22 可见,低维维数越大时,分类性能下降率越小,表明低维保留的分类信息越多,更有利于分类。对于同一个低维维数 d,LLE 算法对于不同 k 值的分类性能下降率相差很大,差值最大达到 20.17%(当 $d=2,K=9$ 时,$k=10$ 与 $k=30$ 之间的差值)。而 VKLLE 取不同的 k_{max} 值时得到的分类性能下降率相差不大,相差最大才 3.54%(当 $d=5,K=5$ 时,$k_{max}=10$ 与 $k_{max}=30$ 之间的差值),说明改进的算法具有一定的稳定性。

从表中可以看出,VKLLE 算法能得到更小的分类性能下降率,只有在 $k/k_{max}=15$ 且维数 $d=5$,KNN 近邻个数为 $K=2$ 或者 $K=5$ 时,其分类性能下降率比 LLE 算法高,但是两者数值相差很小。在 $K=2$ 时相差 0.41%,在 $K=5$ 时仅相差 0.21%。而对于其他数据,VKLLE 算法得到的分类性能下降率均比 LLE 低,两者最大差值达到-22.08%(在 $k/k_{max}=30,d=2,\ K=9$ 时)。

表 4-23　MNIST 数据集的可分性指标 J_b

d	LLE 可分性指标/%					VKLLE 可分性指标/%				
	10	15	20	25	30	10	15	20	25	30
2	0.550	0.595	0.551	0.463	0.512	0.645	0.547	0.567	0.573	0.573
5	0.580	0.572	0.531	0.473	0.494	0.618	0.587	0.581	0.580	0.569

从表 4-23 的可分性指标中可以看出,VKLLE 降维后的样本可分性 J_b值均在 0.54 以上,除在 $d=2,k/k_{max}=15$ 时,VKLLE 的 J_b值小于 LLE 算法外(两者相差 0.048),其余情况下 VKLLE 的 J_b值均大于 LLE 算法,两者最大差值达到 0.11(此时 $d=2,k/k_{max}=25$),说明采用 VKLLE 方法降维后的样本具有更好的聚类性能。

LLE 算法是一种局部方法,其近邻个数取得太大将起不到保留局部特性的效果。但是从表 4-22、表 4-23 可以看出,即使 k_{max}取得较大的值,VKLLE 仍然具有较小的分类性能下降率和较好的聚类效果。结果表明,采用 VKLLE 方法较 LLE 方法具有更好的维数约简效果。

4) 计算复杂度分析

假设样本个数为 N,原始空间的维数为 D,LLE 算法中各样本点的近邻数为 k,VKLLE 算法中每个样本点的平均近邻数为 k_m。设定的最大样本点近邻个数为 k_{max},降维后低维子空间的维数为 d。VKLLE 算法的计算复杂度与 LLE 算法的计算复杂度对比如下。

(1) LLE 算法计算复杂度[21]。

为了寻找最优的近邻个数,得到更好的分类效果,一般的做法是进行重复的 LLE 循环,以得出最优的 k 值,计算复杂度如下。

第一步:近邻点计算:$O(k_{max}\times D\times N^2)$

第二步:求权重:$O(k_{max}\times D\times N\times k^3)$

第三步:求低维嵌入:$O(k_{max}\times d\times N^2)$

(2) VKLLE 算法计算复杂度。

第一步:近邻点计算: $O(k_{max}\times D\times N^2)$

第二步:权重及各个最佳近邻点计算: $O(N_t\times D\times N\times k_m^3)$,$N_t=k_{max}+k_m$

第三步:求低维嵌入: $O(d\times N^2)$

由上述步骤可以看出,算法的复杂度依赖于原始空间的维数 D 及样本数 N。当 $D>N$ 时,计算复杂度主要在第一步和第二步,此时 VKLLE 计算时间大于 LLE 方法;当 $D<N$ 时,计算复杂度主要在第一步和第三步,此时 VKLLE 算法较 LLE 算法在复杂度方面得到了很大的提高,即 VKLLE 算法总的计算时间远远低于 LLE 所需的时间。采用 MNIST 数据集(训练集的总样本数为 59370,维数为 784)进行计算复杂度对比,其中 $d=2$,$D=784$,$k_{max}=30$,从表 4-24 可以明显地看出从样本点数接近 1 000 开始,VKLLE 的计算时间较 LLE 明显减少,而且样本点数越多,这种效果越明显。

表 4-24　VKLLE 与 LLE 算法计算复杂度对比表

样本点数 N/个	LLE/s	VKLLE/s
500	27.909703	75.689061
1000	159.886005	154.756701
1500	422.532133	238.290806
2000	829.198174	292.623492
2500	1454.128425	390.467419
3000	2363.035180	481.147113
注:处理器:Intel(R) Core(TM) i5 CPU M450@ 2.4GHz,内存:2G		

5) VKLLE 算法在轴承状态识别中的应用

利用 3.4.4 节中的旋转机械故障模拟实验平台,模拟了 3 种轴承状态实验:正常轴承、轴承内圈线切割 1mm 故障(图 4-31(a))和外圈线切割 1mm 故障(图 4-31(b))。在轴承座正上方安装 PCB 加速度传感器,通过 BBM 数据采集前端进行采集,得到不同状态下的振动信号。具体的轴承参数及特征频率如表 3-12 所列。所有的轴承振动数据均在转速为 1100r/min,采样频率为 12000Hz,时间为 1.5s 的条件下采集得到的。采集每种轴承状态下的振动数据各 40 组,按照表 4-25 提取 20 个特征指标构成轴承状态的原始故障特征集,总共得到 120 组数据样本,维数为 20 维,降维后的维数为 3 维。

表 4-25 轴承状态原始特征指标

时域特征指标	频域特征指标
均值 p_1	转频处的幅值 p_{11}
方根幅值 p_2	内环通过频率处的幅值 p_{12}
均方差 p_3	外环通过频率处的幅值 p_{13}
峰值 p_4	滚动体过频率处的幅值 p_{14}
偏斜度 p_5	保持架通过频率处的幅值 p_{15}
峭度 p_6	2 倍转频处的幅值 p_{16}
波形指标 p_7	2 倍内环通过频率处的幅值 p_{17}
峰值因子 p_8	2 倍滚动体过频率处的幅值 p_{18}
脉冲因子 p_9	2 倍外环通过频率处的幅值 p_{19}
裕度因子 p_{10}	2 倍保持架通过频率处的幅值 p_{20}

(a) 内圈线切割故障

(b) 外圈线切割故障

图 4-31 滚动轴承故障模拟

图 4-32 为轴承在各个状态下的时域图和解调频谱图,从图中可以看出轴承的时域波形差别较为明显,除了振动幅值不同外,故障轴承还存在明显不同的冲击信号,如内圈线切割 1mm 的冲击信号和外圈线切割 1mm 的冲击信号明显不同。从相应的解调谱可以看出,内圈线切割 1mm 和外圈线切割 1mm 解调出来的频率除了都含有转频成分(18. 25Hz),还包含了各自的通过频率(内圈:127. 5Hz 和 382. 9Hz,外圈:98. 51Hz 和 198. 8Hz),而正常轴承的调制不明显。虽然从时域及频域方面可以明显地区分故障类别,但是为了能够准确并智能地识别故障类型,仍然需要进行特征提取,实现不同状态的分类识别。

图 4-33 为各个特征指标在 3 种不同状态下的样本分布图形,“+”代表正常轴承,“ * ”代表外圈线切割 1mm, “ ○”代表内圈线切割 1mm,所有指标均经过归一

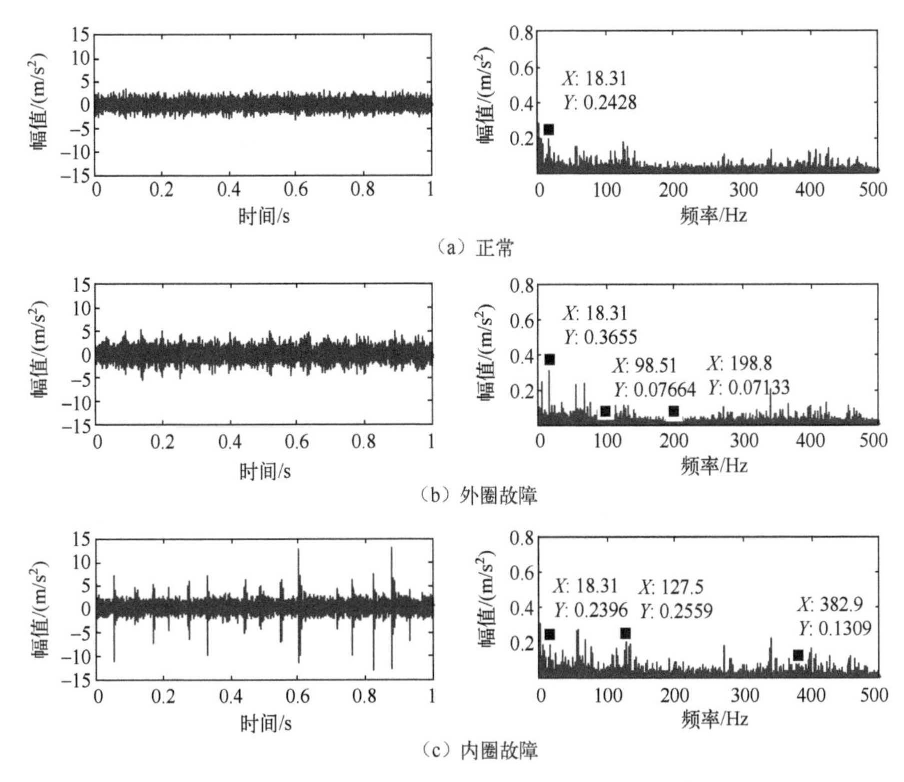

（a）正常

（b）外圈故障

（c）内圈故障

图4-32　3种轴承状态的时域波形及解调频谱

化(均值为0,方差为1)。由图4-33可以看出,不同特征在区别不同类别时所起的作用是不一样的,比如均方差区分各类别的效果明显比峭度要好,而峭度的类别区分效果又比均值好。

表4-26为LLE与VKLLE的分类性能下降率($d=3;K=1,2,5,9;k/k_{\max}=6,8,10,12,14,16$)。从表中可以看出,LLE与VKLLE在该情况下的分类性能下降率相当,但在$K=9$, $k/k_{\max}=6$时,VKLLE的分类性能下降率($R=0$)比LLE低($R=1.667$),取得较好效果。

表4-26　轴承状态的分类性能下降率

d	K	LLE分类性能下降率/%						VKLLE分类性能下降率/%					
		6	8	10	12	14	16	6	8	10	12	14	16
3	1	0	0	0	0	0	0	0	0	0	0	0	0
	2	0	0	0	0	0	0	0	0	0	0	0	0
	5	0	0	0	0	0	0	0	0	0	0	0	0
	9	1.667	0	0	0	0	0	0	0	0	0	0	0

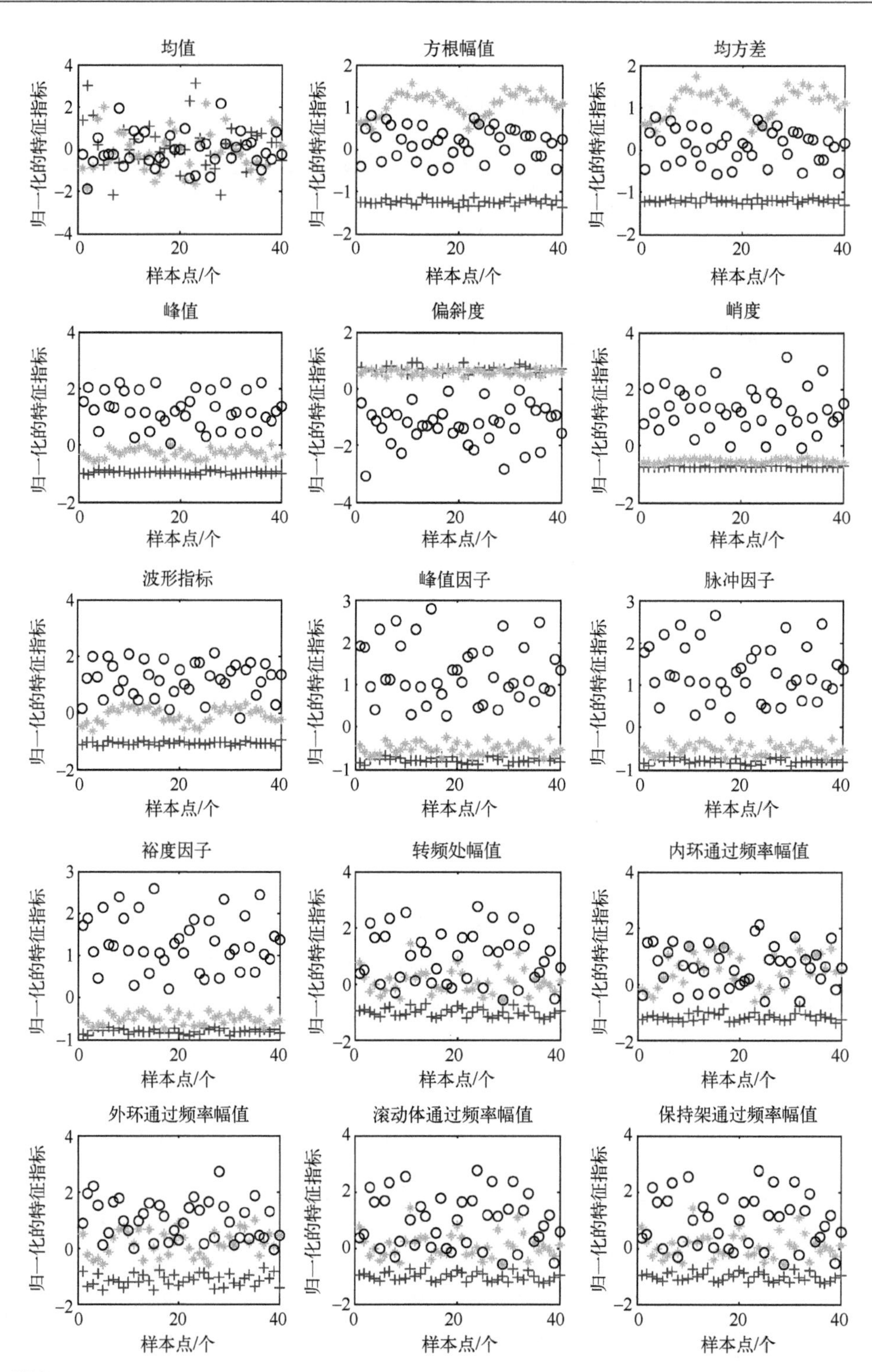
均值
方根幅值
均方差
峰值
偏斜度
峭度
波形指标
峰值因子
脉冲因子
裕度因子
转频处幅值
内环通过频率幅值
外环通过频率幅值
滚动体通过频率幅值
保持架通过频率幅值
归一化的特征指标
样本点/个

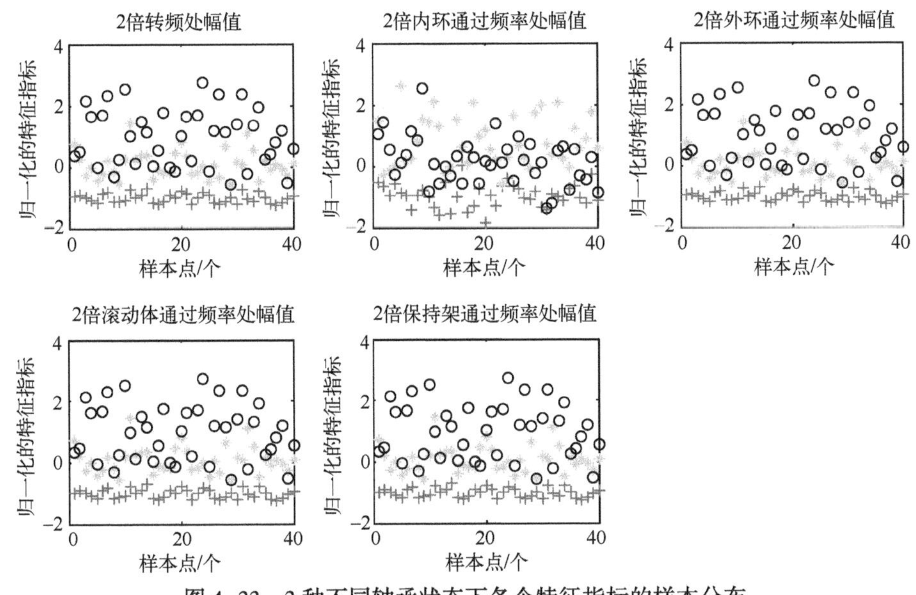

图4-33　3种不同轴承状态下各个特征指标的样本分布
（"+"：正常轴承，"*"：外圈线切割1mm，"○"：内圈线切割1mm）

图4-34对比LLE算法和VKLLE算法在不同k值下的分类效果，表4-27为相应的J_b值。从图4-34、表4-27可以看出，在每个设定的k/k_{max}下，采用VKLLE算法进行降维得到的可分性评价指标J_b值均比LLE大，两者之差最大达到0.184（k/k_{max}为8时）。VKLLE算法的可分性评价指标J_b值都在0.8以上，最大达到0.952（k_{max}为6时），说明采用VKLLE降维后不同类别之间的类间距离较大，同类样本的类内距离较小，更有利于样本的分类。从图4-34也可以看出对不同的k_{max}，VKLLE均能得到很好的聚类效果，同类样本聚集在一起，而非同类样本明显的分离，具有一定的稳定性，这是LLE所不能达到的。LLE算法对k值很敏感，不同的k值分类效果差别很大，很不稳定，如$k=6$与$k=8$的值差别很小，但是其聚类效果图的差别却非常明显，$k=6$的聚类效果明显优于$k=8$的聚类效果。以上实验表明，与LLE算法相比所提VKLLE方法能取得更好的识别聚类效果。

表4-27　轴承状态的可分性评价指标

k/k_{max}	J_b(LLE)	J_b(VKLLE)
6	0.883	0.952
8	0.716	0.900
10	0.801	0.912
12	0.729	0.868
14	0.765	0.856
16	0.730	0.825

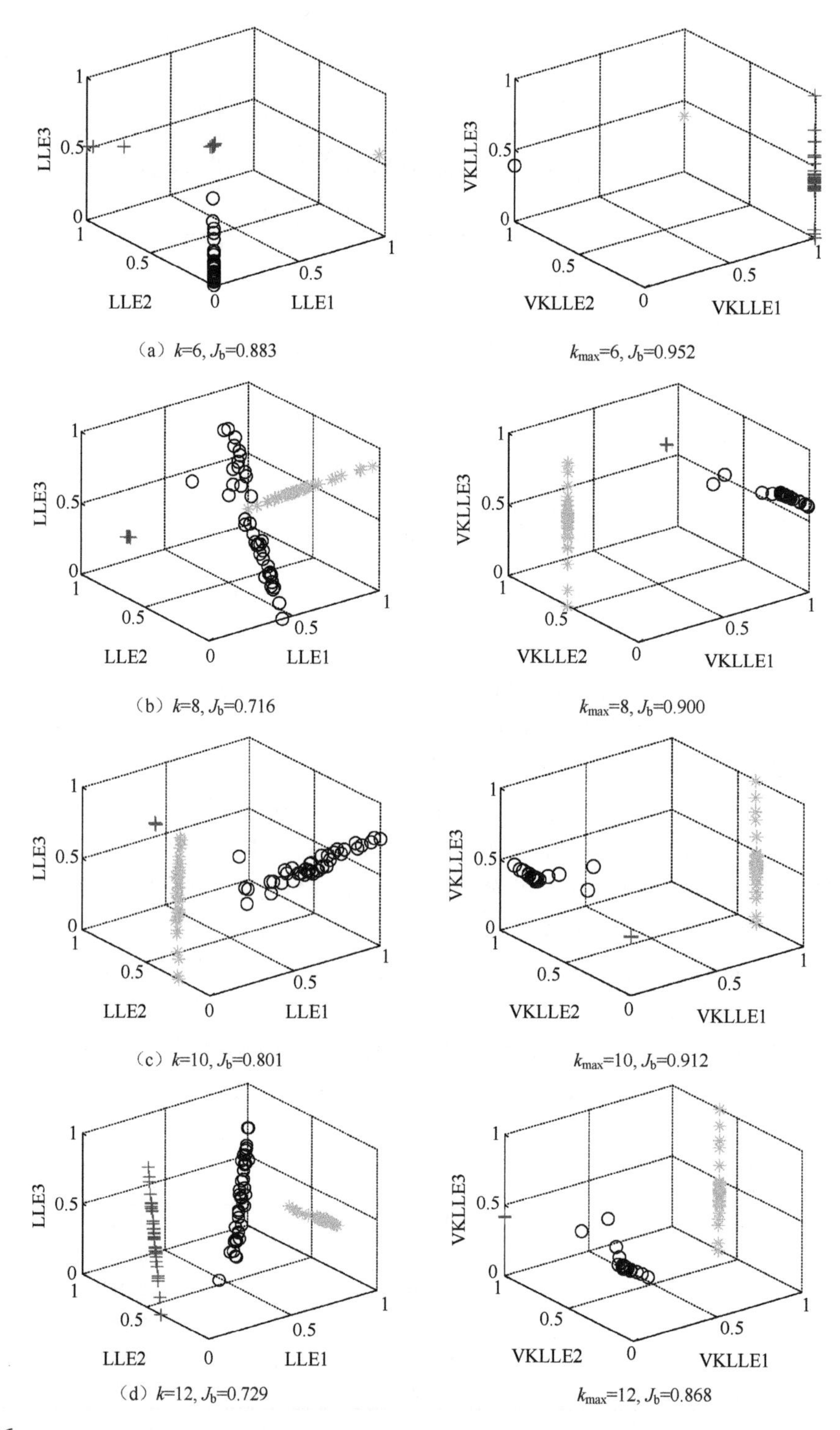

（a）k=6, J_b=0.883　　k_{max}=6, J_b=0.952

（b）k=8, J_b=0.716　　k_{max}=8, J_b=0.900

（c）k=10, J_b=0.801　　k_{max}=10, J_b=0.912

（d）k=12, J_b=0.729　　k_{max}=12, J_b=0.868

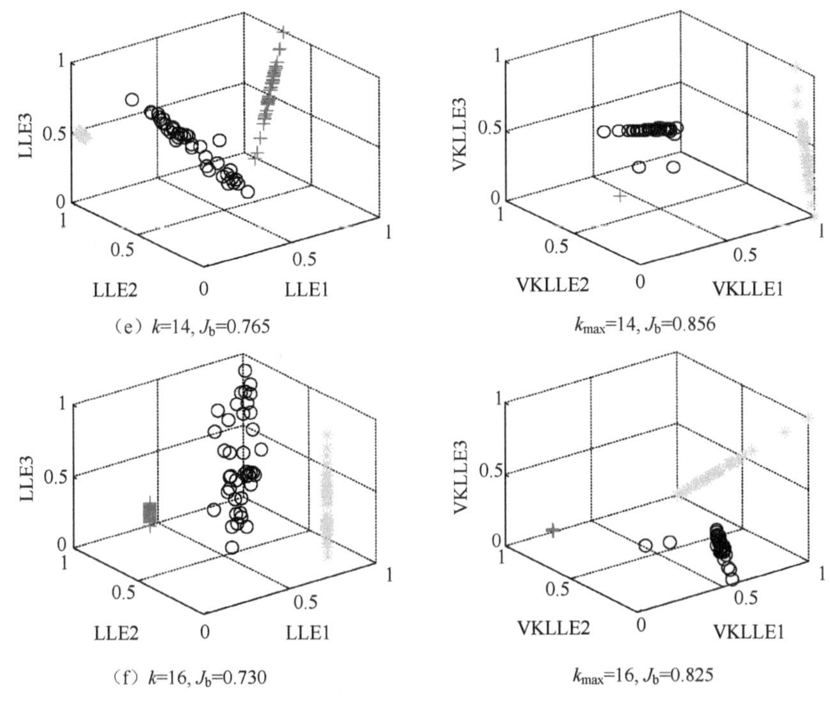

（e）k=14, J_b=0.765　　k_{max}=14, J_b=0.856

（f）k=16, J_b=0.730　　k_{max}=16, J_b=0.825

图4-34　LLE算法和VKLLE算法在不同k值下的分类效果
（"+"代表正常轴承，"＊"代表外圈线切割1mm，"○"代表内圈线切割1mm）

虽然VKLLE算法明显地提高了轴承状态的分类性能，但是，当$k_{max}>12$时，其可分性评价指标小于0.9，达不到理想的要求，这是因为测试得到的振动信号不可避免地存在噪声、转速波动等问题，从而导致VKLLE算法在不同近邻样本数取值下无法达到理想的稳定性。因此，对提取的特征数据集预先进行特征空间降噪处理以提高聚类效果。图4-35为经过特征空间降噪后VKLLE算法的聚类效果，表4-28为相应的可分性评价指标J_b值。

表4-28　VKLLE在轴承特征空间降噪前后状态的可分性评价指标

k_{max}	J_b（降噪前）	J_b（降噪后）
6	0.952	0.956
8	0.900	0.953
10	0.912	0.955
12	0.868	0.949
14	0.856	0.952
16	0.825	0.923

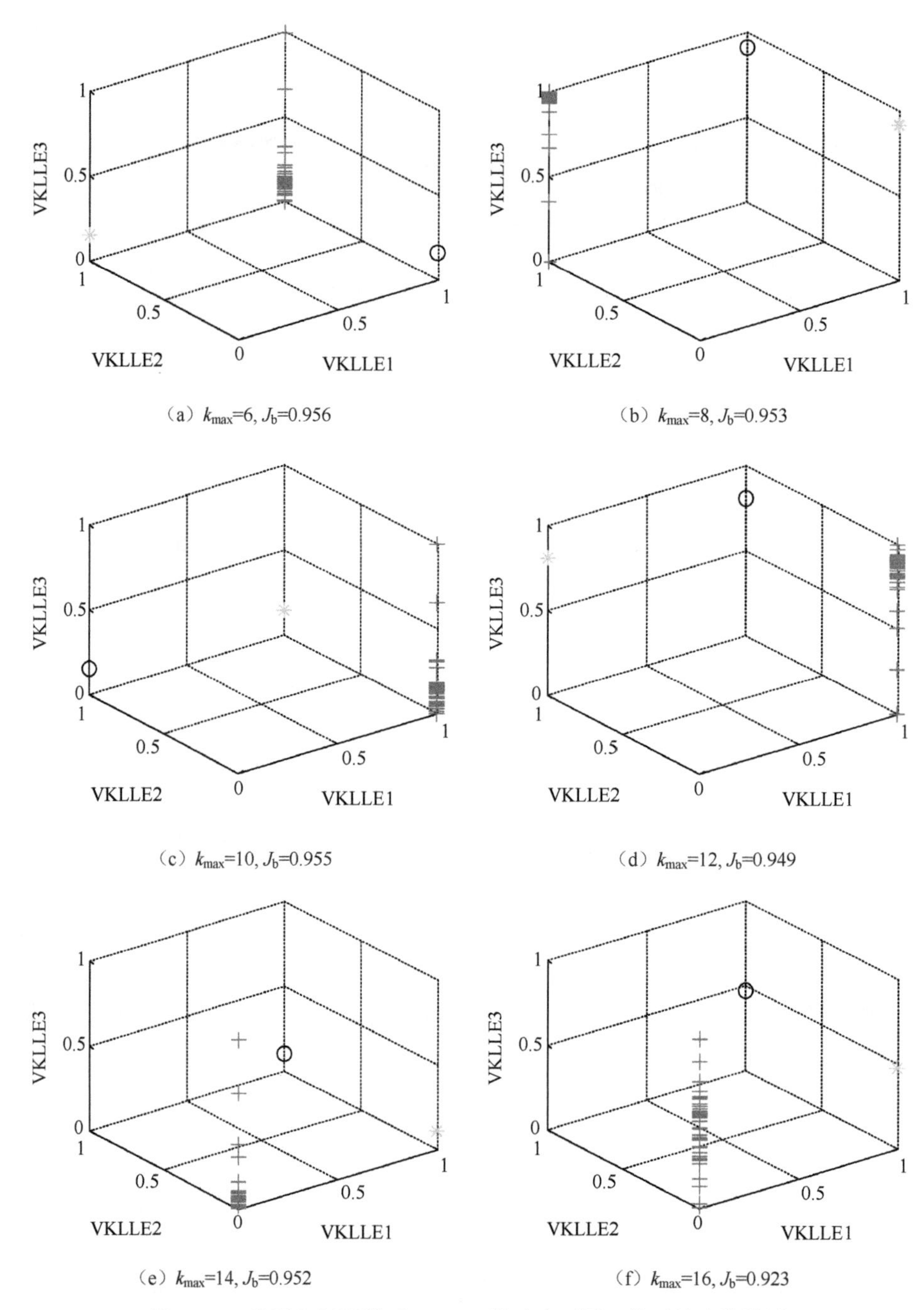

图 4-35　特征空间降噪后 VKLLE 算法在不同 k 值下的聚类效果

(“+”代表正常轴承，“ * ”代表外圈线切割 1mm，“○”代表内圈线切割 1mm)

从图 4-35 可以看出，经过特征空间降噪后，原先聚类效果不好的内圈线切割 1mm（"○"代表）样本的聚类性能明显提高。从相应的表 4-28 可见，降噪后各 k_{max}取值下的 J_b值均有所提高，最大差别接近 0.1（此时 $k_{max}=16$），说明降噪效果较为明显。在 k_{max}设定的取值范围内，可分性评价指标 J_b值的波动幅度由原来的 0.127 减小为 0.033，稳定性提高，且在该范围取值内，J_b值均大于 0.9，明显高于降噪前的 J_b值。说明特征空间降噪与 VKLLE 结合能够进一步提高样本的聚类效果。

2. 邻域保持嵌入算法在轴承状态趋势分析中的应用

LLE 本身是一种非线性算法，能有效地处理非线性数据矩阵，具有计算速度快、参数少的优点。但是从前面的分析可以看出，LLE 是一种非增量学习算法，无法有效地处理新样本数据。新的测试样本需要重新输入算法的流程中，计算低维空间，导致存储空间大且不利于实现实时监测等问题。针对该问题，蔡登等[23]从 LLE 算法的基础理论出发，提出了具有泛化性能的邻域保持嵌入（neighborhood preserving embedding，NPE）算法。NPE 的实质是针对 LLE 算法不能有效处理新增样本的问题，假设存在高维空间到低维空间的映射转换矩阵，由训练样本计算出从高维空间到低维空间的映射转换模型，而后续的测试样本只需要与该模型相乘便可以得到相应低维空间的测试数据，其本质是 LLE 的一种线性化逼近。

自组织映射（self-organizing map，SOM）神经网络[24]是由芬兰学者 Kononen 提出的一种无监督聚类算法，已经被广泛应用于变速器等机械部件的状态监测中，其基本原理是：当某类别模式输入时，其输出层某节点得到最大刺激而获胜，获胜节点周围的一些节点因侧向作用也受到较大刺激，这时网络进行一次学习操作，获胜节点及其周围节点的连接权向量向输入模式的方向做相应的修正。当类别模式输入发生变化时，二维平面上的原获胜节点将转移到其他节点，这样通过自组织方式用大量训练样本数据来调整网络的连接权值，最终使得网络输出层特征图能够反映样本数据的分布情况。基于 NPE 和 SOM 的轴承性能评估算法通过 NPE 实现样本从高维空间到低维空间的映射，并利用正常状态的数据样本训练 SOM 模型，对于新的数据样本输入 SOM 模型中，通过最小平方误差（minimum quantization error，MQE）计算新数据样本与正常样本的偏离值，确定新数据样本的状态。将 MQE 值归一化，得到区间为[0 1]的置信度指标（confidence value，CV）。

采用美国 Case Western Reserve University 电气工程实验室[13]的轴承振动数据验证所提 NPE 与 SOM 相结合的方法。选择位于感应电机输出轴上端机壳的振动加速度传感器测得的振动信号进行分析，采样频率为 48kHz，包括：

（1）正常状态；

（2）滚动体故障（故障宽度分别为 0.007in①、0.014in、0.021in，深度均为

---

① 1in = 2.54cm。

0.011in,分别用 B014、B021、B007 代表)。

这 4 种轴承状态的振动信号均在 3 种不同载荷及转速下采集得到:1hp[①]-1772r/min、2hp-1750r/min、3hp-1730r/min。采集每种载荷及转速下的时域信号各 20 组,并按照表 4-25 计算 20 个特征指标,因此,每类轴承状态的样本数为 60,特征维数为 20,因此,高维空间的数据为 20×240。

文献[25]以残差的变化曲线确定高维空间数据结构的固有维数,认为残差曲线"拐点"处的维数即为数据结构的固有维数。以该文献为基础,数据结构的残差曲线如图 4-36 所示,从图中可以看出,残差曲线的"拐点"在低维维数为 3 的位置,所以将该数据结构的低维维数定位为三维。选择总样本数 50%的样本计算 NPE 的映射转换矩阵,其余样本通过转换矩阵映射到三维空间,再由 SOM 计算相应的 MQE 值,根据 MQE 值的大小,判定轴承的故障程度。

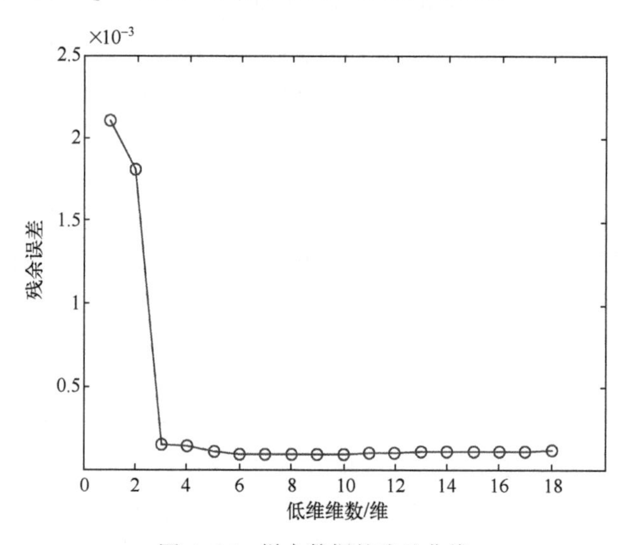

图 4-36　样本数据的残差曲线

图 4-37(a)为原始特征空间未经降噪处理,采用 NPE 算法得到低维空间的样本曲线,其中 NPE1、NPE2、NPE3 分别代表低维空间样本的第一维特征、第二维特征和第三维特征。从图中可见样本特征曲线波动明显,不能很好地区分不同状态,如正常样本与 B007 在 NPE1 指标曲线下几乎相同,很难区分,说明在该指标下两者将混为一体。图 4-37(b)为特征空间降噪预处理后,经 NPE 方法得到的低维空间数据曲线,可以看出,经过特征空间降噪之后,低维空间中同类样本数据的曲线波动明显变小,说明同类样本的聚集性更好,同时异类样本的区分更明显。

① 1hp=735W。

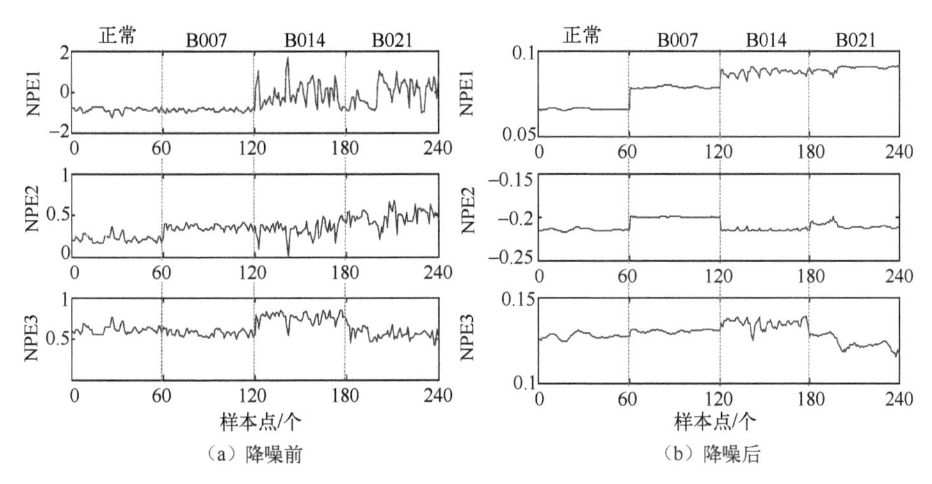

图4-37　原始特征空间降噪前后对应的低维空间数据曲线

图4-38为3种不同方式计算得到的MQE指标曲线,方式1为将原始空间样本矩阵直接输入SOM模型计算MQE值,如图4-38(a)所示;方式2为选取50%的原始特征空间样本由NPE计算映射转换模型,其余样本经转换模型得到低维的特征子空间,输入SOM模型计算MQE值,如图4-38(b)所示;方式3为对原始特征空间降噪预处理,用NPE降维后再输入SOM模型计算MQE值,如图4-38(c)所示。

对比图4-38可以看出,正常状态及B007的MQE值与其余两种状态有明显的区别,方式1(图4-38(a))得到的MQE不能有效地区分B014及B021,其中B021在1hp下的MQE值介于B007和B014之间,与故障的变化趋势不一致,且同类故障的MQE值波动明显。方式2(图4-38(b))中B007与正常状态之间的MQE值差别更明显,B021在2hp和3hp状态下,大部分样本点的MQE值高于其他状态,说明故障进一步恶化,但是仍然存在与B014故障状态重叠的样本点,且B021在1hp下的MQE值仍然介于B007和B014之间,达不到理想的效果。方式3(图4-38(c))轴承在同类状态下的波动很小,B007与正常状态的MQE值差别进一步增大,不同状态间的区分更为明显,B021在2hp和3hp状态下,各样本点的MQE值高于其他状态,说明故障程度最深,同时B021在1hp下的MQE值不再介于B007和B014之间,而是与B014持平且有部分高于B014,说明故障已经开始加深,与实际轴承故障恶化趋势相符合。

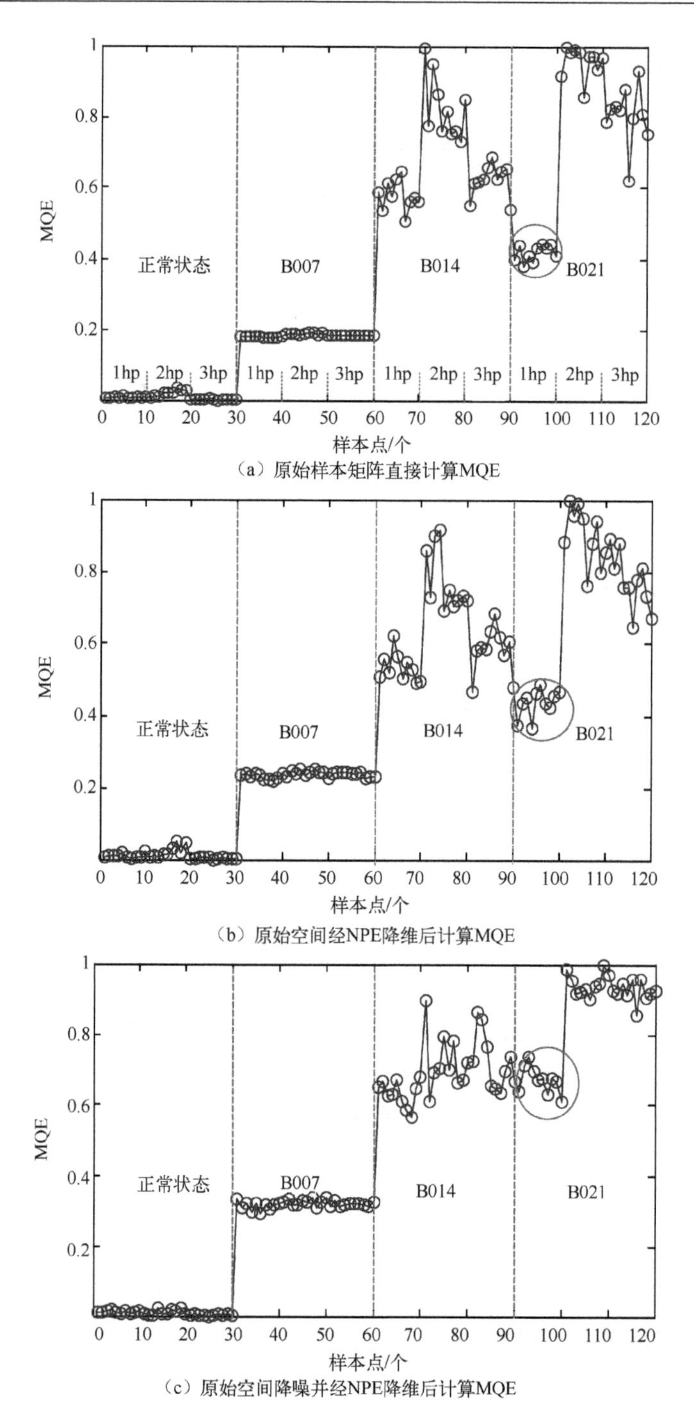

（a）原始样本矩阵直接计算MQE

（b）原始空间经NPE降维后计算MQE

（c）原始空间降噪并经NPE降维后计算MQE

图 4-38　3 种不同方式的 MQE 指标曲线

4.4　基于距离保持投影的故障分类

距离保持投影的思想[28]是:首先对原数据集求出任意两个数据之间的欧氏距离得到距离矩阵,由距离矩阵产生最小生成树,然后对最小生成树按从小到大,从左到右顺次投影,同时通过在低维空间精确保留每一数据点到其最近邻点和部分近邻点的距离来达到降维的目的。

4.4.1　局部保持投影映射算法

局部保持投影映射(LPP)算法是拉普拉斯特征映射(LE)算法的一种线性的逼近过程,避免了 LE 算法无法有效地处理测试样本的问题,提高了算法的泛化能力。

设样本 $\boldsymbol{X}=(\boldsymbol{x}_1,\boldsymbol{x}_2,\cdots,\boldsymbol{x}_n)$ 为原始高维空间的数据集,维数为 M,$\boldsymbol{Y}=(\boldsymbol{y}_1,\boldsymbol{y}_2,\cdots,\boldsymbol{y}_n)$ 为降维后的数据集,维数为 d。

(1) 计算近邻点:计算每个点 x_i 与其余样本点之间的欧氏距离,找出其最近的 k 个点,构造一个近邻图。距离公式为

$$d(\boldsymbol{x}_i,\boldsymbol{x}_j)=\|\boldsymbol{x}_i-\boldsymbol{x}_j\| \tag{4-20}$$

(2) 选择权重值

$$W_{ij}=\begin{cases}\mathrm{e}^{-\frac{\|x_i-x_j\|^2}{t}} & (i\text{ 与 }j\text{ 近邻},t\text{ 为热核参数})\\ 0 & (\text{其他})\end{cases} \tag{4-21}$$

(3) 计算特征向量

$$\boldsymbol{XLX}^{\mathrm{T}}\boldsymbol{a}=\lambda\boldsymbol{XDX}^{\mathrm{T}}\boldsymbol{a} \tag{4-22}$$

式中:$\boldsymbol{D}$ 为对角矩阵,满足 $D_{ii}=\sum_j W_{ji}$,且 $\boldsymbol{L}=\boldsymbol{D}-\boldsymbol{W}$。

(4) 计算式(4-22)的特征值和特征向量,向量 $\boldsymbol{a}_0,\boldsymbol{a}_1,\cdots,\boldsymbol{a}_d$ 即为特征值 $\lambda_0<\lambda_1<\cdots<\lambda_d$ 对应的特征向量。因此,低维空间的样本为 $\boldsymbol{y}_i=\boldsymbol{A}^{\mathrm{T}}\boldsymbol{x}_i$,其中,$\boldsymbol{A}=(\boldsymbol{a}_0,\boldsymbol{a}_1,\cdots,\boldsymbol{a}_d)$ 为转换矩阵。

通过计算训练样本得到高维空间到低维空间的转换矩阵 $\boldsymbol{A}$,测试样本只需要通过该矩阵便可以得到相应低维的测试空间,有效地提高了计算速度。解决了 LE 算法无法有效地处理测试样本的问题,提高了算法的泛化能力。

运用流形学习方法进行机械状态的识别是一种有效的诊断手段,而目前在机械故障诊断领域中,流形学习算法所处理的样本空间一般是对时域信号做特征提取之后的特征空间。此特征空间的样本个数远远小于时域信号的数据点数,如果

在保证降噪性能的同时,对特征空间进行降噪可代替时域信号的直接降噪处理,可以有效地降低运算复杂度、加快计算速度并减少存储空间。

时域信号噪声在特征样本空间的转化。

(1) 由时域振动信号提取时域特征时,噪声的转移情况。

假设 $\boldsymbol{X}(i)\,(i=1,2,\cdots,N)$ 为实际测得的时域振动信号,表达式如下:

$$\boldsymbol{X}(i)=\boldsymbol{Y}(i)+\Delta\boldsymbol{Y}(i) \tag{4-23}$$

式中:$\boldsymbol{Y}(i)$ 为理想无噪声时域振动信号;$\Delta\boldsymbol{Y}(i)$ 为相应的噪声部分。

对 $\boldsymbol{X}(i)$ 做时域的变换,得到相应的时域特征指标,如峰峰值、均值、方差、均方幅值、峭度、脉冲指标等,这些特征指标均可以由下式加以表示,以该公式为基础研究噪声的转换过程。

$$\boldsymbol{M}=\frac{\left\{a\sum\left[\boldsymbol{X}(i)\right]^{n_1}\right\}^{m_1}}{\left\{b\sum\left[\boldsymbol{X}(i)\right]^{n_2}\right\}^{m_2}} \tag{4-24}$$

将式(4-23)代入式(4-24),得

$$\boldsymbol{M}=\frac{\left\{a\sum\left[\boldsymbol{Y}(i)+\Delta\boldsymbol{Y}(i)\right]^{n_1}\right\}^{m_1}}{\left\{b\sum\left[\boldsymbol{Y}(i)+\Delta\boldsymbol{Y}(i)\right]^{n_2}\right\}^{m_2}} \tag{4-25}$$

式中:a、b、n_1、n_2、m_1、m_2 均为系数,不同的系数组合代表不同的时域特征,如均方幅值:$a=1/N,b=1/N,n_1=2,m_1=1/2,m_2=0$。式(4-25)可以改写为

$$\begin{aligned}\boldsymbol{M}&=\frac{\left\{a\sum\left[\boldsymbol{Y}(i)\right]^{n_1}\right\}^{m_1}+\left\{a\sum\left[\Delta\boldsymbol{Y}(i)\right]^{n_1}\right\}^{m_1}+c_1}{\left\{b\sum\left[\boldsymbol{Y}(i)\right]^{n_2}\right\}^{m_2}+\left\{b\sum\left[\Delta\boldsymbol{Y}(i)\right]^{n_2}\right\}^{m_2}+c_2}\\&=\frac{\left\{a\sum\left[\boldsymbol{Y}(i)\right]^{n_1}\right\}^{m_1}}{\left\{b\sum\left[\boldsymbol{Y}(i)\right]^{n_2}\right\}^{m_2}}+c\end{aligned} \tag{4-26}$$

式中:c_1、c_2、c 为公式的余项,含有不同程度的噪声,从式(4-26)可以看出,对于由时域振动信号中提取的时域特征均由理想的特征部分和含噪声部分组合而成。

例如,噪声从时域到峭度的转化过程为

$$x_{\mathrm{q}}=\frac{1}{N}\sum_{i=1}^{N}\frac{\left[\boldsymbol{X}(i)\right]^4}{(x_a)^2} \tag{4-27}$$

式中:$x_a=\frac{1}{N}\sum_{i=1}^{N}\left[\boldsymbol{X}(i)\right]^2$ 为均方值,将式(4-23)代入式(4-27),得

$$
\begin{aligned}
x_q &= \frac{1}{N}\sum_{i=1}^{N}\frac{[\boldsymbol{Y}(i)+\Delta\boldsymbol{Y}(i)]^4}{\left(\frac{1}{N}\sum_{i=1}^{N}[\boldsymbol{Y}(i)+\Delta\boldsymbol{Y}(i)]^2\right)^2} \\
&= \frac{1}{N}\sum_{i=1}^{N}\frac{[\boldsymbol{Y}(i)]^4+\{[\Delta\boldsymbol{Y}(i)]^2+2\boldsymbol{Y}(i)\Delta\boldsymbol{Y}(i)\}^2+2[\boldsymbol{Y}(i)]^2\{[\Delta\boldsymbol{Y}(i)]^2+2\boldsymbol{Y}(i)\Delta\boldsymbol{Y}(i)\}}{\left(\frac{1}{N}\sum_{i=1}^{N}[\boldsymbol{Y}(i)]^2+\frac{1}{N}\sum_{i=1}^{N}[\Delta\boldsymbol{Y}(i)]^2+\frac{2}{N}\sum_{i=1}^{N}[\boldsymbol{Y}(i)\Delta\boldsymbol{Y}(i)]\right)^2} \\
&= \frac{1}{N}\sum_{i=1}^{N}\frac{[\boldsymbol{Y}(i)]^4}{\left\{\frac{1}{N}\sum_{i=1}^{N}[\boldsymbol{Y}(i)]^2\right\}^2}+\Delta \\
&= \overline{x_q}+\Delta
\end{aligned}
\tag{4-28}
$$

式中：$\overline{x_q}$为理想无噪声下的峭度值；Δ 为噪声项。

由以上的推理可以看出，通过实际测得含加性噪声的时域振动信号，经过时域的变换求得时域特征指标时，加性噪声的影响转化到这个特征指标中。

（2）由时域振动信号进行频域分析时，噪声的转移情况。

频域特征的提取是通过对实际测得的时域振动信号做傅里叶变换，将时域信号转化为频域信号，再对频域信号做相关的分析处理提取相应的特征得到的。因此研究信号从时域空间到频域空间的转换过程中噪声的转移情况，就可以知道噪声是如何加载在频域特征指标上的。

时域与频域之间的转换公式为

$$
\boldsymbol{x}(k)=\sum_{i=1}^{N}\boldsymbol{X}(i)\mathrm{e}^{-\mathrm{j}\frac{2\pi}{N}ki}\quad(k=1,2,\cdots,N)
\tag{4-29}
$$

将式(4-23)代入式(4-29)，得

$$
\begin{aligned}
\boldsymbol{x}(k) &= \sum_{i=1}^{N}[\boldsymbol{Y}(i)+\Delta\boldsymbol{Y}(i)]\mathrm{e}^{-\mathrm{j}\frac{2\pi}{N}ki} \\
&= \sum_{i=1}^{N}\boldsymbol{Y}(i)\mathrm{e}^{-\mathrm{j}\frac{2\pi}{N}ki}+\sum_{i=1}^{N}\Delta\boldsymbol{Y}(i)\mathrm{e}^{-\mathrm{j}\frac{2\pi}{N}ki}\quad(k=1,2,\cdots,N)
\end{aligned}
\tag{4-30}
$$

令 $\boldsymbol{y}(k)=\sum_{i=1}^{N}\boldsymbol{Y}(i)\mathrm{e}^{-\mathrm{j}\frac{2\pi}{N}ki}$ 为理想无噪声情况下，时域振动信号的傅里叶变换，$\overline{\Delta\boldsymbol{y}(k)}=\sum_{i=1}^{N}\Delta\boldsymbol{Y}(i)\mathrm{e}^{-\mathrm{j}\frac{2\pi}{N}ki}$ 为噪声部分的傅里叶变换。因此，式(4-30)可简化为

$$
\boldsymbol{x}(k)=\boldsymbol{y}(k)+\overline{\Delta\boldsymbol{y}(k)}\quad(k=1,2,\cdots,N)
\tag{4-31}
$$

从以上的推导过程可以看出，加性噪声在傅里叶变换的过程中由时域振动信号转化到了频域空间中，因此，从频域空间提取特征指标时，不可避免地会受到噪声的影响。

从加性噪声的转化过程可以得出：加性噪声在时域、频域特征提取过程中，仍然以加性噪声的形式存在。因此，对提取的特征进行降噪与直接对原始时域信号进行降噪的效果是等价的。

运用 LPP 等流形学习方法进行机械状态的识别是一种有效的诊断手段，但是，噪声的存在严重地影响到识别的准确性，而目前在机械故障诊断领域中，流形学习算法所处理的样本空间一般是对时域信号做特征提取之后的特征空间。此特征空间的样本个数远远小于时域信号的数据点数，如果在保证降噪性能的同时，对特征空间进行降噪可代替时域信号的直接降噪处理，可以有效地降低运算复杂度、加快计算速度并减少存储空间。

4.4.2 NFDPP 算法

图 4-39 为 LPP 算法和 NFDPP 算法在选择样本结构信息建立权重图时的简化图形，从图中可以看出 NFDPP 算法是 LPP 算法的一种改进方法，该算法同时考虑样本的近邻及最远距离样本的结构信息，避免了原始 LPP 算法只考虑样本近邻结构信息而忽略非近邻结构信息的缺点。

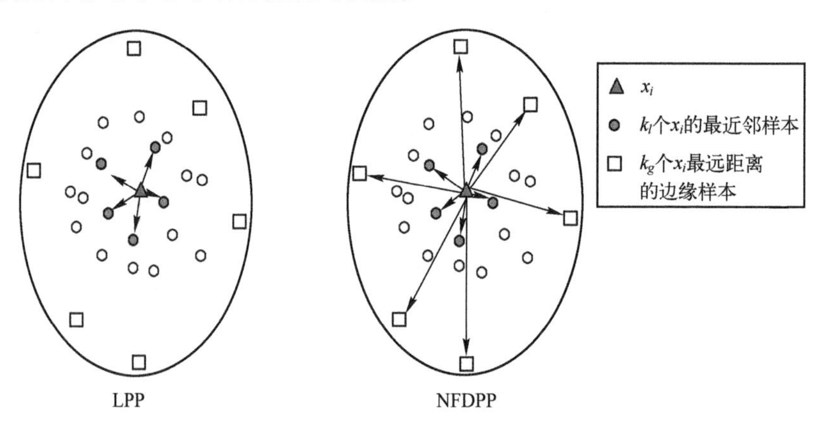

图 4-39 LPP 及 NFDPP 选择样本信息简图

NFDPP 算法的本质在于：保留局部结构特性的同时，保持样本的最远结构性质，使得降维后的样本空间能够保留更多的原始空间数据结构信息。

具体的计算过程如下：

给定 m 维的样本矩阵 $\boldsymbol{X}=[\boldsymbol{x}_1, \boldsymbol{x}_2, \boldsymbol{x}_3, \cdots, \boldsymbol{x}_N] \subseteq R^m$，$N$ 为样本数，寻找转换矩阵 $\boldsymbol{A}$，将这 N 个样本映射到低维子空间 $\boldsymbol{Y}=[\boldsymbol{y}_1, \boldsymbol{y}_2, \boldsymbol{y}_3, \cdots, \boldsymbol{y}_N] \subseteq R^d (d \ll m)$，其中 $\boldsymbol{Y}$ 的第 k 列向量对应于 $\boldsymbol{X}$ 的第 k 列向量。

（1）计算近邻点与最远点：计算每个点 x_i 与其余样本点之间的欧氏距离，找出其最近的 k_n 个样本与最远的 k_l 个样本，构造近邻矩阵图与最远矩阵图。距离公

式为

$$d(\boldsymbol{x}_i,\boldsymbol{x}_j)=\|\boldsymbol{x}_i-\boldsymbol{x}_j\| \tag{4-32}$$

(2) 对邻域矩阵选择权重值

$$W_{ij}=\begin{cases}1 & (\boldsymbol{x}_i\text{ 与 }\boldsymbol{x}_j\text{ 互为近邻})\\0 & (\text{其他})\end{cases} \tag{4-33}$$

(3) 对最远矩阵图设置权重值

$$S_{ij}=\begin{cases}-1 & (\boldsymbol{x}_i\text{ 与 }\boldsymbol{x}_j\text{ 互为最远距离})\\0 & (\text{其他})\end{cases} \tag{4-34}$$

(4) 对于 LPP 算法只考虑各样本的邻域矩阵权重 W_{ij},而忽略了其对应最远样本信息 S_{ij}的问题,此处结合 W_{ij}及 S_{ij},可得

$$\boldsymbol{XLX}^{\mathrm{T}}\boldsymbol{A}=\lambda\boldsymbol{XDX}^{\mathrm{T}}\boldsymbol{A} \tag{4-35}$$

式中:$\boldsymbol{D}$ 为对角矩阵,满足 $D_{ii}=\sum_j W_{ji}-\sum_j S_{ji}$,且 $\boldsymbol{L}=\boldsymbol{D}-\boldsymbol{W}+\boldsymbol{S}$。

(5) 计算式(4-35)的特征值和特征向量,向量 $\boldsymbol{a}_1,\cdots,\boldsymbol{a}_d$为特征值 $\lambda_1<\lambda_2<\cdots<\lambda_d$ 对应的特征向量。因此,低维空间的样本为 $\boldsymbol{y}_i=\boldsymbol{A}^{\mathrm{T}}\boldsymbol{x}_i$,其中,$\boldsymbol{A}=(\boldsymbol{a}_1,\boldsymbol{a}_2,\cdots,\boldsymbol{a}_d)$为映射转换矩阵。

算法证明:

(1) 对近邻矩阵图,要求降维后保留样本的局部信息,所以

$$\begin{aligned}\varepsilon(\boldsymbol{Y})&=\min\left[\frac{1}{2}\sum_{ij}(\boldsymbol{y}_i-\boldsymbol{y}_j)^2W_{ij}\right]\\&=\min[\boldsymbol{Y}(\boldsymbol{D}^1-\boldsymbol{W})\boldsymbol{Y}^{\mathrm{T}}]\end{aligned} \tag{4-36}$$

令 $\boldsymbol{L}^1=\boldsymbol{D}^1-\boldsymbol{W}$

$$\varepsilon(\boldsymbol{Y})=\min(\boldsymbol{YL}^1\boldsymbol{Y}^{\mathrm{T}}) \tag{4-37}$$

(2) 对最远矩阵图,要求降维后仍然保持样本的最远距离位置,所以

$$\begin{aligned}\phi(\boldsymbol{Y})&=\max\left[\frac{1}{2}\sum_{ij}(\boldsymbol{y}_i-\boldsymbol{y}_j)^2S_{ij}\right]\\&=\max[\boldsymbol{Y}(\boldsymbol{D}^2-\boldsymbol{S})\boldsymbol{Y}^{\mathrm{T}}]\end{aligned} \tag{4-38}$$

令 $\boldsymbol{L}^2=\boldsymbol{D}^2-\boldsymbol{S}$

$$\phi(\boldsymbol{Y})=\max(\boldsymbol{YL}^2\boldsymbol{Y}^{\mathrm{T}}) \tag{4-39}$$

结合式(4-37)和式(4-39),有

$$\Omega(\boldsymbol{Y})=\min_{\boldsymbol{YDY}^{\mathrm{T}}=1}(\boldsymbol{YLY}^{\mathrm{T}}) \tag{4-40}$$

式中:$\boldsymbol{D}=\boldsymbol{D}^1-\boldsymbol{D}^2$,$\boldsymbol{L}=\boldsymbol{L}^1-\boldsymbol{L}^2=\boldsymbol{D}-\boldsymbol{W}+\boldsymbol{S}$。

假设存在映射矩阵为 $\boldsymbol{A}$,满足 $\boldsymbol{Y}=\boldsymbol{A}^{\mathrm{T}}\boldsymbol{X}$。利用拉格朗日定理得

$$\boldsymbol{XLX}^{\mathrm{T}}\boldsymbol{A}=\lambda\boldsymbol{XDX}^{\mathrm{T}}\boldsymbol{A} \tag{4-41}$$

取最小 d 个特征值对应的特征向量 $\boldsymbol{A}=(\boldsymbol{a}_1,\cdots,\boldsymbol{a}_d)$ 作为映射转换矩阵。所以

$$\boldsymbol{X}\rightarrow\boldsymbol{Y}=\boldsymbol{A}^{\mathrm{T}}\boldsymbol{X} \tag{4-42}$$

4.4.3 发动机失火实验分析

发动机缸盖振动信号包含着能有效地反映转速及缸压的变化、活塞的冲击等丰富信息。利用缸盖振动信号进行发动机故障诊断和状态监测具有信号获取容易、运用范围广等优点。失火故障直接引起发动机的工作循环发生变化,使得发动机的激励力频率变成另外的周期。例如,一缸失火,会破坏发动机运行的平衡,与其余气缸产生的激励力组成另外的周期,从缸盖测得的振动信号的频谱也发生相应的变化。同理,当发生相邻两缸或相隔两缸失火时,振动信号的频谱也将发生变化。因此,研究振动信号的变化,提取相应的特征,并与流形学习算法结合有利于对发动机失火状态进行分类识别。

以捷达车上的四冲程直列四缸汽油发动机为研究对象。针对发动机失火故障的类型,设置了一缸失火、一二缸失火、一四缸失火故障,加上正常状态,共模拟了4种类型的发动机状态。对不同类型的状态,利用PCB振动加速度传感器,MKII采集前端和PAK分析软件,设置采样频率为12800Hz,在800r/min、1200r/min、2000r/min转速下,测取缸体表面的加速度振动信号。图4-40为各个状态的时域图,从图中可以看出,对于同一种状态,其时域信号的振动幅值随着转速的增加而

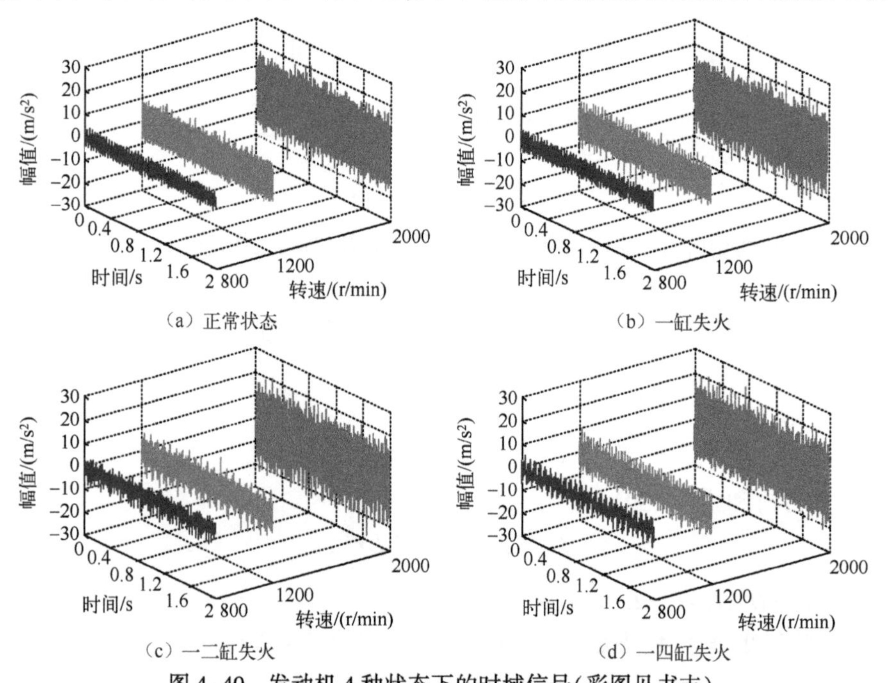

图4-40 发动机4种状态下的时域信号(彩图见书末)

增加，同一转速下，失火故障的冲击幅值明显大于正常状态，较难从时域振动区分不同失火状态。从相应的频谱图4-41可以看出，在各个状态下，发动机2倍转频（$2f$：f代表转频）处的幅值均为最大；对于失火故障，出现了频率$0.5f$、f、$1.5f$处的幅值，而正常状态在这些频率处的幅值不明显，如一缸失火及一二缸失火时出现了频率$0.5f$、f、$1.5f$处的幅值，一四缸失火时出现了频率f处幅值。这是由于发动机某个汽缸失火时，破坏了发动机运行的平衡，使发动机其余汽缸气体爆发激励力组成另一变化周期，因此出现了在频率$0.5f$、f、$1.5f$成分处的幅值。

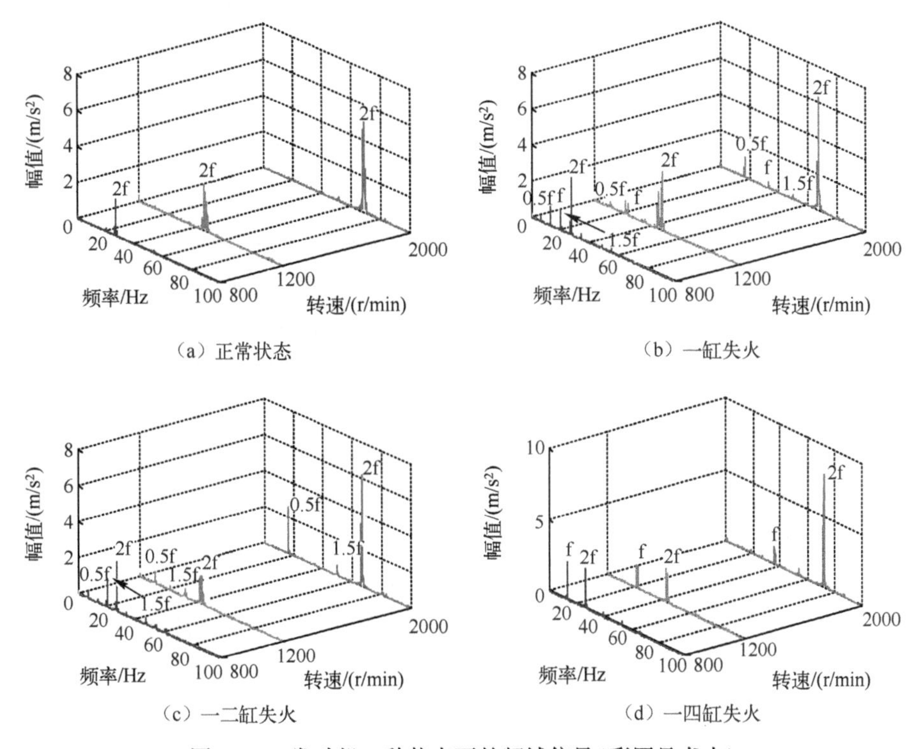

图4-41　发动机4种状态下的频域信号（彩图见书末）

为了提取发动机的状态信息，实现智能诊断的功能，采集每种转速下的时域数据各15组，并对每组数据提取如表4-29所列的25个特征指标，因此，每种发动机状态下有45个样本，共得到25×180的数据矩阵，其中，180为样本数，25为特征维数。提取的特征空间由于同时存在有量纲指标和无量纲指标，为了消除量纲的影响，对提取的特征做量纲归一化处理，即均值为0，方差为1。

随机选取总样本数25%、50%的样本用于训练，其余样本用于测试，识别正确率及NMI（标准化互信息）值结果如图4-42所示，所有曲线值均为20次随机的平均。

表 4-29 发动机原始特征指标

时域特征指标	频域特征指标
均值 p_1	发动机 2 阶次的幅值 p_{11}
方根幅值 p_2	发动机 0.5 阶次的幅值 p_{12}
均方差 p_3	发动机 1 阶次的幅值 p_{13}
峰值 p_4	发动机 1.5 阶次的幅值 p_{14}
偏斜度 p_5	发动机 0.5 阶次与 2 阶次的幅值比 p_{15}
峭度 p_6	发动机 1 阶次与 2 阶次的幅值比 p_{16}
波形指标 p_7	发动机 1.5 阶次与 2 阶次的幅值比 p_{17}
峰值因子 p_8	时频域特征指标
脉冲因子 p_9	小波包能量 p_{18} ~ p_{25}
裕度因子 p_{10}	

从图 4-42 可以看出,4 个算法的识别正确率均随着低维维数的增加而增大,而且 NFDPP 算法的识别正确率及标准化互信息指标均大于其他 3 种方法。对比识别正确率曲线可见,NFDPP 算法的识别正确率在两种训练样本数及不同低维维数下均大于 90%,当维数大于 3 时,其识别正确率接近 100%。在维数为 2 训练样本数为 25%时,其识别正确率比排在第二的 PCA 大 10%以上,在维数为 2 训练样本数为 50%时,比排在第二的 LPP 算法大 4%以上,说明通过 NFDPP 降维得到的样本能取得更好的识别效果。

对比标准化互信息曲线可见,NFDPP 的 NMI 值仅在训练样本数为 50%且低维维数 2 或 3 时小于 0.6(此时为 0.42 和 0.54),在其余情况下的 NMI 值均大于 0.6。在 25%训练样本时其余算法的 NMI 值区间分别为 PCA[0.15,0.18]、LPP[0.25,0.28]、NPE[0.41,0.46],在 50%训练样本时分别为 PCA[0.13,0.17]、LPP[0.26,0.30]、NPE[0.36,0.39],可以看出 PCA、LPP 及 NPE 算法的 NMI 明显小于所提 NFDPP 方法,表明采用 NFDPP 算法得到的样本空间更有利于样本的聚类。PCA 算法的标准化互信息值在 4 个算法中最小,这是由于 PCA 是一种线性降维算法,不能有效地处理非线性样本结构,而发动机的振动是一个高维非线性动力学问题,此时 PCA 的优点不能得到体现。

4.4.4 局部与全局谱回归算法

LPP、NPE 等算法通过假设高维空间与低维空间之间存在着映射转换矩阵,并由训练样本计算转换矩阵,新数据样本与该矩阵相乘得到相应低维空间样本,由此实现增量学习的功能。然而,实际中这种映射转换矩阵不一定满足要求,例如,当

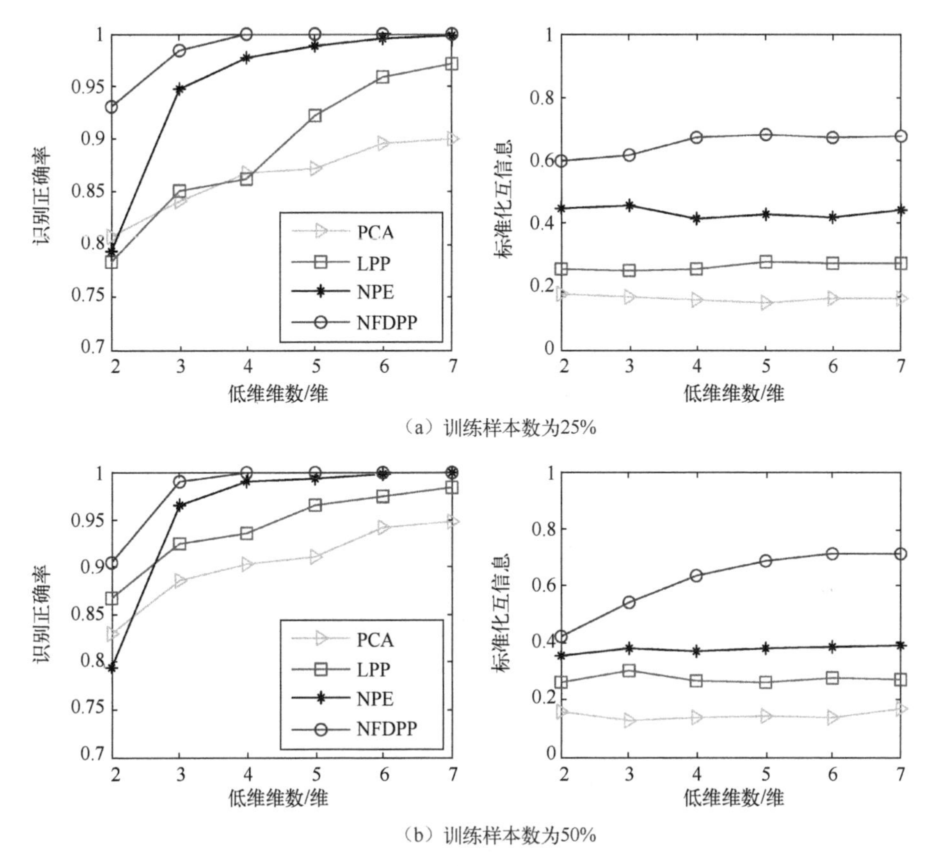

（a）训练样本数为25%

（b）训练样本数为50%

图4-42　各算法在不同低维维数下的识别正确率及标准化互信息

样本数据矩阵的特征维数大于样本点个数时,将出现病态矩阵问题,影响算法的稳定性。传统的处理办法是将高维空间数据预先进行奇异值分解,消除病态矩阵的影响,但是奇异值分解将增加计算时间和存储空间,使得计算过程更为复杂。针对该问题,文献[27]提出谱回归(Spectral Regression,SR)的理论思想,使得降维效果更为稳健,并提高计算效率。谱回归理论是流形学习算法的一种改进,但是现有的谱回归算法仍然存在着仅考虑样本数据的局部结构信息而忽略全局信息的缺陷。因此,本节提出同时保留样本数据结构局部和全局信息的谱回归算法,即 local and global spectral regression（LGSR）。该算法以 SR 理论思想为基础,进一步改进 NFDPP 算法。通过分析 LGSR 算法在发动机及变速器状态的特征提取及聚类效果,表明改进算法的有效性。

SR 算法的本质是 LPP 算法的一种改进,但其原理可以运用于流形学习的各个算法中,已经在图像识别等领域取得了成功的应用,但是在机械方面的应用还比较少(Xia 等[28]直接将 SR 算法应用于轴承故障分类中),而且目前的 SR 算法并没有改变 LPP 算法存在的只考虑近邻样本而忽略全局信息的局限性。因此,本节以 SR 算法为基础并与 NFDPP 结合,提出了同时考虑样本邻域及全局信息的 LGSR 算法。

给定 m 维的样本矩阵 $\boldsymbol{X}=[\boldsymbol{x}_1, \boldsymbol{x}_2, \boldsymbol{x}_3, \cdots, \boldsymbol{x}_N] \subseteq R^m$,$N$ 为样本数,寻找转换矩阵 $\boldsymbol{B}$,将这 N 个样本映射到低维子空间 $\boldsymbol{Z}=[z_1, z_2, z_3, \cdots, z_N] \subseteq R^d (d \ll m)$,其中 $\boldsymbol{Z}$ 的第 k 列向量对应于 $\boldsymbol{X}$ 的第 k 列向量。

从前面的分析可以看出,通过求式(4-41)的特征值问题可以得到低维子空间的样本 $\boldsymbol{Y}$ 和映射矩阵 $\boldsymbol{A}$,其中映射矩阵 $\boldsymbol{A}=[\boldsymbol{a}_1, \boldsymbol{a}_2, \cdots, \boldsymbol{a}_d]$ 是式(4-41)的特征向量按照特征值 $\lambda_1 \leqslant \lambda_2 \leqslant \cdots \leqslant \lambda_d$ 排列构成的矩阵。新的测试样本可以通过 $\boldsymbol{A}$ 获得从高维到低维的映射转化。

上面的线性映射过程在某些情况下能得到稳定的效果,但是该计算过程是基于假设存在:$\boldsymbol{Y}=\boldsymbol{A}^{\mathrm{T}}\boldsymbol{X}$ 的情况,这种假设在实际中不一定成立,即不能得到稳定和有效的降维效果,为了得到稳定的降维效果,传统的处理方式是对矩阵 $\boldsymbol{X}$ 进行奇异值分解,消除病态矩阵的影响,但是奇异值分解将增加计算时间及存储空间。针对该问题,利用 SR 原理,并与 NFDPP 算法相结合,提出同时考虑样本局部与全局的谱回归算法 LGSR。

(1) 谱回归分析,通过计算式(4-40)的特征向量,可以获得训练样本 $\boldsymbol{X}$ 对应的低维空间 $\boldsymbol{Y}$,此时不再假设存在转换矩阵 $\boldsymbol{A}$ 使得 $\boldsymbol{Y}=\boldsymbol{A}^{\mathrm{T}}\boldsymbol{X}$,而是通过运用最小平方的方法计算转换矩阵 $\boldsymbol{B}$,算法为

$$\boldsymbol{b}_k = \underset{\boldsymbol{B}}{\operatorname{argmin}} \left[\sum_{i=1}^{N} (\boldsymbol{B}^{\mathrm{T}}\boldsymbol{x}_i - \boldsymbol{y}_i)^2 + \alpha \|\boldsymbol{B}\|^2 \right] \tag{4-43}$$

式中:$\alpha \geqslant 0$ 为控制参数。

(2) 计算映射矩阵,式(4-43)可以转化为线性方程式

$$(\boldsymbol{X}\boldsymbol{X}^{\mathrm{T}}+\alpha\boldsymbol{I})\boldsymbol{b}_k=\boldsymbol{X}\boldsymbol{y}_k \tag{4-44}$$

式中:$\boldsymbol{I}$ 是 $N\times N$ 的单位矩阵。

令 $\boldsymbol{B}=[\boldsymbol{b}_1, \boldsymbol{b}_2, \cdots, \boldsymbol{b}_d]$ 为 $m\times d$ 的映射矩阵,高维样本空间 $\boldsymbol{X}$ 可以通过下式映射到低维子空间 $\boldsymbol{Z}$ 中,

$$\boldsymbol{X} \rightarrow \boldsymbol{Z}=\boldsymbol{B}^{\mathrm{T}}\boldsymbol{X} \tag{4-45}$$

4.4.5 距离保持投影及其谱回归算法在故障分类中的应用

1. 实例一:凯美瑞(运动版)发动机故障实验

选取的测试对象为安装于凯美瑞汽车上的四冲程直列四缸汽油发动机,测试发动机在二缸失火、二缸火花塞间隙变小状态的振动信号。对比发动机在正常状态及两种故障类型状态下振动信号的变化情况,测试系统及测点布置如图 4-43 所示,利用 4 个 PCB 振动加速度传感器、MKII 采集前端和 PAK 分析软件,测取各状

态在怠速、2000r/min、3000r/min 下发动机表面的振动加速度信号，其中采样频率为 12800Hz，采样时间 2s。图 4-44 为缸盖 2 号加速度传感器在三种发动机状态及相应转速下的时域振动波形。从图中可见，同一状态下，振动幅值随着转速的上升而增加，区分较为明显。不同状态之间，在怠速的情况下，正常状态与二缸失火、二缸火花塞间隙变小之间的振动加速度差别较为明显，这是由于故障的出现使得发动机的工作循环发生了变化，导致周期振动发生相应的变化。随着转速升高，三者之间的区别变小，很难从时域中区别不同类型故障。采集每种状态的振动信号各30 组，按照表 4-29 提取 25 个特征指标，得到维数为 100(每个传感器 25 个特征指标，4 个共 100 个特征指标)，样本数为 270 的数据矩阵(100×270)。

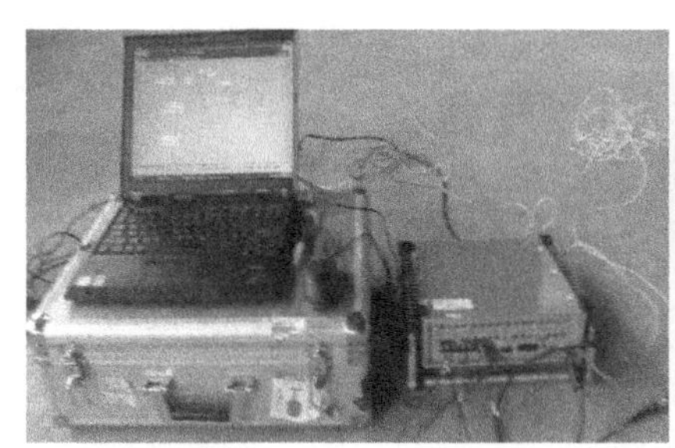

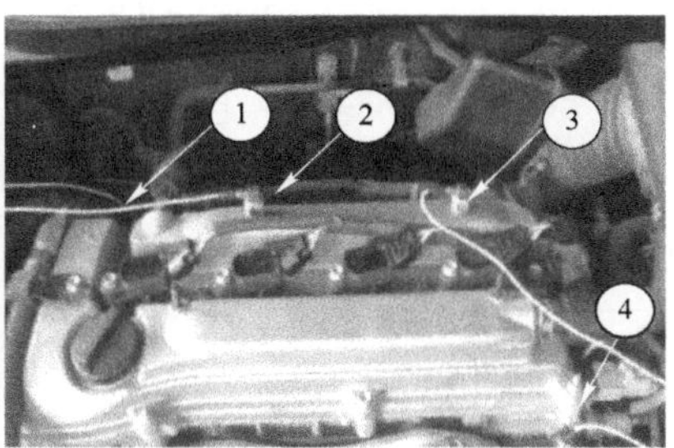

图 4-43 测试设备及测点布置

为了验证所提方法的有效性，从总样本数中随机选取 25%(相当于 100×68，此时特征维数大于样本数)、50%(相当于 100×135)的样本用作训练，其余样本用于测试，采用 1NN(最近邻分类器)及 NMI 方法计算降维后的识别正确率及聚类效果，对比 PCA、NPE、LPP、SR 及本节所提算法 NFDPP 和 LGSR 的识别效果。图 4-45为 6 种算法在训练样本数为 25%、50%时的识别正确率及 NMI 指标曲线。所有曲线均为 20 次随机结果的平均值。

从图 4-45 可以看出，除 PCA 在 25%训练样本数及二维空间下的识别正确率为 99. 8%外，其余算法的识别正确率达到了 100%，各算法均取得较好的识别效果。

对比标准化互信息曲线可以看出，在训练样本数为 25%时，LGSR 及 NFDPP 算法的 NMI 值分别在[0. 58,0. 71]、[0. 52,0. 63]之间，而 NPE、LPP 及 SR 均在 0. 2 左右，PCA 在 0. 1 以下。随着训练样本数的增加(50%训练样本)，LGSR 和 NFDPP 的 NMI 值也相应地上升到：[0. 60,0. 78]、[0. 54,0. 66]之间，NEP 算法的 NMI 值为[0. 22,0. 28]之间，其余算法对训练样本数的改变不敏感。对比不同训练样本数下的 NMI 曲线可以看出，相比于其他算法，LGSR 和 NFDPP 算法由于保留更多的样本结构信息，两者得到的 NMI 值均大于其余 4 种算法，说明采用这两种算法能取得更好的聚类效果，降维后的样本更有利于同类样本的聚集及异类样本的分离。

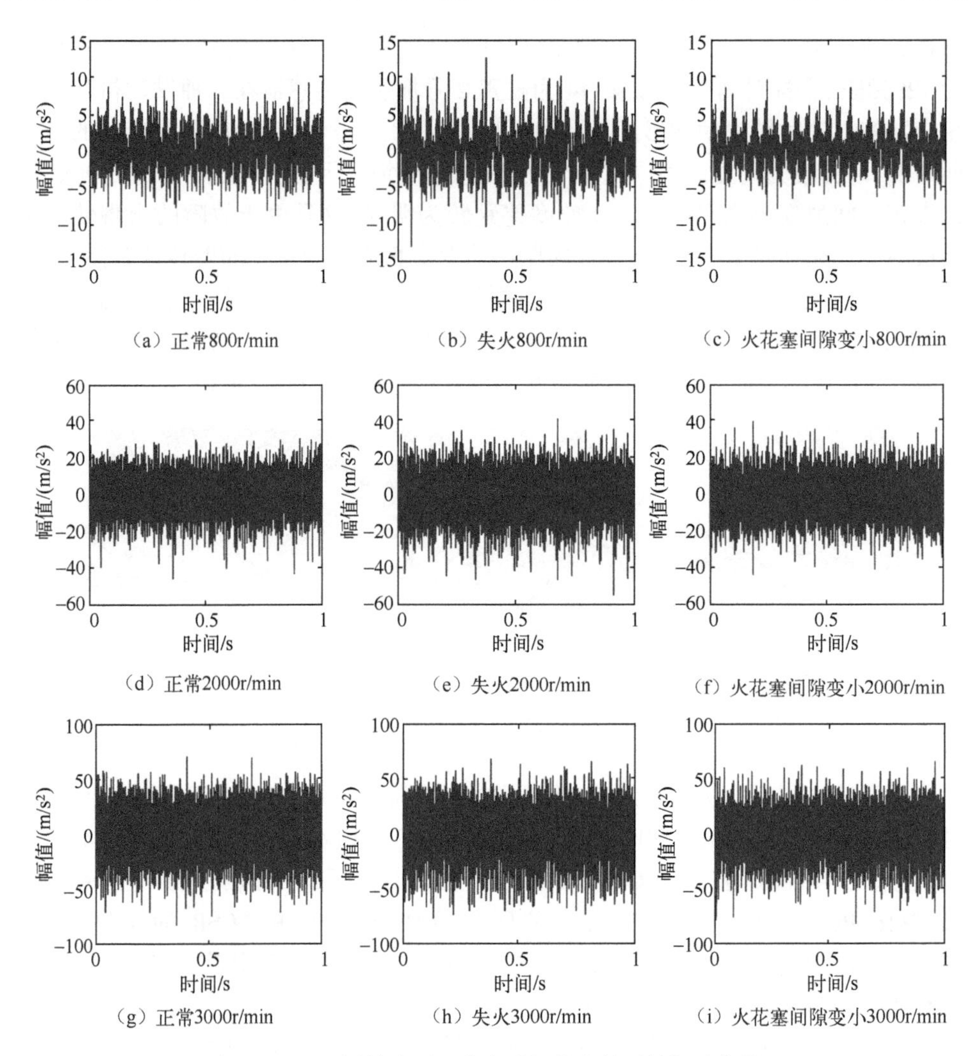

图 4-44 不同转速下 3 种发动机状态的时域振动信号

2. 实例二：变速器故障实验分析

以东风 SG135-2 变速器的 5 挡齿轮为实验对象(具有 3 轴 5 挡位，结构如图 3-9 所示)，并在其输入端 3 测点采集振动加速度信号。分别模拟变速器在正常、5 挡齿轮中度剥落、齿轮齿面严重剥落+齿面变形以及齿轮断齿这 4 种状态下运转。图 4-46 所示为故障齿轮。变速器 5 挡啮合齿轮齿数比为 22/42。变速器输入轴、中间轴及输出轴转速分别为 600r/min、410r/min 和 784r/min，加载扭矩为 75.5N·m，采样频率为 40000Hz，采样长度：1024×90 点，5 挡齿轮啮合频率：287.5Hz。

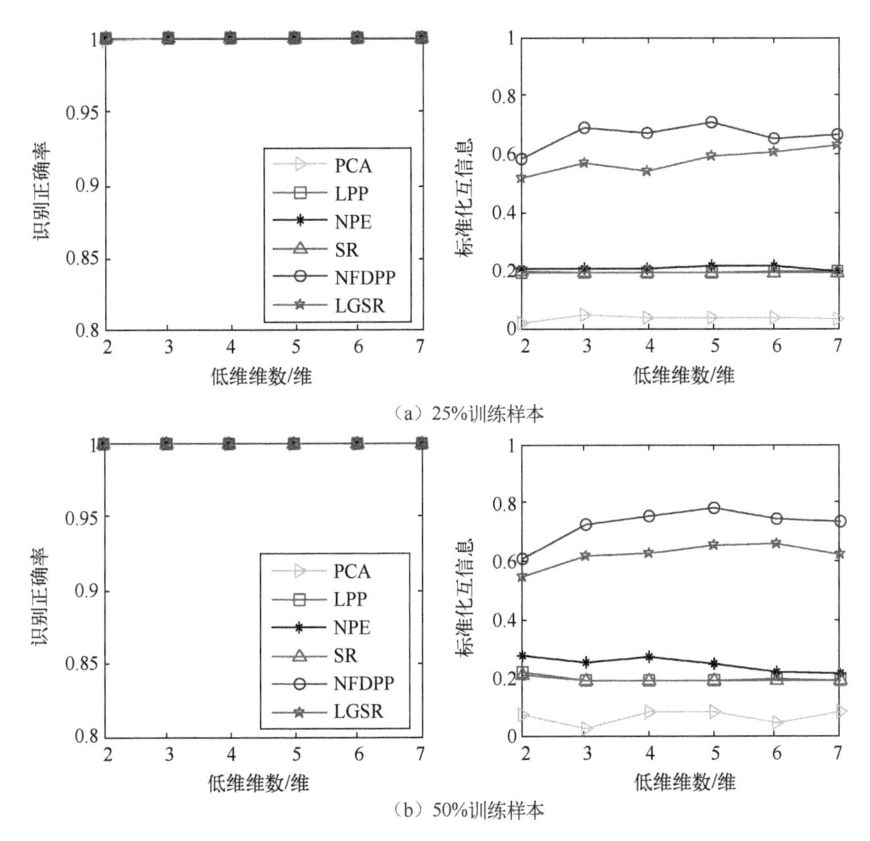

（a）25%训练样本

（b）50%训练样本

图 4-45　各算法的识别正确率及标准化互信息

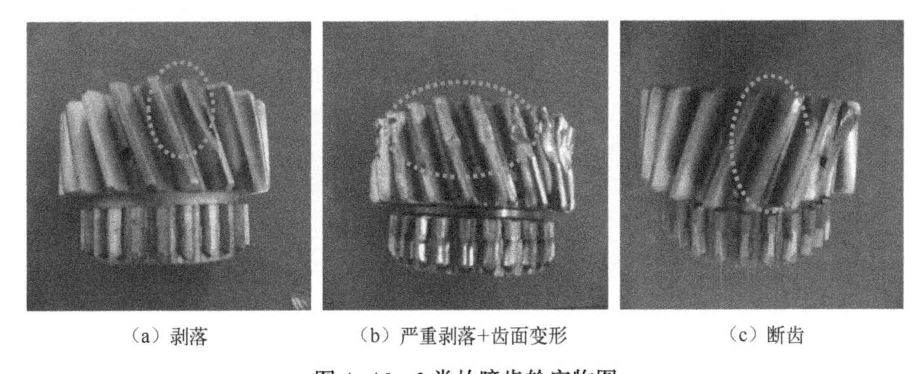

（a）剥落　　（b）严重剥落+齿面变形　　（c）断齿

图 4-46　3 类故障齿轮实物图

图 4-47 为 4 种齿轮状态的时域波形，从图中可以看出，正常齿轮状态时振动幅值较小，出现齿轮故障时振动幅值较大，断齿的冲击明显，但是剥落与严重剥落+齿面变形均没有明显的冲击。为了更好地区分不同类型的故障，实现智能诊断的

目的,运用流形学习方法提取最为有效的特征。将每种状态类型的加速度振动信号分为 44 组,共有 176 组,对每组加速度信号按照表 4-30 提取特征指标,共组成 13×176 维的样本特征空间,其中 13 代表特征维数,176 为样本数。

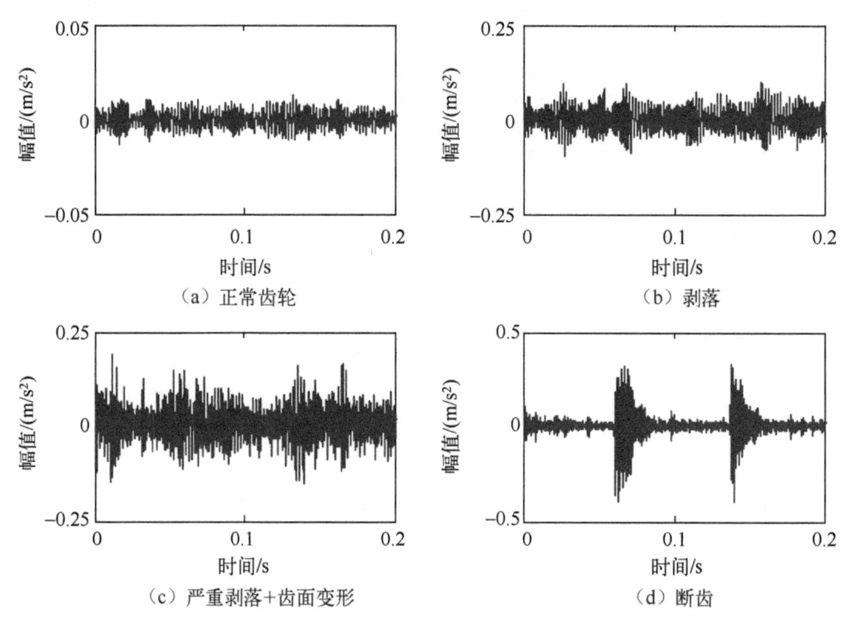

(a) 正常齿轮　(b) 剥落　(c) 严重剥落+齿面变形　(d) 断齿

图 4-47　4 种齿轮状态的时域波形

表 4-30　齿轮状态原始特征指标

时域特征指标	频域特征指标
均 值 p_1	齿轮所在轴转频幅值 p_{11}
方根幅值 p_2	
均方差 p_3	
峰值 p_4	齿轮啮合频率幅值 p_{12}
偏斜度 p_5	
峭度 p_6	
波形指标 p_7	调制频带内主频与各边频幅值之和 p_{13}
峰值因子 p_8	
脉冲因子 p_9	
裕度因子 p_{10}	

随机选择总样本数 25%、50%的样本作为训练,其余样本作为测试。采用 1NN 及 NMI 分别计算识别正确率和标准化互信息,用于评价不同算法的维数约简效

果,如图4-48所示,图中所有曲线均为20次随机结果的平均值。

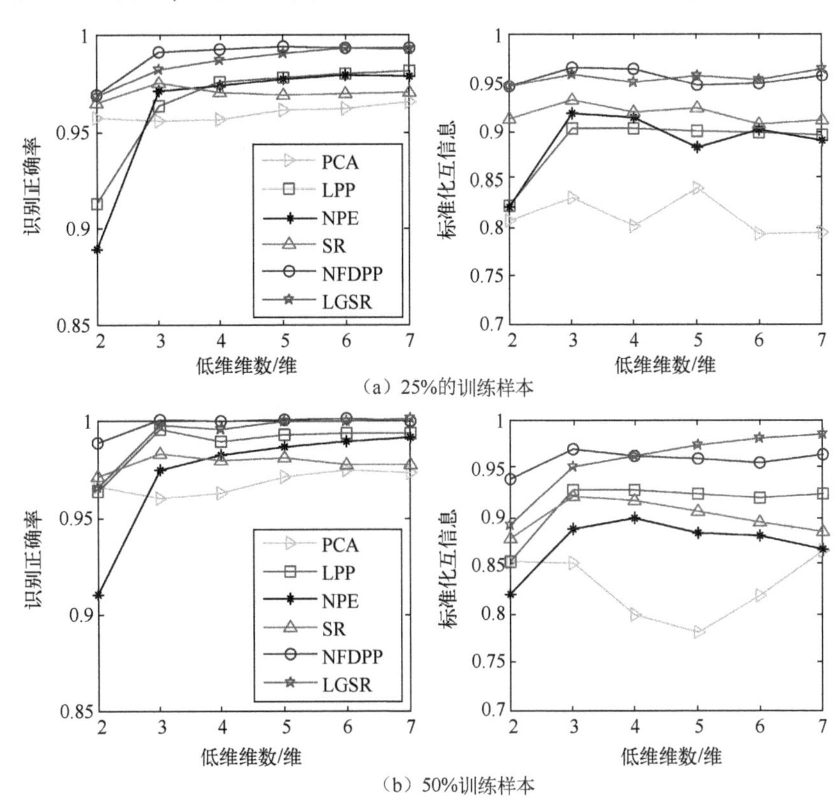

图4-48　不同算法的识别正确率及标准化互信息

从图4-48的识别正确率曲线可以看出,除了NPE算法在25%训练样本且低维维数为2时的正确率小于90%,其余情况下各算法的识别正确率均大于90%,说明该组数据下所有算法均能得到较好的识别效果,此时NFDPP算法和LGSR算法的识别正确率均在96%以上,明显地高于其余4种方法(低维维数为2时,NFDPP、LGSR、SR及PCA算法的识别正确率相近)。在训练样本为25%时,SR算法在维数为2或3时的识别正确率大于LPP算法,两者相差最大5.19%,体现出SR算法的优点。而当训练样本数为50%时,SR算法的识别正确率仅在维数为2时大于LPP算法,在其余情况下均小于LPP算法。PCA算法仅在低维维数为2时获得较好的效果,在其余维数下的识别正确率均为最低。

对比标准化互信息曲线可见,除了在50%训练样本且低维维数为2时LGSR算法的NMI值为0.89外,其余情况下NFDPP和LGSR的标准化互信息值均高于0.94。其他4种方法的NMI值均小于0.93,在50%训练样本且低维维数为2时,NMI值小于0.87,此时PCA算法的NMI值大于NPE算法,SR算法的NMI值大于

LPP 算法。在训练样本为 25%时,SR 算法的 NMI 值均大于 LPP 算法,而在 50%训练样本时小于 LPP 算法,说明 SR 算法与 LPP 算法受训练样本数的影响较大,PCA 算法在维数大于 2 时的 NMI 值最低,说明聚类效果较差。

对比各个算法的识别正确率及标准化互信息曲线可见,所提的 NFDPP 算法和 LGSR 算法的这两个指标在两种训练样本数及不同低维维数下均优于其余 4 种方法,说明所提两种降维方式能更有效地保留原始数据的结构信息,提高识别正确率及聚类效果。LGSR 算法与 NFDPP 算法的降维效果仅在训练样本数为 50%,低维维数为 2 时的 NMI 值差别较为明显,其余情况下的识别正确率及 NMI 值相差较小,两者的降维效果相当。但是 NFDPP 算法采用 SVD 分解的办法提高稳定性,导致计算时间及存储空间的增加,而 LGSR 算法则采用谱回归分析的思想解决稳定性的问题,计算效率高、存储空间小,更有利于实际的应用。

参考文献

[1] TENENBAUM J B,SILVA V DE,LANGFORD J C. A global geometric framework for nonlinear dimensionality reduction[J]. Science,2000,290(5500):2319-2323.

[2] SEUNG H S,LEE D D. The manifold ways of perception[J]. Science,2000,290(5500):2268-2269.

[3] ROWEIS S T,SAUL L K. Nonlinear dimensionality reduction by locally linear embedding[J]. Science,2000,290(5500):2323-2326.

[4] 刘蹼武. 应用图论[M]. 长沙:国防科技大学出版社,2008.

[5] Fiedler M. Algebraic. Algebraic connectivity of graphs[J]. Czechoslovak mathematical journal,1973,23(2):298-305.

[6] SHI J,MALIK J. Normalized cuts and image segmentation[J]. IEEE Transactions on Pattern Analysis and Machine Intelligence,2000,22(8):888-905.

[7] 丁康,李魏华,朱小勇. 齿轮及齿轮箱故障诊断实用技术[M]. 北京:机械工业出版社,2005.

[8] ZHOU D Y,BOUSQUET O,LAL T N,et al. Learning with local and global consistency[C]//Proceeding of Advances in Neural Information Processing Systems,Cambridge,USA,2004:321-328.

[9] 王玲,薄列峰,焦李成. 密度敏感的谱聚类[J]. 电子学报,2007,35(8):1577-1581.

[10] NG A.,JORDAN M I,WEISS Y. On spectral clustering:analysis and an algorithm[C]//Proceeding of Advances in Neural Information Processing Systems,2002:849-856.

[11] 陈毅松,汪国平,董士海. 基于支持向量机的渐进直推式分类学习算法[J]. 软件学报,2003,14(3):451-460.

[12] CHAPELLE O,ZIEN A. Semi-supervised classification by low density separation[C]//Proceedings of the Tenth International Workshop on Artificial Intelligence and Statistics,2005. 57-64.

[13] Case Western Reserve University Bearing Data [DS/OL]. The Case Western Reserve University Bearing Data Center Website:https://csegroups. case. edu/bearingdatacenter/pages/apparatus-procedures.

[14] 王靖. 流形学习的理论与方法研究[D]. 杭州:浙江大学. 2006.

[15] 张涛,洪文学,景军,等. 模式识别中的表示问题[J]. 燕山大学学报. 2008,23(5):382-388.

[16] DUIN R P W,PEKALSKA E. The science of pattern recognition:achievements and perspectives[M]//Challenges for computational intelligence. Berlin,Heidelberg:Springer,2007:221-259.

[17] GUNN S R. Support Vector Machines for Classification and Regression[J]. ISIS technical report,1998,14(1):5-16.

[18] BENGIO Y, PAIEMENT J, VINCENTP, T, et al. Out-of-sample extensions for LLE, Isomap, MDS, eigenmaps, and spectral clustering[C]//Proceeding of Advances in Neural Information Processing Systems, Cambridge, USA, 2004:177-184.

[19] KOUROPTEVA O, OKUN O, Pietikainen M. Supervised locally linear embedding algorithm for pattern recognition[C]//Proceeding of Iberian Conference on Pattern Recognition and Image Analysis, 2003, 2652:386-394.

[20] LI B, ZHENG C H, HUANG D S. Locally linear discriminant embedding: An efficient method for face recognition[J]. Pattern Recognition, 2008, 41(12):3813-3821.

[21] LECUN Y, CORTES C. MNIST handwritten digit database[DS/OL]. Available at: http://yann.lecun.com/exdb/mnist, 2010.

[22] 惠康华,肖柏华,王春恒. 基于自适应近邻参数的局部线性嵌入[J]. 模式识别与人工智能,2010,23(6):842-846.

[23] HE X, CAI D, YAN S, ET AL. Neighborhood preserving embedding[C]//Proceedings in International Conference on Computer Vision, Beijing, China, Oct. 17th-21st, 2005.

[24] KOHONEN T. Self-Organizing Maps[M]. Third extended edition, Berlin: Springer, 2001.

[25] LEVINA E, BICKEL P J. Maximum likelihood estimation of intrinsic dimension[C]//Proceeding of Advances in Neural Information Processing Systems, Cambridge, USA, 2004:777-784.

[26] 刘中华,周静波,陈邁. 距离保持投影非线性降维技术的可视化和分类[J]. 电子学报,2009,37(8):1820-1825.

[27] CAI, D. Spectral regression: A regression framework for efficient regularized subspace learning[D]. Urbana-Champaign, USA: University of Illinois at Urbana-Champaign, 2009.

[28] XIA Z, XIA S, WAN L, et al. Spectral regression based fault feature extraction for bearing accelerometer sensor signals[J]. Sensors, 2012, 12(10):13694-13719.

第5章

基于深度学习的机械故障诊断

5.1 深度学习的原理和方法

深度学习(deep learning)是当前机器学习领域中的最热门技术之一,《麻省理工学院技术评论》将深度学习列为2013年十大突破性技术之首[1]。深度学习本质上是一种有多隐含层的深层神经网络,它与传统的多层感知器网络(MLPNN)的主要区别在于学习算法的不同。2006年机器学习领域泰斗——多伦多大学Hinton教授在*Science*上发表的一篇文章首次提出了“深度学习”的概念[2],从而开启了深度学习研究的浪潮。此文指出了深度学习的两个主要特点:第一,含多隐层的神经网络深度置信网络(deep belief network,DBN)具有优异的特征学习能力,学习得到的特征对数据有更本质的刻画,从而有利于分类;第二,深度神经网络在训练上的难度,可以通过“逐层初始化”(layer-wise pre-training)预学习来有效克服。此文中,逐层初始化是通过受限玻耳兹曼机(RBM)的无监督学习予以实现的。

蒙特利尔大学Bengio等提出自动编码器(autoencoder)等深度学习算法用于语音识别、自然语言识别[3],纽约大学Lecun等提出卷积神经网络(Convolutional Neural Network,CNN)用于门牌号码与交通标志识别[4]。斯坦福大学Ng等与Google公司合作,将卷积深度置信网络、稀疏编码(sparse coding)等用于Google Map街景的实时显示及汽车自动驾驶[5]。Jordan[6]和Elman[7]提出了循环反馈的神经网络框架,即循环神经网络(recurrent neural network,RNN)。神经计算、机器学习领域重要会议NIPS、ICML自2011年起至今均开设了深度学习专题,谷歌、脸书、微软、百度等公司都纷纷设立专门的深度学习研发部门,将此技术进行产业化研究[8]。2016年3月,采用了深度学习技术的阿尔法狗AlphaGo以4:1击败韩国围棋九段李世石先生,更促进了深度学习、增强学习、神经网络等技术的普及。

从深度学习的角度来看,当前多数智能诊断方法可视为仅含单层非线性变换的浅层结构算法,包括HMM、SVM、逻辑回归及传统的神经网络等。浅层模型的一个共性是仅含单个将原始输入信号转换到特定问题空间特征的简单结构。其局限性在于,模型在有限样本计算单元情况下对复杂函数的表示能力有限,针对复杂分类问题其泛化能力受到一定制约。因此基于这些算法的智能诊断表现为针对特定的机械零部件有效,给人留下了“因对象而异”的印象。

深度学习实质是通过构建具有多隐层的机器学习模型从大量的训练数据中学习有效的特征,从而实现准确的分类或预测功能。与传统的浅层学习模型相比,可以更好地发现高维数据中的低维特征表示。因此,DBN、堆栈自编码网络(Stacked Auto-Encoder network,SAE)、CNN 和 RNN 等深层模型对于工业领域机械系统健康监测中多维状态数据的处理应当会有较好的效果,引用斯坦福 Ng 教授所述:“对于深度学习,你只要给它足够多的数据,它会自行发现某些概念在现实中的含义,而且性能会越来越好。”[9]“他山之石,可以攻玉”,故障诊断研究可以借助这些深层模型得到多源数据的低维非线性表示算法与状态分类识别算法。2013 年,已经有学者开始将深度学习应用于多传感器故障诊断中。美国 Wichita 州立大学 Tamilselvan 等利用 DBN 提出一种新的多传感器系统健康评估方法,并成功用于航空发动机及电力变压器的故障分类[10];英国 Huddersfield 大学 Tran 等则利用 DBN 融合振动、压力与电流等不同种类信号对往复式压缩机阀门的故障进行分类识别[11]。

目前,常用的深度学习网络包括 CNN、DBN、SAE 和 RNN。

5.2　基于 DBN 的机械故障诊断

DBN 是一种通过组合低层特征形成更高层抽象表示,并发现数据分布式特征表示的学习网络,即高层在一定程度上能表征低层数据特征,网络具有保持原始数据信息能力。鉴于 DBN 的特点,可以直接从原始数据出发对故障状态进行分类识别。该方法避免了人工特征提取与优化过程,减少了人工参与因素,增强了机械故障诊断的智能性。

5.2.1　DBN 的原理和结构

1. DBN 原理

玻耳兹曼机(boltzmann machine,BM)是由 Hinton 和 Sejnowski 在 1986 年提出来源于热动力学能量模型的随机神经网络[12]。能量模型可以直观地理解为:将一表面粗糙且外形不规则的小球,随机放入表面同样比较粗糙的碗中。由于重力势能原因,通常情况下小球停在碗底的可能性最大,但也有停在碗底其他位置的可能性。能量模型中把小球最终停的位置定义为一种状态,每一种状态都对应着一个能量,并且该能量可以用能量函数来定义。因此,小球处于某种状态的概率可以用当前状态下小球具有的能量来定义。对于一个系统来讲,系统的能量对应着系统的状态概率。系统越有序,系统的能量越小,系统的概率分布越集中;若系统越无序,则系统的能量越大,系统的概率分布越趋于均匀分布。

每个玻耳兹曼机均由两层网络组成,可定义为可视层(v)和隐藏层(h),各层中由若干个随机神经元组成,神经元与神经元之间通过权值(w)连接,神经元的输出只有未激活和激活两种状态,可以用二进制 0 与 1 表示,神经元的状态取值根据概率统计规则决定。如图 5-1(a)所示,BM 是由随机神经元全连接的神经网络,它拥有强大的从复杂数据中无监督学习到特定规则的能力,但它训练时间很长,计算成本很大。Smolensky[13] 结合马尔可夫模型性质提出限制玻耳兹曼机(restricted boltzmann machine,RBM),取消 BM 中同层之间的连接,使每层的状态只与上一层状态有关。RBM 结构如图 5-1(b)所示,可视层间的神经元相互独立,隐藏层间的神经元也相互独立,但可视层与隐藏层的神经元之间可以通过权值(w)连接。

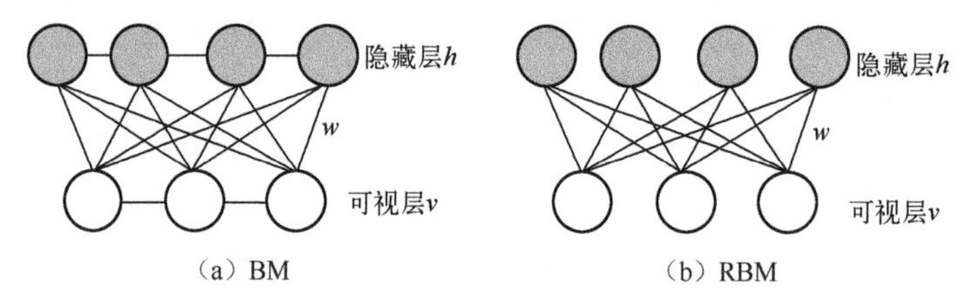

(a) BM　　(b) RBM

图 5-1　BM 与 RBM 结构图

DBN 是由一系列 RBM 堆叠而成的多层感知器神经网络,故 DBN 也可以解释为由多层随机隐变量组成的贝叶斯概率生成模型,其具体算法推导参见文献[2]。如图 5-2 是一个由三个 RBM 堆叠而成的 DBN 结构模型。输入数据经低层的 RBM 学习后,其输出结果作为高一层 RBM 的输入,依次逐层传递,从而在高层形成比低层更抽象和更具有表征能力的特征表示,正是 DBN 这种逐层贪婪学习的思想[14],使得 DBN 可直接通过原始数据对变速器常见机械故障进行分类识别。DBN 学习过程包含两部分:由低层到高层的前向堆叠 RBM 学习和由高层到低层的后向微调学习。前向堆叠 RBM 学习过程无标签数据参与,为无监督学习过程;后向微调学习有标签数据参与,属于监督学习过程。

2. DBN 关键参数设置

1) *初始化参数*

DBN 需要初始化的参数主要有 RBM 模型中连接权重 w,可视层与隐藏层偏置 a、b,3 个参数均可以极小值随机初始化。另外,也可以将可视层与隐藏层偏置初始化为零,在后续计算中,可视层和隐藏层参数均会被迭代更新。

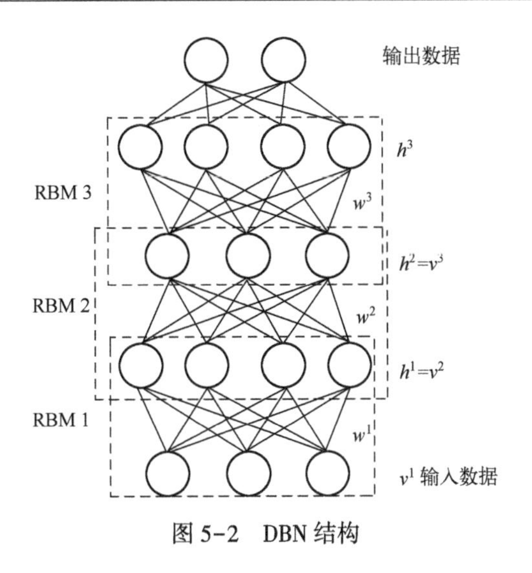

图 5-2　DBN 结构

2）学习率

DBN 学习中含有两个学习率参数，即前向堆叠 RBM 学习中的学习率 ε 和后向微调学习中学习率 α。学习率较大时，算法收敛速度越快，但有可能导致算法不稳定；学习率较小时，算法收敛速度越慢，影响计算时间。针对前向堆叠 RBM 学习中的学习率 ε，在后续研究中 Hinton 提出了学习动量项参数 Momentum。动量项参数同时组合了上一次参数更新方向和本次梯度方向，即当前参数值修改方向不完全由当前样本的似然函数梯度方向决定，从而可更精准地收敛到局部最优点。学习动量项 Momentum 定义为

$$\text{Momentum}=\rho\theta+\varepsilon\frac{\partial \ln L}{\partial \theta} \tag{5-1}$$

式中：ρ 为动量项学习率，ρ 可以取 0.5~0.9；θ 为初始化参数，$\theta=\{w,a,b\}$；L 为最大化似然函数；ε、α 为学习率，可根据经验值取 0.1。

3）网络层数

从名词上解释，深度学习中“深度”是指学习网络中具有较多的层次。一般情况下，在条件容许时，网络层次越多，网络从更多更细方面挖掘数据本质特征可能性越大。但深度学习网络究竟需要多深，从现有的研究观察，并没有令人信服的完整结论。其次，学习网络也并非越深越好，当网络层数越多时，结构越长，网络计算耗时越大，还可能出现累积误差，降低训练效率。本节主要选择由 3 个 RBM 所构成的深度学习网络，参照图 5-2 DBN 网络结构可知，3 个 RBM 组成的深度学习网络包含：1 层充当输入层的可视层，3 层中间隐藏层和 1 层与分类模型连接的输出层。

4）节点数

由 DBN 结构可知，输入层节点数直接等于输入数据维数，输出层节点数等于目标分类数。但中间隐藏层的节点数难以确定，具体的选取具有较强主观性，现今对此并没有令人信服的研究。深度学习网络最初也来源于反向传播（back propagation，BP）神经网络，BP 神经网络研究相对成熟，关于节点数的选取有一些经验公式可供参考[15]，比如：

$$S=\sqrt{m+n}+a \tag{5-2}$$

$$S=\sqrt{mn}+\frac{k}{2} \tag{5-3}$$

$$S=\sqrt{mn}+n \tag{5-4}$$

$$S=\log_2 m \tag{5-5}$$

$$S\leqslant\sqrt{n(m+3)}+1 \tag{5-6}$$

式中：m 为输入节点数；n 为输出节点数；a 和 k 均为[0,10]以内的常数。

结合上面 DBN 理论所述，基于深度学习的机械故障分类识别主要步骤如下：

（1）采集振动数据，设置训练组和测试组数据。

（2）将训练数据输入第一层 RBM，从第一层到高层逐层学习 DBN 中所有 RBM。

（3）根据训练组的标签数据和 SoftMax 分类规则，在步骤（2）的基础上从最高层往最低层逐步后向微调参数，完成 DBN 模型的整个训练过程。

（4）将测试数据输入步骤（3）中模型，并计算故障的分类正确率。

3. 轴承故障分类识别

为了探索基于 DBN 深度学习网络在故障诊断方面的实用性，模拟变速器常见机械故障——轴承故障，设置如下实验，实验系统的结构原理如图 5-3 所示，故障轴承装在 2 号位，在 2 号位轴承座的正上方装有加速度传感器，以采集振动加速度信号。

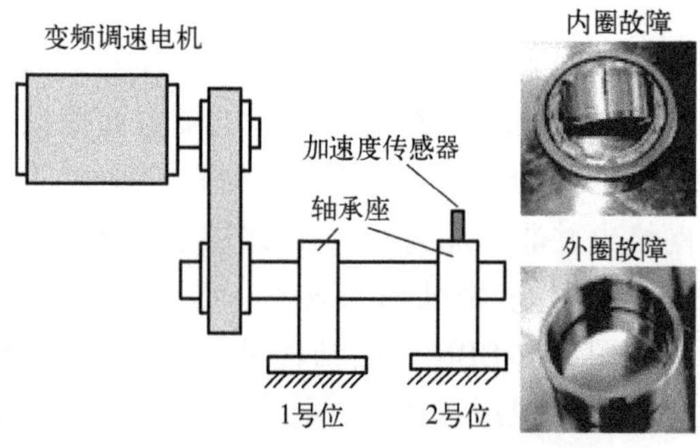

图 5-3　轴承实验平台与轴承故障

实验前在轴承外圈和内圈用线切割加工深度为0.5mm，宽度分别为0.5mm、1mm和2mm 3种不同的切槽，分别模拟轻度故障、中度故障和重度故障。实验时，中间转轴转速为1400r/min，采样频率24kHz，采样时间持续20s，实验工况描述如表5-1所列。

表5-1 实验工况描述

组别	故障尺寸/mm	故障程度	轴承状态
1	0	无	正常
2	宽0.5mm，深0.5mm	轻度	内圈轻度故障
3	宽1mm，深0.5mm	中度	内圈中度故障
4	宽2mm，深0.5mm	重度	内圈重度故障
5	宽0.5mm，深0.5mm	轻度	外圈轻度故障
6	宽1mm，深0.5mm	中度	外圈中度故障
7	宽2mm，深0.5mm	重度	外圈重度故障

图5-4是不同轴承状态的振动时域信号图。由图可见，不同轴承状态下的时域信号存在一定的差异性，如正常状态下幅值范围在[-10,10]内；在外圈轻度故障状态下，幅值范围在[-25,25]；在外圈重度故障状态下，幅值范围在[-50,50]内。存在差异性的信号相对比较容易被分类识别，但内圈轻度故障、内圈重度故障、内圈中度故障和外圈中度故障的幅值范围均在[-25,25]内，并没有较大的差异性，其故障类型难以区分。从冲击现象角度观察，正常状态和内圈轻度故障的信号冲击现象微小，可以认为没有冲击；内圈中度故障、外圈轻度故障和外圈中度故障均有一定的冲击现象；内圈重度故障和外圈重度故障冲击比较明显。虽然从时域图中可以对轴承的某些故障进行区分，但仍然难以对轴承的7种不同故障状态全部准确判断。

提取7种状态下振动信号的常用统计指标，如最大值、最小值、峰峰值、均值、均方值、方差、方根均值、平均幅值、均方幅值、峭度、波形指标、峰值指标、脉冲指标和裕度指标，并将此14种统计指标作为DBN深度网络的输入特征。即深度网络的输入节点数为14。案例需要同时对7种轴承状态进行智能分类识别，即输出节点为7。因输入节点数和输出节点数相差很近，加上取值范围为[0,10]常数a和k的影响，采用式(5-2)~式(5-6)经验公式计算时，不同的经验公式计算结果相差很远。如采用式(5-2)时，第一层隐藏层取值范围是[5,15]($\sqrt{14\times7}+a$)，采用式(5-3)时，第一层隐藏层取值范围是[10,15]($\sqrt{14\times7}+k$)。参考经验公式，同时也考虑到DBN深度学习网络与BP浅层学习网络仍存在一定的区别，本节设置如下几种不同隐藏层组合的深度学习网络，讨论隐藏层的不同组合对分类识别结果

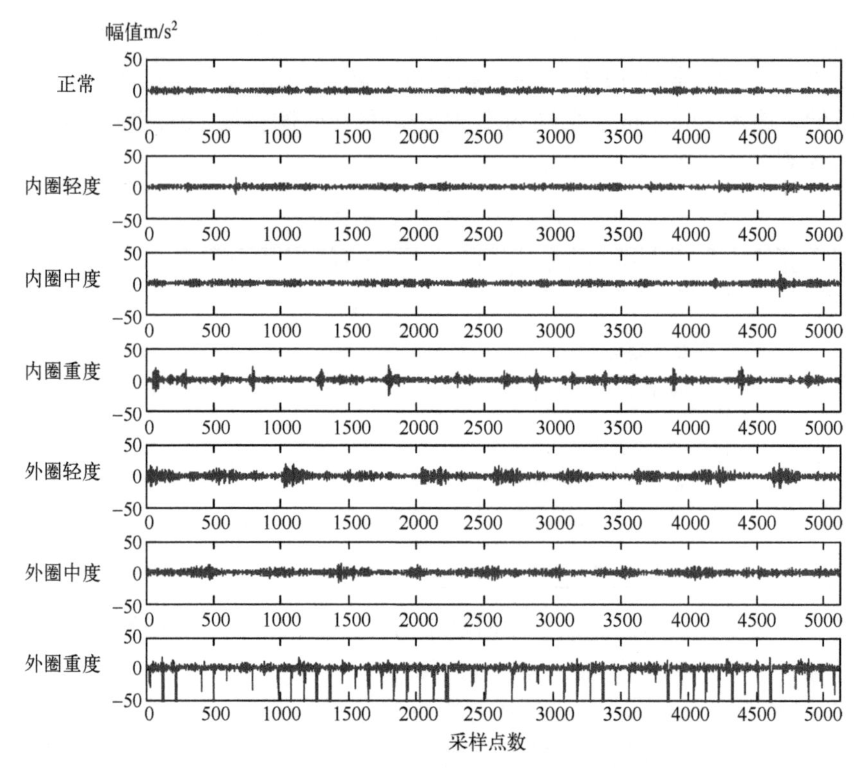

图 5-4　不同轴承状态的振动时域信号图

的影响。为表达的方便,设定 $m \times n \times z$ 代表隐藏层的不同组合,对应的含义是:第一层隐藏层有 m 个节点,第二层隐藏层有 n 个节点,第三层隐藏层有 z 个节点。

每种轴承状态均随机选用 80 个训练样本和 80 个测试样本,整合表 5-1 中 7 种不同轴承状态数据,可一共得到 560 个训练样本和 560 个测试样本。将数据输入到隐藏层如表 5-2 中所设置的 DBN 深度网络中,设置迭代次数为 200,重复 20 次计算后统计各项平均值。

表 5-2　DBN 隐藏层节点数组合

组　别	第一隐藏层	第二隐藏层	第三隐藏层	隐藏层总数
1	5	5	5	15
2	5	10	15	30
3	10	15	20	45
4	10	10	10	30
5	10	10	15	35
6	10	10	20	40

续表

组　　别	第一隐藏层	第二隐藏层	第三隐藏层	隐藏层总数
7	10	5	10	25
8	10	20	10	40
9	10	15	10	35
10	10	15	15	40
11	5	15	10	30
12	15	15	15	45
13	20	20	20	60
14	20	15	10	45
15	20	15	5	40
16	20	10	5	35

图5-5是14组常用特征作为DBN深度网络输入,隐藏层数分别为5×10×15、10×15×20、10×10×10、20×15×10和20×10×5时,经DBN计算后,轴承状态分类识别与迭代次数的关系图。由图可见,在没有迭代时,故障分类正确率均低于20%;随着迭代步数增加,分类正确率急剧提升;迭代步数超过50步时,分类正确率相对较缓慢提升;到200步时,虽然分类正确率有可能进一步提升,但曲线已经逐渐平缓,分类正确率大小变化并不大。由图可见,迭代步数的增加有利于提高轴承状态的分类正确率。

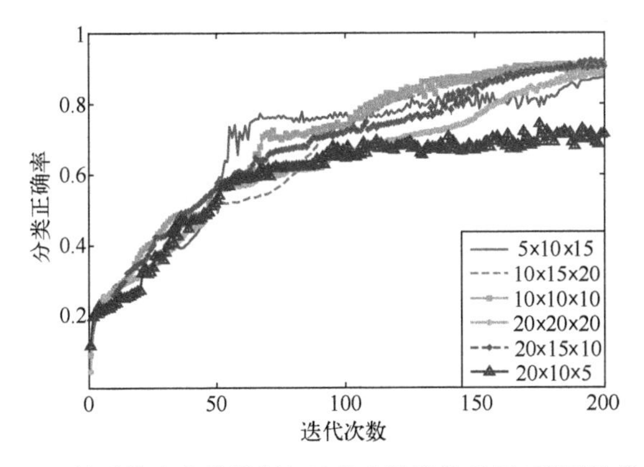

图5-5　轴承状态分类识别与迭代次数的关系图(彩图见书末)

表5-3为7种轴承状态数据经DBN 200次迭代计算后,所对应的分类识别情况。表5-3中“分类正确率”指200次迭代中的最高分类正确率,其值越高代表识别能力越强;“迭代次数”指最高分类正确率所对应的迭代次数,其值越大说明获

取较高分类正确率时所需的迭代次数越多,计算成本也越大。

表 5-3 轴承状态分类识别情况

组别	第一隐藏层	第二隐藏层	第三隐藏层	隐藏层总数	迭代次数	分类正确率
1	5	5	5	15	199	77.01%
2	5	10	15	30	199	87.09%
3	10	15	20	45	200	89.55%
4	10	10	10	30	197	91.17%
5	10	10	15	35	200	90.11%
6	10	10	20	40	191	89.71%
7	10	5	10	25	197	82.48%
8	10	20	10	40	200	93.89%
9	10	15	10	35	200	90.91%
10	10	15	15	40	200	93.92%
11	5	15	10	30	199	90.53%
12	15	15	15	45	199	92.43%
13	20	20	20	60	200	90.16%
14	20	15	10	45	195	92.08%
15	20	15	5	40	200	79.89%
16	20	10	5	35	175	73.97%

由表 5-3 可见,16 组不同隐藏层的组合中,除了 5×5×5、20×10×5 和 20×15×5 组合外,其他 13 组组合的分类正确率均超过 80%;有 9 组组合的分类正确率超过 90%,两组组合的分类正确率接近 90%(第 3 组的 89.55%和第 6 组的 89.71%)。由此可见,利用 DBN 可以对复杂轴承状态进行较准确的分类识别。16 组的最高分类正确率所对应的迭代次数相差并不大,且均已接近预设值 200。因此 200 次迭代中的最高分类正确率可以作为本案例中评价不同组合的主要指标,观察表 5-3,比较不同组合的最高分类正确率,可得到如下几个结论:

(1)"恒值型"组合中,接近输入节点数的组合较优。"恒值型"组合是指三层隐藏层的节点数都一致的组合,本案例中一共有 4 个"恒值型"组合,即 5×5×5、10×10×10、15×15×15 和 20×20×20,对应的分类正确率是 77.01%、91.17%、92.43%和 90.16%。DBN 深度学习网络输入节点是 14,输出节点是 7,与输入节点最近的 15×15×15 分类正确率最高。这是因为深度学习网络是一个挖掘数据分布式特征表示的学习网络,当网络的节点数与输入节点数较近时,数据的分布式特征更容易展开,数据特征更容易被挖掘。

(2) “升值型”组合中,总节点数较多的组合较优。“升值型”组合是指较高隐藏层的节点数不少于较低隐藏层的节点数(不含“恒值型”),如本案例中 5×10×15、5×15×20、10×10×15 和 10×15×20 四组,对应的最高分类正确率分别为 87.09%、89.55%、90.11%和 92.21%。比较四组可知,随着总节点数的增加,最高分类正确率逐渐提升。因为在一定范围内,节点数越多网络越能从细节挖掘数据分布式特征,对数据的解释能力越强。

(3) “降值型”组合中,总节点数较多的组合较优。和“升值型”组合相反,指较高隐藏层的节点数不多于较低隐藏层的节点数(不含“恒值型”),本案例中有 20×15×10、20×15×5 和 20×10×5,对应的最高分类正确率为 92.08%、79.89%和 73.97%,即总节点数较多的组合分类正确率较高,同“升值型”组合的结果具有一致,也印证了上述观点:在一定范围内,节点数越多网络越能从细节挖掘数据分布式特征,对数据的解释能力越强。

(4) “凹凸型”组合,总节点数较多的组合较优。“凹凸型”组合是指隐藏层的中间节点数低于(或高于)其他两层节点数的组合。本案例中有 10×5×10、5×15×10、10×15×10 和 10×20×10,对应的分类正确率分别为 82.48%、90.53%、90.91%和 93.89%,容易发现,节点数较多的组合分类正确率均高于节点数较少的组合,说明在一定范围内,节点数越多 DBN 网络对数据挖掘越有利。

从实验数据分析可知,利用 DBN 深度学习网络可以对复杂的轴承状态进行高效分类识别。通过设置隐藏层的不同组合,查看不同组合所对应的分类正确率,可以得出初步结论:隐藏层节点接近输入节点且总节点数偏多的组合效果较优。虽然没有严格的数据理论支撑,也缺乏大量统计数据验证,该初步结论对构建 DBN 结构具有一定的参考意义。

5.2.2　基于 DBN 的振动信号重构

为了考证深度学习在故障分类识别领域是否可以越过人工特征提取和优化过程,需要考虑原始振动信号经过深度学习网络计算后输出的状态。

1. 深度置信重构网络

DBN 是由多层 RBM 堆叠而成的学习网络,输入数据作为可视层经低层的 RBM 学习后输出隐藏层,并作为高一层 RBM 的可视层输入,依次逐层传递。网络最后一层 RBM 输出值为隐藏层概率值 $P(h|v)$,$P(h|v)$ 为对应隐藏节点被激活的概率,数值大小并不易量化和观察。隐藏层节点个数与数据细分程度有关,故直接讨论概率值 $P(h|v)$ 意义不大。

RBM 中隐藏层和可视层均是通过 sigmoid 函数连接的。实际上,DBN 深度学习网络中的前向堆叠 RBM 学习过程可以看作是由堆叠 RBM 组成的 sigmoid 函数编码过程。假如能通过解码方式重构网络输入信号,原始信号与重构信号存在较少差异,说明能从 DBN 的高层特征低失真度地恢复原始信号,即高层特征在一定程度上可以表征原始数据,进而说明 DBN 具有很强保持原有数据细节的能力,也在一定程度上解释了深度学习无须人工特征提取过程却拥有自主学习相关特征的能力。

为探讨原始信号经 DBN 学习后的输出状态,使 DBN 的最高层输出值不经过 SoftMax 分类器,直接导入解码网络重构原始输入信号,构建基于 DBN 的重构网络。为区分原始 DBN,将基于 DBN 而构建的重构网络称为深度置信重构网络。将前向堆叠 RBM 学习过程统一用编码形式简单描述。设输入数据 x,编码函数定义为

$$h=\frac{1}{1+\exp(-wx-b)} \tag{5-7}$$

对应的解码函数定义为

$$\hat{x}=\frac{1}{1+\exp(-w^{\mathrm{T}}x-c)} \tag{5-8}$$

式中:w 为连接权重;b 和 c 为对应的偏置参数。

从原始信号到编码,再到解码重构信号,原始信号会被压缩、旋转、过滤、重整,重构信号与原始信号会存在一定的差异,可用失真度表示两信号的差异大小,采用相对均方差值定义失真度,设 $\boldsymbol{x}$ 代表原始信号,$\boldsymbol{y}$ 代表重构信号,m 为信号长度,失真度可定义为

$$S=\frac{\sum_{i=1}^{m}(x_i-y_i)^2}{m\sqrt{\sum_{i=1}^{m}x_i^2}} \tag{5-9}$$

当重构信号与原始信号一致性越高时,原始信号失真度越小,DBN 学习表达能力越强,也就越有能力自主从原始数据中直接学习到高层特征。

网络的编码和解码过程并没有带标签数据参与,可以理解为无监督过程。对应 DBN 中的后向微调学习过程,可在深度信念重构网络中加入有标签数据进一步微调。假设 DBN 一共由 n_l 个 RBM 堆叠而成,初始样本 $\boldsymbol{x}$,n 为样本长度,编码输出 $\boldsymbol{u}^{n_l}(\boldsymbol{x})$(最后一层 RBM 输出),解码输出为 $\boldsymbol{y}^{n_l}(\boldsymbol{x})$。解码输出 $\boldsymbol{y}^{n_l}(\boldsymbol{x})$ 实际上是初始样本的重构。用差值平方均值表示重构后样本与初始样本的误差,如下式:

$$J(\boldsymbol{x})=\frac{1}{m}\sum_{j=1}^{n}|y_j^{n_l}(\boldsymbol{x})-x_j|^2 \tag{5-10}$$

由式(5-7)推知,式(5-10)中第一项可以简化表达为 $y^{n_l}(x)=f_{w,b}^{n_l}(x)$。为使误差最小化,使用梯度上升法,对参数求偏导

$$\nabla J(\boldsymbol{\theta})=\frac{\partial J(\boldsymbol{x})}{\partial \boldsymbol{\theta}}=2\frac{\partial f_{w,b}^{n_l}(\boldsymbol{x})}{\partial \boldsymbol{\theta}} \tag{5-11}$$

式(5-11)中 $\theta=\{w,b,c\}$,$1\leqslant l\leqslant n_l$ 将参数更新展开可得

$$\widetilde{\boldsymbol{w}}^l=\boldsymbol{w}^l-\alpha\frac{\partial}{\partial \boldsymbol{w}^l}J(\boldsymbol{x}) \tag{5-12}$$

$$\widetilde{\boldsymbol{b}}^l=\boldsymbol{b}^l-\alpha\frac{\partial}{\partial \boldsymbol{b}^l}J(\boldsymbol{x}) \tag{5-13}$$

$$\widetilde{\boldsymbol{c}}^l=\boldsymbol{c}^l-\alpha\frac{\partial}{\partial \boldsymbol{c}^l}J(\boldsymbol{x}) \tag{5-14}$$

2. 振动仿真信号重构流程

振动原始信号是随时间变化的连续函数,需要一定长度数据才能刻画振动信号的特征。例如,周期信号至少需要一个周期数据才能得到信号的峰值、均值等。但通常情况下,一周期数据相对较多。例如,采样频率 24kHz 采集转速 1000r/min 的振动信号,每周期有 1440 个数据点(60/1000 ×24×1000)。当以振动原始信号输入时,样本的数据点数等同于样本数据维数,当数据维数较多时不仅增加了计算量,也可能因不同维数之间存在干扰导致分析不便。假若算法在对数据分析的同时也能对数据进行有效降维,将有利于数据的后续分析。当 DBN 中最高层 RBM 的隐藏节点数少于样本维数时,DBN 学习后输出值维数将小于样本维数。因此,DBN 在深度挖掘原始数据特征的同时,也完成了降维过程。

综上所述,基于深度信念重构网络的振动信号重构步骤如下:

(1) 采集振动数据,按照实际需求选择样本数据点数。

(2) 原始信号输入第一层 RBM(RBM1)可视层 v_1,学习计算得到隐藏层 h_1 和层间连接权值 w_1。

(3) 将第一层 RBM(RBM1)的隐藏层 h_1 作为第二层 RBM(RBM2)的可视层 v_2,学习计算得到隐藏层 h_2 和层间连接权值 $\boldsymbol{w}_2$。

(4) 重复步骤(2),直到所有 RBM 都学习完毕。(2)~(4)过程也可称为编码过程,最高层输出的隐藏层也可称为编码层。

(5) 将编码层数据反向逐层解码,可得到与原始信号对应的重构信号。

(6) 如果在步骤(5)后增加微调步骤,进而可以得到微调后的重构信号。

假设按照实际需求选择样本数据点数为 512,即截取原始信号长度中的 512 个数据点为输入维数。为更充分挖掘原始数据信息也兼顾网络的降维效果,第一层隐藏层设置为原始数据的 2 倍左右,即 1000 个节点;第二层开始逐步降低,降到

800 个节点；第三层进一步降低到 400 个节点，第四层为目标层 d 个节点。基于深度信念重构网络的振动信号重构步骤可形象地表示为如图 5-6 所示。

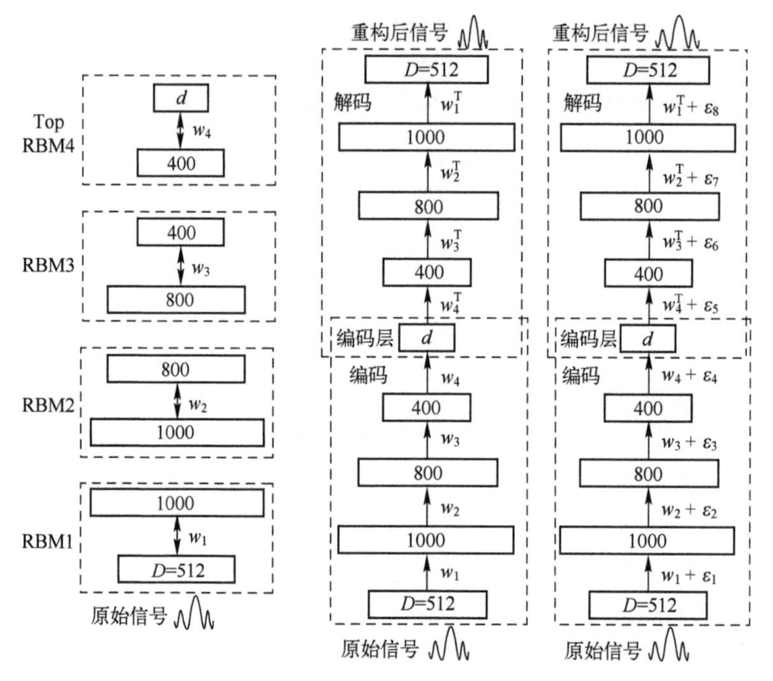

图 5-6　振动信号重构步骤示意图(彩图见书末)

原始信号(512 维)作为第一层可视层输入数据，和第一隐藏层(1000 维)组成第一个 RBM(RBM1)；第一隐藏层(1000 维)作为第二可视层，并和第二隐藏层(800 维)组成第二个 RBM (RBM2)；第二隐藏层(800 维)作为第三可视层，并和第三层隐藏层(400 维)组成第三个 RBM(RBM3)。编码层是降维后的目标层 d，在结构上类似故障分类识别模型中的故障种类，因为目标层与第三层隐藏层(400 维)同样也是按照 RBM 规则编码的，故可以把第三层隐藏层(400 维)和目标层作为第四层 RBM(Top RBM4)。图中 $w_i(i=1,2,3,4)$ 为层与层之间的连接权重，$\varepsilon_i(i=1,2,3,4,\cdots)$ 为微调参数。由图可见，有微调的编码和解码过程仅仅只比无微调的编码和解码过程多了微调参数 ε_i，其他结构和步骤均一样。

3. 振动仿真信号重构分析

1) 初始正弦仿真信号重构分析

通常情况下，复杂的振动信号都可以看作是若干个正弦信号的累加，为方便观察振动信号经深度信念重构网络编码与解码后的效果，且考虑振动信号的正负值特征，以标准正弦信号为基础，分别仿真如表 5-4 所列几种信号。

表 5-4　初始正弦仿真信号

信号描述	仿真信号公式
负信号 $x(t)_1$	$x(t)_1=-0.5\left\|\sin(2\times16\pi t+1)\right\|$
正信号 $x(t)_2$	$x(t)_2=0.5\left\|\sin(2\times16\pi t+1)\right\|$
简易正弦信号 $x(t)_3$	$x(t)_3=0.5\sin(2\times16\pi t+1)$
缩放平移信号 $x(t)_4$	$x(t)_4=0.4\sin(2\times16\pi t+1)+0.5$

采样频率 10240Hz，采样时间 8s，一共采样 81920 个数据点，采用图 5-6 中深度信念重构网络结构，设置数据初始长度为 512 个数据点。因多层 RBM 结构的隐藏层节点数组合相对复杂，为简单讨论网络的重构效果，保持隐藏层 1000×800×400 结构不变，设置迭代次数 20。设置 3 种不同目标长度，即 $d=16,32,48$，讨论目标层长度对重构信号的影响。经深度信念重构网络编码和解码后，初始正弦信号重构效果对比如表 5-5 所列。

表 5-5　初始正弦仿真信号重构对比(彩图见书末)

(——原始信号　-·-未微调重构信号　---微调重构信号)

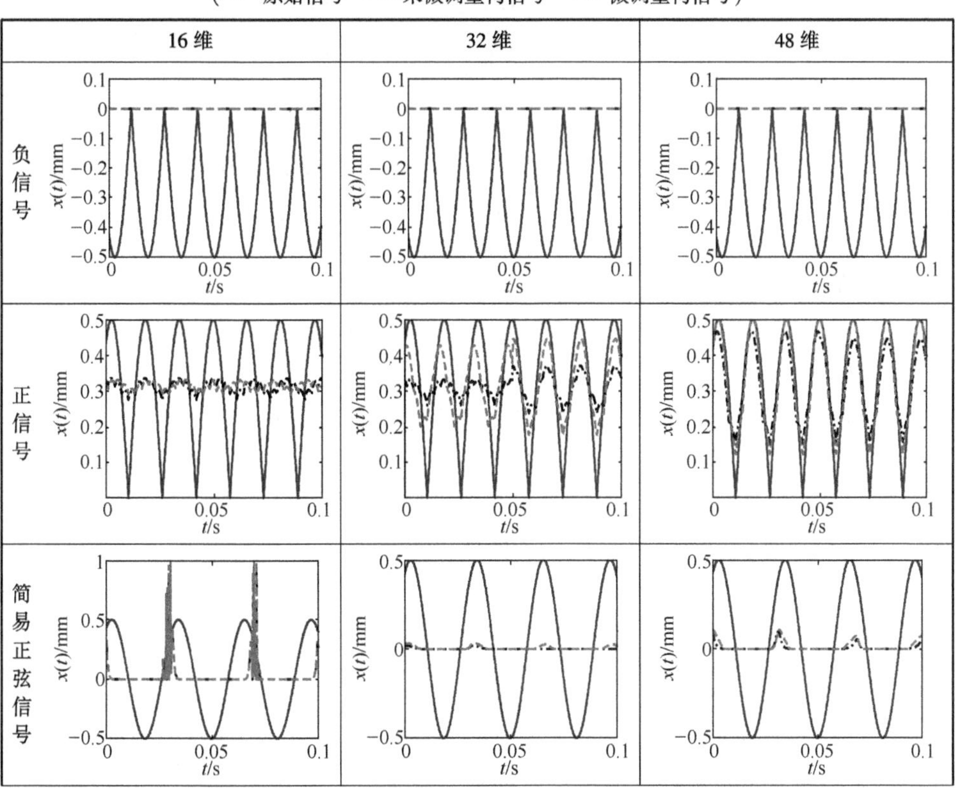

续表

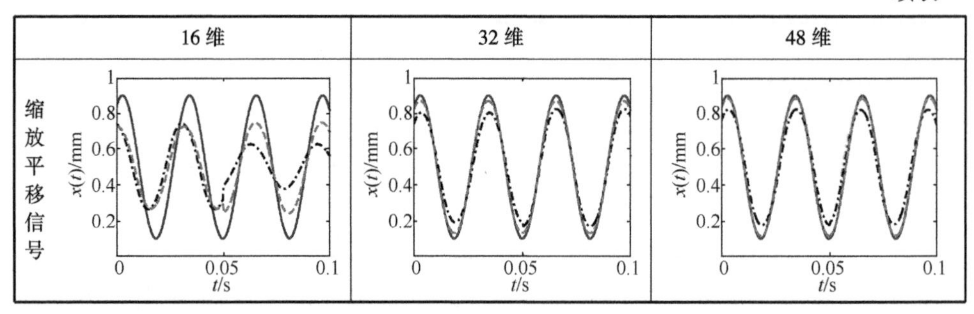

由表 5-5 观察,可以得到如下几个结论:

(1) 负信号完全不适应该网络计算。负信号中的微调和未微调重构信号均为近零值水平线;简易正弦信号中的负值部分经深度重构网络重构后全逼近零值,仅有很窄的正值部分仍保持正值,但重构信号中的数值大小远小于原始信号中数值大小,即失真度过大。这是因为网络在编码和解码过程中均完全采用了 sigmoid 函数,该函数值域范围为[0,1]。当 sigmoid 函数输入值为负值时,输出值为逼近零的极小值。因此,即使经过多层网络的编码与解码计算,负值最后输出仍然为逼近零的极小值。网络在计算误差函数时,实际上是综合了每个数据点的偏差值,不同数据点的误差值会相互影响,如正值部分编码解码前后的偏差值与负值部分偏差值存在相互影响。在正、负值都存在的简易正弦信号中,负值部分变化微小,导致正值部分向负值部分倾斜,出现重构信号中仅有很窄的正值部分仍保持正值的现象。目标层为 16 维的简易正弦信号中,两组重构信号在部分正、负值交界处出现不稳定的突变现象,也是由正、负值误差相互影响导致的。

(2) 目标层维数越小,失真度越大。比较目标层分别为 16 维、32 维和 48 维的重构图,未微调重构信号和微调重构信号均随着输出维数的减少,越偏离原始信号,即失真度越大。如正信号中,输出 16 维时,两种重构信号曲线值均远偏离原始信号曲线,幅值和周期特征均很不明显;当输出 32 维时,幅值和周期性均已经明显,重构信号曲线与原始信号曲线趋势相近,但两曲线的峰值相差较远;当输出 48 维时,重构信号的峰值进一步接近原始信号峰值。由此可见目标维数越多,对振动信号重构越有利,这是因为目标维数越多,对应的节点数越多,对信号的承载和解释能力越强,经网络重构后,失真度越小,这在一定程度上也说明了 DBN 中节点数与状态识别效果存在一定关系——节点数过少,网络运算效果较差。

(3) 微调效果明显。由正信号、简易正弦信号和缩放平移信号的重构图可知,微调重构信号比未微调重构信号更接近原始信号,说明依据重构后信号与原始信号的误差来微调参数有利于网络学习计算。这在一定程度上解释了 DBN 需要增加后向微调学习步骤的必要性。

表 5-6 为 4 组仿真信号相对均方差值。比较 3 个不同目标层的未微调重构信号和微调重构信号，容易发现除了负信号，其他重构信号中微调信号误差均小于未微调信号，再次说明微调有助于网络的优化计算；负信号中 3 种目标维数的未微调和微调重构误差值均为恒值，再次说明在负数范围内，深度信念重构网络已经失效。

表 5-6　初始正弦仿真信号相对均方差值

信　号	16 维/mm		32 维/mm		48 维/mm	
	未微调	微调	未微调	微调	未微调	微调
负信号	0.632	0.632	0.632	0.632	0.632	0.632
正信号	0.121	0.110	0.048	0.010	0.078	0.019
简易正弦信号	0.630	0.620	0.625	0.607	0.612	0.577
缩放平移信号	0.172	0.132	0.084	0.016	0.020	0.002

2) 不同幅值正弦仿真信号重构分析

由上分析可知，输入值为正值应为深度网络适用条件之一。事实上，虽然正值输入网络经编码解码后均保持正值，但 sigmoid 函数值域范围为[0,1]，输入值超出 1 的部分也不适用于该网络。为讨论输入信号幅值对网络的影响，以平移缩放正弦信号为基础，分别仿真如表 5-7 所列几种信号。

表 5-7　不同幅值正弦仿真信号

信号描述	仿真信号公式
幅值 0.4mm 信号 $x(t)_1$	$x(t)_1=0.4\times(0.5\times\sin(2\times16\pi t+1)+0.5)$
幅值 0.8mm 信号 $x(t)_2$	$x(t)_2=0.8\times(0.5\times\sin(2\times16\pi t+1)+0.5)$
幅值 1.0mm 信号 $x(t)_3$	$x(t)_3=1.0\times(0.5\times\sin(2\times16\pi t+1)+0.5)$
幅值 1.2mm 信号 $x(t)_4$	$x(t)_4=1.2\times(0.5\times\sin(2\times16\pi t+1)+0.5)$
幅值 1.6mm 信号 $x(t)_5$	$x(t)_5=1.6\times(0.5\times\sin(2\times16\pi t+1)+0.5)$

同样设置数据初始长度为 512 个数据点，3 种目标长度 $d=16,32,48$。经与上述一样的深度信念重构网络编码和解码后，不同幅值的正弦信号重构效果对比如表 5-8 所列。

表 5-8 不同幅值仿真信号重构对比(彩图见书末)

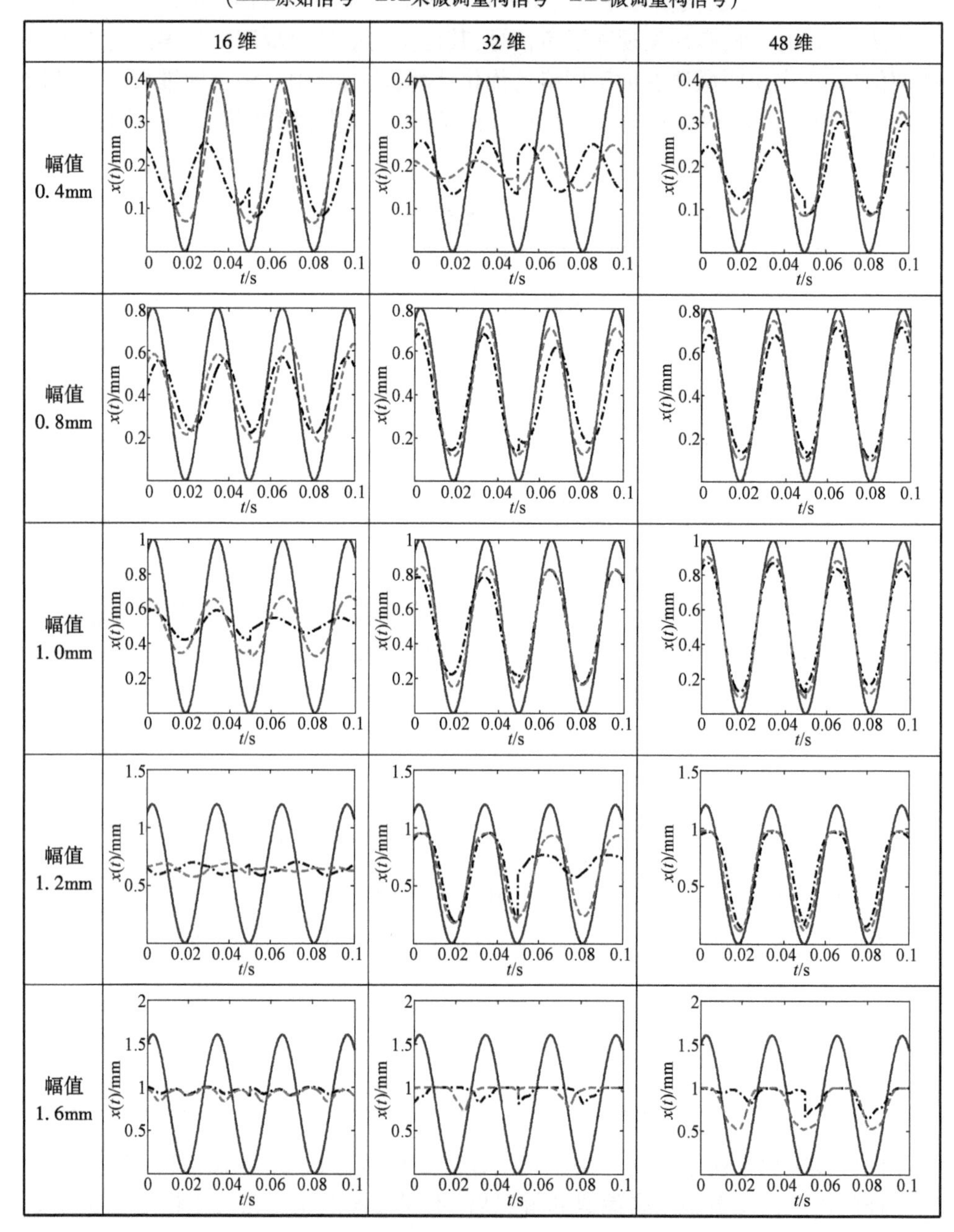

由表 5-8 可见,当原始信号幅值大于 1 时,重构后信号在幅值附近出现平滑恒值 1 现象;原始信号幅值越大,其现象越明显。当原始信号幅值小于等于 1 时,重

构信号与原始信号趋势保持一致。表 5-9 为不同幅值仿真信号相对均方差值。

表 5-9　不同幅值仿真信号相对均方差值

信　　号	16 维/mm		32 维/mm		48 维/mm	
	未微调	微调	未微调	微调	未微调	微调
幅值 0.4mm 信号	0.088	0.007	0.152	0.113	0.085	0.023
幅值 0.8mm 信号	0.206	0.160	0.068	0.016	0.022	0.008
幅值 1.0mm 信号	0.324	0.245	0.074	0.029	0.030	0.010
幅值 1.2mm 信号	0.437	0.381	0.198	0.057	0.056	0.029
幅值 1.6mm 信号	0.539	0.387	0.630	0.617	0.622	0.450

由表 5-9 可见，微调重构后信号比未微调重构信号误差要小；幅值大于等于 1mm 的 3 个信号中，重构误差随着幅值增大明显增加。但幅值小于等于 1mm 的信号中，重构误差并没有出现明显规律，且误差值相对较小。如幅值为 0.8mm 信号，目标层为 48 维的微调后重构误差只有 0.008mm，未微调重构误差只有 0.022mm。可见，幅值大于 1 的信号也不适合该深度网络。

3）归一化仿真信号重构分析

由上分析可知，输入值范围限定为[0,1]是深度网络的必要条件，这是由 RBM 中采用了 sigmoid 函数决定的，无论可视层的取值属于何种范围，经激活函数转为隐藏层时，隐藏层所有节点的取值范围均为[0,1]。但原始振动信号必然存在负值和幅值大于 1 的情况。故在直接应用 DBN 时，需要对原始数据进行尺度变换，使全部原始数据限制在[0,1]范围内，通常称为归一化。

归一化处理是人工智能学习中常用的预处理方式，能明显地改进人工智能算法。肖汉光等[16]利用了特征归一化方法对 14 类数据进行了预处理，经过归一化处理后能明显提高分类准确率也缩减了分类器计算时间。柳小桐[17]针对 BP 网络算法中 Sigmoid 激活函数的局限性，对网络输入层进行了系统的归一化研究，并提出了一种联合归一化新方法应用于机械故障诊断，实践说明该归一化方法能提高网络的收敛速度和诊断精度。刘慧敏等[18]认为复杂的高维数据存在较大的数值差异，导致机器学习速度变慢甚至不收敛，以仿真数据和实际数据为基础，比较了常用的六种归一化方法应用效果与适用范围。假设振动信号的离散序列为 $x_i(i=1,2,3,\cdots,m)$，常用的几种归一方法如表 5-10 所列。

表 5-10　常用的归一方法

组别	方 法 描 述	归一化公式	值域范围
1	峰值归一	$\tilde{x}_i=\dfrac{x_i}{\lvert x_{\max}\rvert}$	[-1,1]

续表

组别	方法描述	归一化公式	值域范围
2	去均值归一	$\tilde{x}_i=\dfrac{x_i-\bar{x}}{\lvert x_{max}\rvert}$	[-1,1]
3	一次缩放归一	$\tilde{x}_i=\dfrac{x_i}{x_{max}-x_{min}}$	[-1,1]
4	二次缩放归一	$\tilde{x}_i=\dfrac{2x_i-x_{max}-x_{min}}{x_{max}-x_{min}}$	[-1,1]
5	和值归一	$\tilde{x}_i=\dfrac{m\cdot x_i}{\sum_{i=1}^{m}x_i}$	[-1,1]
6	去均值和值归一	$\tilde{x}_i=\dfrac{m(x_i-\bar{x})}{\sum_{i=1}^{m}(x_i-\bar{x})},\bar{x}=\dfrac{1}{m}\sum_{i=1}^{m}x_i$	[-1,1]
7	线性归一	$\tilde{x}_i=\dfrac{x_i-x_{min}}{x_{max}-x_{min}}$	[0,1]
8	标准化归一	$\tilde{x}_i=\dfrac{x_i-\bar{x}}{\sigma},\sigma=\dfrac{1}{m-1}\sum_{i=1}^{m}(x_i-\bar{x}_i)^2$	[-1,1]
9	平移缩放归一	$\tilde{x}_i=\dfrac{2x_i+x_{max}-x_{min}}{3x_{max}-x_{min}}$	[0,1]

由上分析可知,假若信号为正值,上述方法归一后均可以达到[0,1]要求。但振动信号存在正、负值交替现象,仅线性归一化和平移缩放归一化可以将正、负值信号归到[0,1]范围内,故仅有线性归一化和平移缩放归一化符合要求。实质上,平移缩放归一化是先将所有数据平移至正数,再将正值数据缩放到[0,1]范围,推导过程分为两步:

第一步,所有数据平移至正数

$$x_i'=x_i+\frac{x_{max}-x_{min}}{2} \tag{5-15}$$

第二步,缩放归一

$$\tilde{x}_i=\frac{x_i'}{(x_i')_{max}}=\frac{x_i+\dfrac{x_{max}-x_{min}}{2}}{x_{max}+\dfrac{x_{max}-x_{min}}{2}}=\frac{2x_i+x_{max}-x_{min}}{3x_{max}-x_{min}} \tag{5-16}$$

由式(5-15)和式(5-16)推导过程可知，当振动信号的正向幅值(最大正值)与负向幅值(绝对值最大负值)不相等时，平移缩放归一化并不能保证值域范围为[0,1]。假设振动信号的负向幅值大于正向幅值时，有 $x_i'=x_i+\frac{x_{max}-x_{min}}{2}\leqslant 0$，即不满足 $0\leqslant\tilde{x}_i\leqslant 1$。线性归一化公式要求分母不能为零，即输入信号的最大值不能等于最小值，但振动信号是描述具有位置变化特性的信号，故不可能出现恒值状态，即不会出现 $x_{max}=x_{min}$ 现象。为方便理解和简单操作，本节均采用线性归一化。

为探讨归一化对振动信号重构的影响，分别仿真如下两种相对复杂信号。

(1) 变振幅变频率振动信号叠加：$x(t)=\sum_{i=1}^{n}A_i\sin(2\pi f_i x)$

(2) 变振幅多频率振动信号相乘：$x(t)=A_1\sin(2\pi f_1 x)\sin(2\pi f_2 x)$

其中 $A_i=\{2,4,6,8\}$，$f_i=\{32,64,96,128\}$。另外，在上述两种信号的基础上分别加上信噪比为 10dB 和 20dB 的噪声，加上原始两组振动信号，一共可得到 6 组仿真信号，如表 5-11 所列。

表 5-11　归一化仿真信号

信号描述	仿真信号公式
叠加信号(无噪声)$x(t)_1$	$x(t)_1=\sum_{i=1}^{n}A_i\sin(2\pi f_i x+1)$
叠加信号(信噪比 10dB 噪声)$x(t)_2$	$x(t)_2=\sum_{i=1}^{n}A_i\sin(2\pi f_i x+1)+10\text{dB}$
叠加信号(信噪比 20dB 噪声)$x(t)_3$	$x(t)_3=\sum_{i=1}^{n}A_i\sin(2\pi f_i x+1)+20\text{dB}$
相乘信号(无噪声)$x(t)_4$	$x(t)_4=A_1\sin(2\pi f_1 x+1)\sin(2\pi f_2 x+1)$
相乘信号(信噪比 10dB 噪声)$x(t)_5$	$x(t)_5=A_1\sin(2\pi f_1 x+1)\sin(2\pi f_2 x+1)+10\text{dB}$
相乘信号(信噪比 20dB 噪声)$x(t)_6$	$x(t)_6=A_1\sin(2\pi f_1 x+1)\sin(2\pi f_2 x+1)+20\text{dB}$

将 6 组仿真用线性归一化预处理后，再输入到隐藏层结构为 1000×800×400，目标层为 16 维、32 维和 48 维的深度信念重构网络中。经计算后重构效果如表 5-12 所列(因线性归一化后，原始信号的结构和本质属性并没有发生变化，故仅经归一化简单预处理后信号也可称为原始信号，本图中原始信号指经归一化简单预处理后的原始信号)。

表 5-12　归一化仿真信号重构对比(彩图见书末)

(——原始信号　-·-未微调重构信号　---微调重构信号)

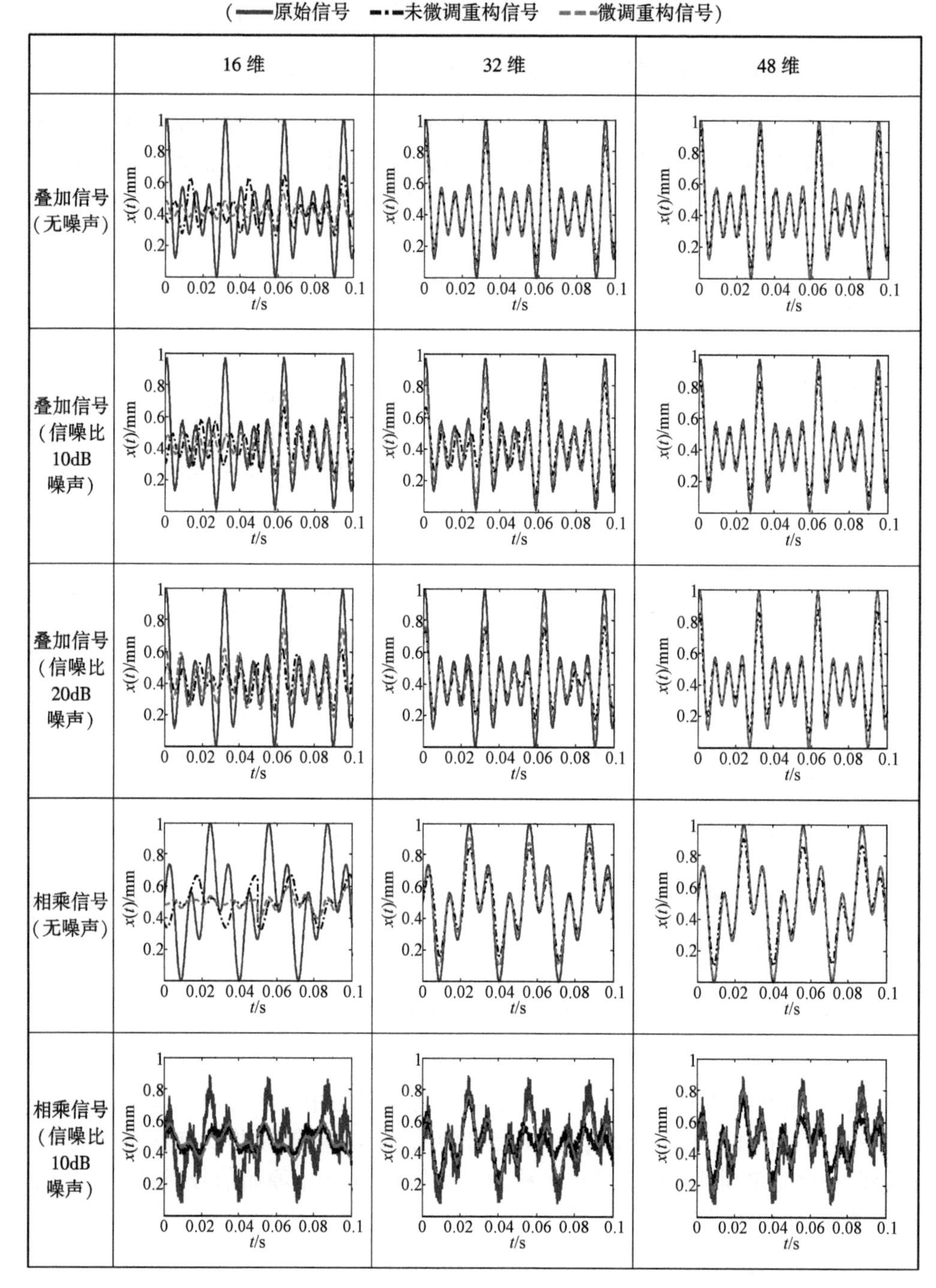

续表

	16维	32维	48维
相乘信号（信噪比20dB噪声）	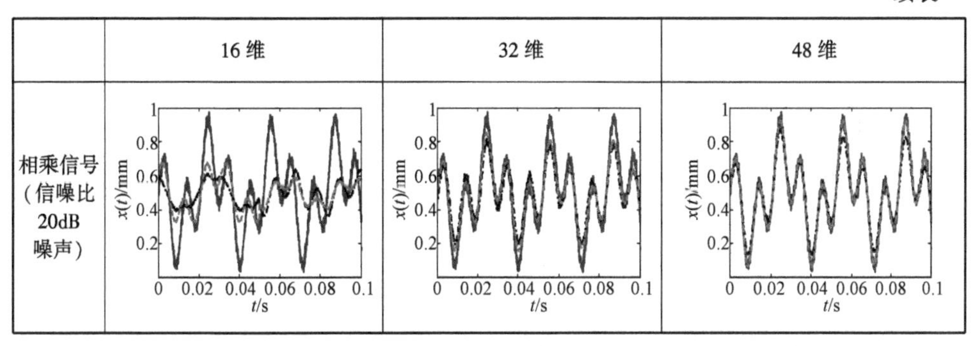		

由表5-12可知，不含噪声信号和含噪声信号经过网络编码解码后，均能较明显地重构出原始信号。目标层较多的重构信号比目标层较少重构信号更接近原始信号，目标层为16维的重构信号中振动现象已经很不明显，这是因为高维数据降到低维数据时，高维数据部分信息会有相应的衰减，当目标层维数过低时，高维数据衰减过大，导致重构信号越偏离原始信号，此现象也说明利用DBN网络降维时，目标维数有一定的适用范围，不适宜过小。信噪比越大的信号，噪声越小，噪声对原始信号干扰也越小，经降维与编码解码后，重构信号越接近原始信号。另外，四组有噪声信号经DBN降维与编码解码后，也能重构出相应信号，而且重构后信号比原始信号更平滑，信号的噪声得到了一定程度削弱。从高维数据降到低维数据，原高维的部分数据得不到完全表达，把降维后的低维数据重构到原来高维数据，不能被表达的信息将被降维和重构过程滤去。噪声是一种无规则的随机信号，在降维过程难以被正常表达，当再次重构原始信号时，部分噪声信号将被过滤。由上分析可知，基于深度信念重构网络的降维过程在一定程度上还具有降噪功能。比较信噪比为20dB和10dB重构图可知，随着噪声的加大（即信噪比值越小），重构信号与原始信号失真度越高，重构信号的振幅值被压缩，这是因为过强的随机噪声干扰了正常信息的编码和解码。但也可以发现，虽然较大的噪声干扰了正常信息的表达，信号的特征如周期性等并没有改变。

表5-13为归一化仿真信号相对均方差值。

表5-13 归一化仿真信号相对均方差值

信号	16维/mm		32维/mm		48维/mm	
	未微调	微调	未微调	微调	未微调	微调
叠加信号（无噪声）	0.035	0.007	0.205	0.126	0.011	4.3×10^{-5}
叠加信号（信噪比10dB噪声）	0.153	0.104	0.052	0.005	0.011	0.001
叠加信号（信噪比20dB噪声）	0.141	0.081	0.045	0.020	0.011	5.3×10^{-5}

续表

信　　号	16 维/mm		32 维/mm		48 维/mm	
	未微调	微调	未微调	微调	未微调	微调
相乘信号(无噪声)	0.217	0.163	0.040	0.008	0.014	4.2×10^{-5}
相乘信号(信噪比 10dB 噪声)	0.092	0.074	0.038	0.013	0.026	0.009
相乘信号(信噪比 20dB 噪声)	0.135	0.114	0.029	0.010	0.009	0.002

由表 5-13 观察,可得到同样现象:微调重构后信号比未微调重构信号误差要小;除无噪声的叠加信号外,目标维数高的误差均比目标维数低的误差小。但噪声强弱与相对均方差值大小并没有呈现明显规律性,这可能是噪声信号具有随机性导致的。

5.2.3　基于 DBN 的故障分类

由深度学习定义可知,深度学习网络是一种通过组合低层特征形成更加抽象的高层表示,以发现数据分布式特征表示的学习网络,即一种可以直接从低层数据出发,逐层学习得到高层特定特征的学习网络。如果低层信号直接为原始信号(或者是经过简单预处理的原始数据,因简单预处理并没有改动原始数据结构和本质属性,如归一化等,为描述的方便,本节中将仅经预处理后的数据均称为原始数据,后面所指的原始数据均指归一化后原始数据),深度学习无须人工特征提取与选择过程,完全可通过网络自身特性自主学习到特定特征,从而避免了传统特征提取和选择过程所带来的复杂性和不确定性,大大提高了机器学习的可操作性,增强了机器学习的智能性。以 DBN 为例,在智能分类识别领域中,传统分析和深度学习分析过程比较模型如图 5-7 所示。

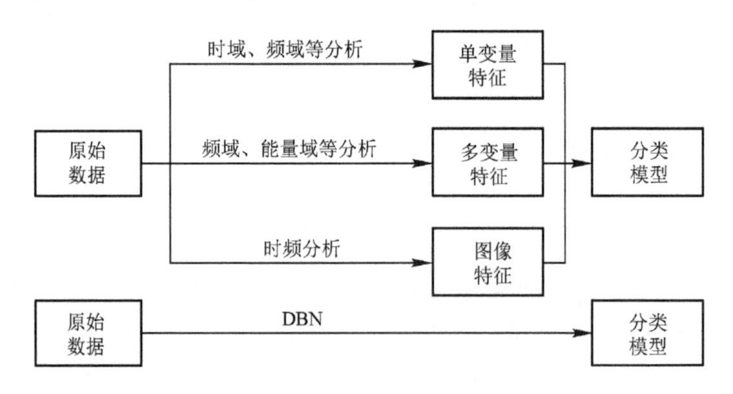

图 5-7　分析过程比较模型

1. 基于原始数据的轴承故障分类识别

为方便比较，依旧采用5.2.1节中轴承故障实验数据，即数据中含有正常、轴承外圈和内圈故障3种状态，每种故障对应有3种故障程度，即一共7组不同状态数据。实验时，中间转轴转速为1400r/min，采样频率24kHz，采样时间持续20s，一共480k有效数据，实验工况描述如表5-1所列。转轴转一圈，即一个周期内传感器约采集1024$\left(\frac{60}{1400}\times 24000\approx 1028\approx 2^{10}\right)$个数据点。为探讨直接利用原始数据和DBN对轴承故障状态的分类识别能力，将采集的原始数据每1024个数据点设置为一个样本，每种轴承状态可得到160个样本，随机选择其中的80个样本为训练样本，余下80个样本为测试样本，整合表5-1中7种轴承状态，最终一共可得560个训练样本和560个测试样本。初步设置总迭代次数100，结果均取20次DBN重复计算的平均值。

1）隐藏层组合分析

首先参考BP神经网络隐藏层设置的经验公式，如采用式(5-3)可得第一层隐藏层节点数为$S_1=\sqrt{1024\times 7}+\frac{k}{2}=85+\frac{k}{2}$，可取$S_1=90$；第二层隐藏层节点数为$S_2=\sqrt{90\times 7}+\frac{k}{2}=25+\frac{k}{2}$，可取$S_2=25$；第三层隐藏层$S_3=\sqrt{25\times 7}+\frac{k}{2}=13+\frac{k}{2}$，可取$S_3=15$；即可构建隐藏层组合为90×25×15的3层RBM深度置信网络。同理参考式(5-2)，得隐藏层组合为35×10×10；参考式(5-4)时，得隐藏层组合为90×25×15；参考式(5-5)，得隐藏层组合10×10×10；参考式(5-6)，得隐藏层组合85×20×10。把参考BP神经网络的经验公式得到的隐藏层组合称为“BP经验公式组合”。由经验公式所得的隐藏层节点数相对较少，几种组合中最大的节点数只有90，不足输入节点数1024的1/10。深度学习网络是一个挖掘数据分布式特征表示的学习网络，当网络的节点数较少时，数据的分布式特征不容易展开，数据特征也不容易被挖掘。

对隐藏层设置几种不同组合，如表5-14所列。

表5-14 隐藏层不同组合

组合类型	第一层	第二层	第三层	总节点数
BP经验公式组合	10	10	10	30
	35	10	10	55
	85	20	10	115
	90	25	15	130

续表

组合类型	第一层	第二层	第三层	总节点数
恒值型组合	512	512	512	1536
	1024	1024	1024	3072
	1536	1536	1536	4608
	2048	2048	2048	6144
升值型组合	512	1024	1536	3072
	512	1024	2048	3584
	1024	1536	2048	4608
降值型组合	1536	1024	512	3072
	2048	1024	512	3584
	2048	1536	1024	4608
凹凸型组合	512	1024	512	2048
	1024	1536	1024	3584
	1536	2048	1536	5120
	2048	1536	2048	5632
	1536	1024	1536	4096
	1024	512	1024	2560

(1) BP 经验公式组合。按照 BP 经验公式的隐藏层组合结果如图 5-8 所示。由图可见,随着迭代次数的增加,分类正确率明显提高。4 种组合中,基本上呈现总节点数越少效果越差的规律。其中效果最好的是 90×25×15,但分类正确率低于 80%;其次是 85×20×10,低于 60%;35×10×10 低于 40%;效果最差的是 10×10×10

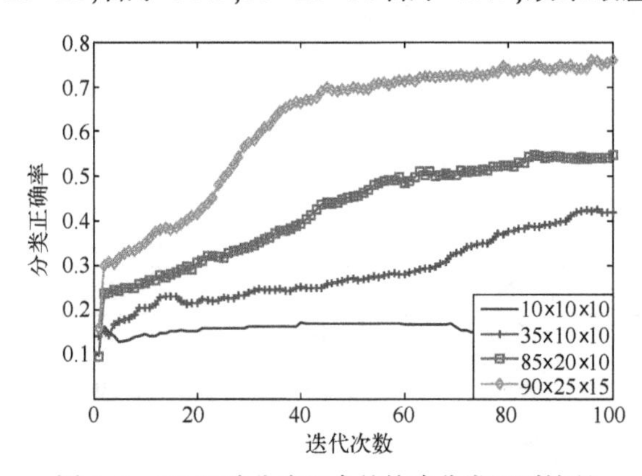

图 5-8 BP 经验公式组合的故障分类识别情况

组合，分类正确率低于 20%。在 3. 2. 1 节中，利用常用统计特征为输入时可达到超过 90%的分类正确率，远高于 BP 经验公式组合。比较可知：利用 BP 经验公式计算所得隐藏层的组合并不可取。

（2）恒值型组合。隐藏层为恒值型组合的故障分类识别情况如图 5-9 所示，4 种组合的最高分类正确率均已经超过 85%，分类识别效果明显比 BP 经验公式组合要好很多。4 种恒值型组合中，对故障分类识别效果最好的是 1024×1024×1024 组合，最高分类正确率高于其他组合，且所对应的迭代次数也少于其他组合。其次，效果较好的组合依次是 1536×1536×1536、512×512×512 和 2048×2048×2048。输入网络的数据是 1024 维，输出为 7 维（故障状态类别数），比较 4 种恒值型组合可知：接近输入网络数据维数的隐藏层组合效果较优。当网络的节点数与输入维数较近时，数据的分布式特征更容易展开。当节点数远小于输入维数时，初始数据的部分细节可能不会被表达，导致识别效果降低；当节点数远大于输入维数时，可能因为过多的节点对同一信息分析时，出现相互干扰情况。

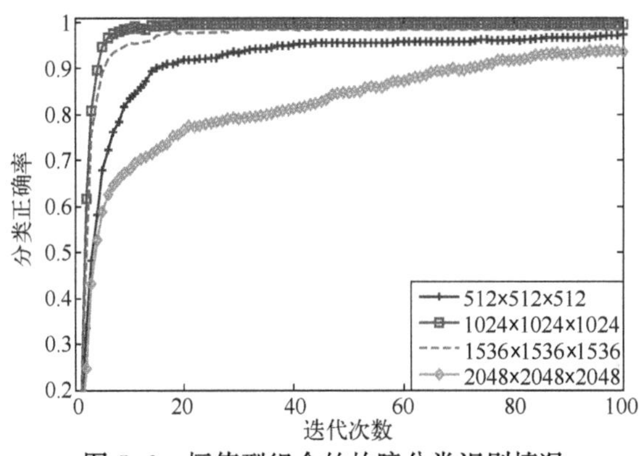

图 5-9　恒值型组合的故障分类识别情况

（3）升值型组合。隐藏层为升值型组合的故障分类识别情况如图 5-10 所示，

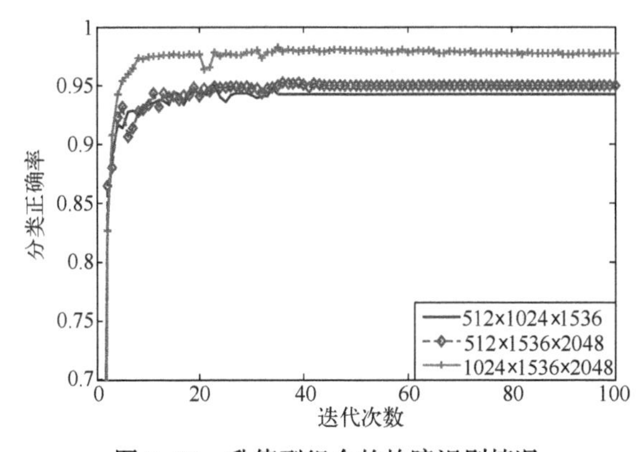

图 5-10　升值型组合的故障识别情况

3 种组合的最高分类正确率均已经超过 90%,识别效果非常好。3 种升值型组合中,效果较好的组合依次是 1024×1536×2048、512×1024×2048 和 512×1024×1536。很容易发现,隐藏层节点总数越多的组合,网络的分类识别效果更优。这是因为在一定范围内,随着节点数的增加,网络更容易从细节挖掘数据分布式特征,对数据的解释能力越强。

(4) 降值型组合。隐藏层为降值型组合的故障分类识别情况如图 5-11 所示,3 种组合的最高分类正确率均在 90%附近。降值型组合与升值型组合的隐藏层节点顺序设置正好相反,比较可知,升值型组合的分类识别效果优于降值型组合。其次,比较 3 种组合的最高分类正确率容易发现,和升值型组合结论一致,隐藏层节点总数越多的组合,分类识别效果更优。

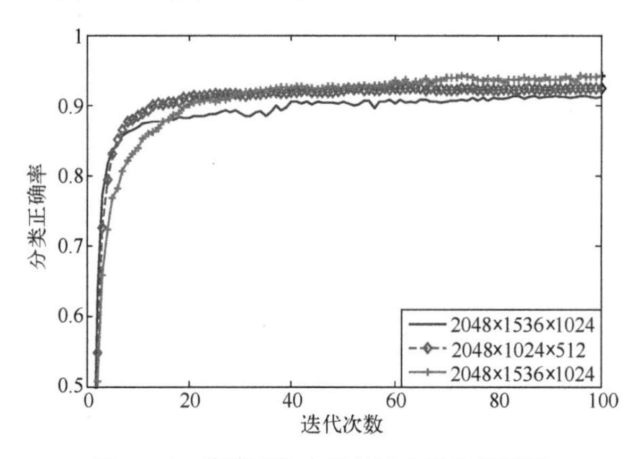

图 5-11　降值型组合的故障分类识别情况

(5) 中凸型组合。隐藏层为中凸型组合分类识别效果如图 5-12 所示,3 种组合的分类正确率均较高,均超过 95%。其次,512×1024×512 和 1024×1536×1024 组合明显优于 1536×2048×1536 组合。虽然在迭代前期 512×1024×512 比 1024×1536×1024 组合效果较好,但在迭代后期两者差异性很小,最高分类正确率均超过 98%。1536×2048×1536 组合偏离输入数据维数 1024 较远,分类正确率相对偏低,且所需迭代次数也较多。可见,在中凸型隐藏层组合中,节点数接近输入数据维数的组合效果较优。

(6) 中凹型组合。隐藏层为中凹型组合分类识别效果如图 5-13 所示,1536×1024×1536 组合的分类正确率超过 98%,其他两组的最高正确率均为 87.5%。分析可知,1536×1024×1536 组合的节点数更接近输入数据维数 1024,其他两组相对偏离较远。可见,在中凹型隐藏层组合中,同样有类似的结论:节点数接近输入数据维数的组合效果较优。

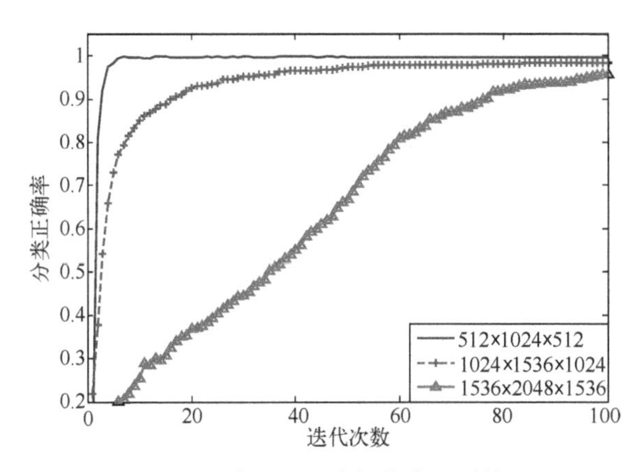

图 5-12　中凸型组合的故障识别情况

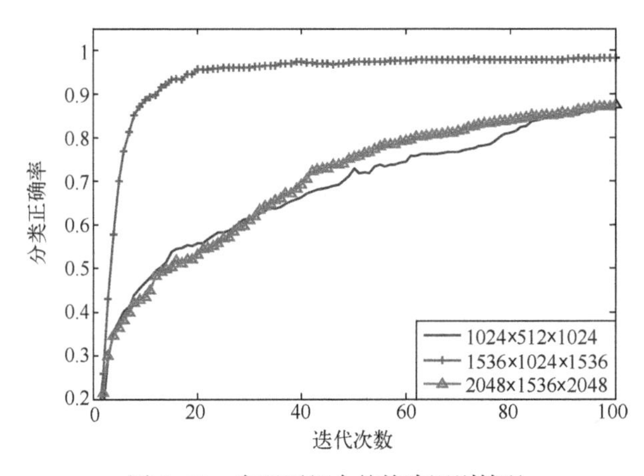

图 5-13　中凹型组合的故障识别情况

由上分析可知,DBN 的隐藏层结构组合对结果影响很大,良好的组合是获得良好分类识别效果的重要条件。当接近输入数据维数且总节点数相对偏多的上升型隐藏层组合效果相对较优。其次,存在超过 90%的分类正确率,证明了直接通过原始数据利用 DBN 对轴承多故障状态进行较准确分类识别的可行性。

2) 样本长度分析

以原始数据直接作为 DBN 的输入时,除了网络自身构造对分类识别效果影响很大外,样本长度的设置也是影响分类识别效果的重要因素。为充分使用有限的数据资源,采用"连续不重复"截取法获得样本数据,如图 5-14 所示。从振动信号的初始位置开始,截取 n 个数据点作为样本 1;从第 $n+1$ 个数据点开始,再次截取 n 个数据点作为样本 2;依此类推,从第 $(N-1)n+1$ 个数据点开始,截取 n 个数据点作为样本 N。最终可得到 $N \times n$ 的样本数据库,从中随机挑选可得到相应的训练和测试样本数据库。

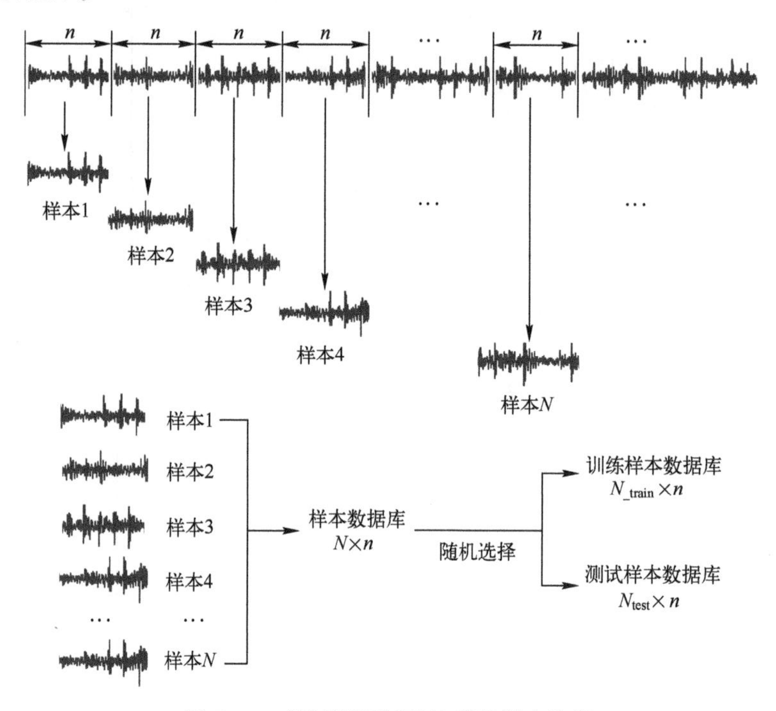

图 5-14 “连续不重复”法获得样本数据

由图 5-14 可知，假设传感器一共采集 X_n个有效数据点，采用“连续不重复”截取法获得样本数据时，则存在关系式：样本个数 N×样本长度 $n \leqslant X_n$。理论上样本长度的取值范围可为$[1, X_n]$，显然不符合实际应用。在上述案例分析中，直接把一周所采集的数据点数作为样本长度，较好的分类识别效果说明该样本长度具有一定的参考价值。从图 5-14 可知，当样本长度 n 小于一周数据点时，通过“连续不重复”截取后，含有多个样本的数据库也包含了整个周期的数据。

为研究样本长度在一周内对 DBN 算法的影响，以 64 个数据点为步长，可设置成 16 组(1024/64=16)不同样本长度的数据。为保证每种样本长度数据均具有相同训练和测试样本，计算时均随机选用 80 个训练样本和 80 个测试样本。整合表 5-1 中 7 类数据，最终一共可得到 560 个训练样本和 560 个测试样本。本研究中初始数据最长输入样本长度有 1024 个数据点，最短长度有 64 个数据点，取接近平均长度 500 隐藏层节点数，并构建“恒值型”隐藏层节点组合，即隐藏层为 500×500×500 的 DBN 深度网络结构，设置迭代次数 100，结果取 20 次计算后的平均值。

表 5-15　不同样本长度数据故障状态识别

组别	样本长度	分类正确率	迭代次数	组别	样本长度	分类正确率	迭代次数
1	64	66.7%	92	9	576	98.3%	35
2	128	81.5%	85	10	640	98.9%	37
3	192	89.6%	82	11	704	99.0%	33
4	256	94.2%	72	12	768	99.0%	42
5	320	95.6%	57	13	832	99.2%	31
6	384	96.1%	53	14	896	99.3%	41
7	448	97.2%	48	15	960	99.2%	23
8	512	97.6%	52	16	1024	99.4%	29

表 5-15 为 16 种数据经 DBN 100 次迭代计算后，所对应的故障识别情况。由表 5-15 可知，16 组数据的分类正确率均较高，除了样本长度为 64、128 和 192 个数据点外，其余 13 组分类正确率均超过 90%，再次说明直接通过原始数据利用 DBN 对轴承故障状态进行较准确分类识别的可行性，进一步说明 DBN 具有可以通过组合低层特征形成更加抽象高层表示的能力。从第 8 组到第 16 组，虽然分类正确率有一定的提升，但相差很小，样本长度增加到了一定程度时，增加样本长度角度对提升分类正确率的效果较差。另外说明当样本长度在半圈到一圈范围内时，可以得到较好的识别效果。

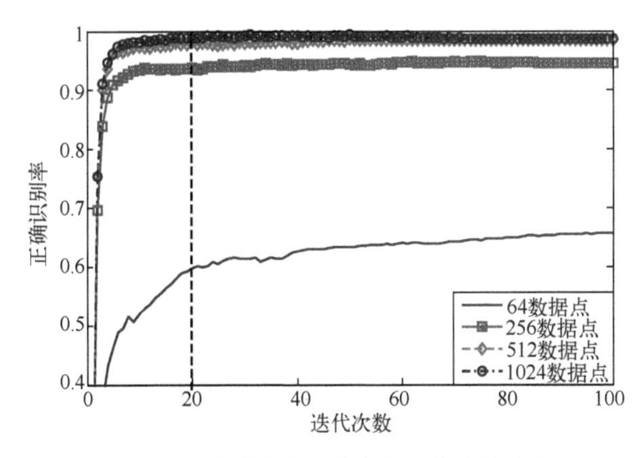

图 5-15　故障分类正确率与迭代次数关系

图 5-15 是样本长度分别为 64、256、512 和 1024 个数据点时，经 DBN 计算后，轴承故障分类正确率与迭代次数的关系图。由图 5-15 知，当没有迭代计算时，故障正确分类正确率均低于 40%；当迭代增加时，正确分类正确率急剧提升；当迭代超过 20 时，分类正确率缓慢提升，同时偶尔有些轻微波动。虽然从表 5-15 中可知

部分最高分类正确率所对应的迭代接近 100,但由图 5-15 知,虽然迭代次数的增加有利于提高故障分类识别效果,但增加到一定次数时(如超过 20 步),分类正确率提升不大,却大大增加了计算成本。因此,在实际操作中,故障状态识别并非只片面追求分类正确率,还需综合考虑计算经济性。

3) 时间成本控制分析

算法的时间复杂度是定量描述算法耗费时间的函数 $O(S,t)$,取决于基本运算的计算次数 S 和基本运算执行一次所需时间 t。假设基本运算执行一次均是单位时间,不同结构中的计算次数可直接相加,累计计算次数在一定程度上等同于算法的时间复杂度。累计计算次数越多,算法的时间复杂度越大,算法所耗费时间越长,经济性越差。

一个完整的算法,基本运算的执行次数相对复杂,时间复杂度的严格计算一般比较困难。但只有执行次数最多的基本运算,才决定一个算法所消耗的时间,故通常只关注算法中基本运算执行最多的次数。常用的时间复杂度计算方法有求和法、假设法、迭代法、直接计算法、迂回计算法、递归计算法等。通常情况下,时间复杂度的计算都遵循如下几个原则:

(1) 所有的加法常数均用常数 1 替代,只保留非常数项。

(2) 同一级函数计算中,只保留最高阶项(如有多参数的表达式,多参数均保留)。

(3) 删除数量级很小的项。

(4) 删去最高项前面的常数。

按照上述原则(4),时间复杂度需要直接删去最高项前面的常数,导致执行次数相差较大的时间复杂度一样。比如计算次数分别为 n^3 和 $8n^3$,时间复杂度均为 $O(n^3)$,给后续工作带来不便。故重点关注基本运算的最高执行次数,并遵循时间复杂度计算中的原则(1)~(3),在不影响理解的前提下,后续所指的时间复杂度都等同此处最高执行次数概念。

前向堆叠 RBM 学习和后向微调学习是 DBN 算法的关键,对应的时间复杂度决定整个 DBN 算法的耗费时间。假设一个 DBN 由隐含层分别是 m_1、m_2、m_3 的 3 层 RBM 组成,输入样本量 N,样本长度 n,迭代次数 K。忽略常数项计算次数,由基于 CD 的 RBM 算法步骤知,单个样本生成 $P(h^{(1)}=1\mid v^1)$ 计算次数 nm_1,抽样出 $h^{(1)}$ 计算次数 m_1^2,生成 $P(v^{(2)}=1\mid h^{(1)})$ 计算次数 m_1n,抽样出 $v^{(2)}$ 计算次数 n^2,生成 $P(h^{(2)}=1\mid v^{(2)})$ 计算次数 nm_1,抽样出 $h^{(2)}$ 计算次数 m_1^2,参数更新计算次数 m_1n+n+m_1。N 个样本第一个 RBM 迭代 K 次总计算次数

$$F_1=KN(3nm_1+2m_1^2+n^2) \tag{5-17}$$

同理,第二、三层的总计算次数分别为

$$F_1 = KN(3m_1m_2+2m_2^2+m_1^2) \tag{5-18}$$

$$F_1 = KN(3m_2m_3+2m_3^2+m_2^2) \tag{5-19}$$

所以,前向堆叠 RBM 学习的计算次数为

$$F = F_1+F_2+F_3 \tag{5-20}$$

同理,后向微调学习的计算次数

$$R = KN(nm_1+m_1m_2+m_2m_3) \tag{5-21}$$

前向学习和后向学习的计算总次数

$$S = F+R \tag{5-22}$$

$$S = KN(n^2+2m_1^2+2m_2^2+m_3^2+4nm_1+4m_1m_2+4m_2m_3) \tag{5-23}$$

函数对参数的偏导数等同于函数值在该参数方向的单位变化量,可理解为函数对该参数的敏感程度。偏导数的绝对值越大,函数对该参数越敏感,该参数对函数值影响越大,可通过调节该参数对函数值进行调节。将计算总次数 S 对参数分别求导,偏导数均为正数,可按偏导数大小排序,优先调节偏导数较大的参数可以更快速地控制总计算时间。

由式(5-23)可知,计算总次数 S 一共有 6 个参数,如果严格按照偏导数大小排序,再优先调节偏导数较大的参数,导致操作不便,计算困难性很大。考虑到隐藏层节点数具有一定的对称性,且比较稳定,可假设 DBN 结构确定,即假设隐藏层节点数 m_1、m_2、m_3 为确定值。一般情况,样本量与采集的数据点数有关,数据样本量也相对稳定,同样假设 N 为确定值。重点讨论原始数据的样本长度和算法的迭代次数对 DBN 的影响,即计算总次数 S 仅与迭代次数 K 和样本长度 n 两个变量有关。比较 S 对参数 K,n 偏导数的大小,当$\partial S/\partial K>\partial S/\partial n$ 时,说明迭代次数 K 比样本长度 n 更敏感,调节 K 的值可以更好地控制 DBN 的计算成本。当$\partial S/\partial K<\partial S/\partial n$ 时,则说明调整样本长度更有效控制计算复杂度。

轴承故障分类识别实验中,假若迭代次数 K 比样本长度 n 更敏感,在达到某一目标分类正确率的前提下,优先选取最少迭代次数 K,再选择最少样本长度 n,可较好控制计算成本,提高计算速度。

结合 DBN 理论,迭代次数和样本长度选取的流程如图 5-16 所示,主要步骤如下。

(1) 采集振动数据,设置训练组和测试组数据。

(2) 设置分类正确率目标值 Q_m,最大循环次数 K_m 和样本长度增长步长 t。

(3) 将迭代次数 K 赋初始值 K_0,样本长度 n 赋初始值 n_0,组建 RBM 结构。

(4) 将训练数据输入 RBM1 可视层 v,学习得到隐藏层 h;将 RBM1 中的隐藏层 h 代入 RBM2 中可视层 v 层,学习得到隐藏层 h;将 RBM2 中的隐藏层 h 代入 RBM3 中可视层 v 层,学习得到隐藏层 h。

(5) 将 RBM3 中的隐藏层 h 输入 Softmax 分类模型中,计算分类误差 J。

(6) 从最高层向最低层依次微调参数,得到完整的 DBN 训练模型。

(7) 将测试数据输入所得模型,计算故障的分类正确率。步骤(4)~(7)组成了一次 DBN 完整计算。

(8) 判断条件 $Q \geqslant Q_m$ 或 $K \geqslant K_m$,若不满足时,再判断样本长度 $n \geqslant n_m$,增加 K 或样本长度 n,重复步骤(4)~(7);若满足条件,计算终止,输出分类正确率 Q,迭代次数 K,样本长度 n。

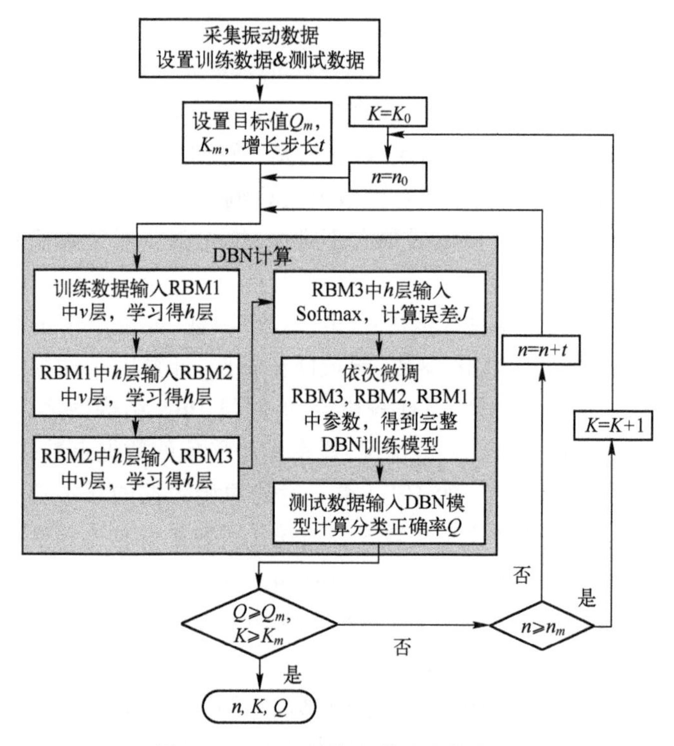

图 5-16 DBN 计算参数选取的流程

将样本数 $N=560$,DBN 隐含层节数 $m_1=500, m_2=500, m_3=500$ 代入式(5-23),可得计算总次数

$$S=560K(n^2+2000n+3250000) \tag{5-24}$$

$$\partial S/\partial K=560(n^2+2000n+3250000) \tag{5-25}$$

$$\partial S/\partial n=560K(2n+2000) \tag{5-26}$$

由式(5-24)知,DBN 的计算次数随迭代次数 K 和样本长度 n 的增加而增加,故可通过调节 K、n 控制 DBN 的计算成本。由图 5-15 和表 5-15 知,$0<K\leqslant 100$,$0<n\leqslant 1024$,代入式(5-25)、式(5-26),得$\partial S/\partial K \in (1.82\times10^9 \quad 3.55\times10^{10}]$,$\partial S/\partial n \in$

$(1.12\times10^6 \quad 2.27\times10^8]$，即有$\partial s/\partial K \gg \partial s/\partial n$。说明在本案例中，当样本数和 DBN 结构固定时，K 远比 n 更敏感，调节 K 的值对控制 DBN 经济性影响更明显。故在达到一定分类正确率的前提下，优先选取最少迭代，再选择最少样本长度，可更快速控制计算成本，提高经济性。操作流程如图 5-16 所示。

本实例中，设置目标分类正确率 98%，初始样本长度 64 点，步长 8 点，最大迭代 100 次。在处理器 Intel(R) Xeon(R) CPU E3-1230、主频 3.3GHz、内存 8GB 的计算机配置下，经约 13h 计算后，可得到最佳样本长度 664 个数据点，迭代次数为 5，此时故障识别时间为 16s。若优先选择最少样本长度，再选择最少迭代次数，在相同的计算机环境下，须经约 34h 计算后得到最佳结果，计算时间约为上述方法的 2.6 倍。此时最佳样本长度 424 个数据点，迭代 46 次，故障识别时间约为 192s，所需时间约为上述方法的 12 倍。说明优先调节时间复杂度偏导值较大的参数，可更好地控制 DBN 计算成本。在实际操作过程中，可将调节选取后的样本长度和迭代次数作为轴承故障分类识别的参考值。

4）传统方法对比分析

为进一步验证算法性能，参照图 5-7 将轴承数据按如下 5 种方式处理后，再输入 SoftMax 模型进行分类识别：

（1）原始数据直接输入。

（2）仅选取常用振动信号特征峭度作为输入。

（3）参照文献[11]提取多变量特征，将所有 14 组特征作为输入。

（4）选取（3）中无量纲统计特征，即波形指标、峰值指标、脉冲指标和裕度指标作为输入。

（5）经小波变换后绘制时频图，直接提取时频图像特征（300×400 像素）作为输入。

（6）将方式（5）中时频图经双向主成分分析压缩（two dimensional PCA，TD-PCA）[19]至像素 10×10，再将压缩后的图像特征输入。

将上述 6 种方式所得到的故障识别结果与 DBN 相比较，如图 5-17 所示。

由图 5-17 可见，分类正确率最差的是方式 1，故障分类正确率低于 20%，说明 SoftMax 分类模型本身无法直接从原始数据对故障进行分类识别。当仅以峭度为输入时（方式 2），分类正确率仍然较差，均小于 30%，说明仅依据单变量特征识别故障能力有限。当以 14 组多变量特征为输入时（方式 3），分类正确率明显提高。当以其中的无量纲指标特征为输入时（方式 4），识别效果比方式 3 差。这是因为不同变量是从不同的角度刻画振动信号，包含的故障信息均有不同的偏重点，多变量特征的数量和种类直接影响故障识别效果。以方式 5 图像特征为输入时，随着样本长度增加，分类正确率下降，最高识别正确率小于 80%；经 TD-PCA 双向压缩后（方式 6），较长样本长度的数据分类识别效果有一定的提升，但较短样本长度的

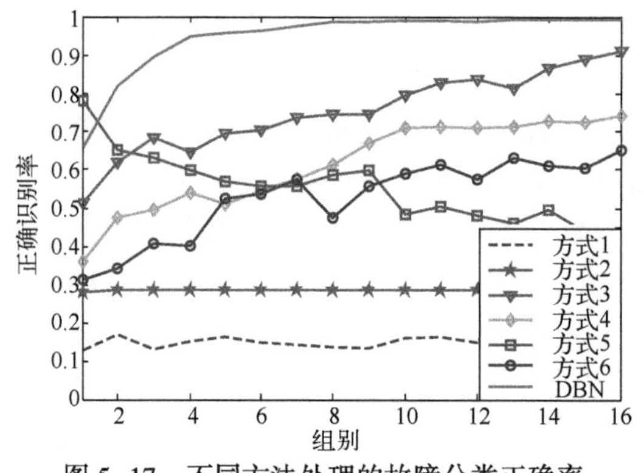

图 5-17　不同方法处理的故障分类正确率

数据分类正确率反而下降。可见,在时频图中,有价值的故障信息严重受到其他信息干扰,时频特征的分类识别效果不稳定。而 DBN 在第 4 组(样本长度为 256 个数据点)时分类正确率即大于 90%,随着样本长度增加,分类正确率逐渐上升。综上所述,多变量特征需要甄选特征数量和种类,时频图特征需要额外的处理过程,这些都离不开人为因素,削弱了机器学习的智能性。

5) 实验验证

以齿轮和轴承故障为例,讨论从原始数据出发的 DBN 对变速器故障的分类识别情况。

(1) 实验构建。跟 5.2.1 节使用同一个变速器故障实验平台和变速器。测点布置如图 5-18 所示。

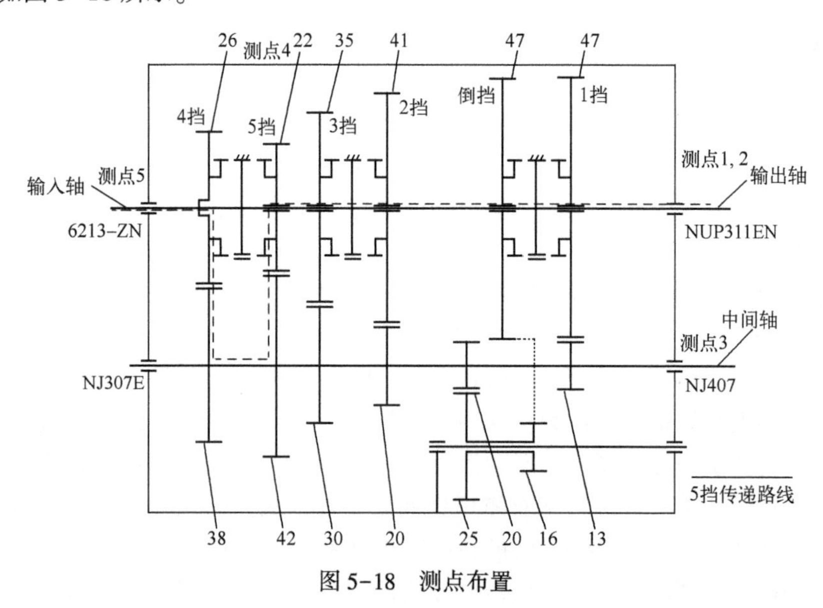

图 5-18　测点布置

实验前预先对轴承和5挡齿轮两个零件通过线切割加工设置多种类型故障，具体有轻度断齿、中度断齿、单个断齿和轴承内圈0.02mm宽度故障，实物如图5-19所示。

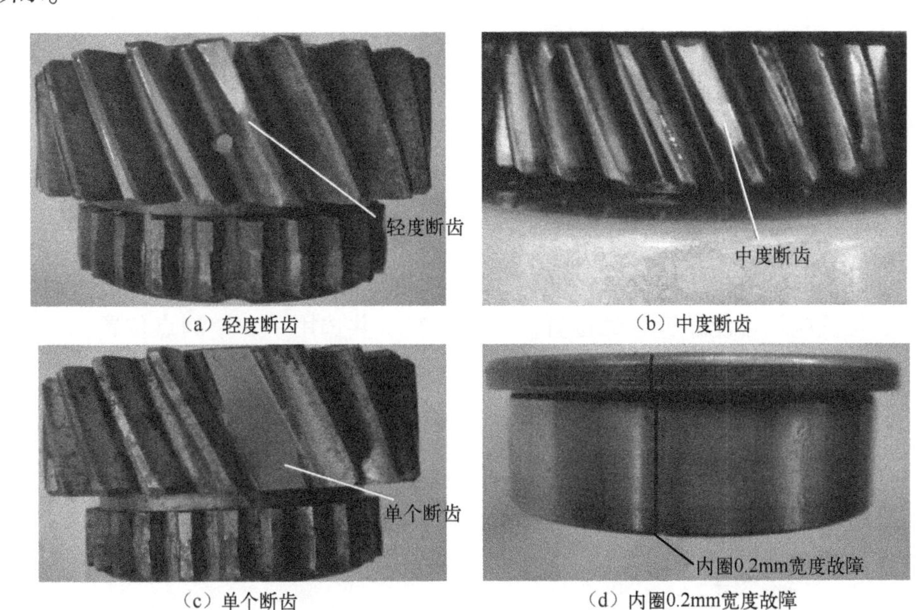

(a) 轻度断齿　(b) 中度断齿
(c) 单个断齿　(d) 内圈0.2mm宽度故障

图5-19 齿轮与轴承故障实物图

故障轴承为NUP311EN型号，安装于变速器输出轴与箱体连接处(内嵌于箱体中)，其参数如表5-16所列。

表5-16 故障轴承参数

外径 d_O	内径 d_I	节径 d_p	滚子数 z	滚子直径 d_B	接触角 α
120mm	55mm	85mm	13mm	18mm	0°

组合上述多种故障，可得如表5-17中8组故障组合实验。如第7组实验，模拟故障状态是5挡齿轮单个断齿和轴承内圈0.2mm宽度故障。

表5-17 故障组合

实验组别	5挡齿轮				轴承内圈	
	正常	轻度断齿	中度断齿	单个断齿	正常	0.2mm宽度故障
故障状态1	√				√	
故障状态2		√			√	
故障状态3			√		√	

续表

实验组别	5 挡齿轮				轴承内圈	
	正常	轻度断齿	中度断齿	单个断齿	正常	0.2mm 宽度故障
故障状态 4				√	√	
故障状态 5	√					√
故障状态 6		√				√
故障状态 7			√			√
故障状态 8				√		√

为减少故障信号传递衰减,尽量获取信号的真实信息,测点位置即加速度传感器安装位置应尽可能靠近故障位置。本次实验一共选用了 5 个测点位置,如结构简图 5-18 所示,对应的实物测点位置如图 5-20 所示。

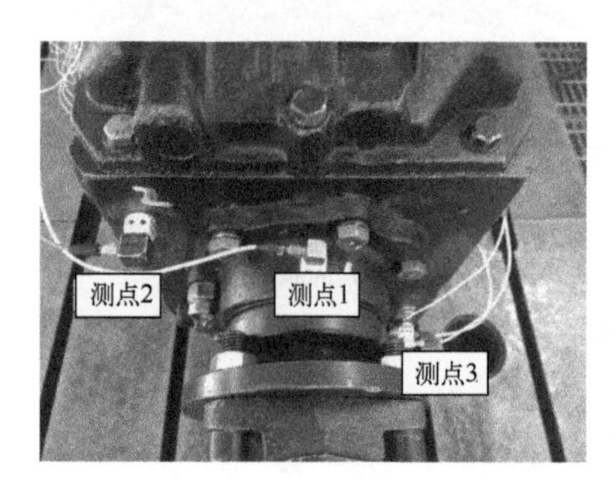

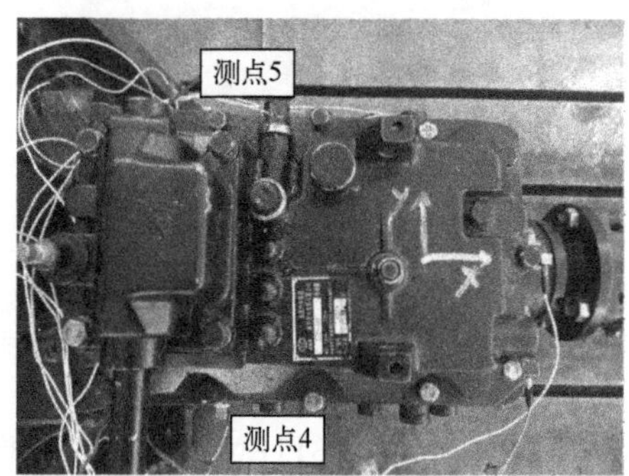

图 5-20　实物测点位置

测点 1:位于变速器输出轴的轴承座上(非故障轴承,故障轴承位于输出轴与箱体连接处,内嵌于箱体中),靠近故障轴承。

测点 2:靠近输出轴的左侧箱体上,考虑到输出轴的轴承座与变速器体间存在非刚性油封连接,轴承故障和齿轮故障信息传递到测点 1 时可能存在过多衰减,测量 2 也是对测点 1 的补充。

测点 3:靠近中间轴输出端的箱体上,除直接挡和空挡外,输入变速器的动力均需经过中间挡传递。

测点 4:空间上靠近 5 挡齿轮的箱体上。

测点 5:靠近输入轴的箱体上,5 挡齿轮且没有与箱体直接连接,5 挡齿轮信号并无法直接传递到测点 4。从动力传输路径角度考虑,当变速器在 5 挡工作时,输入轴更靠近 5 挡齿轮,故选择测点 5 作为测点 4 的补充。

实验时，变速器挂入 5 挡，输入轴转速为 1000r/min，负载 50Nm，采样频率 24kHz，持续采样时间 60s。参考文献[20]计算得

5 挡齿轮转频：$f_r = n\times\frac{26}{38}\times\frac{42}{22} = \frac{1000}{60}\times\frac{26}{38}\times\frac{42}{22} = 21.77(\text{Hz})$

5 挡齿轮啮合频率：$f_z = f_r z = 21.77\times22 = 478.95(\text{Hz})$

内圈通过频率：$\text{BPFI} = \frac{zf_r}{2}\left(1+\frac{d_B}{d_p}\cos\alpha\right) = \frac{13\times21.77}{2}\left(1+\frac{13}{85}\cos0\right) = 163.1(\text{Hz})$

(2) 时域频域简单分析。

表 5-18 展示了测点 2(输出轴附近)和测点 5(输入轴附近)在 8 种状态下的时域信号图。由图可知，两测点的时域信号具有较强的相似性。同一测点位置的时域信号中，内圈正常时，5 挡齿轮在正常、轻度断齿和中度断齿状态下幅值相差不大，单个断齿幅值相对偏大，随着齿轮故障程度加深冲击现象也相对越明显，但依然难以判断。内圈故障时，振动幅值和冲击现象并不是随着齿轮故障程度的加深而更明显，齿轮轻度断齿和齿轮单个断齿幅值较大，冲击现象更明显；中度断齿和齿轮正常状态的信号幅值与冲击现象差异性较小。同一测试点相同齿轮状态下，存在轴承故障的振动信号幅值并非都比正常轴承的幅值大，如 5 挡中度断齿状态下，轴承故障信号幅值比轴承正常幅值小，冲击现象也不明显。由此可见，当多种复杂状态同时存在时，增加了故障诊断的难度。

表 5-18 测点 2 与测点 5 的振动时域信号

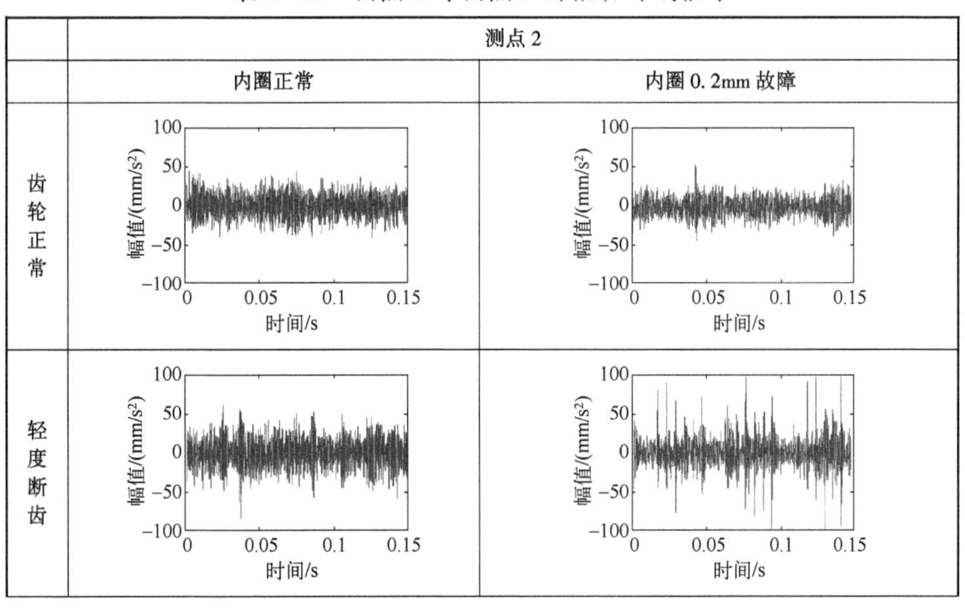

续表

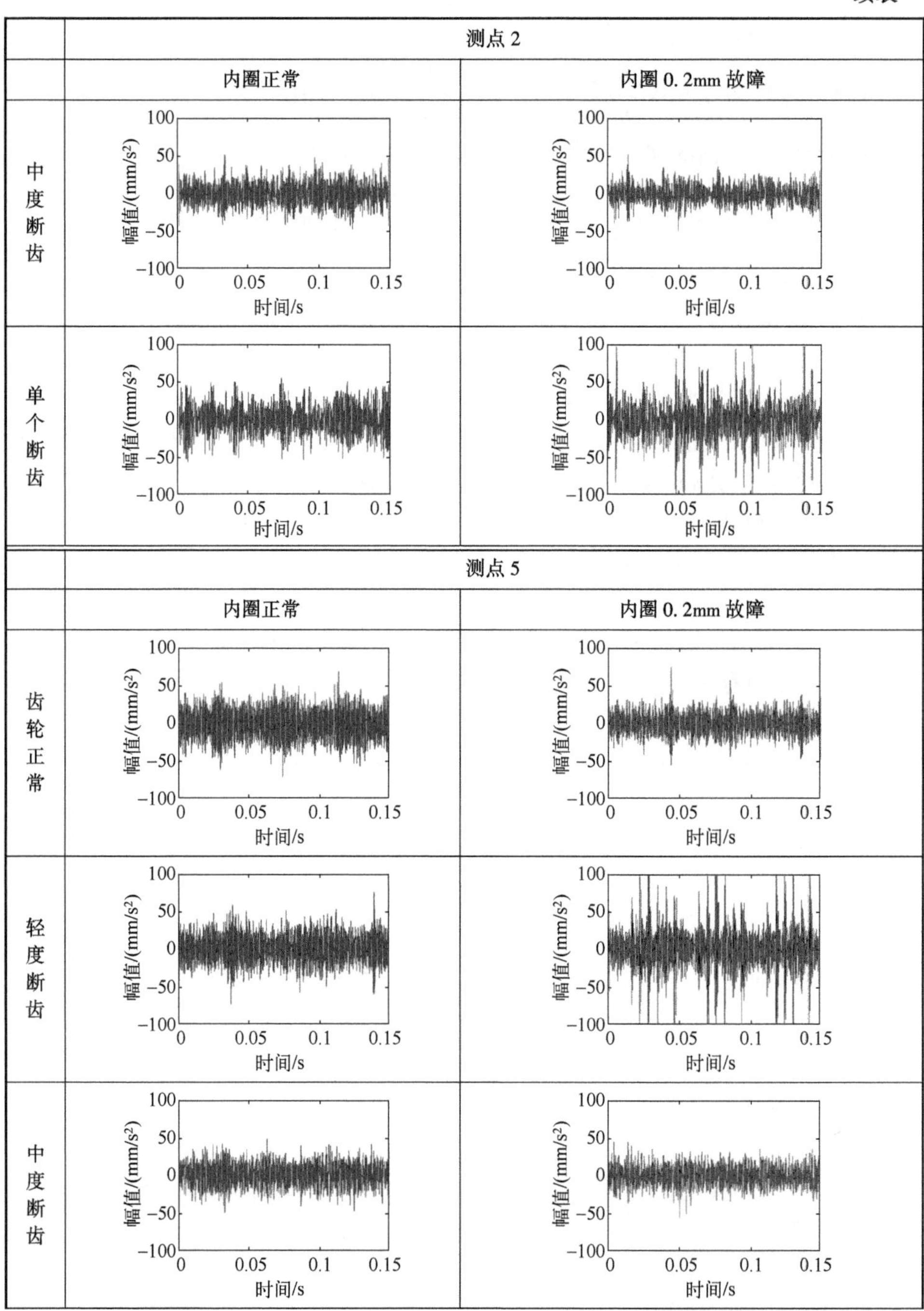

	测点 2	
	内圈正常	内圈 0. 2mm 故障
中度断齿		
单个断齿		

	测点 5	
	内圈正常	内圈 0. 2mm 故障
齿轮正常		
轻度断齿		
中度断齿		

续表

	测点 5	
	内圈正常	内圈 0.2mm 故障
单个断齿	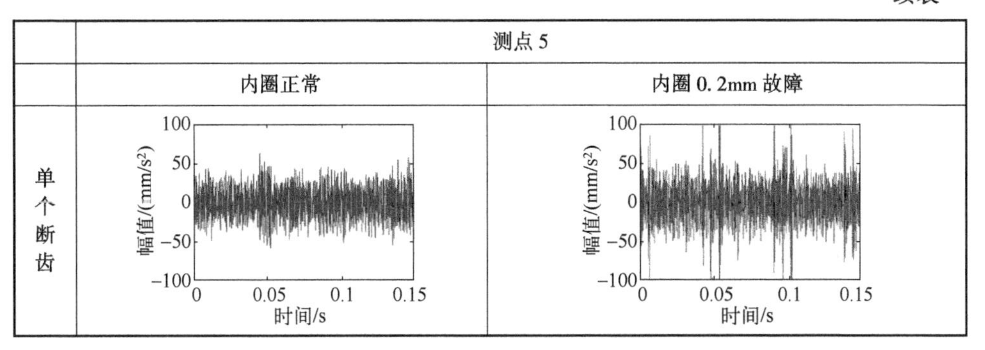	

由时域信号分析可知，两测点信号具有较强的相似性，可重点只分析其中一个测点。图5-21是测点2在8种状态下的低频段频域图，8种故障状态下，接近5挡输出轴转频21.77Hz均非常明显。轴承正常时，随着齿轮故障程度的加深，转频的倍频越明显；但除单个断齿状态，其他状态下的5挡齿轮啮合频率均不明显。轴承故障时，轻度断齿和单个断齿状态下的转频倍频明显，也存在明显的内圈通过频率；齿轮正常和中度断齿状态下，内圈通过频率不明显。可见，虽然在低频频谱中，不同状态的频谱存在一定的差异性，但区别较小，依然难以同时识别出轴承故障和齿轮故障。

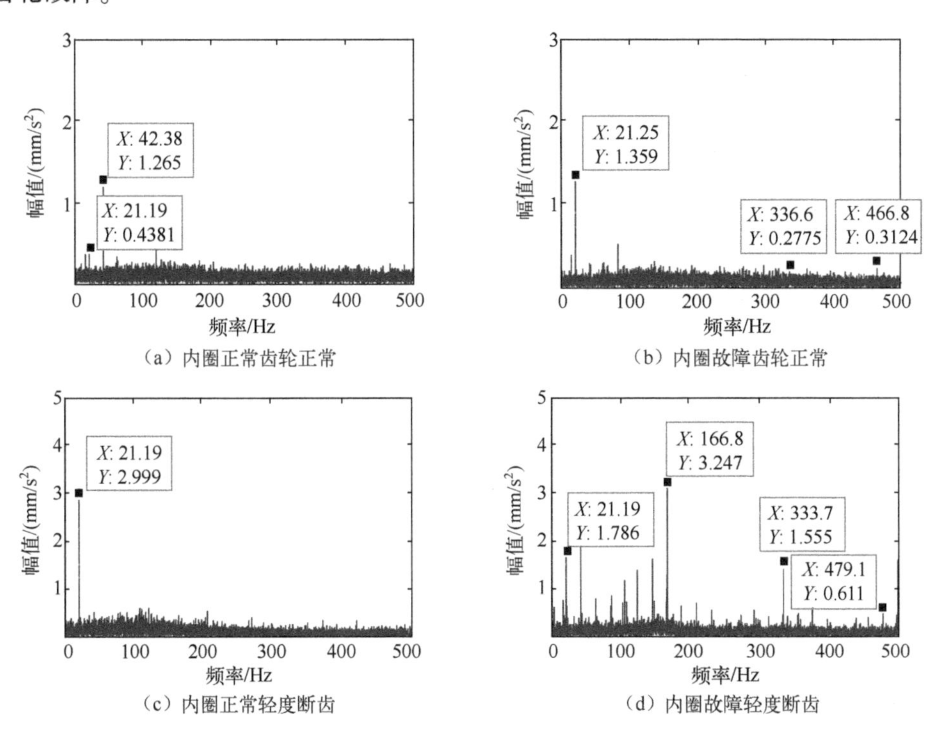

（a）内圈正常齿轮正常　（b）内圈故障齿轮正常

（c）内圈正常轻度断齿　（d）内圈故障轻度断齿

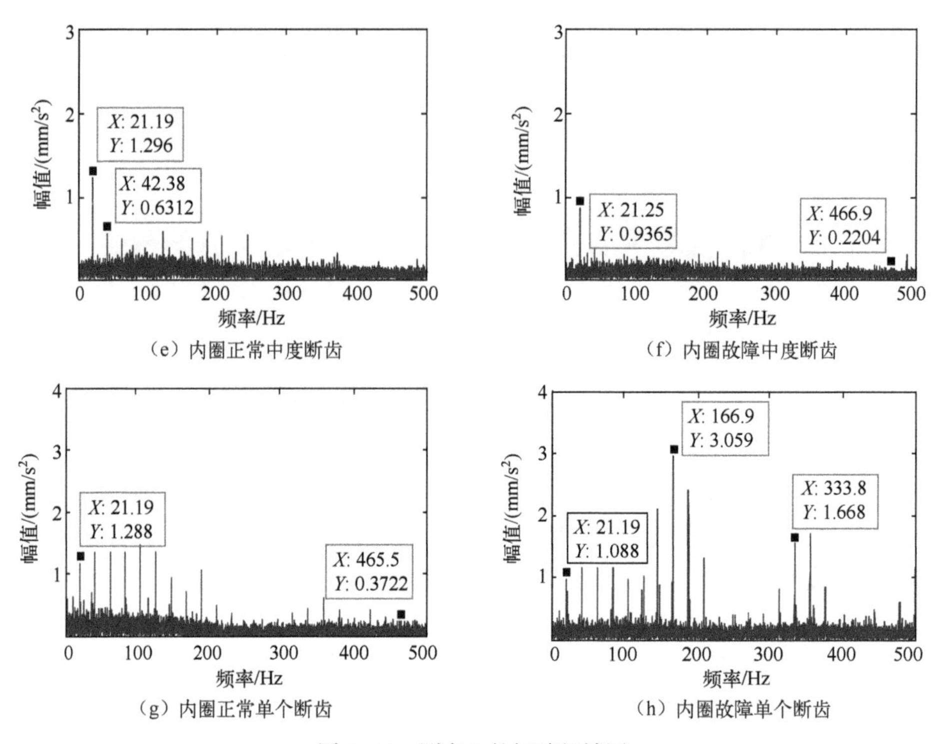

（e）内圈正常中度断齿

（f）内圈故障中度断齿

（g）内圈正常单个断齿

（h）内圈故障单个断齿

图 5-21　测点 2 的振动频域图

(3) 单一故障分类识别。本节中单一故障是指单一对象的故障,包括故障类型和故障程度。参照表 5-1 中故障类型,可分两种单一故障组合讨论:齿轮正常状态下轴承故障组合和轴承正常状态下齿轮故障组合。

输入轴转速 1000r/min,输入轴每转一周传感器采样 60×24000/1000=1440 数据点,选用一周采样点即 1440 个数据点作为 DBN 网络的输入。当隐藏层节点数接近输入数据维数且为升值型组合时效果较优,可以统一构建隐藏层为 1500×2000×2500 的 3 层 RBM 深度置信网络。每种故障状态随机选择 250 个训练样本和 250 个测试样本。初步设置迭代次数 100,将 5 个测点归一化后的原始数据逐一输入网络中,重复计算 20 次后取其平均值作为结果。

① 齿轮正常状态下轴承故障。齿轮正常状态下轴承故障含有两种状态,即轴承正常齿轮正常(故障状态 1)和轴承 0.2mm 宽度故障齿轮正常(故障状态 5),两种状态一共可得 500 个训练样本和 500 个测试样本。由 500 个训练样本训练 DBN 模型,再将 500 个测试样本输入已训练好的 DBN 模型中,经计算后测试样本的分类识别结果如表 5-19 所列。

表 5-19　齿轮正常状态下轴承故障分类识别结果

故障状态	分类正确率				
	测点 1	测点 2	测点 3	测点 4	测点 5
故障状态 1	84.4%	100.0%	100.0%	98.0%	100.0%
故障状态 5	92.4%	100.0%	100.0%	99.2%	100.0%
平均	88.4%	100.0%	100.0%	98.6%	100.0%
迭代次数	100	37	6	37	25

表中分类正确率是指最高分类正确率，计算方式用逻辑指示函数表示为 $\rho=\dfrac{1\{y_i=k\}}{1\{y_i=k \parallel y_i\neq k\}}$（$k$ 为实际类别，y_i为 DBN 模型预测类别）。平均分类正确率指所有类别正确分类率的加权平均值，迭代次数是指最高平均分类正确率所需要的迭代次数。由表 5-19 可知，5 个测点的平均最高分类正确率均很高，且测点 2、3 和 5 最高分类正确率均达到了 100%。5 组很高的分类正确率说明 DBN 具有直接从原始数据中挖掘信息的能力，也说明 5 个测点均能良好地对齿轮正常状态下轴承故障进行较准确地分类识别。测点 1 分类正确率相对偏低，且故障状态 1 最低，可能因为测点 1 存在非刚性油封连接，轴承故障信号衰减较大。测点 4 分类正确率也稍偏低，可能是因为测点 4 距离转轴（变速器内 3 根轴）较远。其次，除了测点 1 外，其他测点所需迭代次数均不足 50，且测点 3 只需要 6 次迭代就可以达到 100%的正确率，可见测点 3 的数据相对较优。

齿轮正常状态下轴承故障的分类识别与迭代次数关系如图 5-22 所示。测点 1 的分类正确率一直处于增长趋势，100 次迭代后并没有完全收敛，可推知随着迭代次数的增加，测点 1 的分类正确率有可能继续提升。其他测点的数据迭代 20 次后，基本均趋于稳定。从分类正确率和所需耗费时间两方面考虑，测点 2、3、5 的数据较优。

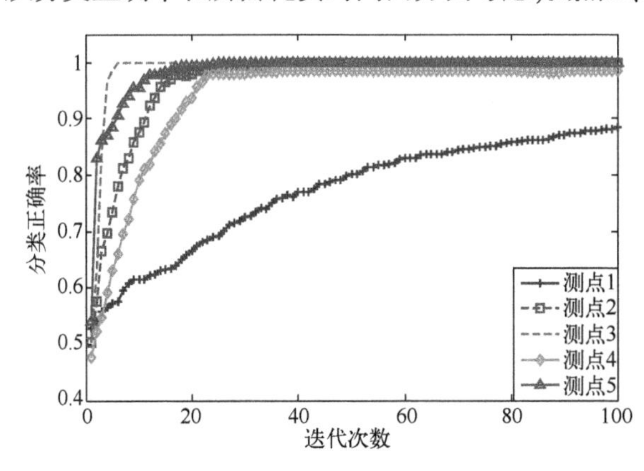

图 5-22　齿轮正常状态下轴承故障的分类识别与迭代次数关系

② 轴承正常状态下齿轮故障。本案例中,轴承正常状态下齿轮故障具体包含:轴承正常状态下齿轮正常(故障状态 1)、齿轮轻度断齿(故障状态 2)、齿轮中度断齿(故障状态 3)和齿轮单个断齿(故障状态 4)4 种类型,可得 1000 个训练样本和 1000 个测试样本。经 DBN 计算后,测试样本的分类识别结果如表 5-20 所列。可见,除测点 1 外,其他 4 个测点的平均最高分类正确率均超过 98%,且测点 3 的最高分类正确率达到了 100%,再次说明 DBN 具有直接从原始数据中挖掘信息的能力,也说明测点 2、3、4、5 均能良好地对故障进行较准确的分类识别。其次,各测点中,故障状态 1(内圈正常齿轮正常)和故障状态 2(内圈正常轻度断齿)两种类型的分类正确率相对偏低。如测点 1 中,故障状态 1 的分类正确率只有 64.8%,故障状态 2 的分类正确率只有 47.6%,而故障状态 3 和故障状态 4 的分类正确率超过 90%,说明齿轮正常和轻度断齿两种状态较难分类识别。测点 1 的分类正确率与其他 4 组存在较大差距,这可能是因为测点距离故障齿轮位置太远,齿轮故障信息衰减严重,或者,轴承座与变速器的连接处存在非刚性油封,轴承和齿轮的故障信息衰减严重。

由表 5-20 知,除了测点 3 所需迭代次数较少,其他均接近或已达到 100 次。如图 5-23 是轴承正常状态下齿轮故障的平均分类识别与迭代次数关系图。由图可见,除了测点 1 外,其他 4 组在 40 次迭代时,分类正确率均已超过 90%,且测点 2、3、4 和 5 在迭代 20 次时正确率已超过了 95%,说明此 4 个测点位置对轴承正常状态下齿轮故障的分类识别效果较优。

表 5-20　轴承正常状态下齿轮故障分类识别结果

故障状态	分类正确率				
	测点 1	测点 2	测点 3	测点 4	测点 5
故障状态 1	64.8%	98.0%	100%	98.0%	98.8%
故障状态 2	47.6%	98.8%	100%	98.4%	96.4%
故障状态 3	93.2%	99.6%	100%	98.8%	100.0%
故障状态 4	96.0%	100%	100%	100%	99.2%
平均	75.4%	99.1%	100%	98.8%	98.6%
迭代次数	100	89	15	98	100

两种单一故障组合的分类识别分析可知,DBN 具有直接从原始数据挖掘信息的能力,且 5 个测点均能对故障进行较准确的分类识别。但不同的测点对不同故障状态的分类识别具有一定差异性,相对而言,远离故障齿轮位置的测点 1 和远离转轴位置的测点 4 分类识别效果较差,测点 2、3 和 5 的效果较好,说明利用振动信号对复杂故障进行诊断时,测点位置的选择对诊断结果具有一定影响。

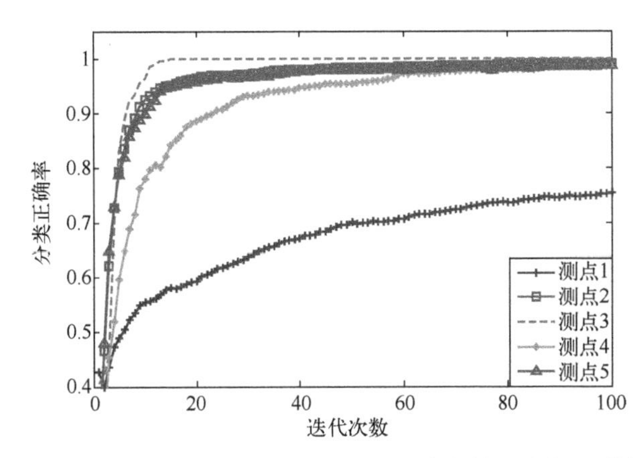

图 5-23　轴承正常状态下齿轮故障的迭代次数与分类识别结果

（4）复杂故障分类识别。上述分析可知，从原始数据出发，DBN 能对单一对象的故障进行较准确的分类识别。整合表 5-17 中含有两个对象故障的 8 组数据，可以组成代表性更强、难度更大、数据库更全的复杂故障数据。每种故障状态随机选择 250 个训练样本和 250 个测试样本，即 8 组数据一共可得 2000 个训练样本和 2000 个测试样本。和单一故障分类识别方式类似，选用一周采样点即 1440 个数据点作为 DBN 网络的输入，构建隐藏层为 1500×2000×2500 的 3 层 RBM 深度置信网络，初步设置迭代次数 100。将 5 个测点归一化后的原始数据逐一输入网络中，重复计算 20 次后取其平均值作为结果。

① 结果分析。测试样本的分类识别结果如表 5-21 所列，与单一故障相比，复杂故障分类识别效果相对偏差，这是因为目标类别数增加，待分类数据差异性减少，分类难度增加了。5 个测点的分类识别结果也出现了明显的差异性，测点 3 和测点 5 效果相对较好，平均分类正确率超过了 95%。但其他 3 个测点平均分类正确率均低于 90%，且测点 1 仅有 62.5%。再次说明测点位置的选择对故障诊断效果影响较大。另外，不同测点对不同故障状态的分类识别效果具有较大差异性，且故障状态 1（内圈正常齿轮正常）、故障状态 2（内圈正常轻度断齿）、故障状态 5（内圈故障齿轮正常）和故障状态 6（内圈故障轻度断齿）效果相对偏差，因为当故障强度较弱时，这 4 种状态信号差异性较小，分类难度较大。

表 5-21　复杂故障分类识别结果

故障状态	分类正确率				
	测点 1	测点 2	测点 3	测点 4	测点 5
故障状态 1	56.8%	64.0%	98.3%	57.6%	98.4%
故障状态 2	30.0%	71.6%	99.8%	98.8%	99.6%

续表

故障状态	分类正确率				
	测点 1	测点 2	测点 3	测点 4	测点 5
故障状态 3	85.6%	100.0%	100%	92.0%	100%
故障状态 4	96.8%	91.6%	100%	87.6%	100%
故障状态 5	69.2%	100%	99.7%	75.2%	100%
故障状态 6	24.4%	76.4%	99.6%	72.0%	93.6%
故障状态 7	92.0%	100.0%	100%	90.0%	100%
故障状态 8	44.8%	84.0%	100%	79.6%	94.8%
平均	62.5%	86.0%	99.7%	81.6%	98.3%
迭代次数	100	89	67	100	35

由表 5-21 可知,除测点 5 外,其他 4 个测点所需的迭代次数均很高。复杂故障的平均分类识别与迭代次数关系如图 5-24 所示。可见,测点 2、3、5 在迭代 20 次时已经接近最高分类正确率,测点 1 和 2 的分类正确率依然处于逐渐提升趋势。

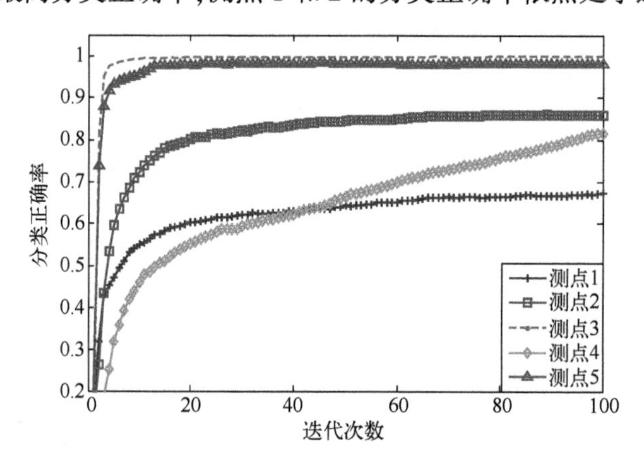

图 5-24　复杂故障的迭代次数与分类识别关系

综上所述,从测点 3 和测点 5 的最高分类正确率可知,DBN 可以直接通过原始数据对变速器复杂故障进行较准确的分类识别。但其他 3 个测点的结果并不理想,与单一故障分类识别的结论具有一致性,再次说明了测点位置的选择对故障诊断效果影响较大。

② 时间成本控制分析。当采用连续不重复截取法获得样本数据时,样本长度并不需要完整周期;由图 5-24 可知,对复杂故障分类识别时,也并不需要 100 次完整迭代。假设样本数 $N=2000$, DBN 隐含层节数 $m_1=1500$, $m_2=2000$, $m_3=2500$, 代入式(5-23),可得计算总次数

$$S=2000K(n^2+6000n+50750000) \tag{5-27}$$

$$\partial S/\partial K=2000(n^2+6000n+50750000) \tag{5-28}$$

$$\partial S/\partial n=2000K(2n+6000) \tag{5-29}$$

在样本长度一周范围内和 100 次迭代内进一步控制时间成本，将 $0<K\leqslant 100$，$0<n\leqslant 1440$，代入式(5-28)、式(5-29)，得$\partial S/\partial K\in(1.02\times10^{11}\quad 1.23\times10^{11}]$，$\partial S/\partial n\in(1.2\times10^{7}\quad 1.78\times10^{9}]$，$\partial s/\partial K\gg\partial s/\partial n$。即 K 远比 n 更敏感，调节 K 的值对控制 DBN 的时间成本更有效。

由表 5-21 可知，只有测点 3 和测点 5 的最高平均分类正确率超过 90%，测点 1、2、4 可能并不实用。在复杂故障智能诊断的实际应用中，可只考虑测点 3 和测点 5 数据。以效果稍差的测点 5 的复杂故障数据为代表，按照图 5-16 中操作流程，设置目标分类正确率为 95%，初始样本长度 100 点，步长 10 点，最大迭代 100 次。在处理器 Intel(R) Xeon(R) CPU E3-1230、主频 3.3GHz、内存 8GB 的计算机配置下，经约 37h 计算后，可得到最佳样本长度 980 个数据点，迭代次数为 16。若优先选择最少样本长度，再选择最少迭代次数，在相同的计算机环境下，须经约 83h 计算后得到最佳结果，计算时间约为上述方法的 2.24 倍。此时最佳样本长度 620 个数据点，迭代 68 次。

将样本长度和迭代次数按照上述两种调节选取后的结果设置，其他设置均不变，测点 3 和测点 5 的分类识别效果如表 5-22 所列。

表 5-22 参数调节后分类识别效果比较

测点位置	未调节		调节方式 1		调节方式 2	
	分类正确率	总时间/min	分类正确率	总时间/min	分类正确率	总时间/min
测点 3	99.7%	51.3	95.4%	19.1	96.4%	38.4
测点 5	98.3%	51.3	95.0%	19.1	95.0%	38.4

表 5-22 中，“总时间”包含样本训练和样本测试总时间；“调节方式 1”指优先调节迭代次数方式；“调节方式 2”指优先调节样本长度方式；“分类正确率”指 8 种故障状态的最高平均分类正确率。由表 5-22 可知，虽然方式 2 的分类正确率高于方式 1，但在时间控制方面，方式 2 的时间是方式 1 的 2.01 倍，方式 1 比方式 2 更有效。

③ DBN 输入方式对比分析。进一步探讨以不同方式输入 DBN 中的分类识别效果，将原始数据按如下方式处理，归一化后再输入到 DBN 可视层中。①以一周 1440 个数据点为样本长度的原始数据；②选用 5.2.1 节中 14 组常用统计特征变量；③参照文献[21]选用 20 组多变量；④经小波变换后绘制时频图，将时频图像像素等比例缩放到 60×80 作为输入；⑤将方式④中时频图经双向主成分分析压缩

(TD-PCA)至像素 10×10,再将压缩后的图像特征输入。由前面分析可知,经 DBN 的分类效果与隐藏层结构存在较大关联,上述 5 种方式的输入数据维数相差很大,故不能采用同一隐藏层结构。针对不同的输入方式,本节均采用节点数等于输入维数的“恒定型”隐藏层结构。即方式①隐藏层结构为 1440×1440×1440;方式②隐藏层结构为 14×14×14;方式③隐藏层结构为 20×20×20;方式④隐藏层结构为 4800×4800×4800;方式⑤隐藏层结构为 100×100×100。每种故障状态随机选择 250 个训练样本,250 个测试样本,整合 8 种故障状态,一共可得 2000 个训练样本和 2000 个测试样本。设置迭代次数 100 次,重复 20 次并取其平均值作为结果,测试样本的分类识别结果如表 5-23 所列。

表 5-23　以不同方式输入 DBN 的分类识别结果

DBN 输入方式	分类正确率					平均总时间/min
	测点 1	测点 2	测点 3	测点 4	测点 5	
原始数据	62.3%	82.6%	99.5%	80.6%	98.7%	32.4
14 组多变量	61.5%	73.6%	82.1%	75.1%	79.4%	0.7
20 组多变量	63.4%	81.5%	85.15%	82.6%	87.2%	0.9
缩放时频图像素	56.5%	62.1%	62.3%	61.1%	61.3%	397.2
TD-PCA 时频图像素	66.5%	83.1%	85.3%	79.1%	81.3%	68.1

表 5-23 中,“平均总时间”指平均每个测点的总时间,包含所有样本的训练和测试时间。因五个测点数据结构完全一致,在 DBN 计算中每个测点所需的时间一样,“平均总时间”也相当于单一测点的总时间。由表 5-23 可见,耗时最短的是 14 组多变量输入,因为输入维数少,DBN 隐藏层节点数少,对应计算次数也就很少。耗时最长的是缩放时频图像素输入,一方面因需要消耗一定时间从原始数据转为时频图;另一方面,以 4800 维输入 DBN 中时,对应的隐藏层节点数很多,计算次数很大。经 TD-PCA 压缩后,时频图转为 100 维输入 DBN,运算时间大大降低,分类正确率也得到较大提升。从分类正确率角度考虑,虽然以原始数据输入方式的部分测点效果比其他方式稍差,如测点 2 的正确识别率低于 TD-PCA 时频图像素输入方式,但整体上以原始数据输入方式优于其他方式。分类正确率最低的是缩放时频图像素方式。选用 20 组变量的分类正确率比 14 组变量高,说明选取合适的特征也是影响计算结果的关键因素,再次印证了避免人工特征提取与选择过程就可以直接从原始数据出发对故障状态进行诊断的优势。

5.3　基于 CNN 的故障分类

时频分析得到的时频图像表示的是时域和频域的联合分布信息,直观地反映了信号的各频率成分随时间变化的关系。时频图包含了丰富的设备状态信息,可以通过分析时频图像实现变速箱故障的智能诊断。CNN 作为深度学习领域的算法之一,对于图像识别具有良好的分类性能,本节将 CNN 应用于振动信号时频图像的分析,以实现故障的分类识别。

5.3.1　CNN 的原理和结构

CNN 是一种多层的人工神经网络。相对于传统的神经网络而言,CNN 结构较为特殊。它采用的权值共享结构使得网络模型的复杂度大大降低,减小了计算量。图像可以直接作为网络的输入,且无须人工提取和选择特征,使得 CNN 在识别二维形状时优势明显。

CNN 由输入层、交替连接的卷积层和降采样层、全连接层及输出层组成。输入层为原始输入图像。卷积层的作用主要是特征提取,卷积核就是一个特征矩阵;降采样层的作用是降低特征维度,减小计算复杂度。卷积层和降采样层均由多个二维平面组成,每个平面为各层处理后输出的特征图,卷积层和降采样层的数目可根据实际需要来确定。全连接层位于 CNN 的末尾位置,用来计算整个网络的输出。CNN 可以根据实际情况来选择网络的各个结构参数。图 5-25 是所使用的 CNN 的结构。

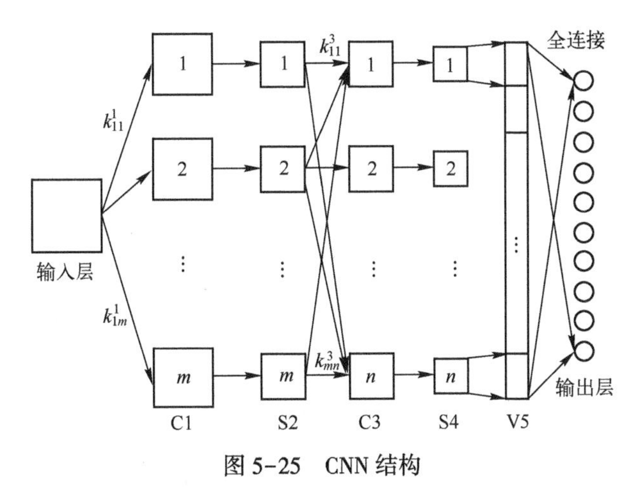

图 5-25　CNN 结构

CNN 不需要求出输出与输入之间的精确数学表达式,而是用已知的样本对网络进行训练,得到输出与输入之间的映射关系。CNN 的训练过程包括两个阶段:前向传播和反向传播。前向传播是将样本输入到网络中,得到网络输出。反向传播是先计算网络输出与理想输出之间的误差,再将得到的误差值反向传播,得到各层的误差,然后用随机梯度下降法调整网络参数,直到网络收敛或者达到指定的迭代终止条件,得到训练好的 CNN,其具体算法推导见文献[22]。

1. CNN 分类流程

CNN 的分类包括训练和测试两个过程。用训练样本集对网络进行训练,再将测试样本集输入到训练好的网络中,测试网络的分类效果。训练时需要进行前向传播和反向传播,而测试过程只需进行前向传播即可。

将 CNN 用于分类时,在选定训练样本与测试样本之后,具体的分类步骤如下:

(1) 对网络的权值矩阵及偏置等参数进行随机初始化。

(2) 从训练样本中选择一个样本$(\boldsymbol{X},\boldsymbol{Y})$,将 $\boldsymbol{X}$ 输入到网络中,并求得对应的实际输出向量 $\boldsymbol{O}$。在实际的应用过程中,常采用批量输入样本的方式,即每次输入的都是一定数量的样本。此时计算得到的输出为一个矩阵,每一列对应着其中一个样本的实际输出向量。

(3) 计算实际输出向量 $\boldsymbol{O}$ 与理想输出向量 $\boldsymbol{Y}$ 之间的误差。

(4) 将上一步骤求得的误差逐层反向传播,再采用随机梯度下降法求得误差代价函数对参数的梯度,然后对权重参数进行更新。

(5) 将余下的训练样本依次输入网络,完成步骤(2)~(4),直至将所有的训练样本输入完毕,完成一次迭代。

(6) 进行多次迭代,以提高网络的精度。达到指定的识别率或者迭代终止条件时,停止迭代。

(7) 将测试样本输入到已训练好的神经网络中,利用分类器,求得分类正确率。

2. 基于 CNN 的手写体数字识别

为验证 CNN 对手写体数字具有良好的识别性能,将 MNIST 数据库中的样本输入到 CNN 中。CNN 的结构如图 5-25 所示,其具体参数设置为:第一个卷积层 6 个卷积核,第二个卷积层 12 个卷积核,卷积核的大小均为 5×5;降采样层的池化区域大小为 2×2;批量尺寸 batchsize=50;学习率为 1;迭代 20 次。实验重复进行 5 次,取 5 次分类结果的平均值作为最终的分类正确率,则分类正确率随迭代次数的变化关系如图 5-26 所示。

从图 5-26 可以看出,当迭代次数为 1 时,此时的分类正确率已比较可观,达到了 88.19%,这是由于在该实验中,需要识别的数字图片并不复杂,而且参与训练的样本达到了 60000 个,因而仅一次迭代时的分类正确率就已达到 88%以上。随着迭代次数的增加,手写体数字的分类正确率也随之逐渐增加,当迭代 5 次以后,分类正确率达到了 95%以上。在迭代次数为 10 之前,分类正确率增加幅度较大,这是因为在每一次迭代中,CNN 的模型参数都在不断地被调整,以更好地拟合这些样本数据,随着调整次数的增多,CNN 提取样本特征的能力也在不断提高。而在迭代次数达到 10 之后,分类正确率仍然随着迭代次数的增加在增加,不过增加的幅度变小,表明当调整网络结构的次数达到一定的程度之后,继续调整网络结构对于分类正确率的影响变小。当迭代次数达到 15 之后,分类正确率基本不再增加,趋于稳定,说明在当前的网络结构下,迭代 15 次之后的 CNN 模型能够很好地提取样本的特征。

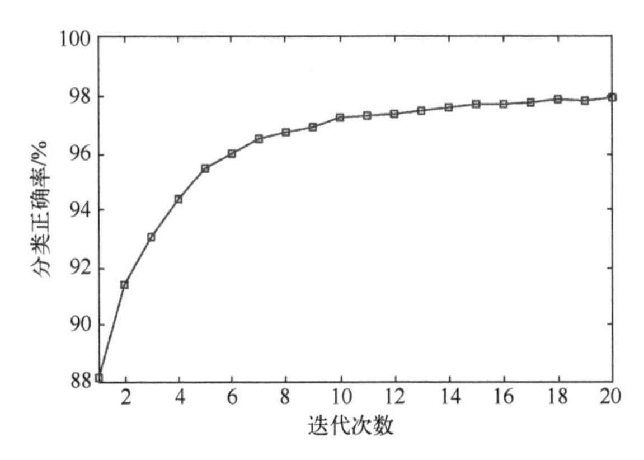

图 5-26　分类正确率随迭代次数的变化关系

5.3.2　基于 CNN 的故障分类

下面通过汽车变速器的故障分类识别实验来分析 CNN 在故障分类中的作用。

1. 实验设置

选用的测试平台和变速器跟 5.2.3 节一致。

为了模拟不同类型的混合故障,在轴承内圈和 5 挡齿轮的轮齿上分别设置了不同程度的故障,如图 5-27 所示。轴承位于输出轴端,其型号为 NPU311EN。轴承故障设置在轴承的内圈,包括故障宽度分别为 0.2mm 和 2mm、深度为 1mm 的两种故障状态,再加上轴承内圈的正常状态,共有 3 种轴承状态,如图 5-27(a)所示。图 5-27(b)表示的是 5 挡齿轮正常和有故障的状态,故障齿轮是齿数为 22 的 5 挡齿轮从动轮,其故障是通过对齿轮的轮齿进行不同程度的切割而成,3 种不同尺寸的切割方式分别用来模拟轻度磨损、中度磨损、齿轮断齿。

组合齿轮故障和轴承故障,得到 10 种故障状态,如表 5-24 所列。设置输入轴的转速为 1000r/min,采样频率为 24kHz,采样时间持续 60s。在每一个运行工况

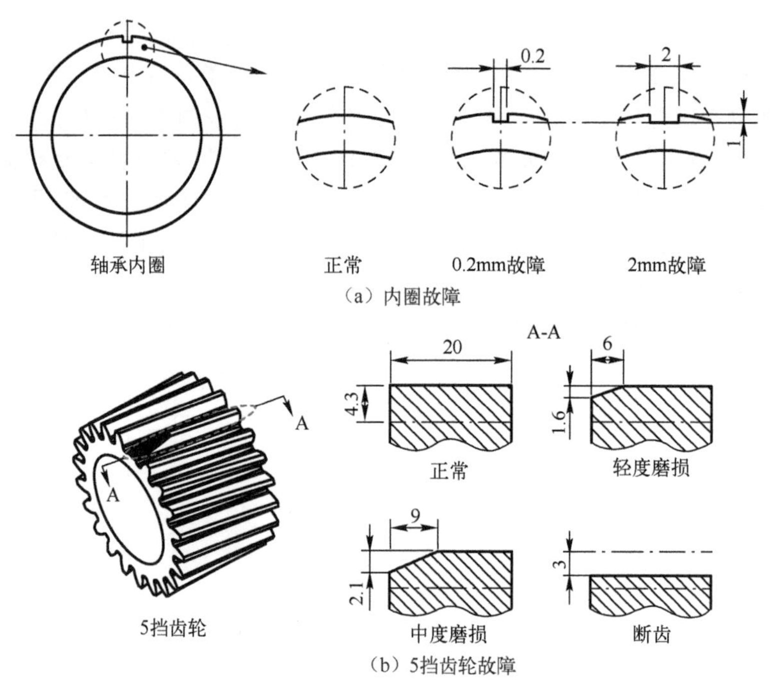

（a）内圈故障

（b）5挡齿轮故障

图 5-27　轴承和齿轮故障图

下,采集的是同样位置的振动信号。

表 5-24　故障状态描述

故障组别	故障描述
1	5 挡齿轮正常
2	5 挡齿轮轻度磨损
3	5 挡齿轮中度磨损
4	5 挡齿轮断齿
5	内圈 0. 2mm+5 挡齿轮正常
6	内圈 0. 2mm+5 挡齿轮轻度磨损
7	内圈 0. 2mm+5 挡齿轮中度磨损
8	内圈 0. 2mm+5 挡齿轮断齿
9	内圈 2mm+5 挡齿轮中度磨损
10	内圈 2mm+5 挡齿轮断齿

2. 故障诊断流程

用 CNN 对变速箱故障进行诊断时,其具体的流程如图 5-28 所示。

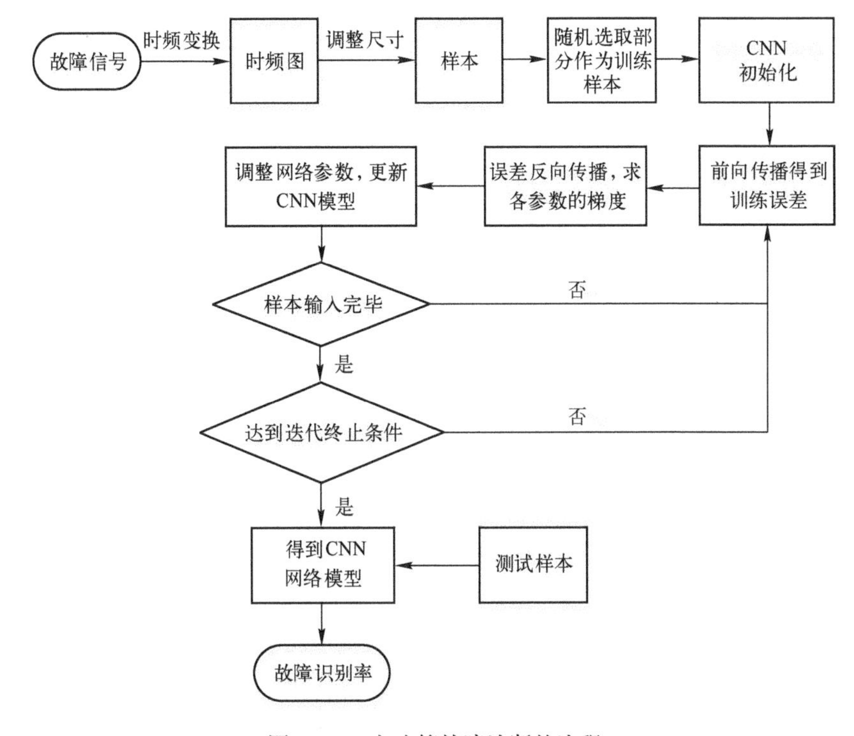

图5-28 变速箱故障诊断的流程

在训练CNN时，需要有大量的样本。因此，对于每一列采集到的振动信号，都将信号分为多个一定长度的小段信号，再对这些小段信号分别进行时频变换，得到多个时频图。将时频图的像素调整为合适的尺寸，以适合于输入到CNN中。从每一类信号对应的时频图中随机选择一部分样本组成训练样本，余下的则作为测试样本。将训练样本输入到CNN中，对网络进行训练，训练过程结束后则会得到一个训练好的网络模型。输入测试样本到已经训练好的神经网络中，得到分类的结果。

3. 信号时域及频域分析

在实际实验中，共设置了9种故障状态及正常状态，即需要对10种状态进行识别。为了便于进行简单的时域分析，只选取了正常状态和3种故障程度较大的状态下的时域信号来进行分析，4种状态分别为正常、5挡齿轮断齿、轴承内圈0.2mm故障+5挡齿轮断齿、轴承内圈2mm故障+5挡齿轮断齿。截取每种振动信号0.15s时长的时域波形，如图5-29所示。

对比正常状态和5挡齿轮断齿状态下的时域图可知，在正常状态下，振动信号无明显冲击，振动幅值较小，而齿轮故障的存在不仅使振动的幅值变大，还造成了一定程度的冲击现象。在5挡齿轮断齿的情况下，当轴承内圈还有0.2mm宽度的故障时，冲击现象更加明显，而且幅值继续加大；加大轴承内圈故障宽度至2mm

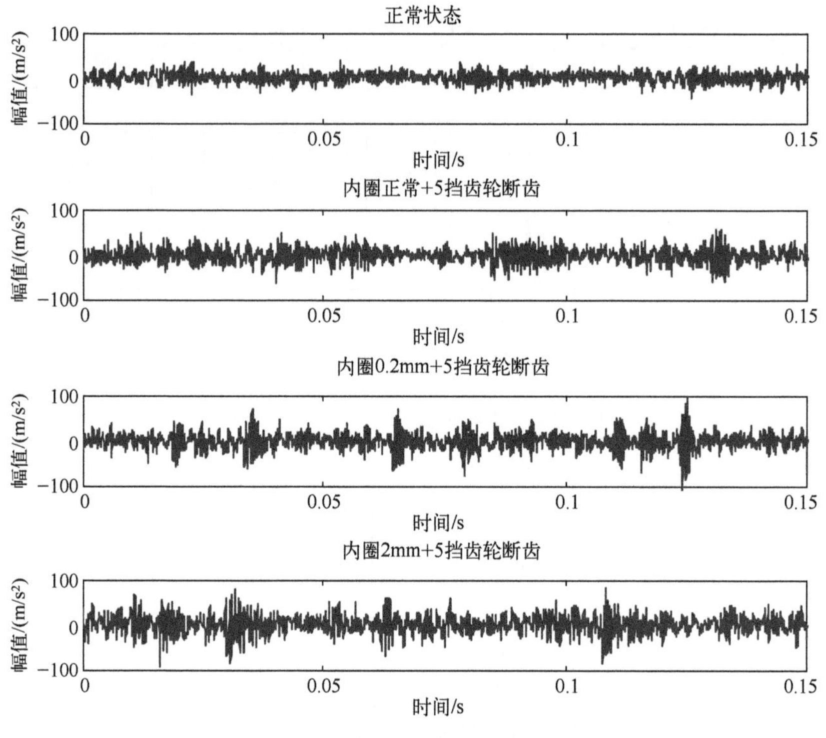

图 5-29　4 种故障状态下的时域图

时,振动幅值更大,冲击现象更为严重。

从以上的分析可以看出,若只对信号进行时域分析,能观察到的信息只有振动幅值的大小,以及是否有冲击现象的发生。对于故障诊断来说,这些信息远远不够。时频图能清楚地反映信号所有的频率成分随时间的变化关系,蕴含的信息量大,更适合于故障诊断。

鉴于时频图包含的丰富信息,且在研究 CNN 对变速器混合故障的识别性能时,CNN 的输入须是二维形状,因此,在采集了变速器的各个工况下的振动信号之后,需先对时域信号进行时频变换处理。考虑到信号经过短时傅里叶变换或者连续小波变换时,时频呈现的效果会受到所选择的窗函数或者小波基函数的影响,因此,在对 CNN 的结构参数进行选择时,选用的时频变换方法是 S 变换。

根据变速箱系统的各项参数,可以计算得到 5 挡齿轮转频 f_r 及 5 挡齿轮啮合频率 f_z 如下:

$$f_r = n\times\frac{26}{38}\times\frac{42}{22}=\frac{1000}{60}\times\frac{26}{38}\times\frac{42}{22}=21.77(\text{Hz}) \tag{5-30}$$

$$f_z = f_r z = 21.77\times 22 = 478.92(\text{Hz}) \tag{5-31}$$

对各类故障的时域信号进行 S 变换，得到的时频图如图 5-30 所示。

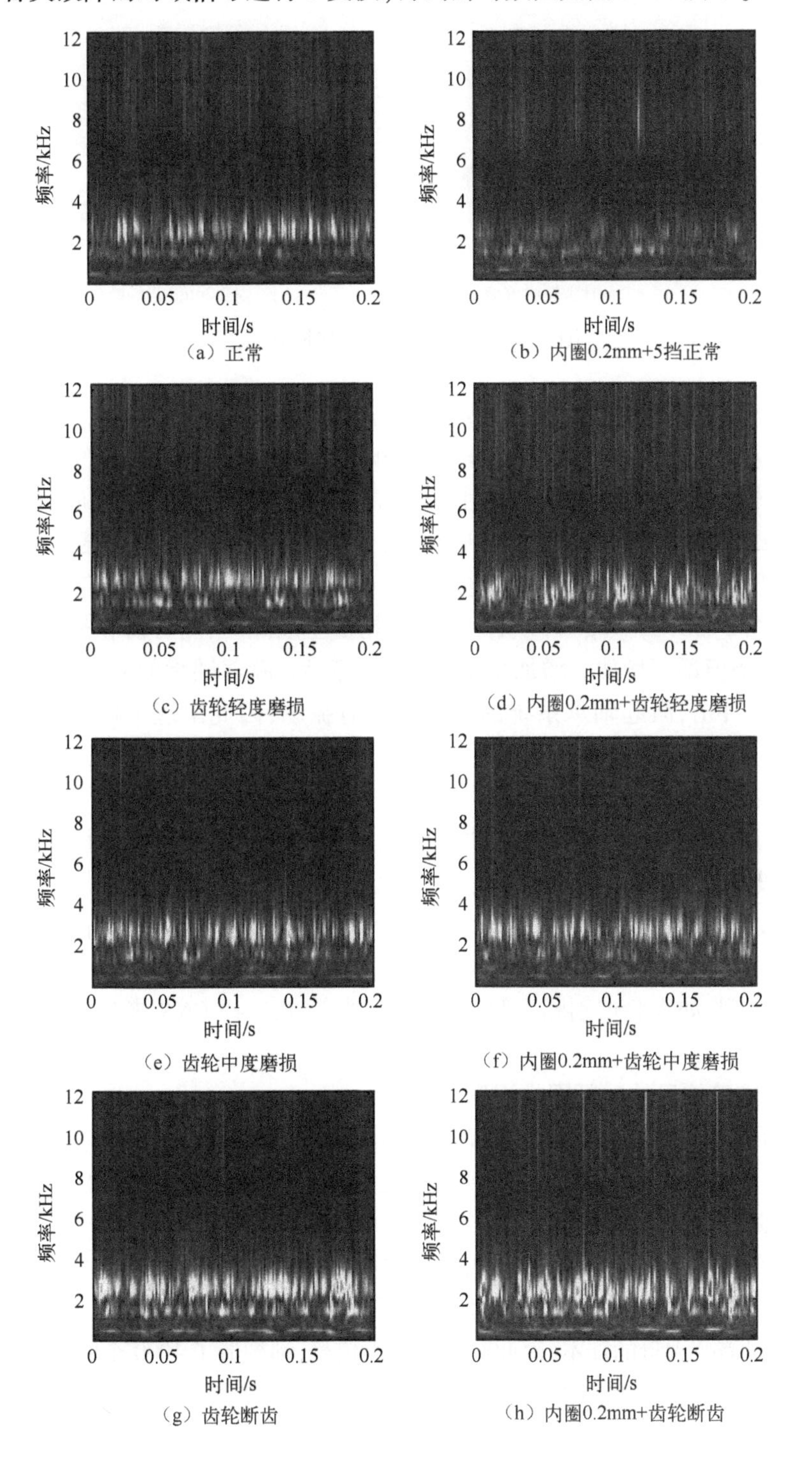

（a）正常　（b）内圈0.2mm+5挡正常

（c）齿轮轻度磨损　（d）内圈0.2mm+齿轮轻度磨损

（e）齿轮中度磨损　（f）内圈0.2mm+齿轮中度磨损

（g）齿轮断齿　（h）内圈0.2mm+齿轮断齿

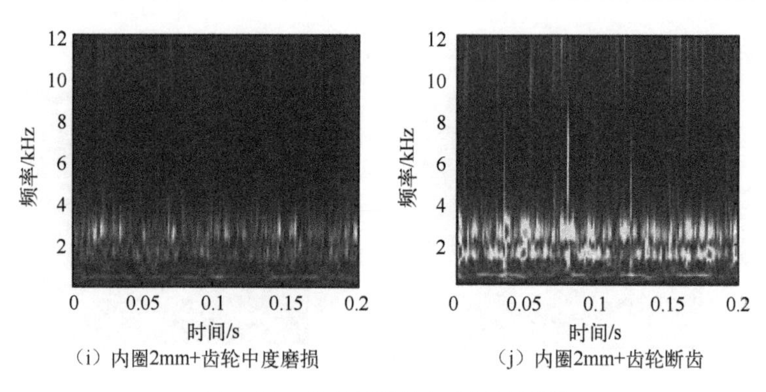

（i）内圈2mm+齿轮中度磨损　　（j）内圈2mm+齿轮断齿

图 5-30　各类信号的 S 变换时频图

由图 5-30 可以看出，这 10 类故障状态下的时频图中始终存在着约为 480Hz 的频率成分，与计算得到的 5 挡齿轮啮合频率（478.94Hz）相近，可知该频率成分是 5 挡齿轮的一阶啮合频率，是由齿轮常规啮合振动引起的。除此之外，在 1500Hz 与 2500Hz 附近也有能量集中频带，是振动信号激起了变速器箱体、轴或齿轮在该频段内的固有频率，同时还包含了 5 挡齿轮啮合频率的高次倍频成分。

对比图 5-30（a）~（g）可以看出，当齿轮发生故障时，随着齿轮故障的程度加深，振动的幅值逐渐增加。增加了轴承内圈故障后，随着轴承的旋转，故障表面会与滚子发生冲击，激起轴承系统的中高频固有振动，因此出现了比较明显的高频带。当轴承内圈的故障宽度由 0.2mm 增加至 2mm 后，内圈的故障程度加深，振动的幅值随之变大。

由以上的时频图可以看出，各类故障根据其故障类型和故障发生程度的不同，所得到的时频图也不一样。但是凭经验来区分出各类故障显然比较困难，尤其是需要区分这样 10 种故障状态。此时，需要有一种方法，既能够找出同一类型故障时频图的共同特点，又可以将不同类型的故障区分开来。鉴于 CNN 在图像识别方面的优异表现，如人脸识别和手写体数字识别，因此选择 CNN 来进行变速器的故障图像识别。

4. 变速箱信号的时频图像识别

在应用 CNN 对变速器混合故障的时频图进行识别时，CNN 结构参数的选择对于识别结果影响很大。因此，选择到了合适的参数才能真正体现出 CNN 对于变速器混合故障的分类识别性能。

CNN 的输入为时频矩阵，矩阵大小可以选择多种尺寸，这里选择的图像输入尺寸为 32×32 像素大小，对时频变换后得到的时频图进行尺寸调整即可得到。由于 CNN 训练时需要大量的样本，因此对于每一类信号，都构造了 1000 个时频图的样本，选择其中 50%数量的样本用来训练网络模型，余下的样本用来测试模型的分类性能。

对识别结果影响较大的参数包括迭代次数、批量尺寸大小、卷积核尺寸以及卷积核的个数。以下将对这些参数对识别效果的影响进行分析与研究，以选择合适的网络参数。

1) 迭代次数对分类结果的影响

迭代实质上是一个不断逼近拟合的过程，迭代次数过少，拟合效果不理想，当迭代次数增加到一定的程度之后，拟合误差将不再降低，然而时间成本会随着迭代次数的增加而增加。因此，需要选择合适的迭代次数，在能够满足一定的识别率的条件下，还能有相对较低的时间成本。

在讨论迭代次数对分类结果的影响时，为了简化讨论的复杂度，除迭代次数外的其他参数取固定值。选取批量尺寸 batchsize = 5，两个卷积层的卷积核大小均为 5×5，第二层卷积核个数是第一层卷积核的 2 倍，第一层卷积核的个数分别设置为 4、5、6。由于降采样层的池化区域过大时会丢失较多的信息，且结合本次实验中图片 32×32 的输入尺寸并不大，因此，将池化区域大小均选择为 2×2，池化方法为平均池化。实验重复进行 5 次，取 5 次分类结果的平均值作为最终的分类正确率，则分类正确率随迭代次数的变化关系如图 5-31 所示。图中标注框中形如“4～8”的标注代表的是第一个卷积层 4 个卷积核，第二个卷积层 8 个卷积核。本节中所有分类正确率的图中标注皆代表此意。

由图 5-31 可知，随着迭代次数的增加，分类正确率逐渐增加。当迭代次数达到 5 次以后，分类正确率均超过 96%；当迭代次数大于 10 时，分类正确率达到了 98.5%以上，而且随着迭代次数的增加，分类正确率趋于稳定。因此，在本节的样本数量及图片尺寸的条件下，迭代次数选择 10 次不但能够满足有较高的分类正确率，而且时间成本消耗较低。

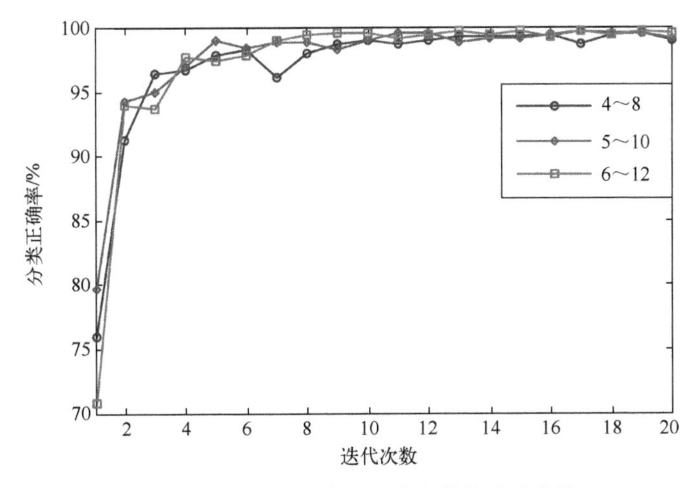

图 5-31　分类正确率与迭代次数的关系曲线

2）批量尺寸大小对分类结果的影响

在训练 CNN 的过程中，每次随机挑出一个批量尺寸数目的样本批量进行训练，然后调整一次权值，直到将所有的训练样本输入后，算作完成一次迭代过程。选取较大的批量尺寸值，收敛速度会较快，但调整权值的次数将会变少，从而分类正确率降低，而选择较小的批量尺寸可以提高分类正确率，但会导致更长的计算时间。因此，在选择批量尺寸时，需要权衡分类正确率和计算时间的要求，在保证足够的分类正确率的前提下，降低时间成本。

设置第一层卷积核个数分别为 1~6，第二层卷积核个数是第一层卷积核的 2 倍，两个卷积层的卷积核的大小均为 5×5，迭代次数根据上一个实验得到的结论选择为 10 次。批量尺寸个数选取的原则首先必须满足可以整除训练样本个数，因此选取批量尺寸 batchsize=2,4,5,8,10,20,25,40,50；实验重复进行 5 次，取 5 次分类结果的平均值作为最终的分类正确率，则分类正确率随批量尺寸的变化关系如图 5-32 所示。

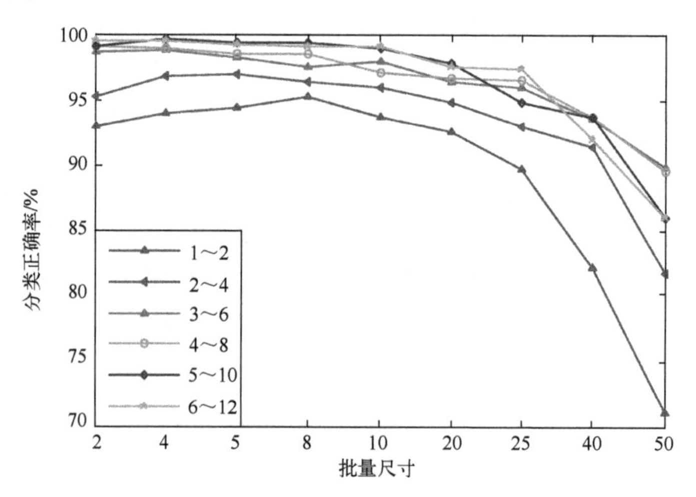

图 5-32　分类正确率与批量尺寸的关系（彩图见书末）

由图 5-32 可以看出，当批量尺寸在 10 以内时，批量尺寸的变化对分类正确率的影响并不大，而当批量尺寸大于 10 之后，随着批量尺寸的增大，分类正确率明显降低。因此，在样本总数一定的情况下，批量尺寸大小首先必须满足可以整除训练样本数，其次，选择较小的批量尺寸大小可以增加故障的识别率，有助于故障类别的判断，如本次实验中，批量尺寸选择 4、5 或 8 时，分类正确率最高。再结合时间成本因素，可将批量尺寸选择为 5 或者 8。

3）卷积核个数对分类结果的影响

在进行卷积运算的时候，一个卷积核对应着一种提取的特征，有几个卷积核就意味着可以提取几种特征。卷积核个数太少,无法充分的提取特征,从而识别率不高;卷积核个数过多,需要训练的参数随之增加,运算时间长。因此应根据图像及分类的复杂程度,选择适当的卷积核个数。

选取迭代次数为10。由之前的分析可知,批量尺寸小的时候识别错误率较低,但时间消耗太长,故选择 batchsize=5。将两层卷积核的尺寸大小均选择为5×5。由于第一层和第二层的卷积核个数可以任意选择,组合起来过于复杂,因此只考虑第二层卷积核个数与第一层卷积核个数成倍数的情况。除了选取第二层卷积核个数是第一层卷积核个数的1~4倍外,还额外选取了当第一层卷积核个数为偶数时,第二层卷积核个数是第一层卷积核个数的1.5、2.5、3.5倍的组合。实验重复进行5次,取5次分类结果的平均值作为最终的分类正确率,则分类正确率随两层卷积核个数比值的变化关系如图5-33所示。

由图5-33可以看出,当第一层卷积核个数为1时,故障识别的效果远不及第一层卷积核个数大于1时的效果。而当第一层卷积核个数大于1时,故障识别的效果均保持在95%以上,而且两次卷积核的个数比值在2~4倍之间的识别效果相差并不大。因此,在实际选择卷积核个数时,第一层卷积核个数大于1,第二层卷积核个数维持在第一层卷积核个数的两三倍时既可以使识别效果好,又使得训练时间要低于更高倍数时所需要的时间。

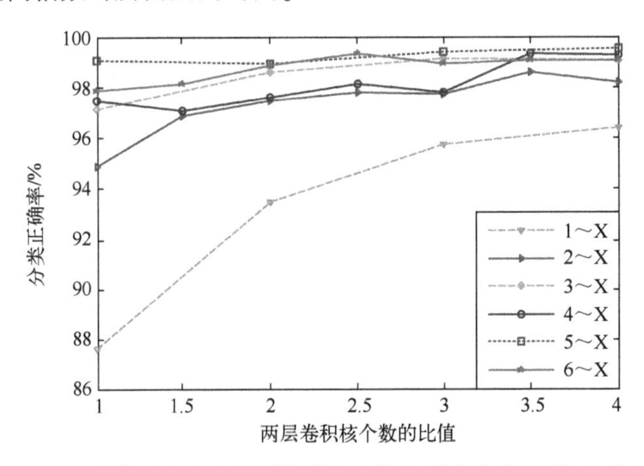

图5-33　分类正确率与两层卷积核个数比例的关系(彩图见书末)

4) *卷积核尺寸对分类结果的影响*

卷积核尺寸越大,网络可表示的特征空间越大,学习能力越强,但是需要训练的参数也就更多,计算更加复杂,容易导致过拟合的现象发生,同时训练时间大大增加。

选取迭代次数为10,批量尺寸 batchsize=5,第二个卷积层是第一个卷积层卷积核个数的 2 倍,第一层卷积核个数分别为 1~6。卷积核尺寸组合表示为(k_1,k_2)的形式,$k_1\times k_1$和$k_2\times k_2$分别代表第一层和第二层的卷积核尺寸大小。由于在卷积运算后需进行大小为 scale×scale 的池化运算,然而经过卷积后的特征图不一定是 scale 的整数倍,此时的特征图会有边缘部分不能进行池化。对于这种边缘的处理方法一般是直接省去边缘,或者用 0 来填充边长使其为 scale 的整数倍。为了简化运算,选卷积核尺寸时,令经过卷积层运算后的特征图的边长能够被 scale 整除,即特征图没有边缘部分。本节中进行的是 2×2 区域的降采样,则需要满足$(32-k_1+1)$为偶数,$((32-k_1+1)/2-k_2+1)$也为偶数,因此选择的尺寸组合为(3,4),(3,6),(3,8),(5,3),(5,5),(5,7),(7,4),(7,6),(7,8),如图 5-34 中的横坐标所示。实验重复进行 5 次,取 5 次分类结果的平均值作为最终的分类正确率,则分类正确率随两层卷积核尺寸的变化关系如图 5-34 所示。

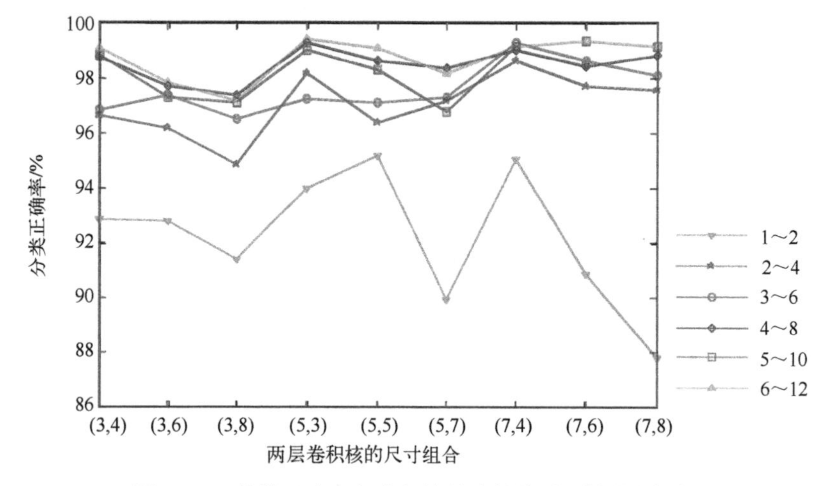

图 5-34 分类正确率与卷积核尺寸的关系(彩图见书末)

暂不考虑卷积核的尺寸大小的影响,当第一层卷积核个数由 1 增加为 2 时,分类正确率上升较快,而当第一层卷积核个数由 2 增大至 6 时,分类正确率变化不大,由此也印证了第一层卷积核个数大于 1 之后就效果较好。

由图 5-34 可知,当第一层卷积核尺寸选择 3×3 时,分类正确率总体低于第一层卷积核尺寸为 5×5 和 7×7 的情况。第一层卷积核尺寸选择 5×5 和选择 7×7 时的分类正确率效果总体差异不大,但均表现出在第二层卷积核尺寸较小时结果较好。由于卷积核尺寸越大的时候需要训练的参数越多,故结合故障识别效果,选择第一层卷积核尺寸为 5×5,第二层卷积核尺寸为 3×3。

5) *参数验证*

为了验证选取的参数结果的可靠性,根据以上的结论选取 CNN 的参数如下:

第一个卷积层 6 个卷积核,尺寸为 5×5,第二个卷积层 12 个卷积核,尺寸为 3×3;池化区域大小仍为 2×2,采用平均池化的方式;批量尺寸 batchsize = 5,迭代次数为 10 次。

需要进行识别的故障共有 10 类,样本来源于 S 变换后的时频图像样本,输入图像尺寸为 32×32。每一类样本共有 1000 个,随机选择其中的 50%用作训练样本集,余下的作为测试样本集。随机选择样本 10 次,计算每次样本下的训练准确率和测试准确率,如图 5-35 所示。

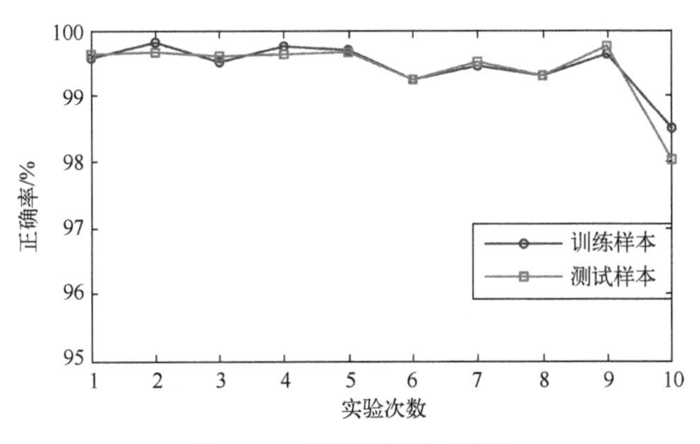

图 5-35　训练和测试正确率

从图 5-35 中可以看出,在选定的 CNN 结构参数下,对 10 类信号的时频图像进行识别时,测试正确率与训练正确率相差不大,而且除了一次的正确率在 98%左右,其余的都在 99%以上,说明了参数选取的有效性。

表 5-25 是 10 次实验下,每一类故障分别的训练正确率和分类正确率。从表中可以看出,每一类故障之间的训练正确率和分类正确率相差不大。在这 10 类样本中,正确率最低的为 5 挡齿轮中度磨损和 5 挡齿轮断齿状态,说明对比其他类型的故障,CNN 提取到的这两类故障时频图像的特征未能涵盖所有的样本。

表 5-25　每类故障的训练正确率和测试正确率

故障类型	训练样本集的正确率/%	测试样本集的正确率/%
5 挡齿轮正常	100	100
5 挡齿轮轻度磨损	100	99.88
5 挡齿轮中度磨损	97.82	97.62
5 挡齿轮断齿	98.08	98.1
轴承内圈 0.2mm+5 挡齿轮正常	100	100
轴承内圈 0.2mm+5 挡齿轮轻度磨损	100	100

续表

故障类型	训练样本集的正确率/%	测试样本集的正确率/%
轴承内圈 0.2mm+5 挡齿轮中度磨损	99.38	99.44
轴承内圈 0.2mm+5 挡齿轮断齿	99.94	99.88
轴承内圈 2mm+5 挡齿轮中度磨损	99.62	99.12
轴承内圈 2mm+5 挡齿轮断齿	99.62	99.92

5. CNN 识别性能验证

在为了验证 CNN 对时频图像良好的识别性能，将同属于深度学习算法的 DBN[2] 和 SAE[23] 也应用于变速器故障信号的时频图像识别。本次实验中用的计算机的配置为 CPU i7-4790K@4.00GHz，RAM 16.00GB，GPU Nvidia Geforce GTX960，操作系统为 Win7。

根据前面对参数的分析和验证，将 CNN 的参数选取为：第一个卷积层 6 个卷积核，尺寸为 5×5，第二个卷积层 12 个卷积核，尺寸为 3×3。批量尺寸 batchsize=5，迭代 10 次。

DBN 的参数选择为：整个 DBN 由输入层、三层隐藏层及输出层构成，输入层节点个数为图片维数 1024，输出层节点个数为类别数 10，隐藏层节点个数分别设置为 1000,800,500。预训练阶段，用无标签数据来对每个受限玻耳兹曼机进行分层训练，迭代 100 次，得到预训练好的权值。微调阶段，用预训练好的网络加上 softmax 分类器组合成一个分类模型，用有标签的数据通过反向传播算法来微调整个网络，迭代次数为 200 次，得到微调后的整个网络的参数。

SAE 的参数选择为：网络结构是由 1 个输入层、3 个隐含层、1 个输出层堆叠而成。输入层节点数为图片维数 1024，输出层的节点数为所分类别数 10，隐含层的节点选择是综合考虑输入和输出的节点数目和训练时间后选择分类效果较优的节点参数组合，3 个隐含层的节点组合为 400,200,50。训练和测试过程都要经过预训练和反向微调两个阶段，预训练迭代 100 次，微调迭代次数为 200。

每个故障类型有 1000 个样本，从中随机选择 50%的样本作为训练样本，剩下的作为测试样本，计算出分类正确率。随机选择样本 20 次，计算每组样本下 5 次平均后的分类正确率，3 类算法的分类结果如图 5-36 所示。

从图 5-36 可以看出，3 类算法 20 次的分类正确率均达到了 95%以上，DBN 的相对较低，维持在 96%左右。而 CNN 和 SAE 的识别率均很高，保持在 99%以上。由于 20 次样本的选择是随机的，而从图中可以看出 3 类算法的识别率结果均无较大波动，反映了这 3 类深度学习的方法对于变速器混合故障的识别都有很好的鲁棒性。

取 20 次识别率的平均数作为最终的分类正确率，且记录下 3 类方法当前所选

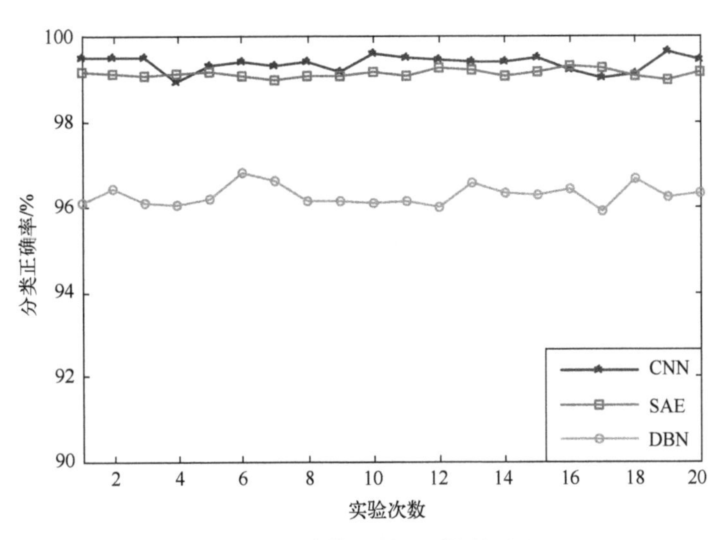

图5-36　3类算法的识别性能对比

结构参数下完成一次识别任务所需要的时间，结果如表5-26所列。

表5-26　3类算法识别率对比

算法类别	平均识别率/%	计算时间/s
CNN	99.37	169.91
SAE	99.13	2196.25
DBN	96.27	3265.82

由表5-26可知，在选定的参数下，3类算法的平均分类正确率均达到96%以上。其中，DBN的平均分类正确率为96.27%，低于另外两类算法的平均识别率，CNN和SAE的平均分类正确率均达到99%以上。CNN的平均分类正确率最高，达到了99.37%。再比较3类算法的运行时间，DBN的时间最长，为3265.82s。时间花费最短的是CNN，为169.91s，仅约为DBN运行时间的1/19，SAE的1/13，远低于另外两类算法的运行时间。

从平均分类正确率及算法的稳定性来看，3类算法均对时频图像有很好的识别。而综合考虑分类正确率与计算时间，CNN的故障识别最高，却运行时间远低于另外两类算法。因此，在时频图像的识别问题上，CNN表现出了更优的性能。

6. 不同时频方法与CNN结合的性能分析

为满足CNN的输入是二维形状，采用的是时频变换的方法将振动信号转化为时频图像。在用CNN对时频图像进行识别时，时频分析方法的特性也会对最终的识别结果有所影响。为了探究不同时频方法结合CNN的性能，选择了3种常用的时频分析方法，分别是短时傅里叶变换、连续小波变换和S变换。进行短时傅里叶变换时，采用的窗函数是海明窗，连续小波变换的小波基采用的是Morlet小波。

1) 3类方法的时频图对比分析

这一部分的实验设置、故障设置和采集信号的过程均与之前的设置一样，也一共有10种状态下的信号。但是为了便于分析，只选取了正常、5挡齿轮断齿、轴承内圈0.2mm故障+5挡齿轮断齿、轴承内圈2mm故障+5挡齿轮断齿4种状态下的时频图进行分析。图5-37～图5-40分别是这4种状态下的时频图。

从图5-37～图5-40可以看出，在同种故障状态下，3种时频方法得到的时频图基本类似，只在细节部分有差异。由齿轮常规啮合振动引起的5挡齿轮的一阶啮合频率是478.94Hz，这一频率成分是一直存在的，与是否有故障发生无关，因此在各个时频图中均有这一成分。而对于图中的能量集中频带，主要在1500Hz与2500Hz附近，是振动信号激起了变速器箱体、轴或齿轮在该频段的固有频率，同时还包含了5挡齿轮啮合频率的高次倍频成分。这些能量集中频带也是一直存在的，3种时频变换方法都表现出来了这一特征。

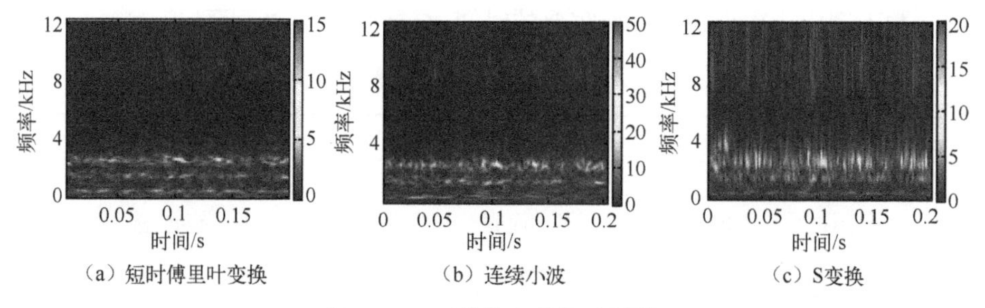

图5-37　正常状态下的时频图

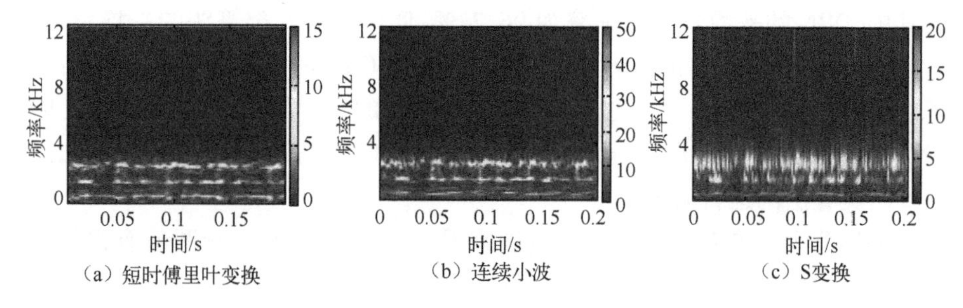

图5-38　5挡齿轮断齿状态下的时频图

正常状态时，振动的幅值较小，当5挡齿轮单个断齿时，振动的幅值增加。内圈故障的产生加剧了振动的幅度，同时出现了高频带，尤其是当内圈故障宽度是2mm时，在时频图中的高频带更加明显。

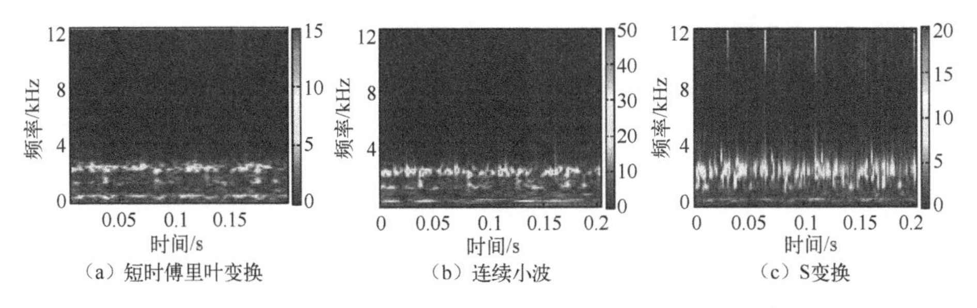

（a）短时傅里叶变换　（b）连续小波　（c）S变换

图 5-39　内圈故障宽度 0.2mm+5 挡齿轮断齿状态下的时频图

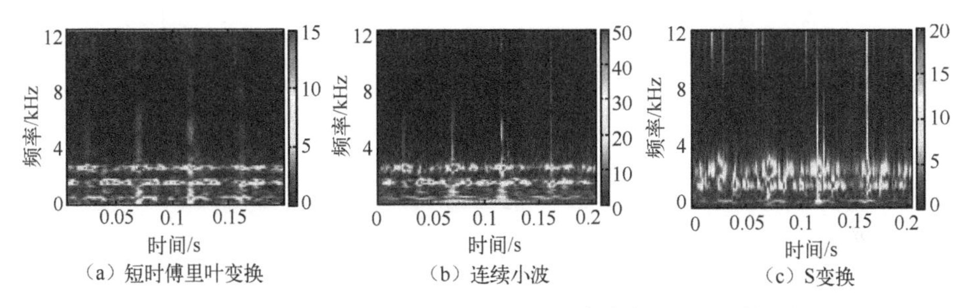

（a）短时傅里叶变换　（b）连续小波　（c）S变换

图 5-40　内圈故障宽度 2mm+5 挡齿轮断齿状态下的时频图

在分析的 3 种故障状态中，当内圈故障宽度为 2mm 且 5 挡齿轮断齿时，故障程度最大，特征也最明显，因此，以这种故障状态为例，来对比分析 3 种时频方法的特点。内圈故障宽度 2mm 且 5 挡齿轮断齿状态下的时频图如图 5-40 所示，图 5-40(a)~(c)分别是该故障状态下的信号经过短时傅里叶变换、连续小波变换、S 变换得到的时频图。与图 5-40(b)和图 5-40(c)对比，图 5-40(a)中的高频成分的时间宽度较宽，说明其时间分辨率不够高。这是由于短时傅里叶变换采用的是固定窗长的窗函数，一旦窗函数选定，其时间分辨率和频率分辨率都已经固定。而且其时间分辨率和频率分辨率是呈反比的关系，此时如果一味地提高时间分辨率，频率分辨率又会下降。这样，短时傅里叶变换分辨率固定的缺点在图中就体现了出来。连续小波变换和 S 变换则没有这一问题。从图 5-40(b)、(c)可以看出，对于高频成分，连续小波变换和 S 变换均有较好的时间分辨率，但是对比两图中的 1500Hz 和 2500Hz 附近的频带可以看出，小波变换的频带能量更为集中，频率分辨率更高。本次实验中所选用的小波基为 Morlet 小波，然而实际可用来做小波分析的小波基有很多种，而且每种小波基都有各自的特点，因此选择合适的小波基是小波变换的一大难点。

2) 3 种时频方法下的故障识别结果

根据以上对 CNN 参数的分析，将网络参数选择为：第一个卷积层 6 个卷积核，大小为 5×5，第二个卷积层 12 个卷积核，大小为 3×3；降采样层的池化区域均为

2×2,采用平均池化的方式;批量尺寸 batchsize=5;迭代 10 次。实验重复进行 5 次,取 5 次分类结果的平均值作为最终的分类正确率,则分类正确率随迭代次数的变化关系如图 5-41 所示。

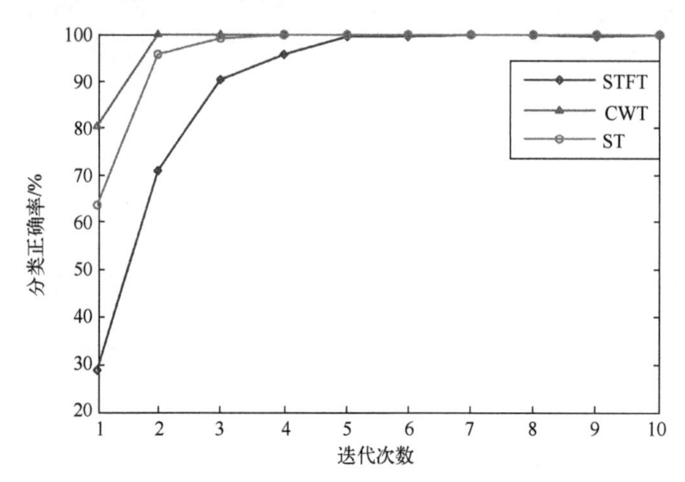

图 5-41　不同时频方法下分类正确率与迭代次数的关系

由图 5-41 可以看出,3 类时频方法下的识别结果均随着迭代次数的增加而增加。在迭代次数达到 5 以后,3 类时频方法下的分类正确率均达到了 99%以上。短时傅里叶变换的分类正确率是 3 类方法中最低的,其达到稳定结果的迭代次数为 5,而 S 变换和连续小波变换达到稳定结果的迭代次数分别是 4 和 2。由此可以知道,选择连续小波变换作为时频变换方法,与 CNN 结合时,其故障识别效果是最好的,不仅收敛速度快,而且在迭代次数很少时识别结果仍然很好。

为比较 3 种时频方法的鲁棒性,随机选择样本 20 次,计算每组样本下的 5 次平均后的分类正确率。CNN 的结构参数选择跟上个实验相同,迭代 5 次。选迭代次数为 5 的原因是从图 5-41 中的分析中已经知道迭代 5 次时 3 种时频方法下的分类正确率都已经约等于 100%,此时可比较该迭代次数下的算法稳定性。得到的 3 种方法下的分类结果如图 5-42 所示。

从图 5-42 可以看出,3 类时频变换方法中,连续小波变换的结果是最好的,20 次随机选择样本的过程中,只有一次的分类正确率稍低,为 99. 14%,其他的均是在 99. 9%以上。短时傅里叶变换下的识别结果最差,虽然每次的分类正确率均维持在 94%以上,但是结果不稳定,而且总体的识别率也低于另外两种时频方法下的识别率。S 变换下的分类正确率除了一次略低,为 97. 78%,其他的均在 99%以上。由以上的分析结果可以知道,3 种时频变换方法下的识别结果为:小波变换>S 变换>短时傅里叶变换。因此,选择小波基为 Morlet 的小波变换与 CNN 结合,故障识别的

效果较好，而且相对稳定。

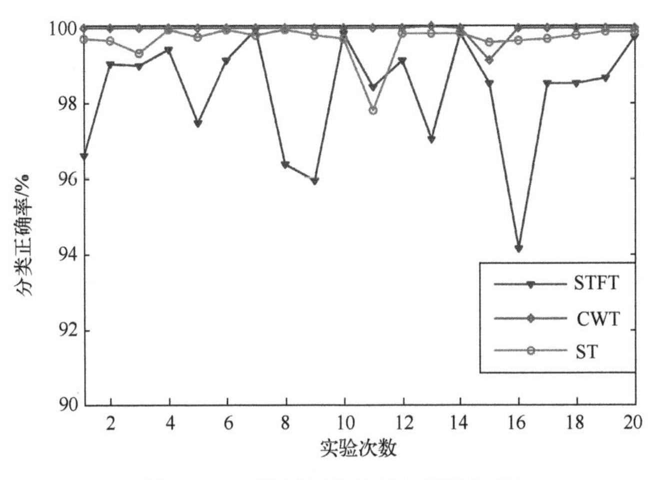

图 5-42　3 种时频方法的鲁棒性比较

5.3.3　变转速下的变速器故障诊断

在汽车运行过程中，发动机传递到变速箱的转速大部分情况下都不是恒定的。变速箱输入轴的转速随着时间的变化而变化，振动情况比输入轴保持在一个稳定的转速更为复杂。CNN 由于其独特的结构，对一定程度的平移、缩放、扭转具有不变性的特点，因此本节采用时频分析与 CNN 相结合的方法，对变转速下的变速箱故障进行诊断。

1. 实验设置

实验仍在三轴 5 挡变速器上进行，实验设备均与 5.2.3 节一致。齿轮的故障设置在 5 挡齿轮的从动轮上，通过对齿轮进行不同程度的切割方式，以分别模拟齿轮轻度磨损、中度磨损、断齿 3 种故障状态。轴承故障位于输出轴的滚动轴承的内圈，为 0.2mm 宽度的故障。组合齿轮和轴承的故障状态及正常状态，共有 8 种状态的信号需要进行识别，如表 5-27 所列。

表 5-27　故障描述

故障组别	故障类型	故障组别	故障类型
1	5 挡齿轮正常	5	内圈 0.2mm+5 挡齿轮正常
2	5 挡齿轮轻度磨损	6	内圈 0.2mm+5 挡齿轮轻度磨损
3	5 挡齿轮中度磨损	7	内圈 0.2mm+5 挡齿轮中度磨损
4	5 挡齿轮断齿	8	内圈 0.2mm+5 挡齿轮断齿

2. 升速工况下的故障诊断

变转速是指输入轴的转速随着时间的变化而变化,包括升速、降速、升降速 3 种情况。升速与降速的情况基本相似,因而只选取其中的升速来进行分析即可。升速是指变速箱输入轴的转速随着时间的增加而增加。

1) 升速信号分析

(1) 时域及频域简单分析。设置采样频率为 12kHz,采集每种故障状态及正常状态下的振动信号。为了表现信号随时间的整体变化趋势,选取了每类故障状态时长为 60s 的时域信号,如图 5-43 所示。

在升速工况下,输入轴的转速逐渐增加,信号的振动幅值随之逐渐增加。故障发生的程度也能影响振动的幅值,故障程度越大,振动越剧烈,振动的幅值越大。由于实验设置的输入轴转速是整体逐渐上升趋势,并不能保证每类故障状态在同一时刻就会有相同的转速,因此在 8 种状态时域图中的某一固定时刻,故障程度大的振动信号幅值有可能低于故障程度小的幅值。时域信号只能反映振动信号的幅值,以及是否有冲击现象的发生,无法通过分析时域信号来判断故障状态。

通过频谱图可以分析振动信号的频率成分及各频率成分对应的振动幅值,选择了 5 挡齿轮断齿状态下的振动信号,并对其进行傅里叶变换,频谱如图 5-44 所示。图 5-44 中的频率成分很多,无法通过观察频谱来分析出可以判断故障状态的频率成分。

变转速时各轴的转频是变化的,参与传动的齿轮的啮合频率也随之变化,对应的频率成分是一个区间。常啮合齿轮和 5 挡输出齿轮的啮合频率 f_{m1} 和 f_{m2} 的计算式如下

$$f_{m1}=z_1\times f_{n1} \tag{5-32}$$

$$f_{m2}=z_4\times f_{n3} \tag{5-33}$$

式中:z_1 为常啮合齿轮的主动轮齿数,$z_1=26$;f_{n1} 为输入轴转频;z_4 为 5 挡齿轮的从动轮齿数,$z_4=22$;f_{n3} 为输出轴转频。

当输入轴的转速由 0 缓慢变化至 1500r/min 时,输入轴的转频 f_{n1} 则由 0 逐渐增加至 25Hz。常啮合齿轮和 5 挡输出齿轮啮合频率的最大值 $f_{m1\max}$ 和 $f_{m2\max}$ 的值分别计算如下:

$$f_{m1\max}=z_1\times f_{n1\max}=26\times 25=650(\text{Hz}) \tag{5-34}$$

$$f_{m2\max}=z_4\times f_{n3\max}=22\times f_{n1\max}\times\frac{26}{38}\times\frac{42}{22}=718.42(\text{Hz}) \tag{5-35}$$

则常啮合齿轮的啮合频率变化范围是 0~650Hz,5 挡齿轮的啮合频率的变化范围是 0~718.42Hz。若两对参与传动的齿轮还存在二阶振动响应,则常啮合齿轮和 5 挡齿轮的啮合频率的变化范围则分别变成 0~1300Hz 和 0~1436.84Hz。由于啮合频率随转速变化,其频率范围是在一段区间内,容易掩盖掉故障频率成分,因此在变速工况下,通过频谱来进行故障诊断是有难度的。

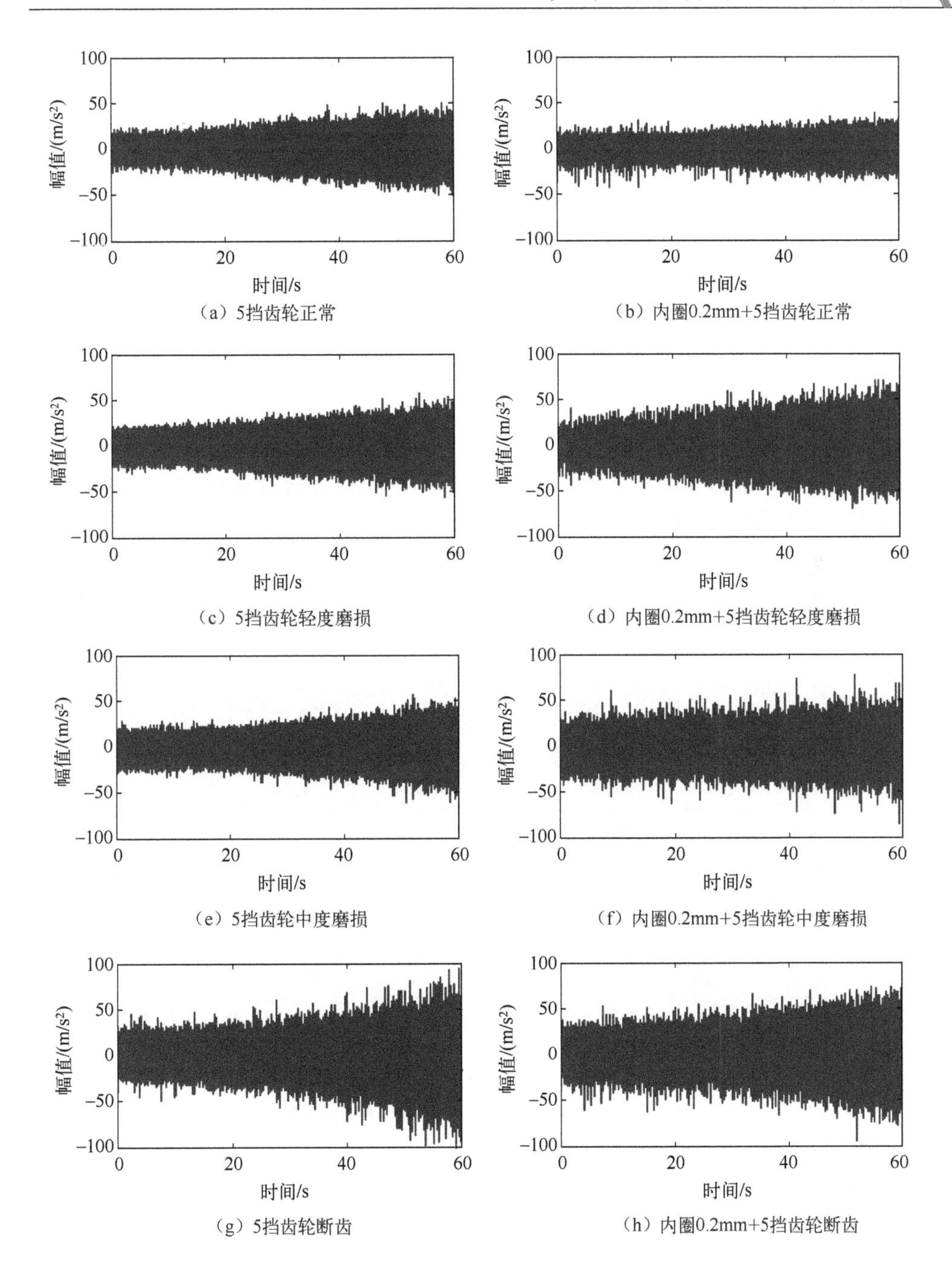

（a）5挡齿轮正常　（b）内圈0.2mm+5挡齿轮正常

（c）5挡齿轮轻度磨损　（d）内圈0.2mm+5挡齿轮轻度磨损

（e）5挡齿轮中度磨损　（f）内圈0.2mm+5挡齿轮中度磨损

（g）5挡齿轮断齿　（h）内圈0.2mm+5挡齿轮断齿

图 5-43　各类振动信号时域图

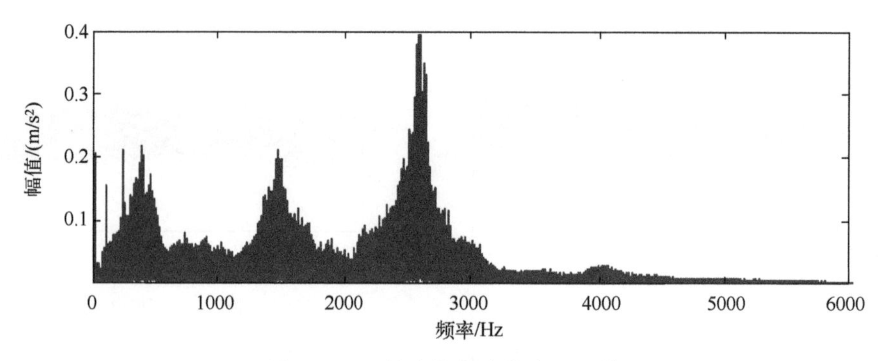

图 5-44　5 挡齿轮断齿状态的频谱

(2) 时频分析。在与 CNN 算法结合时,时频变换方法的性能比较依次是:连续小波变换>S 变换>短时傅里叶变换。因此,时频变换方法选用连续小波变换,小波基仍然采用的是 Morlet 小波。

为观察变转速工况下信号整体的时频变化趋势,截取了齿轮断齿状态下时间范围为 20~40s 区间的时域信号,并对其进行连续小波变换,得到的时频图如图 5-45 所示。

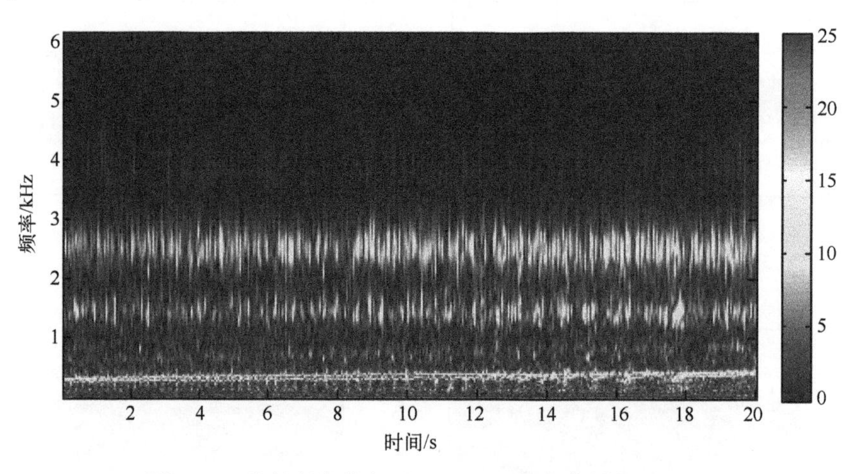

图 5-45　齿轮断齿状态下 20~40s 区间的信号的时频图

从图 5-45 可以看出,在 400Hz 附近有一条幅值较大的频带,这是齿轮的啮合频率成分。随着转速的增加,啮合频率的值随之缓慢增加,反映在时频图中则是啮合频率的频带类似于一条斜率为正但是斜率值较小的线段。而在 1500Hz 和 2500Hz 附近的能量集中频带,是由冲击成分激起的齿轮箱系统的固有频率成分,其频率值不受转速的影响,但是幅值会随着转速的增加而增加。此外,由于转速增加,单位时间内故障齿轮的轮齿参与啮合的次数增加,则产生的冲击个数会增加,因此在时频图中可以看到，冲击成分越来越密集。

为了说明同一类样本之间存在的差异，选取不同时刻的两段相同长度的信号分别进行时频变换。截取了 5 挡齿轮断齿状态下的第 10s 和第 60s 处的长度为 0.5s 的两段信号进行连续小波变换，得到的时频图如图 5-46 所示。

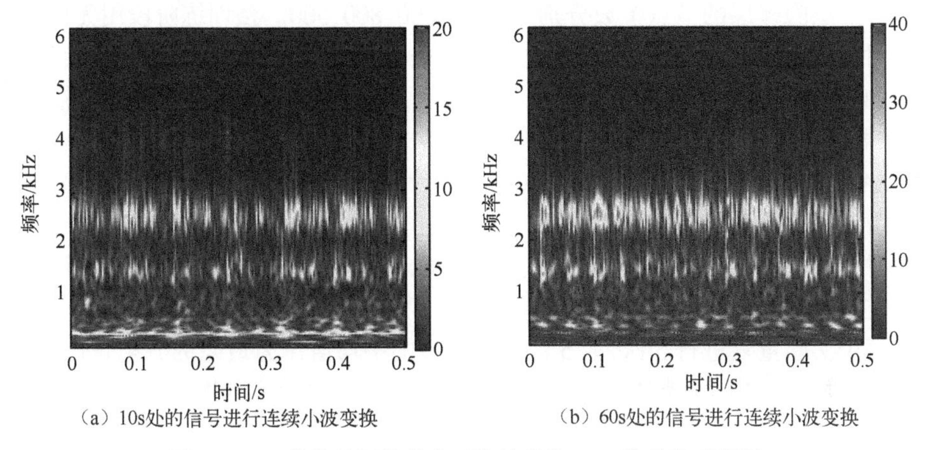

(a) 10s处的信号进行连续小波变换　　(b) 60s处的信号进行连续小波变换

图 5-46　5 挡齿轮断齿状态下的长度为 0.5s 信号的时频图

从图 5-46 中可以看出，由于输入轴的转速一直在增加，60s 处的时频图的振动幅值明显大于 10s 处的幅值，转速的增加导致了振动幅值的增加。而且转速增加后，故障轮齿进入啮合的次数增多，使得冲击出现的频率也随之增加。

在对不同故障信号的时频图像进行识别时，每一类信号的样本都是固定长度的一小段时间内的时频图对应的幅值矩阵。恒定转速的工况下，不考虑噪声和随机因素的影响，同一类信号的样本应该是基本相同的。而在变转速工况下，齿轮啮合频率的值、轴承的故障特征频率、冲击出现的频率及各频率成分的幅值都随时间而变化，但是总体来说是相似的。鉴于 CNN 在图像识别时，对图片一定程度的平移、缩放、扭转具有不变性的特点，将 CNN 用于变转速工况下时频图像的识别。

2) 时频图像分析

从零时刻到 t_1 时刻，输入轴的转速由 0 升高至 n_1，以这段时间内的某一时刻 t_0 为界线，将 0-t_0 时间段内的信号对应的时频图作为训练样本集，共 500 个训练样本；t_0-t_1 时间段内的信号对应的时频图作为测试样本集，共 500 个测试样本。将时频变换方法得到的时频图调整尺寸为 32×32，以便于作为 CNN 的输入。在进行图像识别时，共有 8 类不同状态下的时频图，每一类有 1000 个样本，训练样本和测试样本各占 50%。

采用了以 CNN、DBN 和 SAE 为代表的 3 种深度学习算法对升速工况下的时频图像进行识别。

根据对 CNN 参数的分析,将 CNN 参数选择为:第一个卷积层 6 个卷积核,大小为 5×5,第二个卷积层 12 个卷积核,大小为 3×3;降采样层的池化区域均为 2×2,采用平均池化的方式;批量尺寸 batchsize = 5;迭代 10 次。

DBN 的参数选择为:输入层节点个数为图片维数 1024,输出层节点个数为类别数 8,3 层隐藏层的节点个数分别设置为 1000,800,500。预训练阶段用无标签数据来对每个受限玻耳兹曼机进行分层训练,迭代 100 次;微调阶段,用预训练好的网络加上 softMax 分类器组合成一个分类模型,用有标签的数据通过反向传播算法来微调整个网络,迭代 50 次。

SAE 的参数选择为:输入层节点数为图片维数 1024,输出层的节点数为所分类别数 8,3 个隐含层的节点数分别为 400,200,50。预训练阶段迭代 100 次。由于计算时间和算法自身运算结构的关系,反向微调迭代次数选择为每隔 20 次计算一次分类正确率,直到迭代 200 次。

每个实验重复进行 5 次,取 5 次分类结果的平均值作为最终的分类正确率,则 3 种深度学习算法的分类正确率随迭代次数的变化关系分别如图 5-47 所示。

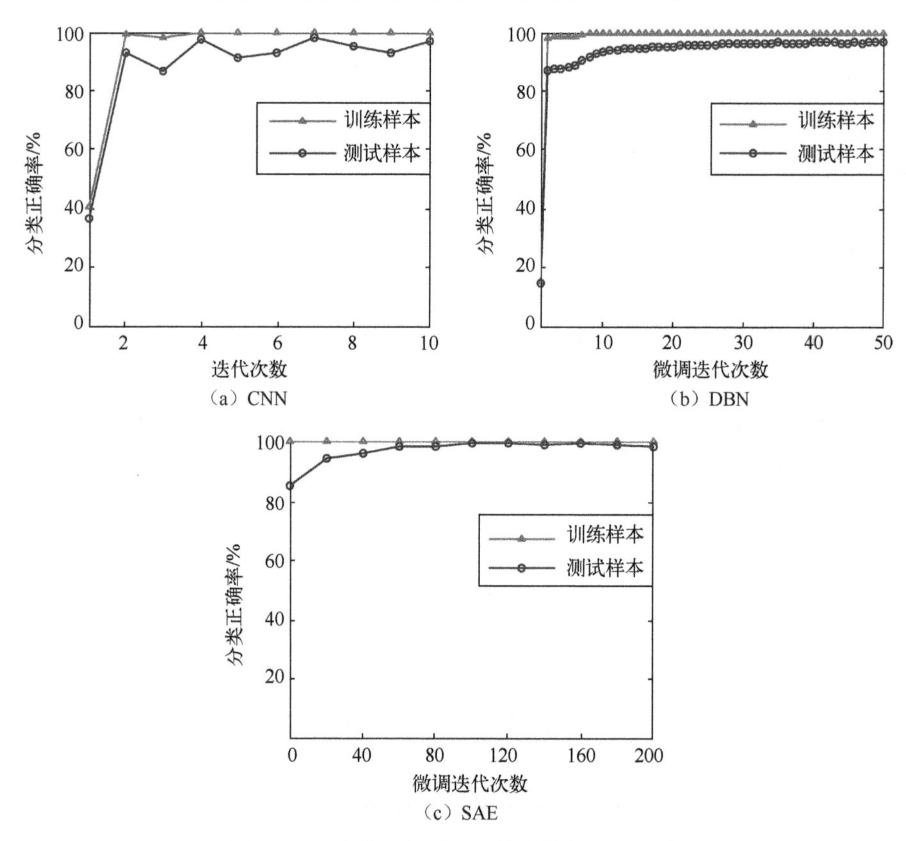

图 5-47　升速工况下不同算法的分类正确率

图 5-47(a)是 CNN 在对升速工况下的时频图像进行识别时的训练和测试分类正确率。当迭代次数由 1 增加至 2 时,训练样本和测试样本的分类正确率都显著增加。迭代 4 次以后,训练正确率达到 99%以上,迭代 6 次以后的训练正确率达到了 99.9%,说明此时 CNN 对训练样本的拟合效果已经很好,再增加迭代次数,已无太大意义。而对于测试样本来说,迭代 4 次以后,测试正确率均维持在 90%以上,但是此时的正确率并不是随着迭代次数的增加而增加,而是略有波动,迭代 7 次时测试正确率达到最大值,为 98%。

DBN 经过了预训练和微调两个过程,图 5-47(b)是训练和测试正确率随微调迭代次数的变化曲线。由图中可以看出,当微调迭代次数由 1 增加至 2 时,训练正确率由 15.01%升至 97.7%,测试正确率由 13.98%变为 86.78%。随着微调迭代次数的增加,训练和测试的分类正确率继续小幅度增加。微调迭代次数达到 12 时,训练的正确率达到了近 100%,此时的测试正确率为 93.9%。迭代 27 次以后,测试正确率维持在 96%以上,在迭代 40 次时达到最大值,为 96.71%。

SAE 也经过了预训练和微调,图 5-47(c)是训练和测试正确率随微调迭代次数的变化曲线。由于实验时所有训练样本是一次性整体输入的,网络的拟合是针对所有训练样本,因此经过预处理后,训练正确率是 100%。横坐标为 0 时的值表示的是未经微调的分类正确率,此时已经经过了 100 次迭代的预训练,测试正确率为 84.72%。微调 60 次后,测试正确率维持在 98%以上,在迭代 120 次时达到最大值,为 99.43%。

总体来说,当迭代次数或者微调迭代次数达到一定的程度后,3 种深度学习算法的训练正确率都可以基本达到 100%,说明 3 种算法都能基本完全拟合训练样本。而且 3 种算法的最高测试分类正确率都达到了 96%以上,说明这 3 种深度学习算法都能比较好地对升速工况下的变速箱故障时频图进行分类识别。

比较 3 种算法所能达到的最大测试正确率,SAE 最高,为 99.43%,其次是 CNN 为 98%,DBN 的最大测试正确率为 96.71%。就算法的稳定性而言,DBN 和 SAE 稳定性都比较好,而 CNN 则稍有波动。考虑 3 种算法达到最大测试正确率的计算时间,CNN 单次运算的时间为 88.9s,约为 DBN 耗费时间的 1/5,SAE 的 1/11。

由以上的分析可以知道,CNN 能对升速工况下变速箱故障的时频图像进行有效地识别,虽然其测试正确率有波动,不如 DBN 和 SAE 稳定,但是其时间成本大大的低于另外两类算法。

将浅层机器学习算法支持向量机也用于时频图像的识别,将支持向量机的参数设置为:采用 libsvm[23] 中的算法,首先调整输入数据的格式,以径向基函数为核函数,通过交叉验证和网格搜索对支持向量机选择惩罚系数 C 和核函数参数 g,采用最佳参数对整个训练样本集进行训练,得到支持向量机模型。表 5-28 表示的是支持向量机及3种深度学习算法的最高测试和分类正确率。

表 5-28　4 类算法的最高训练和测试正确率

算 法 类 型	最高训练正确率/%	最高测试正确率/%
CNN	100	98
DBN	100	96.71
SAE	100	99.43
支持向量机	99.975	46.025

从表5-28可以看出,采用优化参数后的支持向量机对时频图像进行识别,最高训练分类正确率为99.975%,说明训练过程是比较成功的。而最高测试正确率只有46.025%,远低于3种深度学习算法的测试正确率,不但表明深度学习算法整体优于浅层算法的支持向量机,而且说明支持向量机不适合用于升速工况下的时频图像识别。

3. 升降速工况下的故障诊断

升降速工况下的振动情况与升速工况下类似,转速越高,振动幅值越大,冲击出现的频率越高,齿轮啮合频率也越高。对时频样本来说,由于每一个样本都只是截取的一小段时间内的信号进行时频变换得到的时频图,在这一小段时间内可将转速视为恒定的,而且故障设置也与升速工况下一致,因此不再对升降速工况下的时域信号以及时频图进行分析。

输入轴升降速的具体调速过程是,先在 t_1 时刻给定一个较高的转速值 n_1,然后逐渐调低转速,在 t_2 时刻降低到 n_2 后再次升高转速,在 t_3 时刻增加到 n_3,随后逐渐调低,在 t_4 时刻降低至 n_4。输入轴的转速随时间变化的示意图如图5-48所示。图中的 t_0 时刻是选择训练样本和测试样本的分界线,将 t_1-t_0 时间段内的信号对应的时频图作为训练样本集,共500个训练样本;t_0-t_4 时间段内的信号对应的时频图作为测试样本集,共500个测试样本。

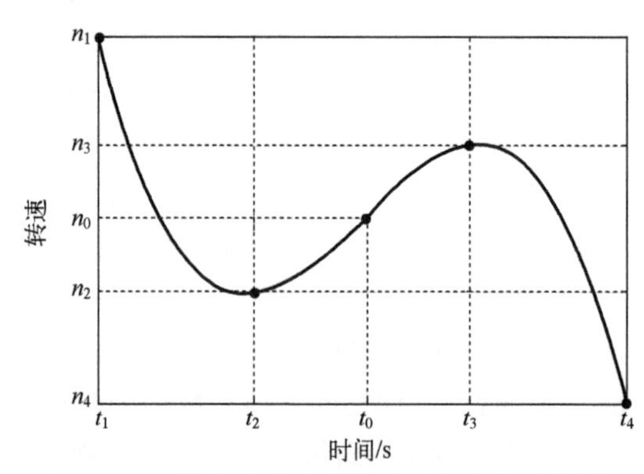

图 5-48　输入轴的转速随时间变化的示意图

采集各个故障状态及正常状态下的振动信号后，用时频变换方法获得大量的时频图，再调整时频图的尺寸为 32×32，以便于作为 CNN 的输入样本。时频变换方法仍为连续小波变换，小波基为 Morlet 小波。在进行图像识别时，共有八类不同状态下的时频图，每一类有 1000 个样本，其中训练样本和测试样本的数量各占 50%。

仍采用 CNN、DBN 和 SAE 分别对升降速工况下的时频图像进行识别，各个网络的参数与升速工况下的参数一致。

每个算法下的实验都重复进行 5 次，取 5 次分类结果的平均值作为最终的分类正确率，则升降速工况下不同算法的训练正确率和测试分类正确率随迭代次数的变化关系如图 5-49 所示。

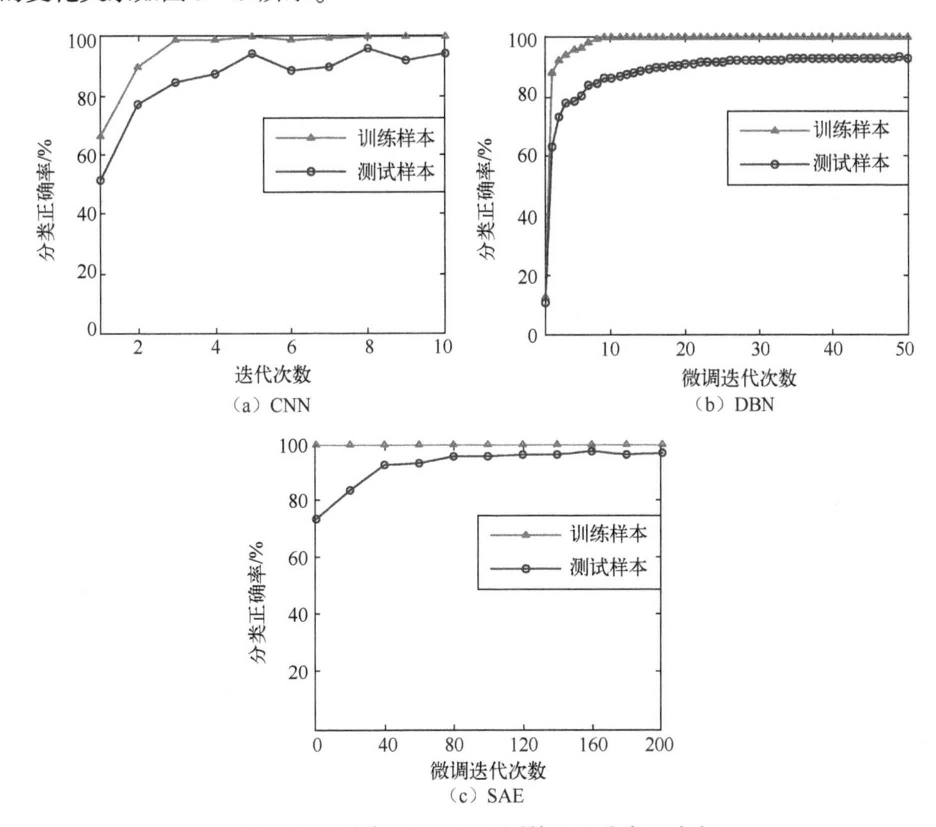

图 5-49　升降速工况下不同算法的分类正确率

图 5-49(a)是 CNN 在对升降速工况下的时频图像进行识别时的训练和测试分类正确率。在迭代次数小于及等于 5 时，训练样本和测试样本的正确率都随着迭代次数的增加而增加。迭代 8 次以后，训练样本的正确率已保持在 99.9%以上。

对于测试样本来说，迭代 5 次以后，测试正确率并不是随着迭代次数的增加而增加，而是有明显的波动，但是基本维持在 90%附近，在迭代 8 次时达到最大值，为 96%。

图 5-49(b)是 DBN 的训练和测试正确率随微调迭代次数的变化曲线。由图中可以看出，当微调迭代次数由 1 增加至 2 时，训练正确率由 12.84%升至 97.61%，测试正确率由 10.79%变为 62.8%。随着微调迭代次数的增加，训练和测试的分类正确率继续增加。微调迭代次数达到 17 时，训练的正确率达到了近 100%，此时的测试正确率为 89.93%。迭代 27 次以后，测试正确率维持在 96%以上，在迭代 49 次时达到最大值，为 93.05%。

图 5-49(c)是 SAE 的训练和测试正确率随微调迭代次数的变化曲线。横坐标为 0 时的值表示的是未经微调的分类正确率，此时已经经过了 100 次迭代的预训练，测试正确率为 93.48%。微调 120 次后，测试正确率维持在 96%以上，在迭代 160 次时达到最大值，为 97.55%。

3 种深度学习算法的最高测试分类正确率都达到了 93%以上，说明这 3 种深度学习算法都能基本对升降速工况下的变速箱故障时频图进行分类识别。分别考虑这 3 种深度学习算法所能达到的最大测试正确率，SAE 最高，为 97.55%，其次是 CNN 为 96%，DBN 的最大测试正确率为 93.05%。就算法的稳定性而言，DBN 和 SAE 稳定性都比较好，而 CNN 则稍有波动。

采用支持向量机对升降速工况下的时频图像进行识别。表 5-29 表示的是支持向量机及 3 种深度学习算法的最高测试和分类正确率。

表 5-29　4 类算法的最高训练和测试正确率

算法类型	最高训练正确率/%	最高测试正确率/%
CNN	100	96
DBN	100	93.05
SAE	100	97.55
支持向量机	97.75	71.65

从表 5-29 可以看出，采用优化参数后的支持向量机对升降速工况下的时频图像进行识别，最高测试正确率为 71.65%，低于 3 种深度学习算法的测试正确率，说明了在升降速工况的时频图识别方面，深度学习算法均优于浅层算法的支持向量机。

5.4　基于深度学习的装备退化状态评估

装备在运行过程中受到机械应力和热应力的共同作用下产生疲劳损伤直至故

障失效。基于状态监测的动力装备 PHM 得到广泛关注,其主要可以分为状态监测和数据获取,特征提取和选择,故障诊断和健康评估,系统维护策略等内容。以多传感器监测为基础,从多类监测信号(振动信号、温度信号、油压信号、声发射信号、电信号等)提取具备故障相关性的各类特征用于故障检测及剩余寿命预测,可以有效地降低系统维护成本,避免停机事故的发生。

浅层网络在应对装备退化不确定性时难以高度抽象地深度提取退化特征,只能获取一般的浅层表示。装备退化性能评价涉及评估模型在不同装备件的参数调整和适应,需要评估模型对采集信号进行深层次的特征挖掘和提取,可采用深度学习方法进行。

针对装备退化评估中多维特征提取降维和退化信号时序相关性建模两个问题,本节提出了一种基于 DAE-LSTM 的装备退化评估方法,并以刀具退化评估为例,对铣刀磨损数据进行分析。

5.4.1 SAE 的原理和结构

1. 自编码器

自编码器(AutoEncoder,AE)[24]是一类特殊的神经网络,结构如图 5-50 所示。网络学习 $g(\sigma(\boldsymbol{X}))\approx\boldsymbol{X}$ 的映射关系,使得 $\boldsymbol{X}$ 和 $\boldsymbol{Z}$ 的重构误差最小,其中 $\sigma(\boldsymbol{X})$ 称为编码,$g(\boldsymbol{Y})$ 称为解码。编码部分实现从 $\boldsymbol{X}$ 到 $\boldsymbol{Y}$ 的非线性转换,解码使得 $g(\boldsymbol{Y})$ 重构得到 $\boldsymbol{Z}$。

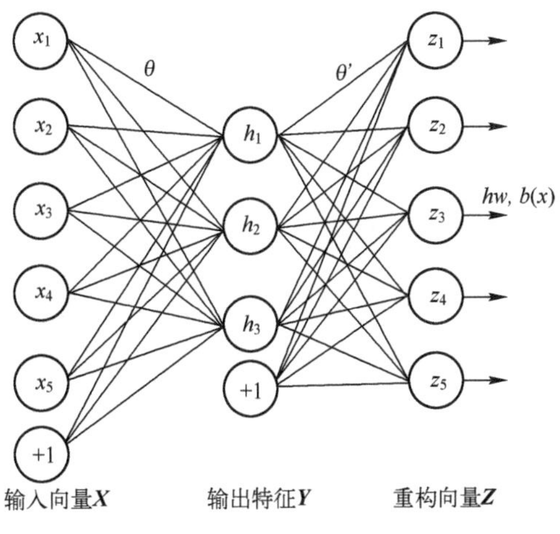

图 5-50　自编码器结构图

2. 网络结构

类似于 DBN,SAE[14]由多个 AE 堆叠而成,如图 5-51 所示,每个 AE 无监督训练完成后，隐含层的输出都会作为下一个 AE 的输入，经过逐层堆叠学习，完成了从低层向高层的特征提取。

SAE 网络的堆叠过程为：第一个 AE（AE1）训练完成后，将隐藏层输出的特征表示 1 作为第二个 AE（AE2）的输入，然后对 AE2 进行无监督训练得到特征表示 2，重复这一过程直至所有的 AE 都训练完成为止，形成了空间上具有多个隐含层的 SAE 网络。为使 SAE 网络具有分类识别的功能，需要在 SAE 网络的最后一个特征表示层之后添加分类层，然后通过有监督学习将神经网络训练成能完成特征提取和数据分类任务的深层网络。

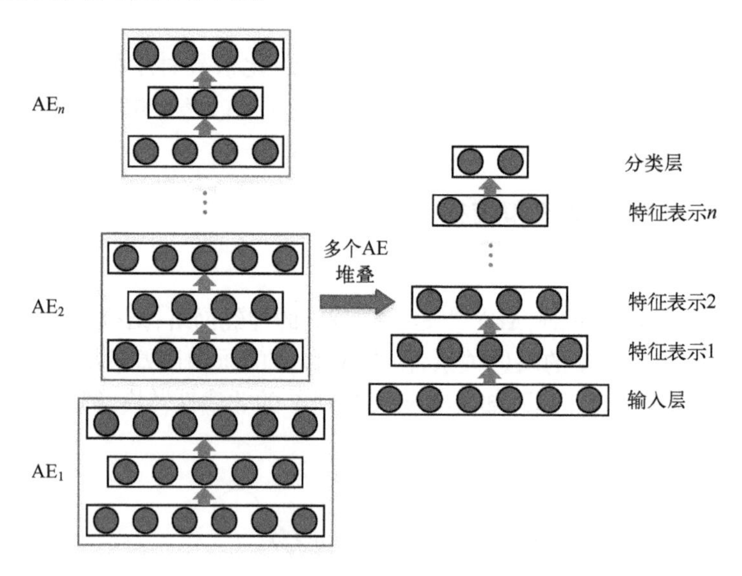

图 5-51　SAE 结构

5.4.2　RNN 的原理和结构

RNN 的框架是由 Jordan[6] 和 Elman[7] 分别独立提出的，其主要特点在于，网络当前时刻的输出与之前时间的输出也有关，可以用以下的隐函数公式表示：

$$\boldsymbol{Y}_t = \mathrm{Func}(\boldsymbol{X}_t, \boldsymbol{Y}_{t-1}) \tag{5-36}$$

一个简化的 3 层 RNN 结构如图 5-52 所示。除了引入历史数据外，RNN 与传统神经网络在前向计算上并没有显著的差异。但是在反向传播上，RNN 引入了跨时间的计算，传统的反向传播算法已经不能进行网络的训练，于是在传统反向算法的基础上发展出了跨时间反向传播算

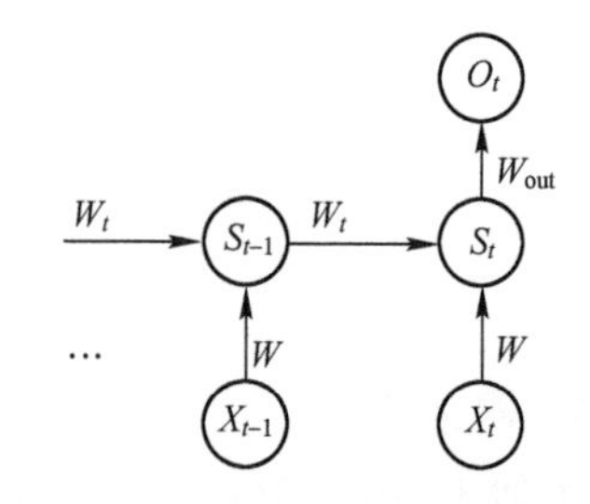

图 5-52　简化的 3 层 RNN 结构图

法(back propagation through time,BPTT)[25]。RNN 采用跨时间反向传播算法进行网络训练,训练过程分为:前向计算各神经元的输出值,反向计算各神经元的误差项并利用梯度下降算法更新权值。

RNN 的权值矩阵在跨时间共享的结构,在求导数的时候经由链式法则会出现连乘的形式。当时间步长比较大的时候,连乘形式可能引起梯度消失或者梯度爆炸问题,RNN 也就不能训练了。为解决梯度问题带来的 RNN 难以训练的问题,长短时记忆单元(long short-term memory,LSTM)[26]对传统 RNN 的节点进行了改进,其具体结构如图 5-53 所示。

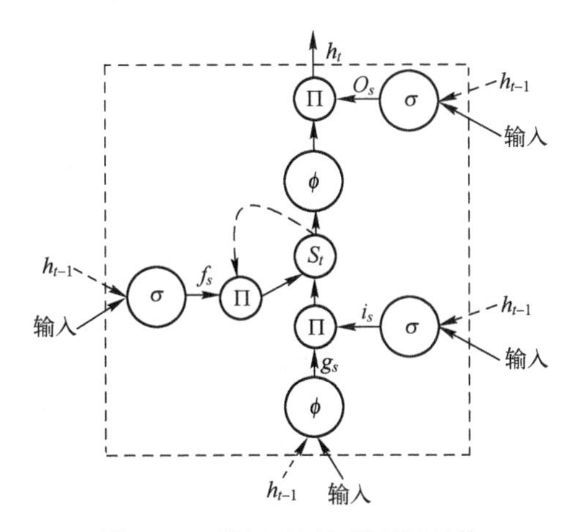

图 5-53　长短时记忆单元的结构

长短时记忆单元中增加了用于控制网络计算量级的输入门,遗忘门和输出门,从而降低了循环网络由于循环层数增加而导致激活函数进入梯度饱和区的风险。这些门还有让网络包含更多层用于参数优化的作用。其中,输入门的作用是控制新信息的加入,通过与 tanh 函数配合控制来实现,tanh 函数产生一个候选向量 g_s,输入门产生一个值均在区间[0,1]以内的向量 i_s来控制 g_s被加入下一步计算的量。遗忘门将上一时刻的输出 h_{t-1}和当前时刻的输入 x_t为输入到一个 sigmoid 函数的节点中,为 S_{t-1}中产生一个在区间[0,1]内的向量$\boldsymbol{f}_s$,来控制上一单元状态被遗忘的程度。输出门的作用是控制隐层节点状态值被传递到下一层网络中的量,其将上一时刻的输出 h_{t-1}和当前时刻的输入 x_t为输入到一个 sigmoid 函数的节点中,为 S_t中产生一个在区间[0,1]内的向量 O_s。

5.4.3　基于 DAE-LSTM 的刀具退化评估

浅层网络在应对装备退化不确定性时难以高度抽象地深度提取退化特征,只能获取一般的浅层表示。装备退化性能评价涉及评估模型在不同装备件的参数调整和适应,需要评估模型对采集信号进行深层次的特征挖掘和提取,是一类典型的深度学习问题。装备性能监测数据往往存在严重的信息冗余,增加特征选择和降维的难度。深度自编码网络[27](deep auto-encoder,DAE)包含多个隐藏层,可以从训练数据中深层次地无监督式自学习,从而获得更好的重构效果。同时退化评估模型应结合时序数据的互相关性来综合判断装备性能,获取装备退化状态的量化判断。针对多维特征提取降维和退化信号时序相关性建模两个问题,提出了一种基于 DAE-LSTM 的装备退化评估方法,通过无监督式的特征自学习降维和监督式反向微调得到特征提取器,将优化后的特征序列作为长短时 RNN 的输入。通过长短时循环神经网络获取退化过程信息的互相关性,从而充分利用装备退化过程数据的完整信息来定量评估装备退化状态。

基于 DAE-LSTM 的退化评估方法流程图如图 5-54 所示。从多传感器监测信号中提取出信号的统计特征后,将训练数据的退化特征数据集作为 DAE 网络的输入,利用 DAE 无监督式自学习从高维特征信号提取出与故障高度相关的低维退化信号。为了保证降维编码与故障特征的最大相关性,通过低学习率带标签微调学习的方法调整 DAE 的权值参数。参数微调后的 DAE 编码按时间排列后作为 LSTM 网络的输入。在构建 DAE 时和 LSTM 网络时,采取了中间隐含层堆叠的方法,将原本需要的中间层各层节点数简化成两个网络参数,即中间隐含层数和中间隐含层节点数,避免了层数不确定时节点数无法选取和层数多时网络参数过多的问题。网络结构参数可以采用粒子群算法(particle swarm optimization, PSO)确定[27]。

为了验证所提基于 DAE-LSTM 的装备退化评估方法在工业数据上的有效性,对铣刀磨损数据进行分析。实验数据来源于美国国家宇航局 Ames 研究中心,共包含 16 组刀具磨损退化的监测数据[28]。每组数据包含不同数量的信号样本,均采集了刀具磨损过程中的振动信号、声发射信号和电流信号,采样频率为 250Hz。各组数据采集时的工况和铣刀最终磨损情况如表 5-30 所列。

表 5-30 铣刀数据的工况和磨损情况

CASE	1	2	3	4	5	6	7	8
采样个数	17	14	16	7	6	1	8	6
最终磨损量	0.44	0.55	0.55	0.49	0.74	0	0.46	0.62
切割深度	1.5	0.75	0.75	1.5	1.5	1.5	0.75	0.75
切割速度	0.5	0.5	0.25	0.25	0.5	0.25	0.25	0.5
材料	铸铁	铸铁	铸铁	铸铁	钢	钢	钢	钢

续表

CASE	9	10	11	12	13	14	15	16
采样个数	9	10	23	15	15	10	7	6
最终磨损量	0.81	0.7	0.76	0.65	1.53	1.14	0.7	0.62
切割深度	1.5	1.5	0.75	0.75	0.75	0.75	1.5	1.5
切割速度	0.5	0.25	0.25	0.5	0.25	0.5	0.25	0.5
材料	铸铁	铸铁	铸铁	铸铁	钢	钢	钢	钢

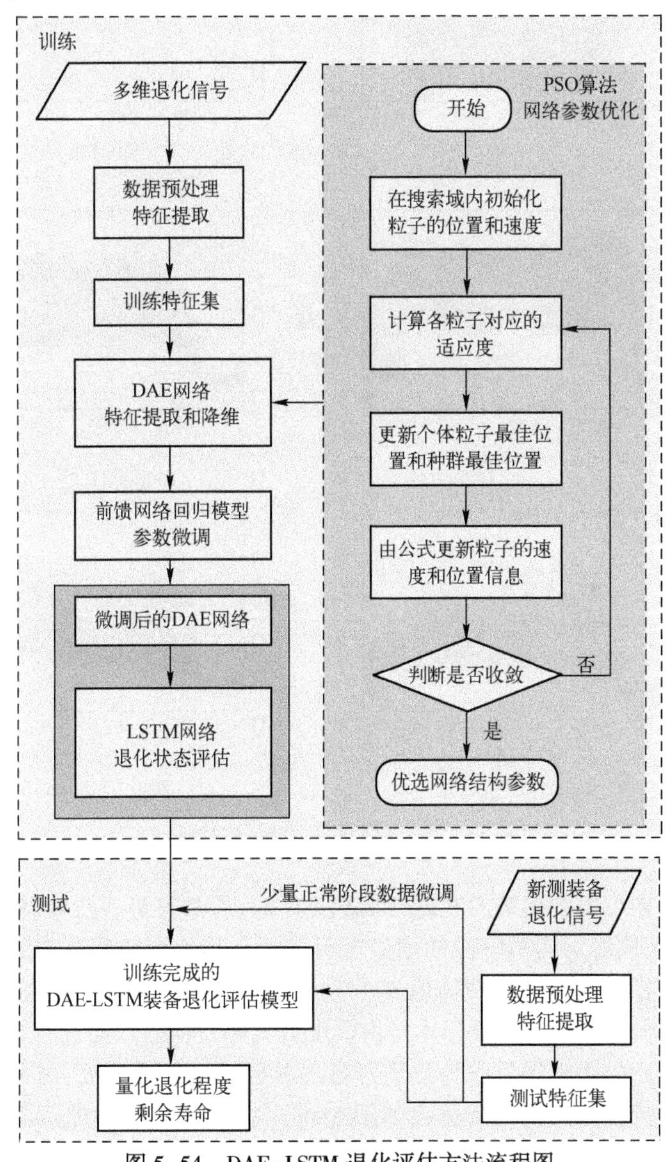

图5-54　DAE-LSTM退化评估方法流程图

CASE1 第 1 次采样时各监测传感器获取的原始时域信号如图 5-55 所示，分别为主轴交流电机电流信号、主轴直流电机电流信号、工作台面振动信号、机床主轴振动信号、工作台面声发射信号、机床主轴声发射信号。

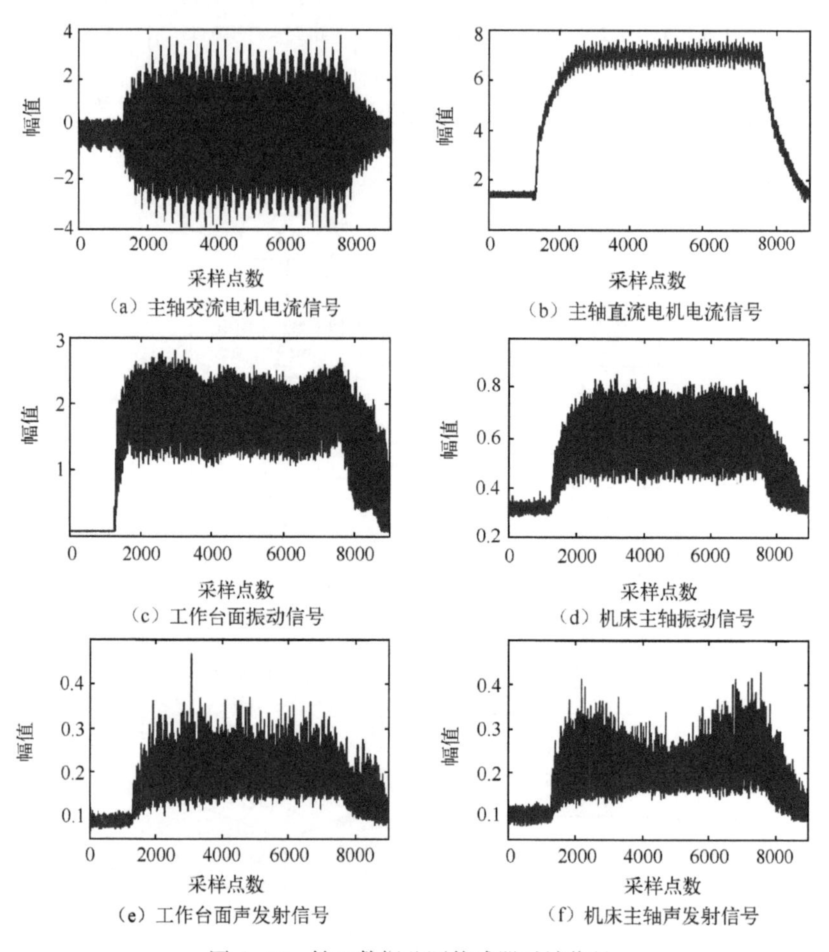

图 5-55 铣刀数据监测传感器时域信号

由时域数据可以看出铣刀在进行切割工序时，刀具有进入阶段、稳定切割阶段和退出阶段，选取稳定切割阶段的信号进行分析。从 6 个传感器监测数据中提取其有效值、绝对均值、方差和峰峰值 4 个时域特征形成训练数据特征集作为 DAE 的训练样本，将 24 维高维特征样本经由深度自编码特征提取器进行特征降维和提取。降维编码后的重构误差作为粒子群算法参数更新的适应度，由此确定网络结构参数。降维特征的回归模型输出如图 5-56 所示，回归模型的标签值为刀具磨损量。

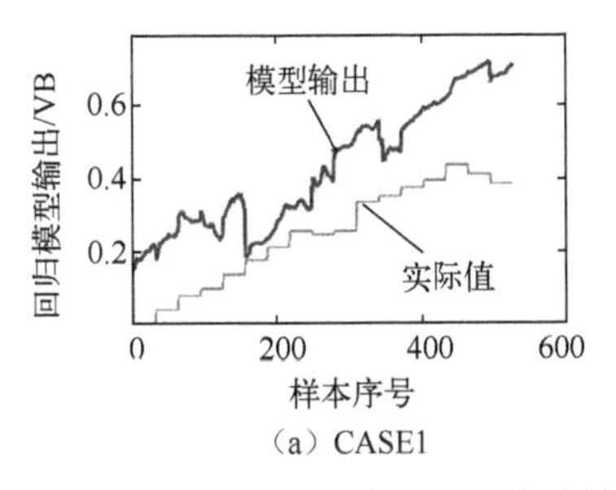

（a）CASE1

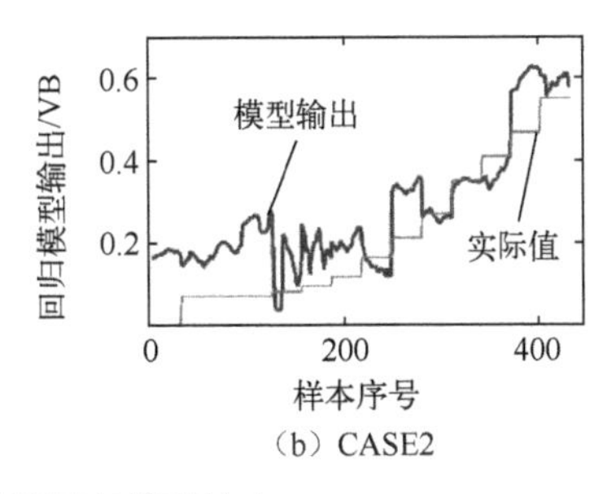

（b）CASE2

图 5-56　降维编码的回归模型输出

在对 CASE1 数据的特征进行降维编码时,采用 CASE1 之外的 15 个 CASE 的数据作为训练数据进行 DAE 的训练,CASE1 的降维编码经由回归模型输出后如图 5-56(a)所示。采用 CASE2 之外的 15 个 CASE 的数据作为训练数据进行 DAE 的训练,CASE2 的降维编码经由回归模型输出后如图 5-56(b)所示。由降维编码的回归输出可以看出,降维编码保留的信息和磨损量高度相关。经过有标签数据的训练和微调,降维编码在变化趋势上与磨损量保持一致,但是在幅值上有所偏差,这表明 DAE 对多维传感器特征集的特征提取和降维是有效的。可以通过保留回归模型的低层网络,即深层自编码网络,作为新测得退化数据的特征提取器。

通过 DAE 网络构建了降维编码的特征提取器之后,将降维编码进行时间步设置后作为长短时 RNN 的输入,以磨损量百分比作为退化程度标签。

通过 CASE1 之外的 15 个 CASE 训练的深度自编码特征提取器,对 CASE1 特征集进行降维编码。在 LSTM 退化模型中,这 15 个 CASE 的数据用于带标签训练。CASE1 的模型预测输出如图 5-57(a)所示。CASE2 的模型输出通过同样的做法获得。

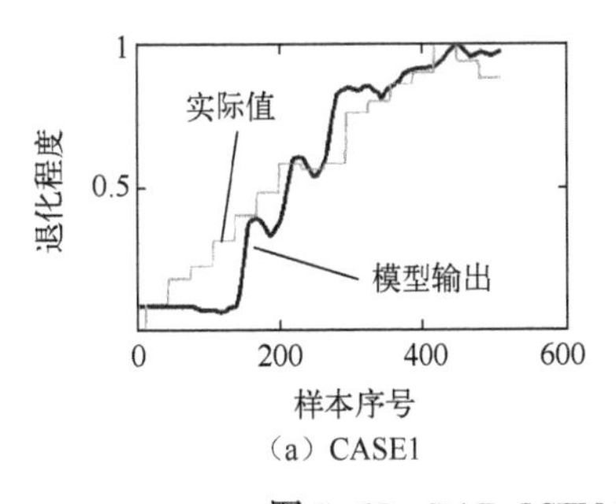

（a）CASE1

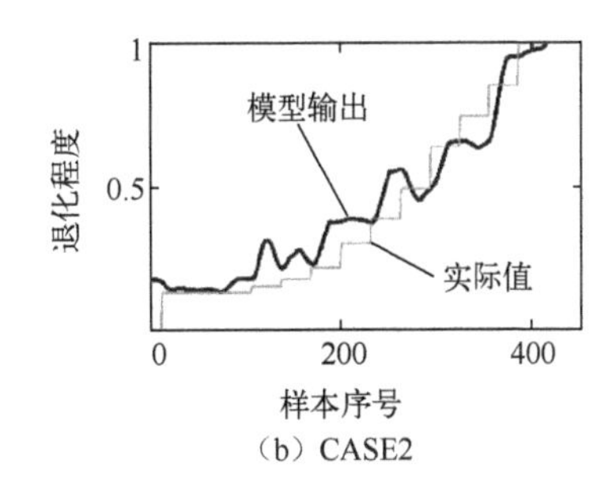

（b）CASE2

图 5-57　DAE-LSTM 模型退化程度识别结果

铣刀磨损数据的实验表明,深度网络作为特征提取器在进行参数优选的训练之后可以获得在训练数据上拟合效果足够好的深层网络。去除其回归层之后的低层网络在差异不大的同类测试数据中仍然有较好的特征提取效果,这表明深层网络可以在浅层学习到一般而概括的特征,并将浅层特征进一步抽象提取和深度挖掘。在将低层特征编码作为输出结合其他深度网络模型进行后处理即可得到适用于装备退化评估的深度学习模型。

参考文献

[1] HOF R. The 10 Breakthrough Technologies of 2013[J]. MIT Technology Review, Apr. 23th, 2013.

[2] HINTON G E, SALAKHUTDINOV RR. Reducing the dimensionality of data with neural networks[J]. Science, 2006, 313(5786): 504-507.

[3] BENGIO Y. Learning Deep architectures for AI[M]. Delft: Now Publishers Inc, 2009.

[4] SERMANET P, CHINTALA S, LECUN Y. Convolutional neural networks applied to house numbers digit classification[C]//Proceeding of the 21st International Conference on Pattern Recognition(ICPR2012), Tsukuba, Japan, Nov. 11st-15th, 2012.

[5] LE Q V. Building high-level features using large scale unsupervised learning[C]//Proceedings of IEEE International Conference on acoustics, speech and signal processing, Vancouver, BC, Canada, May 26th-31st, 2013.

[6] JORDAN M I. Serial order: A parallel distributed processing approach[M]//Advances in psychology, Amsterdam: Elsevier, 1997.

[7] ELMAN J L. Finding structure in time[J]. Cognitive science, 1990, 14(2): 179-211.

[8] 余凯,贾磊,陈雨强,等. 深度学习的昨天、今天和明天[J]. 计算机研究与发展,2013,50(9):1799-1804.

[9] JONES N. Computer science: The learning machines[J]. Nature, 2014, 505(7482): 146-148.

[10] TAMILSELVAN P, WANG P. Failure diagnosis using deep belief learning based health state classification[J]. Reliability Engineering and System Safety, 2013, 115: 124-135.

[11] ATHOBIANI F, BALL A. An approach to fault diagnosis of reciprocating compressor valves usingTeager-Kaiser energy operator and deep belief networks[J]. Expert Systems with Applications, 2014, 41(9): 4113-4122.

[12] HINTON G E, SEJNOWSKI T J. Learning and relearning in Boltzmann machines[J]. Parallel distributed processing: Explorations in the microstructure of cognition, 1986, 1: 282-317.

[13] SMOLENSKY P. Information processing in dynamical systems: Foundations of harmony theory[R]. Colorado Univ at Boulder Dept of Computer Science, 1986.

[14] BENGIO Y, LAMBLIN P, POPOVICI D, et al. Greedy layer-wise training of deep networks[C]//Proceeding of Advances in Neural Information Processing Systems, 2007: 153-160.

[15] 马冬梅. 基于深度学习的图像检索研究[D]. 呼和浩特:内蒙古大学,2014.

[16] 肖汉光,蔡从中. 特征向量的归一化比较性研究[J]. 计算机工程与应用,2009,45(22):117-119.

[17] 柳小桐. BP 神经网络输入层数据归一化研究[J]. 机械工程与自主化,2010,3:122-123.

[18] 刘慧敏,王宏强,黎湘. 基于 RPROP 算法目标识别的数据归一化研究[J]. 现代雷达,2009(5):55-60.

[19] YANG J, ZHANG D, YANG J Y. Two-dimensional PCA: a new approach to appearance-based face representation and recognition[J]. IEEE Transactions on Pattern Analysis and Machine Intelligence. 2004, 26(1): 131-137.

[20] 林慧斌. 离散频谱校正理论的抗噪性能研究及其在工程中的应用[D]. 广州:华南理工大学,2010.

[21] LI B,LIU P,HU R,et al. Fuzzy lattice classifier and its application to bearing fault diagnosis[J]. Applied Soft Computing,2012,12(6):1708-1719.

[22] LECUN Y,BOTTOU L,BENGIO Y,et al. Gradient-based learning applied to document recognition[J]. Proceedings of the IEEE,1998,86(11):2278-2324.

[23] SUK H I,LEE S W,SHEN D. Latent feature representation with stacked auto-encoder for AD/MCI diagnosis[J]. Brain Structure & Function,2015,220(2):841-59.

[24] BOURLARD H,KAMP Y. Auto-association by multilayer perceptrons and singular value decomposition[J]. Biological cybernetics,1988,59(4-5):291-294.

[25] WERBOS P J. Backpropagation through time:what it does and how to do it[J]. Proceedings of the IEEE,1990,78(10):1550-1560.

[26] HOCHREITER S,SCHMIDHUBER J. Long short-term memory[J]. Neural computation,1997,9(8):1735-1780.

[27] KENNEDY J,EBERHART R. Particle swarm optimization [C]//Proceedings of ICNN'95-International Conference on Neural Networks,Perth,WA,Australia,Nov. 27th-Dec. 1st,1995,4:1942-1948.

[28] A. AGOGINO AND K. GOEBEL. Milling Data Set[DS/OL]. NASA Ames Prognostics Data Repository, available at: http://ti. arc. nasa. gov/project/prognostic - data - repository, NASA Ames Research Center, Moffett Field,CA,2007.

第6章

基于相空间重构的机械系统退化跟踪与故障预测

6.1 相空间重构理论

近年来,混沌时间序列分析已广泛运用于数学、物理、气象、信息科学、经济、生物等领域,对混沌时间序列分析的研究已成为非线性科学的前沿课题之一。混沌理论将确定性和随机性这两个传统上完全独立和相互矛盾的概念相互联系起来,认为被当做随机不规则的现象背后都存在着决定性的法则。从理论上说,混沌动力系统理论可以建立确定的数学模型来描述随机不规则的系统,从而提供了一种决定论的理论框架来解释真实世界中的复杂现象[1]。1980年,Packard等首次提出了利用重构非线性时间序列相空间的方法来研究其非线性动力学特征,首开使用一维时间序列研究复杂动力学系统混沌现象之先河[2]。紧接着,Takens提出使用延迟坐标方法来重构非线性时间序列的相空间,并从数学上证明了重构的相空间可以保留原系统的动力学特性,这就是Takens嵌入定理[3]。Taken定理的提出,从严格的数学角度使研究者可以把混沌动力系统这样的理论抽象对象与实际工程中的测量时间序列联系起来。这样一来,研究者无须对复杂的系统直接建模,只要通过研究测量时间序列,就可以在保留混沌系统内在动力学特性及其数学意义的基础上等价地研究系统性质。目前,常用的反映混沌时间序列特性的非线性特征参数,如关联维数、李雅普诺夫(Lyaponov)指数、Kolmogorov熵等,均提取自测量时间序列的重构相空间。因此,相空间重构是非线性时间序列处理中非常重要的环节。本章首先对Takens嵌入定理及基于坐标延迟的相空间重构方法进行简要介绍,其中着重对于相空间重构步骤当中延迟时间和嵌入维数这两个参数的选择方法进行介绍,为后续机械旋转部件的非线性特征提取、退化跟踪以及故障预测打下基础。

6.1.1 Takens嵌入定理

混沌理论认为,系统任意分量的演化是由与之相互作用的其他分量所决定的,因此任一分量的发展过程都蕴藏了其他相关分量的信息。换言之,如果考虑系统的某一变量构成的单变量时间序列,这个序列是许多其他相关物理因素相互作用的结果,蕴藏着参与运动的其他变量的全部信息变化,因而必须把该单变量序列用某种方法拓展到高维空间去,才能把相空间的信息充分显示出来,这就是非线性时间序列的相空间重构。目前,利用非线性系统输出的某一个混沌时间序列进行相空间重构,从而考查整个混沌系统的特性是混沌时间序列分析的常用方法。目前广泛采用的相空间重构方法主要是由 Packad、Takens 等提出的坐标延迟法,其数学理论基础就是 Takens 嵌入定理。

在介绍 Takens 嵌入定理之前,首先定性介绍几个相关数学概念。

(1) 流形:局部具有欧几里得空间性质的抽象空间,是欧几里得空间中的曲线、曲面等概念的推广。

(2) 微分同胚:对于两个流形 M_1、M_2,若映射 $f:M_1 \to M_2$ 及其逆映射 $f^{-1}:M_2 \to M_1$ 均为可微映射,则称 f 为 M_1、M_2 间的微分同胚。

(3) 等距同构与嵌入:对于两个度量空间 (M_1,P_1) 和 (M_2,P_2),如果存在映射 $f:M_1 \to M_2$ 满足 f 为满映射以及 $P_1(x,y)=P_2(f(x),f(y))$, $\forall x,y \in M_1$,则两个度量空间 (M_1,P_1) 和 (M_2,P_2) 是等距同构的;若 (M_1,P_1) 和 (M_3,P_3) 的某个子空间等距同构,则称 (M_1,P_1) 可以嵌入 (M_3,P_3)。

基于上述概念,下面可以进一步介绍 Takens 嵌入定理[3]:设 M 是 d 维流形,$\varphi: M \to M$ 是一个光滑的微分同胚,y 是 M 上的光滑函数,$\phi_{(\varphi,y)}:M \to R^{2d+1}$,则 $\phi_{(\varphi,y)}(x)=(y(x),y(\varphi(x)),y(\varphi^2(x)),\cdots,y(\varphi^{2d}(x)))$ 是 M 到 R^{2d+1} 的一个嵌入。其中,$y(x)$ 为系统状态为 $x \in M$ 时的观测值,包含 $\phi_{(\varphi,y)}(M)$ 的空间称为嵌入空间,其维数 $2d+1$ 称为嵌入维数。

Takens 定理给出了数据嵌入的数学理论保证,满足该定理的原空间以及嵌入空间是等距同构的,因此嵌入空间可以保留原空间的基本动力学信息。应用 Takens 定理进行相空间重构的方法是坐标延迟法,将一维时间序列通过时间延迟重构出多维相空间向量[4]。对于长度为 N 的观测时间序列 $\{x(1),x(2),\cdots,x(N)\}$,选取合适的延迟时间 τ 以及嵌入维数 m,根据下式可以获得对应重构相空间:

$$\begin{cases} \boldsymbol{X}(1)=\{x(1),x(1+\tau),\cdots,x(1+(m-1)\tau)\} \\ \boldsymbol{X}(i)=\{x(i),x(i+\tau),\cdots,x(i+(m-1)\tau)\} \\ \boldsymbol{X}(N-(m-1)\tau)=\{x(N-(m-1)\tau),x(N-(m-2)\tau),\cdots,x(N)\} \end{cases} \quad (i=1,2,\cdots,N-(m-1)\tau) \tag{6-1}$$

式中:$\boldsymbol{X}(1),\boldsymbol{X}(2),\cdots,\boldsymbol{X}(N-(m-1)\tau)$ 为重构相空间中的向量。从式(6-1)可以看出,延迟时间参数和嵌入维数参数的选择对于重构相空间的结构有着重要的影响，但 Takens 定理并没有对这两个参数给出具体的选择方法。下面两节将对延迟时间和嵌入维数的选择方法进行简要讨论和介绍。

6.1.2 延迟时间计算

Takens 理论认为，对于一个不受噪声干扰的无限长时间序列，重构相空间时，延迟时间 τ 的选取是任意的。然而在实践中，观测序列不可能无限长，且任何时间序列都不可避免地受到噪声的干扰。如果 τ 过小，相空间向量 $\boldsymbol{X}(i)=\{x(i),x(i+\tau),\cdots,x(i+(m-1)\tau)\}$ 中任意两个分量 $x(i)$ 和 $x(i+\tau)$ 在数值上过于接近，导致相空间向量差别太小，信息冗余度大，重构相空间的样点包含原测量点的信息偏少，表现在相空间形态上，即相空间轨迹向相空间主对角线压缩；如果 τ 过大，相空间向量中各元素间的相关性容易丢失，表现在相空间形态上，相空间轨迹可能出现折叠现象。因此，选择恰当的延迟时间 τ，对于在重构相空间中最大限度地保留原系统的动力学特征有着重要的影响。常用的求延迟时间的方法有自相关法、平均位移量法和互信息量法。

自相关法通过检验序列间的线性相关性来选取最优延迟时间，是较为成熟的求延迟时间的方法，但是通过自相关法求得的延迟时间参数一般不能推广到高维相空间的重构当中。

另一种求延迟时间的方法是平均位移量法。该方法需要在选定一个嵌入维数的基础上进行，所求得的延迟时间是在选定嵌入维数情况下的最优值，但现实当中往往无法事先确定最优的嵌入维数，因而导致确定最优延迟时间时存在误差。另外，平均位移量法需要计算相空间中所有向量间的距离，计算量也相对较大。

除了上述两种方法之外，互信息法也是一种常用的求延迟时间的方法。互信息法与自相关法相比，虽需要的计算量更大，但互信息法包含了时间序列的非线性特征，其计算结果优于自相关法；同时，互信息法和平均位移量法相比，不需要首先确定嵌入维数。因此，本章采用互信息法获取重构相空间的延迟时间参数。

6.1.3 嵌入维数计算

关于重构相空间的嵌入维数，Takens 定理只是给出了嵌入维数选择的充分条件 $m\geqslant 2d+1$，但该选择方法只是针对理想情况下的无噪声、无限长的时间序列，实际运用中嵌入维数应大于这个最小的 m 值。从理论上说，只要 m 值选的足够大，就可以描述原混沌系统的动力学特征，揭示其内在运动规律。然而在实际运用当中，过大的嵌入维数会大大增加混沌系统几何不变量参数（如关联维数、李雅普诺夫指数等)的计算量,且在系统噪声较大的情况下,噪声和舍入误差对重构的影响也会大大增加。下面介绍几种常用的求嵌入维数的方法:试算法、奇异值分解法和虚假邻近点法。

试算法是在给定延迟时间的基础上,通过逐步增大嵌入维数,不断计算系统的某些几何不变量(如关联维数、李雅普诺夫指数等),直到嵌入维数达到某个值以后这些几何不变量参数停止变化,则该嵌入维数值就是选择的最优相空间重构嵌入维数。然而,由于试算法需要在嵌入维数不断变化的条件下对相空间进行多次重构,并计算出重构空间的几何不变量进行观察,计算量很大,计算耗时随之增长。

奇异值分解法也称主成分分析法,是由 Broomhead 于 1986 年首次引入混沌时间序列分析领域用于嵌入维数的确定[5]。奇异值分解法(主成分分析法)从本质上说是一种线性方法,将线性方法应用于非线性系统相空间重构的参数选择,在理论上存在一定的争议。

虚假邻近点法的基本思想是当嵌入维数变化时,考查相空间的邻近点中哪些是真实的邻点,哪些是虚假的邻点,当没有虚假邻近点时,认为相空间的几何结构被完全打开[6]。虚假邻近点法对数据量要求不高,抗噪能力好,且相比试算法计算量较小。本章采取虚假邻近点法获取重构相空间的嵌入维数参数。

6.2 基于递归定量分析的机械故障识别

在各种非线性时间序列分析方法中,递归定量分析方法[7]具备所需数据量小、抗噪能力强的特点,是非线性时间序列分析研究当中新的研究热点。当前,递归定量分析(recurrence quantification analysis,RQA)方法作为一种非线性特征提取方法,已被广泛应用于各个领域。如 Zbilut 则将 RQA 方法应用于噪声环境下的微弱信号检测[8]。本节介绍如何将 RQA 方法提取的多个特征参数应用于轴承故障严重程度的识别中。

6.2.1 基于相空间重构的 RQA 方法介绍

和很多非线性特征提取方法一样,RQA 方法也是以相空间重构为基础。应用 6.1 节中介绍的互信息量法和虚假邻近点法选择延迟时间 τ 和嵌入维数 m,利用式(6-1)对长度为 N 的观测时间序列 $\{x(1),x(2),\cdots,x(N)\}$ 进行相空间重构,得出一系列空间向量 $\{\boldsymbol{X}(1),\boldsymbol{X}(2),\cdots,\boldsymbol{X}(N-(m-1)\tau)\}$,其中每一个向量都是重构相空间中的一个点。接着,利用这些向量构建递归矩阵:

$$R_{ij}=\Theta(\varepsilon-\|\boldsymbol{X}(i)-\boldsymbol{X}(j)\|)=\begin{cases}1: \varepsilon>\|\boldsymbol{X}(i)-\boldsymbol{X}(j)\| \\ 0: \varepsilon<\|\boldsymbol{X}(i)-\boldsymbol{X}(j)\|\end{cases} \quad (i,j\in[1,N_m]) \tag{6-2}$$

式中：$\Theta(\cdot)$为单位阶跃函数；ε 为递归阈值；$N_m=N-(m-1)\tau$ 为向量个数。

假设取定某个递归阈值 ε，将空间中任意两个向量 $\boldsymbol{X}(i)$、$\boldsymbol{X}(j)$代入式(6-2)进行计算，并以 i 为横坐标，j 为纵坐标作图。如果 R_{ij}等于 1，则在(i,j)坐标上画一个点；如果 R_{ij}等于 0，则不在(i,j)坐标上画点。当重构相空间中的所有向量均经过式(6-2)处理以后，可以得到一个二维的图形，称为递归图。递归图中的线结构、点密度都能够反映重构前时间序列的动态特征，例如，高斯白噪声的递归图中各个点均匀分布，周期性信号的递归图是由与对角线平行的一些直线构成[9]。然而，递归图仅仅是对时间序列动力学特性的一种图形化、定性的描述方式，其包含的丰富信息还需要用一些定量的特征指标来描述。

因此，Marwan 在递归图的基础上进一步提出了 RQA 方法，可以从递归图点密度和线结构中提取递归率(recurrence rate，RR)、确定性(determinism，DET)、层流性(laminarity，LAM)以及递归熵(RP entropy，ENTR)等有效的特征参数来定量地描述原时间序列的动态特性[10]。下面分别介绍这 4 个参数的数学定义和基本含义。对于重构相空间的所有 N_m个向量，根据式(6-2)构建递归图以后，递归率被定义为

$$\mathrm{RR}=\frac{\sum_{i=1}^{N_m}\sum_{j=1}^{N_m}R_{ij}}{N_m^2} \tag{6-3}$$

设 $p(l)$、$p(v)$分别表示递归图中 45°方向和垂直方向直线的长度分布，分别定义为

$$p(l)=N_l/\sum_{\alpha=l_{\min}}^{l_{\max}}\alpha N_\alpha \tag{6-4}$$

$$p(v)=N_v/\sum_{\alpha=v_{\min}}^{v_{\max}}\alpha N_\alpha \tag{6-5}$$

式中：N_l为长度为 l 的 45°方向直线的条数；N_v为长度为 v 的垂直方向直线的条数；N_α 为长度为 α 的 45°方向或垂直方向直线的条数；$l_{\min}$、$l_{\max}$为 45°方向直线的最小长度(一般取 2)和最大长度；$v_{\min}$、$v_{\max}$为垂直方向直线的最小长度(一般取 2)和最大长度。

因此，确定性、层流性以及递归熵可以分别被定义为

$$\mathrm{DET}=\frac{\sum_{l=l_{\min}}^{l_{\max}}lp(l)}{\sum_{i=1}^{N_m}\sum_{j=1}^{N_m}R_{ij}} \tag{6-6}$$

$$\mathrm{LAM}=\frac{\sum_{v=v_{\min}}^{v_{\max}} vp(v)}{\sum_{v=1}^{v_{\max}} vp(v)} \tag{6-7}$$

$$\mathrm{ENTR}=-\sum_{l=l_{\min}}^{N_m} p(l)\ln p(l) \tag{6-8}$$

从物理意义上说,RR 描述了递归图中递归点的密度,反映了一个特定状态出现的概率;DET 描述了对角线结构的递归点数与所有递归点数的比例,反映了系统的可预测性;LAM 描述了递归图中垂直线结构的递归点的数量,反映了系统的间歇性和层次性;ENTR 是基于对角线长度频率分布的香农熵,描述了动力学系统中确定性结构的复杂度,反映了系统的动力学信息量或随机性程度[8]。总之,这些 RQA 参数都是系统动力学特征的反映,都可以作为特征参数用于机械旋转部件的故障诊断。

下面,通过一个仿真实验展示 RQA 方法的效果。选取标准差为 1 的高斯白噪声信号、频率为 2π 的正弦信号以及含噪声 Lorenz 系统 x 分量信号作为仿真信号。每种信号采集 1500 个数据点,选取延迟时间 $\tau=14$、嵌入维数 $m=5$ 重构相空间并作出递归图,如图 6-1(a)~(c)所示,图中横轴、纵轴坐标均代表重构相空间中向量的个数。从图中可以看出,高斯白噪声是一种随机信号,其递归图中递归点分布较为均匀,没有明显的 45°线及垂直线结构;正弦信号是周期性信号,其递归图具有明显的 45°线结构,整个图形呈带状分布;而 Lorenz 系统是更为复杂的混沌系统,反映在递归图中的表现就是图形的结构相比高斯白噪声信号和正弦信号的递归图更为复杂,图中出现了较短的 45°线结构、较短的垂直线结构以及部分带状空白分布。然后,分别利用式(6-3)、式(6-6)、式(6-7)、式(6-8)计算 3 种信号的 RR、DET、LAM 以及 ENTR,如表 6-1 所列。从表中可以看出,对递归图无明显规律、结构简单的高斯白噪声信号来说,其 4 个参数值也都很小;而随着系统结构的复杂,正弦信号以及 Lorenz 系统信号的 4 个参数值都大于白噪声信号;而作为最为复杂的 Lorenz 系统信号,除递归率以外,其余参数均大于正弦信号,这表明 Lorenz 系统信号具有更高的复杂度及更大的信息量。

表 6-1　3 种信号 RQA 特征参数

	RR	DET	LAM	ENTR
高斯白噪声信号	0.0018	0.0032	0.0038	0.0083
正弦信号	0.1180	0.9691	0.0100	0.5185
Lorenz 系统信号	0.0817	0.9803	0.9860	1.1111

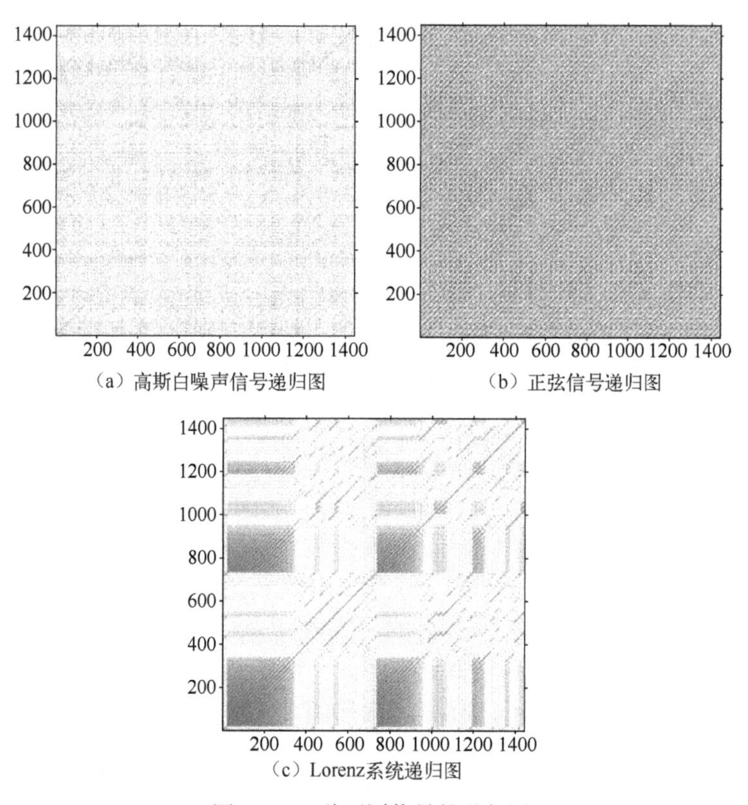

（a）高斯白噪声信号递归图
（b）正弦信号递归图
（c）Lorenz系统递归图

图 6-1　3 种不同信号的递归图

6.2.2　基于 RQA 的多参数故障识别

RQA 算法提取的 4 个特征参数 RR、DET、LAM 以及 ENTR，可作为定量特征对滚动轴承的故障严重程度进行识别与评估，基于此可形成多参数轴承故障严重程度识别算法，其流程图如图 6-2 所示。

算法步骤介绍如下：首先，通过传感器获取不同故障程度滚动轴承的振动信号，并对获取的时间序列进行标准化处理；接着利用互信息法和虚假邻近点法选取延迟时间和嵌入维数进行相空间重构；然后按照式(6-2)计算递归矩阵并画出递归图；最后按照式(6-3)、式(6-8)计算 4 个特征参数，并比较在不同故障程度下，从轴承振动信号中提取的这些特征参数的变化规律。

这里采用实测的不同故障程度的滚动轴承振动信号验证这些特征参数的有效性。本实验的故障数据来源于美国俄亥俄州的凯斯西储大学电气工程实验室[11]。实验装置如第 2 章介绍，测试平台由一个驱动电机，一个扭矩传感器，一个功率计和控制设备组成。被测轴承为电机的输出轴支撑轴承，型号为 6205-2RS

JEM SKF。通过电火花技术给被测试的轴承引入不同尺寸的单点故障，故障直径包括 0.18mm、0.36mm 和 0.53mm。通过加速度传感器采集振动信号，采样频率为 12kHz。

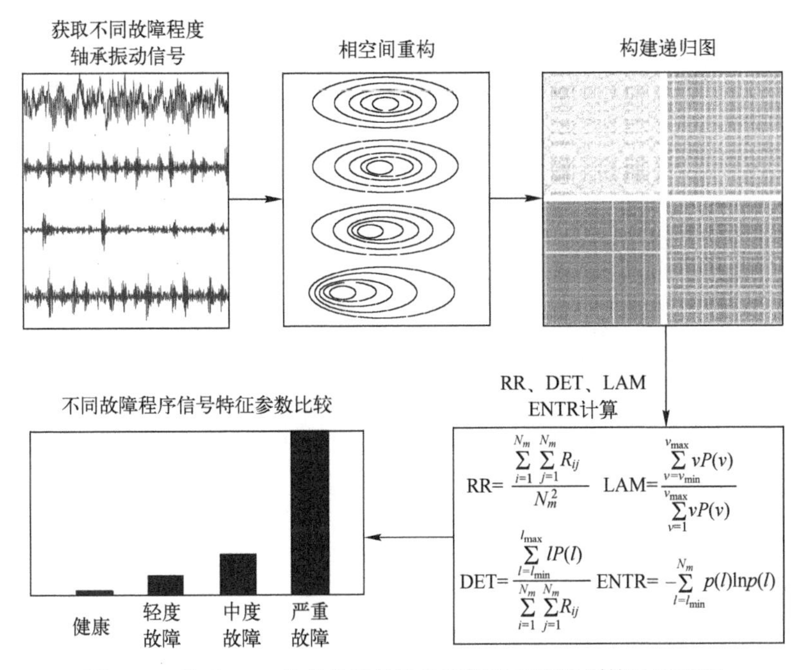

图 6-2　基于 RQA 的多参数轴承故障严重程度识别算法流程图

首先在 1750r/min、2 马力(1.47kW)负载的条件下，对内圈故障的轴承进行数据处理和分析。图 6-3 为健康轴承以及故障直径分别为 0.18mm、0.36mm、0.53mm 的故障轴承的一段振动信号及其对应频谱。尽管可以从时域信号及频谱上看出四者间的区别，但是很难直接从图上分辨出故障严重程度的不同。接着，采用 RQA 方法对上述信号进行分析。首先，利用互信息法和虚假邻近点法自适应选取延迟时间和嵌入维数，并对不同故障程度的轴承数据分别进行相空间重构，并选定递归阈值 $\varepsilon=0.4$ 构建递归图，如图 6-4 所示，递归图中横轴、纵轴坐标均代表重构相空间中向量的个数。从图中可以看出，随着轴承故障程度的增加，递归图中递归点的密度以及水平垂直线的结构均有所变化。然后，为了定量描述递归图，分别计算 RR、DET、LAM 以及 ENTR 这 4 个 RQA 特征参数，结果如表 6-2 以及图 6-5 所示。从图中可以看出，对于 RR、LAM 和 ENTR 这 3 个特征指标，故障轴承的指标值大于健康轴承，而且随着故障程度的增加，这 3 个指标值也随之递增。然而，对于 DET 指标而言，健康轴承的 DET 指标大于轻微故障轴承的 DET 指标，这说明当轴承出现内圈故障时，系统的可预测性并不一定随故障程度的增加而增大。因此,在这个轴承内圈故障实验当中,RR、LAM 和 ENTR 这 3 个指标能够识别不同故障严重程度的轴承信号,而 DET 并不是一个有效的识别故障严重程度的指标。

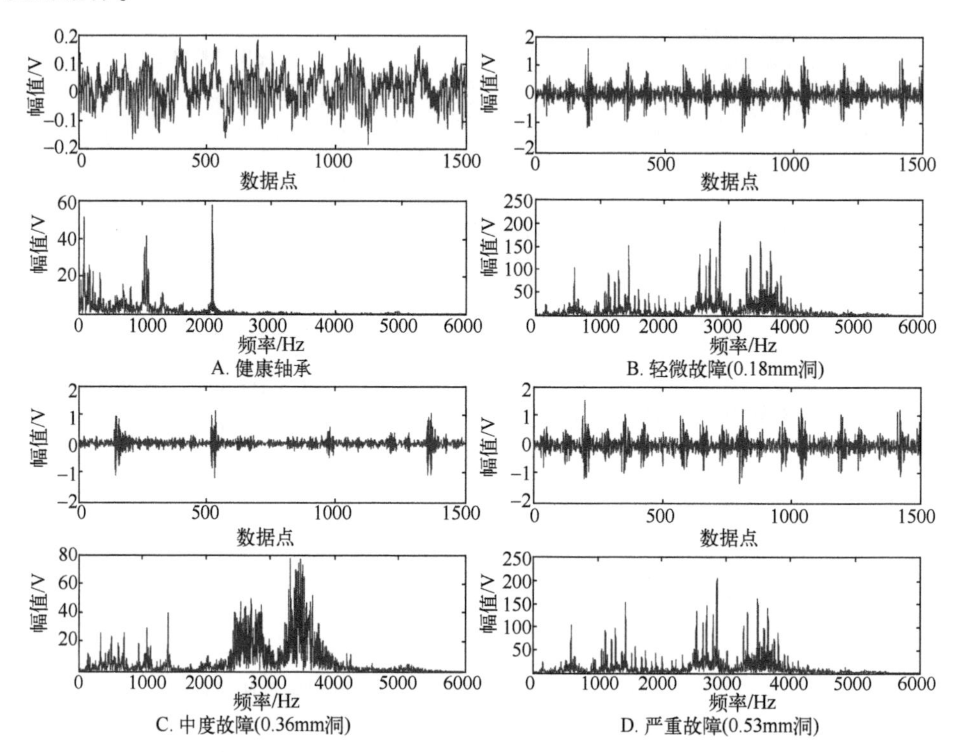

图 6-3　不同故障程度轴承振动信号及其频谱(转速:1750r/min;负载:2 马力)

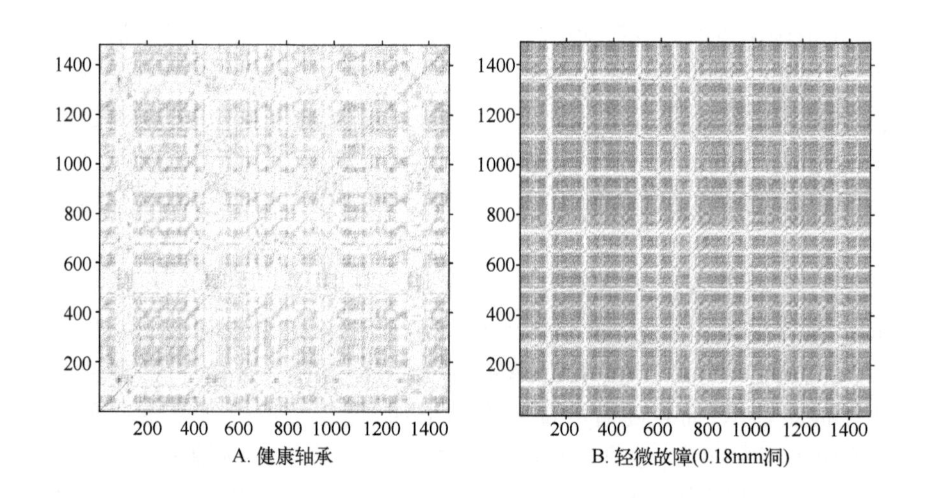

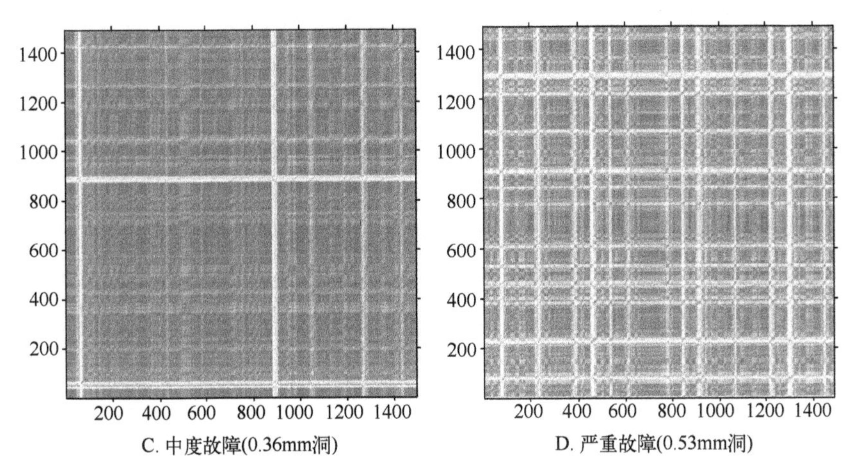

图6-4　不同故障程度轴承振动信号递归图(转速:1750r/min;负载:2马力)

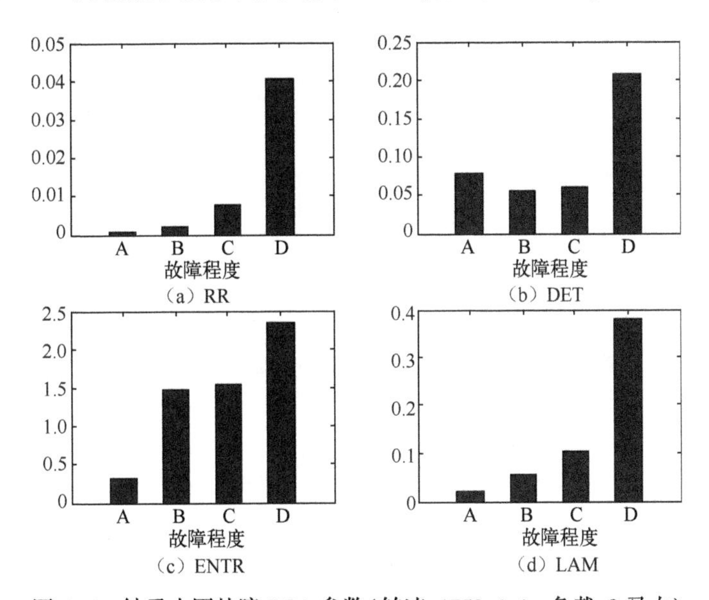

图6-5　轴承内圈故障RQA参数(转速:1750r/min;负载:2马力)

表6-2　轴承内圈故障RQA参数(转速:1750r/min;负载:2马力)

故障程度	RR	DET	ENTR	LAM
A:健康轴承	0.0009	0.0779	0.3325	0.0217
B:0.18mm洞	0.0023	0.0557	1.5263	0.0571
C:0.36mm洞	0.0078	0.0604	1.553	0.1056
D:0.53mm洞	0.0406	0.2071	2.3661	0.3819

为了验证上述结果,在1750r/min、2马力负载的条件下,对滚珠故障的轴承进行数据处理和分析,结果如表6-3、图6-6所示;同时又在1797r/min、0马力负载的条件下,对外圈故障的轴承进行数据处理和分析,结果如表6-4、图6-7所示。从图6-6和表6-3中可以看出,在轴承滚珠故障实验当中,RR、DET、LAM和ENTR这4个指标都随着故障严重程度的增加而增大,因此这4个参数在诊断滚珠故障严重程度时都是有效的。从图6-7和表6-4中可以看出,在轴承外圈故障实验当中,处于中度故障轴承信号的RR值大于处于严重故障轴承信号的RR值,除此之外,DET、LAM和ENTR这3个参数都能够准确诊断轴承故障的严重程度。

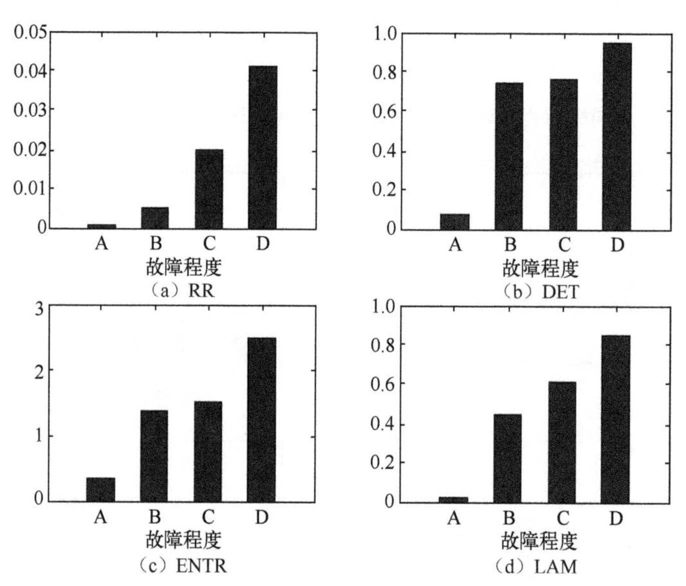

图6-6 轴承滚珠故障RQA参数(转速:1750r/min;负载:2马力)

表6-3 轴承滚珠故障RQA参数(转速:1750r/min;负载:2马力)

故障程度	RR	DET	ENTR	LAM
A:健康轴承	0.0008	0.0784	0.3387	0.0212
B:0.18mm洞	0.005	0.7374	1.3885	0.4482
C:0.36mm洞	0.0198	0.758	1.5168	0.6116
D:0.53mm洞	0.0409	0.9447	2.4918	0.8506

从这3个实验结果可以看出,RR和DET这两个参数指标都在某种故障条件下无法准确评估轴承故障的严重程度;对于不同的轴承故障类别,只有LAM和ENTR这两个指标能够随着轴承故障严重程度的增加而增大。这可以解释为随着

轴承故障裂纹或剥落尺寸的增加，滚动体经过故障点处产生的振动冲击信号会随之增强，这些与故障相关的振动信号的存在使得故障轴承的振动信号增加了更多的频率成分，使得系统的复杂度增加，从而导致系统的熵和层流性增大。因此，在本实验当中，LAM 和 ENTR 是两个有效的定量特征指标，可以识别处于不同种类故障下、不同故障严重程度的滚动轴承振动信号。

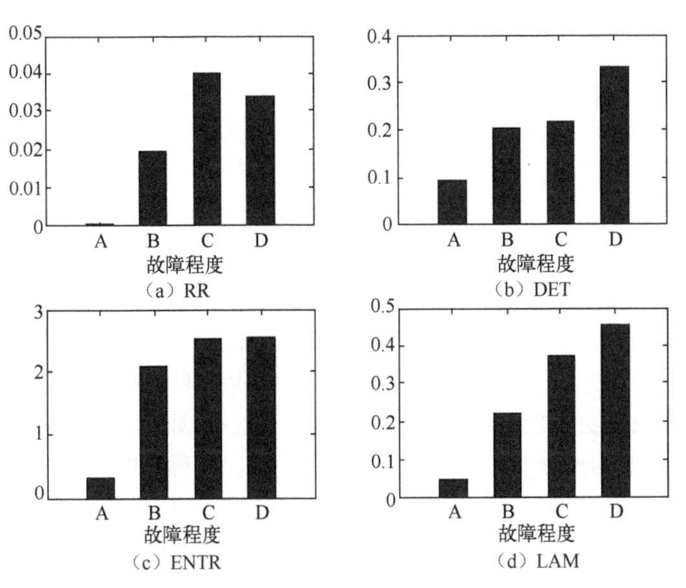

图 6-7　轴承外圈故障 RQA 参数(转速:1779r/min;负载:0)

表 6-4　轴承外圈故障 RQA 参数(转速:1797r/min;负载:0)

故障程度	RR	DET	ENTR	LAM
A:健康轴承	0.0004	0.0937	0.3206	0.0454
B:0.18mm 洞	0.0196	0.2032	2.0945	0.2222
C:0.36mm 洞	0.0399	0.2169	2.5204	0.3719
D:0.53mm 洞	0.0338	0.3298	2.5384	0.4522

通过对基于 RQA 方法的多参数轴承故障严重程度识别算法的实验验证，LAM 和 ENTR 被证明都可以有效识别不同故障严重程度的轴承振动信号，这是进行轴承全寿命退化跟踪研究的基础。另外，ENTR 本身通过香农熵的形式定义，与系统的复杂度直接相关，且文献[9]进一步表明动态系统复杂度的增加会导致递归图 45°线长度分布的变化，从而增大递归熵值。因此，考虑到递归熵参数具有更为明确的物理意义，可进一步选择递归熵特征作为非线性特征参数，对机械旋转部件整个寿命周期进行退化跟踪研究，具体方法将在 6.3 节中详细介绍。

6.3 基于卡尔曼滤波的机械退化跟踪

6.3.1 基于标准差的 RQA 阈值选取

6.2 节利用递归熵对于不同故障阶段的轴承进行了识别,在计算递归熵值的时候并没有考虑递归阈值 ε 的影响。然而,从式(6-2)中可以看出,递归阈值对于递归矩阵以及递归图和递归熵的计算有着重要的影响。如果 ε 相比 $\|X(i)-X(j)\|$ 选得过大,会使得几乎所有 R_{ij} 都等于 1,那么递归图中将被递归点充满;而如果 ε 相比 $\|X(i)-X(j)\|$ 选得过小,会使得几乎所有 R_{ij} 都等于 0,那么递归图中将一片空白,几乎没有递归点存在。以上两种情况都对于 RQA 的结果有着极为不利的影响,因此选择合适的递归阈值对于 RQA 方法本身十分重要。再者,之前的故障严重程度识别只是在几个离散的时间点对轴承信号进行分析处理,递归阈值的选择对结果的影响还较小,而机械部件的退化跟踪研究则是要求在部件整个寿命周期内对其振动信号进行实时跟踪并准确识别故障,因而对所提取的特征参数的稳定性和故障敏感性都提出了更高的要求,而这些都需要通过合理选取递归阈值来实现。因此,研究递归阈值的选取有着极为重要的意义。目前,现有的一些研究也讨论了递归阈值的选取方法。例如,最大相空间尺度[12]以及信号所含噪声的标准差[13]等均被研究用于选取递归阈值。虽然这些方法在某些 RQA 实验中十分有效,但是最大相空间尺度和递归点密度的计算量很大,难以满足退化跟踪研究实时性的要求。另外,实际应用当中很难确定信号所含噪声的大小,因此利用噪声标准差准确确定阈值也存在较大困难。因此,本节提出一种新的基于观测序列标准差的递归阈值选取方法改进了传统 RQA 算法。

从理论上说,时间序列的标准差 σ 反映了时间序列的波动程度,σ 越大,序列的波动也越大;相应地,由于重构相空间中的每个向量均是由观测序列中的每个元素构建而成,因此式(6-2)中 $\|\boldsymbol{X}(i)-\boldsymbol{X}(j)\|$ 也与原观测序列的波动情况相关,换句话说也与原观测序列的标准差 σ 相关。时间序列的标准差 σ 越大,则 $\|\boldsymbol{X}(i)-\boldsymbol{X}(j)\|$ 越大,需要选择的递归阈值 ε 也应该越大。因此,可以假设时间序列的标准差 σ 和递归阈值 ε 存在一种线性关系,只要通过计算标准差就可以相应确定递归阈值。在一个实际旋转部件退化跟踪实验中,对于每隔特定的时间间隔采集的振动信号观测序列,具体的递归阈值选取方法如下:对于第一次采集到的振动信号时间序列,计算其标准差 σ_1,并利用最大相空间尺度的 10%[12] 确定递归阈值 ε_1,从而确定比例系数 $k=\varepsilon_1/\sigma_1$;接下来,对于后续第 i 个采样序列,其递归阈值 ε_i 可以通过下式获得

$$\varepsilon_i=k\sigma_i \tag{6-9}$$

式中：ε_i为第 i 个观测序列的递归阈值；σ_i为第 i 个观测序列的标准差。

每一个观测序列获得递归阈值以后，其对应的递归熵特征就可以通过式(6-8)求得。由上述递归阈值选取方法的步骤可以看出，该方法将观测序列的标准差和递归阈值之间建立联系，根据不同观测序列的自身情况自适应地选取递归阈值，提高了 RQA 方法求取递归熵特征的稳定性；另外，求取递归阈值时，该方法只需要计算一次最大相空间尺度参数，计算量小，计算过程简单，而且使用方便，能够满足退化跟踪研究的实时性要求。

6.3.2　退化跟踪阈值选取

在利用观测序列的递归熵特征进行旋转部件的退化跟踪研究时，另一个需要研究的重要问题是退化跟踪健康阈值的设定。旋转部件在运行过程中，其性能会随着时间不断退化，在一个较长的时间内逐渐从健康状态进入故障退化状态。健康阈值就是指区别旋转部件的健康状态和故障退化状态的阈值参数，即识别部件出现初始故障时间的阈值参数。这里采用概率论当中的切比雪夫不等式来选取退化跟踪健康阈值。切比雪夫不等式的定义为

$$P\{|\boldsymbol{X}-\mu_h|\geqslant\varepsilon_h\}\leqslant\frac{\sigma_h^2}{\varepsilon_h^2}\quad 或\quad P\{|X-\mu_h|<\varepsilon_h\}>1-\frac{\sigma_h^2}{\varepsilon_h^2}\tag{6-10}$$

式中：$\boldsymbol{X}$ 为处于同一种状态下机械部件的递归熵序列；μ_h为序列 $\boldsymbol{X}$ 的均值；σ_h为序列 $\boldsymbol{X}$ 的标准差；ε_h为某个选定的实数。

切比雪夫不等式表明，对于任意概率分布的处于同种状态下的观测序列，序列当中所有的值均靠近序列均值，即序列当中所有的值处于区间$[\mu_h-\varepsilon_h,\mu_h+\varepsilon_h]$中的概率大于 $1-\sigma_h^2/\varepsilon_h^2$。该理论可以通过下列假设检验的方法说明：

$$H_0:|\boldsymbol{X}-\mu_h|<\varepsilon_h \mathrm{H}_1:|\boldsymbol{X}-\mu_h|\geqslant\varepsilon_h\tag{6-11}$$

对于任意一个健康状态下机械部件的递归熵值 X_0，如果$|X_0-\mu_h|\geqslant\varepsilon_h$，则拒绝 H_0假设，并错误地判断 X_0属于故障状态下机械部件的递归熵值。从统计学来说，这种误诊的情况称为犯了第一类错误，而根据式(6-10)，此时犯第一类错误的概率 $\alpha=\sigma_h^2/\varepsilon_h^2$。反之，对于任意一个故障状态下机械部件的递归熵值 X_1，如果$|X_1-\mu_h|<\varepsilon_h$，则接受 H_0假设，并错误地判断 X_1属于健康状态下机械部件的递归熵值。这种误诊的情况称为犯了第二类错误，而此时犯第二类错误的概率 β。如果 α 过大，健康状态下的机械部件递归熵值很容易被误判为属于故障状态，而如果 β 过大，故障状态下的机械部件递归熵值很容易被误判为属于健康状态。根据假设检验理论，采样序列确定以后，犯这两类错误的概率是相互制约的，α 越小，则 β 越大；反之，α 越大，则 β 越小。实际应用当中，往往首先控制犯第一类错误的概率，然后尽量减小犯第二类错误的概率。这里是利用切比雪夫不等式确定区别旋转部

件的健康状态和故障退化状态的健康阈值,也是首先要控制将健康状态递归熵值误判为故障状态的第一类错误的概率。因此,选择 $\varepsilon_h=5\sigma_h$,即 $\alpha=4\%$,退化跟踪健康阈值被设定为 $\mu_h+5\sigma_h$。这意味着健康状态下的机械部件递归熵值会落在 $[\mu_h-5\sigma_h,\mu_h+5\sigma_h]$ 的区间内,置信概率为 96%,而健康状态下的机械部件递归熵值大于 $\mu_h+5\sigma_h$ 的概率低于 4%。换句话说,一旦某个机械部件的递归熵值超过了健康阈值 $\mu_h+5\sigma_h$,就可以认为此时的机械部件已经处于初始故障状态,置信概率为 96%。实际研究当中,机械旋转部件全寿命周期实验开始时部件一般处于健康状态,因此可以采用这时健康数据的递归熵值构成健康递归熵值序列,计算其均值、标准差,并利用上述方法构建退化跟踪健康阈值。

6.3.3 基于改进 RQA 的退化跟踪算法

上述提出的基于标准差阈值选取的改进 RQA 算法以及基于切比雪夫不等式的健康阈值选取方法,可以对机械旋转部件的全寿命周期进行退化跟踪研究。退化跟踪算法流程图如图 6-8 所示。

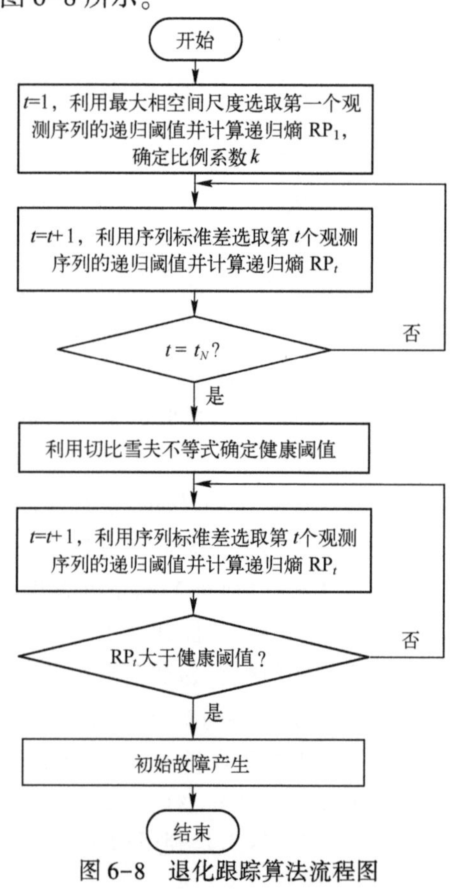

图 6-8 退化跟踪算法流程图

具体算法步骤总结如下：首先，对于 $t=1$ 时刻的观测序列，利用最大相空间尺度参数计算递归阈值并求出递归熵 RP_1，同时求出标准差与递归阈值间的比例系数 k；对于后续的每一个观测序列，均求出递归阈值并计算递归熵 RP_t；根据切比雪夫公式，利用前 t_N 个递归熵值构成的递归熵序列求出退化健康阈值；之后每计算出一个递归熵 RP_t，均与健康阈值相比较，若小于健康阈值，说明部件仍处于健康状态，重复上述步骤继续跟踪；一旦递归熵值大于健康阈值，说明初始故障产生。

6.3.4　基于卡尔曼滤波的初始故障预测

上述退化跟踪过程是在提取的递归熵特征大于健康阈值的情况下，得出初始故障出现时间，并没有对初始故障出现时间提前进行预测。卡尔曼滤波[14]是一种最优递归预测算法，可以根据动态系统含噪声的测量值预测系统未来的状态。本节采用卡尔曼滤波(kalman filter)算法对于机械旋转部件在退化跟踪过程中的初始故障出现时间进行预测。

一个动态系统可以用如下动态方程描述：

$$\begin{cases} \boldsymbol{X}_{k+1}=\boldsymbol{A}\boldsymbol{X}_k+\boldsymbol{w}_k \\ y_k=\boldsymbol{C}\boldsymbol{X}_k+v_k \end{cases} \tag{6-12}$$

式中：$\boldsymbol{X}_k$ 为系统 k 时刻的状态；$\boldsymbol{y}_k$ 为系统 k 时刻的观测值；$\boldsymbol{A}$ 为转移矩阵，$\boldsymbol{C}$ 为测量矩阵；$\boldsymbol{w}_k$ 为过程噪声，$\boldsymbol{w}_k \sim N(0,\boldsymbol{Q})$，$\boldsymbol{Q}$ 为协方差矩阵；v_k 为测量噪声，$v_k \sim N(0,\boldsymbol{R})$，$\boldsymbol{R}$ 为协方差矩阵。

假设当前时刻为 k，使用卡尔曼滤波算法预测系统 $k+1$ 时刻状态的步骤如下式所示：

$$\text{初始预测：}\boldsymbol{X}_{k+1|k}=\boldsymbol{A}\boldsymbol{X}_{k|k} \tag{6-13}$$

$$\text{协方差预测：}\boldsymbol{P}_{k+1|k}=\boldsymbol{A}\boldsymbol{P}_{k|k}\boldsymbol{A}^{\mathrm{T}}+\boldsymbol{Q} \tag{6-14}$$

$$\text{卡尔曼增益矩阵计算：}\boldsymbol{K}_{k+1}=\boldsymbol{P}_{k+1|k}\boldsymbol{C}^{\mathrm{T}}\,(\boldsymbol{C}\boldsymbol{P}_{k+1|k}\boldsymbol{C}'+\boldsymbol{R})^{-1} \tag{6-15}$$

$$\text{最优状态预测：}\boldsymbol{X}_{k+1|k+1}=\boldsymbol{X}_{k+1|k}+\boldsymbol{K}_{k+1}(\boldsymbol{y}_k-\boldsymbol{C}\boldsymbol{X}_{k+1|k}) \tag{6-16}$$

$$\text{协方差更新：}\boldsymbol{P}_{k+1|k+1}=\boldsymbol{P}_{k+1|k}-\boldsymbol{K}_{k+1}\boldsymbol{C}\boldsymbol{P}_{k+1|k} \tag{6-17}$$

式中：$\boldsymbol{X}_{k|k}$ 为系统 k 时刻的最优状态；$\boldsymbol{X}_{k+1|k}$ 为系统 $k+1$ 时刻的初始估计状态；$\boldsymbol{X}_{k+1|k+1}$ 为系统 $k+1$ 时刻的最优估计状态；$\boldsymbol{P}_{k|k}$ 为系统 k 时刻的协方差矩阵；$\boldsymbol{P}_{k+1|k+1}$ 为系统 $k+1$ 时刻的协方差矩阵。

完成一步预测以后，将 $k+1$ 时刻作为当前时刻，重复式(6-13)～式(6-17)的步骤，继续预测接下来时刻的系统最优估计状态。从上述预测步骤当中可以看出，卡尔曼滤波是一种高速的递归算法，在每一步迭代过程中只需要使用当前时刻的系统状态、测量值以及协方差矩阵就可以预测得到下一时刻的系统状态。另外，卡尔曼滤波算法充分利用了包含测量值、测量误差、系统噪声等许多系统信息，来预测系统未来的最优估计状态。

但是,要使用卡尔曼滤波进行预测,首先需要得到一个形如式(6-12)的系统动态方程并确定其中的参数,包括$\boldsymbol{A}$、$\boldsymbol{C}$、$\boldsymbol{w}_k$以及$\boldsymbol{v}_k$。这个动态方程需要能够很好地描述系统状态,并且构建简单,满足在线预测的实时性要求。自回归模型(AR model)具备结构简单、构建方便的特点,同时理论证明高阶的自回归模型可以达到与自回归滑动平均(ARMA)模型相似的精度。因此,自回归模型可以满足在线预测的要求,这里的卡尔曼滤波算法采用自回归模型构建系统的动态方程:

$$\boldsymbol{X}_t = \sum_{j=1}^{p} a_j \boldsymbol{X}_{t-j} + \varepsilon_t \tag{6-18}$$

式中:a_j为模型参数;p 为模型阶数;ε_t为模型误差。

自回归模型表明系统当前时刻的状态 $\boldsymbol{X}_t$可以通过之前 p 个时刻的状态 $\boldsymbol{X}_{t-1},\cdots,\boldsymbol{X}_{t-p}$和模型误差累加得到。其中,模型阶数$p$ 可以利用 AIC(akaike information criterion)求得[15],模型参数 a_j可以利用 Burg 算法求得[16]。实际应用当中,对于给定需要建模的时间序列建立不同阶数的 AR 模型,并对每个模型计算对应的 AIC 值。对应最小 AIC 值的那个 AR 模型为最适合该时间序列的模型。基于 AR 模型 6-18,动态方程式(6-12)的各个参数可以被确定为

$$\boldsymbol{X}_k = \begin{bmatrix} x_k \\ x_{k-1} \\ \vdots \\ x_{k-p+1} \end{bmatrix}^{p*1} \quad \boldsymbol{A} = \begin{bmatrix} a_1 & a_2 & \cdots & a_p \\ 1 & & & \\ & \ddots & & \\ & & 1 & 0 \end{bmatrix}^{p*p} \quad \boldsymbol{C} = [1 \quad 0 \quad \cdots \quad 0]^{1*p} \quad \boldsymbol{w}_k = \begin{bmatrix} \varepsilon_k \\ 0 \\ \vdots \\ 0 \end{bmatrix}^{p*1} \tag{6-19}$$

其中,过程噪声 $\boldsymbol{w}_k$可以通过 AR 模型的模型误差 ε_t确定;而对于测量噪声 v_k,现有许多卡尔曼滤波的研究多直接采用传感器的测量精度确定,但这里该方法并不合适。由于系统的状态通过 RQA 算法求得的递归熵特征给出,因此 AR 建模的对象并非传感器测得的原始信号,而是 RQA 算法求得的递归熵特征,所以测量噪声 v_k应该由递归熵的计算过程来确定。这里采用平均误差方法确定测量噪声,具体步骤如下:对于一个 t 时刻观测序列 $\boldsymbol{x}_1(t)$,将其平均分为 n 个相等的短序列 $\{\boldsymbol{x}_1(t_1),\cdots,\boldsymbol{x}_1(t_n)\}$,并分别计算每个短序列的递归熵值 $\mathrm{RP}_1\cdots\ \mathrm{RP}_n$;这些递归熵值的平均值就被作为时间序列 $\boldsymbol{x}_1(t)$的递归熵特征,而这些递归熵值的标准差 s_1则被当做是该递归熵特征的测量误差;接着,如果采用 N 个递归熵特征点进行 AR 建模,测量噪声 v_k可以通过这些递归熵特征的标准差 s_1到 s_N来确定:

$$v_k = \frac{1}{N}\sum_{i=1}^{N} s_i \tag{6-20}$$

根据上述提出的卡尔曼滤波算法,并结合前面的机械旋转部件退化跟踪方法,

可以在对机械旋转部件全寿命周期进行退化跟踪的同时，对于部件出现初始故障的时间进行预测。具体预测算法的流程图如图6-9所示。

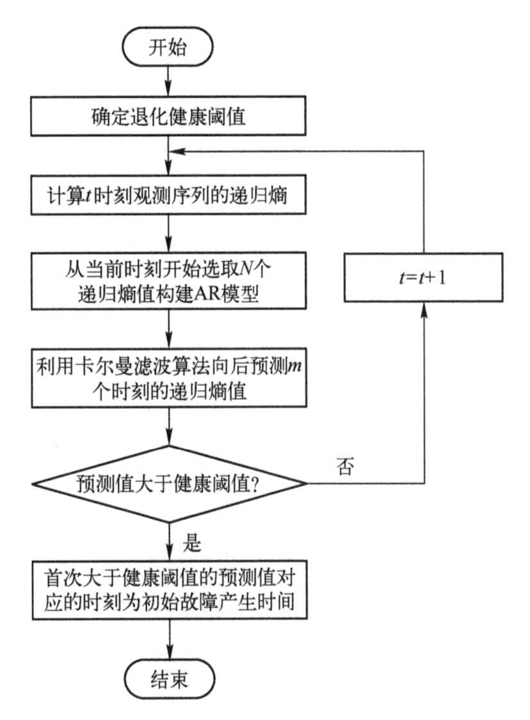

图6-9　基于卡尔曼滤波的初始故障预测算法流程图

具体算法步骤介绍如下：

(1) 首先根据6.3.3节提出的退化跟踪算法计算每个时刻的递归熵值和退化健康阈值。

(2) 在t时刻，选取时间段$\{t-n+1,t-n+2,\cdots,t\}$上的n个递归熵值构建AR模型，并采用卡尔曼滤波方法向后预测$\{t+1,t+2,\cdots,t+m\}$时间段上的m个递归熵值。

(3) 如果$t+l(l\leqslant m)$时刻的递归熵值大于退化健康阈值，则认为部件的初始故障将发生在$t+l$时刻；否则，继续计算下一时刻的递归熵值，获得时间段$\{t-n+2,t-n+3,\cdots,t,t+1\}$上的$n$个递归熵值，重复步骤(2)，直到有预测值大于健康阈值为止。

为了验证基于改进RQA方法的机械旋转部件退化跟踪算法和基于卡尔曼滤波的机械旋转部件初始故障预测算法的有效性，将这些算法应用于实际轴承的退化实验数据。该实验数据由NSF I/UCR中心提供[17]。该轴承测试系统如图6-10(a)所示，具体的系统结构图如图6-10(b)所示。该系统转速为2000r/min，共6000磅

(2721.55kg)的径向载荷通过弹簧系统加载在轴承上。该测试系统的测试轴上共安装4个双列深沟球轴承,型号为ZA2115,每列16个转子,节圆直径为2.815英寸(7.15cm),滚子直径为0.331英寸,接触角为15.17°。所有轴承都通过一个可以调节油温和流量的油循环系统进行润滑,并通过一个安装在反馈油管道的电磁铁从油中采集磨损颗粒作为轴承损坏的标志。当附着在电磁铁上的颗粒量大于一定的阈值时,认为测试轴承已损坏,此时电子开关关上,实验停止。型号为PCB 353B33的高灵敏度加速度传感器被安装在每个测试轴承座上,四个热电偶被安装在轴承外圈用于测量轴承的工作温度。通过NI公司的DAQCarde-6062E采集轴承振动数据,并利用LABVIEW软件处理采集到的轴承振动信号,采样频率为20kHz。

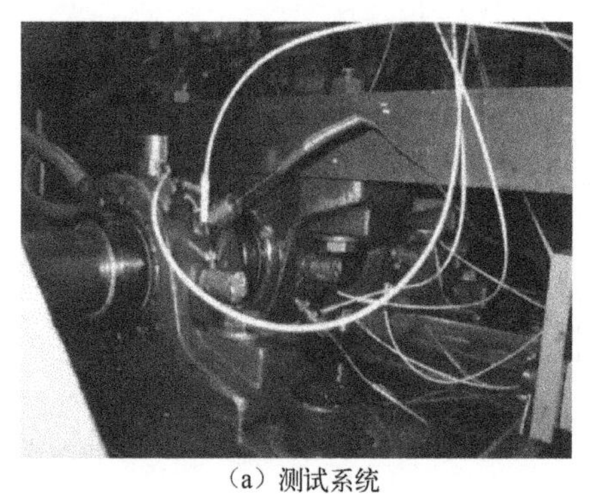

(a)测试系统　　(b)系统结构

图6-10　轴承退化实验系统[18]

实验当中轴承振动信号每隔10min采集一次,每次采集20480个数据点。本次实验从2003年10月29日14点39分开始,至2003年11月25日23点39分结束,共采集2000个数据文件。实验最后,轴承3出现内圈故障,如图6-11所示。因此,本实验采用轴承3的2000个数据文件进行分析处理。

图6-11　轴承3故障实物图[17]

首先,利用第一个数据文件按照式(6-9)确定比例系数 k 为 8,之后所有的数据文件利用改进 RQA 方法进行处理。以第二个数据文件为例。先利用互信息法和虚假邻近点法求出最优延迟时间 $\tau=2$、最优嵌入维数 $m=5$,并根据这两个参数重构第二个数据文件的相空间;接着,利用基于标准差的阈值选择方法求得第二个文件数据的递归阈值为 0.88($\varepsilon=k\sigma=8\times0.11$),并构建递归图。图 6-12 给出了第二个数据文件前 1024 个数据点的波形图和递归图。通过递归图,进一步计算递归熵特征。这里需要说明的是,每一个数据文件均被平均分为 20 个相等的数据段,每一段分别计算递归熵值,这些递归熵值的平均值作为该数据文件的递归熵特征值,而这些递归熵值的标准差则标记为 $s_1\cdots s_N$为之后的状态方程构建做准备。由于本实验共有 2000 个数据文件,因此共计算出 2000 个递归熵特征值,并以此画出轴承的退化跟踪曲线,如图 6-13 所示。一般来说,轴承在退化实验过程中的前 1/4 的时间区域处于健康状态。因此,本研究采用前 500 个数据文件的递归熵特征值来计算轴承的退化跟踪健康阈值。基于切比雪夫不等式,健康阈值被设定为 1.6046,健康阈值线同样画在图 6-13 中。从图中可以看出,轴承的递归熵特征在第 1833 点处首次超过健康阈值,因此点 1833 被认为是轴承初始故障出现的时间。以上是利用基于标准差的递归阈值选择方法改进了传统 RQA 方法,并作出的退化跟踪曲线。为了进行比较,本实验又利用传统 RQA 方法,采用最大相空间尺度确定递归阈值,并计算出递归熵对于轴承进行退化跟踪实验,结果如图 6-15 所示。从图中可以看出,该退化曲线波动很大,而且初始故障出现在第 1984 点处,相比利用改进 RQA 方法得出的初始故障时间晚了 111 个点。另外,考虑到峭度参数对于机械部件初始故障的敏感性以及均方根参数在退化跟踪方面的广泛应用性[17],这里同样对各个数据文件计算了这两个特征参数,并作出了相应的轴承退化跟踪曲线,健康阈值也采用相同的方法被确定为 4.0649 以及 0.5079,如图 6-14 和图 6-16 所示。从图 6-14 中可以看出,峭度特征在第 800 点处就超过了设定的健康阈值,这就意味着在线监测当中会将第 800 点误认为轴承的初始故障出现时间;另外,该退化曲线在轴承真正的退化阶段(1800 点左右)有非常大的波动,这对后面的故障预测是极为不利的。相似地,从图 6-16 可以看出,尽管均方根特征得到的退化曲线比峭度特征稳定很多,但是在 1271 点和 1764 点附近均方根特征提前超出了健康阈值,同样会带来初始故障出现时间的误判。这些对比实验的比较结果说明,由递归熵特征构建的轴承退化跟踪曲线相比由峭度和均方根特征构建的退化曲线,可以更加清晰地描述轴承的退化过程,并且给出更为准确的故障阈值,减小初始故障出现时间误判的可能性。另外,通过基于标准差的阈值选择方法改进的 RQA 方法可以提取更加准确、稳定的递归熵特征,提升了传统 RQA 方法对轴承退化跟踪的有效性。

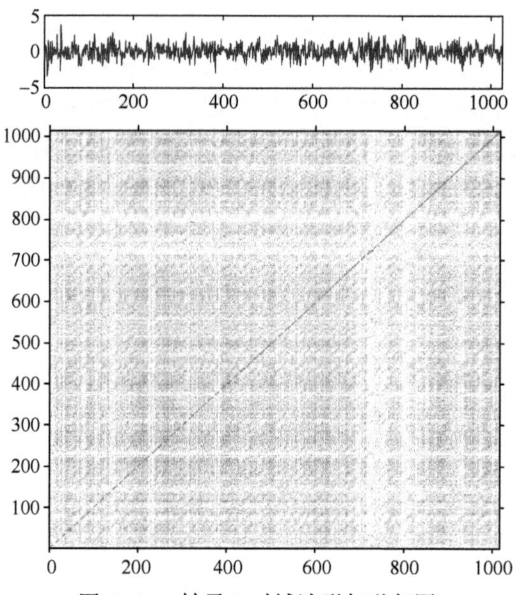

图 6-12　轴承 3 时域波形与递归图

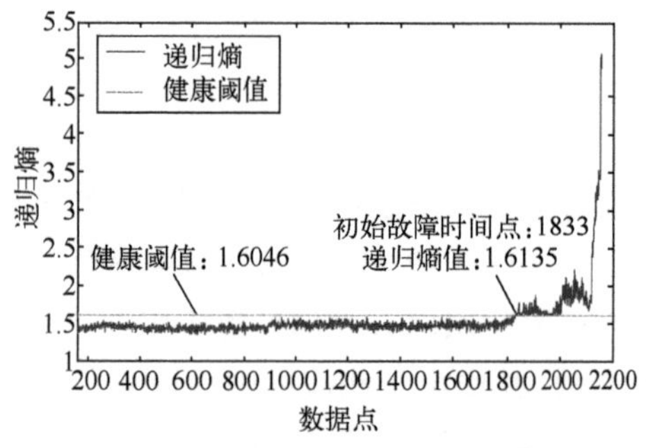

图 6-13　基于改进 RQA 方法的轴承 3 退化跟踪曲线

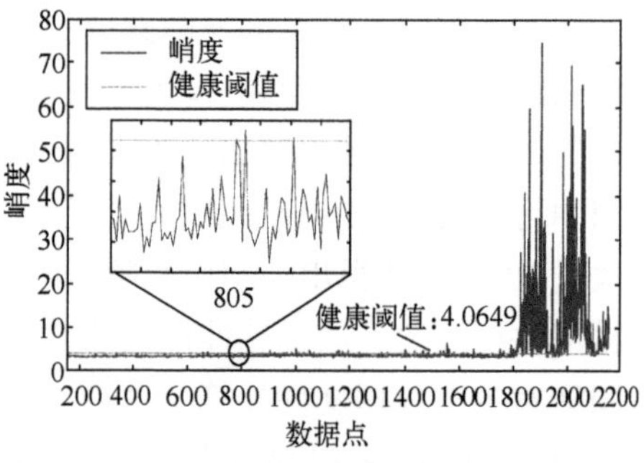

图 6-14　基于峭度的轴承 3 退化跟踪曲线

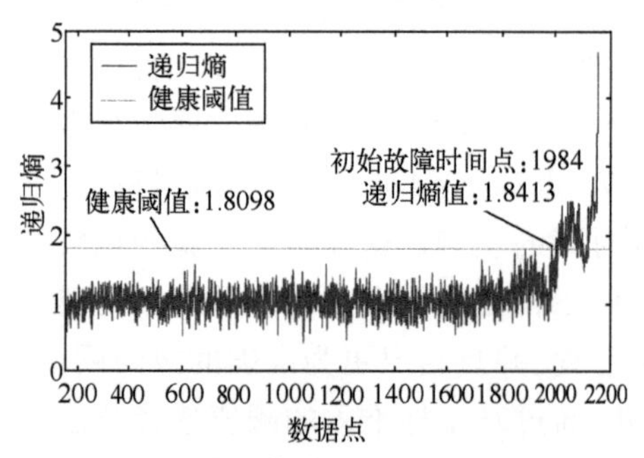

图 6-15　基于传统 RQA 方法的轴承 3 退化跟踪曲线

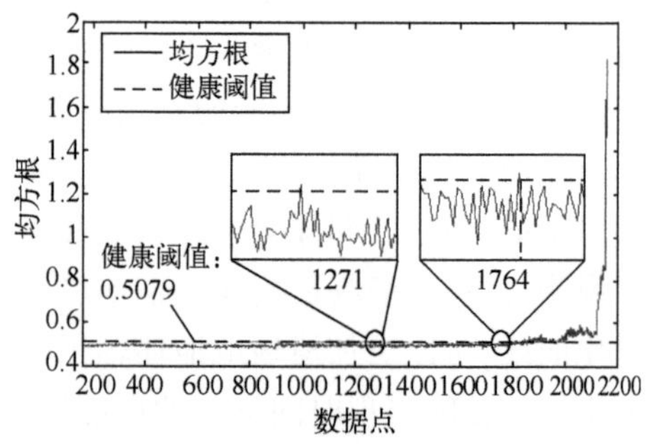

图 6-16　基于均方根的轴承 3 退化跟踪曲线

然后,根据上述提取的递归熵特征及退化跟踪结果,可以使用基于卡尔曼滤波的预测方法对轴承的初始故障出现时间提前进行预测。本实验采用 60 个递归熵值($n=60$)构建自回归模型(AR 模型)。以 AR 模型作为状态方程,每次使用卡尔曼滤波算法向后预测 6 个时间单位($m=6$,共 60min,1h),直到递归熵值超过健康阈值为止。特别地,动态方程中的测量噪声参数 v_k采用式(6-20)给出的平均误差方法确定,本实验测量噪声的标准差为 0.1。最终的预测结果如图 6-17 所示。当采用 1769~1828 点这 60 个递归熵特征点建立 AR 模型(模型阶数通过 AIC 准则被选为 15 阶)时,第 5 个预测点首次超过健康阈值,即第 1833 点被预测为轴承初始故障出现的时间。这个预测结果和实际退化跟踪结果是相同的。作为比较,AR 模型和 ARMA 模型这两个常用的时间序列预测模型同样被用来预测轴承的初始故障出现时间,结果如图 6-18 和图 6-19 所示。通过图 6-19 可以看出,AR 模型的预测结果不能很好地跟踪真实递归熵值的变化趋势,并且当采用 1770~1829 点这 60 个递归熵特征构建 AR 模型时,第六个预测点首次超过健康阈值,因此第 1835 点被预测为初始故障出现时间。该预测结果存在两个点(20min)的预测延迟误差。通过图 6-18 可以看出,当采用 1769~1828 点这 60 个递归熵特征构建 ARMA 模型时,第六个预测点首次超过健康阈值,因此第 1834 点被预测为初始故障出现时间。尽管 ARMA 模型提升了预测的精度,但该预测结果仍然存在一个点(10min)的预测延迟误差。该误差可以被解释为 AR 模型和 ARMA 模型均不含任何反馈的环节,其预测结果完全依赖于邻近数据的发展趋势。而卡尔曼滤波算法则能够充分利用系统的各种信息并且每一步预测均包含误差反馈的环节,因此能够提升预测的准确性。除了时间序列预测模型以外,神经网络也是常用的预测方法,因此本实验采用反向传播(BP)神经网络来预测轴承的初始故障时间点。这里采用同样的数据段(1769~1828 点)作为神经网络的训练数据,预测结果如图 6-20 所示。从图中可以看出,预测曲线可以跟踪实际递归熵值的发展趋势,但是点 1832 被预测

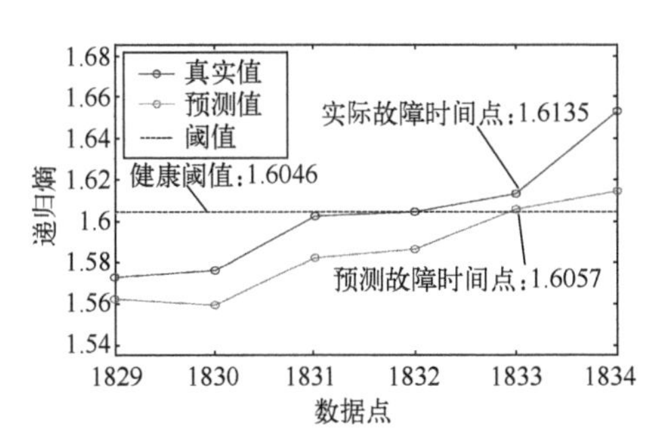

图 6-17　基于卡尔曼滤波的轴承 3 故障预测结果

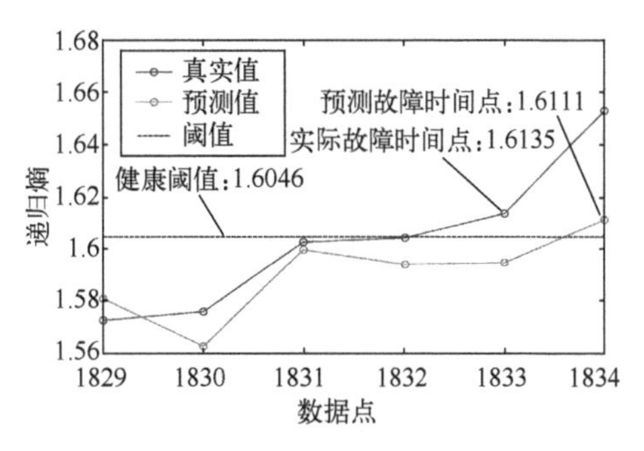

图 6-18　基于 ARMA 模型的轴承 3 故障预测结果

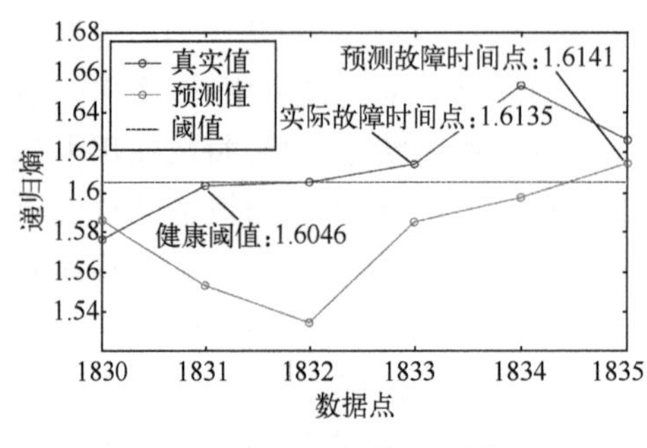

图 6-19　基于 AR 模型的轴承 3 故障预测结果

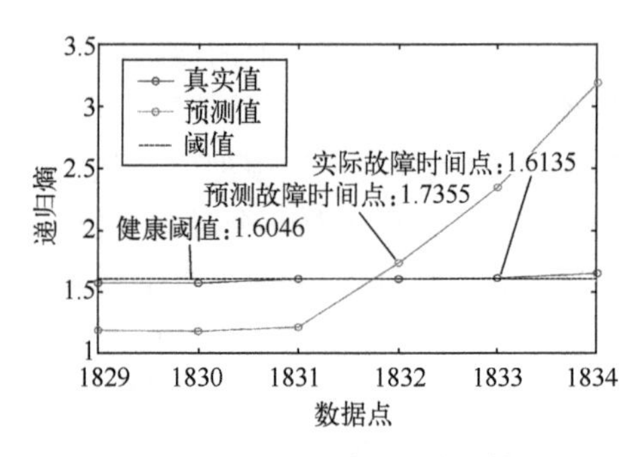

图 6-20　基于 BP 神经网络的轴承 3 故障预测结果

为初始故障出现时间,存在 1 个点(10min)的预测误差。该误差可以被解释为神经网络在使用时需要大量充足的数据训练来保证预测模型的准确性,而在本实验的在线预测当中,训练数据量相对不足。

6.4　基于粒子滤波的机械故障预测

机械部件的故障预测主要分为:初始故障时间点预测以及剩余使用寿命预测。初始故障时间点预测是在机械部件健康时对其工作状态不断跟踪,并根据其退化的情况预测出现轻微初始故障的时间点,而此时部件并未严重损坏,在较长的一段时间内还可以继续工作;而剩余使用寿命预测则是从部件出现初始故障以后,跟踪其故障发展趋势,预测部件的剩余使用寿命,即部件从当前状态退化至完全损坏无法继续工作的时间。6.3 节在使用非线性特征对机械旋转部件退化跟踪的基础上,主要对其初始故障出现时间提前进行了预测,但并没有给出剩余使用寿命的预测方法。机械部件处于健康状态时特征参数稳定,只有在非常靠近初始故障时间点时特征参数才会出现较为显著的变化,因此初始故障时间点预测一般以短期预测为主;而机械部件出现初始故障之后,还要经历一个较长的故障退化状态才会出现严重故障,导致部件无法继续工作,因此剩余使用寿命预测是一个长期预测的过程,这对预测模型的稳定性、准确性提出了更高的要求。

基于贝叶斯估计的数据驱动预测模型为动态系统长时间预测提供了一种严谨的数学解决框架[19]。基于贝叶斯估计理论,当前的系统状态可以由上一时刻的系统状态估计得到,而当前状态的估计值可以进一步通过当前系统的量测数据进行贝叶斯更新,从而得到最优估计状态。通过这样一个不断递归的估计过程,就可以完成多步长时间的预测。在 6.3 节中应用的卡尔曼滤波算法就是贝叶斯估计方法的一种线性近似,可以解决在线性高斯空间内系统的最优后验状态估计问题;对于非线性估计问题,扩展卡尔曼滤波算法得到了广泛应用[20],但扩展卡尔曼滤波算法仅利用了非线性函数泰勒展开式的一阶偏导项而忽略了高阶项,常常导致状态后验分布估计误差较大,因此扩展卡尔曼滤波算法往往只对具有微弱非线性特征的系统较为有效,无法处理具有严重非线性的信号。而粒子滤波算法则很好地解决了非线性系统状态预测的问题。粒子滤波算法是基于蒙特卡罗积分和递推贝叶斯估计的一种算法,其基本思想为:首先依据系统经验分布在状态空间产生一组随机样本集合,称为粒子;根据量测数据不断更新粒子及其权重,利用更新后的粒子近似系统状态的后验概率密度分布[21]。目前,粒子滤波算法在剩余使用寿命预测方面的研究主要包括齿轮箱的剩余使用寿命预测[22]、轴承的剩余使用寿命预测[23]等。然而,粒子滤波算法依然存在着粒子退化、粒子多样性丧失等问题,需要进一步深入研究。针对这些问题,本节提出自适应重要性密度函数选择算法、基于神经网络的粒子平滑算法用于改善粒子退化及多样性丧失的问题,并由此提出增强型粒子滤波算法,将其应用于机械旋转部件的剩余使用寿命预测研究。

6.4.1　传统粒子滤波算法

对于任意一个动态系统,其动态方程可以表示为

$$\begin{cases} x_k = f(x_{k-1}) + \omega_{k-1} \\ z_k = h(x_k) + v_k \end{cases} \tag{6-21}$$

式中:x_k为系统 k 时刻的状态;z_k为系统 k 时刻的观测值;ω_{k-1}为系统 $k-1$ 时刻的过程噪声;v_k为系统 k 时刻测量噪声;$f(\cdot)$为过程函数;$h(\cdot)$为量测函数。

给定动态方程式(6-21)以后,贝叶斯估计可以被用来预测系统的最优后验状态分布 $p(x_{0:k} | z_{1:k})$。贝叶斯估计的推理过程可以被分为预测和更新两个步骤,分别如下式所示:

$$p(x_{0:k} | z_{1:k-1}) = \int p(x_k | x_{k-1}) p(x_{0:k-1} | z_{1:k-1}) \mathrm{d}x_{0:k-1} \tag{6-22}$$

$$\begin{aligned} p(x_{0:k} | z_{1:k}) &= \frac{p(x_{0:k} | z_{1:k-1}) p(z_k | x_k)}{p(z_k | z_{1:k-1})} \\ &= \frac{p(z_k | x_k) p(x_k | x_{k-1}) p(x_{0:k-1} | z_{1:k-1})}{p(z_k | z_{1:k-1})} \\ &\propto p(z_k | x_k) p(x_k | x_{k-1}) p(x_{0:k-1} | z_{1:k-1}) \end{aligned} \tag{6-23}$$

式中:$p(x_{0:k} | z_{1:k-1})$为系统 k 时刻预测概率密度分布;$p(x_{0:k} | z_{1:k})$ 为系统 k 时刻后验概率密度分布;$p(x_k | x_{k-1})$为状态转移概率模型;$p(z_k | x_k)$为似然函数;$p(z_k | z_{k-1})$为归一化因子,$p(z_k | z_{1:k-1}) = \int p(x_{0:k} | z_{1:k-1}) p(z_k | x_k) \mathrm{d}x$;$\propto$为正相关符号。

预测步骤是针对 $1:k-1$ 时刻的所有量测值,利用系统模型计算得到 k 时刻

的预测概率密度函数，接着更新步骤利用最新的量测值对预测概率密度函数进行修正得出 k 时刻的后验概率密度函数。式(6-22)和式(6-23)是贝叶斯估计的基础。

一般来说，对于现实中的非线性非高斯系统，式(6-22)和式(6-23)的最优解很难通过完整的解析式给出。而粒子滤波方法能够通过蒙特卡罗方法求解贝叶斯估计中的积分运算，从而给出贝叶斯估计的近似最优解[21]。首先，对于 k 时刻系统的一系列随机样本(粒子) $x_k^i(i=1,2,\cdots,N)$，其对应权值为 $w_k^i(i=1,2,\cdots,N)$，此时 k 时刻系统状态的后验概率密度函数可以通过这些粒子近似为[24]

$$p(x_k \mid z_{1:k}) \approx \sum_{i=1}^{N} w_k^i \delta(x_k - x_k^i) \tag{6-24}$$

式中：N 为粒子数；$\delta(\cdot)$ 为狄拉克函数，即冲击函数。

这里，这些权值可以通过重要性采样理论确定[21]。该理论当中，引入重要性密度函数 $q(x_{0:k} \mid z_{1:k})$ 来确定重要性权值为

$$w_k^i \propto \frac{p(x_{0:k}^i \mid z_{1:k})}{q(x_{0:k}^i \mid z_{1:k})} \tag{6-25}$$

设 $q(x_{0:k} \mid z_{1:k})$ 可以被进一步分解为

$$q(x_{0:k} \mid z_{1:k}) = q(x_k \mid x_{0:k-1}, z_{1:k})\, q(x_{0:k-1} \mid z_{1:k-1}) \tag{6-26}$$

那么，将式(6-23)和式(6-26)代入式(6-25)，可得

$$\begin{aligned} w_k^i &\propto \frac{p(x_{0:k}^i \mid z_{1:k})}{q(x_{0:k}^i \mid z_{1:k})} = \frac{p(z_k \mid x_k^i)\, p(x_k^i \mid x_{k-1}^i)\, p(x_{0:k-1}^i \mid z_{1:k-1})}{q(x_k^i \mid x_{0:k-1}, z_{1:k})\, q(x_{0:k-1}^i \mid z_{1:k-1})} \\ &= w_{k-1}^i \frac{p(z_k \mid x_k^i)\, p(x_k^i \mid x_{k-1}^i)}{q(x_k^i \mid x_{0:k-1}^i, z_{1:k})} \\ &= w_{k-1}^i \frac{p(z_k \mid x_k^i)\, p(x_k^i \mid x_{k-1}^i)}{q(x_k^i \mid x_{k-1}^i, z_k)} \end{aligned} \tag{6-27}$$

从式(6-27)中可以看出，重要性密度函数的确定是计算重要性权值的核心环节。Gordon 等提出采用先验状态转移概率密度函数作为重要性密度函数来计算权值[21]，即令 $q(x_k^i \mid x_{k-1}^i, z_k) = p(x_k^i \mid x_{k-1}^i)$。此时，式(6-27)被简化为

$$w_k^i \propto w_{k-1}^i p(z_k \mid x_k^i) \tag{6-28}$$

即当前时刻的权值可以由上一时刻的权值及似然函数求得。接下来，利用式(6-29)对权值进行标准化处理并利用式(6-21)中的测量方程求得似然函数，则权值函数的表达式可进一步由式(6-30)给出：

$$w_k^i \approx w_k^i / \sum_{i=1}^{N} w_k^i \tag{6-29}$$

$$w_k^i \approx w_{k-1}^i p(z_k \mid x_k^i) \approx w_{k-1}^i p_{v_k}(z_k - h(x_k^i)) \tag{6-30}$$

式中：$p_{v_k}(\cdot)$为测量噪声 v_k的概率密度函数。

最后，系统当前时刻的最优状态 x_k的估计值为

$$\hat{x}_k \approx \sum_{i=1}^{N} w_k^i x_k^i \tag{6-31}$$

传统粒子滤波算法最大的问题是粒子退化问题，也就是说经过几步的迭代以后，粒子的权重集中到 1 个或者少数几个粒子上，而其他的粒子权值几乎为零，这样一来大量的计算工作会被浪费在更新那些对概率密度函数贡献很小的粒子上，导致最终求得的粒子集无法反映真实系统状态的后验概率密度函数。需要注意的是，上述传统粒子滤波算法当中引入了重采样算法，可以去除权值较小的粒子，另外选择合适的重要性密度函数也可以优化权值的分布，这两种方法都是解决粒子退化问题的有效手段。下面将从这两个方面入手，详细介绍现有重要性密度函数选择及重采样算法的不足，并提出改进算法。

粒子滤波算法当中的重要性密度函数与粒子权值的计算以及粒子的更新过程息息相关。传统的粒子滤波算法为了简化计算过程，采用先验状态转移概率密度函数作为重要性密度函数，当前很多应用粒子滤波的研究当中也都采用了这样的重要性密度函数选取方式[24]。然而，这样的选择方法是将系统状态的先验概率密度作为后验概率密度的近似，没有考虑当前的量测值，导致从重要性概率密度函数（即先验概率密度函数）中重采样取得的样本与真实后验概率密度函数重采样的样本有较大偏差，尤其当似然函数位于系统先验状态转移概率密度函数尾部时，这种偏差就更加明显[19]。在现有的研究当中，不少学者对于重要性密度函数的选择方法进行了讨论和研究。例如，Yoon 利用高斯混合模型结合无味序贯蒙特卡罗概率假设密度滤波器改进了传统重要性密度函数选择方法[25]，Li 则结合了小波和灰色模型提出了一种新的重要性权值计算方法[26]。以上这些研究均引入了其他算法来辅助选择重要性密度函数，虽然取得了较好的实验效果，但同时也提升了算法的复杂度，增加了计算量。因此，与以上方法不同，这里给出一种基于自身粒子分布更新的自适应重要性密度函数选择方法。

从本质上说，粒子滤波算法是通过不断更新的粒子群来拟合系统状态的后验概率密度分布，而重要性密度函数则密切影响着粒子的更新过程，因此可以考虑采用当前时刻更新后的粒子群分布情况作为当前时刻的重要性密度函数，来指导下一时刻粒子的权值计算和更新。利用这样的重要性密度函数选择方法，在每一次预测步骤当中重要性密度函数都由前一预测步骤中的粒子分布进行更新，这样一来重要性密度函数不仅可以保留上一时刻的系统状态先验信息，还可以通过不断地实时更新来逼近系统状态的后验概率密度分布。下面结合传统粒子滤波算法，进一步详细介绍自适应重要性密度函数选择方法的流程（图 6-21）：

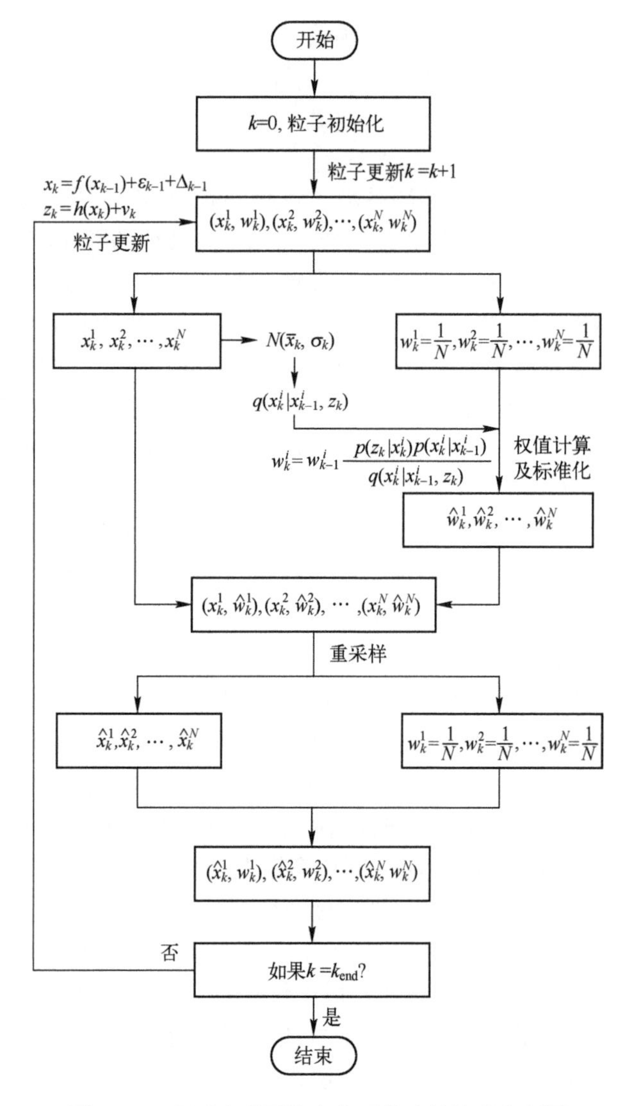

图 6-21　自适应重要性密度函数选择算法流程图

（1）粒子初始化：在 $k=0$ 时刻，由系统先验分布产生粒子群 $\{x_0^i(i=1,2,\cdots,N)\}$，计算此时粒子群的方差 σ_0，为下一时刻的迭代运算做好准备。

（2）粒子更新：在 $k>0$ 时刻，式(6-21)当中的过程噪声由 $\omega_{k-1}=\varepsilon+\Delta_{k-1}$ 确定，其中 $\Delta_{k-1}\sim N(0,\sigma_{k-1})$，$\varepsilon$ 为状态方程误差，N 为正态分布概率密度函数；通过式(6-21)对上一时刻的粒子进行更新，得到新的粒子群 $\{x_k^i(i=1,2,\cdots,N)\}$，计算更新后粒子群的均值 $\bar{x}_k$ 和方差 σ_k。由于很多分布都可以由正态分布来近似，因此本研究采用均值和方差构成的正态分布概率密度函数 $N(\bar{x}_k,\sigma_k)$ 来近似此时粒子群的概率密度函数。

（3）粒子权值计算：利用当前时刻粒子群的概率密度函数来确定重要性密度函数 $q(x_k^i \mid x_{k-1}^i,z_k)=N(\bar{x}_k,\sigma_k)$，那么每一个粒子的权值可以通过下式计算得到：

$$\hat{w}_k^i=w_{k-1}^i\frac{p(z_k \mid x_k^i)p(x_k^i \mid x_{k-1}^i)}{q(x_k^i \mid x_{k-1}^i,z_k)}=\frac{1}{N}\frac{p_{v_k}(z_k-h(x_k^i))p(x_k^i \mid x_{k-1}^i)}{N(\bar{x}_k,\sigma_k)} \tag{6-32}$$

式中：w_{k-1}^i 的值为 $1/N$，这是因为上一时刻的粒子经过重采样算法以后具备相等的权值。

（4）粒子重采样：通过式（6-29）对权值进行标准化处理之后，利用传统粒子滤波中的重采样算法对当前时刻的粒子群 $\{x_k^i\}$ 及其权值 $\{\hat{w}_k^i\}$ 进行重采样，得出新的粒子群 $\{\hat{x}_k^i(i=1,2,\cdots,N)\}$，同时新的粒子又具备相同的权值 $1/N$，此时系统状态可通过新的粒子群由式（6-31）估计得到；接着 $k=k+1$，返回步骤（2）进行下一时刻的粒子更新及权值计算操作，直到本次预测的步数达到阈值 k_{end} 为止。

由上述自适应重要性密度函数选择方法的步骤可以看出，在每一次迭代循环当中重要性密度函数都能够通过粒子的更新不断自适应地调整，与此同时，调整后的重要性密度函数又能够影响接下来的重采样操作以及下一时刻粒子的更新操作。因此，这样的自适应重要性密度函数选择方法既在粒子更新和重采样操作时考虑了系统状态上一时刻的先验信息，同时又没有仅仅拘泥于先验信息，而是通过重要性密度函数的不断调整来使粒子群的分布不断靠近系统状态的后验概率分布，降低了粒子退化现象出现的可能性。另外，由于本方法仅需对于粒子群的均值和方差进行统计，并没有引入其他算法，因此计算量较小，符合在线预测的实时性要求。

重采样算法是另一种有效的改善粒子退化的手段。重采样算法的基本思想是复制那些大权值的粒子，舍弃那些权值较小的粒子，这样重采样后新的粒子群里小权值粒子的数量就会减少，从而抑制粒子退化。然而，经过几次重采样以后，那些权值很大的粒子可能会被多次重复复制，从而导致新的粒子群当中会有很多相同权值的相同粒子，这样一来粒子群中粒子的多样性就会逐渐丧失，这将导致迭代后的粒子群难以表征系统状态的后验概率密度分布[27]，这种现象称为粒子贫化现象。为了消除粒子贫化现象，残差重采样[28]、分布重采样[29]等算法被提出用于改进传统重采样算法。这些算法一般致力于改进重采样算法本身，却较少涉及在重采样步骤之前调整粒子中的某些奇异点，即权值异常大的一些粒子，而这些奇异点才是粒子贫化的根本原因。为了实现调整奇异点的目的，需要建立粒子和其对应权值间的关系模型。由于这种关系一般是非线性和非高斯的，模型一般很难用解析式的形式给出。神经网络具备很好的非线性跟踪能力和信息学习能力，其中反向传播(BP)神经网络具有结构简单、对被建模样本先验信息要求较少等特点,因此这里采用 BP 神经网络作为一种粒子平滑算法改进传统重采样算法。这种方法并不改变原重采样算法的步骤,只是在重采样之前利用 BP 神经网络对粒子的权值进行平滑处理以消除奇异点。

常用 BP 神经网络包含输入层、隐含层以及输出层。在 BP 神经网络的训练过程当中,利用梯度下降的训练算法来调整各层上的网络权值,不断减小总误差,直到非线性输入和输出间的误差达到最小值为止。理论证明,任意连续函数都可以由含有一个隐含层的 BP 神经网络模型来拟合[30],因此本书采用一个三层的 BP 神经网络来构建粒子及其权值间的关系模型,并进一步对粒子权值进行平滑处理。图 6-22 给出了具体基于 BP 神经网络的粒子平滑算法的示意图,具体算法步骤介绍如下:

(1) 首先,在 k 时刻完成粒子更新及权值计算操作以后,获得了新的粒子群 $\{x_k^i(i=1,2,\cdots,N)\}$ 及其对应权值 $\{\hat{w}_k^i(i=1,2,\cdots,N)\}$。

(2) 接着,将粒子值 x_k^i 和其对应权值 $\hat{w}_k^i$ 分别作为神经网络的训练输入和训练输出,利用梯度下降算法训练得出一个 BP 神经网络,记为 M_{BP}。

(3) 然后,将粒子值 x_k^i 作为测试输入代入训练出的神经网络 M_{BP} 当中,计算得到网络输出,即经过平滑处理后的粒子权值 $\hat{w}_{s,k}^i=M_{\mathrm{BP}}(x_k^i)$。

(4) 最后,将粒子和平滑后得到的权值 $\{(x_k^i,\hat{w}_{s,k}^i)(i=1,2,\cdots,N)\}$ 利用传统重采样算法进行重采样操作。

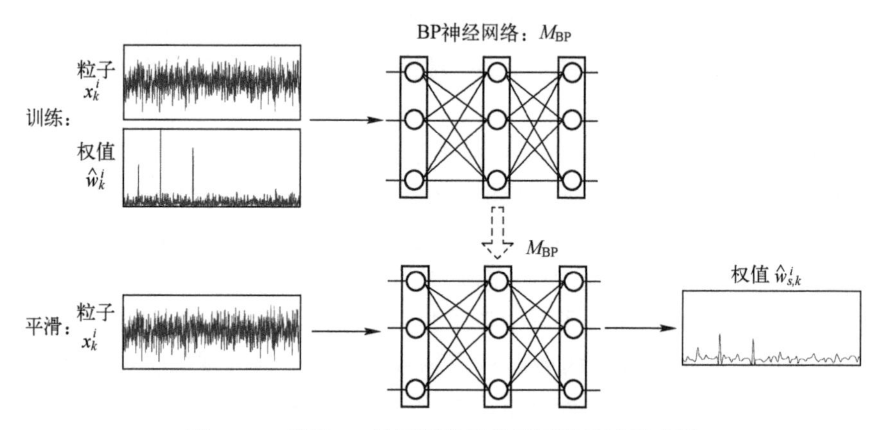

图 6-22 基于 BP 神经网络的粒子平滑算法示意图

在每一个粒子滤波预测的迭代步骤中,上述重采样粒子平滑算法就会被使用一次,将粒子权值的概率密度分布从离散空间映射到连续空间当中,并在生成的连续空间当中采样新的重要性权值点。经过这样的处理过程之后,粒子中权值很大的权值点会被平滑，不同粒子权值间的巨大差异将会减小，于是粒子的多样性就会在重采样操作之后得以保留。

6.4.2　增强型粒子滤波算法

将上述自适应重要性密度函数选择方法和基于神经网络的粒子平滑算法与传统粒子滤波方法相结合，本书提出了一种增强型粒子滤波算法，算法流程图如图 6-23 所示。

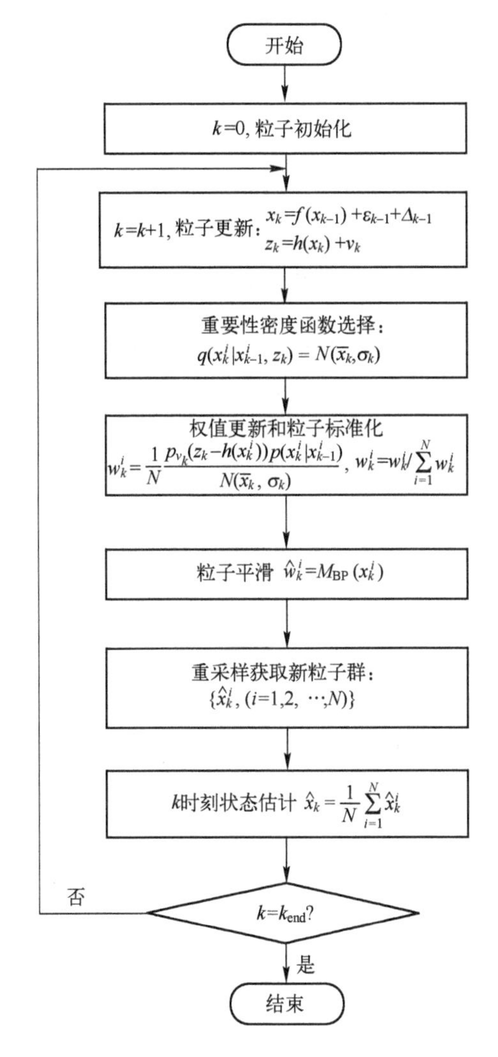

图 6-23　增强型粒子滤波算法流程图

具体算法步骤介绍如下：

(1) 首先,在 $k=0$ 时刻初始化粒子,为后续迭代操作做好准备。

(2) 在下一时刻,采用系统动态方程更新粒子,其中的过程噪声利用上一时刻确定的方差值进行修正。

(3) 接着计算粒子群的均值与方差,采用自适应重要性密度函数选择方法确定当前时刻粒子的分布函数为重要性密度函数,以此计算每个粒子的权值并进行权值标准化操作。

(4) 然后利用基于 BP 神经网络的粒子平滑算法对粒子的权值进行平滑操作以保持粒子的多样性,之后采用重采样算法根据平滑后的权值对粒子进行重采样,获得权值均相等的新粒子群。

(5) 最后,使用新粒子群通过式(6-31)估计当前时刻系统的状态。

完成一次预测以后,重复上述步骤,循环执行该算法预测下一时刻系统的状态,直到达到停止条件 $k=k_{\text{end}}$ 为止。

6.4.3 基于增强型粒子滤波的机械部件剩余寿命预测

为了使用增强型粒子滤波算法进行机械旋转部件寿命预测的研究,系统动态方程的构建是首先要解决的问题。这个动态方程需要能够很好地描述系统状态,并且构建简单,满足在线预测的实时性要求。另外,考虑到机械部件运行时的状态不仅仅和上一时刻的状态有关,同样也应该和之前连续 p 个时刻的状态相关。因此,和式(6-21)给出的一阶状态方程不同,这里需要构建一个多阶的状态方程以描述系统的状态变化。6.3 节验证了自回归(AR)模型构建的状态方程在初始故障时间点预测方面的有效性,而且 AR 模型正好可以将当前时刻系统的状态和之前多个连续时刻的系统状态建立联系,因此本研究采用 AR 模型构建多阶的状态方程,如下式所示：

$$x_k = f(x_{k-1}, x_{k-2}, \cdots, x_{k-p}) + \omega_{k-1} = \sum_{j=1}^{p} a_j x_{k-j} + \varepsilon_{k-1} \tag{6-33}$$

式中:各变量含义与式(6-30)相同,同样采用 AIC 准则和 Burg 算法确定模型阶数。另外,测量方程形式为

$$z_k = x_k + v_k \tag{6-34}$$

式中:v_k的选取与被预测的特征相关。

有了 AR 模型构建的状态方程,增强型粒子滤波算法就可以应用于机械旋转部件的寿命预测研究了。一般来说,机械旋转部件的整个寿命周期可以分为健康状态、故障退化状态和严重故障状态 3 个阶段。6.3 节介绍的退化跟踪健康阈值将部件的健康状态和故障退化状态区分了开来,初始故障出现时间便是故障退化状态的开始。与初始故障出现时间预测不同,剩余使用寿命预测是在故障退化状态

下进行，通过预测模型得出机械部件从当前时刻发展到严重故障状态所需要的时间。具体来说，利用当前时刻的数据建立预测模型（这里即为增强粒子滤波算法）不断向后预测系统状态，直到某一个预测的状态超过预先设定的故障阈值 X_{th}，该阈值是部件出现严重故障状态的标志，此时部件在当前时刻的剩余寿命 RUL_t 可用下式得到

$$RUL_t = t_r - t \tag{6-35}$$

式中：t 为当前时刻；t_r 为预测状态超过故障阈值的时刻。

因此，在本研究当中，结合 AR 模型以及增强型粒子滤波算法，建立了机械旋转部件剩余使用寿命的预测框架，其流程图如图 6-24 所示。

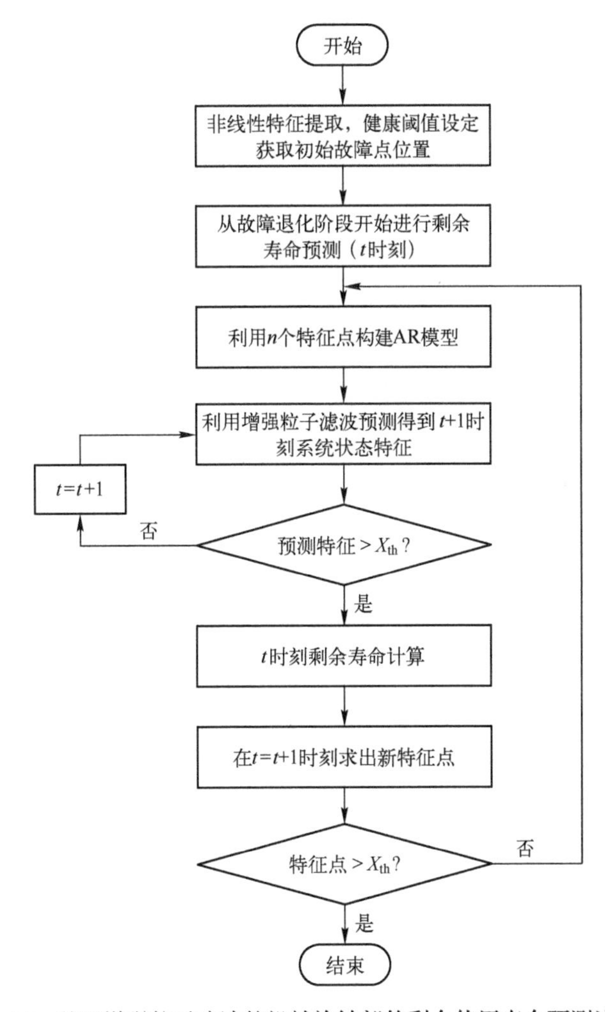

图 6-24　基于增强粒子滤波的机械旋转部件剩余使用寿命预测流程图

算法流程具体介绍如下：

(1) 提取描述部件退化的非线性特征，并依据 6.3 节中健康阈值的设定方法得出健康阈值，获得初始故障出现的时间，此时标志着部件进入故障退化状态阶段。

(2) 从进入故障退化状态开始进行剩余使用寿命预测。

(3) 在 t 时刻，选取时间段 $\{t-n+1, t-n+2, \cdots, t\}$ 上的 n 个特征构建 AR 模型，利用当前时刻的特征通过先验分布产生粒子群，采用增强粒子滤波算法向后连续预测多步 $\{t+1, t+2, \cdots\}$，直到预测的特征大于故障阈值 X_{th} 为止，如果该特征对应的时刻为 $t+m$，则 m 为 t 时刻部件的剩余使用寿命预测值。

(4) 在 $t+1$ 时刻，获得新的观测特征，选取时间段 $\{t-n+2, t-n+3, \cdots, t, t+1\}$ 上的 n 个特征更新 AR 模型，利用(3)中同样的方法，采用增强粒子滤波算法预测得到 $t+1$ 时刻部件的剩余使用寿命预测值。

(5) 重复(3)、(4)过程，直到获取的新观测特征大于故障阈值 X_{th} 时停止预测。

(6) 最后，将获取的各个时刻的剩余使用寿命预测值作出剩余寿命曲线。

为了验证上述基于增强粒子滤波的机械旋转部件剩余使用寿命预测算法的有效性，本研究采用与 6.3 节中相同的轴承退化实验数据进行分析，即包含 2000 个数据文件的轴承 3 的退化实验数据。这里依旧采用改进递归定量分析方法得出的递归熵特征作为系统状态特征参数，在此基础上利用增强粒子滤波方法进行剩余使用寿命预测。

基于递归熵的轴承 3 的退化跟踪曲线如图 6-25 所示。图中每一个点对应一个数据文件，两个点之间的间隔为 10min。根据 6.3 节中的实验结果，健康阈值设定为 1.6046，轴承的初始故障出现时间位于 1833 点处。另外，由于退化曲线在 2120 点之后有一个显著的上升趋势，因此将 2120 点作为轴承出现严重故障的时间点，其对应的递归熵特征值 2.1242 作为寿命预测研究的故障阈值。轴承的剩余使用寿命预测从 1833 点开始进行，首先使用 1833 点到 1892 点这 60 个递归熵特征构建 AR 模型作为动态方程，生成 100 个($N=100$)粒子作为先验分布粒子群，利用增强粒子滤波算法按照图 6-24 所述步骤进行剩余使用寿命预测，最终得出第 232 个预测点首次超出故障阈值，因此 1892 点的预测剩余寿命为 2320min(232×10min$=2320$min)。利用同样的步骤对所有处于故障退化状态的点进行剩余寿命预测，由于第 2120 点为预测中止点，因此共得到 228 个剩余使用寿命预测点，预测结果如图 6-27 所示。图中横轴代表每一次寿命预测的起始点，纵轴代表对应预测起始点的剩余使用寿命。

从图中可以看出，预测的剩余寿命曲线基本可以反映真实剩余寿命曲线的变化趋势，而且越靠近预测终点，预测剩余寿命曲线的波动越小，这意味着轴承状态越靠近故障时间点剩余使用寿命预测的准确性越高。为了进行比较，本实验又利用传统粒子滤波方法以及常用的预测模型支持向量回归方法，使用相同的数据段训练 AR 模型及回归网络，并采用相同的预测步骤对轴承 3 的递归熵特征进行剩余寿命的预测实验，结果如图 6-26 和图 6-28 所示。

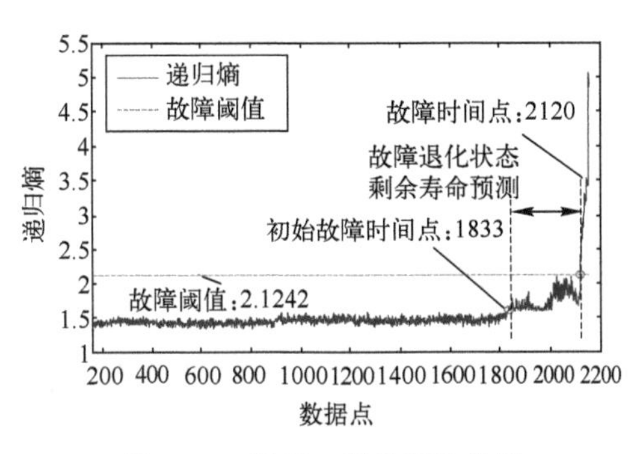

图 6-25　轴承 3 退化跟踪曲线

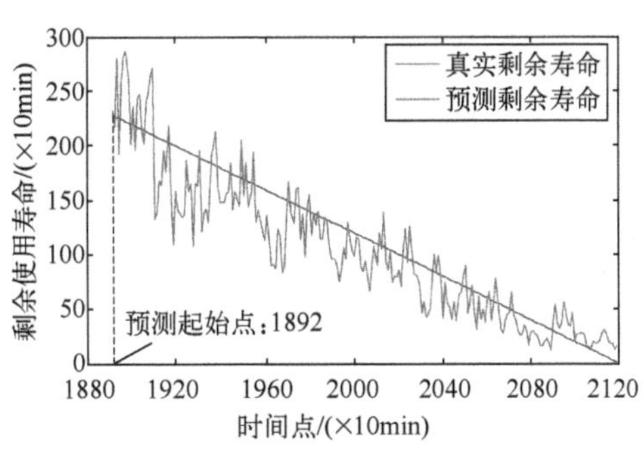

图 6-26　轴承 3 传统粒子滤波剩余使用寿命预测结果

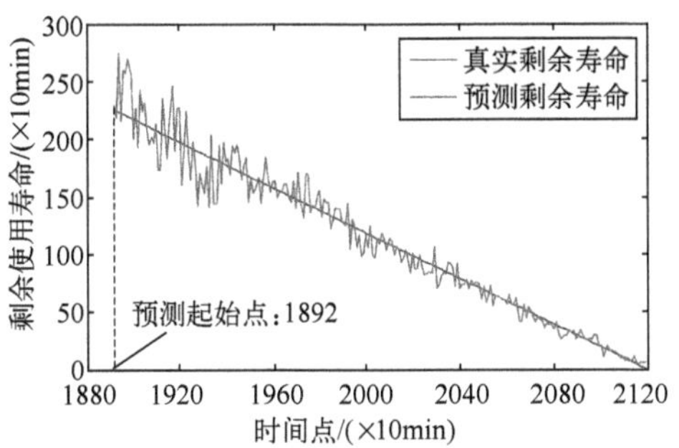

图 6-27　轴承 3 增强粒子滤波剩余使用寿命预测结果

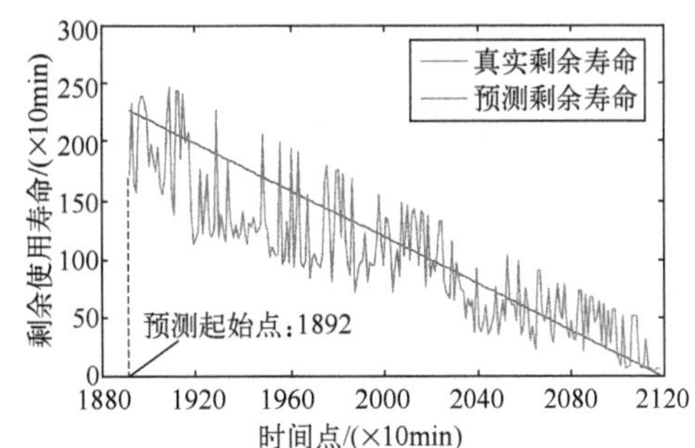

图 6-28　轴承 3 支持向量回归剩余使用寿命预测结果

为了定量评估预测误差，本实验利用下式计算平均误差 e_3 和均方根误差 e_4：

$$e_3 = \frac{1}{M}\sum_{i=1}^{M} \left| \mathrm{RUL_p}(i) - \mathrm{RUL_r}(i) \right| \tag{6-36}$$

$$e_4 = \sqrt{\frac{1}{M}\sum_{i=1}^{M} \left(\mathrm{RUL_p}(i) - \mathrm{RUL_r}(i)\right)^2} \tag{6-37}$$

式中：$\mathrm{RUL_p}$ 为预测剩余寿命；$\mathrm{RUL_r}$ 为真实剩余寿命；M 为预测的剩余寿命点数，本实验为 228。

另外，与上述仿真实验类似，同样计算每一个剩余寿命预测点的有效粒子数和粒子标准差,并对所有剩余寿命预测点的这两个参数求平均值,结果如表 6-5 所列。

表 6-5　轴承 3 不同预测方法的定量评估参数

	增强粒子滤波	传统粒子滤波	支持向量回归
平均误差 e_3/h	1.67	3.89	5.09
均方根误差 e_4/h	2.43	4.89	6.16
平均有效粒子数	75	59	—
平均粒子标准差	0.0608	0.0291	—

从图 6-26 和表 6-5 中可以看出,虽然传统粒子滤波方法得到的剩余使用寿命预测曲线同样也能反映真实剩余寿命曲线的变化趋势,但是预测曲线的波动以及预测误差明显高于增强粒子滤波算法得到的预测结果。另外,经过增强型粒子滤波算法处理后的粒子群,其平均有效粒子数以及平均粒子标准差均大于传统粒子滤波算法的处理结果,该比较结果证明了本研究提出的自适应重要性密度函数选择方法以及基于神经网络的粒子平滑算法能够有效地降低粒子的退化程度并且保持粒子的多样性,从而提升了粒子滤波算法的预测准确性。另外,从图 6-28 以及表 6-5 中可以看出,支持向量回归算法得到的剩余使用寿命预测曲线的波动以及预测误差均大于粒子滤波算法得到的预测结果,这可以解释为在训练样本较为不足、预测步数较长的条件下,采用支持向量回归算法进行剩余使用寿命预测时,需要对其核函数以及回归参数的选择进行进一步的改进和优化,才能满足长时间预测的要求。

参考文献

[1] 孟庆芳. 非线性动力系统时间序列分析方法及其应用研究[D]. 济南:山东大学,2008.

[2] PACKARD N H,CRUTCHFIELD J P,FANNERS J D,et al. Geometry from a time series[J]. Physics Review Letters,1980,45(9):712-716.

[3] TAKENS F. Detecting strange attractors in turbulence[M]//Dynamical systems and turbulence, Berlin: Springer,1981:366-381.

[4] KANTZ H, SCHREIBER T. Nonlinear Time Series Analysis[M]. Cambridge: Cambridge University Press,2004.

[5] BROOMHEAD D S,KING G P. Extracting qualitative dynamies from expenmental data[J]. PhysieaD,1986, 20(2-3):217-236.

[6] KENNEL M B,BROWN R,ABARBANEL H D I. Determining embedding dimension for phase space reconstruction using a geometrical construction[J]. Physical Review A,1992,45(6):3403-3411.

[7] WEBBER C L,ZBILUT J P. Dynamical assessment of physiological systems and states using recurrence plot strategies[J]. Journal of Applied Physiology,1994,76(2):965-973.

[8] ZBILUT J P. Detecting deterministic signals in exceptionally noisy environments using cross-recurrence quantification[J]. Physics Letters A,1998,246(1):122-128.

[9] NICHOLS J M,TRICKEY S T,SEAVER M. Damage detection using multivariate recurrence quantification analysis[J]. Mechanical Systems and Signal Processing,2006,20(2):421-437.

[10] MARWAN N. Encounters with neighbors:current developments of concepts based on recurrence plots and their applications[D]. Potsdam:University of Potsdam,2003.

[11] Case Western Reserve University Bearing Data[DS/OL]. The Case Western Reserve University Bearing Data Center Website:https://csegroups. case. edu/bearingdatacenter/pages/apparatus-procedures.

[12] MARWAN N,ROMANO M C,THIEL M,et al. Recurrence plots for the analysis of complex systems[J]. Physics Report,2007,438(5-6):237-329.

[13] THIEL M,ROMANO M C,KURTHS J,et al. Influence of observational noise on the recurrence quantification analysis[J]. Physica D,2002,171(3):138-152.

[14] KALMAN R E. A new approach to linear filtering and prediction problems[J]. Journal of Basic Engineering, 1960,82:35-45.

[15] GOTOTO S,NAKAMURA M,UOSAKI K. Online spectral estimation of nonstationary time-series based on AR model parameter-estimation and order selection with a forgetting factor[J]. IEEE Transactions on Signal Processing,1995,43(6):1519-1522.

[16] ZHANG Y,ZHOU G,SHI X,et al. Application of Burg algorithm in time-frequency analysis of doppler blood flow signal based on AR modeling[J]. Journal of Biomedical Engineering,2005,22(3):481-485.

[17] QIU H,LEE J,LIN J,et al. Robust performance degradation assessment methods for enhanced rolling element bearings prognostics[J]. Advanced Engineering Informatics,2003,17(3-4):127-140.

[18] QIU H,LEE J,LIN J. Wavelet Filter-based Weak Signature Detection Method and its Application on Roller Bearing Prognostics[J]. Journal of Sound and Vibration,2006,289(4-5):1066-1090.

[19] 朱志宇. 粒子滤波算法及其应用[M]. 北京:科学出版社,2010.

[20] SAMANTARAY S R,DASH P K. High impedance fault detection in distribution feeders using extended kalman filter and support vector machine[J]. European Transaction on Electrical Power, 2010, 20(3): 382-393.

[21] GORDON N J,SALMOND D J,SMITH A F M. Novel approach to nonlinear/ non-Gaussian Bayesian state estimation[J]. IEE Proceedings-F Radar and Signal Processing,1993,140(2):107-113.

[22] 孙磊,贾云献,蔡丽影,等. 粒子滤波参数估计方法在齿轮箱剩余寿命预测中的应用研究[J]. 振动与冲击,2013,32(6):6-12.

[23] CHEN C,VACHTSEVANOS G,ORCHARD M. Machine remaining useful life prediction:an integrated adaptive neuro-fuzzy and high-order particle filtering approach[J]. Mechanical Systems and Signal Processing, 2012,28:597-607.

[24] ARULAMPALAM M S,MASKELL S,GORDON N,et al. A tutorial on particle filters for online nonlinear/non-Gaussian Bayesian tracking[J]. IEEE Transactions on Signal Processing,2002,50(2):174-188.

[25] YOON J H,KIM D Y,YOON K J. Gaussian mixture importance sampling function for unscented SMC-PHD filter[J]. Signal Processing,2013,93(9):2664-2670.

[26] LI T,ZHAO D,HUANG Z,et al. A wavelet-based grey particle filter for self-estimating the trajectory of manoeuvring autonomous underwater vehicle[J]. Measurement & Control,2014,36(3):321-325.

[27] 曹蓓. 粒子滤波改进算法及其应用研究[D]. 西安:中国科学院研究生院(西安光学精密机械研究

所),2012.

[28] RIGATOS G G. Particle filtering for state estimation in nonlinear industrial systems[J]. IEEE Transactions on Instrumentation and Measurement,2009,58(11):3885-3900.

[29] BOLIC M,DJURIC P M,HONG S J. Resampling algorithms and architectures for distributed particle filters [J]. IEEE Transactions on Signal Processing,2005,53(7):2442-2450.

[30] LI Q,YU J,MU B,et al. BP neural network prediction of the mechanical properties of porous NiTi shape memory alloy prepared by thermal explosion reaction[J]. Materials Science and Engineering A,2006,419 (1-2):214-217.

第7章

复杂机电系统运行可靠性评估与健康维护

7.1 复杂机电系统运行可靠性评估原理

机械装备制造业是国家综合国力和国防实力的重要体现,复杂机电系统作为机械装备制造业的核心工具和主要资源,是国民经济发展和工业发展的基础。然而机电结构复杂,在长时间历程—变载荷—多物理场耦合环境中性能逐渐退化,安全性、可靠性与剩余寿命逐步下降。如航空发动机:由于其结构复杂,并在高温、高压、高转速条件下反复使用,转子裂纹、轴承损伤、动静碰摩等各类故障是影响航空发动机运行可靠性和安全性的重大隐患。据美国空军材料试验室(AFML)统计:由机械激振原因导致的飞行事故中,超过40%的飞行事故与航空发动机有关;在航空发动机事故中,属于发动机转子(包括转轴、轴承、轮盘和叶片等旋转部件)的故障破坏超过74%以上。目前,我国航空发动机的翻修寿命是美国航空发动机的1/2,总寿命仅是美国发动机的1/4。例如:歼10动力的翻修寿命为300飞行小时、总寿命900飞行小时;而美国第三代涡扇发动机F-100和F-110的翻修寿命在800~1000飞行小时左右,总寿命在2000~4000飞行小时左右。又如工程机械:常年工作于野外,甚至高海拔、缺氧、干旱等极端环境与特殊地区,工作负荷及工况多变,各种损伤与破坏形式严重危害着机电系统的可靠性与使用寿命。据统计:工程机械故障发生率中,发动机故障约占30%,传动系统故障约占20%,液压系统故障约占25%~35%,制动系统故障及结构件焊缝开裂等占15%~25%。国外1000h可靠性试验和“三包”期内的平均无故障工作时间(Mean Time Between Failure,MTBF)为500~800h,最高达到2000h以上。国内平均无故障工作时间为150~300h,其中轮式装载机的平均无故障工作时间为297.1h,最多为400h,最少仅有100h。

可见,故障率高、可靠性低和寿命短是制约我国机械装备国际竞争力和影响力的瓶颈,其难点在于:

(1) 我国可靠性研究与可控寿命设计处于起步阶段。由于我国机械装备研发一直沿用仿制体系,通过测绘仿制国外产品进行设计开发,缺少载荷谱等基本数据、关键零部件可靠性与寿命试验,没有建立载荷谱、服役工况参数等与可靠性、寿命之间的关系,使得产品在设计阶段无法控制其使用寿命与可靠性。而国外企业在20世纪形成的核心数据库和相对成熟的耐久性设计规范,可以进行可控寿命与可靠设计。

(2) 传统可靠性理论与寿命试验研究主要依赖经典概率统计方法,必须满足3个前提:由大数定律决定的大量样本;样本具有概率重复性;不受人为因素影响。但是上述3个前提在机械装备可靠性与寿命试验分析中都难以满足。通过大量样本进行可靠性寿命试验获取机械装备可靠性寿命数据从经济性与时间周期成本出发是不现实的。同时,由于机械重大装备结构具有个体制造、使用与维护的差异性,使得样本间的概率重复性、不受人为因素影响的前提条件难以保证。

(3) 传统可靠性评估主要以二元假设或有限状态假设为前提,一般认为只有正常和失效两种状态或有限个状态。然而机电系统健康状态具有连续渐进退化与随机分散失效特性,二值假设和有限状态假设不足以揭示机械设备运行健康属性。

(4) 服役工况和运行参数变化(如温度、振动、负载、压力、电负荷等)往往会影响机电系统运行可靠性,而上述任何一个单参数超出界限或发生故障都会对可靠性造成影响。但是,机器服役工况和参数很少遵循传统的数学分布形式,故其变化往往更难处理。

国内外学者为了揭示零件、结构和装备的故障规律进行了深入研究,探索了机械结构性能衰退与失效演化的物理机制,提出了一些能反映零件失效相关性的可靠性预测模型。这些模型主要根据大量历史失效数据估计并预测群体的故障特性(如平均失效时间和可靠运行概率等)。文献[1-3]综述了可靠性预测方法与理论。常用的基于故障事件的可靠性预测方法有线性模型、多项式模型、指数模型、时序模型、回归模型等。由于运行状态数据中包含有丰富的信息资源,近年来一些学者在基于运行状态故障预测的基础上融合可靠性方法,使得故障预测结果更具有科学性和完整性。

7.1.1 可靠性定义

可靠性:元件、产品、系统在一定时间内、在一定条件下无故障地执行指定功能的能力或可能性。通常以可靠度、失效概率、平均无故障间隔等指标来评价产品的可靠性。

可靠度:指的是产品在规定的时间内,在规定的条件下,完成预定功能的能力。

假设规定时间为 t,产品寿命为 T,通常将可靠度表示为 $T>t$ 的概率:

$$R(t)=P(T>t) \tag{7-1}$$

失效概率：是表征产品在规定条件和规定时间内，丧失预定功能的概率，也称为故障率、不可靠度等，记作 $F(t)$，通常将其表示为 $T\leqslant t$ 的概率：

$$F(t)=P(T\leqslant t) \tag{7-2}$$

显然，失效概率与可靠度的关系为

$$F(t)=1-R(t) \tag{7-3}$$

运行可靠度：指的是在规定的条件下和服役的时间内，由其运行状态信息所确定的完成预定功能的归一化健康度量指标。

7.1.2　运行可靠性评估方法

1. 机械状态监测与信号获取

众所周知，机械从运行到失效经历了一系列的退化状态，而且运行过程可以通过一些可测变量来监测。因此，在机械运行可靠性和状态监测信息之间建立内部关系非常重要，如振动信号、温度、压力等。振动信号作为最常用的数据，一般通过加速度、速度或者位移传感器采集。运行可靠性评估方法以传感器获得的监测数据以及采集机械状态信息的数据获取系统为开端，它主要依赖于获得的当前运行状态的精确信息。

2. 第二代小波包变换

为了从采集的激振响应信号中提取出机械动态信号特征，具有多分辨能力的小波变换可以在不同的尺度（分辨率）下观察信号，通过将信号分解到不同的频带中，既看到信号的全貌，又看到了信号的细节，至少具有如下两个突出优点：

（1）小波变换的多分辨能力可以在不同的尺度（分辨率）下观察信号，将信号分解到不同的频带中，既看到信号的全貌，又看到了信号的细节。

（2）小波变换的正交特性可以将任意信号分解到各自独立的频带中，使得这些独立频带中的分解信号携带不同的机械状态信息。

第二代小波包继承了一代小波变换良好的多分辨率和时频局部化特性，并具有更高效、更快速的小波变换执行能力和结构简单、就地计算和计算量小的优点[4]。Daubechies 证明了任意的小波变换可以通过提升格式执行[5]。二代小波变换包变换属于以小波包变换为基础的提升格式，它包含了正变换（分解）和反变换（重建）。通过反向运行正变换可以实现反变换。具体过程解释如下：

1）*分解*

针对信号分解的二代小波包的正变换包括 3 个步骤：剖分、预测和更新。

剖分：假设有一个原始信号 $\boldsymbol{S}=\{x(k)(k\in\mathbf{Z})\}$，原始信号可以被分成两个子序列：偶序列 $s_e=\{s_e(k)(k\in\mathbf{Z})\}$ 和奇序列 $s_o=\{s_o(k)(k\in\mathbf{Z})\}$，其中 $x(k)$ 为序列 $\boldsymbol{S}$

中的第 k 个样本，$\mathbf{Z}$ 为正整数集合。

$$s_e(k)=x(2k) \qquad (k\in\mathbf{Z}) \tag{7-4}$$

$$s_o(k)=x(2k+1) \qquad (k\in\mathbf{Z}) \tag{7-5}$$

式中：k 为子序列 s_e 和 s_o 中的样本序号。

之所以将原始信号分成两部分是因为相邻样本相关度远高于其他彼此相距较远的样本。因此，奇数和偶数序列相关度很高。

预测和更新：一些偶数序列样本可以被用来预测奇数序列的特定样本，预测的差异称为细节信号。通过获得的细节信号可以更新偶数序列，改进的偶数信号称为近似信号：

$$\boldsymbol{s}_{l1}=\boldsymbol{s}_{(l-1)1o}-P(\boldsymbol{s}_{(l-1)1e}) \tag{7-6}$$

$$\boldsymbol{s}_{l2}=\boldsymbol{s}_{(l-1)1e}+U(\boldsymbol{s}_{l1}) \tag{7-7}$$

$$\cdots$$

$$\boldsymbol{s}_{l(2^l-1)}=\boldsymbol{s}_{(l-1)2^{l-1}o}-P(\boldsymbol{s}_{(l-1)2^{l-1}e}) \tag{7-8}$$

$$\boldsymbol{s}_{l2^l}=\boldsymbol{s}_{(l-1)2^{l-1}e}+U(\boldsymbol{s}_{l(2^l-1)}) \tag{7-9}$$

在第 l 次分解后，$\boldsymbol{s}_{l1},\boldsymbol{s}_{l2},\cdots,\boldsymbol{s}_{l2^l}$是各条频带上已分解的信号；$\boldsymbol{s}_{(l-1)1o},\cdots,\boldsymbol{s}_{(l-1)2^{l-1}o}$分别是第（$l-1$）次分解后的奇数序列；$\boldsymbol{s}_{(l-1)1e},\cdots,\boldsymbol{s}_{(l-1)2^{l-1}e}$是第（$l-1$）次分解后的偶数序列；$P$ 为 N 点预测器，预测器系数为 $p_1,p_2,\cdots,p_N$，N 是预测器个数。U 是$\widetilde{N}$点更新器，更新器系数为 $u_1,u_2,\cdots,u_{\widetilde{N}}$，$\widetilde{N}$是更新器个数。第二代小波包变换的正变换过程如图 7-1 所示。

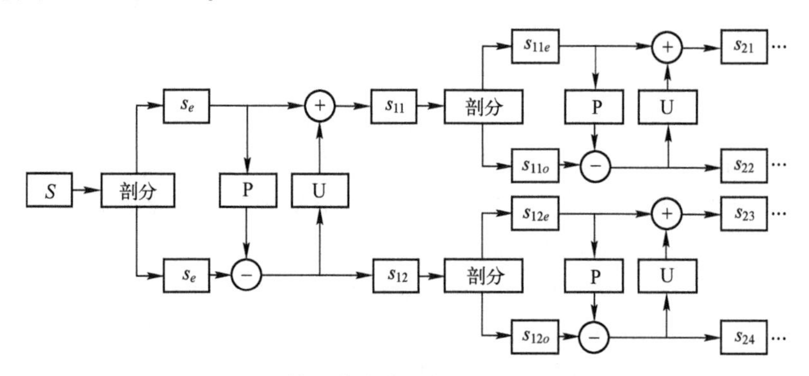

图 7-1　第二代小波包变换的正变换过程

2）重构

信号重构的逆变换可以来源于向前变换，可以通过反向运行如图 7-1 所示的变换流程。第二代小波包重构过程是将分解的相应频带信号保留，而将其他频带信号置零，然后按照以下各式进行重构：

$$\boldsymbol{s}_{(l-1)2^{l-1}e}=\boldsymbol{s}_{l2^l}-U(\boldsymbol{s}_{l(2^l-1)}) \tag{7-10}$$

$$\boldsymbol{s}_{(l-1)2^{l-1}o} = \boldsymbol{s}_{l(2^l-1)} + P(\boldsymbol{s}_{(l-1)2^{l-1}e}) \tag{7-11}$$

$$\boldsymbol{s}_{(l-1)2^{l-1}}(2k) = \boldsymbol{s}_{(l-1)2^{l-1}e}(k) \quad (k \in \mathbf{Z}) \tag{7-12}$$

$$\boldsymbol{s}_{(l-1)2^{l-1}}(2k+1) = \boldsymbol{s}_{(l-1)2^{l-1}o}(k) \quad (k \in \mathbf{Z}) \tag{7-13}$$

$$\cdots$$

$$\boldsymbol{s}_{(l-1)1e} = \boldsymbol{s}_{l2} - U(\boldsymbol{s}_{l1}) \tag{7-14}$$

$$\boldsymbol{s}_{(l-1)1o} = \boldsymbol{s}_{l1} + P(\boldsymbol{s}_{(l-1)1e}) \tag{7-15}$$

$$\boldsymbol{s}_{(l-1)1}(2k) = \boldsymbol{s}_{(l-1)1e}(k) \quad (k \in \mathbf{Z}) \tag{7-16}$$

$$\boldsymbol{s}_{(l-1)1}(2k+1) = \boldsymbol{s}_{(l-1)1o}(k) \quad (k \in \mathbf{Z}) \tag{7-17}$$

所以本章将采用在全频带对信号进行多层次频带划分的第二代小波包方法对机械振动信号进行更加精细的分析。

3. 第二代小波包变换的能量分布

由于第二代小波包正交基遵循能量守恒定律[6]，每一个获得的 2^l 频带有相同的带宽，而且在 l 次分解和重建后各频带首尾相连。设 $s_{l,i}(k)$ 是经过第 i 条频带在 l 次分解后的重构信号，其频带能量 $E_{l,i}$ 与相对能量 $\widetilde{E}_{l,i}$ 分别定义如下：

$$E_{l,i} = \frac{1}{n-1}\sum_{k=1}^{n} (s_{l,i}(k))^2 \quad (i = 1,2,\cdots,2^l; k = 1,2,\cdots,n; n \in \mathbf{Z}) \tag{7-18}$$

$$\widetilde{E}_{l,i} = E_{l,i}\left(\sum_{i=1}^{2^l} E_{l,i}\right)^{-1} \tag{7-19}$$

4. 熵与运行可靠性度量

熵是对“不确定性”的最佳测度，是现代动力系统和遍历理论的重要概念。爱因斯坦曾将熵定律称为“整个科学的首要法则”。信息熵是由美国学者 C. E. Shannon 于 1948 年将热力学熵引入信息论而提出的用于度量系统中的不确定性[7-9]。在信息论中，信息熵表示每个符号所提供的平均信息量和信源的平均不确定性。对于一个不确定性系统 $X = \{x_n\}$，其信息熵 $S_v(X)$ 可表示为[10]

$$S_v(X) = -\sum_{i=1}^{n} p_i \log(p_i) \tag{7-20}$$

式中：$\{p_i\}$ 为 $\{x_n\}$ 的概率分布，且有 $\sum_{i=1}^{n} p_i = 1$。信息熵用以描述系统的不确定程度和评估随机信号的复杂性。根据这一理论，最不确定的概率分布（等概率分布）具有最大的熵值；反之，若信号的概率分布序列越确定，其熵值越小。因此，信息熵的大小也反映了概率分布的均匀性。用信息熵作为一种无量纲指标可以实时度量机械信号的不规则性和复杂性，评估机械状态的可靠性。复杂机电系统运行可靠性与健康维护框图如图 7-2 所示。

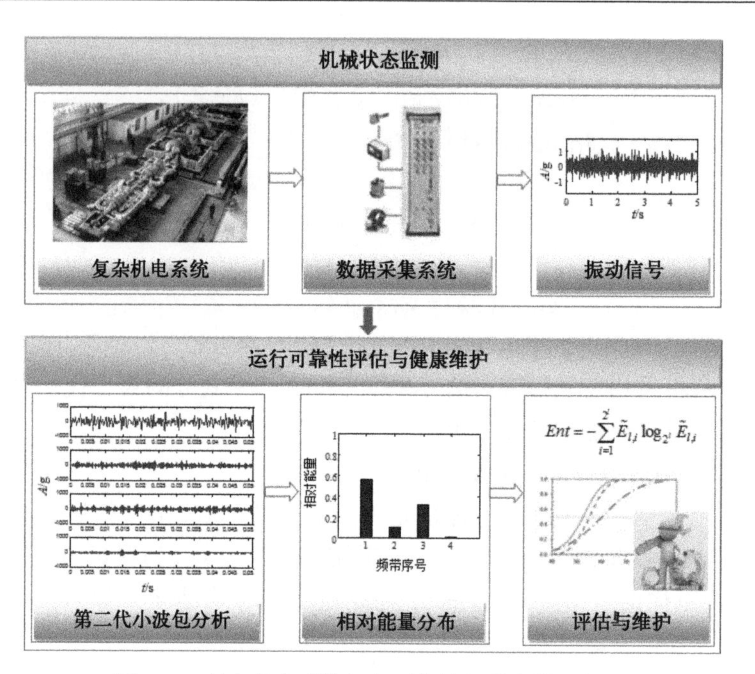

图 7-2　复杂机电系统运行可靠性与健康维护框图

7.2　电厂汽轮发电机组运行可靠性评估与健康维护

汽轮发电机能生产大量电能，是电力系统的重要部分且被广泛应用于全世界的电力行业。通过在合适位置建立长期具体的维修计划，电厂可以保证他们的设备安全，并传递给电网尽可能多的可靠电力。汽轮发电机在整个寿命阶段的条件是高可靠性、高性能、多开始和操作灵活性。此外，现代汽轮发电机构造可以持续30~40年。对于老化的发电机和机械构件，可靠性与安全性评估是工厂预防其失效的重要指标。

世界各地许多研究者和工程师进行了相关研究。Matteson 提出了针对电力系统持续性和可靠性评估的动态多准则优化模型[11]。Lo Prete 提出了可以评估和量化不同电力生产环境中的持续性及可靠性的模型[12]。Moharil 等在传统电网中以风能穿透的方式分析了发电机系统的可靠性[13]。鉴于汽轮发电机的故障对安全性有显著的影响，Whyatt 等指出了汽轮发电机的失效方式并描述了其可靠性[14]。Tsvetkov 等提出了针对汽轮发电机可靠性分析及缺陷改善的数学模型[15]。一般来说，传统的研究方式是收集充足的故障样本来评估失效时间分布和系统与构件失效的泛化概率。由于缺乏失效模型和失效时间的数据，因此通常很难运用概率与统计的方法对汽轮发电机进行安全性分析。发电机的失效率包含了所有可以导致发电机停机的因素,而且也受到维修和操作方式的影响。实际上,汽轮发电机中经常设置诸如温度、振动、载荷和压力的不同操作参数和状态。操作参数的变化可以影响操作安全,当一个参数或状态超出限制又或者参数之间的相互影响都可以导致失效。在实际操作中发现,构件在重载条件下更容易发生故障,这意味着实际操作时构件的失效率是一个变量且与操作参数变化一致[16]。根据不同的操作参数和状态,汽轮发电机的组成构件会经历从工作到失效的一系列退化状态。因此,在汽轮发电机的寿命期限内,有大量的办法可以用来评估其随操作参数及状态时变的操作安全性,这将有利于降低失效风险并实现最佳状态维修计划。

当在工厂操作瞬变情况下执行状态监测时,应考虑到被监测到的时变动态信号的本质动态特性。监测构件的状态主要通过几个传感器评估一些可测参数值(信号)并在其超出预设界限时触发故障警报。为了实现这一目的,Baraldi 等在几种重建模型发展的基础上提出:在燃气轮机处于启动瞬态时,运用 Haar 小波变换的方式对信号进行预处理[17]。Lu 等针对涡轮轴提出了一个简化的传感器故障诊断逻辑模型[18]。Li 等基于非线性振动建立了液压汽轮发电机单元的混合模型[19]。上述操作安全诊断与评估方法主要利用了动态监测信息。因此,如何处理并将监测信息与操作安全联系起来显得尤为重要。

信息熵是一个衡量系统不确定度的有效指标。由信息熵理论知:最不确定的概率分布(如等概率分布)具有最大熵,而最确定概率分布具有最小熵。以此理论为基础,信息熵得以在工程应用中普遍存在。例如,给定区间图的拓扑熵、像素空间熵、非线性时间序列的加权多尺度排列熵、香农分布微分熵、最小最大熵、碰撞熵、爆炸熵[20]、时间熵[21]、多尺度熵、小波熵等[22],不同类型的信息熵根据其独特使用情况来定义。

熵在机械故障诊断中广泛应用。Sawalhi 等在滚动轴承中使用最小熵和光谱峰度进行故障诊断[23]。Tafreshi 等利用熵测度和能量图提出了一种机械故障诊断方法[24]。He 等将近似熵作为非线性特征参数对旋转机械进行故障诊断[25]。Wu 等基于多尺度排列熵和支持向量机提出了一种故障诊断方法[26]。

在信息熵的分支,Alfréd Rényi 在 1960 年提出了 Rényi 熵[27]。值得一提的是经典香农熵[7-9]是 Rényi 熵秩序 α 等于 1 时的特例。同样,出现在各种文献中的其他熵测度也是 Rényi 熵的特例[28]。Rényi 熵是几种不同熵测度的统一,其不仅具有理论意义,而且在概率统计[29]、模式识别[30]、量子化学[31]及生物医学[32]等领域中实现了各种应用。

因此,本节提出了一种基于传感器采集的振动监测信号,通过第二代小波包分解重构,提取各频带分解重构信号的相对能量,通过 Rényi 熵映射到[0,1]区间的运行可靠性评估与健康维护方法。首先,通过专业传感器获得基于状态监测的反映汽轮发电机时变特性的振动信号;然后,由于小波变换擅长分析时变信号而使用第二代小波包分析振动信号。所分解重构的各频带信号的相对能量刻画了信号在不同频带的能量分布特征,通过定义小波 Rényi 熵将信号特征映射到[0,1]可靠性区间,并在 50MW 的汽轮式发电机中进行应用。

7.2.1 状态监测与振动信号采集

某台 50MW 的汽轮发电机组(图 7-3)大修结束后,为确保机组正常启动和运行,使用 MDS-2 便携式振动监测系统和专业传感器对其高压缸的 1 号轴瓦和 2 号轴瓦、低压缸的 3 号轴瓦和 4 号轴瓦以及发电机的 5 号轴瓦和 6 号轴瓦的振动状况进行了连续监测。该汽轮发电机组结构如图 7-4 所示,主要由高压缸、低压缸、发电机以及 1~6 号轴瓦组成。

图 7-3　50MW 汽轮发电机组示意图

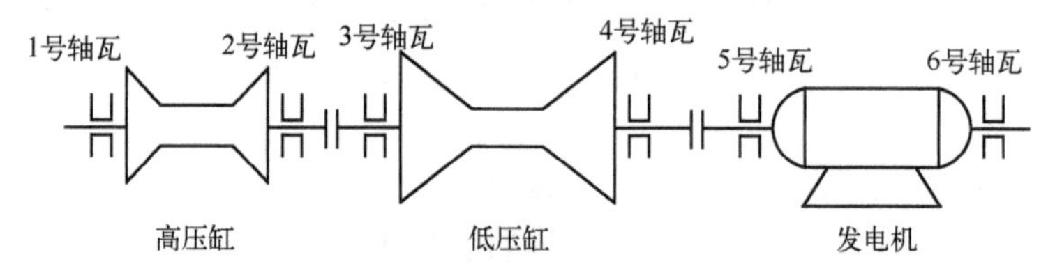

图 7-4　50MW 汽轮发电机组结构示意图

随着启动过程中速度和载荷的增加,除低压缸的 4 号轴瓦超出限制,其余轴瓦垂直方向振动的峰峰值都远小于 50μm,都处于正常状态。因此,状态监测的重点就集中在 4 号轴瓦的纵向振动。在空载启动过程中,4 号轴瓦转速为 740r/min 时,其垂直振动的峰峰值是 24.7μm。当转速为 3000r/min 时增加到 63.2μm,当转速为 3360r/min 时高达 86.0μm。

随后,对 4 号轴瓦在 3000r/min 恒定转速、给定载荷条件下进行带负荷振动监测。负荷为 6MW 时,垂直振动峰峰值为 74μm;负荷升为 16MW 时,峰峰值增为 104μm,当负荷增加到 20MW 时,峰峰值甚至高达 132μm。随着负荷的增加振动愈加剧烈,已无法再增加负荷。因此将负荷减小到 6MW,此时峰峰值大约为 75~

82μm。图 7-5 展示了 4 号轴瓦在负荷为 6MW 时的振动时域波形,振动信号的顶部和底部表现出混乱且不对称的特点。采样频率为 2kHz。图 7-6 所示为振动信号的 FFT 频谱。可见,在整个频率范围内 50Hz 的工频的谱峰是最大的。而在 100~500Hz 频带内,存在大量 2 倍工频直到 10 倍工频的谐波频率成分,其振幅也很大。一般来说,工频 50Hz 分量可以表征转子失衡,2 倍工频 100Hz 主要反映轴系不对中状况,对于其余的高频谐波分量,很难仅根据 FFT 频谱来分析机组当前的健康状态。

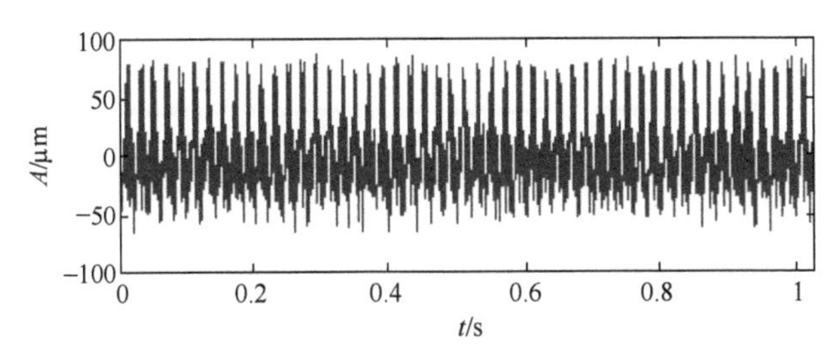

图 7-5　汽轮机组 4 号轴瓦时域振动波形

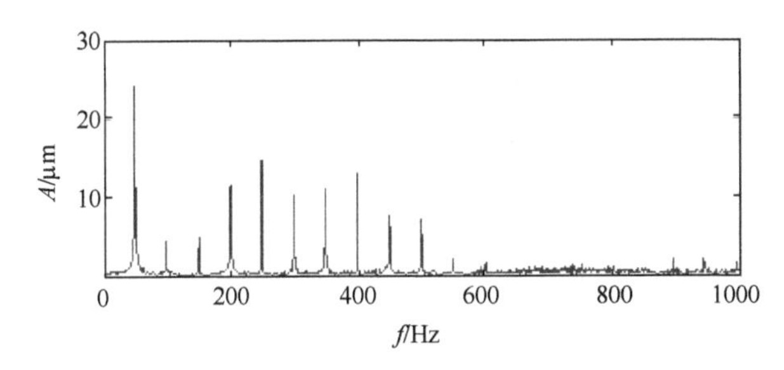

图 7-6　汽轮机组 4 号轴瓦频谱

7.2.2　振动信号分析

为了进一步分析基于传感器的振动信号,采用第二代小波包将原始信号进行 2 层、3 层与 4 层分解重构。图 7-7 给出了由第二代小波包进行二层分析获得的 4 个信号,其分别对应于 0~250Hz,250~500Hz,500~750Hz 和 750~1000Hz 的频带。

在图 7-8 中展示了由第二代小波包进行二层分解重构获得的 4 个信号的相对能量。第一个频带的相对能量最大,而第二个频带的相对能量比剩余两个频带大出很多。在进行 2 层小波包分析的基础上,原始信号被进一步进行 3 层分解重构,获得了 8 个信号,如图 7-9 所示,分别对应于频带 0~125Hz,125~250Hz,250~375Hz,375~500Hz,500~625Hz,625~750Hz,750~875Hz 和 875~1000Hz。8 个信号的相对能量分布如图 7-10 所示,前 4 个频带的能量远大于后 4 个频带。

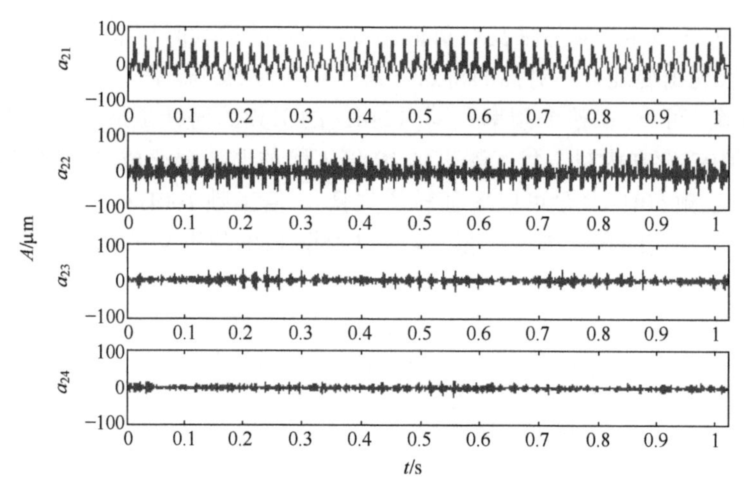

图 7-7　第二代小波包 2 层分解重构信号

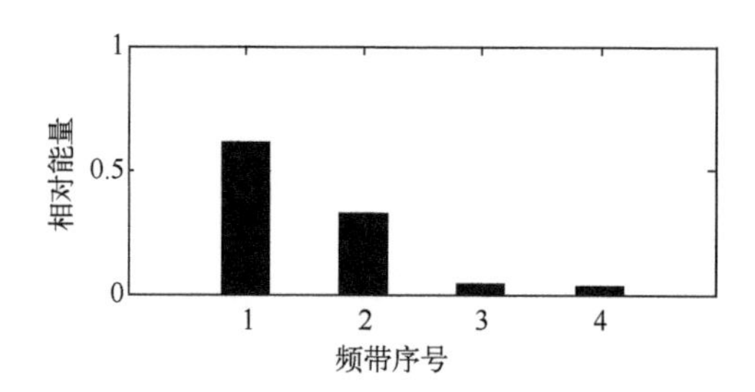

图 7-8　第二代小波包 2 层分解重构信号的相对能量分布

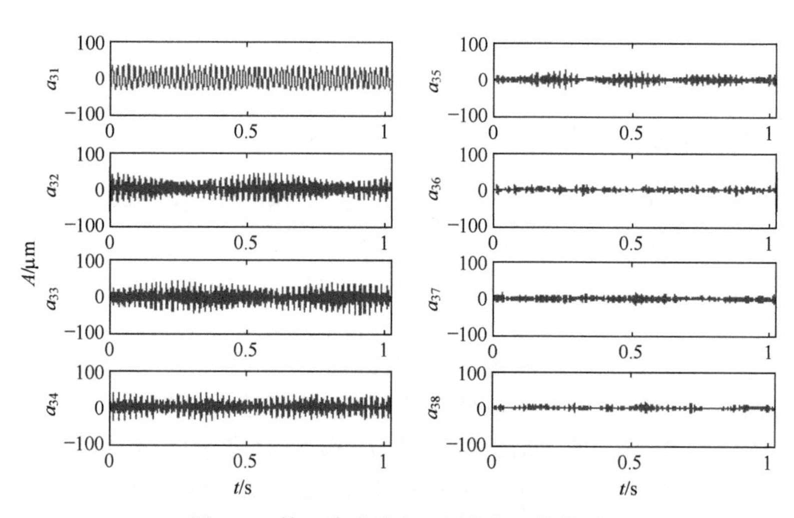

图 7-9　第二代小波包 3 层分解重构信号

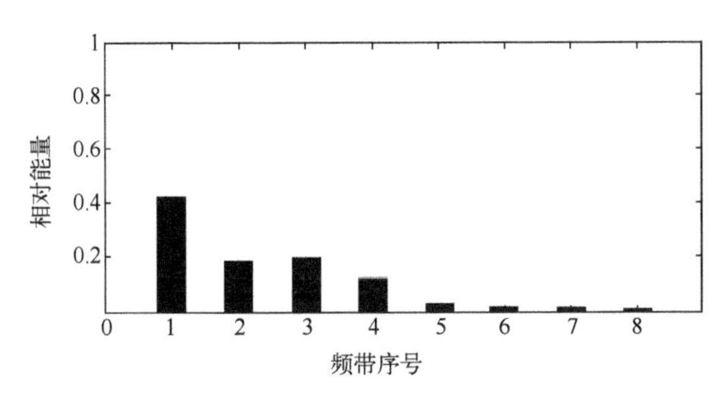

图 7-10　第二代小波包 3 层分解重构信号的相对能量分布

在 3 层信号分析的基础上,原始信号被进一步分解为 4 层,如图 7-11 所示,16 个信号分别对应于相应频带 0~62.5Hz,62.5~125Hz,125~187.5Hz,187.5~250Hz,250~312.5Hz,312.5~375Hz,375~437.5Hz,437.5~500Hz,500~562.5Hz,562.5~625Hz,625~687.5Hz,687.5~750Hz,750~812.5Hz,812.5~875Hz,875~937.5Hz 和 937.5~1000Hz。图 7-12 给出了 16 个分解重构信号的相对能量分布。从图中可以看出低频段所占信号能量较大,其中,第一个分解重构信号能量占比最大,其次为 4~8 频带,而第 2~3 频带信号能量占比较小。

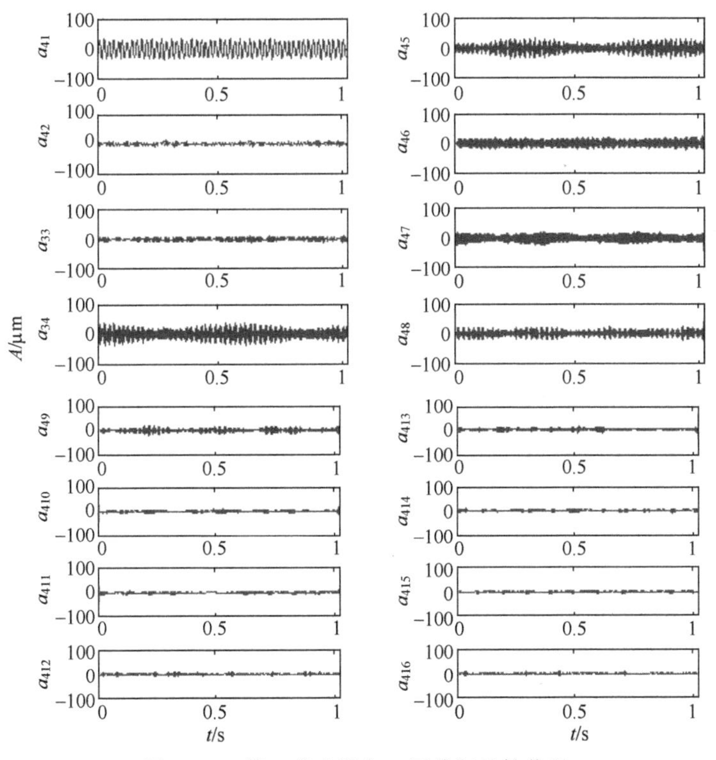

图 7-11　第二代小波包 4 层分解重构信号

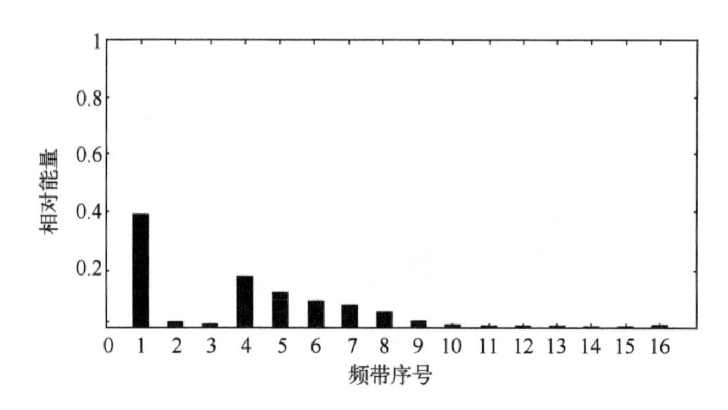

图 7-12　第二代小波包 4 层分解重构信号的相对能量分布

7.2.3　运行可靠性评估与健康维护

在运用第二代小波包对汽轮发电机组进行分解重构后,原始信号被分解成若干个频带独立的信号,每个频带具有对应的相对能量分布特征。信息熵作为一种无量纲指标,可以用来描述每个分解重构信号所提供的相对能量的平均信息量和信源的平均不确定性,实时度量机械信号的不规则性和复杂性,评估机械状态的可靠性。

1. 概率空间与随机变量

通常有限概率空间是由非空有限集 Ω 和概率函数 $P:\Omega\rightarrow[0,1]$ 给出的,其中,$\sum_{\omega\in\Omega}P(\omega)=1$,将其理解为 σ-代数是由幂集 Ω 给出的。对于一个随机变量 $X:\Omega\rightarrow\mathcal{X}$,假设 $X:\Omega\rightarrow\mathcal{X}$ 的范围是有限的。X 的分布被表示为 $P_x:\mathcal{X}\rightarrow[0,1]$。例如,$P_X(x)=P(X=x)$,其中,$X=x$ 是事件 $\omega\in\Omega\mid X(\omega)=x$ 的简写。在$\mathbb{R}$ 中的区间标准符号,例如,$[0,1]$ 和 $[1,\infty]$ 分别被表示为 $[0,1]=\{r\in\mathbb{R}\mid 0\leqslant r\ll 1\}$ 和 $[1,\infty]=\{r\in\mathbb{R}\mid 1<r\}$。

2. Rényi 熵

Rényi 熵统一了所有不同熵的测度。对于参数 $\alpha\in[0,1)\cup(1,\infty)$ 和任意一个随机变量 X,X 的 Rényi 熵被定义为

$$H_\alpha(X)=\frac{1}{1-\alpha}\log\sum_x P_X(x)^\alpha \tag{7-21}$$

式中:求和是对所有的元素 $x\in\mathrm{supp}(P_X)$。

众所周知而且不难验证 H_α 的定义与分别定义 H_0、H_2、$\lim_{\alpha\rightarrow 1}H_\alpha(X)=H(X)$ 和 $\lim_{\alpha\rightarrow\infty}H_\alpha(X)=H_\infty(X)$ 一致。而且,已知 Rényi 熵随参数 α 减小而逐渐减小,例如,当 $0\leqslant\alpha\leqslant\beta\leqslant\infty$,有 $H_\beta(X)\leqslant H_\alpha(X)$。

对于 $\alpha \in [0,1) \cup (1,\infty)$，可以很方便地将 $H_\alpha(X)$ 写为 $H_\alpha(X) = -\log \mathrm{Ren}_\alpha(X)$，且

$$\mathrm{Ren}_\alpha(X) = \left(\sum_x P_X(x)^\alpha\right)^{\frac{1}{\alpha-1}} = \|P_X\|_\alpha^{\frac{\alpha}{\alpha-1}} \tag{7-22}$$

式中：$\|P_X\|_\alpha$ 为 $P_X: X \to [0,1] \subset \mathrm{R}$ 的 α-范数。我们将 $\mathrm{Ren}_\alpha(X)$ 称为 X（秩序 α）的 Rényi 率。为了表述更为完整，定义 $\mathrm{Ren}_0(X) = |\mathrm{supp}(P_X)|^{-1}$ 和 $\mathrm{Ren}_1(X) = 2^{-H(X)}$，其与极限一致。

3. 运行可靠性度量

根据式（7-19）计算所得的第二代小波包分析信号的相对能量分布 $\widetilde{E}_{l,i}$，在 Rényi 熵计算框架内，将机械运行状态信号的能量特征映射为一种[0,1]区间的无量纲指标，定义运行可靠性：

$$R = 1 - \frac{1}{1-\alpha}\log_{2^l}\sum_{i=1}^{2^l}(\widetilde{E}_{l,i})^\alpha \tag{7-23}$$

根据公式，分别计算第二代小波包分解层数从 $l=2$ 至 $l=4$ 时汽轮发电机组的运行可靠性，结果如表 7-1 所列。从表中可以看出：当前汽轮发电机的运行可靠性较低。因为在第二代小波包分解层数从 $l=2$ 至 $l=4$ 变化时，所计算的结果都低于 0.4，推断当前汽轮发电机组健康状况不佳，存在潜在故障和危险参数使得机械运行状况变得不稳定，导致监测所得的振动信号的概率分布变得不确定，并因此导致机械运行可靠性的度量值低。

表 7-1　运行可靠性度量

分解层数	$l=2$	$l=3$	$l=4$
可靠性	0.3363	0.2467	0.2812

结合上述信号分析可知，工频在整个频率范围内幅值最大，如图 7-6 所示，一些从 2 倍频到 10 倍频的谐波频率成分同样幅值很大。在第二代小波包分析及其能量分布图中可以看出信号具有非平稳、非线性和有色噪声特点。由于在空负荷升速及带负荷运行工况下，与 4 号轴瓦相邻的 3 号轴瓦和 5 号轴瓦的垂直振动都不大（均在 20μm 以下），不同于 4 号轴瓦振动随转速升高和负荷增加而增大的特点。由此得出的结论是异常振动不是由机组高速不平衡及不对中因素引起的，因为如果不平衡及不对中发生，其他轴瓦位置的振动也将会超限。因此问题集中在 4 号轴瓦本身。可以推测 4 号轴瓦的振动信号中检测到的不正常和非线性成分可能是机械松动和局部摩擦引起的，因此必须检查轴承预紧力、垫块支撑状态和轴承洼窝。

基于上述分析，汽轮发电机组被停机检修。4 号轴瓦的预紧力与工艺要求差

异很大。用塞尺检测 4 号轴瓦左右垫铁间隙，左垫铁处 0.05mm 的塞尺可以塞入 30mm，右垫铁处 0.04mm 塞尺可塞入 25mm。4 号轴瓦下方垫铁应该预留的 0.05mm 间隙也远远没达到。根据现场具体情况，修刮了左、右垫铁，增加预紧力以满足工艺要求，然后开机试运转。4 号轴瓦检修后空载升速过程中振动明显下降。在 3000r/min 时，负荷逐步增加到 45MW，4 号轴瓦垂直振动的峰峰值基本稳定在 46~57μm，这相比于之前的情况好得多。为了对诊断结论进行验证和对检修后的机组运行可靠性进行评估，在转速 3000r/min 和负荷 6MW 条件下，4 号轴瓦振动通过传感器监测，这与维修前的情况相同。如图 7-13 所示为维修后的 4 号轴瓦振动信号的时域波形，与图 7-5 所示维修之前的振动信号波形相比有些差异。例如，振动信号顶部和底部的对称性远好于维修前，而峰间振动落在允许范围内，大约为 45μm。如图 7-14 所示为维修后振动信号的 FFT 频谱，这与图 7-6 中维修之前的 FFT 频谱也有不同。例如，从 2 倍频到 10 倍频的谐波分量的幅值大大减小，主要分量是工频 50Hz。然后进一步用第二代小波包分析进行2~4 层分析并计算相应频带的相对能量。

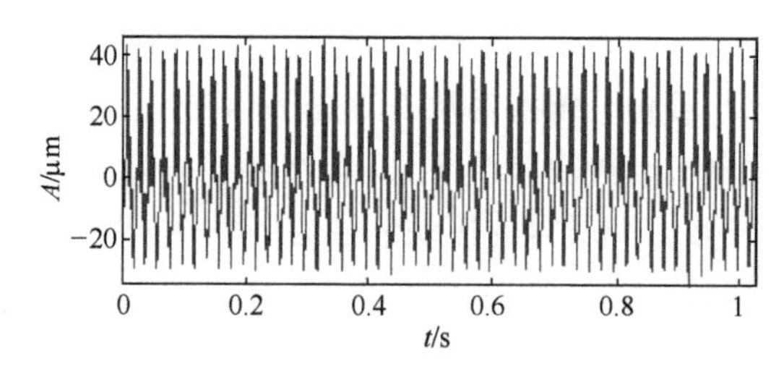

图 7-13　维修后的时域振动信号

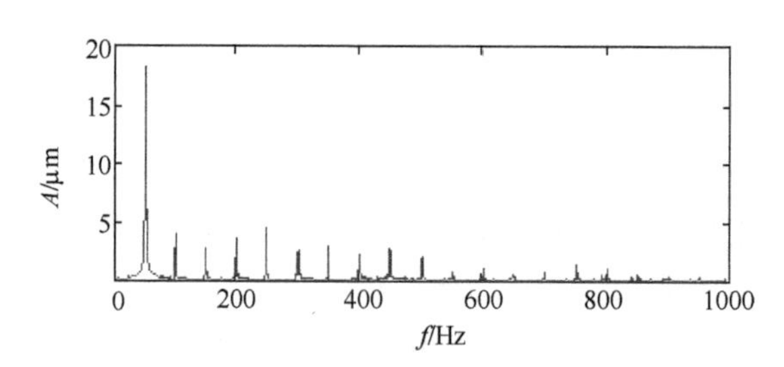

图 7-14　维修后振动信号的 FFT 频谱

图 7-15 所示为用第二代小波包进行二层分解重构所得的 4 个子信号。图 7-16 为4 个子信号的相对能量分布，从中可以看出：维修后信号的相对能量主要集中在第一个频带上。最后 3 个频带的相对能量非常小，这与维修前图 7-8 所示的相对能量分布不同。图 7-8 中第二个频带的相对能量占比较大，这是由 4 号轴瓦松动信息产生的，而且由于轴瓦松动故障使得振动信号的各频带能量分布相

对分散。可见,故障可以影响信号的频带能量分布。

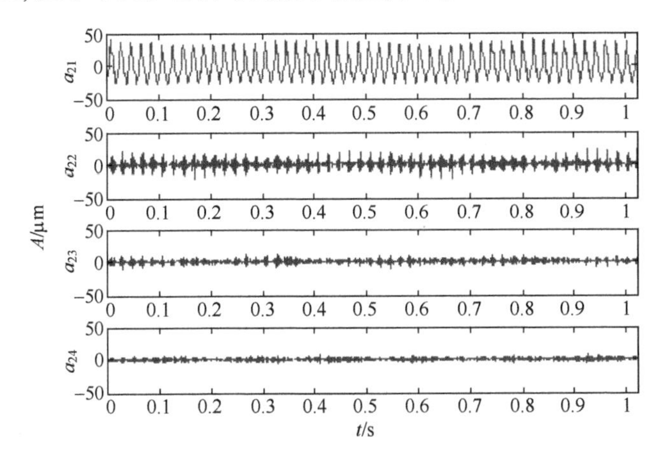

图 7-15　维修后第二代小波包 2 层分解重构信号

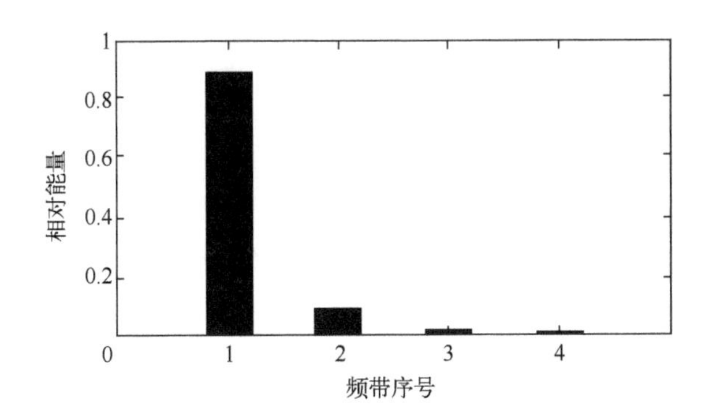

图 7-16　维修后的第二代小波包 2 层分解重构信号的相对能量分布

图 7-17 给出了第二代小波包进行 3 层分解重构的信号。图 7-18 给出了第二代小波包进行 3 层分解重构的信号相对能量分布。与维修前的图 7-10 不同,第一个频带能量最大,后面 7 个频带的相对能量很小。对比图 7-10 所示的维修前的汽轮发电机组工况,说明图 7-10 从第 2 个频带到第 4 个频带的较大的能量分布是由 4 号轴瓦的故障信息引起的。

进一步进行第二代小波包 4 层分解重构。如图 7-19 所示。维修后的第二代小波包分解重构信号的相对能量分布如图 7-20 所示。与图 7-12 中所示的维修前的振动信号第二代小波包 4 层分解重构后的能量分布不同,图 7-20 中除了第一个频带以外,其他频带的相对能量都很小。

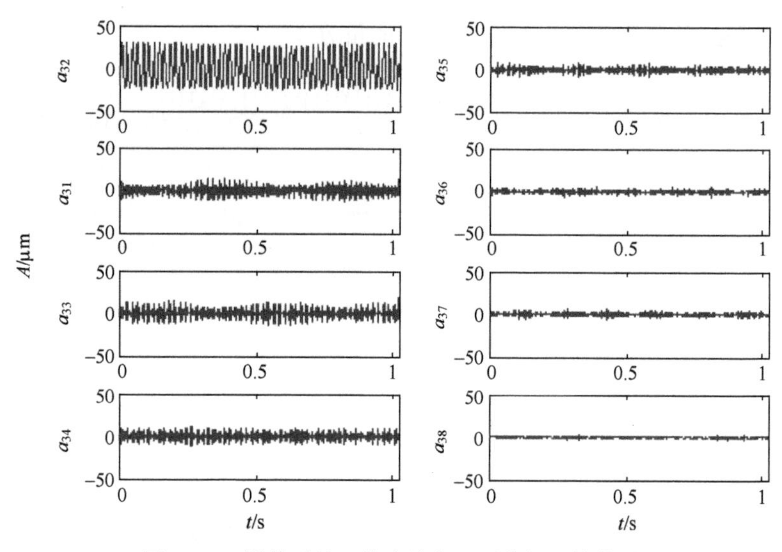

图 7-17　维修后第二代小波包 3 层分解重构信号

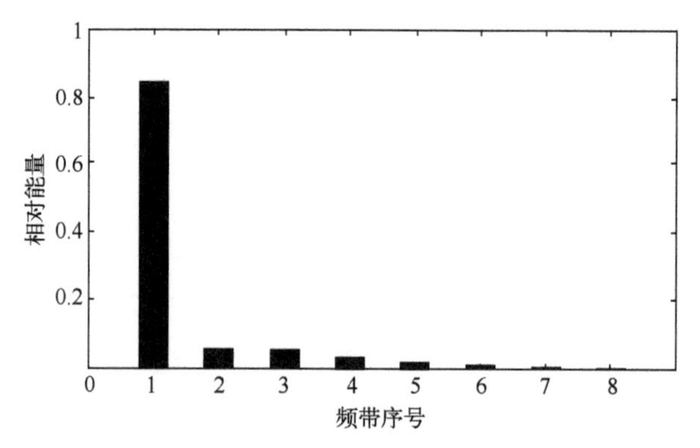

图 7-18　维修后的第二代小波包 3 层
分解重构信号的相对能量分布

根据图 7-12 与图 7-20 的对比差异进行推测:在维修前监测的振动信号,其第二代小波包分解重构后从第四频带到第九频带的相对能量是由 4 号轴瓦的松动引起的。综合看出:机械故障信息可以影响第二代小波包分解重构信号的能量分布并使得小波包能量分布分散。因此,第二代小波包变换通过将信号分解重构在不同频带,可以有效揭示复杂机电系统的运行工况。

综上所述,通过对比维修前后的分析结果可知:汽轮发电机组剧烈的振动是由 4 号轴瓦松动、支撑差、预紧力不足引起的。随着机组转速和负荷的增加,振动也逐渐加剧。振动信号具有非平稳特性、非线性特质和含有色噪声的特点,这些特点是由松动而产生的摩擦引起的。

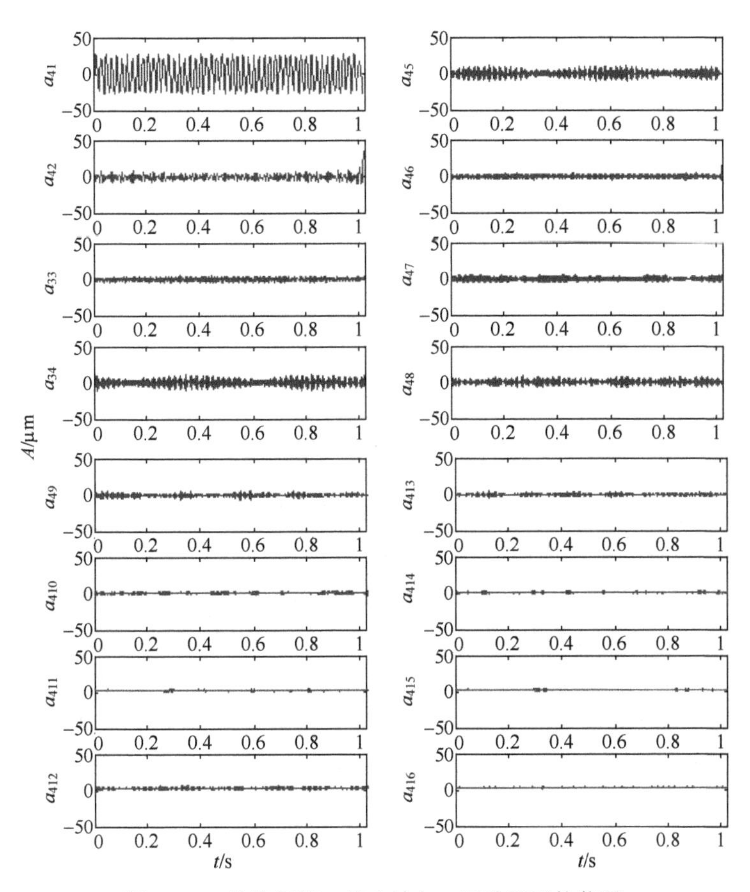

图 7-19　维修后第二代小波包 4 层分解重构信号

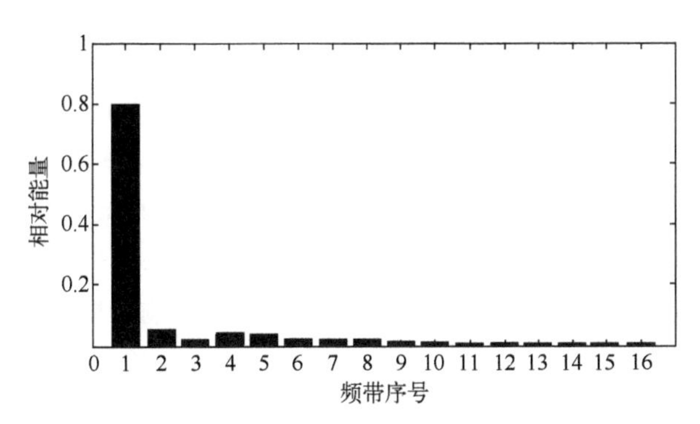

图 7-20　维修后第二代小波包 4 层分解重构信号的相对能量分布

根据式(7-23)，在对汽轮发电机组维修后，利用振动监测信号与第二代小波包分解重构信号相对能量评估其当前运行可靠性。计算结果如表 7-2 所列，可以看出维修后的运行可靠性得到了改善，基本都在 0.8 以上。

表 7-2 维修后的运行可靠性度量

分解层数	$l=2$	$l=3$	$l=4$
运行可靠性度量	0.8627	0.8278	0.8060

7.2.4 分析与讨论

1. 汽轮发电机组维修前后的运行可靠性度量对比分析

当汽轮发电机组处于性能退化和危险状态,其系统工作稳定性降低,导致安全运行状态将变得越来越不确定。熵是"不确定性"的测度,最不确定的概率分布(如等概率分布)具有最大的熵值。因此,信息熵的大小也反映了概率分布的均匀性,可以实时度量机械监测信号的不规则性并反映机械运行状态的可靠性。维修前的汽轮机组,由于 4 号轴瓦的松动故障,导致振动监测峰峰值超限,基于第二代小波包分解重构信号的相对能量分布松散,Rényi 熵值较大,运行可靠性计算结果较小。从表 7-1 中可以看出:从分解层数 $l=2$ 到 $l=4$,所有可靠性计算结果都低于 0.4,当级别 $l=3$ 时运行可靠性评估结果最低为 0.2467。这表明当前汽轮机组的运行可靠性非常差而且需要维修。当停机维修发现:4 号轴瓦的预紧力低于标准值,引起机械松动和局部摩擦,从而导致传感器监测所得的振动信号出现了不规则与频率混乱现象。

当对汽轮发电机组维修后,第二代小波包分解层数从 $l=2$ 到 $l=4$,所有计算的运行可靠性指标都超过 0.8。说明:通过振动监测、评估诊断、停机维修提高机组健康状态与运行可靠性,可见及时的维修可以提高运行安全性并避免事故发生。总体来看,通过对汽轮发电机组振动状态监测,并对信号进行第二代小波包分析获取各频带相对能量分布,然后计算 Rényi 熵并将其映射到概率[0,1]空间,实现基于振动状态监测的复杂机电系统运行可靠性评估。通过某热电厂汽轮发电机组实例分析发现:通过小波 Rényi 熵提出的运行可靠性评估方法可以为汽轮发电机组健康监测与维护提供指导并奠定诊断基础。

2. 第二代小波包分解层数对运行可靠性评估的影响分析

从表 7-1 和表 7-2 可以看出,运行可靠性的度量与第二代小波包分析的分解层数相关。分解层数每增加一层,分解后频带数量增加 1 倍。随着频带数量增加,原来每个频带相对集中的能量被分配到下一层增加的频带中,因而使得信号的相对能量分布变得不确定,熵增且可靠性度量降低。所以,在汽轮机组维修后的运行可靠性度量如表 7-2 所列,随着分解层数从 $l=2$ 增加到 $l=4$,运行可靠性单调递减。但是在维修前如表 7-1 所列,由于机械不稳定状态与故障信息使得振动监测信号不规则、不确定性程度较高，因而经过第二代小波包分解重构后的信号相对能量分布分散，故运行可靠性度量与第二代小包分解层数不遵循简单的单调递减原则。因此在具体分析中，可选用合适的层数 l 来度量复杂机电系统的运行可靠性。由于层数 $l=3$ 介于层数 $l=2$ 与 $l=4$ 的中间，故实际工程应用中选用层数 $l=3$ 是较为合适的。

7.3 钢厂压缩机齿轮箱运行可靠性评估与健康维护

目前，可靠性评估与健康维护是一个面向系统安全的多学科交叉的科学学科。可靠性工程的根本问题与系统的表示和负载模型、系统模型的量化分析，系统失效行为的演变和失效结果的不确定度评估等有关。由于齿轮箱不仅广泛应用在不同类型的工业装备中，而且是旋转机械的核心部件，因此评估齿轮箱的运行可靠性可以减少机械故障并提高机械设备的可用性。为了评估某钢厂氧气压缩式发电机中齿轮箱的运行可靠性，在从状态信息中提取第二代小波包分解重构信号的相对能量分布的基础上，定义了一种规则化小波熵，将机械运行状态信息映射到可靠性[0,1]度量区间。

7.3.1 状态监测与振动信号采集

某钢厂一台制氧机，如图7-21所示，增速齿轮箱输出轴转速为14885r/min。运行中发现齿轮箱振动增大，并出现高频噪声。如图7-21所示，齿轮箱中有4个滑动轴承，分别用1~4号表示，用加速度传感器测振，采样频率为20kHz。通过监测：发现3号轴承处的振动是4个滑动轴承中最强烈的。同时，3号轴承的温度最高，超出了50℃。在3号轴承处采集获得的振动信号如图7-22所示，包含较多的混乱信息。如图7-23所示为振动信号的频谱，从中可以看出频率成分遍布整个频谱，而且在高频带包含了丰富的振动信息。

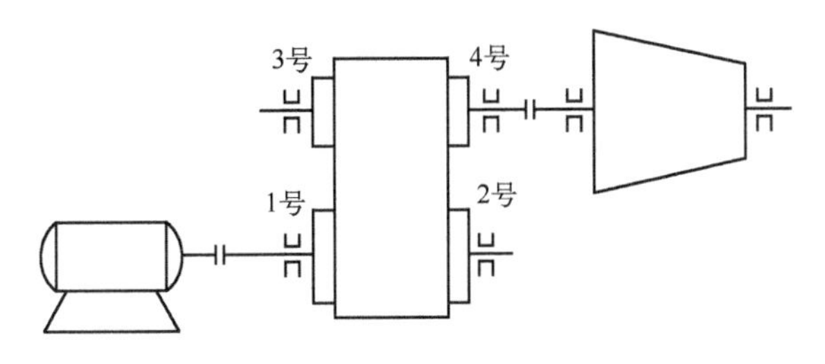

图7-21 压缩机齿轮箱结构示意图

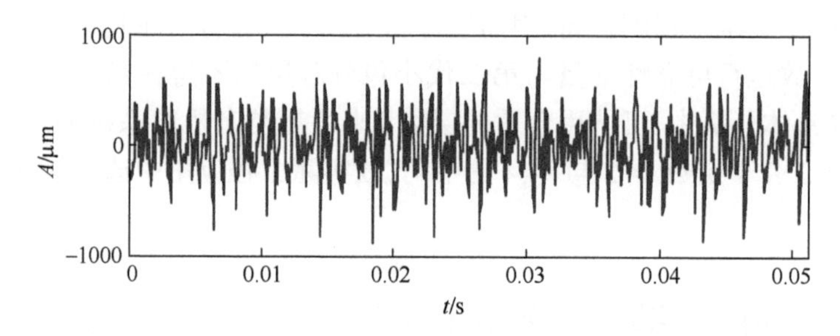

图 7-22 振动信号的时域波形

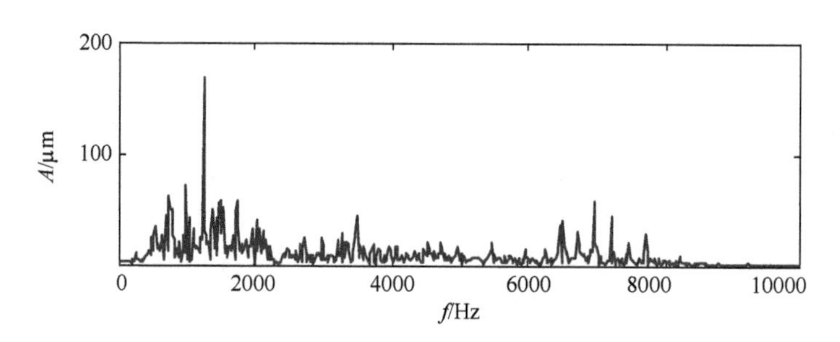

图 7-23 振动信号的频谱

7.3.2 振动信号分析

为了进一步分析振动信号以获得丰富的状态信息，采用了第二代小波包将原始信号分别分解到 2 层、3 层、4 层程度。图 7-24 描述了第二代小波包对原始信号进行 2 层分解重构后获得的 4 个信号，其分别对应于 0～2500Hz，2500～5000Hz，5000～7500Hz 和 7500～10000Hz 的频带。然后根据式(7-19)分别计算各个信号的相对能量，各个信号所占整个信号的相对能量分布如图 7-25 所示，从图中可以看出：第 1 个频带信号能量最大，第 2 和第 3 频带有势均力敌的能量占比。

在进行 2 层小波包分析的基础上，信号被进一步进行 3 层分解重构，获得了 8 个信号，如图 7-26 所示，分别对应于频带 0～1250Hz，1250～2500Hz，2500～3750Hz，3750～5000Hz，5000～6250Hz，6250～7500Hz，7500～8750Hz 和 8750～10000Hz。8 个信号的相对能量分布如图 7-27 所示，前 4 个频带的能量远大于后 4 个频带。值得注意的是：经过 3 层分解重构后，信号被分解到 8 个频带，各个分解重构的信号所占的相对能量分布参差不齐，第 2 个频带信号能量最大，第 1 个频带信号次之，信号主要集中在低频，但是高频段第 6 个频带信号突起，可能是机械的异常状态信息。

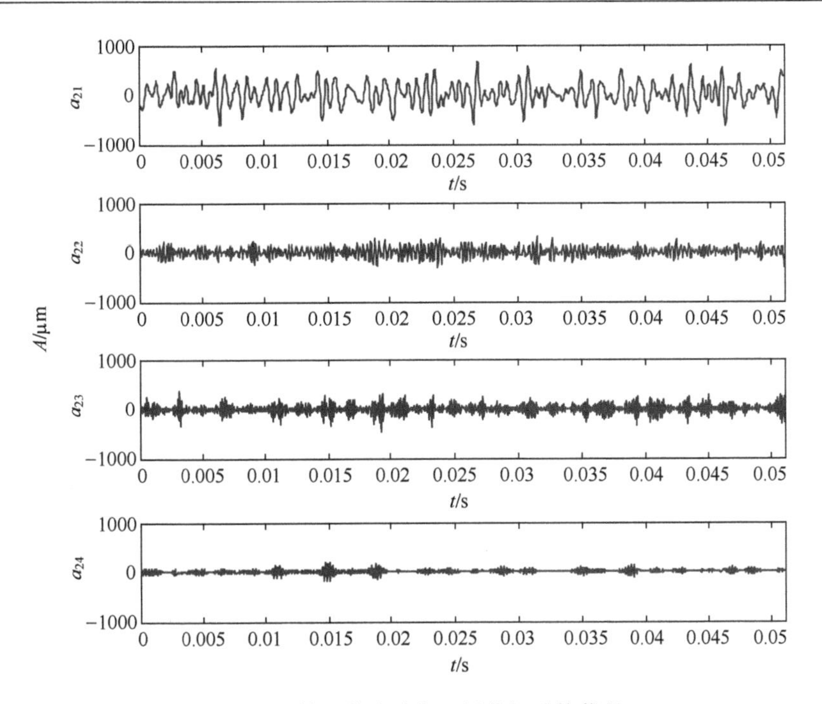

图 7-24　第二代小波包 2 层分解重构信号

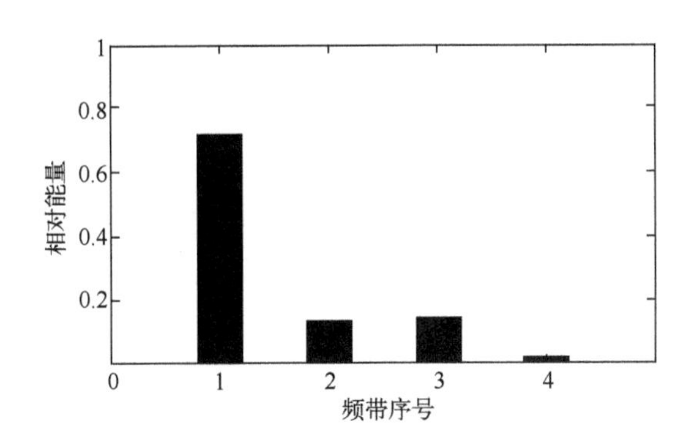

图 7-25　第二代小波包 2 层分解重构信号的相对能量分布

然后对信号进一步进行 4 层分解重构，获得 16 个信号，如图 7-28 所示，分别对应于频带 0～625Hz，625～1250Hz，1250～1875Hz，1875～2500Hz，2500～3125Hz，3125～3750Hz，3750～4375Hz，4375～5000Hz，5000～5625Hz，5625～6250Hz，6250～6875Hz，6875～7500Hz，7500～8125Hz，8125～8750Hz，8750～9375Hz 和 9375～10000Hz。图 7-29 给出了 16 个分解重构信号的相对能量分布。从图中可以看出

低频段所占信号能量较大，其中，第 3 个分解重构信号的频带能量占比最大，其次为第 2、4、6、11、12 以及第 1 频带，而其余频带信号能量占比较小。通过上面的分析，整体可以看出：当前各频带信号相对能量分布比较杂乱，高低错落，怀疑有机械异常。

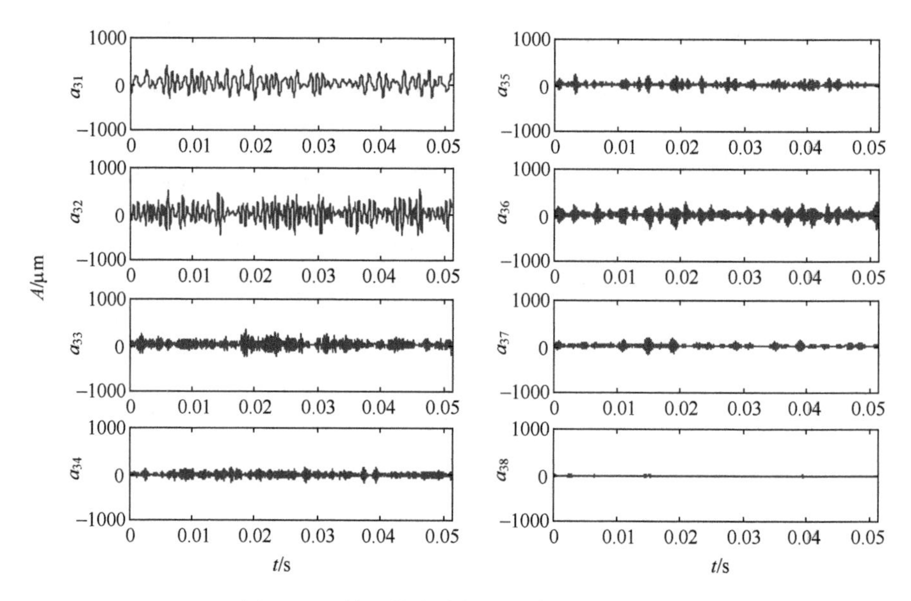

图 7-26 第二代小波包 3 层分解重构信号

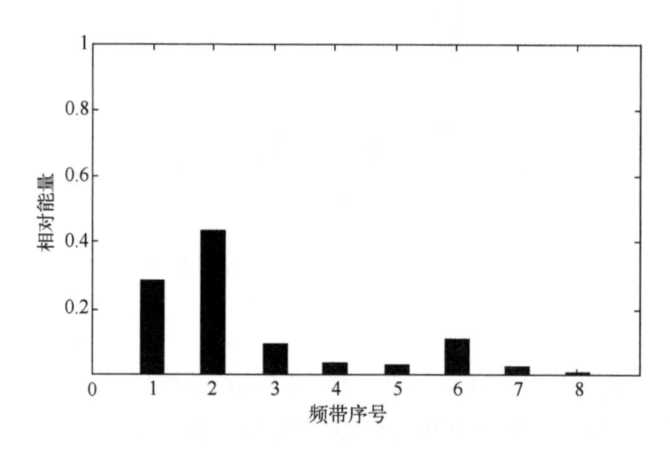

图 7-27 第二代小波包 3 层分解重构信号的相对能量分布

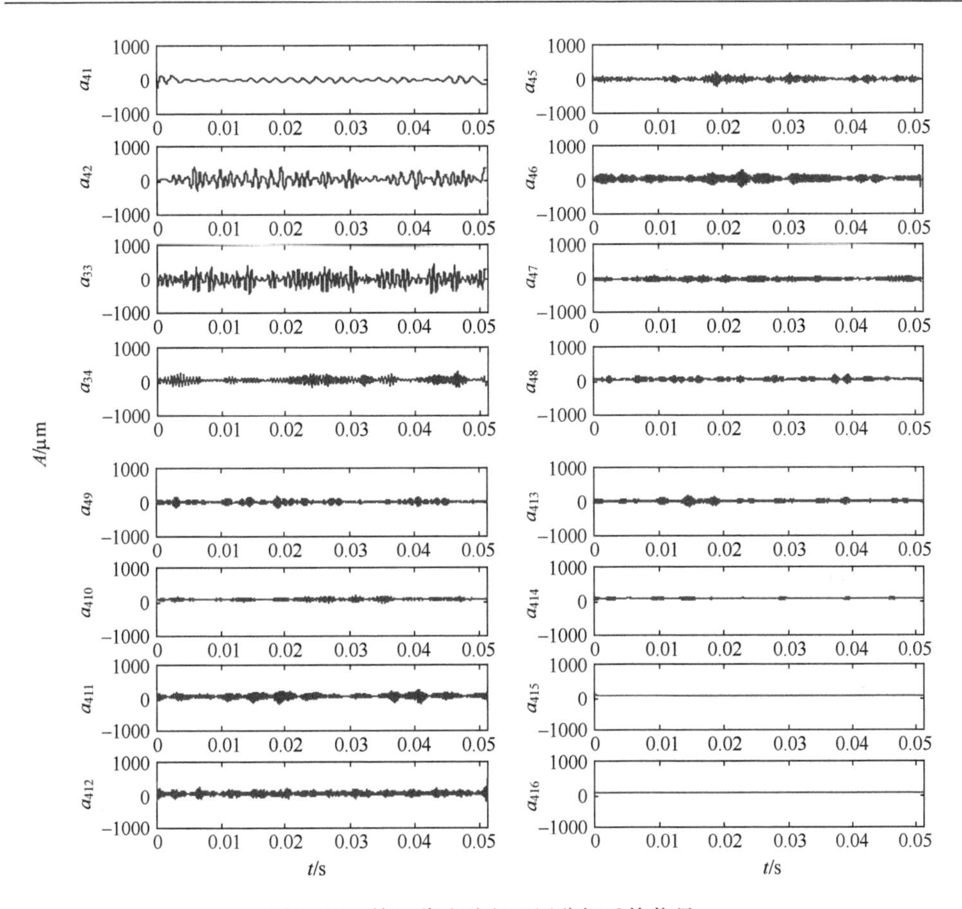

图 7-28　第二代小波包 4 层分解重构信号

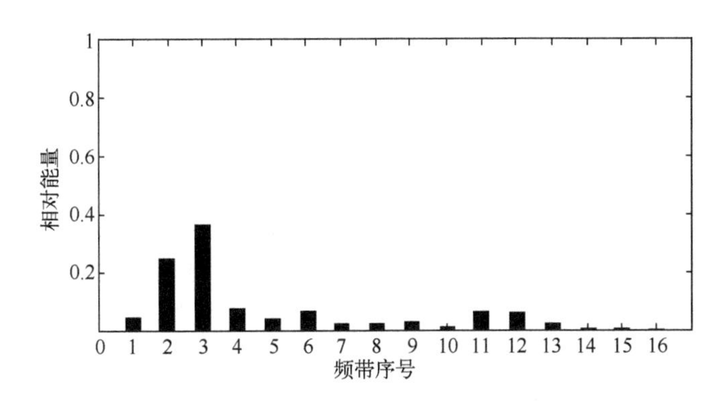

图 7-29　第二代小波包 4 层分解重构信号的相对能量分布

7.3.3 运行可靠性评估与健康维护

在运用第二代小波包对压缩机齿轮箱轴承处的监测信号进行分解重构后,原始信号被分解成若干个频带独立的信号,每个频带具有对应的相对能量分布特征。

香农熵是与随机变量相关的不确定度的度量。例如,香农熵量化了包含在信息中的信息期望值。在式(7-24)中定义了随机变量 X 的香农熵,其中,P_i 通过式(7-25)中的 x_i 定义,x_i 表示从随机变量 X 中 n 个符号中的第 i 个可能值,P_i 表示了 $X=x_i$ 的概率:

$$H(X)=H(P_1,\cdots,P_n)=-\sum_{i=1}^{n}P_i\log_2 P_i \tag{7-24}$$

$$P_i=\Pr(X=x_i) \tag{7-25}$$

香农熵具有以下特性但不受其限制:

(1) 界限:$0\leqslant H(X)\leqslant \log_2 n$;

(2) 对称性:$H(P_1,P_2,\cdots,P_n)=H(P_2,P_1,\cdots,P_n)=\cdots$;

(3) 分组:$H(P_1,P_2,\cdots,P_n)=H(P_1+P_2,\cdots,P_n)+(P_1+P_2)H(P_1/(P_1+P_2),P_2/(P_1+P_2))$。

在香农熵定义框架内,根据式(7-19)计算所得的第二代小波包分析信号的相对能量分布$\widetilde{E}_{l,i}$,将机械运行状态信号的能量特征映射为一种[0,1]区间的无量纲可靠性指标:

$$R=1-\left(-\sum_{i=1}^{2^l}\widetilde{E}_{l,i}\log_{2^l}\widetilde{E}_{l,i}\right)^2 \tag{7-26}$$

由于力学性能退化和故障使机械状态不确定,检测状态信息的概率分布将变得不确定,而且熵会增大。假设经过第二代小波包第 l 层分解重构后的 2^l 频带的信号相对能量服从均匀分布,则$\widetilde{E}_{l,i}=1/2^l$,括弧中的香农熵计算为1,则当前运行可靠性为0。相反,如果只有一个频带集中了所有能量,其相对能量等于1(像确定事件),而运行可靠性计算为1。综上所述,结论是最不确定的概率分布(如等概率分布)有最大熵,运行可靠性最小;而最确定概率分布有最小熵,运行可靠性最大。因此,当机械设备处于运行到失效的不同工况,熵值计算是信息不确定度的测度,提供了分析第二代小波包分解重构信号相对能量的概率分布实践标准。由于第二代小波包分解重构可以满足信号精细化分析的需求,而且熵与信息不确定度的测量相关,因此提出了一种用从状态监测信息中获得的第二代小波包分解重构信号的相对能量分布的熵值映射机械设备运行可靠性。

根据式(7-26),从第二代小波包2层分解到4层分解,分别计算运行可靠性。从表中可以看出:在第二代小波包分解层数从 $l=2$ 至 $l=4$ 变化时,所计算的结果大概在0.5附近,推断当前机械运行状况不太确定,导致监测所得的振动信号的概率分布变得不确定,并因此导致机械运行可靠性的度量值低。

停机检查发现轴瓦乌金大面积裂纹,多处碎裂。更换 3 号轴瓦后开机,振动减小,高频噪声也有明显改善。检修后开机 3 号轴承振动波形及其频谱分别如图 7-30 和图 7-31 所示。

表 7-3　运行可靠性度量

分解层数	$l=2$	$l=3$	$l=4$
运行可靠性度量	0.6120	0.4924	0.4854

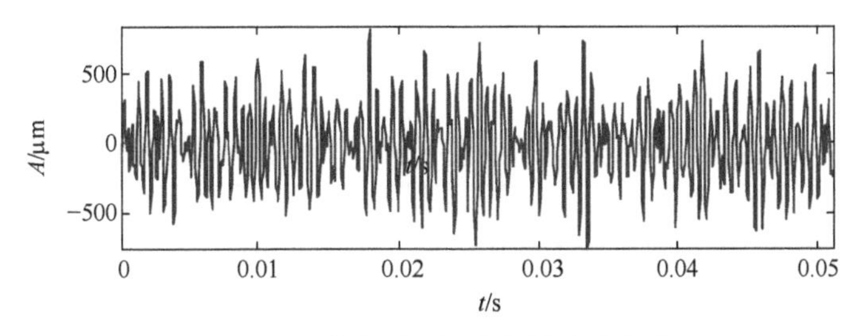

图 7-30　维修后的振动信号时域波形

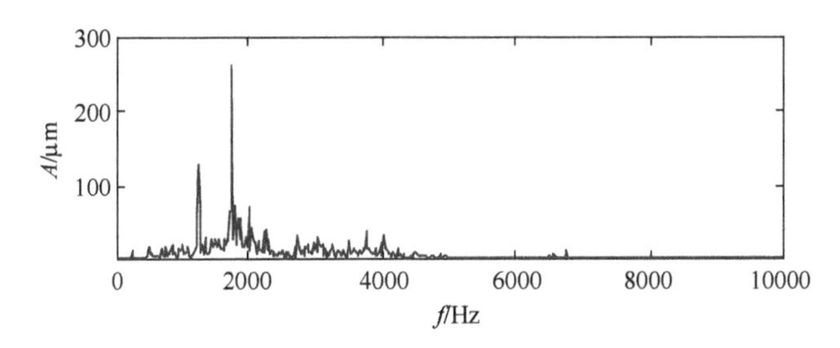

图 7-31　维修后的振动信号频谱

图 7-32 所示为用第二代小波包分析的 2 层分解重构的信号。图 7-33 给出了第二代小波包分解重构信号的相对能量。与维修前的图 7-25 有所不同,维修后信号的相对能量集中在第 1 个频带上,第 2 个频带仍占有一定能量,而第 3 个频带的相对能量非常小,这与维修前图 7-25 所示的相对能量分布不同,维修前第 3 个频带也占有较大能量。因此推测维修前图 7-25 中所示的第 3 个频带所占的较大的相对能量可能是由 3 号轴瓦乌金大面积裂纹、多处碎裂产生的故障信息,使得 4 个频带的能量分布相对分散。

图 7-34 给出了第二代小波包进行 3 层分解重构的信号。图 7-35 给出了第二代小波包进行 3 层分解重构的信号相对能量分布。第 2 个频带能量最大,且占比最大,频带 1、3、4 能量占比较小,后面 4 个频带的相对能量很小。与维修前的图 7-27 不同,维修前第 6 个频带也占有一定能量,1、2 频带相对能量占比也较

大，同时第 2 个频带的能量占比没有维修后大。对比说明维修前图 7-27 中从第 1、3、6 个频带都占有较大相对能量，这些信号能量是由于 3 号轴瓦乌金大面积裂纹、多处碎裂产生的故障使得异常振动覆盖了较大的频带范围。当维修后，机械稳定运转，使得监测的信号频带的相对能量分布变得集中。

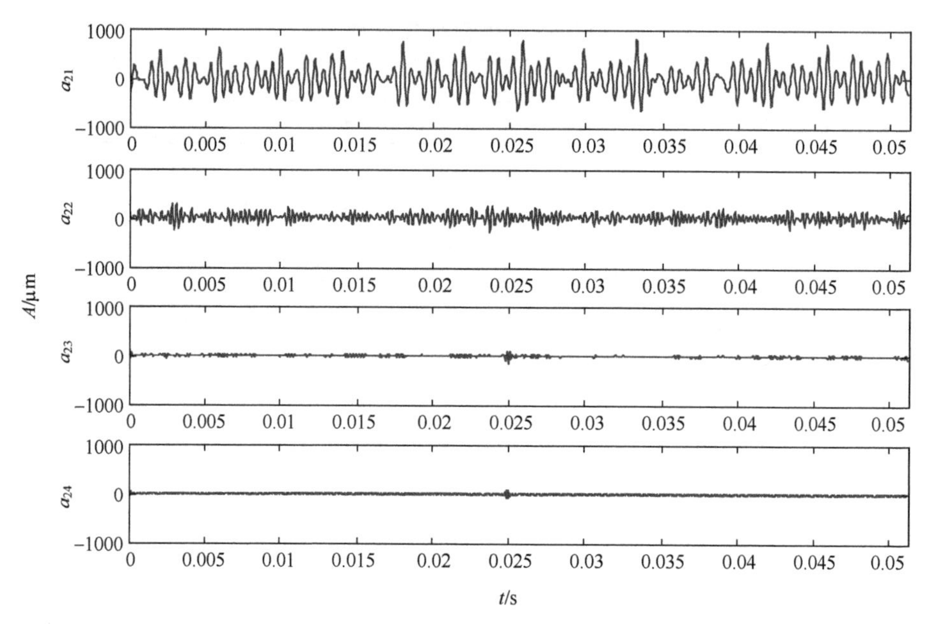

图 7-32　维修后第二代小波包 2 层分解重构信号

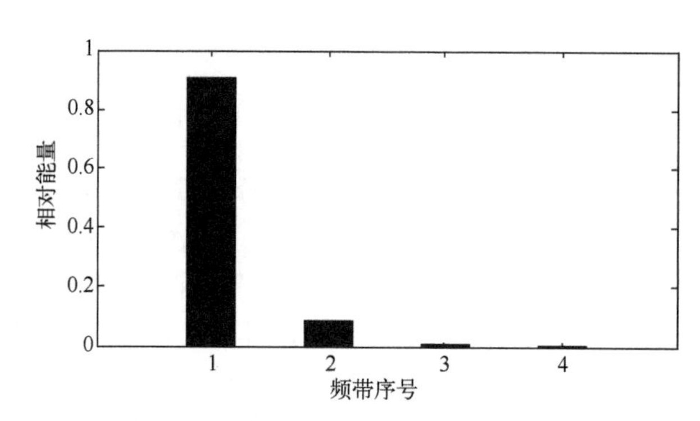

图 7-33　维修后的第二代小波包 2 层分解重构信号的相对能量分布

进一步进行第二代小波包 4 层分解重构，如图 7-36 所示。维修后的第二代小波包分解重构信号的相对能量分布如图 7-37 所示，图中主要能量集中在第 3 频带，第 2、4、5、6 频带也有少量能量占比。与图 7-29 中所示的维修前的能量分布差异较大，因为维修前图 7-29 中第 2 个频带能量占比也较大，接近第 3 频带，同时 1、4、5、6、9、11、12 都占有一些相对能量，能量分布分散不集中。

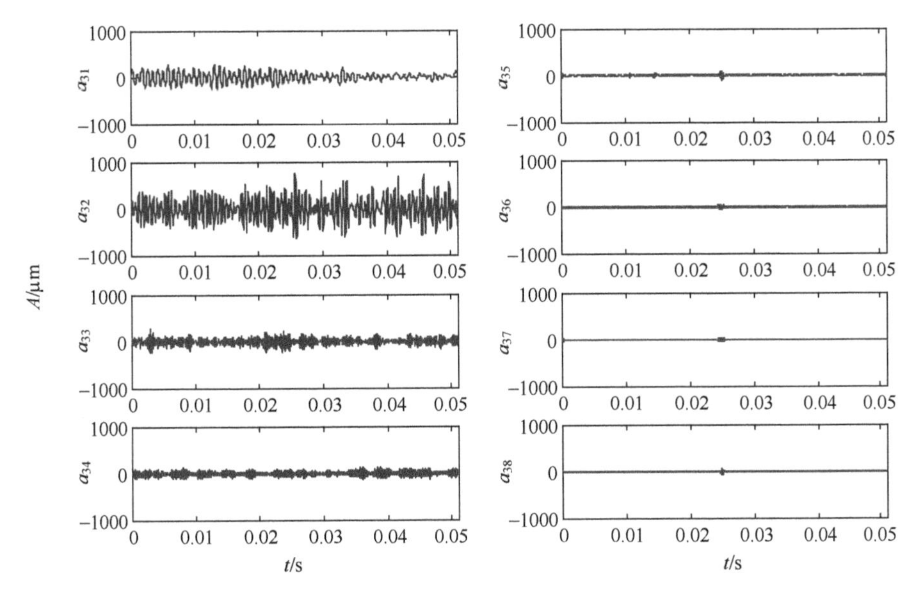

图 7-34　维修后第二代小波包 3 层分解重构信号

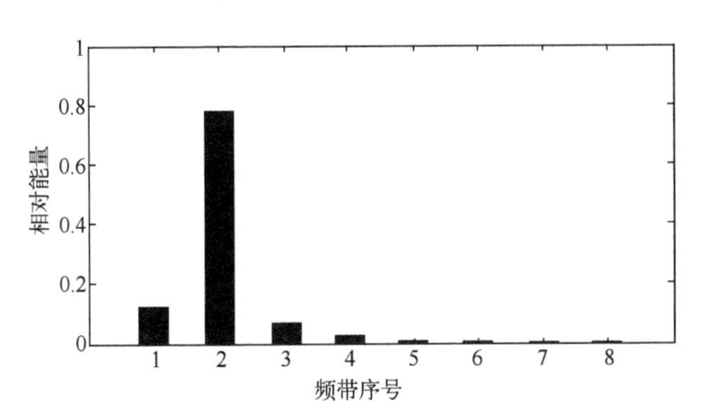

图 7-35　维修后的第二代小波包 3 层分解重构信号的相对能量分布

根据维修前与维修后的相对能量分布对比差异可以看出：机械故障信息可以影响第二代小波包分解重构信号的能量分布并使得小波包能量分布分散。据此，根据所得的信号相对能量分布计算维修后的运行可靠性，如表 7-4 所列，可以看到经过维修后的可靠性得到提高。因此，第二代小波包变换通过将信号分解重构在不同频带，可以有效揭示复杂机电系统的健康状态。

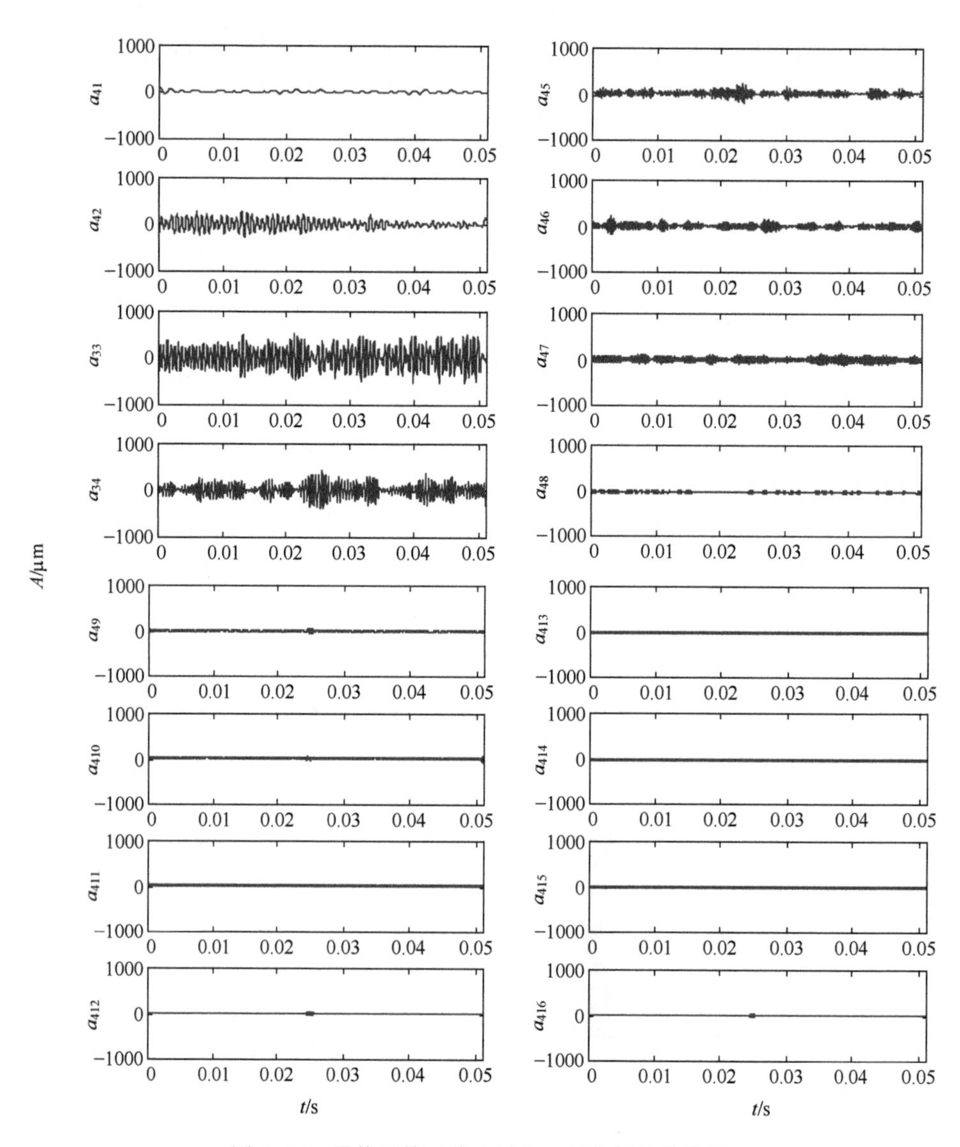

图 7-36　维修后第二代小波包 4 层分解重构信号

表 7-4　维修后的运行可靠性度量

分解层数	$l=2$	$l=3$	$l=4$
运行可靠性度量	0.9444	0.8698	0.7968

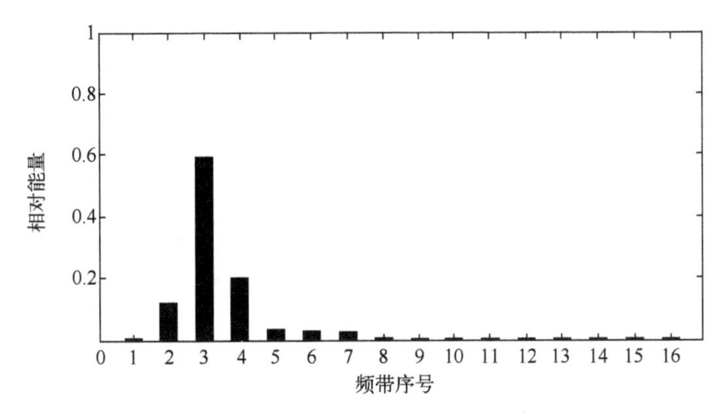

图 7-37　维修后的第二代小波包 4 层分解重构信号的相对能量分布

7.3.4　分析与讨论

通过上述分析可知：当机械设备经历性能退化或设备中出现一些故障，其工作稳定性降低，运行状态会变得越来越不确定，而所监测的信息中因含有异常与故障信息，使得信号的第二代小波包分解重构信号在频带上的相对能量分布分散，据此计算的运行可靠性低。

通过对比维修前后的运行可靠性发现：在不同分解层数 l 条件下，维修后的运行可靠性都优于维修前。从表 7-3 中可以看出：从第 2 层到第 4 层，所计算的运行可靠性程度都大约为 0.5，这说明目前的机械健康状况不确定，需要维修。维修后，表 7-4 中所有层数的运行可靠度都超过 0.7，在层数为 2 时可靠度最大为 0.9444。可见：及时的修理和维护可以提高机电设备的运行可靠性并防止事故发生，基于状态监测信息的运行可靠性评估可以为视情维修提供依据并确保机电系统运行安全。

从表 7-3 和表 7-4 中可以看出：可靠性的度量值随分解层数增加而单调均匀地减小。这是由于：当分解层数 l 增加，频带的数目成倍增加，原来集中的能量被分散到增加的频带上。随着频带的增加，每一个频带占据一定的能量而且能量分布变得更不确定。因为熵随着概率分布不确定度的增加而增加，所以随着频带增加使得运行可靠性度量减少。因此定义的运行可靠性度量应该在合适的级别 l 进行计算，建议中间层数 $l=3$ 较合适。

7.4　航空发动机转子装配可靠性评估与健康维护

航空发动机是飞行器的“心脏”，是在高温、高压、高转速的恶劣环境下长期反复使用的热力机械，对飞行器的性能具有极其重要的影响。刘大响院士于 2008 年

4月在全国飞机制造技术论坛上指出：航空发动机具有“三高”(高可靠、高性能、高安全)，“四低”(低油耗、低污染、低噪声、低成本)，“一长”(长寿命)的特点。航空发动机技术历来是世界军事强国优先发展、高度垄断、严密封锁的关键技术，是一个国家军事装备水平、科技工业实力和综合国力的重要标志之一。1963—1975年，美国空军战斗机共发生飞行事故3824起，其中由于发动机原因导致飞行事故1664起，约占总飞行事故数的43.5%；1989—1993年，世界航空运输共发生279起重大飞行事故，其中因发动机故障导致的飞行事故约占到20%以上。因此，航空发动机是航空飞行安全与维修保障的重点。

目前，世界各国及各大航空公司都非常重视发展有关航空发动机的安全技术。表7-5[33]总结描述了航空发动机的典型故障与常见诊断手段及监测参数。波音B747、B767和空客A310等飞机都装备了完整的状态监控和故障诊断系统，发动机监测参数已超过15个。F100发动机的诊断系统共记录和监测38个发动机参数和飞行参数，包括监控超转、超温、滑油回油压力异常、发动机失速、喘振、主燃油泵故障、加力燃烧室故障及熄火等异常情况。F100-PW-220发动机状态监控系统的有效性为99.3%，每100万飞行小时，状态监控的失误率小于1%。波音B747飞机上使用的JT90发动机采用状态监控系统，建立趋势分析模型，可以确定发动机性能恶化的来源。配装于波音B767、B777、麦道MD-11飞机的PW4000发动机和配装A320、MD-90飞机的V2500采用综合控制和监控系统，具有自检、故障隔离和精确调节推力的能力，提高了飞行的可靠性和维修性[33]。当前，智能化测试技术是航空发动机发展的必然趋势。美国空军的发动机综合管理系统中应用了维修专家系统(XMAN)以及发动机故障寻找专家系统(JET-X)、涡轮发动机专家诊断系统(TEXMAX)等。人工智能技术在机内测试、自动测试设备、发动机状态监控中有助于减轻在复杂系统中人员的负担。利用以专家系统为基础的诊断系统可以使维修工时减少30%，零件失效更换率减少50%，维修试验减少50%。美国陆军AH-64直升机的人工智能故障监测系统利用人工智能方法，通过一台智能故障诊断定位装置进行故障检测、识别和诊断，找出故障所在，进行维修，整个系统由一台机载计算机进行控制。

表7-5 典型航空发动机故障诊断方法

故障	诊断手段	监测参数
叶片损伤	气动参数测量、振噪分析、孔探仪	转速、排气温度、振动、噪声谱
疲劳裂纹	振动、孔探仪、噪声、超声波	振幅、频率、噪声谱
阻尼台损坏	振动、噪声	叶片间距、振动
机械侵蚀	气动参数测量	推力、燃油流量、涡轮前温度、高低压转速

续表

故　障	诊断手段	监测参数
喘振	气动参数测量、振动	燃油流量、空气流量、涡轮进出口温度、转速
放气门或导流片控制失灵	气动参数测量、噪声	涡轮前温度、空气流量、转速
压气机封严磨损	气动参数测量	空气流量、转速、压气机出口温度、涡轮出口温度、推力
叶片结冰	气动参数测量、转子灵活性	转速、空气流量、压气机出口温度、压力

尽管飞机和航空发动机都装备了完整的状态监控和故障诊断系统，但是航空发动机故障与破裂事故多年来一直是层出不穷的顽疾，曾频频发生于多个型号的飞机中。例如，1989年，一架B1-B轰炸机由于F-101发动机的高压涡轮后轴封严蓖齿盘断裂而失事。从1994年7月起的不到两个月的时间内，美国现役主力战斗机F-16连续摔掉4架（埃及空军和以色列空军各摔两架）。短时间内由于同一故障连续摔掉4架飞机的航空事故在世界航空史上是非常罕见的。经过美国空军和航空发动机制造商GE公司的联合事故调查与分析表明：造成4架F-16摔机的原因是该飞机的F-110发动机高压涡轮后轴的封严篦齿盘破裂，断裂的碎片打坏低压涡轮，最终造成发动机损坏。在过去装用了F-101和F-110发动机的飞机失事事件中，有8架不同型号的飞机B-1B、F-14和F-16都是由封严蓖齿盘断裂造成的[3]。针对上述封严蓖齿盘断裂事故，美国空军和GE公司也采取了多种措施，例如调整封严蓖齿间隙，将原用的卡环形减振环改为减振衬套等。为了解决封严蓖齿盘破裂事故，从1994年底起，美国空军有150架F-16停飞，其他国家空军有200架F-16停飞，5架B-2轰炸机中有两架停飞，还有一些F-14D停飞。我国某型航空发动机也出现封严蓖齿盘破裂的安全问题，由于封严篦齿盘主要承受旋转过程中传递的扭矩，它靠螺栓联结预紧后在接合面间产生的摩擦力矩来抵抗转矩。而采用测力矩扳手或定力矩扳手控制螺栓预紧力的拧紧力矩受摩擦系数波动的影响较大，所以沿轮盘周向分布的螺栓预紧力可能会有差异。如果预紧力大小有差异，那么封严篦齿盘就会受到某个方向的预载荷，从而产生初始应力，对转子轴系造成附加弯矩，同时还会使联结轴系不同心或不平直，使得转子处于不平衡状态，造成转子的反复弯曲和内应力，从而产生过度振动，加速零件磨损，最终引起裂纹和破裂事故。此外，当经过拆卸安装螺栓后，或者在服役一段时间后，会使得装配孔与螺栓的配合间隙增大从而引起配合精度降低，这也会使得联结轴系不同心或不平直，并造成转子组件松动。综上所述，国内外发生的封严蓖齿盘破裂事故是学术界和工程界非常关注并期待解决的难题。因此，需要发展一种有效的航空发动机转子装配可靠性评估方法，从装配的技术安全角度确保航空发动机转子的可靠性与

安全性。

装配是产品制造的最后环节，如何从装配源头确保机械装备的可靠性与安全性是学术界和工程界非常关注的问题之一。据统计：在汽车装配行业，一个新产品制造中由于安装产生的故障大约占到新产品失效总数的40%～100%[33]。当前，由于缺乏有效检测航空发动机转子装配可靠性的自动化方法和先进技术，航空发动机转子装配性能的好坏只能依赖整机试车得到间接评估，有时甚至会出现多次试车不合格—拆解—装配—试车不合格—再拆解—再装配—再试车等重复性工作。发展航空发动机转子装配可靠性评估技术可以避免由于航空发动机转子装配不合格问题引起的多次整机试车与返工返修，缩短航空发动机装配维修时间，降低制造和维修费用，确保飞行安全。所以，开展航空发动机转子装配可靠性评估研究是航空发动机制造可靠性领域的一个重要研究方向，对于飞机的安全性、经济性和可维修性具有重要意义。

因此，本节针对某型航空发动机转子结构特点和装配工艺，根据螺栓装配松动的产生原因，开展一种航空发动机转子装配可靠性评估方法研究，通过对转子进行激振测试，利用第二代小波包分析转子激振响应信号并提取分解重构信号的相对能量分布特征，并将其映射到装配可靠性[0,1]区间。

7.4.1 航空发动机转子结构特点

某航空发动机为涡轮风扇发动机，其主要由低压压气机、高压压气机、高压涡轮和低压涡轮组成。气流从进气道进入发动机，低压压气机使得气流增压，然后气流被分为两股气体：一部分通过外涵道排出；另一部分气体通过高压压气机进一步增压，然后在燃烧室加热燃烧，气体燃烧所产生的热量使得高压涡轮膨胀做功并带动前端压气机旋转，燃气通过尾喷管进一步膨胀做功，产生飞行推力。该发动机高压压气机转子第二段叶盘与第三段的各盘和高压转子轴用一组双头螺栓将鼓筒和各级轮盘拉紧，靠端面摩擦传扭，如图 7-38 所示。

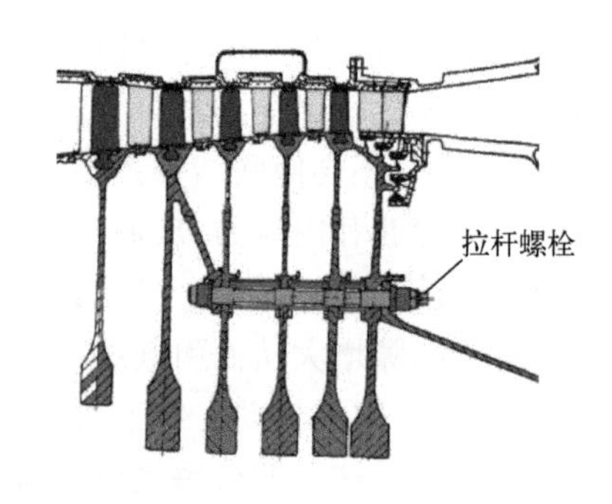

图 7-38　航空发动机转子结构示意图

为了模拟人工装配时拧紧力矩小幅波动差异对拉杆螺栓装配可靠性的影响，针对拉杆螺栓装配工艺，分别设置3种装配实验：装配状态1（用力矩 M_1 拧紧）、装配状态2（用力矩 M_2）、装配状态3（用力矩 M_3 拧紧），其中 $M_1<M_2<M_3$，且只有状态3的拧紧力矩满足要求。

当螺栓装配较松时，转子结构刚度变小，系统容易起振，由于振动传递环节中受阻尼的影响，因此反映在发动机转子的动力学特性方面会出现动态响应信号衰减快的特点。随着螺栓装配状态由松变紧，转子结构刚度逐渐增大，结构内部阻尼变小，动态响应信号的高频分量增大。因此，针对转子装配松动故障，根据螺栓预紧力不同而引起转子动力学特性有所差异的特性，结合航空发动机转子结构特点和装配工艺，开展航空发动机转子装配可靠性评估与健康维护研究，主要包含三个技术层面，如图7-39所示。

（1）通过先进的数据采集系统对该型号转子不同的装配状态进行动态激振测试。

（2）利用第二代小波包方法分析高压压气机转子在不同装配状态下的激振响应信号，并提取激振响应信号的小波包分解重构子信号的相对能量特征。

（3）在信息熵的定义框架内将信号相对能量分布映射到装配可靠性区间。

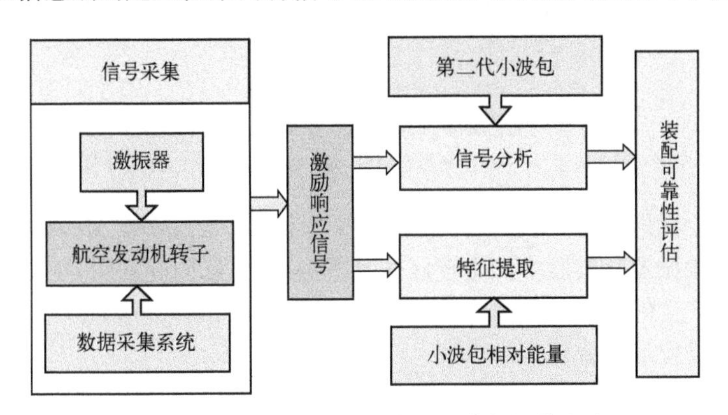

图7-39 航空发动机转子装配可靠性评估方法

7.4.2 航空发动机转子装配可靠性测试系统

为了研究航空发动机转子的装配性能，搭建了航空发动机转子装配性能测试系统。主要是利用先进的数据采集系统对航空发动机转子的不同装配状态进行动态激振测试。测试系统主要由航空发动机高压压气机转子、激振器、信号发生器、传感器和数据采集系统五大部分构成。采用中国江苏联能电子有限公司生产的JZK-5激振器动态激励航空发动机高压压气机转子在不同装配状态下的动态响应,激振器的具体性能参数如表 7-6 所列。激振器安装于高压压气机转子高压轴的下端,如图 7-40 所示的三角形位置。

表 7-6　JZK-5 型激振器性能参数

最大激振力/N	最大振幅/mm	最大加速度/g	最大输入电流/A(RMS)	频率范围/Hz	力常数/(N/A)
≥50	±7.5	20	≤7	DC-5k	7.2
外形尺寸/mm	质量/kg	可动部件质量/kg	输出方式	一阶共振频率/Hz	动圈直流电阻/Ω
ϕ138×160	8.1	0.25	顶杆	50	0.7

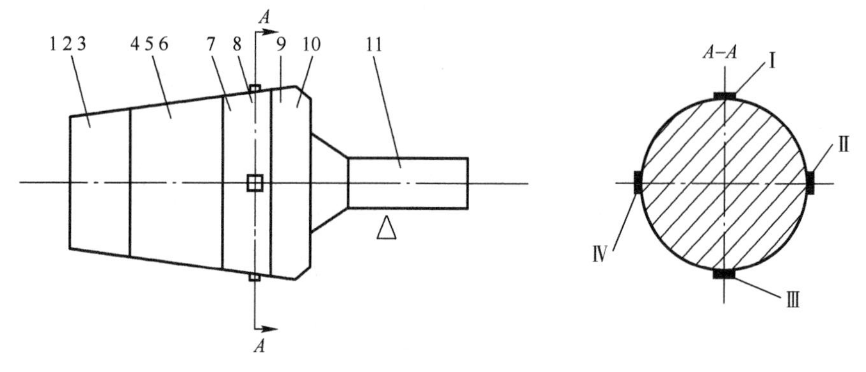

图 7-40　航空发动机高压压气机转子装配性能测试图

1~9—第 1 级~第 9 级盘;10—封严篦齿盘;11—轴;12—激振器;Ⅰ~Ⅳ—1 号~4 号传感器。

信号发生器选用 DF1631 功率函数信号发生器。通过多次实验比较发现,方波信号可以使激振器在实验中产生较好的激振响应信号,因此利用 DF1631 功率函数信号发生器产生的方波信号作为激振器的激励信号,工作频率选用 1Hz,输出信号的幅值为满量程最大幅值。

采用美国 PCB 公司的 333B32 型 ICP 加速度传感器测量航空发动机转子在激振器激励下的激励响应信号,传感器的主要性能参数如表 7-7 所列。传感器的精度等级能保证测试结果的有效数值到小数点后四位。由于激振测试的目的是研究螺栓松紧程度与转子装配可靠性的动态响应规律,为此传感器的安装平面为接近螺栓安装的如图 7-40 所示的 A-A 面,4 个传感器互成 90°方向。采用 Sony EX 系统采集和存储航空发动机高压压气机转子在激振器激励下的激励响应信息。

表 7-7　333B32 型 ICP 加速度传感器性能参数

量程/pk	灵敏度/(mV/g)	分辨率(RMS)	频响范围/Hz	使用温度范围/℃	质量/g
±50g	100	0.00015g	0.5~3000	-18~+66	4

7.4.3　实验与分析

采用激振器测试3种装配状态下的航空发动机转子的激振响应信号。以如图7-40所示的Ⅰ号传感器为例,测得的3种不同装配状态下的动态信号时域波形与频谱如图7-41所示,采样频率为6400Hz。3个装配状态下的激振响应信号的时域波形都是振荡衰减信号,在装配状态1激振响应信号的幅值最小,而随着预紧力增大,装配状态2与装配状态3的激振响应信号的幅值比装配状态1的略大一些。信号频谱图中都在2000Hz附近出现一个最大的谱峰,随着螺栓预紧力增大,转子结构刚度增大,频谱中的高频分量增大,因而在装配状态3(即合格状态)的频谱在2600Hz附近出现第二个频率谱峰。

对3种装配状态下测得的激振响应信号分别进行第二代小波包变换,得到8个频带的激振响应子信号a_{31},a_{32},…,a_{38}分别如图7-42所示,每个状态下的激振响应信号被第二代小波包分解到了不同的频带。

由于激振响应信号的采样频率为6400Hz,则第二代小波包分解重构子信号a_{31}对应的频带为0~400Hz、a_{32}对应的频带为400~800Hz、a_{33}对应的频带为800~1200Hz、a_{34}对应的频带为1200~1600Hz、a_{35}对应的频带为1600~2000Hz、a_{36}对应的频带为2000~2400Hz、a_{37}对应的频带为2400~2800Hz、a_{38}对应的频带为2800~3200Hz。

由于第二代小波包将激振响应信号分解到独立正交的不同频带中,对应于各个频带的激振响应子信号中包含有不同的装配信息,因而分解到各个频带上的子信号的相对能量可以反映螺栓预紧力变化的动态响应信息。

根据7.1.2节所述的式(7-19),分别计算三种装配状态下的第二代小波包分解重构子信号a_{31}~a_{38}的相对能量,从图7-43所示的分布图中可以看出:对应于3种装配状态,经过第二代小波包分解重构得到的激振响应子信号a_{35}(对应的频带为1600~2000Hz)在8个分解重构子信号a_{31}~ a_{38}中占有最大的能量,其中蕴含有拉杆螺栓激振响应信息的主要信号分量。从装配状态1到装配状态3,激振响应子信号a_{35}的能量幅值也随着螺栓预紧力的增大而逐渐增大。此外,激振响应子信号a_{36}(对应的频带为2000~2400Hz)在8个分解重构子信号中也占有较大的能量,且能量随着螺栓预紧力的增大而逐渐减小。说明:随着螺栓预紧力逐渐增大,航空发动机高压压气机转子的结构刚度从装配状态1到装配状态3逐渐增大,蕴含有转子激振响应的主要信号分量(如转子固有频率)的激振响应子信号a_{35}的能量越来越集中,而含有其他非主要信号分量的频带能量越来越小(如激振响应子信号a_{36}),因而在装配状态3(即合格装配状态)时,航空发动机高压压气机转子结构的激振响应子信号a_{35}的能量比其他两种装配状态明显大出很多,而且能量非常集中。

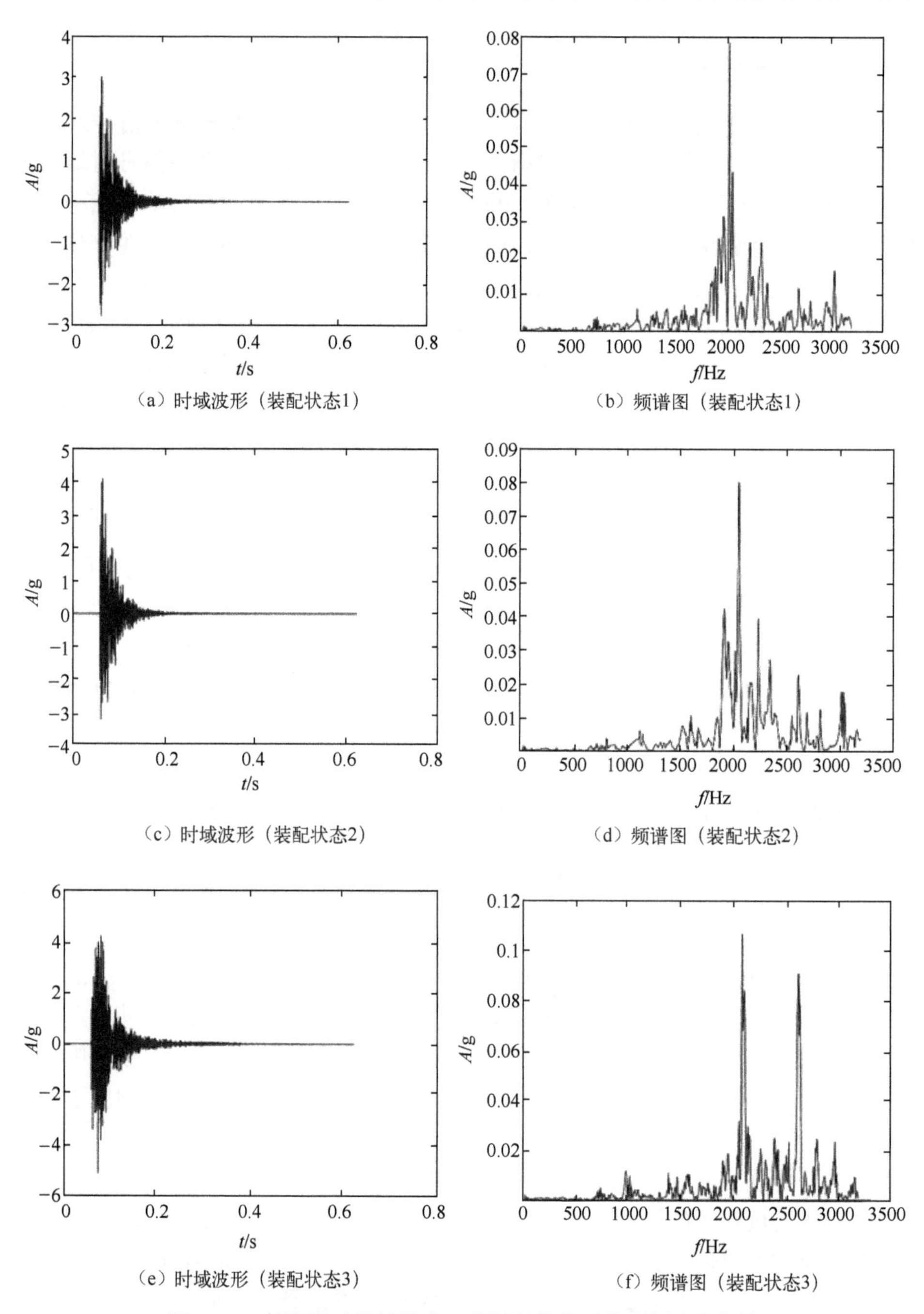

图 7-41　航空发动机转子在 3 种装配状态下的激振响应信号时域波形与频谱图(Ⅰ号传感器)

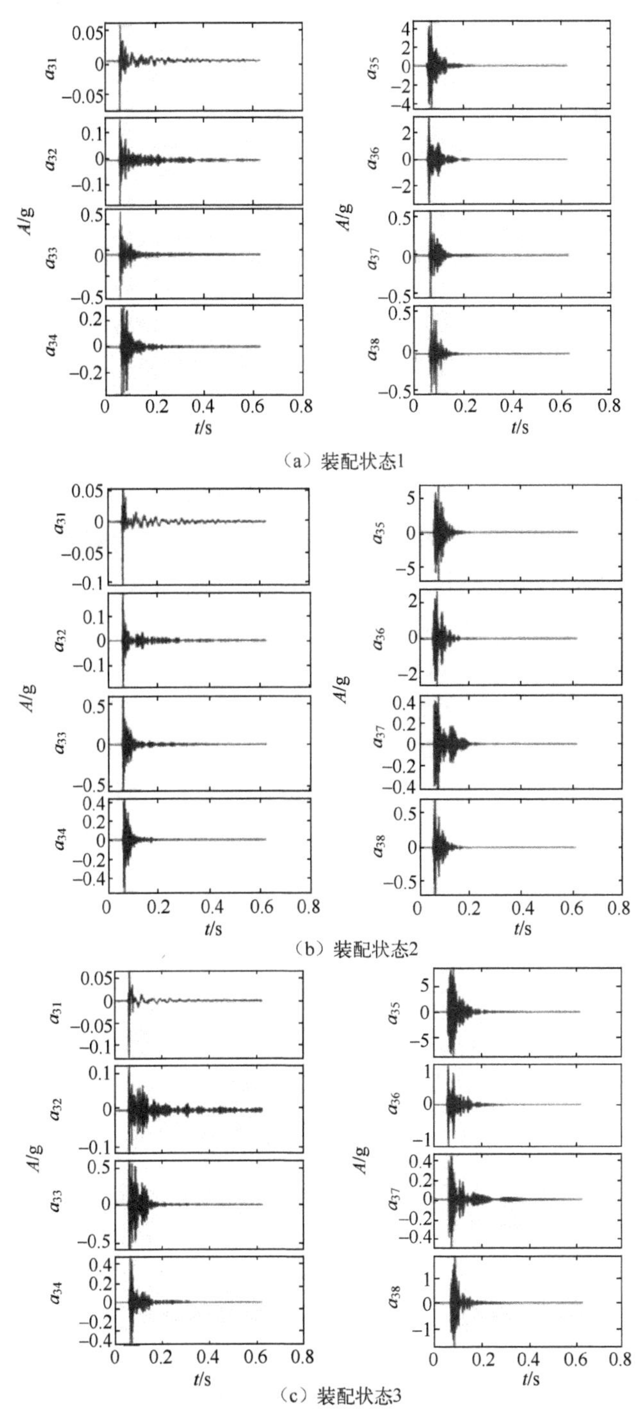

（a）装配状态1

（b）装配状态2

（c）装配状态3

图 7-42　3 种装配状态下的激振响应信号第二代小波包分解重构信号（Ⅰ号传感器）

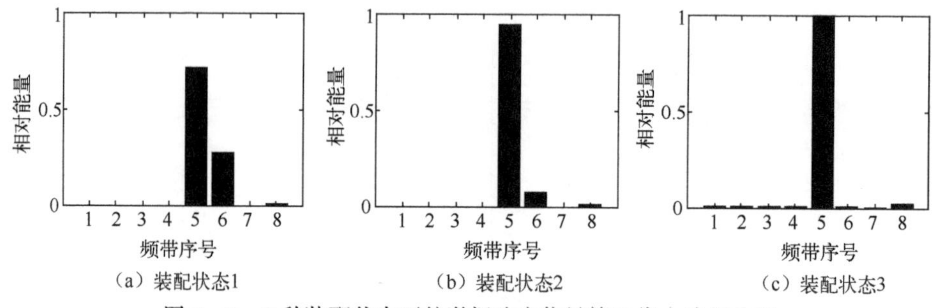

(a) 装配状态1　(b) 装配状态2　(c) 装配状态3

图 7-43　3 种装配状态下的激振响应信号第二代小波包分解重构信号的相对能量分布(Ⅰ号传感器)

针对 3 种装配状态,利用上述的相对能量分布,通过式(7-26)分别计算转子装配可靠性,结果如表 7-8 所列。从表中可以看出:在螺栓由松到紧的三个装配状态中,航空发动机转子装配可靠性单调递增,符合螺栓预紧力由松到紧的物理变化规律。这是由于在螺栓由松到紧变化时,航空发动机转子的刚度也由小逐渐增大,在装配状态 1 时,转子刚度最小,其激振响应信号中除了含有转子固有频率等主要信号分量,还有较多的其他动态响应信息,如装配松动造成的响应信息,各种频率成分越接近等概率分布则信息熵越大,装配可靠性越小。而在装配状态 3(即合格装配状态),转子刚度最大,其激振响应信号中以转子固有频率等信号分量为主,且能量集中,其他动态响应信息的能量较小,因而信号的概率分布比较确定,所以处于装配状态 3 的航空发动机转子装配可靠性最大。对于螺栓松紧程度介于装配状态 1 与装配状态 3 之间的中间装配过程——装配状态 2,其装配可靠性介于装配状态 1 与装配状态 3 之间。

表 7-8　航空发动机转子装配可靠性

状　　态	装配状态 1	装配状态 2	装配状态 3
装配可靠性度量	0.5197	0.8693	0.9486

7.4.4　在役航空发动机转子运行可靠性评估与健康维护

目前,我国大多数在役航空发动机采用工作时数和日历寿命进行寿命控制,当这二者之一达到设计值时,发动机将返厂修理。某航空发动机由于振动超标,需要溯源振动原因并予以健康维护。首先对该航空发动机高压压气机转子进行激振测试,采样频率为 6400Hz。由图 7-40 所示的Ⅰ号传感器测得的激振响应信号时域波形如图 7-44(a)所示,该激振响应信号在时域中快速衰减。激振响应信号频谱如图 7-44(b)所示,频谱图中有很多频率成分,其中幅值最大的频率成分大约位于 2200Hz 附近,另外 3 个较大的频率成分大概位于 1000Hz、1400Hz 以及 2600Hz 附近。

对该激振响应信号经过第二代小波包 3 层分解与重构之后得到 8 个频带的激

振响应子信号 $a_{31} \sim a_{38}$，如图7-44(c)所示。激振响应信号被第二代小波包分解到了不同的频带。各个频带对应的激振响应子信号中包含有不同的动态信息。根据式(7-19)计算第二代小波包分解重构得到的8个激振响应子信号 $a_{31} \sim a_{38}$ 的相对能量，其分布如图7-44(d)所示。从图中可以看出：第5个频带依然占有最大的能量，但是第3个频带的能量也较大。通过与图7-43对比发现：当前信号相对能量分布发生分散现象，分散的能量主要出现在第3和第8频带，这些能量可能是由于转子松动而产生的响应信息，初步诊断认为当前转子可能发生了松动故障。计算如式(7-19)所示的运行可靠性指标 $R=0.7914$，介于如表7-8所列的装配状态1与2之间，更接近于状态2，可见拉杆螺栓在服役中装配紧度发生退化，拉杆螺栓出现松动，已不满足发动机最佳使用要求，拉杆螺栓松动会激发振动，出现振动超标并可能造成轮盘出现疲劳裂纹和破裂事故。

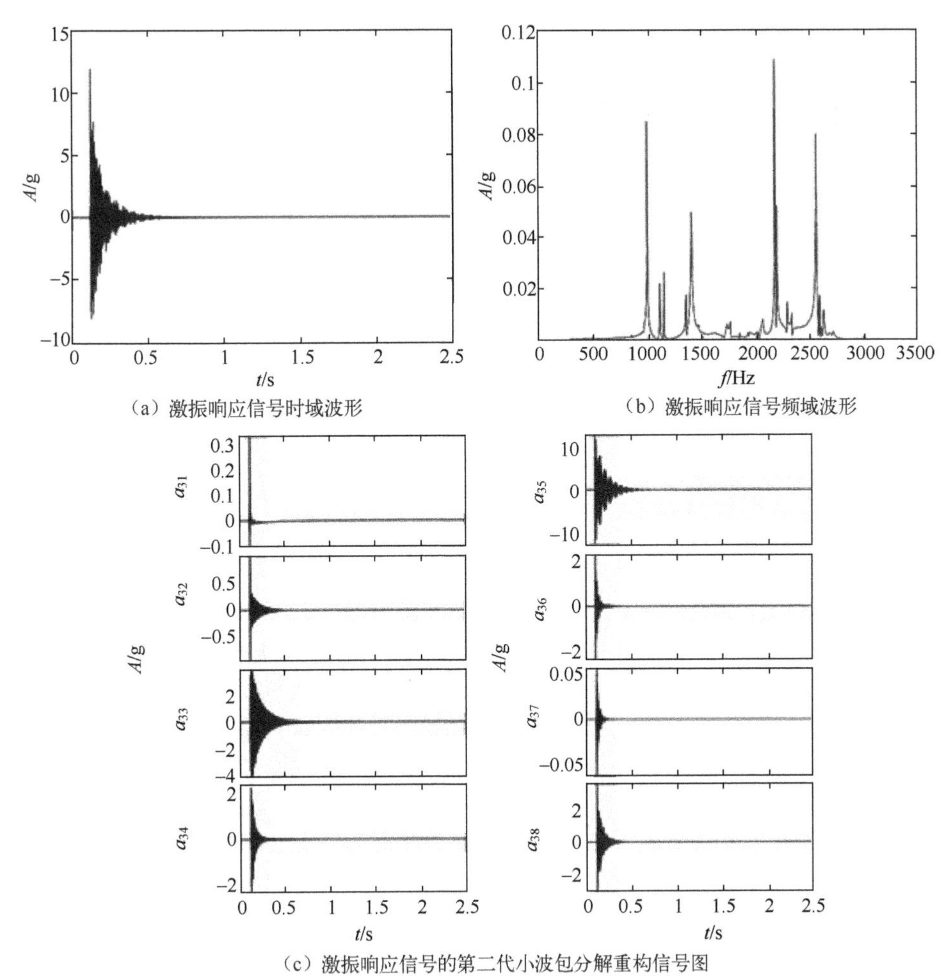

(a) 激振响应信号时域波形

(b) 激振响应信号频域波形

(c) 激振响应信号的第二代小波包分解重构信号图

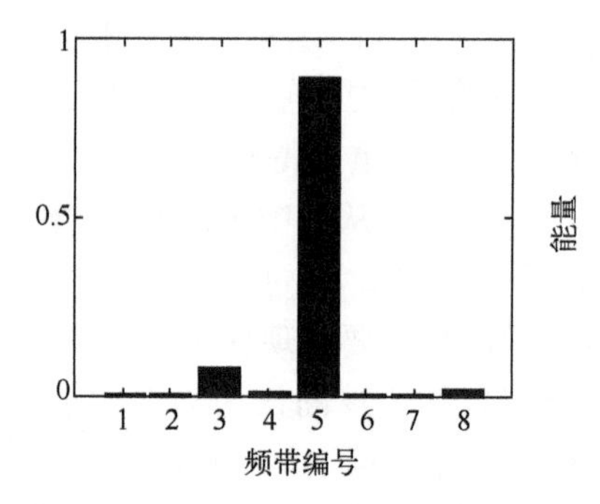

(d) 激振响应信号第二代小波包分解重构信号的相对能量分布

图 7-44　在役航空发动机高压压气机转子激振响应信号(Ⅰ号传感器)

经过工厂对该发动机转子进行检修发现:该转子九级蓖齿盘的 7 个均压孔都出现了不同程度的裂纹,图 7-45 显示了对该转子均压孔着色渗透之后的裂纹图。

图 7-45　在役航空发动机转子蓖齿盘 32 号均压孔裂纹着色(彩图见书末)

该航空发动机高压压气机转子装配性能预测结果以及工厂的实际检修结果共同表明:在外场服役的航空发动机受到机动任务、飞行载荷、机体振动等因素的影响,使得该航空发动机转子的性能逐渐发生退化,拉杆螺栓松动,从而引起振动增大并超标,导致九级蓖齿盘均压孔产生裂纹,降低了发动机使用寿命。通过激振测试航空发动机转子的动态装配信息,利用第二代小波包方法分析转子振动响应信号并提取小波包分解重构信号的相对能量特征,在信息熵计算框架内将信号相对能量分布定量映射到运行可靠性[0,1]区间,可以很好地评估航空发动机转子的健康状况与寿命状态,为航空发动机转子的寿命预测与健康管理提供了一种新技术。

参考文献

[1] BAZOVSKY I. Reliability Theory and Practive[M]. Englewood Cliffs:Prentice-Hall,1961.

[2] DUPOW H, BLOUNT G. A review of reliability prediction[J]. Aircraft Engineering and Aerospace Technology, 1997, 69(4): 356-362.
[3] DENSON W. The history of reliability prediction[J]. IEEE Transactions on Reliability, 1998, 47(3): 321-328.
[4] W. S. The Lifting Scheme: A Construction of Second Generation Wavelets(J). SIAM Journal on Mathematical Analysis, 1998, 29(2): 511-546.
[5] DAUBECHIES I, SWELDENS W. Factoring wavelet transforms into lifting steps[J]. Journal of Fourier Analysis and Applications, 1998, 4(3): 247-269.
[6] 何正嘉,訾艳阳,张西宁. 现代信号处理及工程应用[M]. 西安:西安交通大学出版社,2007.
[7] SHANNON C E. A Mathematical Theory of Communication[J]. Bell System Technical Journal, 1948, 27(4): 623-656.
[8] SHANNON C E. Communication Theory of Secrecy Systems[J]. Bell System Technical Journal, 1949, 28(4): 656-715.
[9] SHANNON C E. A Mathematical Theory of Communication[J]. Bell System Technical Journal, 1948, 27(3): 379-423.
[10] CHEN P C, CHEN C W, CHIANG W L, et al. GA-based decoupled adaptive FSMC for nonlinear systems by a singular perturbation scheme[J]. Neural Computing and Applications, 2011, 20(4): 517-526.
[11] MATTESON S. Methods for multi-criteria sustainability and reliability assessments of power systems[J]. Energy, 2014, 71: 130-136.
[12] PRETE C L, HOBBS B F, NORMAN C S, et al. Sustainability and reliability assessment of microgrids in a regional electricity market[J]. Energy, 2012, 41(1): 192-202.
[13] MOHARIL R M, KULKANI P S. Generator system reliability analysis including wind generators using hourly mean wind speed[J]. Electric Power Components and Systems, 2008, 36(1): 1-16.
[14] WHYATT P, HORROCKS P, MILLS L. Steam generator reliability - Implications for APWR codes end standards[J]. Nuclear Energy-Journal of the British Nuclear Energy Society, 1995, 34(4): 217-228.
[15] TSVETKOV V A. A Mathematical-Model for Analysis of Generator Reliability, Including Development of Defects[J]. Electrical Technology, 1992, (4): 107-112.
[16] SUN Y, WANG P, CHENG L, et al. Operational reliability assessment of power systems considering condition-dependent failure rate[J]. IET Generation Transmission & Distribution, 2010, 4(1): 60-72.
[17] BARALDI P, MAIO F D, PAPPAGLIONE L, et al. Condition monitoring of electrical power plant components during operational transients[J]. Proceedings of the Institution of Mechanical Engineers Part O-Journal of Risk and Reliability, 2012, 226(6): 568-583.
[18] LU F, HUANG J Q, XING Y D. Fault Diagnostics for Turbo-Shaft Engine Sensors Based on a Simplified On-Board Model[J]. Sensors, 2012, 12 (8): 11061-11076.
[19] LI Z J, LIU Y, LIU F X, et al. Hybrid reliability model of hydraulic turbine-generator unit based on nonlinear vibration[J]. Proceedings of the Institution of Mechanical Engineers Part C-Journal of Mechanical Engineering Science, 2014, 228(11): 1880-1887.
[20] QU J X, ZHANG Z S, WEN J P, et al. State recognition of the viscoelastic sandwich structure based on the adaptive redundant second generation wavelet packet transform, permutation entropy and the wavelet support vector machine[J]. Smart Materials and Structures, 2014, 23(8): 085004.
[21] SI Y, ZHANG Z S, LIU Q, et al. Detecting the bonding state of explosive welding structures based on EEMD

and sensitive IMF time entropy[J]. Smart Materials and Structures,2014,23(7):075010.

[22] YU B,LIU D D,ZHANG T H. Fault Diagnosis for Micro-Gas Turbine Engine Sensors via Wavelet Entropy [J]. Sensors,2011,11(10):9928-9941.

[23] SAWALHI N,RANDALL R B,ENDO H. The enhancement of fault detection and diagnosis in rolling element bearings using minimum entropy deconvolution combined with spectral kurtosis[J]. Mechanical Systems and Signal Processing,2007,21(6):2616-2633.

[24] TAFRESHI R,SASSANI F,AHMADI H,et al. An Approach for the Construction of Entropy Measure and Energy Map in Machine Fault Diagnosis[J]. Journal of Vibration and Acoustics-Transactions of the Asme, 2009,131(2):024501.

[25] HE Y Y,HUANG J,ZHANG B. Approximate entropy as a nonlinear feature parameter for fault diagnosis in rotating machinery[J]. Measurement Science & Technology,2012,23(4):045603.

[26] WU S D,WU P H,WU C W,et al. Bearing Fault Diagnosis Based on Multiscale Permutation Entropy and Support Vector Machine[J]. Entropy,2012,14(8):1343-1356.

[27] RÉNYI A. On measures of entropy and information[C]//Proceedings of the Fourth Berkeley Symposium on Mathematical Statistics and Probability,Berkeley,USA,1961:547-561.

[28] FEHR S,BERENS S. On the Conditional Renyi Entropy[J]. IEEE Transactions on Information Theory, 2014,60(11):6801-6810.

[29] NANDA A K,SANKARAN P G,SUNOJ S M. Renyi's residual entropy:A quantile approach[J]. Statistics & Probability Letters,2014,85:114-121.

[30] ENDO T,OMURA K,KUDO M. Analysis of Relationship between Renyi Entropy and Marginal Bayes Error and Its Application to Weighted Naive Bayes Classifiers[J]. International Journal of Pattern Recognition and Artificial Intelligence,2014,28(7):1460006.

[31] NAGY A,ROMERA E. Relative Renyi Entropy for Atoms[J]. International Journal of Quantum Chemistry, 2009,109(11):2490-2494.

[32] LAKE D E. Renyi entropy measures of heart rate Gaussianity[J]. IEEE Transactions on Biomedical Engineering,2006,53(1):21-27.

[33] 张宝诚. 航空发动机试验和测试技术[M]. 北京:北京航空航天大学出版社,2005.

内容简介

本书基于人工智能与机器学习理论,系统地阐述了现代工业中复杂机电系统的故障预测、智能诊断及系统健康状态的评估理论与方法。从模式识别、机器学习的角度,重点描述基于监督学习、半监督学习和流形学习的故障特征提取与选择、早期故障的预测、故障模式的分类及装备性能退化的评估等;利用集成学习和增强学习理论优化增强支持向量机,提高智能诊断模型的泛化能力;利用相空间重构理论构造单维时间序列的相空间,提取非线性特征,用于机械故障的识别、预测和退化跟踪;利用复杂机电系统运行状态信息,实现运行可靠性评估与健康维护;并对深度学习在智能故障诊断与健康评估中的应用进行了探索和分析。

本书可作为高等院校机械工程、控制工程、自动化及系统工程等专业的研究生教材或教学参考书,也可供广大科技工作者和从事过程控制、故障诊断、可靠性与设备维护的技术人员参考。

Based on AI and machine learning,this book systematically presents the theories and methods for complex electro-mechanical system fault diagnosis,prognostics and health state assessment in modern industry. From the perspectives of pattern recognition and machine learning,the book emphases on feature extraction and selection,incipient failure prediction, fault classification and degradation assessment, which are based on supervised,semi-supervised and manifold learning;ensemble learning and reinforcement learning are integrated to improve the generalization of support vector machine;based on the theory of phase space reconstruction,discriminative features are extracted for machinery fault recognition,prediction and degradation tracking;the running state info are utilized to assess the operation reliability and perform health maintenance of the complex electro-mechanical system. In addition,applications of deep learning in intelligent fault diagnosis,prognostics and health assessment are explored.

The book can be taken as the textbook or reference for postgraduates who major in mechanical engineering,control engineering,automation,and system engineering etc. It can also provide a valuable reference for the researchers and engineers working on process control,fault diagnosis,reliability and equipment maintenance.

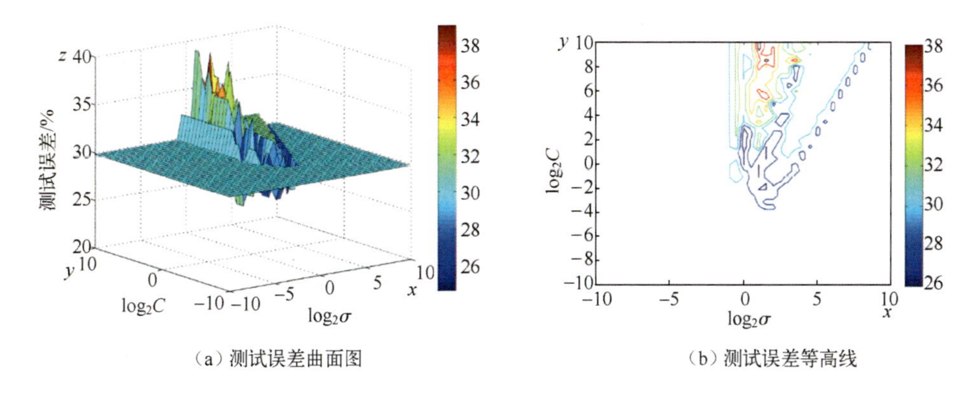

（a）测试误差曲面图　　（b）测试误差等高线

图 2-9　Breast Cancer 数据集的测试误差曲面与测试误差等高线

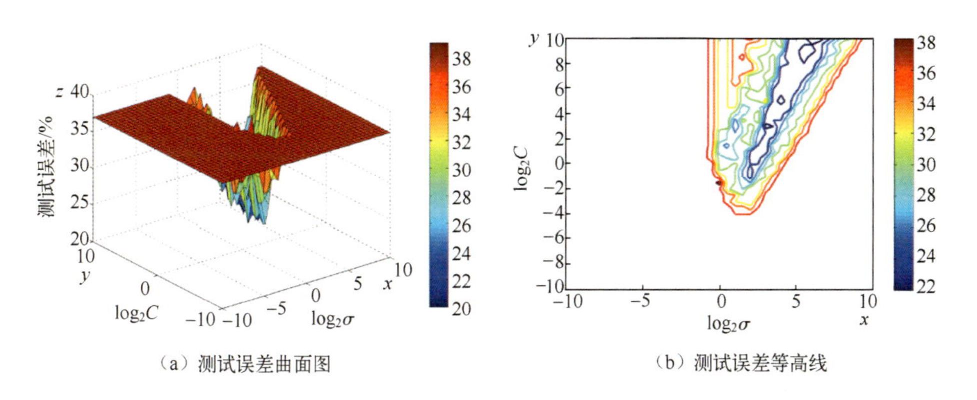

（a）测试误差曲面图　　（b）测试误差等高线

图 2-10　Diabetes 数据集的测试误差曲面与测试误差等高线

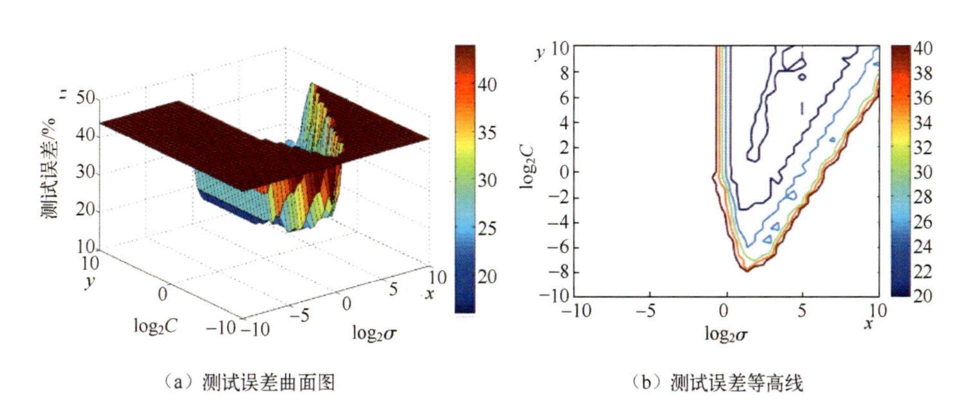

（a）测试误差曲面图　　（b）测试误差等高线

图 2-11　Heart 数据集的测试误差曲面与测试误差等高线

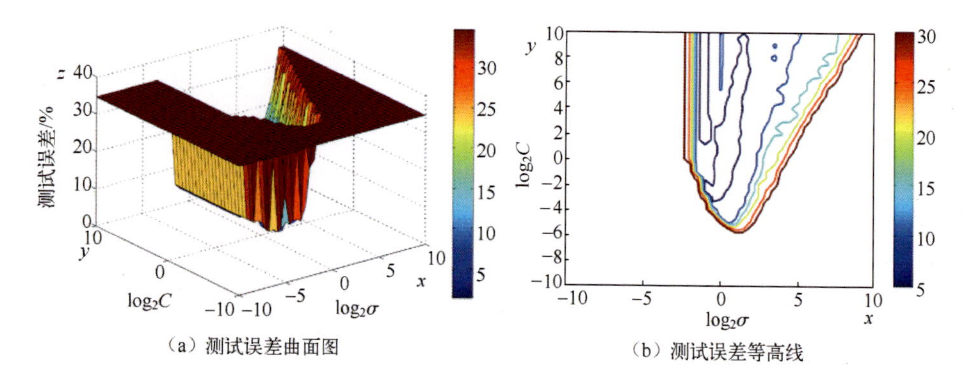

图 2-12　Thyroid 数据集的测试误差曲面与测试误差等高线

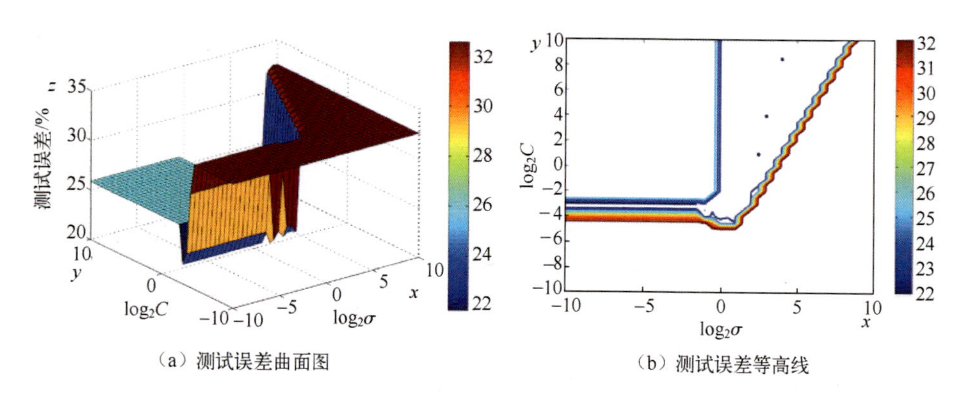

图 2-13　Titanic 数据集的测试误差曲面与测试误差等高线

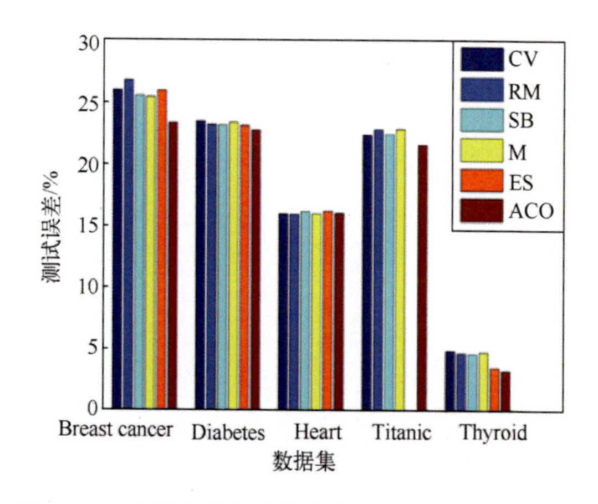

图 2-18　支持向量机参数优化方法测试误差对比图

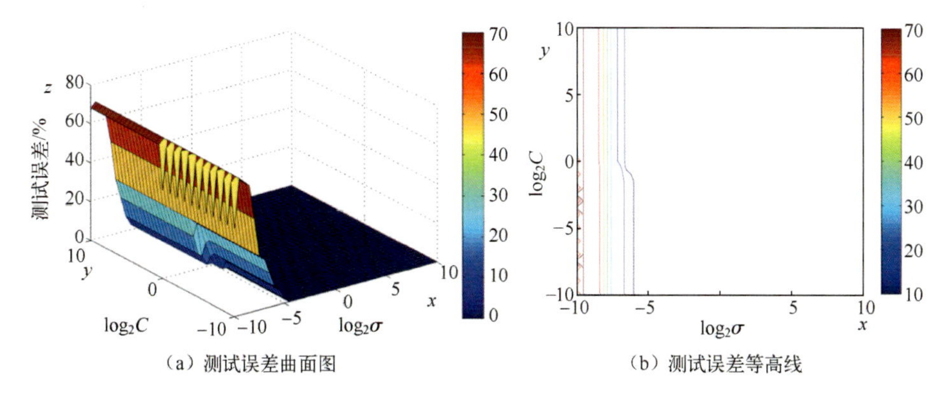

（a）测试误差曲面图

（b）测试误差等高线

图 2-22　滚动轴承故障诊断中的支持向量机参数分析图

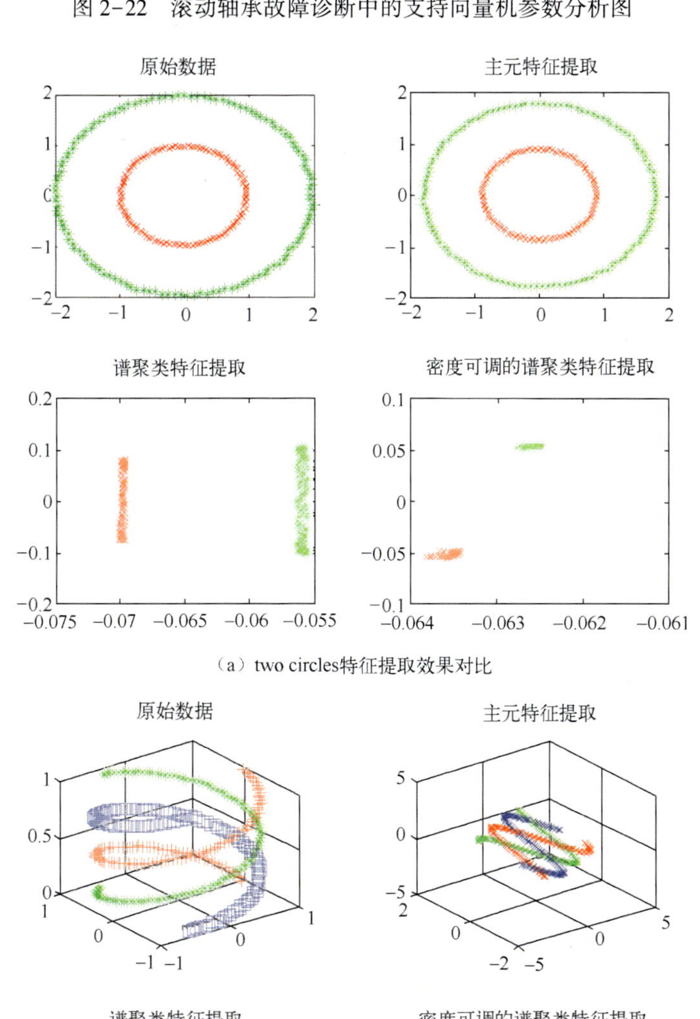

（a）two circles特征提取效果对比

谱聚类特征提取　　密度可调的谱聚类特征提取

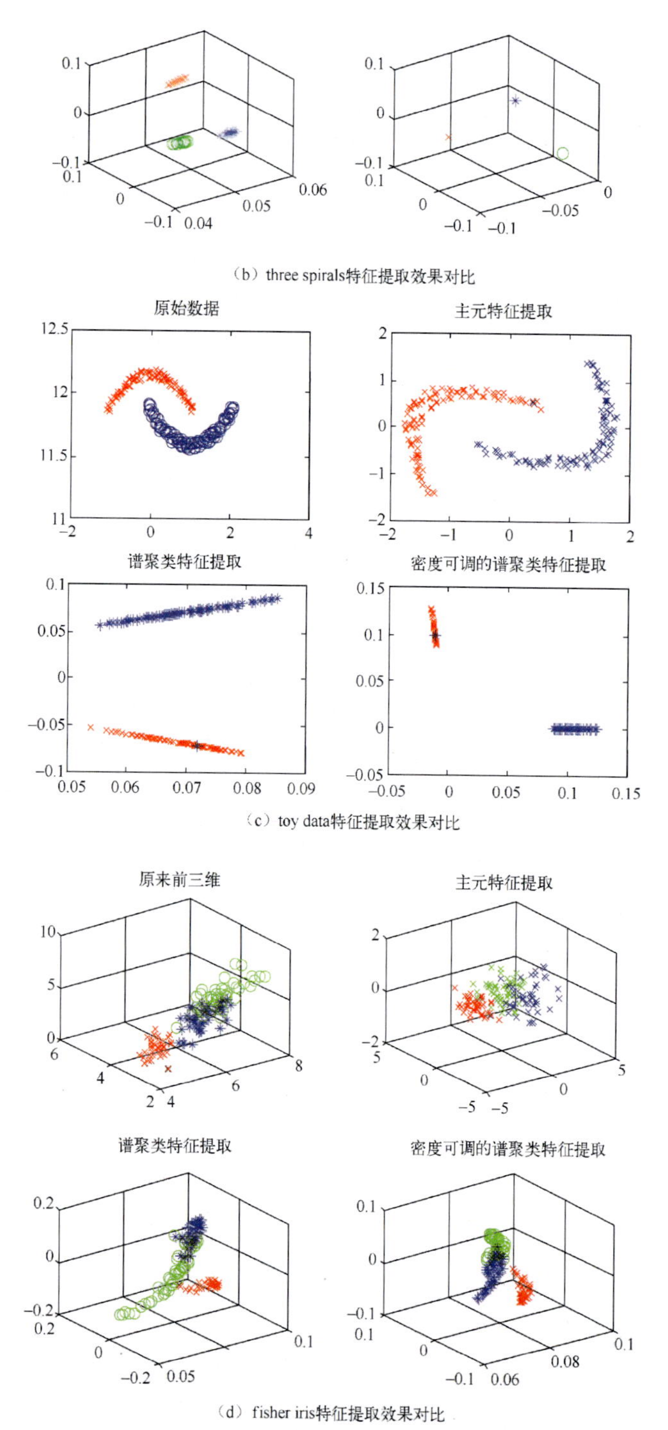

（b）three spirals特征提取效果对比

（c）toy data特征提取效果对比

（d）fisher iris特征提取效果对比

图 4-8　3 种特征提取效果比较

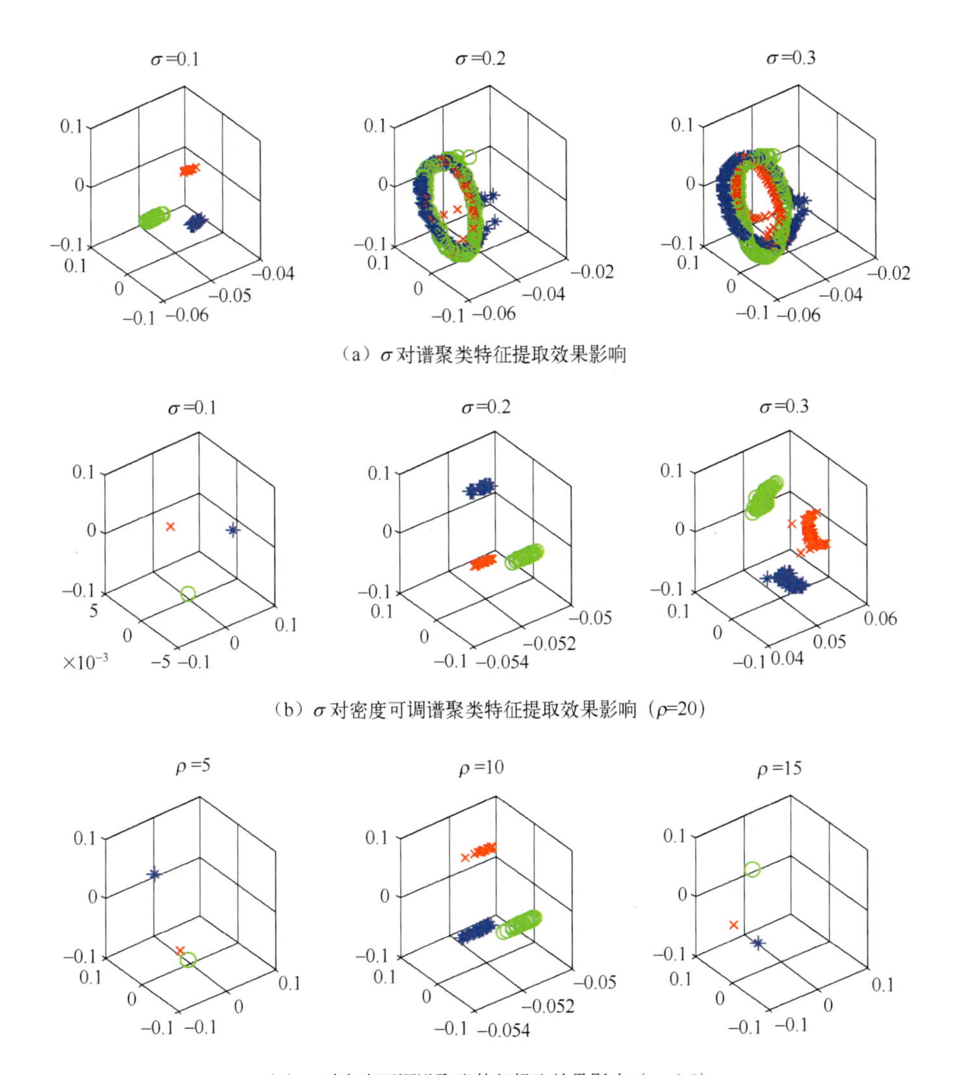

（a）σ 对谱聚类特征提取效果影响

（b）σ 对密度可调谱聚类特征提取效果影响（ρ=20）

（c）ρ 对密度可调谱聚类特征提取效果影响（σ=0.5）

图 4-9　参数变化对特征提取效果影响

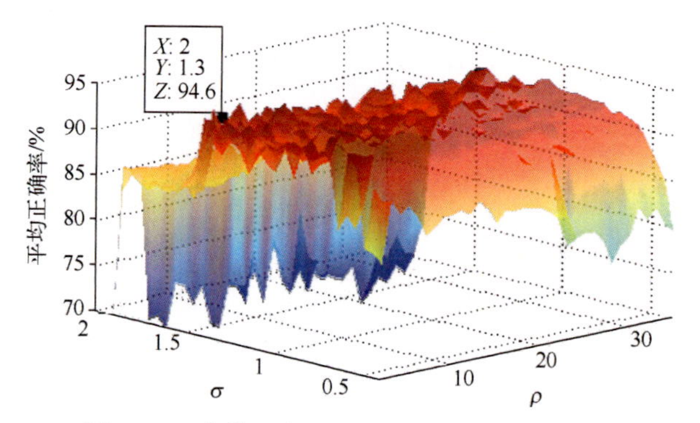

图 4-13　参数组合(ρ,σ)对分类正确率的影响

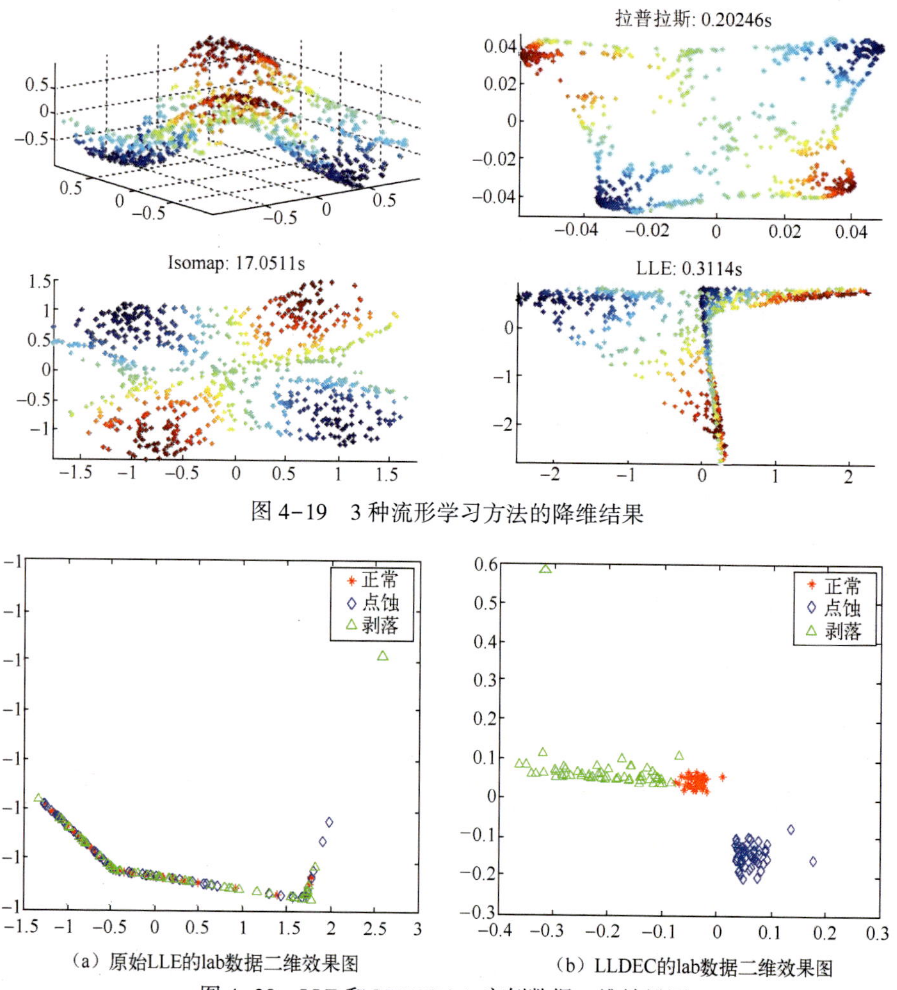

图 4-19　3 种流形学习方法的降维结果

(a) 原始LLE的lab数据二维效果图

(b) LLDEC的lab数据二维效果图

图 4-20　LLE 和 LLDEC lab 实例数据二维效果图

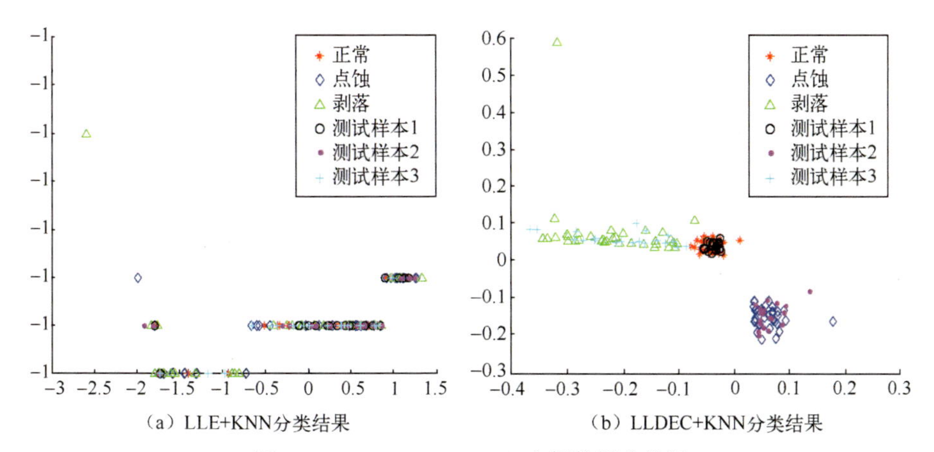

（a）LLE+KNN分类结果　　（b）LLDEC+KNN分类结果

图 4-21　LLDEC+KNN lab 实例数据分类图

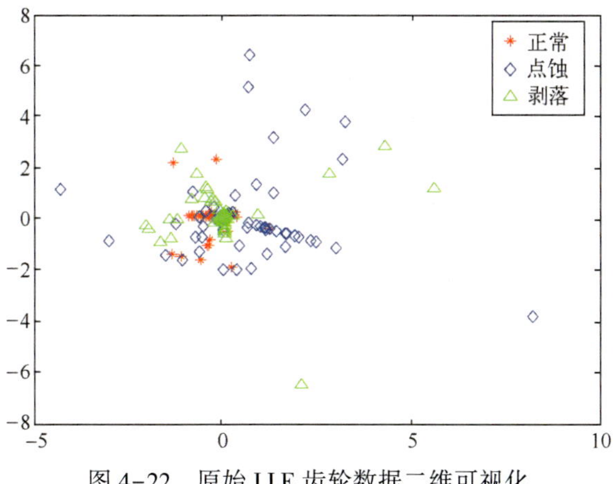

图 4-22　原始 LLE 齿轮数据二维可视化

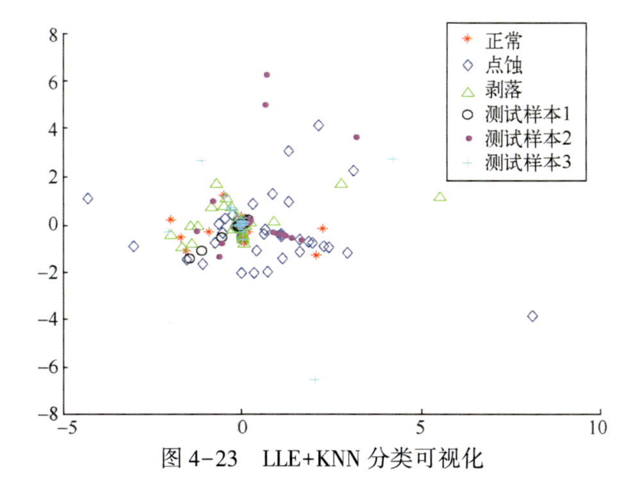

图 4-23　LLE+KNN 分类可视化

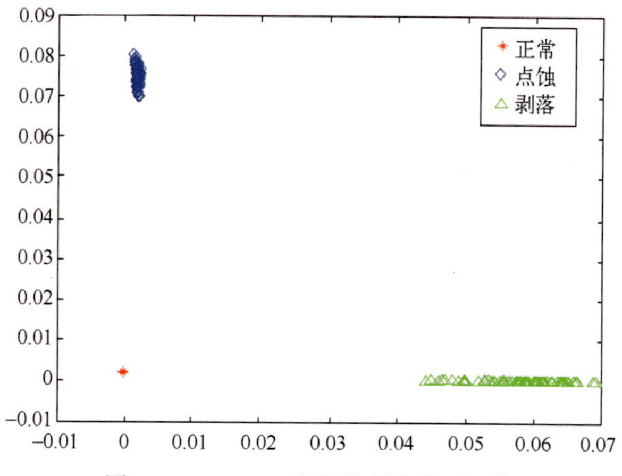

图 4-24　LLDEC 齿轮数据降维可视化

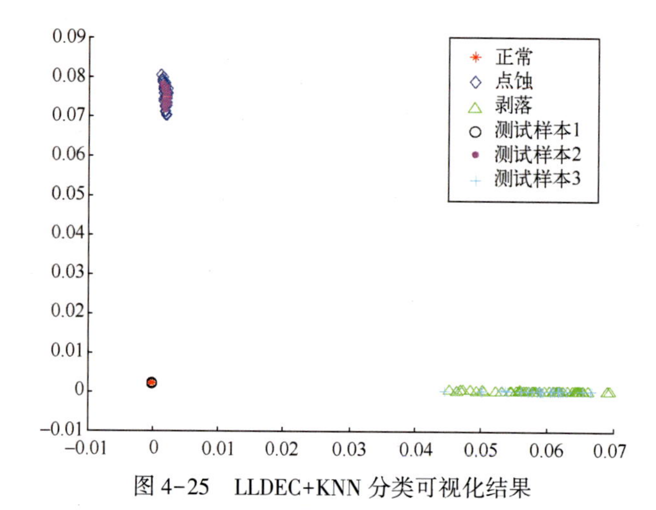

图 4-25　LLDEC+KNN 分类可视化结果

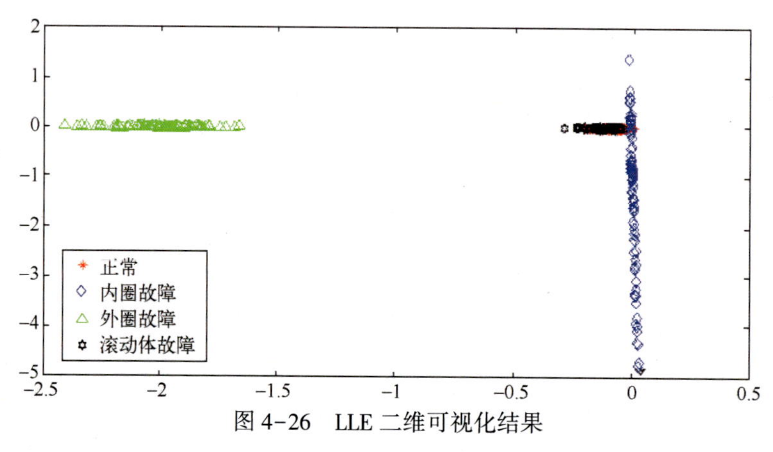

图 4-26　LLE 二维可视化结果

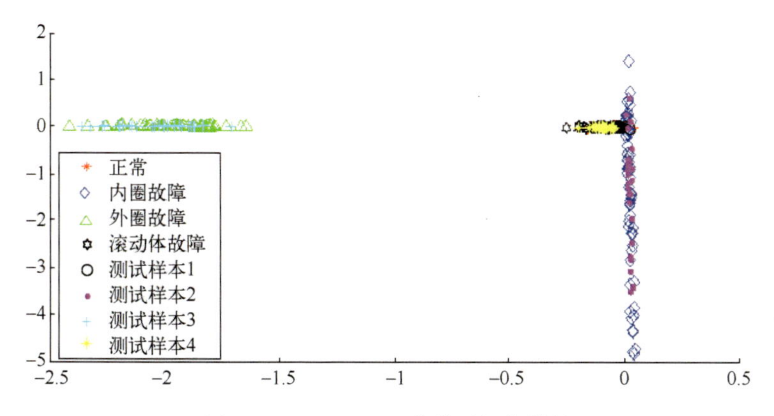

图 4-27　LLE+KNN 分类可视化结果

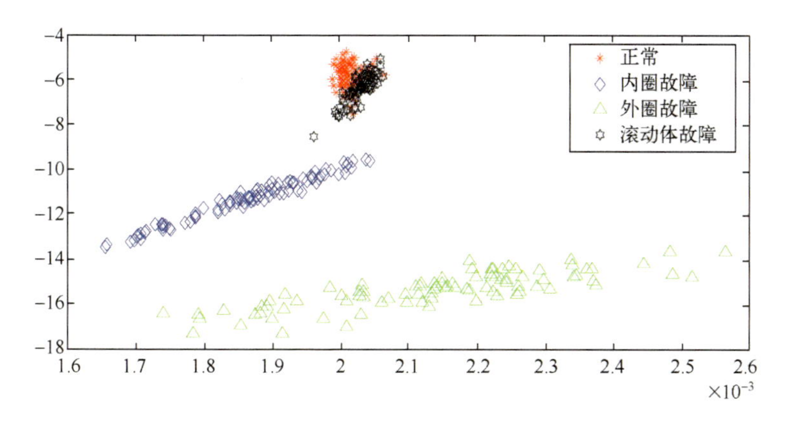

图 4-28　LLDEC 降维可视化结果

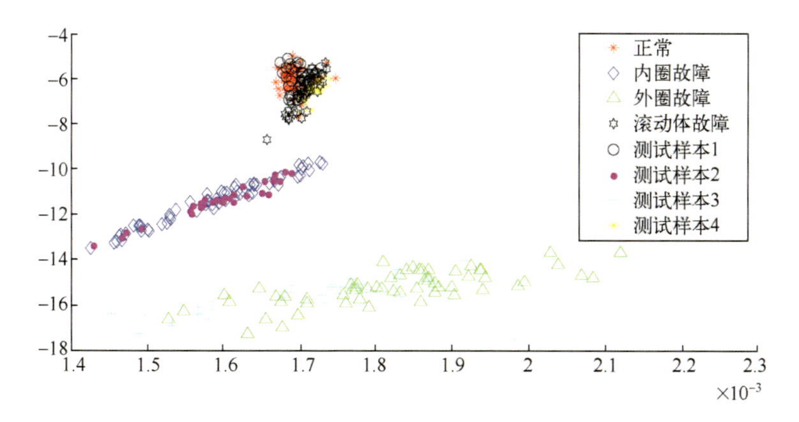

图 4-29　LLDEC+KNN 分类可视化结果

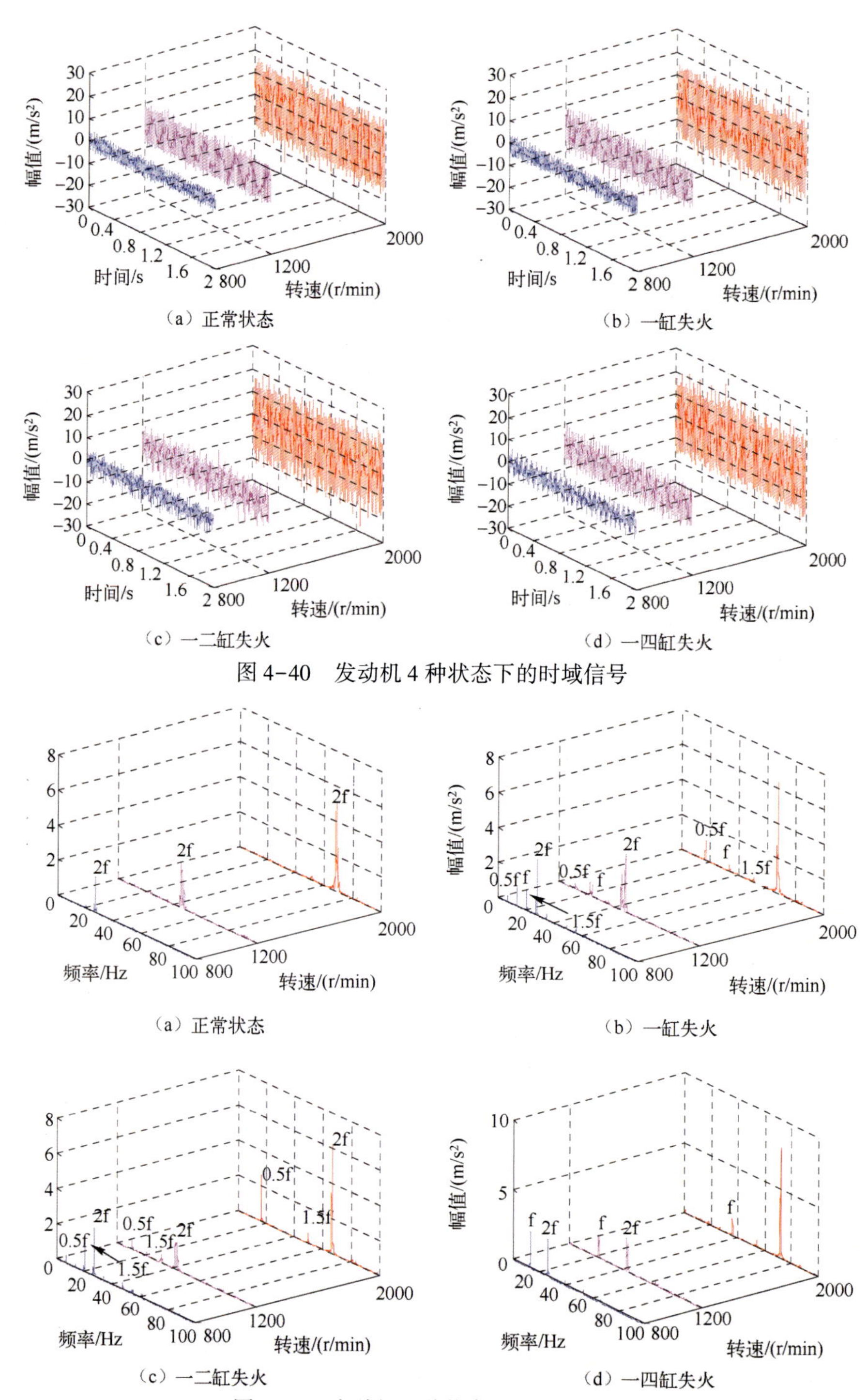

（a）正常状态　（b）一缸失火

（c）一二缸失火　（d）一四缸失火

图 4-40　发动机 4 种状态下的时域信号

（a）正常状态　（b）一缸失火

（c）一二缸失火　（d）一四缸失火

图 4-41　发动机 4 种状态下的频域信号

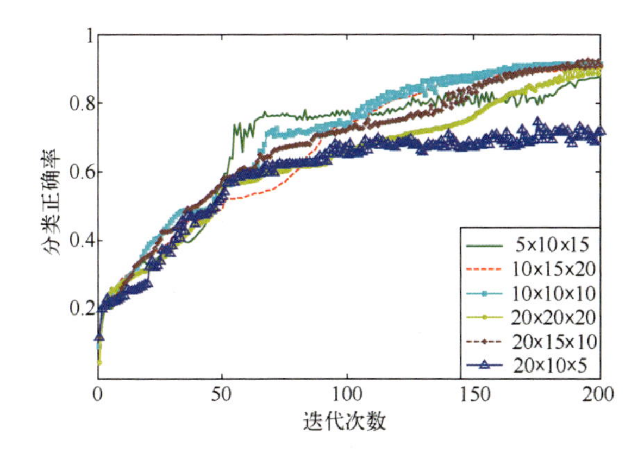

图 5-5　轴承状态分类识别与迭代次数的关系图

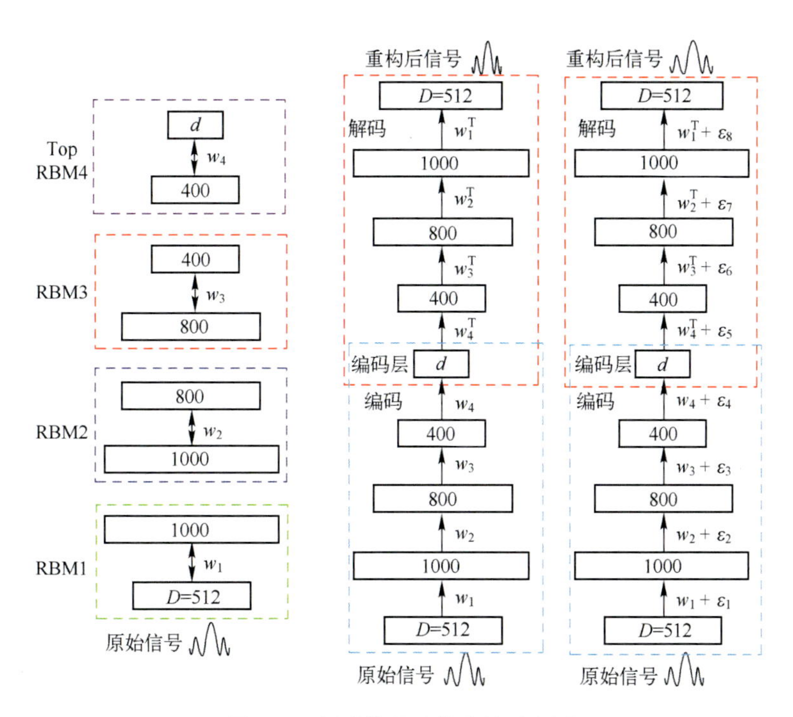

图 5-6　振动信号重构步骤示意图

表 5-5　初始正弦仿真信号重构对比

（——原始信号　-·-未微调重构信号　---微调重构信号）

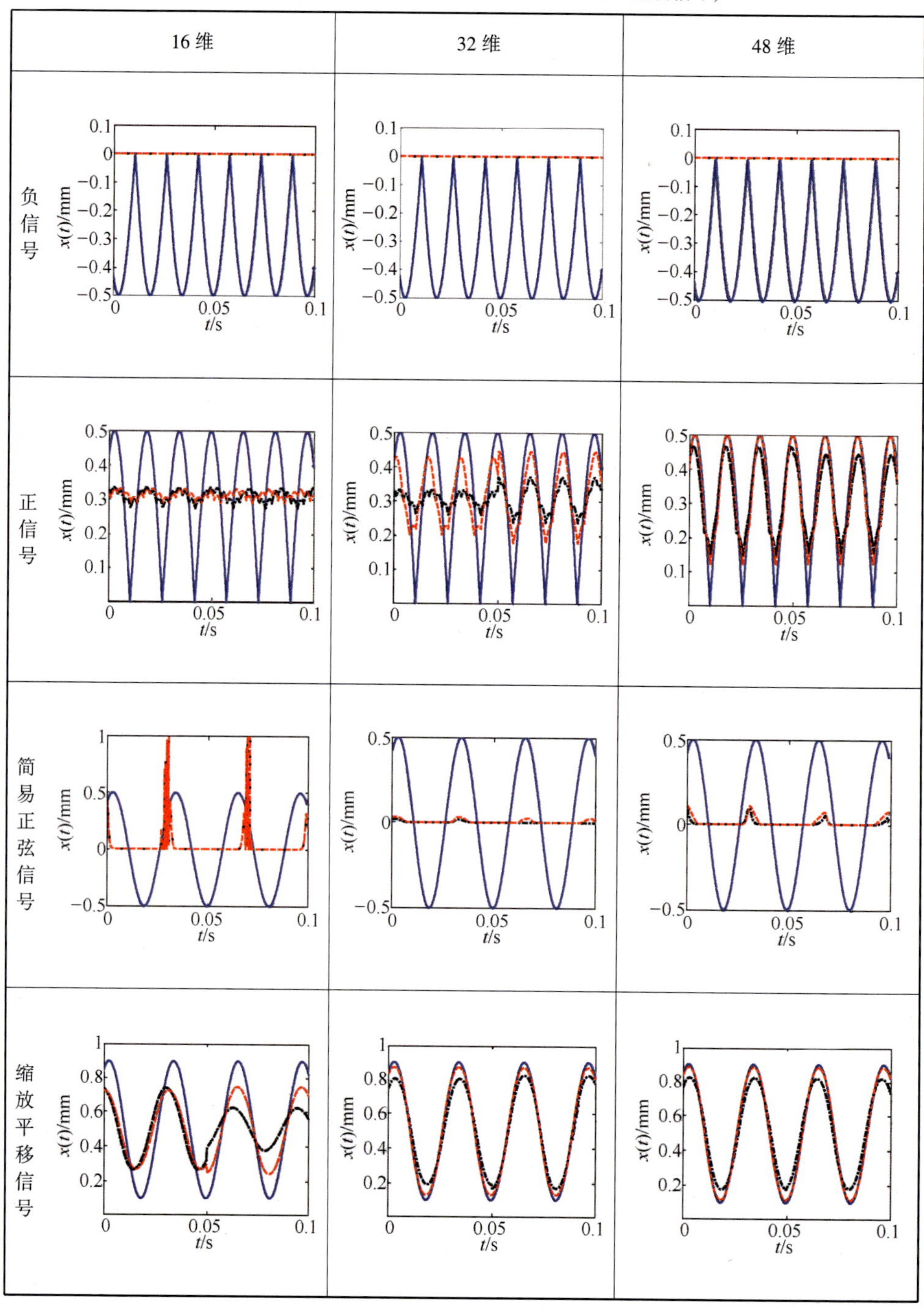

表 5-8 不同幅值仿真信号重构对比

（——原始信号 -·-·未微调重构信号 - - -微调重构信号）

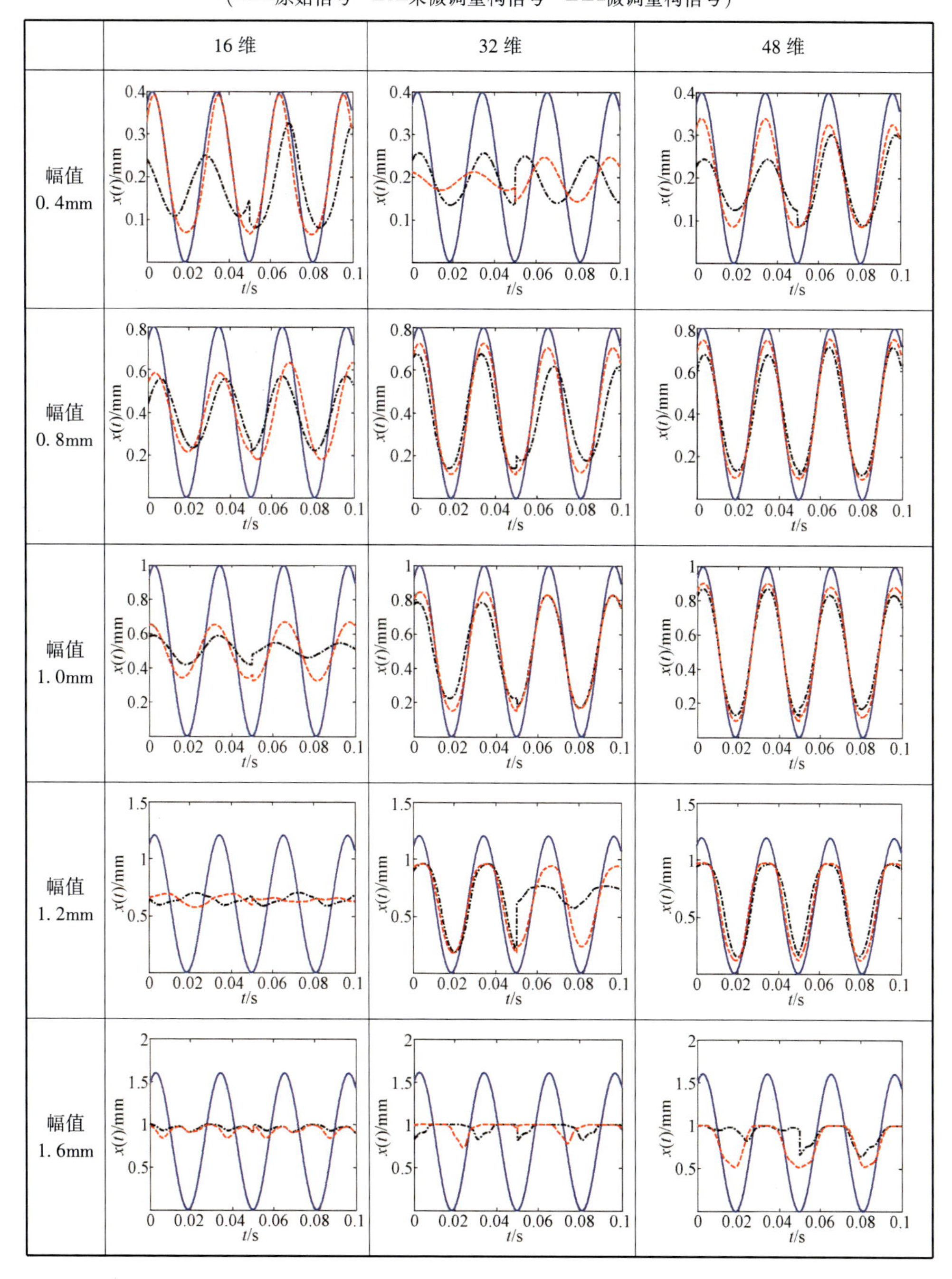

表 5-12 归一化仿真信号重构对比

（——原始信号 -·-未微调重构信号 ---微调重构信号）

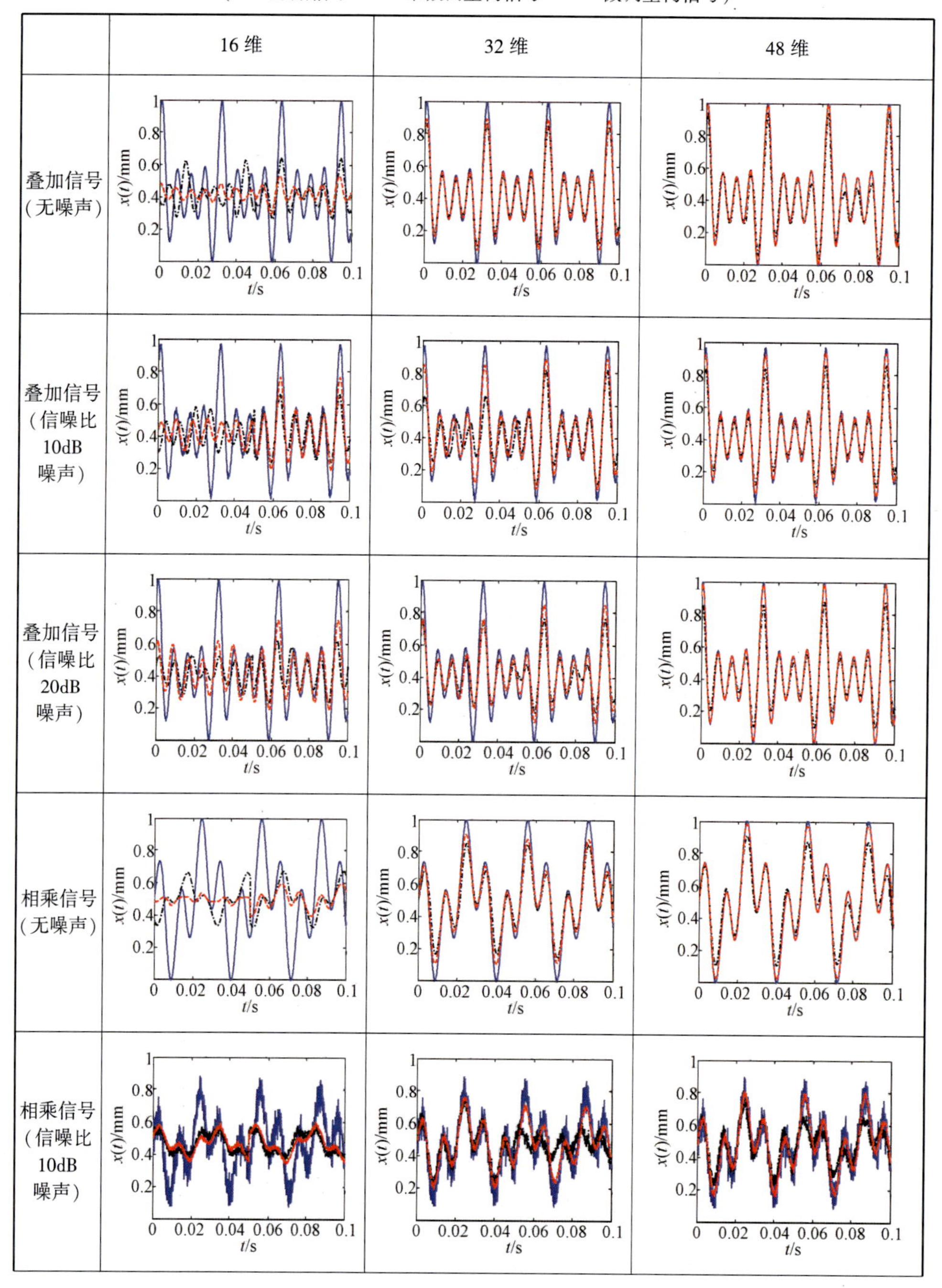

续表

	16 维	32 维	48 维
相乘信号（信噪比 20dB 噪声）	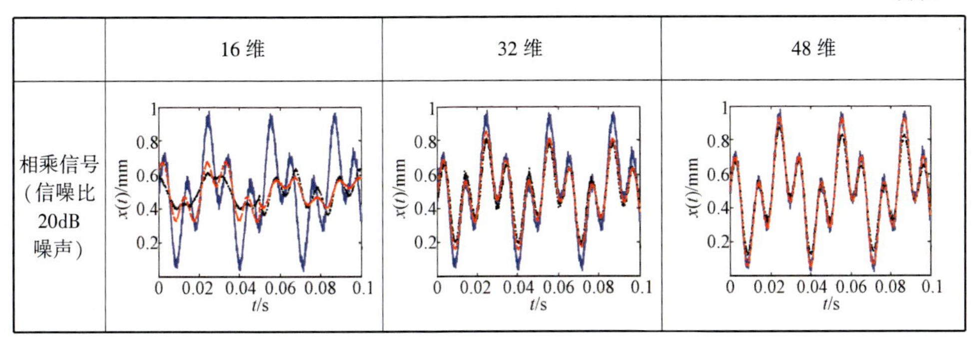		

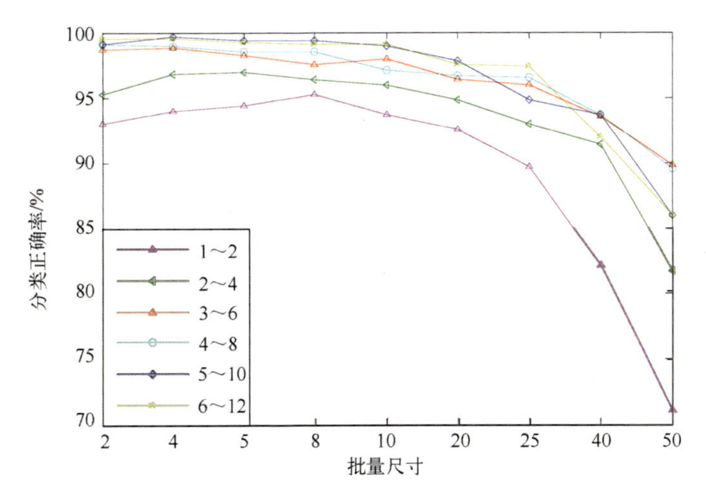

图 5-32　分类正确率与批量尺寸的关系

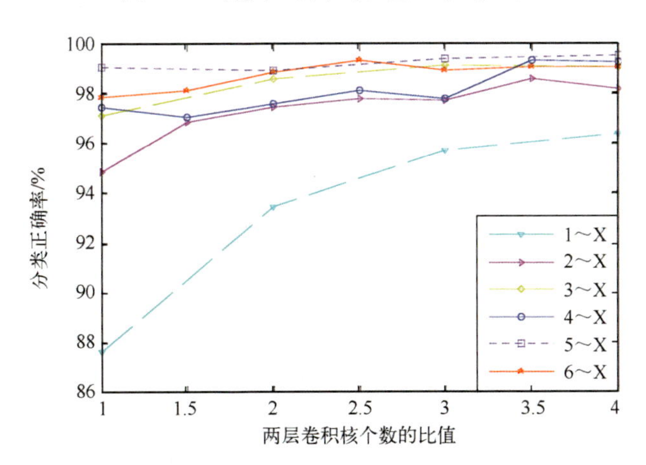

图 5-33　分类正确率与两层卷积核个数比例的关系

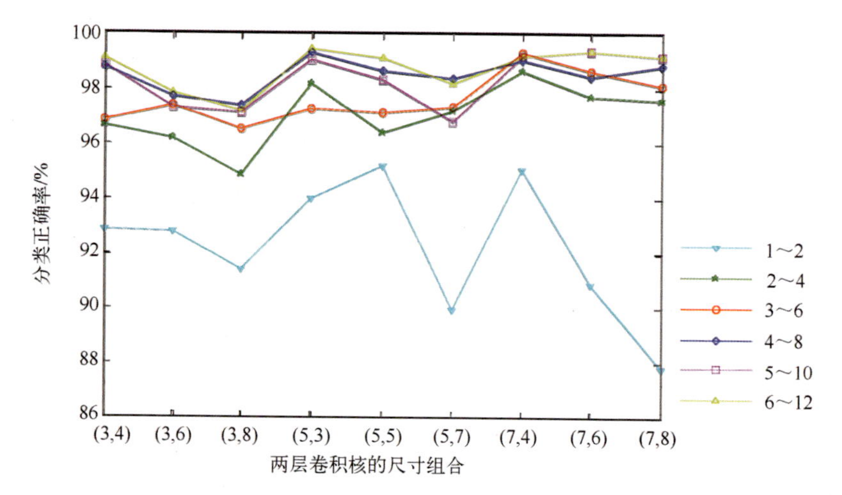

图 5-34　分类正确率与卷积核尺寸的关系

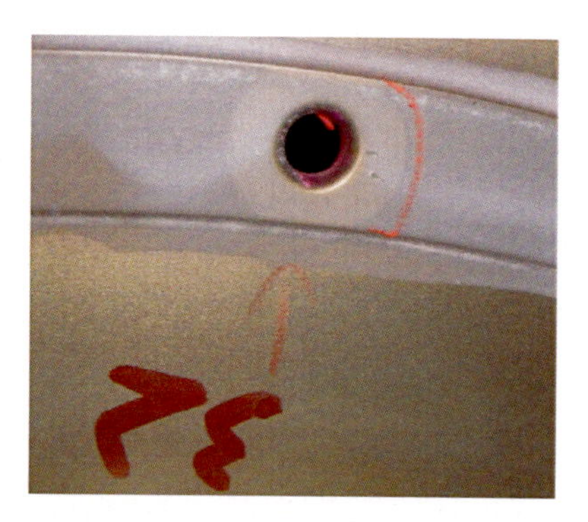

图 7-45　在役航空发动机转子蓖齿盘 32 号均压孔裂纹着色